10

2011—2020

孙　扬
孙近友　主编

江苏徐淮地区
徐州农业科学研究所
跨越发展十年

中国农业科学技术出版社

江苏徐淮地区
徐州农业科学
徐州市
入口

研究所跨越发展十年

（2011—2020）

徐州农科院（所）大门

摄　影：黄忠勤

图书在版编目（CIP）数据

江苏徐淮地区徐州农业科学研究所跨越发展十年：2011-2020 / 孙扬，孙近友主编. --北京：中国农业科学技术出版社，2021. 12
ISBN 978-7-5116-5612-4

Ⅰ. ①江… Ⅱ. ①孙… ②孙… Ⅲ. ①农业－研究所－概况－徐州－2011-2020 Ⅳ. ①S-242.533

中国版本图书馆CIP数据核字（2021）第 259643 号

责任编辑 张志花
责任校对 马广洋
责任印制 姜义伟 王思文

出 版 者 中国农业科学技术出版社
北京市中关村南大街12号 邮编：100081
电 话 （010）82106636（编辑室） （010）82109702（发行部）
（010）82109709（读者服务部）
网 址 http：// www.castp.cn
经 销 者 各地新华书店
印 刷 者 北京地大彩印有限公司
开 本 210 mm × 285 mm 1/16
印 张 31.75 彩插16面
字 数 830千字
版 次 2021年12月第1版 2021年12月第1次印刷
定 价 398.00元

徐州农科所本部鸟瞰图　　　　摄　　影：黄忠勤

徐州农科所综合楼　　　　摄　　影：黄忠勤

徐州农科所科研楼　　　　摄　　影：黄忠勤

徐州农科所实验楼　　　　摄　　影：黄忠勤

徐州农科所科技研发楼　　摄　　影：黄忠勤

徐州农科所本部试验基地　　摄　　影：黄忠勤

徐州农科所大庙试验示范基地

摄　　影：黄忠勤

徐州农科所铜山试验站

摄　　影：魏　猛

徐州农科所海南岛繁育基地

摄　　影：黄忠勤

徐州农科院（所）现任领导班子成员合影

自左向右：副所长曹清河　副所长李再祥　党委书记宋庆科　所长李强　副所长杨峰　副所长孙扬

摄　　影：黄忠勤

徐州农科院（所）领导谋划创新发展会议现场

摄　　影：黄忠勤

编辑委员会

	张祖明	周志林	封智蔷
	赵　林	钮福祥	党新安
	徐　振	唐　君	唐忠厚
	黄怀成	黄忠勤	常　勇
	董玲霞	蒋玉峰	谢逸萍
	樊继德	魏　猛	
总审校	宋庆科	李　强	
审　校	陈荣振		

编纂办公室

主　任	孙　扬		
副主任	孙近友	孙厚浩	蒋玉峰
成　员	孙明芳	辛　涛	王玉丽
	党新安	董玲霞	张　梅

前　言

江苏徐淮地区徐州农业科学研究所（简称徐州农科所），亦称徐州市农业科学院、中国农业科学院甘薯研究所、江苏徐州甘薯研究中心。4个名称（牌子）均为一套领导机构，隶属江苏省农业科学院和徐州市委、市政府双重领导。徐州农科所始建于1910年，是全国创建最早、连续时间最长、地理位置优越、创新成就辉煌、以应用研究为主的区域综合性农业科研机构，也是江苏省乃至全国屈指可数的具有百余年历史的农业科研院所。

至2020年，徐州农科所已有110年历史。回首以前的100年（1910—2010年），艰苦创业，春华秋实；总结迩来的10年（2011—2020年），继往开来，跨越发展。当今的徐州农科所已成为区域特色明显、学科优势突出、创新量质双强、科研成果覆盖面宽、地理位置优越突显、全国百强中名列同类前茅的农业科研院所。目前设有小麦、水稻、棉花、油料（大豆、花生）、园艺、果树、甘薯品种资源、甘薯遗传育种、甘薯生理栽培、甘薯病虫草害防控、甘薯加工利用、植物品种测试技术研究、农业农村部重点实验室、铜山试验站14个专业研究室（站）；纪委、办公室、科研处、财务处、后勤服务处、基地管理处、科技服务中心、综合档案室、工会、青工委、妇联11个行政管理部门；组建了科技型企业江苏徐农种业科技有限公司；建立了国家甘薯产业技术体系研发中心。截至2020年底，徐州农科所在国家现代农业产业技术体系团队中，拥有国家甘薯产业技术体系“1名首席科学家”“5名岗位科学家”；国家特色蔬菜产业技术体系“1名岗位科学家”；以及国家小麦、水稻、棉花、大豆、花生产业技术体系“5名综合试验站站长”。“1名首席科学家”即国家甘薯产业技术体系首席科学家马代夫研究员；国家甘薯产业技术体系“5名岗位科学家”即甘薯遗传改良研究室特用型甘薯品种改良岗位科学家李强研究员、甘薯遗传改良研究室种质资源收集与评价岗位科学家唐君研究员、甘薯栽培与土肥研究室养分管理岗位科学家李洪民研究员（自2020年3月起，唐忠厚副研究员行使国家甘薯产业技术体系栽培与土肥研究室养分管理岗位科学家职责）、甘薯病虫草害防控研究室线虫与真菌病防控岗位科学家谢逸萍研究员、甘薯加工研究室食品加工岗位科学家钮福祥研究员；国家特色蔬菜产业技术体系“1名岗位科学家”即国家特色蔬菜产业技术体系遗传改良研究室大蒜品种改良岗位科学家杨峰研究员；“5名综合试验站站长”即国家小麦产业技术体系徐州综合试验站站长冯国华研究员、国家水稻产业技术体系徐州综合试验站站长王健康研究员、国家棉花产业技术体系徐淮综合试验站站长李卫华研究员、国家大豆产业技术体系徐州综合试验站站长王幸研究员、国家花生产业技术体系徐州综合试验站站长王晓军副研究员。建成了农业农村部甘薯生物学与遗传育种重点实验室、国家引进国外智力成果示范推广基地、国家甘薯改良中心、国家种质徐州甘薯试管苗库、江苏省徐淮地区国家农作物品种区域试验站、国家甘薯产业技术体系研发中心、“国家甘薯产业技术体系遗传育种与生物技术”博士人才培养项目、国家农业科学土壤质量徐州观测试验站、徐州市徐麦系列强筋小麦新品种原原种扩繁基地、江苏省科技服务超市徐州主要农作物产业分店、设施园艺高效农业示范基地（江苏省农业科学院淮北现代设施农业科研试验示范基地）（位于铜山站）、江苏省科普教育基地、甘薯脱毒原原种扩繁基地、江苏省根茎类作物种质资源库、徐州市根茎类作物高技术重点实验室、南京农业大学校外教学实习基地、江苏省农业科学院甘薯加工工程实验室、扬州大学大学生实践教育中心、徐州市薯类加工重点实验室、徐州市特色根茎类作物工程研究中心 20 个科研基础设施平台；建设了服务国家特殊需求“国家甘薯产业技术体系遗传育种与生物技术”博士培养项目和中国农业科学院、江苏师范大学硕士培养点以及江苏徐州甘薯研究中心“博士后科研工作站”；建造了徐州现代农业科技试验示范基地 1 059 亩①、科技创新设施 42 708.67 m^2（科研楼 6 017.92 m^2、甘薯楼 6 709.08 m^2、重点实验室 4 810.51 m^2、技术交流中心楼 6 398.45 m^2、综合楼 7 050.81 m^2、科技服务楼 11 721.9 m^2）、铜山高标准试验基地 495 亩。全所拥有“三处”高标准农业科技试验示范基地，面积高达 2 075 亩（所本部试验基地 530 亩、大庙科研基地 1 050 亩、张集试验基地 495 亩）。

目前，徐州农科所可谓生机盎然，活力勃发，人才荟萃，硕果累累。首先是牢固确立“科研立所”发展理念：在“十二五”至“十三五”期间，育成农作物新品种 67 个，其中国家审定 25 个；研制成功新技术、新产品、新模式 327 项，获得科技成果奖励 65 项，其中部省级以上成果奖励 23 项；其次是坚持秉承“人才兴所”远景战略：培养和造就了一批农业科技人才，形成了结构、层次合理的人才梯队、老中青年龄配套的创新团队。截至 2020 年 12 月底，全所现有职工 263 人，其中在职职工 173 人；科技人员 141 人，包括国家甘薯产业技术体系首席科学家 1 人，研究员 18 人，副研究员 36 人，博士 25 人，硕士 66 人，享受国务院政府特殊津贴 10 人（陈萍、陈荣振、刘世来、冯国华、刘超、王健康、马代夫、李秀英、李强、谢逸萍）；江苏省“333 人才工程”培养对象 14 人（王健康、李强、唐忠厚、杨峰、曹清河、周志林、孙厚俊、张成玲、孙健、张会云、吴玉玲、王幸、王晓军、樊继德）；江苏省有突出贡献的中青年专家 7 人（陈荣振、刘世来、马代夫、李秀英、刘超、冯国华、李强）；先后当选为全国人大代表 1 人（陈萍），江苏省人大代表 2 人（陈荣振、李强），徐州市人大代表 3 人（蔡成缓、李卫华、刘东涛）；省政协委员 2 人（陈萍、陈荣振）；市政协委员 5 人

① 1亩≈667 m^2，15亩≈1 hm^2。

（刘明钟、李强、杨峰、唐君、张成玲）；县区政协 2 人（孙扬、王玉丽）。

110 年（1910—2020 年）的奋进拼搏，铸就了辉煌业绩，近 10 年（2011—2020 年）的砥砺前行，突显了跨越发展。在“十二五”至“十三五”期间，徐州农科所多次获省政府嘉奖，多次得到江苏省农业科学院和徐州市委、市政府的表彰。

时光如水流逝，精神薪火相传。徐州农科所今天的成就，凝聚着百又十年以来全所新老领导、专家和职工的心血，记录着各个发展阶段科技工作者艰苦奋斗、努力攀登科学高峰的奋斗历程。我们在《江苏徐淮地区徐州农业科学研究所志（1910—2010 年）》的基础上，把近 10 年（2011—2020 年）的历程、业绩整编成册——《江苏徐淮地区徐州农业科学研究所跨越发展十年（2011—2020）》，旨在鉴往知新，鼓舞斗志，不忘初心，再创佳绩。

回顾过去，令人振奋，展望未来，信心百倍。当前，又有一批中青年杰出农业科学家在农业科技前沿领域崭露头角，新一代徐州农科所人扎根于这片神奇沃土，呕心沥血，顽强拼搏，为徐州农科所积淀了文化底蕴，奠定了坚实的发展基础。让我们以习近平新时代中国特色社会主义思想为指导，发扬优良传统，继续开拓创新，提振“科研立所、创新兴所、人才强所、勇于奉献”的徐州农科所精神，打造一流的人才团队、装备一流的科研设施、奉献一流的科技成果、构建一流的现代农业院所，以昂扬的斗志、崭新的姿态，增强新发展理念，提升核心竞争力，科技赋能乡村振兴，再创新的辉煌！

编　者

2021 年 9 月

大事记

2011 年

6 月，“优质高产多抗粳稻新品种徐稻 4 号的选育与应用” 获徐州市科学技术进步奖一等奖。

7 月 11 日，李再祥任徐州市农业科学院党委委员（徐委组〔2011〕175 号）。

8 月 2 日，李再祥、李强任徐州市农业科学院副院长（徐政干〔2011〕29 号）。

10 月 25 日，农业部 ① 办公厅批复，聘任马代夫为农业部甘薯生物学与遗传育种重点实验室主任，聘期至 2015 年 12 月。

10 月，完成海南育种基地南繁工作站建设工程。建成超 1 000 m^2 的房产和配套设施，南繁工作进入常态化管理。

11 月，王健康同志被推荐为中国共产党江苏省第十二次代表大会代表参加会议。

2012 年

1 月 8—9 日，农业部甘薯生物学与遗传育种重点实验室第一届学术委员会第一次年会在我所召开。

3 月 5 日，陈萍所长赴京参加全国人民代表大会。

4 月 20 日，中国淀粉工业协会甘薯淀粉专业委员会成立，副所长马代夫被推举为中国淀粉工业协会甘薯淀粉专业委员会名誉会长。

5 月 11 日，朱伟同志任徐州市农业科学院副调研员。

6 月 4 日，徐州市农业科学院被徐州市委评为“2008—2011 年度全市脱贫攻坚工作先进单位”。

6 月，陈萍所长分别当选为民革江苏省委副主委、徐州市委主委。

9 月 6 日，全国人民代表大会常委会委员、中国科学院院士、北京大学原校长许智宏教授到我所视察并指导工作。

11 月 27 日，陈荣振任徐州市农业科学院调研员，免去徐州市农业科学院副院长职务；刘超任徐州市农业科学院副调研员，免去徐州市农业科学院副院长职务；马代夫任徐州市农业科学院副调研员，免去徐州市农业科学院副院长职务。

11 月 28 日，马代夫、刘超被江苏省农业科学院授予“优秀科技专家农业科技创新突出贡献奖”。

2013 年

4 月 13 日，免去刘刚徐州农科所党委书记职务，刘刚调到徐州市水务局任职。

7 月 5 日，国家棉花产业技术体系首席科学家喻树迅院士来所检查棉花综合试验站和试验县高产创建工作。

---

① 农业部即现农业农村部。

7月24日，免去马代夫徐州市农业科学院副调研员职务。

8月30日，免去朱伟徐州市农业科学院副调研员职务。

9月26日，中国农业科学院党组书记陈萌山、成果转化局局长袁龙江、作物科学研究所所长万建民等一行8人来我所检查指导秋季生产工作。中共徐州市委副书记李荣启、副市长漆冠山陪同检查。

12月6日，《农业部关于2012—2013年度中华农业科技奖的表彰决定》，江苏徐州甘薯研究中心的“高淀粉多抗广适甘薯新品种徐薯22的选育和利用”获科学研究成果一等奖。

12月29日，与天津天隆种业科技有限公司关于徐9201A侵权案件，历时3年，由江苏省高级人民法院终审判决，天津天隆种业科技有限公司补偿我所50万元。

2014年

1月2日，省编办将江苏徐淮地区徐州农业科学研究所、江苏徐淮地区徐州农业科学研究所铜山试验站事业单位定为公益一类事业单位。

1月13日，杨峰任徐州市农业科学院党委委员。

1月25日，杨峰任徐州市农业科学院副院长（试用期一年）。

4月3日，成立“徐州市农业科学院青年工作委员会”。

6月12日，江苏省农业科学院院长易中懿、副院长郑建初一行6人来我所进行工作调研。

7月11日，农业部科技教育司刘艳副司长来我所进行考察调研。

9月9日，农业部科技教育司付长亮任徐州市农业科学院副院长（挂职，时间2年）。

9月9日，李要进到龄退岗，免去徐州市农业科学院副院长职务，保留原职级待遇。

2015年

1月15日，刘明钟任徐州市农业科学院院长，免去陈萍院长职务。

3月30日，谢逸萍被批准为2014年度享受政府特殊津贴人员。

5月5日，李强被批准为2014年度江苏省有突出贡献中青年专家。

7月23日，工会第七届会员代表会，选举产生了徐州市农业科学院工会第八届委员会由孙明芳、李洪民、张栋、黄怀成、樊继德5位同志组成，张栋同志任主席，孙明芳同志任副主席。

8月6日，农业部副部长张桃林到我所调研甘薯学科发展和农业科技创新情况。农业部科技教育司唐珂司长、财务司郭红宇副司长、农机化司胡乐鸣副司长及有关处室负责同志，江苏省农业委员会吴沛良主任、江苏省农业科学院易中懿院长、徐州市委殷本杰副书记、徐州市漆冠山副市长、徐州市农委陈建领主任陪同调研。

10月28—30日，我所承办了“全国地市农业科研院所2015年度工作委员会会议”。

11月23日，陈荣振、刘超同志退休（徐委组〔2015〕264号）。

2016年

1月8日，免去付长亮徐州市农业科学院副院长职务。

1月18—22日，在广西南宁召开的“21世纪全球木薯合作团队第3次会议暨国际块根块茎类作物学会第 17 次会议”上，马代夫研究员被 21 世纪全球木薯合作团队和国际块根类作物学会（International Society for Tropical Root Crops，ISTRC）授予终身成就奖，以表彰他在甘薯育种及其产业方面的贡献。

4 月 21 日，江苏省农业科学院首批三级重点人才：我所李强同志为领军人才；曹清河同志为中青年学术骨干；徐振同志为青年拔尖人才。

4 月 26 日，冯国华被省委、省政府授予江苏省先进工作者荣誉称号。

4 月 28 日，孙近友被评为徐州市劳动模范。

5 月 19 日，中国农业科技管理研究会同意徐州市农业科学院为地市农业科研院所工作委员会主任委员单位。自 2015 年 10 月起，任期 3 年。

6 月 26 日，在农业部薯类学科群重点实验室评估中，徐州农科所的“农业部甘薯生物学与遗传育种重点实验室”得分为 90.4 分，列为专业性实验室和观测站第一位。

9 月 13 日，曹清河被选为出席中国共产党徐州市第十二次代表大会代表。

2017 年

3 月 1—4 日，徐州农科所主持召开的“国家甘薯产业技术体系 2016 年度年终总结考评暨体系建设工作会议”在徐州举行。

3 月 8 日，李强为 2016 年享受政府特殊津贴人员。

4 月 10 日，甘薯病虫害防控研究室被授予“江苏省巾帼文明岗”荣誉称号。

4 月 25 日，樊继德被授予“徐州市五一劳动奖章”，所办公室和油料作物研究室被授予“徐州市工人先锋号”称号。

7 月 5 日上午，省委常委、副省长杨岳与省直相关部门负责同志一行 9 人来我所调研，江苏省农业科学院院长易中懿与徐州市副市长毕于瑞陪同调研。

9 月 6 日，中国农业科技管理研究会关于公布第八届理事会选举结果的通知，刘明钟当选为研究会第八届理事会常务理事；孙明芳当选为研究会第八届理事会理事、副秘书长。刘明钟任全国地市农业科研院所工作委员会主任委员，张昭、孙明芳任副主任委员。

10 月 9 日，曹清河、王幸 2 位同志为拔尖人才培养对象期满考核优秀人员。

12 月 9 日，“甘薯主题公众开放日”活动在南京成功举办。

12 月 26 日，徐州市授予徐州市农业科学院“创建全国文明城市工作先进单位”称号，李再祥获先进个人称号。

12 月 29 日，冯国华、刘东涛、杨峰、张允刚、钮福祥、谢逸萍 6 人为徐州市第七期“双百高层次人才培养工程”优秀专家；王晓军、冯营、孙东雷、杨冬静、张会云、张成玲、岳瑞雪、周志林、赵冬兰、赵永强 10 人为徐州市第七期“双百高层次人才培养工程”拔尖人才。

2018 年

3 月 8 日，中国作物学会甘薯专业委员会改选换届大会在我所举行。

4 月 10 日，徐州市农学会第五次会员代表大会在我所召开。选举产生了第五届理事会；马代夫为名誉理事长；刘明钟为理事长；李强为副理事长；孙近友为秘书长；蒋玉峰为副秘书长；张梅为监事。

4 月 28 日，王幸被授予“徐州市五一劳动奖章”、园艺研究室被授予“徐州市工人先锋号”称号。

5 月 17 日，副市长毕于瑞、市委副秘书长杨加法、市政府办公室副调研员赵永强、市委农工办副主任宋庆科等一行 8 人来我所调研考察。

5 月 17 日，徐州市农业科学院与徐州工程学院签订《农科教合作协议》协议。刘明钟院长、张新科校长出席仪式，并分别在协议上签字。

8 月 24 日，中国工程院院士、国家特色蔬菜产业技术体系首席科学家、湖南省农业科学院院长邹学校到我所指导。

12 月 11 日，《中国甘薯》编写工作启动会在我所举行。

2019 年

1 月 7 日，“优质多抗新品种徐麦 33、徐稻 9 号高效栽培技术集成与推广”获江苏省农业丰收奖一等奖。

1 月 20 日，宋庆科任徐州市农业科学院党委书记（试用期一年）。

2 月 21 日，曹清河、孙扬任徐州市农业科学院党委委员。

3 月 1 日，曹清河、孙扬任徐州市农业科学院副院长（试用期一年）。

4 月 28 日，刘东涛被评为徐州市劳动模范。

5 月 21 日，副市长毕于瑞、市农业农村局局长杨亚伟等一行来我所调研考察。

6 月 20 日，孙厚俊被评为徐州市优秀共产党员。

7 月 1 日，国际马铃薯中心（CIP）非洲区食品研发科学家 Tawanda Muzhingi 博士和国际马铃薯中心亚太中心（CCCAP）人事专员刘思到我所交流访问。

12 月 22 日，“国家甘薯改良中心二期建设项目”通过市级验收。

2020 年

1 月，甘薯遗传育种研究室被江苏省农业科学院评为 2019 年度先进集体。

2 月 21 日，甘薯专业委员会理事长马代夫代表委员会向中日韩三边甘薯研究会（TRAS）外方专家发送“致国际同行一封信”。

2 月 27 日，徐州市农业科学院与贾汪区人民政府签订《徐州现代甘薯产业园共建协议》。

3 月 18 日，徐州农科所举行全体科技人员座谈会，以“半尺垄沟，一生坚守”为主题，追忆农民科学家——李洪民同志。

4 月 28 日，科技服务中心被徐州市总工会评为“徐州市工人先锋号”称号。

4 月 30 日，“李洪民同志先进事迹报告会”在 5 楼学术报告厅隆重举行，全院在职职工重温和回忆了这位毕生奉献于甘薯垄沟的农业科学家平凡而光辉的一生。

5 月 12 日，江苏省农业农村厅组织专家，对徐州市农业科学院承担的国家甘薯改良中心二期建设项目进行验收。

6 月 16 日，甘薯种质资源创新与利用团队入选“所三星级创新团队”。

6月，李强被江苏省农业科学院评为江苏省农业科学院第一批四星团队带头人。

6月29日，湖北省黄冈市副市长余友斌一行来我所考察调研，徐州市委常委、统战部部长毕于瑞，徐州市政府办公室副主任赵永强，徐州市农业农村局党委委员、副局长黄广杰等领导陪同调研。

7月1日，我所党委开展庆祝建党99周年活动。

7月3日，我所作为第二完成单位联合申报的“甘薯优良品种评价利用及配套栽培技术集成应用”获2019年度新疆维吾尔自治区科学技术进步奖二等奖。

7月21日，江苏省农业科学院副院长黄俊、办公室主任刁阳隆、党委工作部副部长罗兵前及糜林先进事迹报告团成员一行9人来我所开展了糜林同志先进事迹报告会（徐州专场）。

7月31日，江苏省农业科学院畜牧研究所党支部4名党员莅临徐州农科所开展“传承红色文化、学习洪民精神”支部党建活动。

8月3—4日，华中农业大学园艺林学学院书记张宏荣，国家马铃薯产业技术体系种薯繁育与质量控制岗位科学家蔡兴奎，国家蔬菜改良中心华中分中心主任夏军辉一行到我所交流访问。

8月7日，国家生态环境部有机食品发展中心主任、国际有机农业运动联盟（IFOAM）标准委员会委员、联合国环境规划署（UNEP）项目专家肖兴基研究员到我所交流访问。

8月17日，全国优秀共产党员、全国劳动模范、全国时代楷模赵亚夫先生应邀到徐州考察指导，并在我所开展专题讲座。

8月25日，“徐州市特色根茎类作物工程研究中心”获徐州市发展和改革委员会批复建设。

9月6—9日，由农业农村部科技发展中心主办，我所承办的“DUS测试信息化和质量控制现场培训班”在徐州成功举办。

9月24日，徐州市副市长王维峰一行来我院调研指导。

9月24—25日，由全国农业技术推广服务中心组织的全国非主要农作物（甘薯）登记品种展示评价培训暨观摩鉴评活动在我所举办。

9月29日，我所开展庆祝新中国成立71周年系列活动，举办国庆升旗仪式和“淮海战役精神”专题讲座。

11月4—6日，2020年度江苏省蔬菜科技创新协作组年会暨学术交流会在我所成功召开。

11月19日，吉林省蔬菜花卉科学研究院院长季维春、副院长任启彪和国家特色蔬菜产业技术体系执行专家组成员、长春综合试验站站长王学国研究员等一行5人来我所考察交流。

11月21日，湖北省农业科学院焦春海院长一行来我所调研交流。

12月，李卫华同志被评为2020年度九三学社全省组织建设先进个人。

12月9日，我所党外知识分子联谊会被评为2015—2020年度全省党外知识分子联谊会工作先进集体，刘东涛被评为先进个人。

12月18日，徐州农科所办公室被江苏省农业科学院评为省院系统办公室先进集体。

12月29日，九三学社徐州农科所支社被九三学社徐州市委员会评为2020年度先进集体。赵冬兰被评为先进个人。

12月，李强被民革江苏省委评为2020年度定点扶贫工作先进个人。

12月29日，徐州市人民政府文件（徐政干〔2020〕88号），李强同志任徐州市农业科学院院长（列宋庆科同志之后，试用期一年），免去刘明钟同志徐州市农业科学院院长职务。

目 录

第一章 10年历程

第二章 学科发展

第三章　国家体系

第四章 党的建设

第五章 跨越发展

第六章　领导与专家

附　录

第一章 10年历程

第一节 机构变革

自2010年11月28日在徐州开元名都国际大酒店隆重举行“江苏徐淮地区徐州农业科学研究所100周年华诞庆典”至2020年，江苏徐淮地区徐州农业科学研究所的发展历史又向前迈进10年，全所职工以欢呼雀跃的心情迎来建所110周年的喜庆时刻。众所周知，2020年是世界性蔓延新冠肺炎疫情、经历百年未有之大变局之年，是实施国家“十三五”科技计划、实现全面建成小康社会目标、完成脱贫攻坚任务的收官之年，也是徐州农科所跨越发展的10年（2011—2020年）。在这10年期间，其机构设置一直延续1983年11月江苏省政府命名的“江苏徐淮地区徐州农业科学研究所”，与“江苏徐州甘薯研究中心”（1984年3月农牧渔业部科教司、江苏省农业科学院、徐州市人民政府协议建立、1989年8月农业部批准）、“徐州市农业科学院”（1999年12月徐州市政府将徐州市农业科学研究所更名）、“中国农业科学院甘薯研究所”（2002年12月农业部批准中国农业科学院增挂牌子），4块牌子同属一套机构，隶属江苏省农业科学院、徐州市人民政府双重领导。这是全国唯一挂有国家、省、市三级名称牌子、分别启用公章开展各项科研工作的区域性、综合性农业科研机构。2014年1月2日，江苏省机构编制委员会办公室《关于省农业科学院及其所属事业单位分类的批复》（苏编办复〔2014〕8号）。将江苏徐淮地区徐州农业科学研究所、江苏徐淮地区徐州农业科学研究所铜山试验站事业单位定为公益一类事业单位。

基于跟上新形势、适应新时期、贴紧新时代的发展大局，满足全国甘薯产业、区域性农业的现代发展需求，江苏徐淮地区徐州农业科学研究所确立“通天立地、与时俱进、创新发展、勇攀新高”的发展理念，围绕“立足徐州、面向黄淮、兼顾全国、奉献三农”的服务宗旨，瞄准“打造一支国家队、做大做强地方队”的发展目标，坚持“大稳定小调整、调优调强调新”的改革原则，对其内部机构做了适时、适度的深化改革或优化调整。

2010年12月，将“甘薯栽培与加工利用研究室”分设为“甘薯生理栽培研究室”和“甘薯加工利用研究室”。

2011年3月8日，《农业部关于印发现代农业产业技术体系建设依托单位和岗位聘用人员名单（2011—2015年）的通知》（农科教发〔2011〕3号）。在“十二五”期间，徐州农科所继续作为“国家甘薯产业技术体系研发中心”的建设依托单位，并设立4个功能研究室（遗传育种、病虫害防控、栽培与耕作、产后加工）、25个综合试验站及125个科技示范服务县。徐州农科所在“十一五”甘薯岗位科学家4人（马代夫、唐君、李洪民、谢逸萍）的基础上增加钮福祥为甘薯加工利用岗位科学家，即在“十二五”期间共有国家甘薯产业技术体系研发中心1个、国家首席科学家1人、甘薯岗位科学家5人。

徐州农科所作为建设依托单位，在“十二五”期间，继续设立国家小麦产业技术徐淮综合试验站、国家水稻产业技术徐州综合试验站、国家棉花产业技术徐淮综合试验站、国家大豆产业技术徐州综合试验站、国家花生产业技术徐州综合试验站。

2011年7月8日，《农业部关于公布农业部重点实验室及农业科学观测试验站名单的通知》（农科教发〔2011〕8号），由徐州农科所作为依托单位的农业部甘薯生物学与遗传育种重点实验室正式建立，马代夫（2011 年 7 月—2017 年 3 月）、李强（2017 年 3 月—）先后任主任；孙近友（2011 年 7 月—2017 年 3 月）、徐振（2017 年 3 月—）先后为秘书。

按照 2011 年、2012 年国务院颁发，2013 年、2014 年江苏省下发的有关文件规定和 2015 年江苏省农业科学院[①]印发的相关意见要求，根据现代企业制度规程，于 2015 年 5 月 25 日将所办科技企业“江苏徐农种业科技有限公司”实行事、企分开，产权分离，自负盈亏，变更委托独立法人为周兴根，2017 年 2 月 28 日进行股权转让。

2013 年 7 月，江苏省农业科学院将其院属的“铜山花碱土试验站”改名为“铜山试验站”，下放到徐州农科所管辖，编制、级别、事业费不变，黄怀成任站长。

2015 年 4 月 7 日，为加强全所科技服务工作，按照江苏省农业科学院要求，结合徐州农科所实际情况，徐州农科所决定成立“科技服务中心”（徐农院〔2015〕16 号），撤销原挂靠科研管理处的内设机构“农业科技服务中心（2002 年 3 月—2015 年 4 月）”。

2017 年 6 月 13 日，《农业部关于印发现代农业产业技术体系聘用人员名单（2017—2020）的通知》（农科教发〔2017〕10 号）确定徐州农科所为“国家甘薯产业技术体系研发中心”建设依托单位，首席科学家为马代夫；设置遗传改良、栽培与土肥、病虫草害防控、机械化、加工、产业经济研究室 6 个、岗位科学家 23 人，这些均来自全国 9 个省（区、市）12 个省级以上科研、教学单位的专家、学者。其中徐州农科所的唐君为种质资源与评价岗位科学家，李强为特用型甘薯品种改良岗位科学家，李洪民为养分管理岗位科学家，谢逸萍为线虫及真菌病防控岗位科学家，钮福祥为食品加工岗位科学家；同时设置石家庄、运城、南京、杭州、合肥、阜阳、龙岩、南昌、烟台、济宁、威海、商丘、漯河、郑州、武汉、长沙、广州、湛江、南宁、重庆、万州、绵阳、南充、贵阳、宝鸡 25 个综合试验站，站长 25 人；涵盖全国 17 个省（区、市）、25 个地市。

在“国家特色蔬菜产业技术体系”中，徐州农科所的杨峰为遗传改良研究室大蒜品种改良岗位科学家（“十三五”新增）。这样，徐州农科所在“十三五”国家科技体系建设中具有首席科学家（马代夫）1 人、岗位科学家（唐君、李强、李洪民、谢逸萍、钮福祥、杨峰）6 人、综合试验站站长（冯国华、王健康、李卫华、王幸、王晓军）5 人。岗位科学家较“十二五”增加（杨峰）、新上（李强）各 1 人；小麦、水稻、大豆、花生的综合试验站完成了新老站长交替任务。

2019 年 6 月 6 日，徐州农科所将所属“园艺研究室”的果树学科划出成立“果树研究室”，级别、待遇和其他专业研究室相同（徐农院〔2019〕22 号），赵林任副主任。

2019 年 12 月 23 日，根据 2018 年农业农村部办公厅《关于确定第一批国家农业科学观测实验站的通知》（农办科〔2018〕3 号），挂牌成立“国家农业科学土壤质量徐州观测实验站”，项目总投资 1 364 万元，其中中央财政投资 1 100 万元。按照农业农村部对国家农业科学观测实验站实体化运行的建设管理要求，徐州农科所结合所情实际，决定建立“土壤质量观测实验站”（徐农所〔2019〕83 号），为所属内设机构，岗位人员编制 13 名，其中站长刘明钟（监管与协调），副站长张爱君（业务管理）、蒋玉峰（综合管理），管理人员张梅（日常管理），相关专业专职监测人员 9 名。

2020 年 5 月 6 日，江苏省农业科学院人事处批准徐州农科所增设“纪委办公室”（苏农院人字〔2020〕18 号），孙厚浩任纪委副书记（徐纪组〔2018〕18 号）、（徐农院委〔2018〕9 号）。

2020 年 5 月 18 日，江苏省农业科学院批准徐州农科所设置“植物品种测试技术研究室”（苏农

① 江苏省农业科学院，全书简称省院。

人字〔2020〕21 号）（徐农院〔2020〕27 号），刘亚菊为主任（徐农院〔2020〕34 号）。

2020 年 11 月 9 日，成立“徐州农科所中心实验室”（徐农院〔2020〕47 号），为所属内设正科级机构，旨在围绕本所学科发展方向，结合相关产业需求，开展技术研发与创新，针对农业环境和食品安全提供检测及相关技术服务，针对健康种苗产业需求开展无性繁殖作物脱毒快繁服务。同时兼具实验楼（南楼和北楼）各类实验平台及大型设备日常管理职能，主要包括实验室安全生产，公共仪器设备的预约使用、维修维护、耗材采购、操作培训及价值 10 万元以上仪器设备的采购论证和审核等。徐振任副主任，负责日常工作（徐农院〔2020〕48 号）。

2011 年、2020 年徐州农科所内设机构分别见图 1-1、图 1-2。

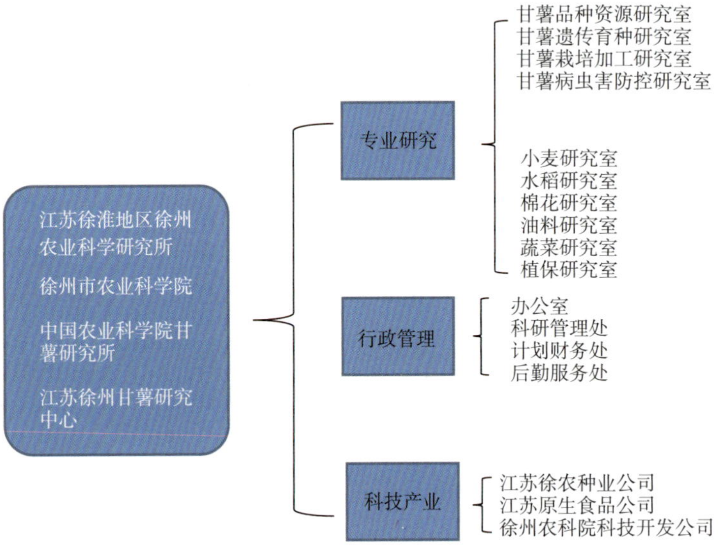

图 1-1　2011 年徐州农科所内设机构

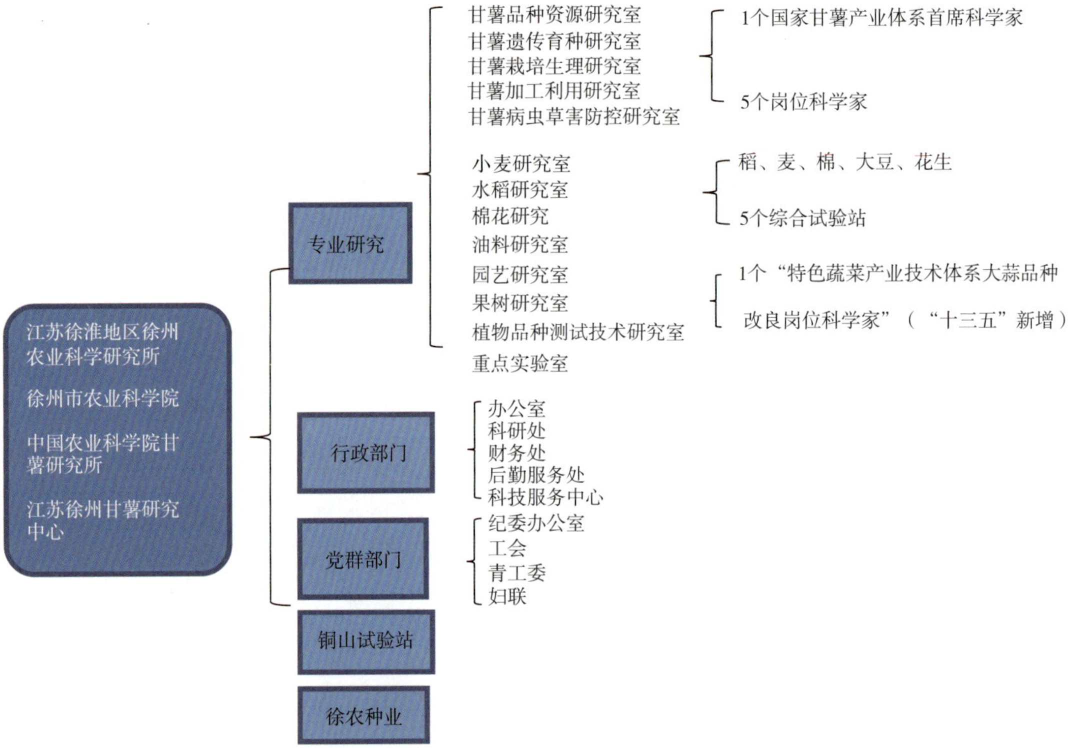

图 1-2　2020 年徐州农科所内部机构设置

第二节 领导变更

一、行政领导

2011—2020 年，历经三届领导班子，先后有陈萍（2003 年 12 月 21 日—2015 年 1 月 15 日）、刘明钟（2015 年 1 月 15 日—2020 年 12 月 29 日）、李强（2020 年 12 月 29 日—）为所（院）长、主任。按照一套机构、四块牌子的规定，所长、副所长同时为徐州农科所、中国农业科学院甘薯研究所的所长、副所长，江苏徐州甘薯研究中心的主任、副主任，徐州市农业科学院的院长、副院长。历任行政领导见表 1-1。

表 1-1　2011—2020 年徐州农科所（院）历任所（院）长、副所（院）长名单及任期

姓名	职务	任职时间	副职姓名及其任职时间
陈萍	所（院）长	2003 年 1 月 21 日—2015 年 1 月 15 日	张启全 1998 年 12 月—2011 年 8 月 2 日；陈荣振 1994 年 2 月 19 日—2012 年 12 月 27 日（调研员）；李要进 2004 年 3 月 5 日—2014 年 9 月 9 日（到龄退岗）；刘超 2006 年 5 月 8 日—2012 年 12 月 27 日（副调研员）；马代夫 2008 年 10 月 22 日—2012 年 12 月 27 日（副调研员）；李再祥 2011 年 8 月 2 日—；李强 2011 年 8 月 2 日—；杨峰 2014 年 1 月 25 日—；付长亮 2014 年 9 月 9 日—
刘明钟	所（院）长	2015 年 1 月 15 日—2020 年 12 月 29 日	李再祥 2011 年 8 月 2 日—；李强 2011 年 8 月 2 日—2020 年 12 月 29 日；杨峰 2014 年 1 月 25 日—；付长亮 2014 年 9 月 9 日—2016 年 1 月 8 日（返农业部）；曹清河 2019 年 3 月 1 日—；孙扬 2019 年 3 月 1 日—
李强	所（院）长	2020 年 12 月 29 日—	李再祥 2011 年 8 月 2 日—；杨峰 2014 年 1 月 25 日—；曹清河 2019 年 3 月 1 日—；孙扬 2019 年 3 月 1 日—

二、所（院）党委领导

10 年期间（2011—2020 年），先后有刘刚（2006 年 6 月 1 日—2012 年）、蔡成缓（2013 年—2018 年 10 月）、宋庆科（2019 年 1 月 20 日—）任所（院）党委书记。当然，党委书记及其委员同时均为徐州农科所、中国农业科学院甘薯研究所、江苏徐州甘薯研究中心、徐州市农业科学院的党委书记及其委员。历任所（院）党委书记及其党委委员见表 1-2，历任所（院）领导分工见表 1-3。

表 1-2　2011—2020 年徐州农科所（院）历届党委组成人员及其任期

姓名	职务	任职时间	委员任职时间	支部	党员
刘刚	党委书记	2006 年 6 月 1—2013 年 4 月 13 日	张启全 1998 年 12 月 31 日—2011 年 8 月 2 日；李要进 2011 年 7 月 11 日—；刘超 2011 年 7 月 11 日—2012 年 12 月 27 日；马代夫 2011 年 7 月 11 日—2012 年 12 月 27 日；李再祥 2011 年 7 月 11 日—	6	94 人（至 2012 年 12 月 26 日）
蔡成缓	党委书记	2013 年 11 月 8 日—2017 年 7 月 27 日	李要进 2011 年 7 月 11 日—2014 年 8 月 15 日；李再祥 2011 年 7 月 11 日—；杨峰 2014 年 1 月 13 日—	6	105（至 2018 年 12 月 13 日）
宋庆科	党委书记	2019 年 1 月 20 日—	李再祥 2011 年 7 月—；杨峰 2014 年 1 月 13 日—；曹清河 2019 年 2 月 21 日—；孙扬 2019 年 2 月 21 日—	7	95 人（至 2020 年 12 月 16 日）

表 1-3　2011—2020 年徐州农科所（院）领导分工一览表

期间	姓名	职务	领导分工	备注
2011 年 7 月 29 日—2013 年 2 月 18 日	陈　萍	所（院）长	主持行政全面工作，负责人事、职称评聘和财务工作。分管财务处	
	刘　刚	所（院）党委书记	主持党委全面工作，负责思想政治、党风廉政建设和群团工作。分管干部、组织、纪检、统战、老干部、工会和科技扶贫工作	
	陈荣振	副所（院）长	负责科研项目、成果的申报与管理、科技服务、科技档案和图书资料。分管科研处	2012 年 12 月 27 日调研员，2015 年 11 月 23 日退休
	李要进	副所（院）长	负责后勤服务管理、基础设施建设、田间水利工程、后勤保卫工作。分管后勤服务部、试验示范基地办公室、店子园艺中心、原生食品有限公司	
	刘　超	副所（院）长	负责科技产业规划、发展和协调、管理工作。分管徐农种业、门市部、水稻研究室	2012 年 12 月 27 日副调研员，2015 年 11 月 23 日退休
	马代夫	副所长	负责甘薯研究中心工作。分管甘薯品资、甘薯育种、甘薯栽培、甘薯病虫草害防控和甘薯加工利用研究室	2012 年 12 月 27 日副调研员，延退（2016 年 5 月 9 日市委组织部证明）
	李再祥	副所（院）长	负责科研生产用地规划、调整，大田生产管理。分管办公室、生产和张集试验站。协助陈　萍所长做好财务工作	
	李　强	副所（院）长	负责外事、研究生管理，知识分子管理与培训工作。协助马代夫副所长做好甘薯研究中心有关工作	

（续表）

期间	姓名	职务	领导分工	备注
2013 年 2 月 18 日—2014 年 2 月 18 日	陈　萍	所（院）长	主持行政全面工作，负责人事、职称评聘和财务工作。分管财务处、徐农种业公司和学术委员会	
	刘　刚	所（院）党委书记	主持党委全面工作，负责思想政治、党风廉政建设和群团工作。分管干部、组织、纪检、统战、老干部、工会和科技扶贫、科技服务工作	2013 年 4 月 13 日调市水务局
	李要进	副所（院）长	负责后勤服务管理（含翰林花园）、基础设施建设、田间水利工程、后勤保卫工作。分管后勤服务处、试验示范基地和原生食品有限公司	
	李再祥	副所（院）长	负责科研生产用地规划、调整，大田生产（含店子生产）管理。分管办公室和张集试验站。协助分管财务和人事工作	
	李　强	副所（院）长	负责科研项目、成果的申报与管理、科技档案和图书资料、外事、研究生管理，协助首席科学家做好甘薯研究中心行政和日常工作，分管科研处	
2014 年 2 月 18 日—2015 年 12 月 31 日	陈　萍	所（院）长	主持行政全面工作，负责人事、职称评聘工作。分管财务处	2015 年 1 月 25 日调市政协
	蔡成缓	所（院）党委书记	主持党委全面工作，负责思想政治、党风廉政建设和群团工作	2013 年 11 月 8 日调入
	李要进	副所（院）长	负责后勤服务管理、基础设施建设、后勤保卫工作。分管后勤服务处、试验示范基地和原生食品有限公司	2014 年 8 月 15 日到龄退岗，2018 年 3 月 29 日退休
	李再祥	副所（院）长	负责科研生产用地规划、调整，大田生产管理，协管党务和人事工作，负责干部、组织、纪检、统战、老干部、工青妇，科技扶贫和科技服务工作。分管办公室、铜山试验站	
	李　强	副所（院）长	负责外事、研究生管理，分管甘薯研究中心，协助首席科学家做好甘薯研究中心有关工作	
	杨　峰	副所长	负责科研项目、成果的申报与管理、科技档案和资料管理，知识分子管理与培训工作。分管科研处	
	付长亮	副所（院）长	综合协助，侧重科研项目（农业部来徐挂职 2014 年 9 月—2015 年 9 月）	徐政干〔2014〕31 号
2015 年 12 月 31 日—2019 年 3 月 6 日	刘明钟	所（院）长	主持行政全面工作，负责人事、职称评聘工作。分管财务处	2015 年 1 月 8 日宣布，1 月 15 日调入
	蔡成缓	所（院）党委书记	主持党委全面工作，负责组织工作，分管铜山试验站	2017 年 7 月 27 日调离
	李再祥	副所（院）长	负责科技服务（扶贫）、科研生产管理，纪检、统战、老干部工作；协管组织、人事工作，分管办公室、科技服务中心	

（续表）

期间	姓名	职务	领导分工	备注
2015 年 12 月 31 日—2019 年 3 月 6 日	李　强	副所（院）长	负责外事、研究生管理、甘薯研究中心和综合实验室工作，分管甘薯品资室、甘薯育种室、甘薯栽培室、甘薯病害防控室、甘薯加工室和重点实验室，协助首席科学家做好国家甘薯产业技术体系有关工作	
	杨　峰	副所（院）长	负责科研项目、成果的申报与管理、科技档案、图书资料和知识产权管理，知识分子管理与培训；后勤服务管理、基础设施建设、安全保卫和群团工作。分管科研处、后勤服务处、试验示范基地、小麦室、水稻室、油料室、棉花室和园艺室	
2019 年 3 月 6 日—2020 年 7 月 21 日	刘明钟	所（院）长	主持行政全面工作，主管人事、财务（审计）、职称评聘、院学术委员会工作。分管财务处	
	宋庆科	所（院）党委书记	主持所党委全面工作，主管组织、党风廉政、意识形态（宣传）、纪检、监察、人才工作。联系铜山试验站	2019 年 1 月 20 日调入
	李再祥	副所（院）长	负责科技服务（扶贫）、科研生产管理，统战、党建共建联建、老干部工作，协管人事工作。分管科技服务中心	
	李　强	副所（院）长	负责研究生管理、甘薯研究中心工作，协管财务（审计）工作。协助首席科学家做好国家甘薯产业技术体系相关工作。分管甘薯品资室、甘薯育种室、甘薯栽培室、甘薯病害防控室、甘薯加工室	
	杨　峰	副所（院）长	负责科研项目、成果的申报与管理、科技档案、图书资料和知识产权管理，基地管理、精神文明建设工作。分管科研处、基地管理处、小麦室、水稻室、油料室、棉花室、园艺室、工会、铜山试验站	
	曹清河	副所（院）长	负责对外合作交流、实验室管理、科技产业、DUS 测试站筹备工作，协管甘薯研究中心工作。分管重点实验室、徐农种业公司、妇委会、青工委	
	孙　扬	副所长	负责行政综合管理、后勤服务管理、基础设施建设、安全保卫、作风建设工作，协助党委书记抓好党建和人才工作。分管办公室、后勤服务处	
2020 年 7 月 2 日—2020 年 12 月 29 日	刘明钟	所（院）长	主持行政全面工作，负责财务、人事、科研管理、职称评审、学术委员会等工作	2020 年 12 月 29 日免去院长职务
	宋庆科	所（院）党委书记	主持党委全面工作，负责干部、人才、全面从严治党、意识形态、纪检监察等工作。联系果树室、铜山试验站	
	李再祥	副所（院）长	负责科技服务、扶贫、生产管理，人事、统战、老干部等工作。分管科技服务中心	

（续表）

期间	姓名	职务	领导分工	备注
2020 年 7 月 2 日—2020 年 12 月 29 日	李　强	副所（院）长	负责研究生管理、财务（审计）、甘薯研究中心等工作，协助首席科学家做好国家甘薯产业技术体系工作。分管财务处、甘薯遗传育种研究室、甘薯生理栽培研究室、甘薯病害防控研究室、甘薯加工利用研究室	截至 2020 年 12 月 29 日
	杨　峰	副所（院）长	负责工会、科研、知识产权、基地管理等工作。分管科研处、基地管理办公室、小麦研究室、水稻研究室、油料研究室、棉花研究室、园艺研究室、果树研究室、铜山试验站、工会	
	曹清河	副所（院）长	负责外事、实验室管理、科技产业、植物品种测试等工作。分管甘薯品种资源研究室、植物品种测试技术研究室、中心实验室、徐农种业公司、妇联、青工委	
	孙　扬	副所（院）长	负责党建、组织、人才、宣传、精神文明建设、意识形态、安全、人事档案、后勤管理等工作。分管办公室、后勤服务处、综合档案室	
2020 年 12 月 29 日—	宋庆科	所（院）党委书记	主持所党委全面工作。主管干部、人才、意识形态与宣传、党风廉政、纪检监察等工作，侧重抓好服务平台建设。联系果树研究室、铜山试验站	2020 年 12 月 29 日（徐政干〔2020〕）88 号
	李　强	所（院）长	主持行政全面工作。主管财务、人事、甘薯研究中心等工作，协助首席科学家做好甘薯产业技术体系工作。分管财务处，联系甘薯遗传育种研究室	2020 年 12 月 29 日—
	李再祥	副所（院）长	主管统战、老干部，科技服务、审计、生产管理等工作，协管财务、人事工作。分管科技服务中心，协管财务处	
	杨　峰	副所（院）长	主管工会，科研、产业技术体系、知识产权、基地管理等工作。分管工会、科研处、基地管理办公室、小麦研究室、水稻研究室、油料研究室、棉花研究室、园艺研究室。协助宋庆科同志抓好果树研究室、铜山试验站工作	
	曹清河	副所（院）长	主管研究生教育、外事、植物品种测试等工作，协管甘薯研究中心工作。分管甘薯品种资源研究室、甘薯生理栽培研究室、甘薯病虫草害防控研究室、甘薯加工利用研究室、植物品种测试技术研究室、中心实验室，联系徐农种业科技有限公司	
	孙　扬	副所（院）长	主管党建、组织、精神文明建设、青年和妇女工作，中国农业科技管理研究会地市农业科研院所工作委员会工作，后勤安全管理等工作，协管人才、宣传与意识形态工作。分管办公室、后勤服务处、综合档案室（挂靠办公室），青工委、妇联	

第三节 10年（2011—2020年）概况

从2011年到2020年，时光荏苒，光阴如梭，转眼间国家“十二五”和“十三五”两个五年计划都过去了。在这10年中，徐州农科所培育了一批科技成果；造就了国家甘薯团队；做强了粮棉油菜果地方队；培育了高层次人才梯队、专家团队；在贯彻中共十八大、中共十九大精神的同时，做到了砥砺奋进、不忘初心；在创新农业科技的同时，实施了科技扶贫攻坚工程、乡村振兴战略；在奔向小康的同时，带动了“三农”致富；在走向世界的同时，展现了“全国百强院所”风范。10年来，徐州农科所科技事业发展日新月异，综合实力伴随科研发展同步壮大，为当地乃至全国农业产业的提升提供了重要支撑。特别是中共十九大以来，创新驱动发展战略全面实施，科技体制机制改革进一步深化，研发投入持续增加，创新活力竞相迸发，重大成果不断涌现，国家体系建设完善增强。全所科研步入稳健持续发展轨道，成为具有全国影响力的农业科技创新院所，昂首阔步迎接“十四五”开局之年、中国共产党100年华诞。

一、科技投入持续增加，研发条件显著改善

跨越新时期，迈入新时代，徐州农科所经济实力大幅提升，在一系列强有力科技政策及措施保障下，作为科技活动主体的基层科研机构，科研投入持续增加，研发队伍不断壮大，经费规模持续扩大，投入强度持续增强，科研基础条件大为改善。

（一）科技人员总量稳步增加

人才是科技创新的第一资源。2011年以来，全所科技人力资源得到快速发展，尤其是高层次科技人才大幅度增加，随着“科研立所、人才强所”战略的大力实施，科技创新队伍不断壮大。截至2020年12月，全院在职职工173人，其中科技人员141人；博士27人，硕士66人，本科28人，大专5人；研究员18人，副研究员36人，中级职称51人，初级职称16人；科级行政干部3人；工人26人（技师7人、高级工18人、副科级1人）。特别是截至2020年底，新引进应届硕、博士毕业研究生26人（其中博士4人），全所高职称、高学历的在职科技人员总量再创历史新高、史无前例。已经组成高层次、多学科的科研创新体系，形成以国家级和部省级项目为主体的课题结构，高层级科研平台和高等级科研成果奖数量在全国地市级农业科研机构中名列前茅。

“打造甘薯科研国家队”是全所现代学科创新体系建设中的重点，甘薯团队建设突破编制限额，在全所编制总额内增强配备。1985年江苏省机构编制委员会（简称江苏省编委）核定甘薯研究中心的科技员额为23人；1999年专职科技人员增至28人，比原额扩大20%以上，其中研究员4人，副研究员12人，博士4人，硕士6人；2013年增至33人，比原额扩大40%之多，其中研究员7人，副研究员9人，博士6人，硕士11人；2020年12月科技人员增至42人，比原额扩大82.6%，其中研究员7人，副研究员15人，博士11人，硕士24人。高职称科研人员都能领衔国家项目（课题）

和国际合作项目（专题）的实施，从理论基础、高新技术知识、试验设计、实验操作水平以及创新成效诸方面评价，充分体现这是一支高水平、高效率国家队。自 2008 年 12 月以来，在农业部全国现代农业产业技术体系建设中，徐州农科所一直被定为国家甘薯产业技术体系建设依托单位及其首席科学家单位，受聘首席科学家 1 人，岗位科学家 5 人。

“做大做强区域科研地方队”是徐州农科所现代学科创新体系建设中的传统优势，包括小麦、水稻、棉花、大豆、花生 5 个专业和为全市高效农业服务的园艺新兴专业，2013 年在岗总人数 31 人，其中研究员 5 人，副研究员 10 人，博士 4 人，硕士 11 人；截至 2020 年底，在岗总人数 47 人，其中研究员 9 人，副研究员 13 人，博士 10 人，硕士 27 人。小麦、水稻、棉花、大豆、花生全都进入国家农业产业技术体系建设项目，确定为各自国家农业产业技术体系项目的徐州或徐淮综合试验站，服务对象为江苏淮北地区；新兴专业园艺学科从一开始就注意高标准配置，尤其是大蒜品种改良岗位“十三五”进入国家特色蔬菜产业技术体系，受聘岗位科学家 1 人。2019—2020 年在将专业研究结构完善、调优的同时，又新扩增果树研究室、植物品种测试技术研究室和中心实验室，这 3 个新设立的机构共有科技人员 16 人，其中副研究员 2 人，博士 2 人，硕士 14 人，自运行以来，创新发展势头已初见端倪。

在区域科研地方队中，每个专业都有得力的创新体系，是淮海经济区农业科研机构中创新和服务效能最受好评的队伍。2011—2020 年，小麦研究室 12 人，研究员 4 人，副研究员 6 人，博士 3 人，硕士 4 人；水稻研究室 10 人，研究员 4 人，副研究员 4 人，博士 3 人，硕士 2 人；棉花研究室 6 人，研究员 2 人，副研究员 4 人，博士 1 人，硕士 3 人；油料（大豆、花生）研究室具有明显地方特色，科技人员 11 人，研究员 3 人，副研究员 2 人，博士 1 人，硕士 7 人。园艺研究室，科技人员 11 人，其中研究员 2 人、副研究员 2 人，博士 2 人，硕士 8 人；园艺专业研究（蔬菜、果树、瓜类、食用菌）在职科技人员 16 人，其中博士 3 人，硕士 11 人，研究员 2 人，副研究员 3 人。小麦、水稻、棉花、大豆、花生全都进入国家现代农业产业技术体系建设，确定为各自国家产业体系的徐州或徐淮综合试验站，受聘站长 5 人，服务对象为江苏淮北地区的徐州、连云港、宿迁 3 市 26 县（市、区）次；新兴园艺专业做到了高层次、高标准配置，其中大蒜进入国家特色蔬菜产业技术体系建设项目，受聘岗位科学家 1 名。

目前，全所现有 7 种作物（甘薯、大蒜、小麦、水稻、棉花、大豆、花生）步入“十二五”至“十三五”全国现代农业产业技术体系建设，受聘国家体系首席科学家 1 人，岗位科学家 6 人，综合试验站长 5 人。

（二）政府扶持力度持续加大

2010 年以来，江苏省财政拨发的事业经费投入持续快速增长，累计 33 300.47 万元，其中 2019 年 4 922.75 万元为最多。2020 年 3 670.51 万元，是 2010 年（1 747.68 万元）的 2.1 倍。固定资产投资 32 063.89 万元。2011—2020 年，事业费年均 3 155.279 万元，增加 104.95%，为全所科技创新提供了强大的资金保证，有力地支持了各项科技事业的发展壮大（表 1-4）。

表 1-4　2010—2020 年徐州农科所财务数据

单位：万元

年度	事业费	科研专项经费	业务收入				合计	固定资产投资
			成果转化	技术服务	产品销售	小计		
2010	1 747.68	1 493.57	71.9	12.39	25.58	109.87	3 351.12	2 139.78
2011	1 790.95	1 405.13	23.04	50.94	15.08	89.06	3 285.14	904.99
2012	1 720.56	1 975.49	40	98.12	138.08	276.2	3 972.25	118.38
2013	1 829.22	1 577.67	240	157.31	115.71	513.02	3 919.91	284.74
2014	2 894.36	1 960.09	1 172.18	88.99	126.33	1 387.5	6 241.95	2 321.23
2015	3 058.92	1 979.84	340	250.86	85.58	676.44	5 715.2	302.96
2016	3 495.46	1 426.8	799.75	283.01	157.31	1 240.07	6 162.33	270.43
2017	4 415.72	2 267.52	785	157.61	174.65	1 117.26	7 800.5	24 523.59
2018	3 754.34	2 015.91	95	1 271.7	176.87	1 543.57	7 313.82	402.89
209	4 922.75	2 455.34	23	267.31	198.43	488.74	7 866.83	153.6
2020	3 670.51	3 687.47	11.2	95.84	106.54	213.58	7 571.56	641.3
合计	33 300.47	22 244.83	3 601.07	2 734.08	1 320.16	7 655.31	63 200.61	32 063.89

（三）设备更新兼顾量质提升

在徐州农科所总部改建小麦种子加工和仓储设施、新建水稻种子加工包装车间和种子库，在房亭河南沿建成现代化食品加工厂，在原气象站建成复配农药产品库等设施设备的同时，科研测试仪器升级换代不断加强，尤其是种子加工流程实现自动化，体现了新时期、新时代自谋发展、自我武装的直接效应。自市场化运行机制定型以来，各专业研究室和开发部门都自具实力，投巨资增添自动流程装备和高级仪器，甘薯专业还建成包括分子标记、基因转移研究装备在内的生物技术实验室。全院 2011—2020 年投放资金 2 848.3 万元，购置实验室自动化操作、现代化办公设备 281 台件（套），其中每件（套）价值 5 万元以上的高档仪器 83 台件（套），总价值达 2 255.9 万元。添置 110 项科研生产设施，从根本上创造了应用高新技术进入深层次研究的基本条件（表 1-5）。设立了以服务甘薯为主、全所共用的高新技术研究中心（院重点实验室），曹清河博士任主任（徐农院〔2010〕11 号）。现有各类实验室 14 个，配置仪器设备 359 台套，价值 2 354.99 万元。小麦、水稻、棉花研究室自建自动化种子加工车间和水稻低温种子库；大庙现代农业试验示范基地建有 2 条公用农作物种子自动化加工线和省内首家地埋式自动伸缩一体化喷灌技术及设备以及国家级农作物品种区域综合试验技术规范、管理要求达标的试验物联网系统等现代化设施装备，为拓展研究领域、扩大开发空间、提高科研创新和开发服务效率创造了优越条件。高铁徐州东站、高速徐州东出入口、城东大道高架快速通道均距所总部不足 1 km，鲲鹏路南北贯通所总部门前、徐海路从大庙基地门前经过、学院路横穿住宅小区翰林花园，互联网局域网、电讯虚拟网装备配套，科研办公现代化、田间试验机械化、室内实验精密化。全所的交通便利、通信高效、办公现代、手段优越的科研条件，相比改革开放之前有天壤之别，相比全国同类行业也实属一流之列。

表 1-5　2011—2020 年徐州农科所重要科研仪器设备统计（超 5 万元 / 台套）

序号	仪器设备名称	资产分类名称	数量	产值 / 元
1	自走式喷杆喷雾机	植保机械	1 台	82 800
2	LEICA S6D 体视显微镜	手术显微镜及放大镜	1 台	61 060
3	奥地利小区联合收割机	谷物收获机	1 台	956 402
4	小型自走式单粒点播机	播种机械	1 台	946 886
5	徕卡 DM4000B 荧光显微设备系统	显微镜	1 台	468 000
6	便携式光合作用测量系统	光学式分析仪器	1 台	365 000
7	高速分离机中试成套设备天本 GZX-1	离心机	1 台	84 500
8	实验型不锈钢旋转真空浓缩仪	浓缩机械	1 台	64 800
9	微型实验室喷物干燥机	干燥机械	1 台	57 500
10	恒温自动低压液相色谱分离层析系统	物理特性分析及校准仪器	1 台	54 800
11	卷盘式喷灌机	喷灌机械设备	1 台	73 000
12	视频与周界报警系统	自动成套控制系统	1 套	355 789
13	园区办公楼智能化系统	自动成套控制系统	1 套	450 000
14	松下植物培养箱	试验箱及气候环境试验设备	5 台	288 925
15	超纯水系统	其他仪器仪表	1 套	55 040
16	凝胶成像系统	其他仪器仪表	1 套	80 000
17	实时荧光定量 PCR 仪	其他仪器仪表	1 套	350 000
18	酶联免疫系统	其他仪器仪表	1 台	119 000
19	化学发光凝胶成像仪	其他试验仪器及装置	1 台	72 000
20	组合式冷库	立体仓库设备	1 台	96 000
21	高效液相色谱	其他仪器仪表	1 台	469 800
22	激光扫描成像系统	其他仪器仪表	1 台	483 000
23	便携式光合作用测量系统	其他仪器仪表	1 台	450 850
24	太阳能发电系统	太阳能设备	1 台	59 600
25	台式多功能离心机	离心机	1 台	84 500
26	激光扫描系统序列软件	应用软件	1 套	125 000
27	质谱仪	质谱仪	1 台	428 000
28	徕卡 DMIL LED 倒置显微镜	显微镜	1 台	144 900
29	气相色谱仪	色谱仪	1 台	209 900
30	发酵罐	发酵设备	1 台	206 000

（续表）

序号	仪器设备名称	资产分类名称	数量	产值 / 元
31	膳食纤维分析仪	其他农林牧渔专用仪器	1 台	188 000
32	凯氏定氮仪	其他专用仪器仪表	1 台	69 000
33	Licor 便携式叶面积仪	光电叶面积仪	1 台	125 000
34	植物培养箱	试验箱及气候环境试验设备	2 台	122 000
35	多功能电转电融合仪	其他仪器仪表	1 台	158 000
36	倒置荧光生物显微镜	其他仪器仪表	1 台	324 000
37	流式细胞仪	其他仪器仪表	1 台	487 000
38	种薯储藏架	其他仪器仪表	1 台	63 000
39	样品快速制备系统	其他仪器仪表	1 台	62 000
40	PCR 仪（nexus Gsx1 型）	其他仪器仪表	1 台	124 000
41	超低温冰箱	冷藏箱柜	1 台	51 000
42	PCR 仪（nexus X2e 型）	其他仪器仪表	1 台	86 140
43	物联网设备	其他农业和林业机械	1 套	70 116
44	数字植物冠层图像分析仪	其他分析仪器	1 台	84 940
45	台式恒温冷冻摇床	其他专用仪器仪表	1 台	60 000
46	冷库	制冷电器	1 套	55 114
47	小区精量播种机	播种机械	1 套	120 000
48	自走式高地隙水稻小麦植保机	植保机械	1 套	160 000
49	玉米测产系统	其他农林牧渔专用仪器	1 套	85 000
50	可视化病虫测报灯	其他农林牧渔专用仪器	1 套	75 000
51	净水设备	其他生活用电器	1 台	50 000
52	均质机	食品均质机	1 台	60 000
53	揉面钵	其他食品加工专用设备	1 台	128 000
54	梯度 PCR 仪	其他专用仪器仪表	1 台	72 300
55	小麦水肥药雾化保湿联合植保设备	植保机械	1 台	258 500
56	手持式植物基因枪	生物、医学样品制备设备	1 套	308 000
57	组学数据分析系统	巨 / 大 / 中型机	1 套	1 069 800
58	人工气候室	试验箱及气候环境试验设备	1 套	649 450
59	自动化工作站	其他自动化仪表	1 套	900 000
60	质构仪	其他分析仪器	1 套	295 000

（续表）

序号	仪器设备名称	资产分类名称	数量	产值 / 元
61	元素分析仪	其他分析仪器	1 套	818 600
62	真空离心浓缩仪	浓缩机械	1 套	78 000
63	多功能台式离心机	离心机	1 套	100 000
64	顶空自动进样器	物理特性分析及校准仪器	1 套	198 000
65	流动分析仪	其他分析仪器	1 套	408 600
66	植物生理生态监测系统	其他分析仪器	1 套	329 000
67	液氮发生系统	其他分析仪器	1 套	398 000
68	微波消解仪	其他仪器仪表	1 套	299 000
69	电感耦合等离子体发射光谱仪	其他光学仪器	1 套	709 500
70	实时荧光定量 PCR 系统	其他仪器仪表	1 套	448 000
71	高通量核酸片段分析仪	其他分析仪器	1 套	569 000
72	冷冻干燥机	干燥机械	1 套	539 500
73	冷冻干燥机	干燥机械	1 套	300 000
74	高效样品破碎系统	高效样品破碎系统	1 套	120 000
75	纯水设备系统	其他分析仪器	1 套	438 700
76	电子舌	食品检测、监测设备	1 套	700 000
77	田间管理机械植保无人机	植保机械	1 套	55 500
78	物联网系统	其他计算机设备及软件	1 套	1 946 000
合计			83 台套	22 558 812

二、创新立项稳步提升，科技计划顺利实施

“十二五”至“十三五”期间，国家、江苏省在基础科学研究（973 计划）、高技术研究（863 计划）、科技支撑（科技攻关）科技基础条件建设、科技成果转化等多个方面顺利实施一系列科技计划，建立了公开统一的国家科技计划管理平台，推动科技实力实现跨越式提升。不断增加的科技投入使科研基础条件大为改善，形成了包括科研装置和仪器、国家重点实验室、种质资源科学数据库、行业技术平台、技术研发中心等较完备的科研条件。“十二五”以来（2011—2020 年），徐州农科所新上各级各类项目 523 项，年均 52.3 项；新增合同经费 2.68 亿元，年均合同经费 2 682 万元；10 年承担在研项目共 1 205 项，年均 120.5 项，其中国家、部省级项目 935 项，占承担在研项目总数的 77.59%；市级 112 项，占 9.29%；其他课题 114 项，占 9.46%；国际合作项目 11 项、所基金资助项目 33 项，分别占 0.91% 和 2.74%。详见表 1-6。

表 1-6　2011—2020 年徐州农科所承担科研项目分类

单位：项

年度	在研项目总数	国家级	部省级	市级	横向 / 其他	国际合作	本所基金
2011	101	29	58	8	4	2	
2012	105	30	65	9	1		
2013	110	30	69	7	3	1	
2014	98	33	49	10	5	1	
2015	116	33	53	6	14	1	9
2016	97	34	51	3	9		
2017	128	50	48	9	11	2	8
2018	165	68	50	23	21	3	
2019	165	52	56	22	25	1	9
2020	120	44	33	15	21		7
合计	1 205	403	532	112	114	11	33
年均	120.5	40.3	53.2	11.2	11.4	1.1	3.3
占比 /%		33.44	44.15	9.29	9.46	0.91	2.74

三、科研平台提档升级，创新手段增强完善

2011 年 7 月农业部批准设立“农业部甘薯生物学与遗传育种重点实验室”，2012 年教育部批准徐州农科所与江苏师范大学生命科学学院合作申报国务院博士研究生招生点，2019 年 5 月 6 日经国务院学位委员会批准为“服务国家特殊需求国家甘薯产业技术体系遗传育种与生物技术博士人才培养项目”（学位〔2019〕9 号），江苏师范大学评定马代夫研究员为博士生导师（苏师大研〔2013〕10 号），为培养和造就高层次专业人才、加强学科带头人队伍建设提供了新平台。先后实施各级科研平台类建设项目 20 项，其中国家级科研平台 8 项，省级科研平台 6 项，市级科研平台 6 项。投资总额 6 849.65 万元，其中政府财政资金 5 454.65 万元。包括农业农村部甘薯生物学与遗传育种重点实验室 1 208 万元、国家甘薯改良中心二期 600 万元、国家种质资源徐州甘薯试管苗库扩建 380 万元、江苏省徐淮地区国家农作物品种区域试验站建设 915 万元、国家土壤质量徐州观测实验站建设 1 353.65 万元 5 项农业农村部批复建设项目，财政资金共计 4 456.65 万元；甘薯原原种扩繁基地、设施园艺高效农业示范基地建设均为省财政下达建设项目，省拨财政每项资助经费 100 万元，计 200 万元；徐州市薯类加工重点实验室为徐州市批复建设项目，财政资金 50 万元。项目涉及品种资源保存利用、品种改良、新技术研发、现代农业产业技术体系建设、引智成果示范、人才培养等领域，对优化科研装备水平，改善工作环境，提高创新能力和服务效能，发挥了重要的资助作用。每个重大平台项目建设，都按照农业农村部和省农林厅的规划设计要求，成立项目建设领导小组和工程实施小组，制定周密实施方案，按程序组织工程招标，跟踪检查施工质量，随时取得上级主管部门的质量认可，任务完

成后在自查基础上报请上级验收，个别项目经过整改，取得复查验收认可，工程质量全部达标，使全所科研硬件设施得到持续改善。

四、实施“三大”工程建设，所容所貌焕然一新

徐州农科所在建设甘薯研究中心、国家农作物品种区域试验站、江苏省国家棉花改良中心徐州分中心、国家甘薯改良中心、国家种质甘薯试管苗库等整修一新的基础上，开展了兴建史上规模最大的“三项基础设施工程”，包括云龙区的职工住宅小区翰林花园“安居乐业工程”、经开区的所总部科技研发中心“创新发展工程”、大庙现代农业科技试验示范基地的“成果展示工程”，形成了创新总部、试验基地、生态住宅和张集试验站遥相辉映、布局归一的现代农业科研院所。

（一）经开区的所总部办公区科技研发中心（创新发展工程）

为避开所总部东侧高铁、高速路噪声干扰和南侧新居民区遮挡视野的影响，2009 年开始筹划将办公区西延至鲲鹏路东，新建所大门。2011 年 10 月 8 日开工，占地总面积 105 亩，拆除 9 700 m^2 大片稠密危旧房舍，新建款式新颖、间距宽阔的行政楼、甘薯楼、作物楼、重点实验室、国际交流中心、科技服务中心以及人防兼地下车库，建筑总面积 38 208 m^2，连片绿地扩展为 15 000 m^2，2013 年建成，累计投资 1.2 亿元左右，使总部办公区形成具有汉代建筑特色、新时代新观感的现代化、园林化农业科研机关院落。

（二）经开区的现代农业科技试验示范基地（成果展示工程）

建在距离所总部向东方向 10 km 的徐海路北沿大庙村东至房改河之间，2010 年 5 月动工，2012 年底基本竣工，2013 年初正式投入使用。累计投资 1.2 亿元左右。工程源自 2008 年兴建京沪高铁穿越试验地，打乱全所田间试验布局。根据《市政府关于市农科院拆迁问题的会议纪要》精神，通过政府补偿，经考察论证，商定将徐州农科所田间试验场所迁至大庙村东处，新征土地 1 049 亩，建成露地高标准试验示范区 941.7 亩；7 种不同类型的温室设施栽培试验区 10 328 m^2+ 配房 598 m^2、防鸟网室 4 080 m^2+ 配房 474 m^2；调查实验业务工作区房屋总面积 10 132 m^2，包括办公室、农产品展示室、实验室、种子加工及储存仓库、甘薯种质资源储备库、棉花品质分析室及加工储存库、农机库等。装备两条种子生产线，晒场 10 874 m^2。配有提水泵站两套（井水、河水）并行的灌排系统、蓄水池塘、绿化带等附属设施。形成视野开阔、规划整齐、设施先进、环境优美的高标准农业试验示范基地，达到了全国农业科研机构一流水准。

（三）云龙区的职工住宅小区翰林花园（安居乐业工程）

该区建在仅距所总部向西方向 5 km 云龙区的庆丰路东边原东店子试验场。源自所领导不失时机地参照建造经济适用房相关政策，以危旧房改造工程项目立项，住房结构、面积和市政收费获得优惠照顾。2006 年 10 月开工，2008 年 8 月竣工、10 月上旬统一交房。总建筑面积 55 642 m^2，合计投资 4 910.25 万元。包括 4 栋多层、3 栋小高层住宅楼房，住户 298 套，职工全部迁入，户均一套，给职工按成本计价。住房宽敞明亮，采光充足，南北对流，空气通透，设施配套，附地下储藏室。公建设施有物业综合楼 1 203 m^2。绿地覆盖率 50% 以上，质量上乘，环境优美，舒适宜人，充分体现住宅

的实用性、宜居性和经济性的特点，周边影响好，住户对其赞誉有加。

五、创新发展增强后劲，体系建设全国争先

2008 年 12 月 22 日，农业部启动第二批主要农产品现代农业产业技术体系建设（农科教发〔2008〕10 号），确立徐州农科所为“国家甘薯产业技术研发中心”建设依托单位，聘任马代夫研究员为首席科学家，设 4 个功能研究室，16 个科学家岗位和 20 个综合试验站。“十一五”期间，国家甘薯产业技术研发中心及其育种、综合 2 个功能实验室、4 个科学家岗位均在徐州农科所内，病虫害、栽培土肥功能研究室和其余 12 个科学家岗位分设在外省、市。马代夫兼育种实验室主任及其岗位科学家，李洪民为综合实验室主任及其岗位科学家，唐君、谢逸萍分别为资源创新利用及病虫防控岗位科学家。2011 年 3 月 8 日，《农业部关于印发现代农业产业技术体系建设依托单位和岗位聘用人员名单（2011—2015 年）的通知》（农科教发〔2011〕3 号）下发，“十二五”期间，建在徐州农科所内的国家甘薯产业技术研发中心改设 4 个功能研究室，分别为遗传育种（中国农业大学）、病虫害防控（河南省农业科学院）、栽培与耕作（山东省农业科学院）、产后加工（中国科学院成都生物所）；25 个综合试验站及其 125 个服务县。徐州农科所在“十一五”基础上增加钮福祥为甘薯加工利用岗位科学家。2017 年 6 月 13 日，《农业部关于印发现代农业产业技术体系建设依托单位和岗位聘用人员名单（2016—2020 年）的通知》（农科教发〔2017〕10 号）下发，“十三五”期间，马代夫继续为首席科学家，设置功能研究室 6 个（新增产业经济、种植机械化），岗位科学家 23 人，其中岗位科学家更新 3 人（徐州农科所李强替代马代夫、四川省农业科学院谭文芳替代王大一、邱思鑫替代蔡南通），新增岗位科学家 3 人（江苏省农业科学院院长易中懿、江苏师范大学生命科学院院长李宗芸、农业部南京农业机械化研究所研究员张文毅）；维持综合试验站 25 个及其 125 个服务县不变。其中烟台、漯河、龙岩、石家庄、万州因原站长到龄退休更新站长 6 名。国家甘薯产业技术体系涵盖全国 18 个省（区、市）30 个地市，服务县 125 个。在徐州农科所的国家甘薯体系首席科学家马代夫研究员组织协调、率领带领下，针对关键问题、产业需求，开展不拘形式、多种场合的品种引种、高产创建、创新竞赛、加工研发、科技培训、现场指导等学术活动，引领全国甘薯科技创新，生产加工高质量、快速度地提升发展。徐州农科所于 2018 年推广徐薯 27、徐薯 28、徐薯 32，徐紫薯 6 号、徐紫薯 8 号等徐薯系列甘薯新品种 5 个，推广高垄双行机械化、大垄双行膜下滴灌节水栽培技术 6 项，开展技术培训、典型观摩活动 25 场次，受训薯农近 5 000 人次，发放科普资料 7 000 份（册）以上。国家首席科学家研发经费每年 100 万元（首席 70 万元，另增兼职岗位科学家 30 万元），岗位科学家每人每年 70 万元。

2007 年 12 月 29 日，农业部在全国主要农产品第一批现代农业产业技术体系建设中（农科教发〔2019〕14 号），经提名审核评选，徐州农科所 2007 年获准为国家小麦产业技术体系徐淮综合试验站、国家棉花产业技术体系徐淮综合试验站。2008 年又获准为国家水稻、大豆、花生产业技术体系徐州综合试验站，分别聘任陈荣振、陈萍、刘超、王宗标、张祖明为上述 5 个综合试验站站长，“十二五”期间，棉花徐淮综合试验站站长由陈萍改为李卫华。“十三五”期间，国家小麦产业技术体系“徐淮综合试验站”改为国家小麦产业技术体系“徐州综合试验站”，站长由陈荣振改为冯国华，水稻徐州综合试验站站长由刘超改为王健康，大豆、花生徐州综合试验站站长分别由王宗标、张祖明改为王幸、王晓军。“十一五”期间每站每年研发经费 30 万元，“十二五”“十三五”增为 50 万元，

其中 2020 年因新冠肺炎疫情而调整为 31.25 万元。小麦、水稻、棉花、大豆、花生 5 个综合试验站分别在苏北地区各设 5 ~ 6 个示范县（区）作定向、定点进行科技服务、成果示范；常年开展品种推广、科技服务、科技培训等活动，全所设立的示范县（区）涉及 5 个市（徐州、连云港、宿迁、淮安、盐城）15 个县（区）30 个县（区）次（表 1-7）。仅 2018 年就示范推广小麦、水稻、棉花、大豆、花生、蔬菜、果树等新品种 19 个、新技术 32 项，推广面积 500 余万亩，新增社会经济效益 4.3 亿元以上；开展科技培训 71 场次、受训农民 12 806 人次，印发实用技术资料 10 000 余份（册），深受当地职业农民、家庭农场、农业合作社等欢迎和好评。

表 1-7　徐州农科所国家现代农业产业技术体系综合试验站下设示范县（市、区）

序号	试验站	站长	年份	示范县（市、区）	总数
				县（区）	
1	国家小麦产业技术体系徐淮综合试验站	陈荣振研究员	2007—2010	徐州市沛县、铜山；连云港市东海；宿迁市沭阳；淮安市金湖；盐城市盐都	6
	国家小麦产业技术体系徐淮综合试验站	陈荣振研究员	2011—2015	徐州市丰县、沛县、铜山、邳州、新沂；连云港市东海	6
	国家小麦产业技术体系徐州综合试验站	冯国华研究员	2016—2020	徐州市丰县、沛县、铜山、邳州；连云港市东海	5
2	国家水稻产业技术体系徐州综合试验站	刘超研究员	2008—2015	徐州市铜山、邳州、新沂；宿迁市宿豫、淮安市洪泽	5
	国家水稻产业技术体系徐州综合试验站	王健康研究员	2016—2020	徐州市铜山、邳州、新沂；宿迁市宿豫、淮安市洪泽	5
3	国家棉花产业技术体系徐淮综合试验站	陈萍研究员	2007—2010	徐州市丰县、铜山、睢宁、邳州；连云港市灌云	5
	国家棉花产业技术体系徐淮综合试验站	李卫华研究员	2011—2020	徐州市丰县、铜山、邳州；连云港市灌云	5
4	国家大豆产业技术体系徐淮综合试验站	王宗标研究员	2008—2015	徐州市沛县、铜山、邳州；连云港市灌云；宿迁市泗洪	5
	国家大豆产业技术体系徐淮综合试验站	王幸研究员	2016—2020	徐州市沛县、铜山、睢宁、邳州；宿迁市泗洪	5
5	国家花生产业技术体系徐州综合试验站	张祖明研究员	2008—2015	徐州市睢宁、邳州、新沂；连云港市赣榆、东海	5
	国家花生产业技术体系徐州综合试验站	王晓军研究员	2016—2020	徐州市睢宁、邳州、新沂；连云港市赣榆、东海	5

六、科技产出量质齐升，农业科研成绩斐然

经过 10 年的深耕厚植与艰苦拼搏，徐州农科所科技产出水平实现较大跨越，科学论文数量和被引用量迅速扩大，专利申请数量和质量同步提升，知识产权产出、保护和运用能力得到长足发展，应

用基础研究和高新技术应用实现突破，取得一批在省内外叫得响、数得着的重大成果。全所的科技发展进程已经由过去的难以望其项背到如今已进入“跟跑、并跑、领跑”阶段。

（一）科学论文成果丰硕

科学论文的数量和质量代表了科学研究特别是应用基础的档次水准。全所编写出版专著 53 部，其中主编 2 部，参编 51 部；发表研究论文 781 篇，其中发表在核心期刊的 451 篇，学报的 257 篇，SCI 论文 73 篇。其数量和质量都得到进一步提升。

（二）专利实现量质齐升

10 年来，专利申请 183 件，其中发明专利 132 件；获得专利授权数 89 件，其中发明专利 46 件。2019 年申请专利 29 件，是 2010 年的 5 倍，2011—2020 年专利申请数年均增长 32.8%；专利授权数（89 件）是 2010 年的 29.7 倍，年均增长 8.9%。在专利数量大幅增长的同时，专利质量也得到同步提升。以最能体现创新水平的发明专利为例，2020 年，发明专利申请数达 14 件，比 2010 年提高 7 个百分点；平均每亿元研发经费产生发明专利申请 48.9 件，比 2010 年提高 43 件，专利产出效率得到提高。同时重视知识产权保护和运用，先后出台《知识产权管理办法》《知识产权交易实施细则》等多项知识产权保护管理文件，不断完善知识产权保护机制，加强执法力度，知识产权保护、社会满意度得到持续提高。

（三）基础研究进展加快

10 年来，科技人员高度重视应用基础研究，2020 年全所新上应用基础研究课题 25 项，争取资助经费 434.06 万元，分别是 2010 年新上应用基础研究课题、经费（8 项 67.9 万元）的 3.2 倍和 6.4 倍；2011—2020 年新上应用基础研究课题 154 项，获得课题经费 6 096.32 万元，比 2010 年年均分别增长 14.6 项和 541.7 万元。在国家、省自然科学基金、重点基础研究发展计划支持下，应用基础研究在高新技术研究领域取得一定突破；从新品种选育到新技术、新模式、新产品都有科技成果获奖。

（四）高新研究成绩明显

在国家、省重大科技专项和国家高技术研究发展计划（科技攻关、科技支撑、863 计划、973 计划）的支持下，徐州农科所开展了种质资源数据库、生物技术、细胞遗传学、基因克隆、分子标记辅助育种等领域研究。取得了“小麦新品种徐麦 30-32 选育推广与产业化开发”“抗条纹叶枯病高产优质粳稻新品种选育及应用”“淮北地区棉花 / 大蒜（洋葱）高效立体种植模式推广应用”“优质抗病大豆新品种选育与高效栽培技术示范推广”“高油高产花生徐花 13 号 14 号选育与应用”“大蒜新品种徐蒜 1 号徐蒜 815 选育与推广应用”“设施蔬菜水肥一体化及高效栽培技术集成示范推广”“优质早熟砂梨新品种引进与应用”“甘薯优良品种评价利用及配套栽培技术集成应用”“甘薯优异种质资源的挖掘与利用”“高淀粉多抗甘薯品种徐薯 22 的选育和利用”“甘薯 GI 基因克隆及其介导的甘薯耐逆性研究”“黄淮地区甘薯绿色增效关键技术与应用”“中国甘薯病毒种类鉴定检测和综合防控技术研究与应用”“甘薯病毒病综合防控关键技术集成及推广应用”“优质食用甘薯品种选育及开发应用”“徐花系列五彩花生生产加工关键技术研究及应用”“甘薯乙醇浓醪发酵关键技术研发”等一系列研究成就，在麦稻优质高产高抗、大豆花生高油高效、甘薯高营养高淀粉、大蒜高产高指标、棉花高抗虫、甘薯加工利用等新品种选育、高新技术应用以及食品深加工等农业科研部分领域抢占了制高点，实现从“跟跑”到“并跑”“领跑”的跃升。

七、创新活力竞相迸发，体系建设日益增强

新时代给徐州农科所创新发展注入了鲜活的动力，特别是中共十九大以来，国家、省鼓励自主创新，大力倡导“大众创业、万众创新”，各类市场主体的创业创新活力竞相迸发。农科单位的创新地位全面强化，成为科学探索和知识创新的骨干，各类科技创新孵化器、加速器和众创空间等新型科技服务组织日益壮大，区域创新空前活跃，符合高质量发展要求的创新体系正在逐步形成。

（一）企业创新蓬勃开展

创新能力已成为科技企业发展壮大的核心竞争力。徐州农科所创办的江苏徐农种业科技有限公司，2011—2020 年承担研发项目（课题）18 项，选育新品种 2 个，研制新技术、新模式 20 项，获得科技创新奖励 2 项，创新在一定程度上已成为所办科技企业生存发展的必然选择。

（二）产学研融合明显加强

产学研结合是科研成果由实验室走向生产线乃至千家万户的重要一环。10 年来，特别是中共十八以来，国家、省、市出台了多项政策措施促进产学研融通合作，徐州农科所这方面取得了明显成效。2011 年以来，全所向农业科技企业转化科研成果（主要是转让品种经营权）17 项，收入科研补充资金 1 785 万元以上，其中徐州农科所创办的科技企业——江苏徐农种业科技有限公司在开展产品或工艺创新活动中，将本所作为合作对象的占 76.1%。2011—2020 年，所办科技企业以成果转化、转让形式对全所各学科研究的研发经费补充至少 1 280 余万元。

八、创新增强支撑能力，服务“三农”高质量发展

（一）推广优质品种，创收回报科研

2011—2019 年，在科技创新实力、能力、活力稳步提升的同时，科技创新对经济社会发展的贡献也愈发显现。特别是中共十八大以来，科技创新对产业转型升级、产品供给优化、新动能培育等方面的支撑引领作用显著增强，成为引领高质量发展、提升徐州农科所核心竞争力的重要源泉。徐州农科所创办的科技企业转化转让本所自育的小麦、水稻、棉花、大豆、花生、甘薯新品种达 154 个次，年均对外出售主要农作物原良种 5 164 987.3 kg，销售收入 22 042 万元，净利润 724.61 万元，在苏鲁豫皖及其他地区示范推广累计 3 330 余万亩，新增社会经济效益 2.64 亿元。

（二）围绕乡村振兴，精准服务“三农”

随着科技不断进步，现代农业快速发展，解决“三农”工作中出现的关键性技术问题成为新时代农业发展的迫切需求。为了强化科技服务工作，满足当地当时“三农”需求，按照江苏省农业科学院的要求，结合徐州农科所的实际，2015 年 4 月将挂在科研管理处的“农业科技服务中心”职责划出，成立所内独立机构“徐州农科所科技服务中心”，扎口管理全所科技服务工作，组织协调科技资源，

广泛开展科技服务；实施了所内国家体系岗站、挂县强农、科技帮扶、模式创新、科技扶贫、科技兴农工程项目，开展了科技成果示范推广、转化转让、咨询服务、展示培训等活动，在服务“三农”工作中，以科技创新、成果转化、技术指导、典型引导为抓手，充分发挥人才、科技、成果优势，跟上跟进农业供给侧结构性改革快速步伐，贴紧贴近现代农业发展需求，提振奉献富农精神，攻坚发力、精准服务“三农”，促使乡村振兴战略落到实处、开花结果。并与基地、基点的农民实行给予不索取、服务免收费，发展求共赢。

科技是国家强盛之基，创新是民族进步之魂。在徐州农科所科技创新发展过程中，科技事业实现了从“基本跟踪、快速追赶”到“三跑并存、领跑并跑渐多”的跨越式发展。特别是中共十八大以来，在所领导班子的正确领导和广大科技工作者的共同努力下，科研创新密集发力、加速跨越，取得了举世瞩目的成绩，实现了历史性、整体性、格局性重大变化。但同时也应看到，与国内科技强势院所相比，徐州农科所仍属基层较强单位，在原始创新、颠覆性创新、协同创新等方面仍存在不小的差距。必须以习近平新时代中国特色社会主义思想为指引，坚定落实创新驱动发展战略，奋力加强自主创新，突出以科技创新带动全面创新，充分发挥创新对高质量发展的关键引领作用，勠力同心，奋勇向前，为建成创新型农业科研单位和国内一流的宏伟目标而不懈努力。

九、专业研究砥砺奋进，科技创新跨越发展

（一）小麦研究室

1986 年将粮食作物研究室小麦育种组划出成立小麦研究室，1990 年撤销耕作栽培研究室并入小麦研究室。从此开始，小麦研究主题是小麦遗传育种及栽培技术。徐州农科所一直把小麦科研工作列入重点，始终在人力、物力、财力上予以重点支持或第一位安排。从事小麦专业研究的科研人员有刘世来研究员（2011 年 5 月退休）、王来花副研究员（2014 年 4 月退休）、李德民副研究员（2014 年 1 月退休）、陈荣振研究员（2015 年 11 月退休）陆续退休，新进人员为马红勃博士、刘静硕士、刘立伟硕士、易媛博士、朱雪成硕士。现在在职研究员 2 人（冯国华、刘东涛）、副研究员 3 人（张会云、马红勃、王静）。其研究方向有 4 个：一是小麦种质资源评价与创制：研究内容是小麦种质资源收集、鉴定评价与种质创新，张会云为负责人，朱雪成、王静（DH 材料创制）为成员；二是小麦抗病育种：研究内容是综合利用分子标记辅助选择（MAS）和玉米花粉诱导小麦单倍体（DH）等生物技术手段，结合常规育种、加代技术、多点表型鉴定，快速选育多抗（赤霉病、白粉病、条锈病等）小麦新品系；刘东涛为负责人，刘静、朱雪成、马红勃为成员；三是小麦优质育种：研究内容是综合利用 MAS 和 DH 等生物技术手段，结合常规育种、品质鉴定，选育优质面包、面条、馒头专用小麦新品系；马红勃为负责人，王静、刘立伟、刘东涛为成员；四是小麦高效绿色栽培：研究内容是稻麦周年高产等绿色栽培技术研究和技术培训、技术指导，加快新品种、新技术应用步伐，服务当地农业生产；冯国华为负责人、易媛、刘立伟、张会云为成员。小麦研究室的科研成果突出，2011—2020 年共承担各级各类科研项目（课题）38 项，育成小麦新品种 10 个，徐麦 33、徐麦 35 和徐麦 36 已达到 650 ~ 750 kg 的产量潜力，2019 年、2020 年多个品种在各级中间试验中名列前茅；建立完善了淮北地区小麦抗赤霉病育种体系，综合利用分子标记辅助选择（MAS）和玉米花粉诱导小麦单倍体（DH）等生物技术手段，结合常规育种、加代技术、多点表型鉴定，快速导入抗赤霉病主效 QTL，

创制本麦区中抗赤霉病的育种材料，徐农 029 赤霉病稳定达到中抗水平，徐麦 DH9、徐麦 17252（含 Fbh1 基因）多年多点鉴定赤霉病达到中抗水平，同时穗发芽、锈病抗性亦有所提高；育成的徐麦 32、徐麦 36 品质达到强筋标准，徐麦 38（徐麦 14123、）徐麦 14017、徐麦 15019 等达到中强筋标准；共获科研成果奖 6 项次，其中国家、部省级、市级各 2 项。育成的小麦新品种在苏鲁豫皖等省份累计推广种植 1 500 万亩以上，新增社会经济效益 20 亿元以上。申报植物新品种权 8 个，参编专著 10 部、发表研究论文 22 篇。被评为市级拔尖人才 4 人次，优秀专家 3 人次。

（二）水稻研究室

1986 年在徐州农科所粮食作物研究室水稻研究组的基础上建立水稻研究室，从此开始系统的水稻育种和栽培技术研究工作。2011—2020 年先后参加水稻科研工作的科技人员有刘超（2015 年 10 月退休）、王健康、郭荣良、丁成伟、吴玉玲、徐家安、王友霜、胡婷婷、赵铁鹏、何弯弯；科辅工人有陈鹏（2019 年 11 月退休）、潘玉良、李芳（2016 年 3 月退休）、高金喜（2017 年 1 月调至基地），现有科技人员 8 人、科辅工人 1 人，其中研究员 3 人，副研究员 3 人，博士 3 人，硕士 2 人。2016 年 1 月国家水稻产业技术体系徐州综合试验站新老站长实现顺利交接。水稻专业研究方向有 3 个：一是优质高产多抗中粳稻新品种选育；二是优质多抗超高产杂交粳稻新品种选育；三是水稻轻简化绿色高效栽培技术研究。其科研分工是：丁成伟、吴玉玲、胡婷婷、何弯弯主要从事常规粳稻育种资源创制及新品种选育；王健康、郭荣良、王友霜主要从事杂交粳稻亲本创制及新品种选育；赵铁鹏主要从事水稻轻简化栽培技术研究。科技人员在不同研究方向上有交叉和协作。科辅工人主要负责科研项目的田间管理及实验室部分辅助工作。2011—2020 年共承担国家、省级、市级农业科研课题 26 项，其中国家级项目 6 项、省级项目 16 项、市级项目 4 项。育成水稻新品种 7 个，在苏、皖、鲁、豫等省份累计推广种植 550 万亩以上，新增社会经济效益 7 亿元以上，获直接经济效益 600 余万元。申报植物新品种权 12 个、授权 8 个，申报专利 8 件、授权 1 件，参编专著 2 部、发表研究论文 39 篇。获国家科学技术进步奖一等奖 1 项（第二完成单位）、江苏省科学技术奖二等奖 1 项（第一完成单位）、徐州市科学技术进步奖一等奖 1 项（独立完成）。实现了杂交中梗、系列常规稻品种在产量、品质、抗病、适应性和配套栽培技术等方面的新突破，开创了黄淮、江淮稻区生产增收的新局面。

（三）棉花研究室

徐州农科所的棉花科研始于 1918 年，1975 年建立棉花研究组，1986 年由徐州农科所经济作物研究室的棉花研究组升格为棉花研究室。2011—2020 年共有在职职工 13 人，其中科技人员 10 人（李卫华、陈萍、王阶祥、张正敏、胡新燕、冯营、孙亚伟、赵明明、陈晓光、李元元）；科辅工 3 人（王大存、王爱荣、马昌友）。为适应新形势，迎接新挑战，满足新需求，结合棉花科研国情、省市农业产业变化的实际状况，棉花科研方向自 2009 年开始，在保证国家棉花产业技术体系建设顺利实施基础上，逐步实行科研专业结构调整调优，增加一些当地产业需求且拾零补缺的学科研究，由原来棉花单一学科调为主、副多科综合，其主要研究方向为棉花遗传育种、棉花栽培、马铃薯脱毒及苦瓜、辣椒、牛蒡、马铃薯、菊芋等新品种选育与栽培技术研究。具有高职专家 6 人（陈萍研究员 2015 年 1 月调离、李卫华研究员、王阶祥副研究员 2013 年 8 月退休、张正敏副研究员 2012 年 7 月退休、胡新燕副研究员、陈晓光副研究员）；科研分工是：李卫华、陈萍、胡新燕、张正敏、冯营、孙亚伟、赵明明、陈晓光、李元元等主要进行棉花遗传育种研究，李卫华同时主持国家棉花技术体系徐淮综合试验站各项研究；王阶祥从事棉花栽培研究，冯营协助。孙亚伟主持马铃薯脱毒技术研究与区试，赵明明承担马铃薯高效栽培技术研究及区试任务；胡新燕主持苦瓜新品种选育与栽培及设施苦瓜 - 辣椒高效种植模式等研究；冯营主持完成了设施专用辣椒新品种引进与选育研究工作。陈晓光 2020 年 7 月调入任室副主任协助李卫华主任做好各项工作，李元元 2019 年参与 3 个月棉花科研工作。科技人员在不同研究方向上有交叉和协作，科辅工人主要负责科研项目的田间管理及实验室协助工作。2011—2020 年共承担国家、省级、市级农业科研课题 35 项，其中国家级项目 3 项、省级项目 12 项、市级项目 17 项，所基金 3 项。引进棉花、马铃薯、苦瓜、辣椒、菊芋及牛蒡种质资源 288 份，创新高产、优质、抗病及抗虫育种材料 218 份，选配新组合 1 262 个，南繁加代材料 1 386 份，制种组合 1 106 个，杂种后代 5 287 个，株行鉴定 6 738 行，安排所内品比 40 组，参试品系或组合 1 610 个。纤维品质检验送样 2 358 余份，达优质标准的 46 份；抗黄萎病鉴定种植材料 2 000 份，达抗黄萎病标准的 118 份；转基因抗虫鉴定 12 089 份，达抗虫标准的 8 965 份。参加长江流域、黄河流域和省级区试品系、组合 23 个，省级鉴定品系 2 个，获得农业农村部颁发的转基因新品种生产应用安全证书 18 份，育成新品种 5 个通过审（鉴）定。申请专利 4 份，制定标准 1 项。在专业刊物和学术会议上发表论文 28 篇，主编著作 1 部，参编 9 部。主持各级课题 32 个，到账经费 628.87 万元。新品种、新技术、新模式示范推广 159 万亩，新增社会经济效益 9.25 亿元，直接经济效益 134 万元。在丰县、邳州、灌云建立 24 个高产示范区，总面积达 2 000 多亩，示范的棉花品种为常规抗虫棉徐棉 21 号、徐棉 266 和杂交抗虫棉徐杂 3 号、徐杂棉 8 号。集成轻简高效栽培技术、减肥减药技术和病虫害绿色防控技术，合计亩收入 6 308 ~ 11 727 元。利用网络、短信、微信等，开展多种形式的培训 76 次，受训 4 800 人次，发放技术资料 5.2 万份。获徐州市科学技术进步奖一、二等奖各 1 项，江苏省农业委员会丰收奖二等奖 1 项。

（四）油料研究室

1995 年大豆研究组、花生研究组合并组建油料研究室，内设大豆、花生两个专业研究课题组。2011—2020 年，共有在职职工 13 人，其中科技人员 10 人（王宗标、张祖明、王幸、王晓军、徐泽俊、孙东雷、齐玉军、卞能飞、邢兴华、童飞），科辅工 3 人（胡玉霞、陈勇斌、佟大卫）。具有高职专家 4 人（王宗标研究员 2015 年 7 月退休、张祖明研究员 2016 年 10 月退休、王幸研究员，王晓军副研究员）。油料研究室的研究方向为大豆育种与栽培技术研究和花生育种与栽培技术研究。科研分工是：大豆学科带头人为王宗标（2011 年 1 月—2015 年 7 月）和王幸（2015 年 7 月—），徐泽俊负责大豆资源评价与鉴定，齐玉军负责大豆育种，邢兴华负责大豆栽培与生理，童飞负责大豆育种；花生学科带头人为张祖明（2011 年 1 月—2016 年 10 月）和王晓军（2016 年 10 月—），孙东雷负责花生种质资源鉴定评价，卞能飞负责花生育种技术及栽培技术研究。科技人员在不同研究方向上有交叉和协作，科辅工人主要负责科研项目的田间管理及实验室协助工作。

2011 年以来，大豆专业先后鉴定评价国内外大豆资源 2 000 余份，选育高产、优质、抗逆大豆品种徐豆 18、徐豆 19、徐豆 20、徐豆 21、徐豆 22、徐豆 23、徐豆 24、徐豆 25、徐豆 26、徐春 3 号和徐春 4 号共 11 个，其中国审品种 3 个。制定江苏省地方标准 1 项，授权实用新型专利 3 件，获得植物新品种权 11 项，承担国家、省级、市级项目 19 项，科研经费 924 万元，共有 7 个品种经营权进行转让，直接经济效益285万元，新品种累计推广2 000余万亩，产生社会经济效益20亿元。获得各类奖励8项，其中部省级5项。服务于淮北大豆产区，为淮北大豆生产提供技术指导、技术培训5 000余次。花生专业先后鉴定评价国内外花生资源1 011份；选育出花生新品种7个，发表论文11篇（其中SCI收录2篇）；获得国家花生产业技术体系徐州综合试验站等科研项目17项，科研经费730万元；实现4个花生新品种转让，产生经济社会效益20亿元以上；为苏北花生主产区提供技术指导、技术培训等科技服务3 000余次，有效促进了产业增效、农民增收；共获得各类奖励5项。

（五）园艺研究室

1996年5月，在徐州农科所原东店子农场成立园艺开发中心（徐农研〔1996〕第31号），开展辣椒、绿化苗木、花卉等部分引种试验。1999年11月8日于所本部以竞聘的方式建立由3名科技人员组成的徐州农科所原蔬菜研究室（徐农研〔1999〕第68号），专职蔬菜研发工作，后因市场开拓不利等原因，时过年余而解散。为了适应农业新形势，满足和服务徐州市蔬菜产业快速发展的科技需求，2007年8月重新组建徐州农科所蔬菜研究室，2010年8月引进果树专业硕士研究生2人，扩展蔬菜、果树等相关研究工作。至2013年4月25日将蔬菜研究室更名为园艺研究室（徐农院〔2013〕21号）。2011—2020年，共有在职职工17人，其中科技人员16人（杨峰、樊继德、史新敏、李勇、陆信娟、赵林、陈映辉、张玉娇、李刚波、张婷、刘灿玉、朱晨、赵永强、张碧薇、杨青青、葛洁）；科辅工1人（吕青春）。主任杨峰（2010年4月—2014年12月）；樊继德（副主任2011年2月—2016年3月）、主任（2016年3月—）；副主任赵林（2017年10月—2019年7月）、赵永强（2020年8月—）。具有高职专家5人（杨峰研究员、史新敏研究员、樊继德副研究员、赵永强副研究员、陆信娟副研究员），博士2人，硕士11人。内设蔬菜、果树、食用菌3个专业研究方向，2015—2019年设蔬菜、果树、山药、食用菌4个专业研究方向；2019年6月以来，园艺室的果树专业划出，成立果树研究室，园艺研究室的研究方向主要是蔬菜、山药、食用菌、花卉育种及其栽培技术研究。其科研分工是：杨峰为园艺学科带头人，主导大蒜科研；樊继德负责蔬菜科研，史新敏负责山药研究，李勇负责食用菌研究，赵林负责果树研究，余下科技人员各有专业研究侧重，都在不同研究方向上有交叉和协作，科辅工人主要负责科研项目的田间管理及实验室协助工作。2011—2020年，保存大蒜品种资源206份，山药品种资源102份，羊肚菌品种资源10份，梨品种资源27份，草莓品种资源23份，苹果品种资源63份，甜樱桃品种资源12份，葡萄搜集品种12个；自主育成大蒜新品种5个，紫山药新品种3个，配置苹果杂交组合10个，获得实生株1 123株，筛选出优系5株，配置梨杂交组合10个，获得实生株456株；承担国家、省、市各类课题79项，科研经费1 940万元，科技服务成果转化80万元；获国家授权专利32件，发表论文77篇，参编著作6部；研究成果获徐州市科学技术奖一等奖1项、二等奖1项、三等奖1项，江苏省农业科技奖三等奖1项，江苏省农牧渔业丰收奖二等奖1项，江苏省农业技术推广奖三等奖1项；新品种在黄淮区域推广应用150万亩以上；年均举办各类培训班、观摩会10个场次，培训农民1 000余人次。

（六）果树研究室

为适应高效农业规模化经营发展，结合徐淮地区果树产业需求和徐州农科所学科建设实际情况，

2019 年 6 月 6 日将园艺研究室的果树专业划出，成立果树研究室，为所属内设正科级机构（徐农院〔2019〕22 号）。2019 年 6 月以来，从事果树科研工作的科技人员共有在职职工 7 人（赵林、李刚波、张婷、朱晨、石梦云、张文杰、陈映辉），其中赵林任副主任（2019 年 7 月—）。具有高职专家 1 人（赵林副研究员），硕士 4 人。内设梨、苹果、草莓、葡萄和甜樱桃研究方向。科研分工是：赵林为学科带头人，负责果树室全面工作，侧重苹果、甜樱桃、葡萄、猕猴桃等树种研究。主要工作包括苹果品种资源收集；苹果彩肉杂交育种；优株筛选；优良育种中间体筛选；品种 DUS 测试；优系的配套栽培试验以及生产区试；葡萄、甜樱桃和猕猴桃生产技术集成；全室科研项目、行政事务的实施和管理。李刚波负责梨种质资源的收集；新品种引进试种；以梨基地为载体，集成总结优质绿色栽培技术管理方案；以生产问题为导向的梨栽培生理试验；梨基地项目的实施管理。张婷负责草莓栽培生理试验、种苗组培、黄果（花）草莓倍性加倍；特殊种质资源的培育；草莓育种。石梦云负责草莓种质资源的收集及创制；草莓、苹果生理生化相关机理研究；同时与张婷共同完成种苗组培、黄果（花）草莓倍性加倍；特殊种质资源的培育；草莓育种等相关工作。张文杰负责苹果栽培生理（优系的配套栽培试验）；申报品种 DUS 测试；草莓全生育期栽培技术集成创新；草莓组培种苗田间繁育。全室科技人员各有专业研究侧重，均在不同研究方向上有交叉和协作。自 2019 年 6 月果树研究室成立以来，实施“江苏省现代农业（梨）产业技术体系”“2019 年所基金”科研项目 2 项，科研经费 70 万元。申报获得实用新型专利 2 件。搜集梨品种资源 27 份，其中砂梨 22 份，白梨 5 份，配置杂交组合 10 个，获得实生株 456 株，发表文章 17 篇；搜集草莓品种资源 23 份，其中欧美品种 2 份，日韩品种 9 份，国内品种 12 份；收集苹果品种资源 63 份，其中红肉品种 6 份，常规品种 57 份，配置杂交组合 10 个，获得实生株 1 123 株，筛选出优系 5 株，发表文章 2 篇；搜集甜樱桃品种资源 12 份，其中黄肉品种 4 份，红肉品种 8 份，建立地方标准 1 项——《大樱桃提早栽培技术规程》，发表文章 6 篇；葡萄搜集品种 12 个。

（七）甘薯品种资源研究室

在 1984 年 3 月建立江苏徐州甘薯研究中心时，将徐州农科所原甘薯研究组品种资源研究课题组从徐州农科所原粮食作物研究室划出设立江苏徐州甘薯研究中心甘薯品种资源研究室，先后有邬景禹研究员、郭小丁研究员、唐君研究员、曹清河研究员任室主任。2011—2020 年，内设甘薯种质资源学、种质改良与创新和基因组及功能基因组 3 个研究方向。从事甘薯品种资源科研工作的在职职工 14 人，其中科技人员 13 人［唐君（2020 年 10 月退休）、曹清河、周志林、赵冬兰、张安、戴习彬、袁蕊、赵凌霄、苏一钧（2018 年 10 月—2020 年 8 月）、肖世卓、王洁、李青莲、王珧］，科辅工 2 人［孙书军、项彩云（2016 年 5 月退休）］。主任唐君（2011 年—2016 年 3 月）、曹清河（副主任 2011 年—2016 年 3 月，主任 2016 年 3 月—2020 年 7 月），副主任周志林（2017 年 10 月—2020 年 7 月，主持工作，2020 年 7 月—）、徐振（2018 年 8 月—2020 年 11 月）。现有高级职称专家 5 人（曹清河研究员、唐君研究员、周志林副研究员、赵冬兰副研究员、张安副研究员）；有博士 4 人（曹清河、张安、赵凌霄、肖世卓），硕士 7 人（周志林、赵冬兰、戴习彬、袁蕊、王洁、李青莲、王珧）。科研分工是：曹清河研究员研究方向为甘薯种资源收集评价、种质创新及组学研究，主要负责国内外种质资源引进评价、种质创新和组学研究；唐君研究员研究方向为甘薯种质资源收集保存及鉴定评价，主要负责国内外甘薯种质资源收集保存、鉴定评价及相关评价技术研究；周志林副研究员研究方向为甘薯种质资源鉴定评价及创新利用，主要负责人圃保存甘薯种质资源鉴定评价、优异种质筛选及创新利用；赵冬兰副研究员研究方向为甘薯种质抗病鉴定及优异资源共享利用，主要负责资源抗病鉴定及优异资源开发利用；张安副研究员研究方向为重要功能基因挖掘及调控机制研究，主要负责重要性状相关基因克隆及功能验证；徐振副研究员主要负责重点实验室工作。全室科技人员各有专业研究侧重，在不同研究方向上都有交叉和协作。2011—2020 年，国家种质徐州甘薯试管苗库共计收集保存甘薯种质资源 1 830 份，其中编目入试管苗库保存 16 个种 1 241 份，有国内资源 980 份，国外引进资源 241 份，近缘野生种 20 份；累计更新复壮资源 440 份，鉴定评价资源 600 余份次，累计向全国 115 家科研、教学、企业等单位和个人有效提供利用资源 2 188 份次。在《西北植物学报》、《植物遗传资源学报》、《江苏农业学报》、*Nature Communications*、*Scientific Reports* 等国内外刊物发表研究论文 60 余篇，参编专著 5 部；主持及参与制定地方标准 4 项，行业标准 2 项；获国家发明专利授权 4 项；先后主持徐州市重点研发项目，江苏省自然科学基金项目、农业科技自主创新项目，农业农村部物种资源保护项目、948 计划项目、国家甘薯产业技术体系项目，科技部 863 计划项目、国家自然科学基金项目、国家重点研发项目等各级各类项目 40 余项，累计到账科研经费 2 534 万元；选育菜用甘薯新品种“薯绿 1 号”，于 2013 年分别通过国家鉴定和浙江非主要农作物审定，2015 年获植物新品种权授权；鲜食及淀粉兼用型甘薯新品种“徐新薯 2 号”，于 2019 年农业农村部非主要农作物登记。育成品种累计推广面积 118 万亩，累计新增社会经济效益 10.2 亿元。鉴定评价的优异资源、育成的品种及配套栽培技术的推广应用，取得显著的经济和社会效益，于 2019 年获江苏省科学技术进步奖三等奖和新疆维吾尔自治区科学技术进步奖二等奖各 1 项。累计开展产业调研、技术服务及培训活动 50 余次，培训人数达 4 200 余人次。作为甘薯资源收集与评价岗位资源抗旱鉴定及“三区三州”扶贫对接地区，联合新疆维吾尔自治区农业科学院粮食作物研究所，创新建立了适宜新疆优质节水为核心的栽培技术标准，节水 100 m^3/ 亩，商品薯率提高了 11% ~ 13%；并且创建了适宜南疆“麦茬复种”和“果薯间作”新模式，扶贫增收效果显著，新技术累计推广 60 余万亩，有力促进了新疆甘薯特色产业快速发展。

（八）甘薯遗传育种研究室

在 1984 年 3 月建立江苏徐州甘薯研究中心时，将甘薯品种选育研究课题组从徐州农科所原粮食作物研究室分出设立江苏徐州甘薯研究中心甘薯育种研究室，先后有朱崇文研究员、马代夫研究员、李强研究员、张允刚研究员任室主任。甘薯育种科研历来为甘薯专业研究的重中之重，甘薯中心之核心。2011—2020 年先后参加甘薯育种科研工作的在职职工有 15 人，其中科技人员 11 人（马代夫、李秀英、李强、王欣、后猛、唐维、张允刚、刘亚菊、闫会、宋炜涵（2020 年入编）、高闰飞（2020 年入编）；科辅工 4 人（孟庆堂、竺莉、刘霞、张孝俊）。具有高级职称的科技人员 8 人（马代夫研究员、李秀英研究员、李强研究员、张允刚研究员、王欣研究员、后猛副研究员、唐维副研究员、刘亚菊副研究员），博士 3 人、硕士 5 人。至 2020 年有科研人员 8 人，其中研究员 3 人（李强、张允刚、王欣）；副研究员 2 人（后猛、唐维）；博士 3 人（李强、王欣、宋炜涵）；硕士 4 人（张允刚、后猛、唐维、高闰飞）；有科辅工 1 人。科研主题是甘薯遗传育种研究，内设研究方向有两个：一是甘薯专用品种改良和甘薯分子育种技术研发，李强、张允刚负责常规育种，后猛、唐维负责分子育种技术研发；二是育种程序采用整段式育种方案，张允刚、王欣、后猛、唐维、闫会按序负责 1 年度的育种材料，即实生苗→复选Ⅰ→复选Ⅱ→鉴定圃→品比圃；后猛负责区域试验；闫会负责品种登记管理；张允刚负责示范、推广。全室科技人员在专业研究方面各有侧重，在不同的研究方向上都有交叉和协作；科辅工人主要负责科研课题的田间试验和科研用工管理工作。2011—2020 年共承担国际合作、国家、省级、市级农业科研课题 56 项，其中主持 49 项、协作 7 项；主持国际合作项目 6 项、国家级项目 8 项、省级项目 38 项、市级项目 3 项、所基金 1 项；科研合同经费 6 000 余万元，到账经费 3 624.4 万元，可用经费 2 586.4 万元。育成甘薯新品种 14 个，其中国家登记甘薯新品种 10 个；在苏、皖、鲁、豫等省份累计推广种植 50 万亩以上，新增社会经济效益 1 亿元以上，获直接经济效益 100 余万元。申报植物新品种权 10 个、授权 6 个。申报专利 14 件、授权 8 件。制定国家标准 1 项，地方标准 2 项。主编专著 1 部，参编专著 6 部；发表研究论文 83 余篇，其中 SCI 收录 13 篇，会议论文 27 篇。获中华农业科技奖一等奖 1 项、徐州市科学技术进步奖二等奖 1 项，江苏省农业科学院十大科技进展 1 项。2016 年获江苏省农业科学院重点学科，2019 年获江苏省农业科学院先进团体，2020 年获江苏省农业科学院四星团队。

（九）甘薯生理栽培研究室

1984 年 3 月建立江苏徐州甘薯研究中心，原徐州农科所甘薯研究组栽培技术研究课题从徐州农科所粮食作物研究室分出设立江苏徐州甘薯研究中心甘薯栽培技术研究室，从丰县农科所调来华希新为室主任（1984 年 3 月—1992 年 10 月）。1992 年 11 月将甘薯综合利用研究室合并到甘薯栽培技术研究室，成立甘薯栽培利用研究室（徐农研〔1992〕44 号），钮福祥任副主任（主持工作）。2010 年 12 月 30 日，根据甘薯产业及学科发展需求，把甘薯栽培利用研究室，划分为甘薯生理栽培研究室和甘薯加工利用研究室（徐农研〔2010〕54 号），李洪民、钮福祥分别任主任。甘薯生理栽培研究室主任李洪民（2010 年 12 月—2018 年 3 月），唐忠厚（副主任 2014 年 5 月—2018 年 3 月，主任 2018 年 3 月—），副主任张爱君（2010 年 12 月—2020 年 7 月）。2011 年以来，从事甘薯生理栽培科研的在职科技人员有李洪民（2020 年 3 月病故）、张爱君、唐忠厚、史新敏、魏猛、陈晓光、靳容、刘明 8 人，科辅工 2 人（张立平、李令廷 2017 年 8 月退休）现有 6 人，其中博士 2 人、副研究员 2 人、硕士 4 人，科辅工技师 1 人。内设甘薯高效栽培、养分管理、逆境生理等研究方向。科研分工是：唐忠厚副研究员的研究方向为甘薯优质栽培与养分高效利用，主要负责甘薯绿色高效栽培与养分科学管理技术研发及推广应用；张爱君副研究员的研究方向为甘薯优质栽培与土壤养分监测，主要负责甘薯高效栽培与土壤养分长期监测分析。“十二五”以来，相继承担国家自然科学基金、国家重点研发、国家甘薯产业技术体系南方栽培与养分管理等岗位，农业农村部科研行业专项、国家 863 计划等 20 余项课题，年均科研经费 150 万元左右；形成了甘薯脱毒种薯（苗）快繁、甘薯轻简化与标准化高产栽培、甘薯绿色生产模式、甘薯田土壤有机质演变与提升、甘薯安全贮藏、叶菜类甘薯安全生产与周年供应、基于大垄双行的甘薯主要环节机械化生产等科技创新成果，并在我国南方薯区、黄淮海地区、江淮分水岭地区等进行规模化示范应用。获得国家科学技术奖、江苏省科学技术奖、河南省科学技术奖、河北省科学技术奖、淮海科学技术奖等 10 余项，发表各类论文 70 余篇，获得授权专利（或计算机软件著作权）20 余件，获得甘薯植物新品种权 1 件，地方技术标准 3 件。在科技服务方面，以品种为载体、“大垄双行模式”为平台，以基层农技推广机构为纽带，以种植大户、家庭农场、农民合作社、龙头企业等为实施主体，集成创建的甘薯绿色增效技术体系，先后在江苏、山东、安徽、河南等地建立了“试验示范、推广展示、技术培训、现场观摩”等社会化服务网络，举办各类培训与现场观摩会 30 次，培训技术人员 1 000 余人次，农民 50 000 余人次，发放技术光碟、资料 20 000 多份，有效辐射周边地区甘薯种植，带动了甘薯面积与种植水平的提升。2013—2019 年，高效专用优良品种徐薯 27 和徐薯 32 及其配套绿色高效生产技术，分别在山东济宁市、安徽的滁州市、淮北市以及河南夏邑县等地累计推广面积 290.09 万亩，新增社会经济效益 16.59 亿元。其中近两年（2018—2019 年）累计推广面积 93.41 万亩，新增社会经济效益 4.01 亿元。

（十）甘薯病虫草害防控研究室

甘薯病虫草害防控研究室源于甘薯遗传育种研究室的抗病育种课题组和徐州农科所植保研究室。2008 年 2 月 14 日成立甘薯植保研究室（徐农院〔2008〕14 号），2008 年 2 月 22 日聘任谢逸萍任副主任主持工作（徐农〔2008〕15 号）；2010 年 3 月 1 日聘任谢逸萍为甘薯育种病虫害研究室主任（徐农院〔2010〕11 号）；2011 年 11 月 21 日徐州农科所植保研究室由甘薯病虫害防控研究室代管，谢逸萍兼任植保研究室主任（徐农院〔2011〕67 号），从此原植保研究室不复存在；2018 年 3 月 9 日免去谢逸萍甘薯病虫草害防控研究室主任（徐农院〔2018〕8 号），自此开始称甘薯病虫草害防控研究室。虽是 3 次行文称谓不同，但都是同一个内设机构。2011—2020 年，从事甘薯病虫草害防控（包括植保）科研工作的科技人员先后有谢逸萍、孙厚俊、赵永强（2017 年 8 月调至园艺室）、梁家荣（原所植保室副主任 2012 年 11 月退休）、张凤海（原所植保室主任 2014 年 6 月退休）、刘树法（原所植保室副科级 2012 年 2 月退休）、徐振（2019 年 6 月调至甘薯品资室）、杨冬静、戚强（2015 年 4 月调至科技服务中心）、张成玲、马居奎、唐伟 12 人，科辅工人叶学华。主任（谢逸萍副主任 2008 年 2 月—2010 年 3 月，主任 2010 年 3 月—2018 年 3 月）、孙厚俊（副主任 2012 年 3 月—2018 年 3 月，主任 2018 年 3 月—）；副主任张成玲（2017 年 10 月—）。至 2020 年底有在职职工 7 人，其中科研人员 6 人（孙厚俊、张成玲、谢逸萍、杨冬静、马居奎、唐伟），其中高级职称 3 人（谢逸萍研究员、孙厚俊副研究员、张成玲副研究员），中级职称 2 人（杨冬静助理研究员、唐伟助理研究员），初级职称 1 人（马居奎研究实习员），科辅工 1 人（叶学华高级工）；博士 2 人（张成玲、杨冬静），硕士 3 人（孙厚俊、唐伟、马居奎）。内设甘薯真菌病害、甘薯线虫病害、甘薯病毒病害、甘薯虫害、甘薯草害 5 个研究方向。科研分工是谢逸萍、孙厚俊、张成玲、杨冬静、唐伟负责真菌病害研究；谢逸萍、孙厚俊、马居奎负责线虫病害研究；张成玲、唐伟负责病毒病害研究；孙厚俊、杨冬静、马居奎负责甘薯虫害与草害研究。谢逸萍研究员、孙厚俊副研究员负责研究方向制订，杨冬静以真菌病害研究为主，同时协助甘薯虫害与草害的研究，马居奎以线虫病害研究为主，同时协助甘薯虫害与草害的研究，唐伟以病毒病害研究为主，同时协助做好真菌病害研究工作。10 年来取得主要成就是：主持部省级、市厅级及横向委托课题 35 项，累计到账经费 1 010.95 万元；获得国家发明专利授权 8 项，发表研究论文 60 篇，其中 SCI 论文 4 篇；参与编写专著 2 部；获得部省级科技成果奖励 5 项，市厅级成果奖励 10 项；主持制定农业行业标准 4 项，江苏省地方标准 2 项，均已颁布实施；“甘薯茎线虫病绿色防控技术”入选 2019 年农业农村部主推技术。

（十一）甘薯加工利用研究室

甘薯加工利用研究室的前身是 1984 年 3 月组建的江苏徐州甘薯研究中心综合利用研究室，从铜山县农业局调来吴霖副研究员（1985年提升为徐州农科所副所长）兼综合利用研究室主任，眭国鼎为室副主任。1992年11月合并到甘薯栽培技术研究室，成立甘薯栽培利用研究室（徐农研〔1992〕44号），钮福祥任副主任（主持工作）。2010年12月30日，根据甘薯产业及学科发展需求，把甘薯栽培利用研究室划分为甘薯生理栽培研究室和甘薯加工利用研究室，钮福祥任甘薯加工利用研究室主任（徐农研〔2010〕54号）。2011—2020年，从事甘薯加工利用科研工作的在职科技人员有钮福祥、徐飞、孙健、朱红、岳瑞雪、张毅、张文婷7人，其中主任钮福祥（2010年12月—2020年7月）、孙健（副主任2016年3月—2020年7月、主任2020年7月—），副主任徐飞（2011年2月—2020年7月）；研究员1人，副研究员3人；博士1人、硕士3人。内设甘薯食品加工技术研发、甘薯功能成分与功能作用研究、甘薯乙醇发酵研发等研究方向。团队成员既有分工负责又有交叉合作研究，全室一盘棋，分工不分家。截至2020年，共计承担国家、部省级及市级等各类项目28项，其中部省级以上项目18项，合同经费1 455.25万元，到账经费1 073.8万元。发表论文71篇，其中学报论文21篇，SCI收录论文12篇，会议论文6篇，另外，参编专著2部。申请专利32项，获授权专利17项，其中发明专利7项。制定农业农村部行业标准1项、企业标准2项。获得科技成果奖11项，其中部省级以上成果奖4项，市厅级成果奖7项。获批江苏省农业科学院甘薯加工工程实验室、徐州市薯类加工重点实验室平台2个。先后研发紫甘薯花青素口服液、紫甘薯花青素含片、低温脱水花生、紫薯黑蒜酒、膳食纤维咀嚼片、甘薯月饼、甘薯即食全粉、甘薯脆饼等新产品，并与泗水利丰食品有限公司、河南天豫薯业股份有限公司、四川光友薯业有限公司、连城县福农食品有限公司、武汉市普泽天食品有限公司等国内知名甘薯加工企业对接，部分产品实现转化应用，并取得较好的经济效益。本研究室钮福祥同志现为国家甘薯产业技术体系食品加工岗位专家、江苏省产业教授、江苏省高层次创新创业人才培育计划优秀人才培育对象、江苏师范大学硕士生导师、中国作物学会甘薯专业委员会常务理事、徐州市优秀专家。孙健同志先后荣获江苏省“333人才工程”培养对象（第三层次）、江苏省“六大人才高峰”等称号，岳瑞雪同志荣获徐州市拔尖人才称号。

第二章 学科发展

第一节 国家重点学科

一、发展历程

建在徐州农科所内的江苏徐州甘薯研究中心（中国农业科学院甘薯研究所、国家甘薯改良中心、国家甘薯产业技术体系研发中心），由农牧渔业部科技司、江苏省农业科学院、徐州市人民政府三方，于1984年3月22日签署《建立“江苏徐州甘薯研究室”的协议书》。当时农牧渔业部科技司考虑徐州甘薯专业与其他作物中心相比，规模较小，故将“江苏徐州甘薯研究中心”改为“江苏徐州甘薯研究室”。江苏省编委1984年11月3日行文批准“江苏徐州甘薯研究室”列入编制，明确与徐州农科所“一套机构，两块牌子”，属同级平行的县团级单位。江苏徐州甘薯研究室于1985年初内设种质资源研究室、遗传育种研究室、栽培生理研究室和综合利用研究室，人员编制32人，其中科技干部23人，行政干部1人，工人8人。固定试验地100亩，专用暗室、贮藏窖、温室等5 000 m^2。徐州农科所的图书2万余册、科技资料6万多份与其共用共享。鉴于“江苏徐州甘薯研究室”和开始申报的名称不一致，特别是“大室套小室的编制形式让人模糊费解，不利于对外开展业务”。盛家廉先生以单位名义于1986年10月22日、1988年1月1日两次向农业部、江苏省递交申请报告，请示把“江苏徐州甘薯研究室”更名为“江苏徐州甘薯研究所”。1989年7月21日，江苏省编委行文批准“江苏徐州甘薯研究室”更名为“江苏徐州甘薯研究中心”，既避免名称上的含混不清，又利于国内外甘薯专业的技术交流、成果推广、产品研发、科技培训、人才培养等工作开展。

江苏徐州甘薯研究中心建成以后，经过科研业务的不断演进，2002年11月16日增挂“中国农业科学院甘薯研究所”牌子。并以此为依托，相继设立了8个全国性甘薯科研平台和2个省级甘薯平台，业务内容涉及品种资源保存利用、品种改良、新技术研发、现代农业产业技术体系建设、引智成果示范、人才培养等领域，对优化科研装备水平，改善工作环境，提高创新能力和服务效能，发挥了重要的支助作用。1999年11月农业部以徐州甘薯研究中心为依托单位，建立“国家甘薯改良中心”。2008年5月农业部批准“国家甘薯改良中心二期建设项目”立项，2012年1月江苏省农业委员会批复“同意国家甘薯改良中心二期建设项目变更部分建设内容”，2020年5月通过农业农村部委托江苏省农业农村厅的验收。2008年10月26日，国家人力资源和社会保障部与全国博士后管委会联合在江苏徐州甘薯研究中心设立江苏徐州甘薯研究中心博士后科研工作站。2008年12月22日，农业部启动全国第二批现代农业产业技术体系建设，批准徐州甘薯研究中心为国家甘薯产业技术体系建设依托单位、马代夫为首席科学家。2011年7月在这里建立“农业部甘薯生物学与遗传育种重点实验室”。2014年12月“国家种质徐州甘薯试管苗库扩建项目”获批立项，2019年5月通过验收。

1992年11月25日江苏徐州甘薯研究中心甘薯栽培研究室与综合利用研究室合并，成立甘薯栽培利用研究室（徐农研〔92〕第44号）。为做大做强甘薯国家队，时任徐州农科所所长的陈萍研究员和副所长马代夫首席科学家一起超前谋划、顶层设计，早于2008年2月14日就决定成立甘薯植保研究室（徐农院〔2008〕14号）；2010年12月30日将甘薯栽培利用研究室调整为甘薯生理栽培研究室、甘薯加工利用研究室（徐农院〔2010〕54号）。自此，江苏徐州甘薯研究中心内设甘薯品种资源、遗传育种（含生物技术应用）、栽培生理、加工利用、病虫害防控5个研究室。经过接力发展，不断培养新生力量，着力改善设施装备，提高学术水平，造就了一批掌握现代技术的学科带头人，专职科技人员连续增加，为“十三五”岗位科学家新增、“十四五”首席接班而未雨绸缪、夯实基础。1984年江苏省编委核定专业人员编制23人，1999年实际增至28人，其中研究员4人，副研究员12人，博士4人，硕士6人。2013年增至33人，其中研究员7人，副研究员9人，博士6人，硕士11人。2020年6月增至38人，其中研究员7人，副研究员13人，博士10人，硕士16人。高职称科研人员都能领衔国家项目和国际合作项目的实施，从理论基础、高新技术知识、试验设计、实验操作水平以及创新成效诸方面评价，已成为一支配套齐全的高水平、高效率甘薯专业国家队。

“十二五”至“十三五”期间，国家甘薯改良中心开始二期建设项目，2015年仪器设备全部到位，拥有主要实验仪器124台（套），总值1 200万元，2018年完成相关土建和田间工程建设。

2008年12月22日，农业部在第一批试点基础上，启动第二批包括甘薯在内的40个主要农产品现代农业产业技术体系建设，徐州甘薯研究中心定为甘薯产业技术体系建设依托单位，马代夫研究员为首席科学家，建设内容包括产业技术研发中心的功能研究室和综合试验站两部分，共设4个功能研究室、16个科学家岗位和20个综合试验站，其中国家甘薯产业技术研发中心、育种和综合2个功能研究室及品种资源、育种、栽培、加工4个岗位科学家，设在江苏徐州甘薯研究中心，其余机构分设在外省、市。“十二五”期间综合试验站增加5个，徐州增加1名北方病虫害防控岗位科学家。“十三五”期间设置研究室6个（新增产业经济、种植机械化），在岗位科学家23人中更换3人（徐州农科所李强代马代夫、四川省农业科学院谭文芳代王大一、邱思鑫代蔡南通），新增岗位科学家3人（江苏省农业科学院易中懿、江苏师范大学李宗芸、南京农业机械化研究所张文毅）；在25个综合试验站中更换站长6人（烟台、漯河、龙岩、石家庄、万州站站长因到龄退休更新）。

江苏徐州甘薯研究中心现已经成为面向全国北方、长江、南方3个甘薯区域、18个省市自治区、25个甘薯综合试验站、125个示范县开展专职联络服务的甘薯专业研究机构，系统从事国家甘薯品种资源的收集、鉴定、保存和利用、甘薯遗传育种及其材料与方法研究、生物技术应用、机械化配套栽培及加工利用技术、甘薯病虫防控技术等多学科研究工作。“十二五”以来，一直担负着全国甘薯科研项目的主持、协调和对外联络等任务，包括国家高科技发展计划863计划、948计划、国家科技攻关、国家科技支撑、农业农村部行业计划以及相关国际合作项目等，是全国甘薯科技行业的牵头单位和对外交流窗口，也是中国作物学会甘薯专业委员会挂靠单位、《中国甘薯》杂志主编单位、中国农业科学院硕士、博士研究生培养点和江苏师范大学研究生工作站、示范基地。

江苏徐州甘薯研究中心的科研成就誉满国内外农业界，至“十三五”收官的2020年，国家种质徐州甘薯试管苗库共计收集保存甘薯种质资源1 830份，其中编目入试管苗库保存16个种1 241份，有国内资源980份，国外引进资源241份，近缘野生种20份；田间品种资源圃繁殖更新1 700余份，并按照国际规范标准，建成种质管理数据库系统。自育优良甘薯品种13个，其中高产抗病新品种5个。彻底改变了我国生产用种由“徐薯18”为主导30余年的局面。筛选的优良亲本以及研创的主要品质分析方法和标准、根腐病室内鉴定方法、品种抗旱鉴定方法等被国内有关育种单位广泛采用，促成各地育成甘薯新品种50多个。研创多项先进栽培和加工利用技术，为我国不同时期的甘薯生产发展提供技术支撑，其中种质数据库系统、专用型营养型品种选育、分子标记辅助育种、机械化栽培技术、多样性功能性甘薯食品深加工的研创为我国甘薯科研生产又一次新的技术革命做出示范和贡献。主持或参加完成 25 项获奖成果，其中“高淀粉多抗广适甘薯新品种徐薯 22 的选育和利用”获 2013 年农业部、中国农学会神农中华农业科技奖一等奖；“甘薯优良品种评价利用及配套栽培技术集成应用”获 2019 年新疆维吾尔自治区科学技术进步奖二等奖；“甘薯优异种质资源的挖掘和利用”获 2019 年江苏省科学技术进步奖三等奖；在省级以上刊物发表论文 650 余篇，主编、参编专著 40 余部，主办的学术刊物《中国甘薯》出版 8 卷。徐州甘薯科研水平及业绩处于世界领先地位，先后与 10 余个国家或国际组织开展科技合作和交流，特别是与国际马铃薯中心长期保持密切合作关系，“世界甘薯在中国，中国甘薯看徐州”，这已成为甘薯界业内共识。2004 年创办的“中国甘薯品种与产业化”网站（http://www.xushu18.net），成为全国甘薯农、科、贸信息交流平台和联系纽带。

2016 年，在“十三五”国家现代农业产业技术体系调整中，马代夫任国家甘薯产业技术体系首席科学家，5 位岗位科学家仍再次确立。2017 年农业部甘薯生物学与遗传育种重点实验室成功申报农业科技创新能力条件建设项目，获农业部批复项目总投资 1 449 万元，实行开放、流动、联合、竞争的运行机制，深入开展薯类作物重要性状分子生物学、分子育种技术等方面的研究，进一步强化了甘薯创新团队，提升了甘薯科研的整体创新能力。2019 年，“双子叶杂粮高效育种技术与品种创制”项目获得国家重点研发计划立项支持，合同经费总额 2 595 万元，为稳定甘薯学科主持工作地位夯实了基础，甘薯学科学术地位明显提高，彰显了徐州甘薯学科学术水平的提高和全国甘薯科研的领头羊地位。现在的甘薯国家队岗位科学家顺利陆续更新、首席科学家交接已获上级认可，团队规模空前，发展前景广阔。

江苏徐州甘薯研究中心 36 年的发展成就，离不开以盛家廉为先驱、旗手的老一代甘薯专家创新创业的基础，以马代夫首席科学家、5 位岗位科学家等新一代甘薯专家链接现代科技的创新能力更功不可没，他们的共同动力是毕生强劲有力的“甘薯梦”。

二、研究进展

（一）甘薯品种资源学科

1. 学科概况

2011—2020 年，甘薯品种资源学科内设甘薯种质资源学、种质改良与创新和基因组及功能基因组 3 个研究方向。从事甘薯品种资源科研工作的在职职工 15 人，其中科技人员 13 人，科辅工 2 人。学科带头人为唐君研究员（2006 年 3 月—2020 年 10 月）、曹清河（2020 年 10 月—）。现有高级职称专家 5 人，博士 4 人，硕士 7 人。科研分工是：曹清河研究员研究方向为甘薯种质资源收集评价、种质创新及组学研究，主要负责国内外种质资源引进评价、种质创新和组学研究；唐君研究员研究方向为甘薯种质资源收集保存及鉴定评价，主要负责国内外甘薯种质资源收集保存、鉴定评价及相关评价技术研究；周志林副研究员研究方向为甘薯种质资源鉴定评价及创新利用，主要负责入圃保存甘薯种质资源鉴定评价、优异种质筛选及创新利用；赵冬兰副研究员研究方向为甘薯种质抗病鉴定及优异资源共享利用，主要负责资源抗病鉴定及优异资源分发利用；张安副研究员研究方向为重要功能基因挖掘及调控机制研究，主要负责重要性状相关基因克隆及功能验证；徐振副研究员主要负责重点实验室工作。全室科技人员各有专业研究侧重，在不同研究方向上都有交叉和协作。

2. 科研进展

（1）甘薯种质资源收集、鉴定、编目、保存及有效利用

1）资源征集：2011—2020年，共计收集引进国内外甘薯种质资源569份，其中国内资源381份、国外引进资源182份，近缘野生种6个种（份）（*Ipomoea triloba*、*Ipomoea leucantha*、*Ipomoea turbinate*、*Ipomoea trifida* 6×、*Ipomoea lacunose*、*Ipomoea nil*）。收集的国内地方种和育成种资源，主要来自广西、贵州、广东、海南、江西、安徽、湖北等地；引进的国外资源，主要来自CIP（国际马铃薯研究中心）和美国。

2）特征特性鉴定：①品质鉴定与评价。对500余份资源进行了农艺性状及生物学特性鉴定评价；品质特性鉴定评价618份。筛选出一批薯块干物率≥30%，综合性状表现较好的高干物率材料：桂经薯6号、桂经薯3号、商徐紫1号、桂薯8号、万薯6号、桂紫薯1号、桂紫薯2号、郑红22、商薯103、川薯73、湘薯19等；高胡萝卜素含量（≥10 mg/100 g鲜重）材料：刚果布2号、Y08-65、Y08-77（TIS9101）、Y08-31、Y08-28等；高花青素（≥20 mg/100 g鲜重）材料：广紫薯2号、济紫黑2号等。②抗病鉴定。对209份资源进行抗黑斑病性鉴定评价，筛选出一批抗黑斑病资源：桂粉2号、老宅红皮薯、紫罗兰、黑骨薯、绵薯7号、苏薯8号、漯薯8号、九州107、漯薯10号、Y5、黑骨薯、渝薯3、2013523307（贵州地方种）、姑娘薯、紫罗兰等；对214份资源进行抗根腐病的鉴定与评价，筛选出抗根腐病材料：金瓜薯、芭蕉薯、宁菜薯f18-1、浙紫薯1号、106469.3、20170401等；对191份资源进行抗茎线虫病的鉴定与评价，筛选出抗茎线虫病材料：5145、红贵阳薯、黑节白、广菜薯6、桂粉2号、金瓜薯、灌阳红薯等。

3）资源编目入库：10年累计编目入国家库甘薯种质资源156份，其中国内资源112份，国外资源38份，近缘野生种6份。截至2020年12月，徐州农科所保存现有甘薯品种资源共计1 830份，其中已编目入试管苗库保存的甘薯种质资源16个种1 252份，待编目入库的甘薯种质资源578份。

4）资源分发利用：10年累计向全国115家科研、教学、企业等单位和个人有效提供利用资源2 188份次，主要用于科普展示、生产直接利用、育种亲本及中间材料，基础研究的研究材料。

（2）甘薯种质资源理论及应用技术研究

1）制定甘薯种质资源鉴定评价技术规范和甘薯繁殖更新技术规程：首次主持制定了《甘薯种质资源描述规范》（NY/T 2939—2016）（行业标准）。该标准规定了甘薯种质资源基本信息、植物学特征、生物学特性、产量性状、抗性性状及品质性状的描述、鉴定和分析方法，为甘薯种质资源的鉴定评价提供依据和规范。联合制定了《农作物优异种质资源评价规范　甘薯》（NY/T 2176—2012）（行业标准），该标准规定了优良种质资源指标要求、优异种质资源指标要求，以及各个性状的鉴定方法。编写出版了《甘薯（试管苗）和甘薯（野生种）繁殖更新技术规程》。其中，甘薯（试管苗）繁殖更新技术规程，规定了甘薯栽培种种质资源常规和试管苗两种方式繁殖更新技术基本要求及工作程序，适用于甘薯选育品种、地方品种、品系、遗传材料和突变体等种质资源的繁殖更新。该规程保持了甘薯种质在繁殖更新过程中的遗传稳定性和种薯种苗质量。甘薯（野生种）繁殖更新技术规程，规定了甘薯近缘野生种资源繁殖更新技术基本要求和工作程序，保持甘薯野生种在繁殖更新过程中的遗传稳定性和种子质量。

2）建立适宜弱再生基因型甘薯植株再生体系，制定了脱毒试管苗培养及快繁技术地方标准：建立了“一种适宜弱再生基因型甘薯茎尖培养植株再生的方法”获得国家发明专利（专利号：

ZL201210032809.3）。利用该方法，弱再生基因型甘薯可以一次诱导成苗，再生率超过 80.0%，同时植株再生的时间也大大缩短，普遍为 20 ~ 30 d，且植株长势好，生长速度快。发布《甘薯脱毒试管苗培养及快繁技术》地方标准（DB65/T 4164—2018），该标准由江苏徐州甘薯研究中心和新疆维吾尔自治区农业科学院粮食作物研究所，依托新疆维吾尔自治区科技支疆项目计划“新疆薯区优异甘薯种质引进及创新”，共同编制完成，标准详细规定了培养基配方及准备，外植体选择、处理，茎尖分生组织培养，试管苗病毒检测，脱毒试管苗离体快繁及脱毒种薯种苗繁育关键操作技术和要求，为甘薯健康种苗的生产和应用提供实用的技术支撑。

3）建立甘薯资源抗旱鉴定评价体系：自 2009 年开始甘薯产业技术体系种质资源收集与评价岗位与新疆维吾尔自治区农业科学院粮食作物研究所合作，在国内率先开展甘薯自然干旱条件（大气干旱和土壤干旱同时存在）的甘薯资源抗旱性鉴定与评价，取得明显进展。①在国内率先构建甘薯自然抗旱鉴定与评价平台。通过 10 年定点的田间抗旱鉴定和生理生化的综合分析，提出了田间抗旱胁迫时间节点（为栽插后 30 ~ 35 d），并获国家发明专利“一种甘薯田间耐旱鉴定方法”（专利号：ZL201710219292.1）和“室内辅助鉴定甘薯耐旱性的方法”（专利号：ZL201410439300.X）。特别是“室内辅助鉴定甘薯耐旱性的方法”操作简单，灵活方便，适宜大量材料的初筛，减轻田间耐旱鉴定的工作量，提高工作效率。②评价出一批高抗旱甘薯种质材料。2009—2019 年应用上述自创的鉴定方法，鉴定资源材料 392 份，其中大材料 95 份、小材料 297 份，筛选出高抗旱且适宜推广应用的优良品种：徐薯 22、商薯 9 号、川 12-5-39、徐新薯 2 号等共计 35 个。

4）创建远缘杂交新方法，挖掘外源基因，创制新种质：通过嫁接和暗处理方法调节花期，使之与甘薯野生种花期同步，在室内对父母本花枝进行水培，促其自然生根开花，进行杂交授粉，辅以幼胚拯救。集成的“一种成功率高的甘薯远缘杂交育种方法”，获国家发明专利（专利号：ZL 2009 1 0213285.6）；利用创建的杂交技术，通过种间杂交，获得了 3 个新的种间杂交品种，Xushu18 × *I. hederacea* Jacq.、Xushu × *I. muricata*（L.）Jacq. 和 Xushu18 × *I. lonchophylla* J.M.Black。并通过 AFLP 分子标记分析，验证了这 3 个新的种间杂交种与栽培甘薯有着密切的亲缘关系，可以作为种间桥梁材料用于甘薯遗传改良（Czech J. Genet. Plant Breed.，2014）。

创建的“一种耐病毒甘薯种间渐渗系的培育方法”申请国家发明专利（申请号 201710940343.X）；利用该方法，将广亲和性亲本徐薯 18，与抗病毒的甘薯野生种进行种间杂交，对获得的杂种 F_1 群体进行跟踪鉴定，选择抗 SPVD 的真杂种为母本，以徐薯 18 为轮回亲本进行连续回交 3 代，构建 BC_3F_1 回交群体，对 BC_3F_1 群体的抗性鉴定和分子标记分析，获得耐病毒渐渗群体 BC_3F_1。这项研究结果突破了甘薯传统遗传群体构建方法，拓宽了甘薯遗传基础，既可以较小群体规模构建高密度的遗传图谱，还可用于抗 SPVD 品种改良。同时培育一批耐 SPVD 优异渐渗系新材料，通过 SSR 分子标记对渐渗系群体进行遗传作图，最终关联到 3 个耐 SPVD 的 QTLs（Proceedings of 7th China-Japan-Korea International Sweetpotato Workshop，2016）。

5）甘薯种质资源遗传多样性及稳定性研究：应用 SSR 标记对国家种质徐州甘薯试管苗库离体保存 5 年和 8 年的 24 份种质资源及其对应的田间圃材料进行遗传稳定性分析，20 对 SSR 引物分析表明，24 份甘薯材料扩增到了清晰的 DNA 条带 30 条，其中多态性条带 21 条，多态性百分率为 70%，全部品种在离体和田间保存方式下谱带一致，研究结果表明，试管苗离体保存具有同田间常规保存相同的稳定性（植物遗传资源学报，2011）。①地方种资源遗传多样性分析：通过 SSR 分子标记，对国内 303 份地方种资源进行了遗传多样性和群体结构分析。分析表明：303 份材料的平均遗传距离为 0.564。聚类分析可以把 303 份材料分成 5 个类群，其中第 5 类群又可分为 A、B、C 3 个亚群。群体结构分析将 303 份材料划分成了 5 个亚群，群体结构划分与聚类结果基本一致，其中 70 份材料 Q 值小于 0.6，属于混合亚群（植物遗传资源学报，2018）。②引进资源遗传多样性分析：利用 SSR 分子标记技术，对 112 份甘薯引进资源进行了遗传多样性和群体结构分析，并与 58 份中国地方种进行聚类比较分析。结果表明 112 份材料的平均遗传距离为 0.552，遗传距离分布在 0.031 ~ 0.949 范围。通过群体结构分析将 112 份材料划分成了 2 个群体，通过来源地比较分析，发现来自南美洲与其他地区种质材料分属于 2 个群体。通过对引进种和地方种共计 170 份甘薯资源聚类比较分析，发现中国大陆地方种与中国台湾品种间亲缘关系最近，与东南亚、东北亚、南美洲甘薯引进种间亲缘关系较近，与国际马铃薯中心、国际热带农业研究所的材料和世界蔬菜中心的材料亲缘关系较远（江苏农业学报，2018）。③登记品种遗传背景分析：通过对我国非主要农作登记入库的 99 份甘薯品种进行 SSR 分子标记荧光毛细管检测，探讨各品种的遗传构成以及品种间的亲缘关系，揭示中国甘薯登记品种在 DNA 水平的相似度，为甘薯品种鉴定、亲本选配和品种改良等提供参考。分析表明，99 份品种的遗传距离在 0 ~ 0.464 6，平均遗传距离为 0.307 7；在遗传距离为 0.267 0 处将 99 份品种分为 3 个类群，且同一生态薯区的品种或具有同一亲本的品种首先被聚在一起，但不同生态薯区的品种在各类群中相对分散分布。品种间的遗传基础较窄，部分生态薯区的品种相似性较高；群体结构分析将材料分为 3 个亚群，与聚类分析分群结果基本一致，其中 31 份材料拥有混合来源，遗传背景较为复杂（西北植物学报，2019）。

6）建立甘薯二倍体祖先种转录组、基因组文库和全基因组组学数据库：创建的“一种快速鉴定甘薯基因组大小的检测方法”获国家发明专利（专利申请号 201811453895.9），该方法可快速有效地测定出甘薯不同品种及其近缘野生种的 1C 值大小，进而计算出其基因组大小。还能鉴定甘薯属其他物种的基因组大小。在国际上首次建立了甘薯二倍体祖先种三浅裂野牵牛（*I.trifida*）的转录组数据库，产生了 90 684 个转录本，挖掘了 2 848 个转录因子，开发了 4 342 对 3 碱基 SSR 引物，克隆了 *ItWRKY1* 和 *ItTIFY10* 等 2 个基因。建立了甘薯二倍体祖先种三浅裂野牵牛（*I.trifida*）的 Fosmid 基因组文库，平均插入片段 35kb，覆盖基因组约 6.7 倍，理论上任意片段筛出率达到 99.88%，以此构建了三维 PCR 筛选体系，为获得基因全长或克隆打下了基础。与美国康奈尔大学 Fei 等合作共同绘制出 2 个高质量染色体水平的甘薯二倍体野生种全基因组图谱，分别解码了 2 个种大约 32 300 个和 31 400 个基因，以此为参考基因组对 16 个非洲甘薯品种重测序找到了橘肉甘薯中类胡萝卜素合成相关基因和等位基因 6 个，推动高 β- 胡萝卜素含量甘薯品种培育进程（*Nature Communications*，2018）。

（二）甘薯遗传育种学科

1. 学科概况

甘薯遗传育种学科历来为甘薯专业研究的重中之重、中心之核心。2011—2020 年从事甘薯遗传育种科研工作的科技人员 11 人；科辅工 4 人；学科带头人马代夫（1997 年 7 月—2015 年 12 月）、李强（2016 年 1 月—）。至 2020 年底有科技人员 8 人，科辅人员 1 名；其中研究员 4 人，副研究员 2 人，博士 3 人，硕士 5 人。主要研究方向为甘薯专用品种改良和甘薯分子育种技术研发。科研分工为：李强、张允刚负责常规育种；刘亚菊负责试验室管理；后猛、唐维负责分子育种技术研发；育种程序采用整段式育种方案，张允刚、王欣、后猛、唐维、闫会各负责1年度材料，从实生苗、复选Ⅰ、复选Ⅱ到鉴定圃、品比圃；后猛负责区域试验；闫会负责品种登记管理；张允刚负责示范、推广，科辅工人主要负责科研项目的田间管理工作。10年来在甘薯遗传育种学科创新方面取得斐然成绩。

2. 科研进展

（1）甘薯亲本遗传多样性研究

1）种质资源征集筛选：2011年以来，累计征集国内外早熟、高淀粉、高花青素、高胡萝卜素、抗根腐病、抗茎线虫病等甘薯种质资源100余份。重点开展优质、早熟、抗病、高花青素、高胡萝卜素等甘薯育种资源筛选和新资源创制工作。

2）紫薯亲本遗传多样性研究：以我国育成的75份紫心甘薯品种和1份外引常用亲本紫薯品种为材料，利用筛选到的124对多态性好的SSR引物，扩增多态性条带676条，多态性条带占比达90.13%，76个品种的遗传相似性系数在0.639 3 ～ 0.926 2，平均遗传相似系数为0.782 7。结果表明我国育成紫心甘薯品种间的遗传相似程度比较高、遗传背景比较狭窄，来自相近地域紫心甘薯品种有聚在一起的趋势。花青素组分分析，76份材料共检测到28个组分，不同品种组分数量范围为4 ～ 20个，以矢车菊素和芍药花素为主。

（2）遗传分离群体和分子标记研究

1）开发与甘薯β-胡萝卜素合成相关的分子标记：利用甘薯品种徐薯25（高淀粉、低胡萝卜素）和高代品系徐22-5（高胡萝卜素、低淀粉）及其杂交F1代分离群体，开发出5个与甘薯β-胡萝卜素合成相关的AFLP分子标记，并采用Logistic逐步回归向前法（$P<0.05$）引入AFLP标记，建立Logistic回归模型，检验41个甘薯杂交后代是否符合根据β-胡萝卜素含量高低进行的表型分组。检测结果显示，仅有2个供试材料不符合预期分组，准确率高达95.1%。在甘薯生长发育早期，可以通过该模型辅助选择甘薯高β-胡萝卜素型品种。

2）建立快速、高效的甘薯SNP位点分子检测方法：采用四引物扩增受阻突变体系PCR（Tetra-primer ARMS-PCR）的特异性扩增方法，利用候选SNP位点设计153组Tetra-primer ARMS-PCR引物，对徐781和徐薯18候选SNP位点进行检测，103组引物的PCR产物有差异，差异检出率为67.97%。另外，有32组引物扩增PCR产物的电泳条带与预期片段大小吻合，这32组引物所对应的候选SNP位点在徐781和徐薯18两样本之间得到很好的验证。结果表明，Tetra-primer ARMS-PCR方法适合甘薯SNP分子标记的检测，可用于甘薯SNP分子标记的开发及甘薯分子连锁图谱的构建（图2-1）。

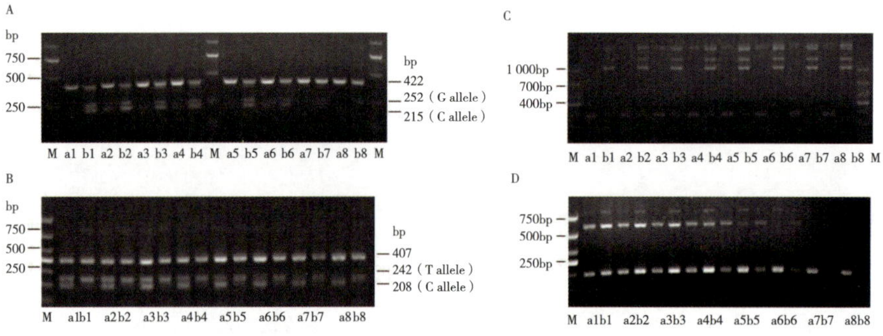

图2-1　甘薯SNP标记开发与验证

3）开发与品种钾素高效利用相关的分子标记：构建了徐薯24（钾素高效利用）× 紫薯602（钾素低效利用）的钾素利用效率分离群体，从400对引物中筛选出1对AFLP引物M-CAG/E-ACC，可在钾素利用效率高的甘薯品种中扩增出1条150 bp特异条带，钾素利用效率低的品种中未扩增出该条带。利用此分子标记可以辅助筛选高钾素利用型甘薯新品种（系）（图2-2）。

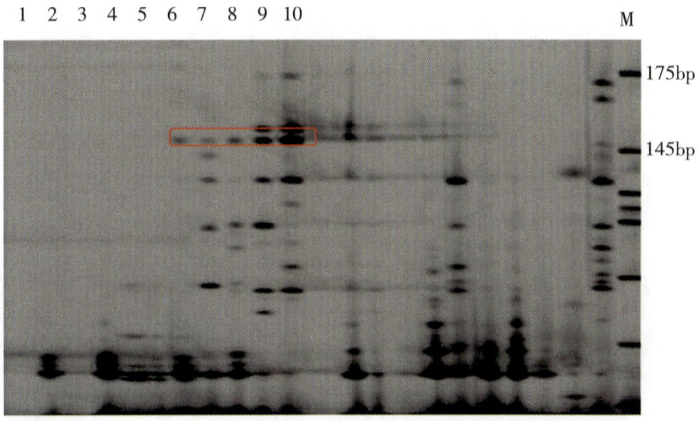

泳道：1—紫薯602；2—栗子香；3—徐L7；4—徐781；5—徐22-5；6—徐薯24；
7—徐薯32；8—心香；9—川294；10—北京553；M—分子量标记

图2-2　与甘薯钾素高效利用相关的AFLP标记

4）美国红 × 徐紫薯8号分离群体研究：以“美国红”为父本，“徐紫薯8号”为母本，通过控制授粉有性杂交的方法构建以抗性和品质为目标的F1代甘薯分离群体276份，2019年进行茎线虫病抗性、花青苷含量及组分、干率和产量等表型性状的鉴定。2020年完成双亲的全基因组重测序和274个子代的SLAF简化基因组测序，共获得约1 183.83 Mbp Clean Reads，263.46 Gbp Clean Data，Q30平均达到94.32%。以甘薯二倍体*I. trifida*为参考基因组，分别对亲本和子代的数据进行SNP开发，共获得9 004 153个SNP标签。经SNP标记分型，筛选出4 314 890个SNP标记构建了总图距为2 233.66 cmol/L，平均图距为0.71 cmol/L的高密度遗传图谱。初步定位花青苷相关的QTL7个，紧密连锁的分子标记5个。在母本徐紫薯8号图谱上定位到4个QTL，分别命名为qACf-1n、qACf-2p、qACf-3p、qACf-4p，分别位于Group 5、6、9、18上，除qACf-1n表现为负效应外，其他3个QTL均表现为正效应，分别解释表型变异的18.8%、8.3%、19.1%、13.3%。其中qACf-1n与标记SSR-162-1s紧密连锁；qACf-3p与标记SSR-SPES1-1t和SSR-53B-4t紧密连锁；qACf-2p和qACf-4p分别与标记SSR-ZY5-1d**和SSR-107-1d共位点。在父本美国红图谱上定位到3个QTL，分别命名为qACm-1p、qACm-2p、qACm-3p，都位于Group 9上，均表现为正效应，分别解释表型变异的12.6%、9.5%、18.6%。其中qACm-1p和qACm-3p分别与标记SSR-Z135-3d**和SSR-208-1s**紧密连锁；qACm-2p与标记SSR-ZY5-2d和SSR-ZY5-5d紧密连锁，且与SSR-ZY5-5d共位点。

5）构建耐盐回交群体：2016年以不耐盐的烟薯24与高耐盐的徐薯28杂交，从中筛选出耐盐后代材料，以徐薯28做轮回亲本，2020年初收获的BC4F1（H28-112 × 徐薯28）500份实生苗进行耐盐鉴定，筛选到3个高耐盐材料1-50、1-56和2-39。

（3）基因发掘和克隆

1）*Gigantea*（*GI*）的克隆、功能验证以及转基因：利用甘薯品种（cv. *Sinhuangmin*）的cDNA

为模板克隆 *IbGI* 的全长 cDNA 序列，发现至少存在着 14 种可变剪切体，为了分析 *IbGI* 基因的结构，对其基因组序列也进行了克隆和测序，结果显示 *IbGI* 基因由 14 个外显子和 13 个内含子组成（图 2-3）。红框为外显子，实线为内含子，虚线为缺失片段，绿框为插入片段。根据各个可变剪切体的核苷酸序列设计引物用于检测每个剪切体的表达水平，只有 6 对引物能够特异扩增自己的转录体（图 2-4）。然后用这 6 对引物通过 RT-PCR 检测实验样本（分别 400 mmol/L 盐处理 6 h、12 h、24 h 和 48 h），有 2 对引物可以扩增到带（图 2-5）。

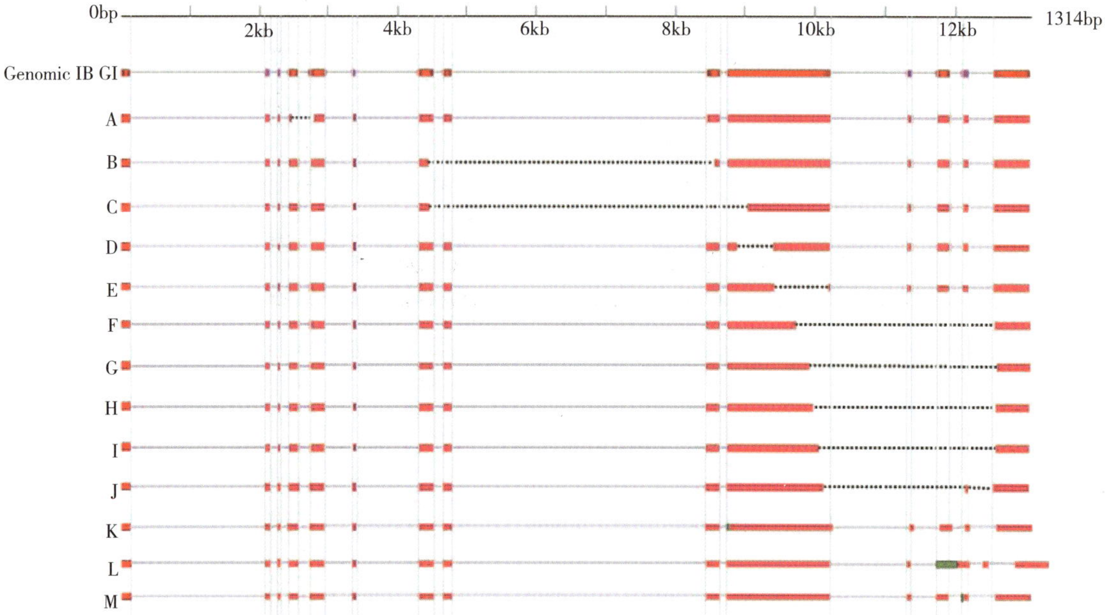

图 2-3　*IbGI* 基因组结构与可变剪切体比对

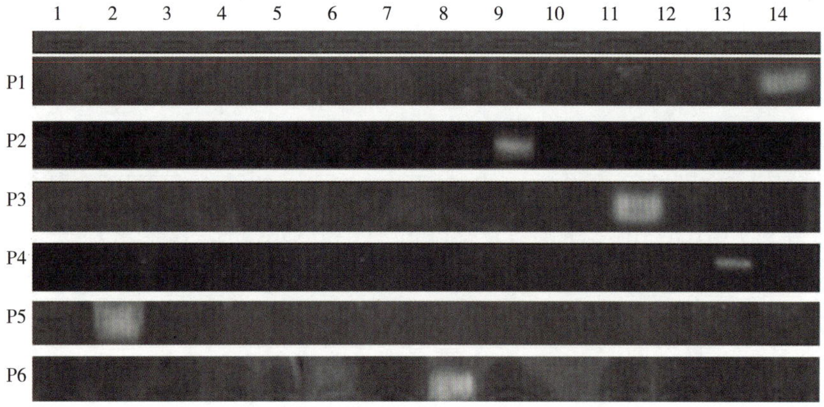

图 2-4　14 个可变剪切体特异引物检测

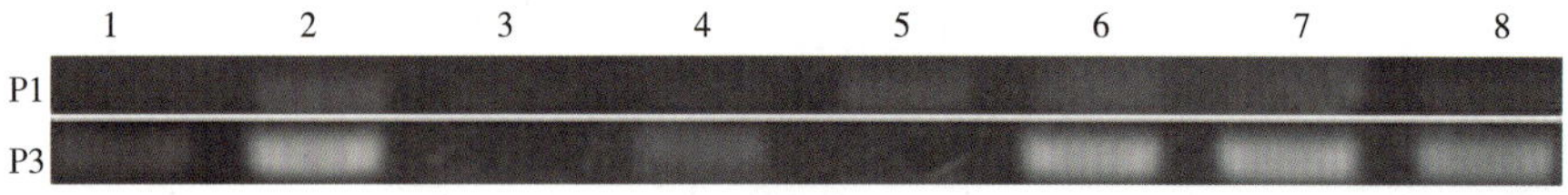

图 2-5　可变剪切体特异引物 RT-PCR 检测

IbGI 的 mRNA 表达具有明显的生理节律变化，并在拟南芥 *gi-2* 突变体中过表达能恢复其正常开花表型；该基因在热、干旱和盐胁迫下上调表达，而在冷胁迫下表达量下降。进一步研究发现，该基因可以负调控植物的耐盐能力，为我们解析甘薯耐盐反应机理提出新的思路（Tang，et al.，2017）。

2）*IbFBA2* 和 *IbFBA5* 克隆与功能研究：从甘薯徐 781 中克隆到 *IbFBA2* 和 *IbFBA5* 两个基因。其中 *IbFBA2* 的 cDNA 全长 1 617 bp，开放阅读框 1 197 bp，编码 398 个氨基酸残基。*IbFBA5* 的 cDNA 全长 1 341 b，开放阅读框 1 074 bp，编码 357 个氨基酸残基。*IbFBA5* 的 cDNA 序列已上传至 Genbank，登录号为 KU166864。*IbFBA2* 和 *IbFBA5* 在响应干旱、盐和 ABA 处理的过程中呈现不同的表达模式，*IbFBA2* 在盐、PEG 和 ABA 胁迫条件下表达量降低，随后逐渐增加，而 *IbFBA5* 在盐、PEG 和 ABA 胁迫条件下的表达量则持续上升。在正常条件下，野生型、突变体以及转 *IbFBA5* 株系的根长没有显著性差异。而用不同浓度 ABA 处理后，转 *IbFBA5* 基因的拟南芥材料的根明显伸长，长势与野生型相当，而突变体的根的长度明显被抑制。结果表明 *IbFBA5* 基因有响应 ABA 处理的作用，转基因拟南芥在 ABA 处理条件下恢复了野生型的性状（图 2-6）。

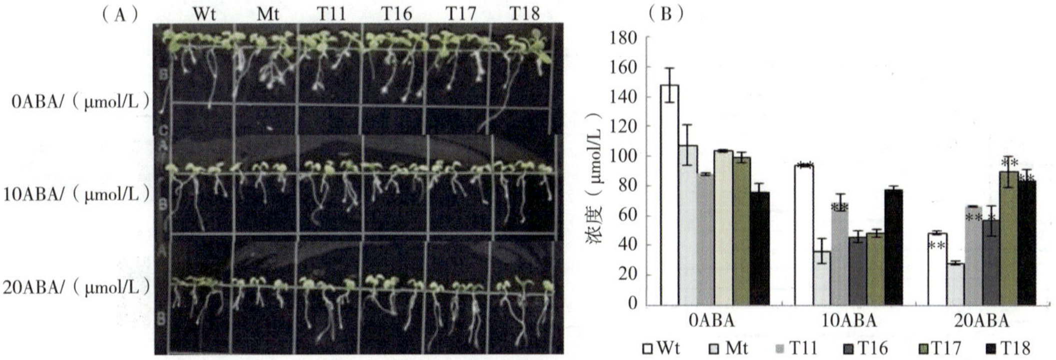

图 2-6　转 ***IbFBA5*** 拟南芥响应 ABA 处理

IbFBA5 具有组织表达特异性，在甘薯徐 781 叶片中表达量最高，其次是地下部（牛蒡根、贮藏根和纤维根），叶柄、茎和花中表达量较低；在贮藏根初始膨大期和膨大盛期，该基因在徐 781 贮藏根中的表达量均显著或极显著高于徐薯 18 中的表达量；甘薯叶片和贮藏根中 *IbFBA5* 的表达模式分别与不同时期叶片中淀粉的含量变化和贮藏根中果糖及葡萄糖的含量变化趋势具有一致性（图 2-7、图 2-8）。

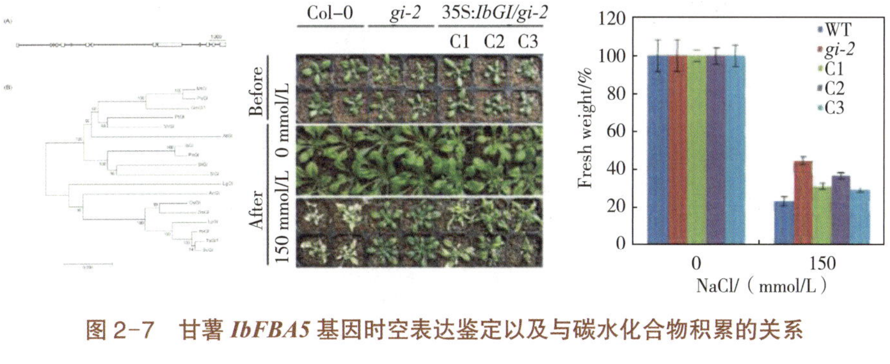

图 2-7　甘薯 ***IbFBA5*** 基因时空表达鉴定以及与碳水化合物积累的关系

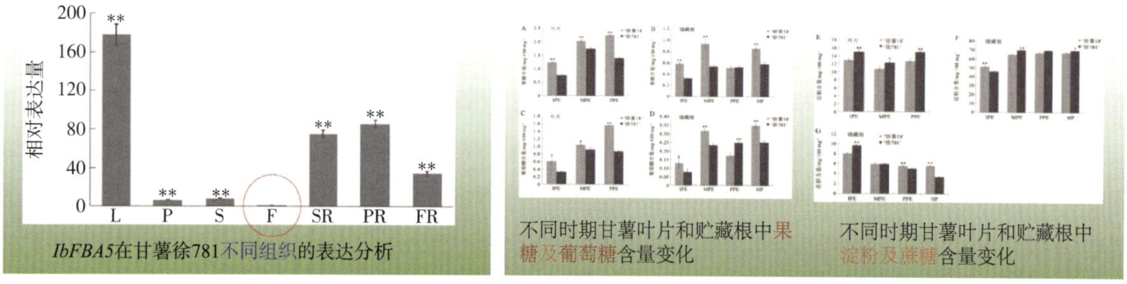

图 2-8　甘薯 ***IbFBA5*** 基因时空表达以及与碳水化合物积累的关系

3）***Ib***HKT1 克隆和功能研究：*Ib*HKT1 在徐薯 28 和胜利百号茎蔓中明显受氯化钠诱导表达，其中在耐盐品种徐薯 28 茎蔓中的表达量显著高于在胜利百号茎蔓中的表达量。该基因与第 I 亚家族基因同源性高，但其在转基因酵母中的作用模式又不同于其他第 I 亚家族其他 *HKT1* 基因，能够在酵母中促进钾 - 钠离子同向运输（图 2-9），可以用于提高甘薯的耐盐性（PARK，et al.，*Journal of Integrative Agriculture*，2017）。

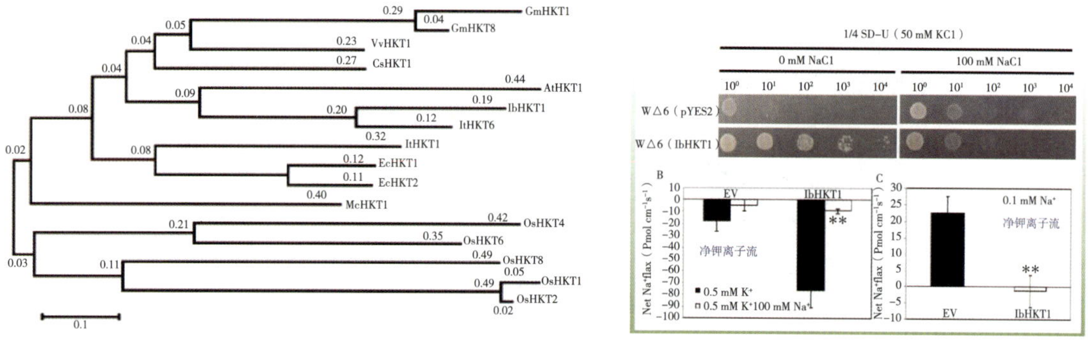

图 2-9　甘薯 ***IIbHKT1*** 进化树分析以及酵母互补实验

4）*IbGSTF4* 克隆和功能研究：克隆花青素转运相关基因 *IbGSTF4*，该基因能够恢复突变体 *tt19-1* 子叶和下胚轴的花青素积累，初步证明 *IbGSTF4* 可能参与花青素在甘薯中的转运和积累（图 2-10）。

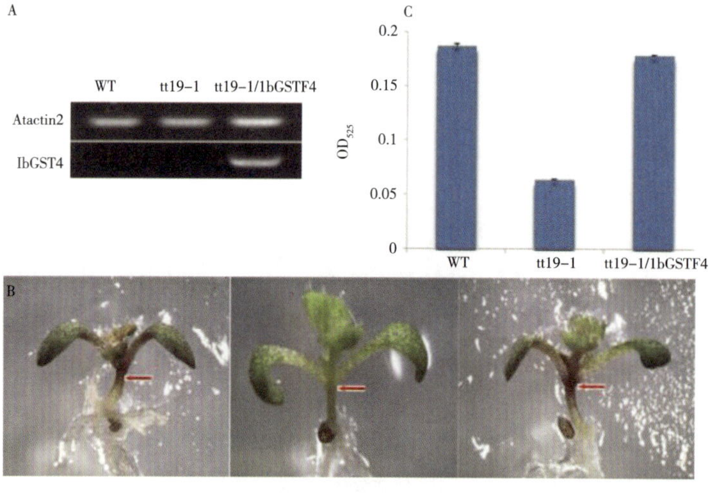

图 2-10　***IbGSTF4*** 基因对拟南芥突变体 ***tt19-1*** 的互补实验

5）甘薯淀粉合成关键酶 AGPase 小亚基双顺反子共表达载体构建：实验首先通过酶切连接的方法构建出中间载体 pzp-35S-NosT，然后将分离得到的 IbAGPa1 和 IbAGPa2 这两个小亚基核苷酸片段分别与 pzp-35S-NosT 载体进行连接，从而得到 35S-IbAGPa1-NosT 和 35S-IbAGPa2-NosT 两个表达框（图 2-11）。随后，将扩增的目的基因 35S-IbAGPa1-NosT 的全长片段与已经构建好的 pzp-35S-IbAGPa2-NosT 载体通过 In-fusion 技术进行连接反应，最终获得双顺反子共表达载体（图 2-12）。

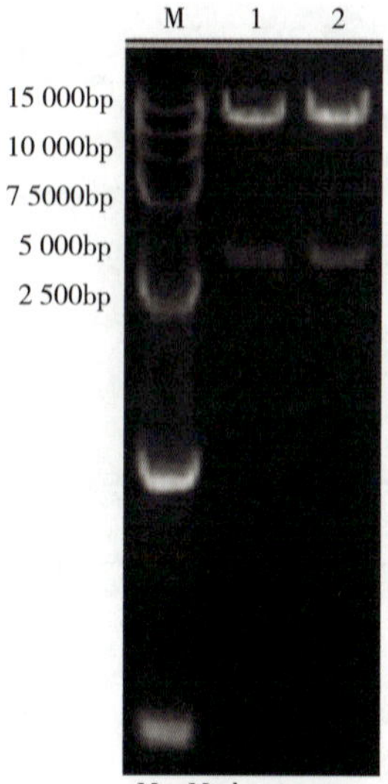

图 2-11　表达载体酶切验证

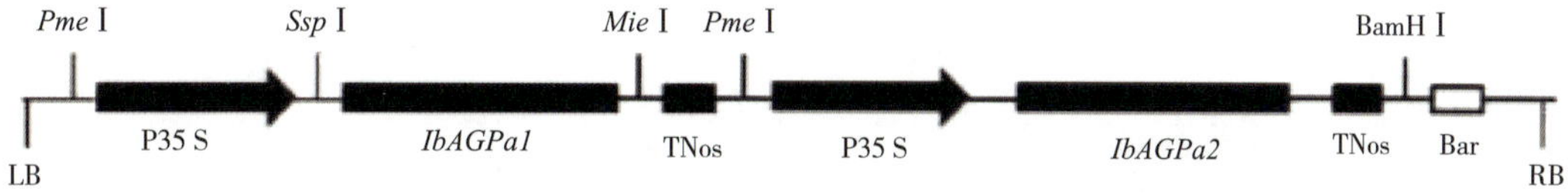

图 2-12　共表达示意图

6）*IbCAR1* 基因的克隆及功能研究：*IbCAR1* 基因的筛选及克隆：根据前期转录组测序结果，发现 ABA 相关蛋白 *IbCAR* 基因参与甘薯耐逆反应，并对该基因从徐紫 8 中克隆出来，该基因长 531 bp，编码 176 个氨基酸。在盐胁迫条件下，其表达量显著低于对照，初步表明该基因以负调控的方式参与植物的耐盐反应。后面将通过转基因技术进一步研究该基因的功能。

（4）制定《农作物品种鉴（认）定规范　甘薯》农业行业标准　本标准规范了兼用型、淀粉型、食用型、高胡萝卜素型、高花青素型、紫薯食用型、叶菜用型、其他类型 8 种类型品种的鉴（认）定评价标准和评判规则，适用于国家级甘薯品种鉴定，省级甘薯品种鉴（审、认）定。专家认为该标准的制定和实施将进一步规范甘薯品种的鉴（审、认）定，有效地推动甘薯品种在产量、品质和抗性方面不断提高，具有前瞻性和适应性。已通过农业农村部组织的专家审定，待颁布。

（5）建立适宜北方薯区机械化作业的品种评价指标　利用 5 个薯形大小不同的甘薯品种（徐薯 22、徐薯 28、徐薯 32、徐紫薯 3 号和徐紫薯 5 号）进行机械化收获试验，调查参试品种的薯形（薯块扁率）、破损率以及明薯率，研究甘薯薯形和大小对机械化收获的影响。结果表明：薯形与破损率具有极显著线性关系，扁率越大其破损率越高，反之则破损率越小；不同品种机械收获薯块明薯率没有明显差异（表 2-1）。因此，可将薯块扁率作为评价甘薯品种是否适合机械化收获的评价指标，薯块短纺锤形的品种（扁率低）在收获过程中能够更好地避免机械损伤（图 2-13）。

表 2-1　机械化收获对不同品种薯块覆盖度和破损的影响

品种	破损率 /%	薯块扁率	单株薯块重 /g	明薯率 /%
徐薯 22	19.75 ± 0.59cC	0.604 ± 0.014dC	290.7 ± 8.60aA	100.00 ± 0.00aA
徐薯 28	24.25 ± 0.59bB	0.710 ± 0.013bB	203.0 ± 3.53bB	97.77 ± 0.63aA
徐薯 32	22.34 ± 0.55bB	0.661 ± 0.015cBC	183.3 ± 9.90bBC	95.08 ± 2.56aA
徐紫薯 3 号	32.62 ± 0.77aA	0.771 ± 0.004aA	138.9 ± 1.61cCD	96.89 ± 2.54aA
徐紫薯 5 号	6.25 ± 0.45dD	0.483 ± 0.018eD	159.5 ± 6.77dD	100.00 ± 0.00aA
F 值	252.37**	66.92**	73.83**	1.67

注：大写和小写字母分别表示处理间差异达到1%极显著水平和5%显著水平。

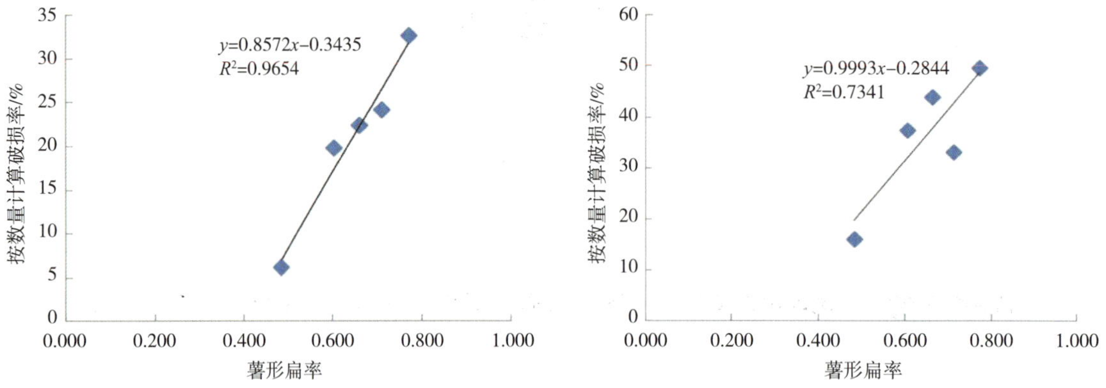

图 2-13　薯形扁率与机械化收获破损率的关系

注：扁率是长短半轴的差值，再与长半轴的比值，其值介于0和1之间，公式为扁率=（长半轴−短半轴）/长半轴，薯形扁率反映了薯块形状的扁平程度，扁率越大薯形就越长，越小则薯形越圆。

（6）开展薯块裂皮研究　新构建以易和不易裂皮为主要目标的分离群体 1 个；以不易裂皮品种徐紫薯 8 号和易裂皮品种广薯 79 为亲本，在海南种植，各 20 株，后期以定向杂交方式，建立分离群体。2018 年牵头联合食用型甘薯品种改良岗位，石家庄、商丘、南宁、龙岩、湛江 5 家试验站共 7 个地点，选用易裂皮品种 9 个和不易裂皮品种 5 个共 14 个品种开展甘薯裂皮成因研究试验。根据特用型甘薯品种改良岗位，商丘、石家庄、龙岩综合试验站完成试验。根据各个试点的数据，综合分析后初步认为影响裂皮的因素主要有：①品种因素。以第 3 次收获为例（表 2-2），济南红、冀薯 98、济农 729、漯薯 10 号、万薯 7 号、龙薯 13 号在徐州、石家庄、商丘、龙岩均有裂皮现象，南紫薯 018、漯薯 11 号、广薯 87 在三地均没有或很少裂皮，徐紫薯 8 号北方薯区三个试点均没有裂皮发生，在龙岩出现轻度的裂皮现象。②土壤或环境因素。如桂薯 10 号在徐州几乎没有裂皮，而在商丘裂皮较严重；广薯 79、济农 729、冀薯 98、漯薯 10 号、万薯 7 号、龙薯 13 在各地虽都有裂皮现象，但裂皮比例差别较大。③生育期。随着生育期的延长，裂皮率逐渐增加，即后期比早期裂皮现象严重，同时大薯裂皮的程度也增大。④天气因素。在块根膨大初期干旱，后期雨水多，也会明显提高裂皮率。

表 2-2　不同试点甘薯品种裂皮情况　　单位：%

序号	品种名称	商丘		石家庄		徐州		龙岩	
		数量	重量	数量	重量	数量	重量	数量	重量
1	广薯 79	18.53	33.25	5.33	1.87	45	43	68.18	80.65
2	桂薯 10 号	31.95	61.06	—	—	0	0	6.25	11.28
3	济南红	—	—	78.43	60.64	80	86	56.76	74.95
4	济农 729	23.24	37.91	55.26	27.12	13	11	60.53	64.97
5	冀薯 98	55.71	73.05	65.56	47.33	19	14	29.55	37.49
6	龙薯 9 号	0	0	25.88	15.72	27	15	31.43	40.96
7	漯薯 10 号	49.11	65.43	55.32	32.13	15	12	16.67	25.90
8	南紫薯 018	0	0	5.33	1.29	0	0	2.63	1.93
9	万薯 7 号	15.7	26.94	28	16.91	2	14	19.15	33.50
10	广薯 87	2.22	3.17	1.43	0.39	0	0	0	0
11	龙薯 13	51.35	72.36	40.82	23.02	17	13	31.25	42.00
12	漯薯 11 号	0	0	0	0	9	3	3.45	5.57
13	商薯 8 号	21.59	35.36	0	0	9	7	7.84	8.43
14	徐紫薯 8 号	0	0	0	0	0	0	12.12	19.86

（7）制定《植物新品种特异性、一致性和稳定性测试指南　甘薯》国家标准　2000 年 2 月受农业部科技教育司委托，本所实施“植物新品种 DUS 测试技术和标准”项目中的“甘薯新品种 DUS 测试技术和标准”的研制。2013 年 9 月 10 日，中华人民共和国农业行业标准《植物新品种特异性、一致性和稳定性测试指南 甘薯》（NY/T 2429—2013）发布，于 2014 年 1 月 1 日正式实施。2016 年由农业部种子管理局提出升级为国家标准，指定江苏徐淮地区徐州农业科学研究所（江苏徐州甘薯研究中心）等 3 家单位为标准起草单位。国家标准于 2018 年 5 月 14 日发布，2018 年 12 月 1 日实施（中华人民共和国国家标准公告，2018 年第 6 号）。

（8）学科创新成绩显现　2011—2020 年共承担国际合作、国家、省、市级农业科研课题 56 项，其中主持 49 项、协作 7 项；主持国际合作项目 6 项、国家级项目 8 项、省级项目 38 项、市级项目 3 项、所基金 1 项；科研合同经费 6 000 余万元，到账经费 3 624.4 万元，可用经费 2 586.4 万元。育成甘薯新品种 14 个，其中国家登记甘薯新品种 10 个；在苏、皖、鲁、豫等省累计推广种植 50 万亩以上，新增社会经济效益 1 亿元以上，获直接经济效益 100 余万元。申报植物新品种权 10 个、授权 6 个。申报专利 14 件、授权 8 件。制定国家标准 1 项；地方标准 2 项。主编专著 1 部，参编专著 6

部；发表研究论文83余篇，其中SCI收录13篇，会议论文27篇。获神农中华农业科技奖一等奖1项、徐州市科学技术进步奖二等奖1项，江苏省农业科学院十大科技进展1项。2016年获江苏省农业科学院重点学科，2019年获江苏省农业科学院先进团体，2020年获江苏省农业科学院四星团队。

（三）甘薯生理栽培学科

1. 学科概况

甘薯生理栽培学科带头人为李洪民研究员（2007年12月—2018年3月），唐忠厚副研究员（2018年3月—）。2011年以来，先后有在职人员11人，至2020年底有在职人员6人，其中副研究员2人、博士1人、硕士4人，科辅工技师1人。甘薯生理栽培研究学科依托甘薯国家现代农业产业技术体系——南方区栽培、养分管理岗位研究及承担其他科研课题，开展甘薯养分高效利用与绿色轻简化栽培技术等方面研究。内设甘薯高效栽培、养分管理、逆境生理等方向。现在的分工是：唐忠厚副研究员的研究方向为甘薯优质栽培与养分高效利用，主要负责甘薯绿色高效栽培与养分科学管理技术研发与推广应用；张爱君副研究员的研究方向为甘薯优质栽培与土壤养分监测，主要负责甘薯高效栽培与土壤养分长期监测分析。“十二五”至“十三五”期间，相继承担国家自然科学基金、国家重点研发、国家甘薯产业技术体系南方栽培与养分管理等岗位，农业农村部科研行业专项、国家863计划等20余项课题，年均科研经费150万元左右；形成了甘薯脱毒种薯（苗）快繁、甘薯轻简化与标准化高产栽培、甘薯绿色生产模式、甘薯田土壤有机质演变与提升、甘薯安全贮藏、叶菜类甘薯安全生产与周年供应、基于大垄双行的甘薯主要环节机械化生产等科技创新成果，并在我国南方薯区、黄淮海地区、江淮分水岭地区等进行规模化示范应用。

2. 科研进展

（1）甘薯高产高效轻简化栽培技术研究　围绕优良品种应用、农机农艺配套、科学施肥、株型调控、病虫害绿色防控、安全贮藏等主导产业发展的共性关键栽培实用技术，优化实施多元多熟制甘薯周年优质高效技术；初步构建适宜不同生态区机械化生产的甘薯轻简栽培体系；研究影响甘薯产量形成的关键因素和调控技术及养分高效利用技术；开展不同土壤条件下不同用途甘薯品质提升的机制研究，初步提出了栽培调控途径；研发了甘薯主要病虫草害统防统治与绿色防控技术体系；并进行规模化甘薯绿色高产高效生产示范与应用。

（2）甘薯养分高效利用及其分子机制研究　依托长期肥料定位试验地与长期土壤质量监测站，对甘薯养分需求等进行了长期监测与研究，初步明确了甘薯对主要养分的吸收、利用规律，以及不同肥力对甘薯营养生长、生理生化、产量品质影响；提出甘薯养分高效利用策略；建立了不同耐贫瘠甘薯种质筛选方法与利用效率评价体系；挖掘调控甘薯养分高效利用的关键基因并进行功能解析；初步构建了甘薯响应养分胁迫的分子网络模式。

（四）甘薯病虫草害防控学科

1. 学科概况

甘薯病虫草害防控学科的学科带头人为谢逸萍研究员（2008年2月—）。2011—2020年先后有9人从事该学科研究工作，至2020年底有在职职工7人，其中科研人员6人（高级职称3人，中级职称2人，初级职称1人），科辅工1人。内设甘薯真菌病害、甘薯线虫病害、甘薯病毒病害、甘薯虫害、甘薯草害 5 个研究方向，谢逸萍、孙厚俊、张成玲、杨冬静、唐伟负责真菌病害研究；谢逸萍、孙厚俊、马居奎负责线虫病害研究；张成玲、唐伟负责病毒病害研究；孙厚俊，杨冬静、马居奎负责甘薯虫害与草害研究。谢逸萍研究员、孙厚俊副研究员负责研究方向制订，杨冬静以真菌病害研究为主，同时协助甘薯虫害与草害的研究，马居奎以线虫病害研究为主，同时协助甘薯虫害与草害的研究，唐伟以病毒病害研究为主，同时协助做好真菌病害研究工作。

2. 科研进展

（1）甘薯真菌病害研究

1）病原鉴定：通过组织分离法对当地的甘薯根腐病进行了病原菌分离纯化，获得 30 株病原菌；经 PCR 扩增，获得 4 个致病菌 rDNA-ITS 片段，序列大小为 535 ～ 568 bp，核苷酸一致率为 88% ～ 100%；结合形态学观察和 rDNA-ITS 序列测定结果，将 4 株致病菌鉴定为尖孢镰孢菌和茄病镰孢菌。对基腐病进行病原菌分离纯化，ITS 分子鉴定，构建系统进化发育树，明确病原菌为甘薯间座壳菌（*Diaporthe batatas*），与 NCBI 上传序列核苷酸一致率最高为 99.83%。研究分析，甘薯间座壳菌应是毁坏拟茎点霉菌（*Phomopsis destruens*）的有性态。

2）病原菌生物学特性研究：对甘薯长喙壳菌（*Ceratocystis fimbriata* Ellis et Halsted）进行了生物学特性研究。适宜该病原菌生长的碳源为乳糖，氮源为酵母膏，pH 值为 9。菌丝在光照、黑暗、光暗交替下均能生长，其中在黑暗条件下生长最好，菌丝致死温度为 55℃ 10 min 或 58℃ 5 min。对甘薯紫纹羽病菌（*Helicobasidium mompa* Tanaka）进行生物学特性研究，适宜该病原菌生长的碳源为淀粉，氮源为硝酸钾，pH 值为 10，菌丝在光照、黑暗、光暗交替下均能生长，其中在黑暗条件下生长最好，菌丝致死温度为 50℃ 10 min。对甘薯黑痣病菌（*Monilochaetes infuscans* Ell. et Halst.ex Harter）的生物学特性进行研究发现，甘薯黑痣病菌对碳源的适应范围较广，菌丝生长的最适碳源是葡萄糖；仅可有效利用有机氮源，最适氮源是酵母粉；生长的最适宜 pH 值为 8 ～ 9，温度为 25 ～ 30℃；分生孢子致死温度为 57℃ 5 min，且光照对病原菌的生长无显著影响。

3）防治药剂毒力测定：采用菌丝生长速率法测定不同杀菌剂对甘薯主要病害病原菌的效力，结果表明咪鲜胺锰盐和枯草芽孢杆菌对根腐病的室内抑制效果居前 2 位，1 μg/mL 的抑制率分别达到 74.70% 和 72.26%；1% 枯草芽孢杆菌可湿性粉剂和 2% 宁南霉素对甘薯黑斑病菌抑制效果居前 2 位，其中后者对该病菌的 EC_{50} 值为 0.30 μg/mL；97.6% 甲基立枯磷和 97% 氟酰胺对紫纹羽病的室内抑制效果最佳，87.6% 拌种灵的抑制作用；其次，96.3% 苯醚甲环唑和 97% 甲基托布津抑制作用相对较差。

4）甘薯抗病机制研究：克隆与抗黑斑病相关基因 *IbINH*，全长 CDS 为 579 bp 并完成了 INHs 序列分析。获得转基因植株后接种黑斑病进行抗性鉴定，OEH 株系黑斑病抗性显著降低而 RiH 株系黑斑病抗性显著增强，从病指、植株鲜重、根鲜重、根长等指标分析结果表明 *IbINH* 对甘薯抗黑斑病起负调控作用。克隆获得 *IbINH* 基因，获得过表达和干扰表达 *IbINH* 的转基因株系，与 NT 相比，OEV7 和 OEV8 株系黑斑病抗性显著提高，而 RiV3 和 RiV5 的黑斑病抗性显著降低 。通过各株系被甘薯黑斑病菌侵染后病情指数、植株鲜重、根鲜重和根长等指标分析结果表明，IbINH 具有正向调控甘薯抗黑斑病的功能。

5）生理生化研究：甘薯与镰刀菌互作过程中抗氧化酶活性及丙二醛（MDA）含量变化结果表明，所试甘薯品种在病原菌侵染后 3 种抗氧化酶活性均高于对照，但不同甘薯品种的不同酶上升到高峰的时间和幅度不同。大部分酶活性增加率呈先上升后下降的趋势，接种后 24 h 达到最高。同时在病原菌侵染后 MDA 含量均高于对照，但增加率不同。黑斑病菌与不同抗性品种接种后，各处理的 POD 和 SOD 活性均显著升高，且抗病品种的酶活变化速度和峰值均高于感病品种，抗感品种 CAT 活性均显著降低。研究表明未受黑斑病侵染时，南京 -92 叶片中类黄酮含量、绿原酸含量、PAL 活性显著或极显著高于烟台 -252，可以作为选育和鉴定抗黑斑病品种的生理指标，但总酚含量和 PPO 活性差异不显著。研究证实了甘薯块根中 PAL 活性、绿原酸含量、多酚氧化酶活性、总酚含量的提高，有利于提高甘薯抗黑斑病的能力。

（2）甘薯线虫病害研究

1）茎线虫侵染机理研究：对茎线虫病的发生规律、侵染机理进行了系统研究，证实茎线虫主要从薯苗移栽时基部切口侵入，用栽培方式或利用药剂封住切口，是防治线虫病发生的关键。明确种群基数和接种时期对甘薯茎线虫病发生的影响程度，接种时间越早，薯苗内茎线虫种群数量增长速度越快，线虫基数越大，发病越重。当土壤中茎线虫量大于 50 头 /g 土壤时，对甘薯产量有较大影响。茎线虫对甘薯不同部位提取物趋性存在显著差异，须根提取物对茎线虫的吸引能力较弱，地下茎提取物对茎线虫具有明显的吸引作用，甘薯胶乳提取液对茎线虫有明显的驱避作用，且抗感品种间无显著差异。

2）集成“选、控、封、防”综合防控技术体系：对甘薯茎线虫病田间防治药剂进行筛选，连续进行了多年、多点次的试验，筛选出了噻唑膦（福气多）、三唑磷微胶囊等一批高效、低毒防治药剂。创新集成了以选用抗病品种、无病种薯种田，控制田间虫口基数、控制薯苗携带线虫，药剂封闭剪口，田间科学用药防治为主线的综合防控技术体系。该技术 2014 年通过了国家甘薯产业技术研发中心组织的专家验收，综合防治效果达 72.72% ~ 78.16%，2019 年入选了农业农村部遴选的农业主推技术。

（3）甘薯病毒病研究

1）甘薯病毒病检测方法创新：根据病毒维管束传导的特性，明确以叶片与叶柄结合部位取样检测效果最佳，其提取液作为样本进行病毒血清学检测，比传统的单一叶片取样方法对病毒检出率可提高 33%。建立了 SPCSV 与甘薯双生病毒多重 PCR 检测方法，对这两种病毒的最低检测浓度分别为 1.96×10^5 拷贝 /μL 和 3.57×10^5 拷贝 /μL，通过 1 次 PCR 可实现对 2 类甘薯病毒 10^5 拷贝水平的检测，且有较好的检测效率，减少了检测成本，缩短了检测时间。并获得国家发明专利授权。

2）我国甘薯病毒病的种类和分布研究：明确我国甘薯病毒种类达 20 余种，各大甘薯产区主要病毒发生种类不同。首次对我国三大甘薯种植区域 11 个省份进行了 10 种主要病毒病的普查，较为全面地了解了中国各大薯区甘薯病毒病发生情况，明确了我国北方薯区和长江中下游薯区以甘薯轻斑点病毒（SPMSV）最重，南方薯区病毒病检出率最高的是甘薯 G 病毒（SPVG）；与 20 年前（1989 年）结果比较，各种病毒在中国发生程度比 20 年前均有所上升。

3）甘薯病毒病引起减产机制研究：研究发现甘薯叶绿素含量变化是 SPVD 造成甘薯减产的因素之一，甘薯不同时期感染 SPVD 对甘薯病情指数和叶绿素的影响不同。SPVD 缩短了甘薯蔓长，增加了基部分枝，降低了甘薯叶绿素含量和薯块中干物质的积累。SPVD 侵染一般可造成产量降低 29.8% ~ 54.3%，严重时可达 90% 以上。研究证实了不同品种对 SPVD 抗耐性不同，引起的产量损失不同。

4）甘薯病毒病防治技术研究：针对 SPVD 和双生病毒等对甘薯产业发展造成的严重威胁及原标准检测对象和方法的滞后，修订了国家农业行业标准《脱毒甘薯种薯（苗）病毒检测技术规程》，将病毒检测对象由 2 种增加至 6 种，制定了江苏省地方标准《脱毒甘薯种薯（苗）SPCSV、SPVG、SPLCV 检测技术规程》，规范了检测对象、检测方法和检测流程，制定了农业行业标准《甘薯脱毒种薯（苗）生产技术规程》，规范了甘薯脱毒种薯（苗）生产，大力推广脱毒种薯种苗。同时做到识、除兼顾，即准确识别甘薯病毒病植株症状并剔除苗床病株病苗。创新集成以种薯早期预警为基础、种植健康种苗为核心，以留种田空间隔离、种薯早期检测、控制传播媒介和早期剔除病苗为主要内容的综合防控技术体系，保障甘薯产业的健康发展，获得全国农牧渔业丰收奖一等奖。

（4）构建甘薯主要病害抗病鉴定平台　通过对各主要病害的系统研究，修正甘薯根腐病病菌概念。明确甘薯根腐病是由镰刀菌和丝核菌共同为害造成。发现、鉴定甘薯新病害——甘薯褐斑病，并对其病菌形态、生物学特性、致病性、品种间抗性差异等方面进行深入研究。形成甘薯茎线虫病抗扩展鉴定方法、甘薯近缘野生种抗茎线虫病鉴定方法、甘薯黑斑病苗期抗性鉴定方法、甘薯软腐病抗性鉴定方法、甘薯褐斑病抗性鉴定方法、甘薯黑痣病抗性鉴定方法，均获国家发明专利授权，使抗性鉴定病害由 3 种扩大到 6 种；抗性鉴定方法由 3 种扩大到 9 种；正在形成甘薯主要病害抗性鉴定技术规程的行业标准，为甘薯新品种选育提供技术保障。

（5）甘薯田杂草防除技术研究　调查结果表明：徐淮地区甘薯田杂草种类主要有马齿苋、铁苋菜、反枝苋、牛筋草、香附子、马塘、田旋花、苘麻、醴肠等。其中马齿苋、铁苋菜、香附子是甘薯田的主要杂草，占杂草总数量的 50% 以上，田旋花、牛筋草、反枝苋、鳢肠、稗草、苘麻等杂草相对较少。田间防除药剂筛选结果显示，使用 330 g/L 二甲戊灵乳油 4.5 L/hm^2 土壤封闭处理或 108 g/L 高效氟吡甲禾灵乳油 0.75 L/hm^2+10% 乙羧氟草醚乳油 0.75 L/hm^2 于杂草 3 ～ 5 叶期对茎叶进行喷雾处理，可有效防治甘薯田杂草。

（五）甘薯加工利用学科

1. 学科概况

甘薯加工利用学科带头人为钮福祥研究员（2010 年 12 月—）。2011—2020 年，从事甘薯加工利用科研工作的在职科技人员有钮福祥、徐飞、孙健、朱红、岳瑞雪、张毅、张文婷 7 人，其中研究员 1 人，副研究员 3 人；博士 1 人、硕士 3 人。内设甘薯食品加工技术研发、甘薯功能成分与功能作用研究、甘薯乙醇发酵研发等研究方向。团队成员既有分工负责又有交叉合作，全室一盘棋，分工不分家。截至 2020 年，先后研发紫甘薯花青素口服液、紫甘薯花青素含片、低温脱水花生、紫薯黑蒜酒、膳食纤维咀嚼片、甘薯月饼、甘薯即食全粉、甘薯脆饼等新产品，并与 5 家国内知名甘薯加工企业对接，部分产品实现转化应用，并取得较好的经济效益。

2. 科研进展

2011 年以来，甘薯加工利用学科围绕甘薯多糖、甘薯膳食纤维、甘薯花青素、甘薯多酚、药用甘薯、甘薯加工品质评价、甘薯深加工技术等开展相关研究工作。

（1）甘薯多糖研究　从徐紫薯 3 号中提取、分离、鉴定出 2 种新型多糖（PSWP、PSAP），并成功解析其化学结构，PSWP 为线性结构多糖，PSAP 为复杂的支链多糖。明确紫甘薯多糖基于减轻氧化应激、增强免疫、修复炎症组织、改善肠道菌群及其代谢物等通路调节 LPS 诱导炎症小鼠、DSS 诱导结肠炎小鼠的作用机制及构效关系，先后在 *International Journal of Biological Macromolecules*、*Food & Function*、*Journal of Functional Foods* 等国际期刊发表相关研究论文 8 篇。

（2）甘薯膳食纤维研究　主要涉及膳食纤维提取分离、改性、组分及生理特性等。评价不同甘薯品种膳食纤维的含量、组成及对乙醇发酵的影响，利用酶解法、超声波辅助酶法等从甘薯及薯渣中提出膳食纤维并进行改性，显著提高了可溶性膳食纤维比率，其持水力、膨胀力、持油力等物化特性也显著提高；并开发了膳食纤维粉、膳食纤维咀嚼片等产品；而且甘薯膳食纤维对铅中毒肾损伤小鼠具有保护作用，其作用机制为膳食纤维通过 AMPK/SIRT1/PGC1 α 信号通路抑制肾脏组织氧化应激损伤，相关研究结果发表在 *Journal of Food Biochemistry*、《中国粮油学报》、《核农学报》等期刊。

（3）紫甘薯花青素研究　开展花青素提取、分离纯化、组成成分、结构特性及生物活性等研究。评价不同提取方法对花青素的影响，以酸化乙醇提取效果最佳，大孔树脂纯化的花青素具有良好的抗氧化活性，而且花青素具有抑制高脂诱导的 SD 大鼠营养性肥胖的功能，其生理机制是通过抵抗氧化应激，并激活下丘脑瘦素及其下游的信号通路，从而降低血糖和血脂水平，抑制脂肪堆积和体重增加，相关研究结果发表在 *Food Science and Biotechnology*、《中国农业科学》等期刊，并开发了花青素含片、花青素口服液等产品。

（4）甘薯多酚研究　开展多酚的提取工艺、测定方法及活性评价等研究。优化甘薯多酚的提取条件，以超声辅助离子液体、乙醇复合溶液的提取工艺最佳，提取率比常规方法提高 16.9%。评价不同肉色薯块、叶片不同部位及生长期的多酚含量。甘薯叶多酚具有一定的抗氧化活性，以甲醇提取多酚的 DPPH 清除能力最强，70% 乙醇提取多酚的总抗氧化能力最强，多酚含量与 DPPH 自由基清除率、总抗氧化能力显著正相关。相关研究结果发表在《核农学报》《江苏师范大学学报》《江西农业学报》等期刊，并开发了甘薯叶多酚速溶粉等相关产品。

（5）药用甘薯的研究　开展药用甘薯 TSP-1 提取物的功能性及安全性评价。通过建立 2 型糖尿病大鼠模型，评价药用甘薯 TSP-1 提取物的干预效果，药用甘薯提取物显著降低总胆固醇及甘油三酯，同时提示具有增加血小板数量的功能。进一步通过建立血小板减少症模型表明，2 g/kg 石油醚提取物、1 g/kg 氯仿提取物可以显著升高模型小鼠的血小板数量，但各提取物对白细胞的减少均无提升效果。基于急性毒性、骨髓细胞微核、精子致畸以及血清生化等试验，评价药用甘薯 TSP-1 提取物的安全性，显示药用甘薯提取物无毒性反应，对小鼠生殖细胞的形成无影响，且无肾毒性和心肌毒性。相关研究结果发表在《江苏农业科学》《中国食物与营养》等期刊，并开发了药用甘薯 TSP-1 提取物口服液产品。

（6）甘薯加工品质评价研究　先后对淀粉型、食用型、特用型、加工型等不同品种的营养成分、功效成分、理化特性及加工品质进行评价，并建立甘薯营养品质、感官品质和加工品质的系统性评价方法。在甘薯深加工技术方面，开展甘薯乙醇发酵、紫甘薯发酵酒、甘薯饮料、甘薯脆片、甘薯条、甘薯泥、甘薯全粉、高纤紫薯面、甘薯月饼、甘薯薄饼、倒蒸地瓜干等技术研究和产品开发，先后获得江苏省科学技术奖二等奖、神农中华农业科技奖三等奖、徐州市科学技术进步奖二等奖、淮海科学技术奖二等奖等多项成果奖。

（7）甘薯加工利用研究　大力推进甘薯特别是鲜食甘薯的深加工系列产品研发，促进甘薯产业化发展；在“不与粮争地、不与人争粮”的前提下适度开展甘薯燃料乙醇技术研发，为国家能源战略做好技术储备；系统开展甘薯多糖、花青素、多酚、蛋白等功效成分鉴定和生理功能等基础性研究工作，为高附加值的甘薯源保健食品的开发利用打下基础；加强甘薯废弃物（如淀粉加工废渣废水、甘薯茎叶等）循环再利用加工，如利用甘薯渣生产制备膳食纤维、寡糖等。

第二节 区域优势学科

一、小麦学科

（一）学科概况

小麦学科一直是徐州农科所的传统优势学科，创新育种领跑黄淮地区，徐麦系列品种的推广应用为苏、鲁、豫、皖交界广大麦区的品种更新换代、量质提升、产业发展做出重大贡献。学科带头人为陈荣振研究员（1996—2015）、冯国华研究员（2016—）。自2011年以来，小麦学科在品种选育、人才培养、技术研制、成果应用、高新技术研究等方面成绩斐然，尤其在新设备引进上始终处于前位。在连年改进试验手段、增加先进实验设备的同时，注重提升田间试验质量，求得新的突破。2010年利用省成果转化资金购置布拉本德电子型粉质仪、小型实验磨、近红外品质分析仪、面筋数量及指数测定仪；2011年购置奥地利点播机、小区联合收割机；2012年购置宽幅播种机；2013年购置卷盘式喷灌机；2014年利用原原种基地建设资金购置和面机、面条机、烤炉等加工测试设备，利用“江苏省徐淮地区国家农作物品种区域试验站建设项目”的资助费用建成了设备齐全的“小麦品质分析实验室”，并购置普兰泰克（PLANTECH）小区播种机；2016年购置久保田联合收割机、免耕播种机，建设赤霉病鉴定大棚（1.5亩），并利用地下车库改建加代冷库；2018年重建加代温室；2019年建设组培实验室，小麦育种手段不断提升，园区配置移动式喷灌、植保一体机，田间试验机械化程度大为提高，促进了小麦科技创新能力的全面提升和小麦学科的快速发展。

（二）科研进展

1. 小麦品种资源引进与创新研究

2011—2020年间从德国、CIMMYT、中国农业大学、中国农业科学院、中国科学院遗传与发育生物学研究所、西北农林科技大学、华中农业大学、山东农业大学、甘肃省农业科学院、江苏里下河地区农业科学研究所等国内外教学、科研单位引进含高低分子量谷蛋白亚基（Glu-A3d，Glu-B3b，Glu-D3b）、条锈病抗性基因（*Yr5*、*Yr10*、*Yr12*、*Yr15*、*Yr28*）、持久抗性基因（*Lr34*、*Lr46*、*Lr68*）、白粉病抗性基因（*Pm24*、*Pm36*、*Pm37*、*Pm46*）、赤霉病抗性基因（*Fhb1*、*Fhb7*）等优异基因资源1 000余份，为优质、抗病育种提供重要亲本材料。尤其是通过基因转育获得了以矮抗58为遗传背景，携带*Fhb1*、*Fhb1+Fhb2*、*Fhb1+Fhb4*、*Fhb1+Fhb5*、*Fhb1+Fhb2+Fhb4*、*Fhb1+Fhb2+Fhb5*、*Fhb1+Fhb4+Fhb5*等不同主效QTLs位点组合近等基因系50份左右，其中，中抗赤霉病以上的近等基因系10份以上。还通过基因聚合获得了具有矮抗58遗传背景，携带抗赤霉病主效位点（*Fhb1*）、抗白粉病基因（*Pm21*）和抗条锈病基因（*Yr26*）的材料，以及同时含*Fhb1*和*Fhb7*基因的抗赤霉病新材料，在创制小麦多抗种质资源科研上取得新进展。

2. 小麦新品种选育研究

（1）选育高产、稳产新品种 “十三五”以来，选育7个超高产小麦新品种，其中5个新品种

（徐麦 33、徐麦 35、徐麦 9158、徐麦 178、徐麦 2023）通过国家审定，2 个新品种（明麦 16、江麦 23 即徐麦 2233）通过江苏省审定。徐麦 33 和徐麦 35 的产量潜力达到 750 ~ 800 kg/ 亩。

（2）选育优质中强筋－强筋小麦品种　继徐麦 31 和徐麦 32 两个优质强筋小麦之后，近两年又选育出优质强筋新品种徐麦 36 和优质中强筋新品种徐麦 38、徐麦 44。在优质中强筋小麦选育方面积累了较多的经验和方法。每年对高代品系的籽粒品质和面团流变学特性进行测定和品质筛选工作，对即将审定品系进行馒头、面条、面包等食品加工品质进行鉴定，并对重点组合的优质谷蛋白亚基 *Glu-1Dx5* 进行了分子检测工作。

（3）选育抗赤霉病新品种　近年来，在抗赤霉病小麦育种方面取得新突破。建立并完善了淮北地区小麦抗赤霉病育种体系，综合利用分子标记辅助选择（MAS）和玉米花粉诱导小麦单倍体（DH）等生物技术手段，结合常规育种、加代技术、多年多点抗性鉴定，快速导入抗赤霉病主效 QTL，创制淮北麦区中抗赤霉病的育种材料，徐农 029 赤霉病抗性稳定达到中感—中抗水平，徐麦 DH9、徐麦 17252（含 *Fbh1* 基因）多年多点鉴定赤霉病抗性达到中抗水平，目前均正在参加江苏省淮北科企联合体和国家小麦良种攻关黄淮南片大区试验，有望在未来 1 ~ 2 年通过江苏省和国家审定。2018 年，徐农 029、徐麦 31 被农业农村部评选为绿色较抗赤霉病品种。2020 年共对 805 份（共计 2 933 份次）高代材料进行赤霉病抗性的多点鉴定，包括徐州本所的土表接种鉴定（805 份）、徐州本所单花滴注鉴定（700 份）、福建省南平市农业科学研究所（700 份）自然发病鉴定、湖北荆州长江大学自然发病鉴定（700 份）、江苏里下河地区农业科学研究单花滴注鉴定（14 份）和河南省南阳市农业科学院单花滴注鉴定（14 份）。其中，建阳试点赤霉病自然发病较往年偏重，共初步筛选到 171 份（含对照）中感赤霉病材料。本所土表接种鉴定发病较为理想，绝大多数含有 *Fhb1* 基因的品系，赤霉病抗性都在中感或中抗以上水平。

（4）轮回选择　构建了矮败优质、矮败丰产和太谷核不育 3 个轮回选择群体，每年从 20 ~ 30 个核心亲本中选择部分优异亲本，继续进行轮回选择群体的人工控制授粉 5 000 穗以上。继续开展以矮抗 58、徐麦 38、徐麦 DH9 等优良亲本为背景的矮败小麦回交工作，以便为这些亲本的杂交利用奠定材料基础。轮回选择后代每年有株系 700 ~ 1 000 个，并从 L6 ~ L7 世代中选择若干优良株系进入产量比较试验。对 3 个轮回群体除了优良单株选择外，2019 年开始还进行了细致的优良单穗选择，以期扩大轮回选择的遗传基础和育种规模。目前，轮选新品系徐麦 18197 正在参加国家黄淮南片品比试验。

3. 小麦栽培（生理、技术）研究

（1）新品种高产栽培生理研究　2011—2020 年先后开展了徐麦 33、徐麦 35、徐麦 2178、徐麦 2023、徐麦 38、徐麦 39、徐麦 44 等新品系的播期播量、肥料运筹等试验示范，为新品种推广提供理论指导。

（2）育成品种高产潜力探索　对徐麦 33、徐麦 35、徐麦 44 等适宜地区进行超高产潜力探索，通过高产高效栽培技术的匹配，掌握现有品种的产量潜力，实现示范区 750 kg/ 亩以上、大面积 650kg/ 亩以上的产量指标。

（3）苏北稻麦周年绿色高效栽培技术研究　以全量秸秆还田为基础，通过周年协调型稻麦新品种筛选示范，形成合理的茬口搭配，以稻麦标准化播栽技术、精确定量栽培技术为支撑，规范简化各项技术措施，提高机械化水平，达到稻麦周年目标产量 1 300 kg/ 亩，实现节肥减药、绿色可持续发展。

4. 区域试验

2020 年承担区域试验 10 组（169 个品种），品比 257 份材料：黄淮区试 6 组 109 个品种（系）、黄淮预试 141 个品系和省淮北区试 2 组 31 个品种（系）、省预试 49 个品种（系），新增国家联合攻关黄淮东片品比 33 份。同时参加了中种联合体（区 14+ 预 20），主持省淮北片联合体试验（区 14+ 预 14）。本所鉴定圃 230 个品系、品种比较试验 48 个品系（其中 DH 材料 14 份）。在大庙基地还安排了国家小麦良种联合攻关新品种大区试验（73 个材料）和联合体生产试验（10 个品种）：广适组 23 个、抗赤霉病及多抗组 21 个、优质及养分高效组 16 个、大区生产试验 13 个；中种联合体生产试验（6 个品种）和省淮北联合体生产试验（4 个品种）。

5. 小麦科研成果转化与科技研发

2011—2020 年，共转让小麦新品种 10 多个，合同金额 2 500 余万元。其中“徐麦 31”以 150 万元转让给江苏徐农种业有限公司；“徐麦 32”以 120 万元转让给江苏明天种业有限公司；“徐麦 33”总价 548 万元转让给安徽丰和农业有限公司、焦作博农种子有限责任公司和江苏徐农种业有限公司；“徐麦 9158”以 120 万元转让给徐州佳禾种业有限公司；“农麦 1 号”以 240 万元转让给江苏神农大丰种业科技有限公司；“徐麦 35”以 680 万元转让给江苏徐农种业有限公司；“徐农 029”以 200 万元转让给江苏徐农种业有限公司；“江麦 23”以 150 万元转让给江苏中江种业股份有限公司；“明麦 16”以 75 万元 + 提成形式转让给江苏明天种业科技有限公司；“徐麦 178”以 120 万元 + 提成形式转让给河南省源泉种业有限公司；“徐麦 2023”以 100 万元 + 提成形式转让给中国种子集团有限公司。

二、水稻学科

（一）学科概况

水稻学科带头人为刘超研究员（1996—2015）、王健康研究员（2016—）。2011—2020 年先后参加水稻科研工作的科技人员有刘超（2015 年 10 月退休）、王健康、郭荣良、丁成伟、吴玉玲、徐家安、王友霜、胡婷婷、赵铁鹏、何弯弯；科辅工人有陈鹏（2019 年 11 月退休）、潘玉良、李芳（2016 年 3 月退休）、高金喜（2017 年 1 月调至基地），至 2020 年底，有科技人员 8 人、科辅工 1 人，其中研究员 3 人，副研究员 3 人，博士 3 人，硕士 2 人。2016 年 1 月国家水稻产业技术体系徐州综合试验站新老站长实现顺利交接。学科带头人先后是刘超研究员、王健康研究员。水稻专业研究方向：①优质高产多抗中粳稻新品种选育；②优质多抗超高产杂交粳稻新品种选育；③水稻轻简化绿色高效栽培技术研究。其科研分工是：丁成伟、吴玉玲、胡婷婷、何弯弯主要从事常规粳稻育种资源创制及新品种选育；王健康、郭荣良、王友霜主要从事杂交粳稻亲本创制及新品种选育；赵铁鹏主要从事水稻轻简化栽培技术研究。科技人员在不同研究方向上有交叉和协作。科辅工人主要负责科研项目的田间管理及实验室部分辅助工作。实现了杂交中粳、系列常规稻品种在产量、品质、抗病、适应性和配套栽培技术等方面的新突破，开创了黄淮、江淮稻区生产增收的新局面。

（二）科研进展

1. 水稻品种资源征集与利用研究

2011 年以来，重点开展优质、早熟、抗稻瘟病、优良食味等粳稻育种资源和高柱头外露、籼粳交等杂交粳稻育种资源的征集、筛选和新资源创制工作，累计征集国内外抗稻瘟病、抗（耐）黑条矮缩病、抗纹枯病、抗稻飞虱、低直链淀粉含量、低谷蛋白、高 γ-氨基丁酸、高抗性淀粉、氮高效利用等粳稻资源 200 余份、高柱头外露不育系 3 份、籼粳交恢复系 10 余份，现保有各类水稻种质资源和亲本材料 1 000 余份。通过优良基因杂交聚合、分子标记辅助选择、基因编辑等育种技术创制出抗稻瘟病资源 30 余份、低直链淀粉资源 20 余份、高柱头外露不育系 2 份、籼粳交恢复系 3 份，这些新资源已形成抗病育种、优质育种和杂种优势利用的骨干亲本。

2. 常规粳稻遗传育种研究

“十二五”以来，随着全球经济的发展，国内外市场特别是国外市场对稻米产品质量要求越来越高，安全、优质、生态稻米产品备受青睐，提高稻米产品品质已成为国内外水稻育种和栽培研究的热点。课题组结合本地区水稻产业发展需求，在常规粳稻育种上重点开展优质和优良食味新品种的选育，同时加强抗病、抗逆性状的筛选，在优质粳稻育种上突出理化品质和加工品质的提高，已审定的徐稻 10 号和正在参加试验的徐 40398、徐 63646、徐 60198 等品种理化品质已达到国标 2 级优质标准，出米率比对照品种高 3% ~ 5%，稻瘟病抗性达到中抗以上水平；在优良食味粳稻育种上，结合江苏和黄淮地区稻作生产条件，以低直链淀粉含量和香型基因聚合为突破口，提高育成品种蒸煮米饭的外观、气味、味道、口感、回生度等食味指标，徐稻 9 号品种含半糯和香型基因，米饭晶莹剔透，口感柔软滑润，富有弹性，冷而不硬，2016 年荣获“寻找江苏最好吃的大米”活动暨首届江苏百姓品米节优质大米评比二等奖，2017 年荣获“全国优良食味粳稻品评”三等奖，2018 年列为江苏省《现代农业提质增效工程千亿级特色产业发展规划和专项行动方案（2018—2022 年）》淮北地区优良食味粳稻重点推广品种，被 20 余个县（市、区）选作优良食味粳稻产业化品种，开发了徐稻王、沂西、七彩银杏、凌桥、龙香园等一系列优质大米品牌，铜山区沿湖镇、新沂市新店镇被授予江苏省“味稻小镇”称号。

3. 杂交粳稻遗传育种研究

本学科自 20 世纪 70 年代开始杂交粳稻优势利用研究，先后育成 20 余个三系杂交粳稻新品种应用于生产，其中 9 优 138、9 优 418 两品种在“十五”“十一五”期间成为全国推广面积最大的杂交粳稻品种之一，开创了黄淮地区杂交粳稻生产应用的新局面。“十二五”以来，随着水稻栽培方式向机械化方向转变和优质稻米市场化竞争加剧，原有杂交粳稻品种因制繁种产量低、品质一般、适应区域较窄等限制因素，种植面积逐年减小。近年来，课题组通过高柱头外露不育系、籼粳交恢复系资源的引进和创制，已初步育成 BA65、WA705、NA10、GYS17、GYS19 等三系、两系柱头外露率 30% ~ 50% 的粳型或偏粳型不育系，同时育成 R60333、R70534、LZ6 等含有更多籼型成分的恢复系，已选配出徐优 198、WA705/ R60333、NA10/R70534、GYS17/LZ6 等杂种优势突出、理化品质达国标 3 级以上的新组合，正在进行不同生态区的适应性鉴定，其中徐优 198 组合理化品质优、食味品质好、制繁种产量高，同时含有香型基因，符合杂交粳稻优质、高产、高效和轻简化生产的新要求。

4. 水稻高产高效栽培技术研究

2013 年起重新组建水稻栽培研究课题组，针对淮北地区水稻生产轻简化、优质化、绿色化发展需求，结合自育水稻品种的推广利用，重点开展常规粳稻机插稻的壮秧育苗、高产群体构建、肥水药一体化量化指标和杂交水稻长秧龄育苗、宽窄行机插等农机农艺融合的关键技术研究，同时对“虾田稻”“蟹田稻”“富硒稻”等特色稻米生产开展专项栽培技术研究，自主或合作研制的《苏北稻麦周年绿色高效栽培技术》《徐稻 9 号优质高效栽培技术》等多项栽培新技术已应用于大面积生产。

5. 水稻成果转化与科技开发

2010 年徐旱 1 号品种（国审稻 2007051）全国独家生产经营权转让给安徽皖垦种业有限公司，有效期自 2010 年 3 月 20 日起至 2024 年 3 月 20 日止，品种转让费共计 30 万元。2016 年徐稻 9 号品种（国审稻 2015049）全国独家生产经营权转让江苏徐农种业科技有限公司，有效期自 2016 年 3 月 1 日起至 2026 年 2 月 28 日止，品种转让费共计 450 万元。2017 年徐稻 8 号品种（国审稻 2014037）全国独家生产经营权转让给河南省源泉种业有限公司，有效期自 2017 年 1 月 1 日起至 2026 年 12 月 31 日止，品种转让费共计 100 万元。2019 年徐稻 10 号（国审稻 20180058）全国独家生产经营权转让给徐州佳禾农业科技有限公司，有效期自 2019 年 2 月 25 日起至 2029 年 12 月 31 日止，品种转让费共计 150 万元。2016—2019 年授权江苏徐农种业科技有限公司对徐稻 3 号、徐稻 5 号、9 优 418、8 优 862 四个水稻品种进行良种繁育和市场销售，水稻专业获开发收入共计 80 万元。

三、棉花学科

（一）学科概况

学科带头人为李卫华研究员（1996—）。2011—2020 年，共有在职职工 13 人，其中科技人员 10 人（李卫华、陈萍、王阶祥、张正敏、胡新燕、冯营、孙亚伟、赵明明、陈晓光、李元元）；科辅工 3 人（王大存、王爱荣、马昌友）。棉花科研方向自 2009 年开始，在保证国家棉花产业技术体系建设顺利实施基础上，逐步实行科研专业结构调整调优，由原来棉花单一学科调为主、副多科综合，其主要研究方向为棉花遗传育种、棉花栽培、马铃薯脱毒及苦瓜、辣椒、牛蒡、马铃薯、菊芋等新品种选育与栽培技术研究，具有高职专家 6 人。科研分工是：李卫华、陈萍、胡新燕、张正敏、冯营、孙亚伟、赵明明、陈晓光、李元元等主要进行棉花遗传育种研究，李卫华同时主持国家棉花产业技术体系徐淮综合试验站各项研究；王阶祥从事棉花栽培研究，冯营协助。孙亚伟主持了马铃薯脱毒技术研究与区试，赵明明承担马铃薯高效栽培技术研究及区试任务；胡新燕主持苦瓜新品种选育与栽培以及设施苦瓜 - 辣椒高效种植模式等研究；冯营主持完成了设施专用辣椒新品种引进与选育研究工作。陈晓光；2020 年 7 月调入，任室副主任，协助李卫华主任做好各项工作；李元元 2019 年参与 3 个月棉花科研工作。科技人员在不同研究方向上有交叉和协作，科辅工人主要负责科研项目的田间管理及实验室协助工作。

（二）科研进展

1. 棉花新品种选育研究

（1）棉花品种资源征集与创新　2011—2020 年从中国农业科学院棉花研究所、中国农业科学院植物保护研究所、南京农业大学、河北农业大学、浙江大学、华中农业大学、四川大学、复旦大学、山东省棉花中心、河南省农业科学院经济作物研究所、江苏省农业科学院经济作物研究所、辽宁省农业科学院经济作物研究所、石河子农业科学院、邯郸市农业科学院、石家庄市农业科学院、南阳市农业科学院征集高产、优质、抗黄萎病及早熟材料 85 份，其中 MI6055 和 IF1-1 分别为大铃、优质、高衣分的二代转基因材料。材料引进后，通过杂交、病圃筛选等手段创制亲本材料 123 份在育种中进行利用。根据基础性长期性观测工作要求，申报并安排棉花种质资源观测试验项目，2016—2020 年年均种植本所选育的系列品种、特异种质材料及其他种质材料 30 份，完成了田间观测、室内考种、数据收集与分析，字段录入上报等任务。

（2）棉花新品种选育　一是转基因抗棉铃虫育种。承担国家重大专项子课题“抗虫及转基因杂交棉花新品种培育”和“高产高效抗虫转基因棉花新品种培育”，采用转基因与常规方法相结合，杂交育种和系统育种相结合，先后选育出徐棉 21 号（徐 443）和徐棉 266 两个常规转基因品种通过审定，育成徐棉 399 参加区试。二是杂种优势利用。杂种优势利用研究重点开展父本为转基因材料或双亲为转基因材料的组合选配工作。先后选育出徐 D619、徐 D821、徐 D824、徐 D818、徐 D108、徐 928、徐 D908、徐 D072 参加江苏、安徽、河南、天津和江西 5 省份区试；徐 D619、徐 D821、徐 D824 参加黄河流域和长江流域区试。徐杂 6 号和徐杂棉 8 号（徐 D619）通过审定。三是适合机械化种植早熟棉花新品种选育。针对春棉和套作棉花生育期长、用工多、机械化程度低的问题，开展适合机械化、大蒜洋葱茬直播短季棉新品种选育工作，先后育成徐棉 009、徐 1104、徐棉 608、徐棉 638 等 18 个新品系参加省级以上区试和联合鉴定，上述品系生育期 95 ~ 108 d，株高与中棉所 50 相当，吐絮较早且集中，株形、第一果枝高度、含絮度等性状机采适合度高。皮棉产量比对照增加 5% 以上，抗枯萎病、黄萎病性较强，综合性状优良。徐棉 608 于 2018—2020 年通过江苏省早熟棉区试和生产试验，并于 2021 年通过审定。徐棉 638 参加江西省早熟棉区试。

（3）棉花枯萎病研究与育种经验　2012 年陈萍、李卫华等撰写出版《棉花枯萎病研究》专著，着重总结 20 世纪 70 年代以来棉花枯萎病综合防治的理论研究与实践应用的成果。内容包括枯萎病的发生为害、病原菌、致病机理、抗病机制、抗病性鉴定方法、抗枯萎病育种、枯萎病的农业防治、农药防治与生物防治等。2012 年李卫华等在 ICGI 国际研发大会上发表论文 *Application of Index Selection in Upland Cotton Breeding program Using QuLine Simulation*，通过构建的模拟模型，以不同性状各世代独立选择为对照，开展了 4 种指数选择方法的选择效应研究。将皮棉产量、霜前花率、纤维长度、长度整齐度、纤维比强度、纤维细度、枯萎病指、黄萎病指及吐絮期作为指数选择的组成性状，以现有遗传信息为基础，根据经济重要性赋予各组成性状不同的权重。试验包括加性、显性、超显性和上位性 4 种遗传方式，皮棉产量和纤维比强度设置 2 种连锁水平，共形成 8 个遗传模型，由 QU-GENE engine 产生初始群体，应用 QuLine 进行育种和选择策略模拟。结果表明，皮棉产量遗传响应主要与遗传模型（IM）、连锁强度（LS）、家系内和家系间指数选择策略及遗传模型 X 连锁强度互作 4 个因素有关。历经 1 个育种周期之后，皮棉产量、最佳指数法（OI）的遗传响应均以上位性模型为佳。当产量与纤维比强度基因紧密连锁时，皮棉产量遗传响应比基因独立遗传时高 2.93%，相反，最佳指数选择法（OIS）遗传响应比基因连锁强度低时减少 3.02%。家系内最佳指数选择比家系内 F2 ~ F7 皮棉产量选择遗传响应高 10%。张正敏等在中国棉花学会 2011 年年会和中国棉花学会 2012 年年会暨第八次代表大会发表论文，分析了在淮北平原气候条件下针对长江中下游棉区育种的可行性。介绍了徐杂 6 号育种目标的确立、骨干亲本筛选、保纯、配组等基本原则和方法。以徐州所棉花育种工作实践为例，简述了 10 项棉花常规育种的一般经验和做法，并根据时代要求，在不同生产科研阶段采取相应措施，取得了较好结果。

（4）新品种区域试验　2011—2020 年连续承担黄河流域棉花区试和江苏省棉花区试。承担黄河流域棉花区试的具体组别有黄河常规春棉区试及生产试验、黄河麦套棉区试、黄河杂交棉区试及生产试验、黄河直播早熟棉区试及生产试验和黄河棉花生产力创新试验。年承担 3 ～ 5 组试验，先后鉴定自育品种 400 多个，通过审定并在生产上大面积应用的 60 余个。承担江苏省棉花区试的具体组别有常规春棉区试及生产试验、杂交棉区试及生产试验、直播早熟棉区试及生产试验，同时每年开展区试参试品种的田间自然病圃黄萎病鉴定。年承担 2 ～ 4 组试验，先后鉴定自育品种 200 多个，通过审定并在生产上大面积应用的 16 个。

2. 棉花栽培技术与立体种植模式研究

（1）轻简栽培技术与新型化学调控　2011 年，冯营、王阶祥等在《现代农业科技》发表论文《徐淮地区棉花无土育苗裸苗移栽技术应用效果研究》，指出无土育苗在苗期虽然生长有一定滞后，但进入生殖生长后单株成铃率优于营养钵移栽方式，表现出后发特点。2011 年，孙亚伟、李卫华等在《中国棉花》发表论文《脱叶剂对棉花脱叶和吐絮的影响研究》，分析了棉花品种徐 00121 和苏棉 20 施用国产蓝丰脱叶磷和美国产脱叶磷两种脱叶剂的应用效果。结果表明，两种脱叶磷的脱叶效果相当。较低用量就能够达到很好的脱叶效果，国产脱叶磷增施乙烯利能够提高脱叶效果，其用量在 1 500 ～ 1 800 mL/hm^2 就已经能够达到很理想的脱叶效果。吐絮率方面国产脱叶磷与美国产脱叶磷对吐絮效果影响不大，增施乙烯利可以提高吐絮效果。2019 年，孙亚伟、李卫华等在《棉花科学》发表论文《全精控的浓度对蒜后直播棉生长及产量品质的影响》，认为高浓度固体片剂“全精控”对蒜后直播棉生长发育具有较好的调控作用，能有效控制棉花的株高、果枝数、果节数、第一果枝着生节位和高度以及棉花中部果枝长度，且效果与缩节胺相同，使棉花株型更加紧凑，改善田间通风透光条件，提高蒜后直播棉产量。“全精控”能迅速溶于水，便于棉农使用，同时不影响棉花的产量及品质。

（2）棉花栽培生理研究　2017 年，冯营、李卫华等在《江西农业学报》发表论文《不同覆膜方式对棉铃对位叶生理特性及产量的影响》，研究了不同地膜覆盖方式（半膜覆盖、全膜覆盖、无膜覆盖）对棉铃对位叶生理特性及产量的影响。结果表明与其他覆膜方式相比，在半膜覆盖方式下，棉铃对位叶中可溶性糖、氨基酸和可溶性蛋白含量较高，内源性保护酶 SOD、POD 和 CAT 活性较强，MDA 含量较高，促使单株成铃率高，单株成铃个数多，最终籽棉、皮棉产量较高。说明半膜覆盖方式可以促进棉铃对位叶的生理代谢活动，有利于棉花产量的形成。

（3）棉花新品种配套技术研究　2011 年，李卫华、胡新燕等在《中国棉花》发表论文《高产抗病虫棉花新组合徐杂 6 号》；2013 年，李卫华、冯营等在《中国棉花》发表论文《高产优质棉花新组合徐杂棉 8 号》；2015 年，李卫华、胡新燕等在《中国棉花》发表论文《高产抗病虫棉花新品种徐棉 266》；2019 年，赵明明、李卫华等在《中国棉花》发表论文《徐棉 266 高产栽培技术》，分别针对徐杂 6 号、徐杂棉 8 号和徐棉 266 的生育特性，研究了适合各品种特点的配套高产高效栽培技术。

（4）棉花高效种植与机械化管理模式研究　2017—2018 年，赵明明、李卫华等在《棉花科学》发表论文《徐淮地区马铃薯－棉花间套高效种植模式》《徐淮地区适合机收夏播早熟棉的轻简栽培技术》《徐淮地区棉花大蒜套种高效种植模式》；李卫华等在中国农学会棉花分会 2016 年年会交流论文《淮北地区棉花大蒜（洋葱）高效立体种植模式研究》。集成棉花产业体系最新研究成果，在徐淮棉区进行熟化示范，形成了多种实用的高效植棉模式并进行示范推广，对稳定本棉区植棉面积起到了重要作用。开展适合机收夏播早熟棉的轻简栽培技术研发和缩短棉花在田时间的试验示范等研究工作，进一步提高了机播、机管、机收的可操作性，致使农机与农艺配套，植棉用工减少，植棉效益提高。

3. 棉花成果转化与科技开发

杂交抗虫棉徐杂 6 号（参加区试名为徐 D412）品种全国独家生产经营权转让给天津中天大地科技有限公司，有效期自 2010 年 9 月 1 日起至 2020 年 8 月 31 日止，品种转让费共计 71.8 万元。2011 年 9 月徐杂 3 号杂交抗虫棉品种盐城区域生产经营权转让给铜山华茂棉花研究所，有效期自 2011 年 9 月 1 日起至 2021 年 8 月 31 日止，品种转让费共计 9 万元。徐棉 266 生产经营权转让给徐州佳禾农业科技公司，有效期自 2016 年 11 月 1 日起至 2026 年 10 月 31 日止，品种转让费共计 10 万元。2011—2013 年主要开发所内培育的苏棉 20 号、徐杂 3 号和徐棉 21 号等品种，分别在丰县、邳州、铜山和贾汪建立种子繁殖基地，签订种子繁殖合同，依法收购、加工、包装，依托江苏徐农种业科技有限公司，根据转基因生产应用安全证书规定的范围进行销售经营。2011—2013 年棉花产业开发收入分别为 20 万元、15 万元和 8 万元。

四、大豆学科

（一）学科概况

2011—2020 年，大豆学科带头人先后是王宗标研究员（1996—2015）、王幸研究员（2016—）。这期间有在职职工 9 人，其中科技人员 6 人（王宗标、王幸、徐泽俊、齐玉军、邢兴华、童飞），科辅工 3 人（胡玉霞、陈勇斌、佟大卫）。具有高职专家 2 人（王宗标研究员 2015 年 7 月退休、王幸研究员 2015 年 7 月—）。研究方向为大豆育种与栽培技术研究。科研分工是：学科带头人负责全面科研方案设计实施，徐泽俊负责大豆资源评价与鉴定，齐玉军负责大豆育种，邢兴华负责大豆栽培与生理，童飞负责大豆育种；科技人员在不同研究方向上有交叉和协作，科辅工人主要负责科研项目的田间管理及实验室协助工作。大豆学科始于 1918 年，一直是徐州农科所的主要科研内容之一，在江苏乃至全国大豆育种与栽培科研中具有重要地位。“十二五”以来，大豆学科团队参加国家大豆资源研究项目，鉴定各类大豆种质资源达 10 000 余份次，收集国内外大豆种质资源 500 余份，筛选出蛋白质、脂肪含量高、抗病性强、产量相关性状优良种质 80 余份，创制高异黄酮、脂氧酶缺失、缺乏胰蛋白抑制剂新种质 10 余份；先后育成徐豆系列“徐豆 18 ~ 徐豆 26 夏大豆、徐春 3 号、徐春 4 号鲜食春大豆”等各具特色的大豆新品种 11 个；构建以常规杂交育种为主、MS 核不育、诱变和分子标记等现代技术为辅的育种技术新体系；通过建立大豆品质性状微量检测技术体系，加快了早世代目标性状的发掘，提高了诱变育种目标性状定向筛选效率，推动了诸多品质性状分子标记辅助选择技术的开发，初步实现了育种新技术的自我创新。与此同时，针对生产中出现的大豆栽培新问题进行研究，进一步完善了适宜江苏省及周边地区的大豆栽培技术体系，主要包括轻简化栽培技术、病虫草害综合防控技术、鲜食大豆 - 大蒜高产高效栽培技术以及 α - 萘乙酸大豆抗旱栽培和二乙基二硫代氨基甲酸钠大豆抗涝栽培技术。

（二）科研进展

1. 大豆种质资源鉴定评价与创新利用研究

2010—2015 年，对国家中期库 145 份黄淮及南方地方品种的性状进行核对、取样考种、繁种，并全部存入国家大豆种质资源库。2016—2020 年参加国家重点研发计划“大豆优异种质资源精准鉴定与创新利用”研究，2017 年完成 1 665 份大豆种质资源的繁种、性状核对、提纯去杂工作；2018—2020 年分别鉴定种质 1 884 份次、1 832 份次、1 838 份次，对其生育期、开花期、成熟期等 18 项田间生长性状进行记载、核对，收获后开展株高、分枝数等 7 项性状室内考察，筛选出熟期适宜、抗倒伏、抗病、产量表现优异的种质 5 份、有育种利用价值的地方品种纯系 5 份、创制优异大豆新种质 5 份。

2. 大豆新品种选育及育种技术研究

（1）新品种选育研究　2010—2020 年共选育省级以上审定品种 11 个，其中国审品种 3 个（徐豆 18、徐豆 20、徐豆 23），省审品种 9 个（徐豆 19、徐豆 21、徐豆 22、徐豆 23、徐豆 24、徐豆 25、徐豆 26、徐春 3 号、徐春 4 号）；徐豆 25 已申请 2021 年国家审定；徐豆 24 进入国家生产试验，有望通过国家审定，徐豆 18 于 2019 年通过湖北省扩区审定，2021 年通过江苏淮南扩区审定，实现自育品种跨生态区审定推广的新突破。

（2）大豆育种技术研究　一是常规育种技术：2015 年开始针对高蛋白、高油品质育种，在早世代利用近红外检测进行选择，提高品质育种的效率，选育出一批高蛋白、高油和蛋脂双高的新品系；2019 年对部分 F1、F2、F3 材料进行海南加代，缩短育种进程。二是轮回群体选择：2016 年利用河北省农林科学院提供的 MS 核不育基础群体与收集的 92 份苏北地区优良品种及地方品种进行本地种植和海南加代，完成 4 次天然杂交导入，构建苏北地区基础群体（C0-2-7），选择产量性状优良的单株 432 株，创制优异种质 3 份；2020 年利用苏北地区基础群体构建鲜食大豆、高蛋白大豆特异群体，为后续品种选育开辟新途径。三是诱变育种：2019 年开展诱变育种工作，对徐豆 13、徐豆 18、徐豆 20 等品种进行辐照，已获得 M1 的种子。四是分子育种：2018 年开始开展分子育种技术研究，通过分子辅助选择与常规育种技术相结合，聚合优良基因，培育高产、优质、抗病、适宜机械化作业的大豆新品种。

3. 大豆高产、轻简化及抗逆栽培技术研究

（1）在 2011—2015 年，研究集成一套适合江苏淮北的麦茬夏大豆机械化免耕栽培技术　选择适宜全程机械化作业的品种→机械免耕精量播种合理密植→科学施肥（每亩施 45% 的复合肥 10 kg 作种肥）→杂草防除（苗前封闭除草剂可用 90% 乙草胺：70% 嗪草酮：80% 唑嘧磺草胺 =32：7：1 或大豆 3 叶期时喷施苗后除草剂 10.8% 高效氟吡甲禾灵：25% 氟磺胺草醚 =1：1）→病虫害防控（及时防治食叶性及豆荚害虫，注意防治地下害虫蛴螬）→机械化收获。利用这项技术，筛选出徐豆 14、徐豆 18、中黄 42、冀豆 17 等品种分别在本所、铜山柳新农场、沛县胡寨、沛县朱寨、邳州碾庄镇、睢宁五一农场等地进行示范，组织高产竞赛。2013 年在柳新农场示范 2BMFJ-3 型大豆免耕覆秸精量播种机，种植 80 亩徐豆 14，收获时实地验收实产亩产达 292.8 kg；2014 年在沛县朱寨镇示范麦茬免耕机播 860 亩徐豆 14，经测产高产田块达 316.5 kg；2015 年在睢宁五一农场进行 2BMFJ-6 型大豆免耕覆秸精量播种机示范，示范面积 360 亩，较常规条播播种方式增产 12.2%。

（2）在 2016—2020 年，研究集成一套大豆绿色增产增效技术　选择适宜全程机械化作业的品种→机械免耕精量播种（行距 40 cm，用种量 4 kg 左右，合理密植）→绿色高效施肥［亩施复合肥（N：P：K=15：15：15）10 kg，种肥同播；鼓粒期喷施 1.0% ~ 1.5% 尿素 +0.20% ~ 0.30% 磷酸二氢钾］→杂草防除（大豆 3 叶期时喷施苗后除草剂 10% 精喹禾灵：25% 氟磺胺草醚 =1：1）→病虫害绿色综合防控（采用适量低毒生物农药适时防治食叶性及蛀荚性害虫，注意防治地下害虫蛴

蠕）→机械化低损收获（调整脱粒滚桶转速等适时、适当收获）。利用该项技术，分别在本所、沛县鹿楼、朱寨、邳州碾庄、睢宁王集等地进行示范，开展“个十百千万高产创建工程”活动。5 年累计示范 9 520 亩，2017 年邳州市碾庄镇祁庄村高产攻关田平均亩产 295.6 kg；2019—2020 年在气候条件较差的情况下，千亩高产示范田连续两年亩产超过 225 kg，高于江苏省单产 50 kg 以上，且节本增效效果显著，促进了本地区大豆产量进一步提升。

（3）麦秸处理和播种方式长期定位试验　2012—2020 年连续 9 年开展定位试验，试验采用裂区设计，以播种方式为主因素，秸秆还田量为副因素。播种方式有免耕覆秸精量播种、常规免耕机械条播和浅旋人工撒播 3 种，秸秆还田量设全量和半量 2 个水平，共 6 个处理，每个处理 3 次重复。其结果表明：免耕覆秸精量播种比常规免耕机械条播出苗早 1 d，较浅旋人工撒播早 1 ~ 3 d，且田间出苗率最高；免耕覆秸精量播种初花期早 0.1 ~ 2.3 d，差异显著（$P<0.05$）；秸秆全量还田处理土壤温度低于半量还田处理，而全量还田处理土壤湿度仅在干旱年份高于半量还田处理。浅旋人工撒播麦秸腐解率比免耕覆秸精量播种、常规免耕机械条播高，但免耕覆秸精量播种处理的麦秸不会影响下茬小麦的播种和生长。与旋耕处理相比较，免耕处理对大豆产量、土壤有机质含量和土壤速效钾含量没有影响，但减少了土壤NO_3^--N 含量，增加了土壤NH_4^+-N 含量、土壤速效磷含量和播种期至苗期的土壤容重。与不还田处理相比较，秸秆还田处理提高了大豆单株荚数、百粒重和产量以及土壤有机质含量及土壤速效钾含量，降低了土壤NO_3^--N 含量、NH_4^+-N 含量和初花期至初熟期土壤容重。免耕和秸秆还田均降低了土壤 pH 值、播种期至初花期土壤温度，增加了播种期至初花期土壤湿度。秸秆不还田下免耕处理大豆单株荚数、百粒重、产量、土壤有机质含量、土壤 pH 值和土壤NO_3^--N 含量较旋耕处理显著下降。与之不同，秸秆还田下免耕处理土壤湿度、土壤有机质含量、土壤速效磷含量高于旋耕处理，土壤温度、土壤NO_3^--N 含量和土壤NH_4^+-N 含量低于旋耕处理，而免耕处理与旋耕处理间大豆产量和土壤速效钾含量差异均不显著。其中，免耕 + 秸秆全量还田处理土壤温度、土壤 pH 值最低，土壤湿度、土壤有机质含量最高。因此，在黄淮海夏大豆区推广免耕技术时，应与秸秆覆盖，尤其是秸秆全量覆盖相结合。同时，在生产中需要注意 N 肥的补充。秸秆全量还田能够显著提高土壤有机质、速效钾、速效磷含量。2017 年全量还田处理土壤有机质、速效钾含量分别较半量还田处理增加 0.4 g/kg 和 2.4 mg/kg；2018 年全量还田处理 0 ~ 5 cm、5 ~ 15 cm、15 ~ 30 cm 土层中有机质、0 ~ 5 cm、5 ~ 15 cm 土层中速效钾、0 ~ 5 cm 土层中速效磷增量逐层递减，但均大于 2017 年，可见土壤养分受还田年限和土层深度影响；与之不同，全量还田处理 0 ~ 30 cm 土层中速效氮含量显著降低 16.0%，表明生产中需要适当补施氮肥；2019 年研究发现，土壤酶参与秸秆还田对土壤养分含量的影响，脲酶与有机质、速效钾呈显著相关，碱性磷酸酶与有机质、全量养分、硝态氮、速效磷、速效钾呈显著正相关，蔗糖酶与有机质、氨态氮显著正相关；2020 年研究进一步发现，土壤酶活性变化与土壤呼吸显著相关，全量还田处理土壤呼吸速率、呼吸积累量、微生物有机碳含量分别增加 2.35%、4.27%、5.19%，且两处理土壤呼吸与土壤温度拟合方程分别为 R=0.876e，R=0.827e。

（4）大豆抗逆栽培技术研究　黄淮海地区夏大豆生长季节降水极为不均，干旱、涝渍交替发生，且发生频率、程度呈增加趋势。2017—2020 年探明 IAA 信号转导在提高大豆抗旱能力中的作用，为干旱条件下大豆生长素调控技术的开展提供了理论依据。同时，明确了二乙基二硫代氨基甲酸钠能够显著增强开花期大豆耐淹性，为运用化学调控手段缓解大豆涝害提供了技术支持。通过水培方式及化控和基因干扰技术，以大豆品种徐豆 18 和 Williams 82 为材料，对干旱胁迫下 IAA 在诱导大豆抗氧化能力的作用机制及 IAA 提高大豆耐旱性的非抗氧化途径进行研究。试验结果：一是明确干旱胁迫下依赖 Ca^{2+}-ATPase 产生的 Ca^{2+}/CaM 在 IAA 诱导达到抗氧化酶中的作用，发现干旱胁迫诱导的 IAA 通过激活 Ca^{2+}-ATPase 活性，增强下游信号 Ca^{2+}/CaM，Ca^{2+}/CaM 诱导 NADPH 氧化酶和细胞壁过氧化物酶，进而导致干旱早期 H_2O_2 积累。早期 H_2O_2 积累作为信号上调细胞溶质、叶绿体和线粒体中 SOD、APX 和 GR 活性及细胞溶质中 AsA 和 GSH 含量，抑制干旱后期 ROS 的过度积累，从细胞水平上揭示了 Ca^{2+}/CaM 是如何介导干旱胁迫积累的 IAA 诱导抗氧化酶的。二是明确了干旱胁迫下 IAA 和 H_2O_2 的多重信号作用，结果显示干旱早期 H_2O_2 积累也可作为信号在三唑酮提高耐旱性中发挥作用；1- 萘乙酸可同时诱导抗氧化代谢和碳代谢，1- 萘乙酸能够缓解干旱胁迫对大豆的生长抑制，降低干旱胁迫诱导的可溶性糖积累，促进叶片中蔗糖向根系的转运，通过调控碳代谢增强大豆植株对干旱胁迫的耐受性，从而拓宽了对 IAA 信号作用的认知。三是明确了 IAA 信号转导在 IAA 诱导大豆抗氧化能力中的作用，发现干旱胁迫下 *miR393a*、*miR393h/i/j/k* 和 *TIR1A*、*TIR1B*、*TIR1C*、*TIR1D* 表达水平增加，而改变 *miR393a* 和 *TIR1A* 表达水平可以调控大豆耐旱性；沉默或超表达 *miR393* 可改变 *TIR1A* 表达水平，沉默 *miR393a* 或超表达 *TIR1A* 能够提高胁迫早期 H_2O_2 含量，增加 Ca^{2+}/CaM 含量、抗氧化能力，降低膜脂过氧化程度，而超表达 *miR393a* 或沉默 *TIR1A* 后所起的作用恰好相反，表明 *miR393a-TIR1A* 模式在大豆响应干旱胁迫中起到了调控作用，从而加深了人们对干旱胁迫下 IAA 信号转导作用的理解（*Oil Crop Science*，2020）。

采用盆栽试验，以大豆品种徐豆 18（敏感）和南农 1138-2（耐涝）为试验材料，研究 DDTC 对花期淹水大豆根系活力、根系氮代谢、碳代谢以及抗氧化代谢的影响。试验结果：淹水胁迫下，DDTC 处理提高了根系活力和根系干质量，进而有利于缓解淹水胁迫对大豆产量的抑制；增加了根系中 NR、GS 活性、NO_3^--N、FAA、可溶性蛋白含量并降低了NH_4^+-N 含量，从而增强了根系对氮素的吸收、同化能力；抑制了根瘤干物质重和根瘤固氮酶活性，进而提高了淹水胁迫下大豆固氮能力；DDTC 处理也能缓解淹水胁迫下伤流液中NO_3^--N 含量、FAA 总量下降，表明 DDTC 处理促进了根系中含氮化合物向地上部转运。DDTC 处理提高了淹水胁迫下两品种植株干物重，缓解了淹水胁迫对大豆植株生长的抑制；提高了叶片光合气体交换参数，叶片中 SPS 和 SS（合成方向）活性，并降低了 SS（分解方向）和 AI 活性，促进了淹水胁迫下叶片中蔗糖向根系和根瘤的转运；DDTC 处理也增加了根系中可溶性糖、蔗糖和淀粉含量，根瘤中蔗糖和淀粉含量。DDTC 处理能进一步提高两品种根系中 POD、APX、DHAR 和 GR 活性、AsA 含量和 AsA/DHA 比值，显著降低了根系 ROS 水平和膜脂过氧化程度。

五、花生学科

（一）学科概况

花生学科最早见于 1936 年，一直是徐州农科所的主要科研内容之一，在江苏乃至全国花生育种中具有重要地位。在 2011—2020 年，有在职职工 7 人，其中科技人员 4 人（张祖明、王晓军、孙东雷、卞能飞），科辅工 3 人（胡玉霞、陈勇斌、佟大卫）。学科带头人为张祖明研究员（1996 年—2016 年 10 月）、王晓军副研究员（2016 年 10 月—）。研究方向为花生育种与栽培技术研究。科研分工是：孙东雷负责花生种质资源鉴定评价，卞能飞负责花生育种技术及栽培技术研究。科技人员在不同研究方向上有交叉和协作，科辅工人主要负责科研项目的田间管理及实验室协助工作。2011—2020年，承担了国家花生产业技术体系徐州综合试验站、江苏省农业科技自主创新资金、江苏省重点研发、徐州市科技支撑计划等项目 17 项，先后育成 7 个花生新品种，获各级科研成果奖 5 项。

（二）科研进展

1. 花生种质资源研究

长期以来，对于花生种质资源的评价及研究集中在农艺、产量性状等方面，多以田间性状来评价种质资源，对种质资源综合评价及鉴定指标等缺乏研究，极大限制了种质资源的利用。自 2010 年以来，先后鉴定评价国内外花生资源 1 011 份，筛选出优异种质 178 份，其中高产种质 74 份（比对照增产 10% 以上）；高油酸种质 43 份（油酸含量 >75%），高油种质 26 份（粗脂肪含量 >55%）；不同种皮颜色种质 21 份；高蛋白种质 3 份（蛋白质含量 >30%）；早熟种质 3 份（生育期 <110 d）；耐盐种质 6 份（5 g/L NaCl 为胁迫浓度），高蔗糖种质 6 份（蔗糖含量 >5%），为花生资源的高效利用提供了前提。2013 年以来，对江苏省地方花生品种进行了系统研究，结果表明品种资源农艺性状差异较大，变异丰富，类型广泛；品质分析表明，赣榆小花生粗脂肪含量 >56%，如东破皮风蛋白质含量 >28%，泗洪四粒洋总氨基酸含量 >30%；代谢组学研究发现，植物鞘氨醇等代谢物可能有助于植物的耐寒性；ahFAD2 油酸位点检测，结果表明遗传多样性较为丰富，25 份材料 *ahFAD2A* 位点为野生型，116 份材料 *ahFAD2A* 位点符合 448G>A 的突变类型，*ahFAD2B* 基因只存在野生位点；基于 SSR 的遗传多样性分析表明，采用非加权平均法（UPGMA）进行聚类分析，在遗传相似系数为 0.600 时，将 133 份地方品种划分为三大类群；耐盐性综合评价，结果表明相对含水量和鲜重可以作为花生种质萌发期耐盐性的最佳鉴定指标，5 g/L NaCl 溶液可以作为花生萌发期耐盐性鉴定的合适浓度，隶属函数法结合耐盐分级可以作为一种简便快速鉴定花生萌发期耐盐性的方法。2018 年构建了花生种质资源的综合评价体系，筛选出单株鲜果重、百果重、出仁率、粗脂肪、蛋白质含量、棕榈酸、油酸和蔗糖含量 8 个表型性状，作为花生种质资源性状评价指标。2019 年构建出高油酸花生萌发期耐冷性综合评价体系，结果表明发芽指数及萌发耐冷指数可以作为高油酸花生萌发期耐冷性的最优鉴定指标，并筛选到萌发期耐冷较强材料 1 份，中等耐冷的材料 20 份，耐冷较差材料 29 份，耐冷差材料 5 份及冷敏感型材料 1 份。

2. 花生新品种选育研究

（1）调优花生育种目标　近 10 年来，人们生活水平得到显著提高，江苏省花生消费从油用为主转变为食用为主，市场上要求食味品质好的大果或早熟四粒鲜食型、中小果烘烤型、高油高油酸加工型等专用品种。根据市场需求将育种目标定位为：除高产多抗外，着重提高品种的早熟性、油酸含量、蔗糖含量、食味品质、荚果及籽仁外观品质。另外，为适应机械化生产，将适宜机械化播种、收获、脱壳作为新品种选育的重要目标。

（2）花生杂交育种研究　近 10 年来，杂交育种仍然是最重要、最有效的育种方法。花生课题组通过杂交育种选育出了徐花 16 号、徐花 17 号、徐花 18 号、徐花 19 号、徐花 20 号、徐花 21 号、徐花 22 号等花生新品种。一要选好亲本。尽量选用亲缘关系较远、地理位置差异较大、根据育种目标所需性状优缺点能互补的亲本配置杂交组合。通过引进省外和国外的高油酸、高糖、早熟等优良品种（系），或利用化学及辐照诱变创制新的种质做亲本材料，扩大亲本种质资源库。二要选好方法。花生杂交成活率因人因时因地差别甚大，变幅在 0% ~ 60.0%，这与杂交条件、杂交技术、气象因子等有关系。为提高杂交成活率，具体做法是：第一调整亲本的播种时期。亲本的播期在 5 月 15—20 日为宜，母本较父本早播一周左右。第二注意亲本的种植方法。采取垒砌固定的水泥杂交池的方法，池高 85 ~ 90 cm，内充土壤，母本种植于离边沿 25 cm 池内，对应父本种植于离边沿 50 cm 池内。第三做好母本植株的处理。母本注意浅播，在杂交开始前将母本植株去主茎及二次分枝，留下呈“十”字形的两对侧枝。杂交前一周每天早上摘除母本全部的花和果针防止出现假杂种。第四提高去雄、授粉技术。去雄时，除去龙骨瓣和花药，便于第二天早晨授粉。一般 5：00—7：00 授粉效果较好，遇雨应摘除未授粉的花，防止出现夹杂种。第五做好杂交果针的标记。杂交期间母本植株上出现果针后，为防止操作时机械损伤，须在伸出果针的节位前方压枝固定。当杂交进行到半个月左右，能看到母本有 10 个左右果针时即可停止杂交，细绳标记所有果针。三要选好后代。在后代选择的手段上，采取田间观察、室内测产、实验室分析相结合的手段进行。近年来，利用近红外光谱分析技术，建立花生籽仁品质性状定标模型，提高品质育种的选择效率，通过此手段，成功选育出高油酸加工型花生品种徐花 18 号、徐花 23、徐花 24、徐花 25、徐花 26，高蔗糖食用花生品种徐花甜 29、徐花甜 30。

（3）花生分子标记辅助选择育种研究　从 2015 年开始，利用 CAPS 标记和 AS-PCR 标记对已知 *ahFAD2* 基因位点的 5 份高油酸材料分析，结果表明：CAPS 标记更能经济简便快速地检测 *ahFAD2* 基因油酸位点。利用 CAPS 标记对杂交后代材料进行单株检测，保留含高油酸位点材料，淘汰非高油酸位点材料。通过 CAPS 标记辅助选择，选育出徐花 18 号，这是江苏省第一个通过鉴定的高油酸花生品种。用 SSR 标记开展花生遗传多样性研究，选配杂交组合时选用遗传距离较远的材料作为亲本，提高育种效率。

（4）花生化学诱变育种研究　在众多化学诱变剂中，EMS 被认为是应用最好的化学诱变剂，具有可操作性强、简便易行等优势。EMS 突变体由于遗传背景单一，是遗传育种和分子生物学研究的理想材料。“十三五”以来，花生课题组运用化学诱变剂（EMS）诱变了徐花 17 号，获得花生 M1 突变体材料 10 000 余份。对部分突变体 M2 代、M3 代的性状进行调查，筛选得到 55 份包括含油量、蛋白含量、油酸含量、株型、种皮颜色、荚果大小等性状特异的突变体。筛选出突变体 Y1007-10-4 粗脂肪含量 56.8%，Y1011-29-6 油酸含量 78.3%，Y1313-5 油酸含量 78.6%，Y1211-42 油酸含量为 79.2%，Y10 蛋白质含量 27.1%，上述品质性状均显著高于徐花 17 号性状。另外，获得了部分株高特矮化可育突变体（矮秆株高平均值 10 cm）、种皮颜色（棕色斑点）变异材料、抗叶部病害强的变异材料。运用 EMS 诱变剂对徐花 14 号（果型），徐花 18 号（高油酸），四粒红（早熟），冀花甜 1 号（高蔗糖），小香果（高油），阜花 10 号（高蛋白）共计 6 个品种进行诱变，获得 M1 代材料 30 000 余份，正在开展鉴定评价。

（5）花生物理诱变育种研究　物理诱变中应用较多的是辐射诱变，其中利用 γ- 射线是较为常用的方法。该方法可以使植物变异率比自然突变高出几百倍至上千倍，而且产生的变异范围非常广泛。以 ^{60}Co γ 射线辐照了徐花 13 号，徐花 14 号，徐花 15 号，徐花 18 号，徐 0231，四粒红，鲁资 101，冀花甜 1 号共计 8 个特色花生品种，M1 代材料 40 000 余份，正在开展鉴定评价。

（6）花生新品种区域试验　2011—2016 年承担全国北方区花生新品种区域试验，实行每年品种更新滚动制；2017 年后全国农业技术推广服务中心不再组织全国性的区试，由山东省花生研究所牵头成立国家北方片花生新品种多点试验测试网，徐州农科所作为承试单位参加。2011—2020 年，徐州农科所先后有7个品种参试，3个品种通过区域试验。2014—2015年，作为汇总单位承担江苏省花生区试（淮北大果型组），先后有2个花生品种参加试验，并通过江苏省鉴定。2017—2020年，徐州农科所作为承试点，承担由河南省农业科学院主持的黄淮海中南片花生品种多点联合测试，并提供3个品种参加测试。

3. 花生栽培技术研究

（1）设施条件下光周期和密度对花生产量影响研究　2016—2018年，开展了适宜设施栽培的鲜食花生早熟高产共性栽培技术研究。结果表明10 h光照更能促进设施花生早熟、高产，当亩种植花生密度为11 116穴时，设施花生亩产量最高。

（2）花生降解膜增产试验示范　2018年至今，分别对PBAT、PLA、PPC等降解膜的降解效果及增产效应进行研究。结果表明不同的降解地膜在20 ~ 40 d即开始开裂降解，其均可以促进花生发育，比露地增产5% ~ 10%，但增产效果低于非降解地膜。其中，PPC降解地膜的增产效果较好，收获时只留有少量残膜，在徐州地区具有推广价值。

（3）花生农机农艺融合试验示范　“十三五”以来，开展了花生小型播种器、小型摘果机试验示范，基本解决了小面积农户的机械化问题。2017年至今，先后开展了花生脱壳机械及品种筛选试验、花生拌种机械筛选试验、花生起垄—播种—施肥—喷药—覆膜一体化试验示范、分段式收获机械试验示范、花生荚果风干电干试验、果柄抗机械收获拉力试验，实现花生全程机械化生产，节省人工成本，提高种植效益。

（4）花生病虫害绿色防控试验示范　为实现花生病虫害的绿色防控目标，“十三五”以来先后开展了低毒种衣剂筛选试验、不同轮作模式下病害种类及发病规律试验、夜蛾科害虫发生动态监测、黑光灯诱杀金龟子试验、不同色板对害虫的诱杀效果试验、叶斑病药剂防效试验。研究结果表明，徐州地区花生田地上部优势害虫为蓟马，地下部害虫为蛴螬；甜菜夜蛾数量明显多于斜纹夜蛾、地老虎、棉铃虫数量，虫口高峰期在7月上旬到8月上旬；徐州地区花生主要病害为叶斑病，发病时间为生育后期。综合试验结果，集成徐州地区花生病虫害绿色防控技术，主要措施有：一是选用徐花13号、徐花19号等抗病品种；二是水旱轮作，健康栽培；三是花生田周围种植蓖麻、荞麦等进行生态调控，增加天敌数量；四是选用卫福、迈舒平等效果好的低毒种衣剂防治地下害虫，利用杀虫灯、性诱剂、色板等物理防治和化学防治结合治理地上害虫；五是选用苯甲・嘧菌酯等杀菌剂防治叶部病害。

第三节　特色新兴学科

一、园艺学科

（一）学科概况

园艺学科建立于2013年4月。2011—2020年，共有在职职工17人，其中科技人员16人；科辅工1人。具有高级职称专家5人（杨峰研究员、史新敏研究员，樊继德副研究员、赵永强副研究员、陆信娟副研究员），博士2人，硕士11人。2015—2019年，设蔬菜、果树、山药、食用菌4个专业研究方向；2019 年 6 月，果树专业划出建成独立的果树研究室。自此园艺研究室的研究方向主要是蔬菜、山药、食用菌、花卉育种及其栽培技术研究。其科研分工是：杨峰为园艺学科带头人，主导大蒜科研，樊继德负责蔬菜，史新敏负责山药，李勇负责食用菌，赵林负责果树，赵永强负责植保的科研工作，余下科技人员各有专业研究工作的侧重，且在不同研究方向上有交叉负责和协作配合，科辅工人主要从事田间试验管理以及实验室协助工作。

（二）科研进展

1. 大蒜研究

（1）大蒜资源收集、评价和创新　长期开展地方资源的收集，在新疆维吾尔自治区搜集获得野生开花资源，至 2020 年，保存国内外大蒜资源 206 份，建立大蒜资源圃 15 亩，坚持田间种植保存，长期定位监测评价了 21 份头蒜资源 20 个性状，对 34 份头蒜 12 个农艺性状与单株产量进行相关性与通径分析，明确了蒜头横茎、纵茎、外瓣数、叶长、叶宽和株高可作为高产育种的重要指标。通过相关与通径分析，明确了薹蒜叶长、假茎粗为影响蒜薹收获时间的主要因素，可作为选育早熟薹蒜的重要依据。建立叶枯病、病毒病评价体系，获得抗性材料各 2 份。建立了 ^{60}Co、X 射线辐照诱变方法研究，并利用建立的辐照育种方法，创新种质资源，获得亩产 1 500 kg 以上材料 17 份。在收集到野生和栽培种开花资源的基础上，初步形成了利用温光调控、人工剔除气生鳞茎诱导大蒜开花的方法，为有性杂交技术应用奠定了基础。

（2）大蒜品种选育　探索建立了诱变育种和常规选择育种相结合大蒜育种方法，选育高产头蒜新品种 5 个，在江苏等头蒜主产区大面积推广应用。

1）徐蒜 815：白皮头蒜品种，蒜头横径 6.2 cm，纵茎 4.3 cm，总瓣数 15.3 瓣，亩产鲜蒜头 1 788 kg，生长势强，抗寒性好，株高 96.02 cm，开展度 22.8°，常有叶数 7.2 叶，叶色深绿，中抗叶枯病、病毒病，全生育期 230 d 左右。适宜徐州及周边地区头蒜种植区种植。

2）徐蒜 917：白皮头蒜品种，生育期 238 d 左右，株高 64.8 cm，株幅 49.9 cm，叶色深绿；蒜头整齐度好，横径 6.4 cm，纵茎 4.0 cm，平均单头蒜重 73.1 g，耐寒性较强；田间表现较抗大蒜叶枯病；平均亩产干蒜头 1 599.3 kg，比徐州白蒜增产 23.8%，适宜江苏省淮河以北秋季露地栽培。

3）徐蒜 918：紫皮头蒜类型，全生育期 238 d 左右。株高 68.9 cm，株幅 50.0 cm，单株叶片数 7.7 叶，叶色深绿。蒜头整齐度好，皮色紫色，横径 6.4 cm，纵茎 4.2 cm，外瓣数 9.9 个，平均单头蒜重 73.2 g。耐寒性较强，耐旱、耐湿性较弱；田间表现抗大蒜叶枯病。平均亩产蒜头 1 700.4 kg，比徐州白蒜增产 31.63%，适宜江苏省秋季露地栽培。

4）徐白蒜 1 号：该品种生育期 216 d 左右，播种至出苗约 10 d，株高 70.7 cm，株幅 59.8 cm，叶长 62.5 cm，叶宽 3.7 cm，假茎高 28.4 cm，假茎粗 1.72 cm，单株叶片数 8 ～ 9 叶，叶色深绿。蒜头皮色白色，蒜头横径 5.95 cm，蒜头高 4.06 cm，外瓣数 8 ～ 9 个，夹瓣数 3 ～ 4 个，平均亩产 1 566.04 kg，抗叶枯病，白腐病、病毒病与紫斑病发病轻；一致性、稳定性、商品性好。适宜江苏省及周边地区秋季露地栽培。

5）徐紫蒜 1 号：该品种生育期 217 d 左右，播种至出苗约 10 d，株高 69.1 cm，株幅 61.0 cm，叶长 63.0 cm，叶宽 3.8 cm，假茎高 29.0 cm，假茎粗 1.80 cm，单株叶片数 8 叶左右，叶色深绿。蒜头皮色紫色，蒜头横径 6.13 cm，蒜头高 4.00 cm，外瓣数 9 ～ 10 个，夹瓣数 4 ～ 5 个，平均亩产

1 510 kg，抗叶枯病，白腐病、病毒病与紫斑病发病轻；一致性、稳定性、商品性好。适宜江苏省及周边地区秋季露地栽培。

（3）大蒜良繁体系建设　建立了茎尖脱毒方法和一种能同时检测 11 种大蒜病毒病的多重 RT-PCR 检测方法；提纯复壮地方品种和育成品种；建立了脱毒种小瓣高密度繁种技术，进一步完善了“试管苗—原原种—原种—生产用种”四级制种体系，加快了新品种推广应用。

（4）大蒜绿色生产技术　一是建立了大蒜耐低氮与氮高效利用型品种评价方法，形成了耐低氮与氮高效利用型大蒜材料的筛选与评价指标，明确了氮肥对大蒜产量的影响程度存在品种差异，不同品种的耐低氮系数不同，西藏自治区白蒜的耐低氮系数最高，为 49.36%，甘肃省兰州市蒜最低，为 23.13%。二是开展了氮肥减施技术研究，80% 常规氮肥用量 +1%NBPT 产量最高，实现减氮 20%。在有机肥替代化肥技术研究方面，明确了 1/3 有机肥替代氮肥处理较常规化肥可提高产量；明确了以秸秆全量还田 +1/3 钾肥长势旺盛、产量最高，而秸秆全量还田，大蒜鳞茎综合品质最优。三是开展了大蒜生育期需水规律研究，明确了膨大期浇水可增产 28.8%。四是地膜覆盖技术研究，银黑双色膜更益于大蒜生长，实现亩产量 1 711.97 kg，比透明膜提高产量 13.24%，且一级大蒜比例提高了 24.75%。五是建立了花叶病毒病、叶枯病、锈病分级方法，叶枯病室内接种鉴定方法和抗性鉴定方法，开展药剂筛选等综合防控方法研究。六是独头蒜生产技术研究，通过多年播期、适宜品种筛选和栽培条件探索优化，形成了徐州地区独头蒜生产技术，明确了以头薹兼用型大蒜品种，3 月上旬播种，独头率最高，独头蒜率可达 96.07%。经过多年的攻关研究，通过新品种选育应用、新技术的探索，创新集成了葱蒜类蔬菜绿色生产技术，列入江苏省 2020 年度主推技术。

（5）大蒜加工技术研究　开展适宜加工大蒜脆片的品种筛选工作，建立低温真空油炸大蒜片工艺 1 项，开发转化“大蒜脆片”“多味大蒜酱”“黑蒜饮料”产品 3 个。

2. 山药研究

（1）山药品种资源收集、评价　地方资源收集保护，长期定位观测、评价利用，周年保存 102 份山药品种资源，其中南方品种 42 份、北方品种 60 份，野生资源 1 份。山药种质资源生物学数据信息采集 9 180 条，以《山药种质资源描述规范和数据标准》为基础进行评价和鉴定，根据本单位自身条件建立了徐州农科所根茎类作物种子资源库（山药圃）数据库。

（2）山药品种选育　自 2010 年开始，通过系统选育和辐射诱变法，育成块状紫山药新品种苏蓣 1 号、苏蓣 2 号和苏蓣 3 号，3 个块状紫山药新品种分别表现为优质、抗病、高产等，填补了江苏省没有自主选育山药品种的空白，是“从 0 到 1”的突破。山药辐射诱变育种为我院首创，可对不同地方品种进行 $^{60}Co\ \gamma$ 射线辐照处理山药茎段的辐射诱变育种。具体处理方法是 3 月下旬，以 35 ~ 38℃高温保持 4 昼夜将薯块种茎快速催芽后，用 $^{60}Co\ \gamma$ 射线在萌芽的块茎上方 120 cm 处，分别辐照剂量为 10GY、20GY、30GY 进行照射。用 $^{60}Co\ \gamma$ 射线辐照处理的块茎进行单独种植，定向选择，并在全省各地进行鉴定试验。

（3）山药轻简化栽培技术　研究以“徐农紫药大垄双行全程机械化栽培方法”为代表的系列轻简化栽培技术，破解传统种收劳动强度大的关键难题，显著地节本增效。块状紫山药系列轻简化栽培技术改变了挖深沟严重破坏土壤耕作层的栽培制度，避免了夏季多雨时塌辙沟的现象，同时也打破了普通山药栽培对土壤的严格要求，拓宽了山药栽培的土壤类型，扩大了山药适于栽培范围。该技术列入农业部《2012 年农业轻简化实用技术汇编》，成为全国性的山药轻简化栽培推广技术。一是技术原理：依据山药生产的农艺与农机结合，实现整地、播种、施肥、除草、收获等全程机械化。二是技术参数包括整地。用带有可拆卸模块装置的旋耕起垄中耕一体机，一次性形成大垄双行，大垄垄距160 cm，双行行距 60 cm，垄高 30 cm，小垄垄沟深 10 cm；播种：用大垄双行链勺式播种机进行三角形排列分布的机械化播种，株距 30 cm；中耕除草施肥：在山药苗高 25 cm 且未封垄前，用旋耕起垄中耕一体机进行 1 ~ 2 次中耕、除草、施肥等作业，能起到培垄保墒的作用；切蔓粉碎还田：由切蔓粉碎还田机将大部分茎蔓切成 10 cm 小段，回田作肥料；收获：切蔓粉碎回田晾晒 1 ~ 2 d，再用多辊式收获机进行分段式机械化收获。三是技术优点。极大提高生产效率和经济效益，每亩节本增效 2 000 元左右。四是适宜区域。该技术适宜短薯型品种在我国黄淮平原地区种植。

3. 梨研究

引进早熟梨品种，筛选出适宜本地栽培优质早熟梨苏翠 1 号，填补了徐州地区早熟梨市场空白。开展苏翠 1 号配套栽培技术研究，形成了早熟梨轻简化高效栽培技术，为早熟梨在徐州地区轻简化种植与推广奠定基础。建立水平棚架梨栽培模式 10 亩，“Y”形栽培棚架 3 亩，避雨设施栽培模式 4 亩，研究了避雨栽培环境下，温度、湿度、光照强度、土壤水分含量的变化对品质的影响，形成苏翠 1 号梨避雨设施关键栽培技术，实现设施栽培的标准化建设模式。以早熟优质为育种目标，配置梨杂交组合 10 个，获得实生株 456 株，为梨育种打下了初步基础。

4. 草莓研究

引进草莓新品种 46 个，以优质、早熟为前提，以耐低温弱光为重要选择目标，筛选出耐低温弱光并具有推广前景的草莓新品种 2 个，建立了草莓组培快繁体系。

5. 苹果研究

主要侧重于苹果远缘授粉品种和区域性适宜砧木筛选以及红肉新品种培育。首先引进矮化砧木 14 种，通过不同砧穗组合试验，筛选出适宜徐海地区适应性砧木 M9 和 Mark；利用红花品种花粉的高亲和性提高苹果常规栽培品种的授粉率，筛选出红花授粉品种 2 个；苹果育种则侧重于红肉加工及鲜食品种培育，引进红肉种质资源 6 份，通过杂交、化学诱变等途径，筛选出红肉种质资源和优系共计 42 份，建立起三级（野生种—中间体—品种）育种体系，同时建立非离体化学诱变育种方法 1 项，为差异化育种奠定了基础。

6. 甜樱桃研究

自 2009 年开始引进甜樱桃品种 16 个，筛选徐淮地区生产性状表现优良的品种，为徐淮地区甜樱桃栽培提供品种选择指导；并对避雨条件下甜樱桃的生产表现进行研究，改进生产措施，集成徐淮地区甜樱桃大棚春提早优质丰产栽培管理技术，形成江苏省地方标准 1 项——《大樱桃提早栽培技术规程》。

7. 食用菌研究

（1）羊肚菌　在资源搜集评价和创新方面，对徐州及周边地区野生羊肚菌资源进行了连续性定点调查研究，从本区和四川、湖北等国内野生羊肚菌发生的典型区域收集并分离培养羊肚菌野生菌株资源 9 个种群共 47 份；搜集获得羊肚菌资源 12 份；连续性监测评价了共 11 份羊肚菌资源的性状，为适合本区域气候条件的羊肚菌高产、稳产、优质、抗病品种选育创造了条件。在品种选育和繁育方面，通过野生驯化和自然选育相结合的方法，选育出高产、稳产、抗病性突出的羊肚菌新菌株 3 个，在江苏徐州、常州，山东枣庄，湖北神农架等地进行试验性栽培推广；进行了羊肚菌浓香型菌株筛选；形成了羊肚菌菌种分离新方法，获国家授权专利；改进了制种培养基配方和培养环境，提纯和复壮羊肚菌新品种。在栽培技术等研究方面，形成了适宜我国黄淮地区种植的羊肚菌标准化高产高效栽培模式；研究并推广了羊肚菌林下轻简化高效栽培技术，进行了不同基质栽培效果试验和精准化水肥管理研究，开展了羊肚菌病虫害绿色综合防控技术研究，系统性研究了羊肚菌高产栽培方法、羊肚菌抗干旱高产栽培方法、羊肚菌箱式栽培技术、羊肚菌无架式立体免营养袋高效栽培技术、羊肚菌－蘑菇共作技术和羊肚菌－大蒜套作高效栽培技术、微生物在羊肚菌高产栽培中的应用技术研究、“羊肚菌茶”深加工技术研究等，申请和授权相关国家发明专利 8 件。

（2）其他食用菌（黄背木耳、双孢蘑菇）研究　根据黄淮地区气候、原材料资源优势和地方优势品种，开展了黄背木耳、双孢蘑菇的栽培技术研究。

1）黄背木耳栽培模式：开展了黄背木耳高产高效栽培模式研究，探索出以“大棚、小袋、立体、两段管理”为主要特征的木耳栽培“徐州模式”，奠定了徐州木耳产业在全国的优势地位。

2）双孢蘑菇栽培技术：研制成适宜徐州地区双孢蘑菇促成栽培技术，促使出菇期提前 7 ~ 12 d。

3）灵芝栽培技术：研发成功灵芝生态化高效栽培技术，使当地灵芝生产的栽培经济效益提高 25% 以上。

8. 蔬菜（番茄、甘蓝、辣椒、茄子、西甜瓜、黄瓜）研究

利用承担实施江苏省农业自主创新－模式创新项目、江苏省农业三新工程项目和农业综合开发科技推广项目过程中，开展适宜本地栽培的设施蔬菜新品种引进、筛选和示范推广工作，开展了配套栽培技术熟化和应用工作。引进苏粉系列大（小）番茄品种 9 个；甜味 55 等甘蓝品种 6 个；苏椒系列辣椒品种 5 个；苏茄系列茄子品种 4 个和苏梦系列西瓜品种 6 个。集成推广应用基质穴盘育苗、西甜瓜吊蔓栽培技术、番茄机械授粉技术、水肥一体化技术和病虫害绿色防控技术，提出了钢架大棚 4 层膜覆盖栽培技术，集成了“设施甘蓝（菜花）四种四收”“设施番茄－菜用甘薯”周年栽培模式。尝试开展了黄瓜资源收集和品种选育工作，收集密刺型黄瓜资源 102 份，开展了杂交育种工作，以绿皮绿肉，表皮光亮为目标，配制杂交组合，形成了新的品系，报江苏省非主要农作物品种鉴定委员会鉴定，参加了 1 年区域试验，因新《中华人民共和国种子法》实施，停止了黄瓜品种审定工作，育成的品系未能通过鉴定。

9. 花卉研究

开展了宿根花卉资源的收集，引进矾根种质资源 18 份，其中紫色系品种 3 份，黄色系品种 4 份，混色系品种 8 份，绿色系品种 3 份；通过田间自然发病和越冬，调查其抗病性和耐寒性，紫色系品种中 2 个品种耐寒抗病性较好，绿色系品种中 1 个品种抗病性较好，混色系品种中 4 个品种抗性较好，红色为主的混色系品种耐寒抗病性最为突出且长势旺盛。引进玉簪种质资源 15 份，大型玉簪品种 3 份，其中白边绿叶玉簪开紫色花和绿叶型玉簪开淡紫色花，生长强健，耐寒抗病性较好；中型玉簪品种 10 份，其中花叶玉簪长势较好，花色较多有紫色、淡紫色和白色；小型玉簪品种 2 份，其中绿叶型玉簪抗性较好。

二、果树学科

（一）学科概况

果树学科原属于园艺学科范畴，始建于 2010 年 8 月，经过 10 年的创新发展，已经由最初的单一

葡萄树种扩展至梨、草莓、苹果、葡萄、甜樱桃等多个树种，研究方向也由栽培扩展到育种、栽培及育苗等综合研究。现有在职的专业科研人员6人，均是硕士。学科带头人为赵林。主要开展梨、草莓、苹果、葡萄、甜樱桃等果树品种的资源引进示范、栽培技术创新及遗传育种工作。现已搜集梨品种资源27份，其中砂梨22份，白梨5份；征集草莓品种资源23份，其中欧美品种2份，日韩品种9份，国内品种12份；收集苹果品种资源63份，其中红肉品种6份，常规品种57份，筛选出优系5株；引进甜樱桃品种资源12份，其中黄肉品种4份，红肉品种8份；试种鉴定葡萄新品种12个。并陆续对梨、甜樱桃、苹果、草莓等树种进行栽培生理研究。

（二）科研进展

1. 梨研究

以7年生黄冠梨/杜梨为试材，开展了黄冠梨生产体系不同施肥量对“黄冠”梨果实发育特性及品质影响的研究。其结果表明：随着肥料用量的增加，单果重随之增加，在果实膨大期作用更加显著，果实成熟期达到最大，并研究了不同施肥方式对黄冠梨果实发育特性及果实品质的影响，试验表明放射沟施肥（T1）、小穴散施（T2）及地表撒施（T3）对果实发育中单果质量及横纵径变化规律无影响，而对膨大期与成熟期的增长量有显著影响；以早熟梨为试材，从植物学特性、果实主要经济性状、物候期、生长结果习性及适应性等方面进行比较和筛选，明确苏翠1号和苏翠2号在徐州地区生长良好、早熟性好、长势较强、产量高、品质上佳，适宜在徐州地区推广种植，填补了徐州地区市场没有早熟梨的空白。以早熟优质为育种目标，配置梨杂交组合10个，获得实生株456株，为梨育种打下了初步基础。在栽培模式建设方面，探索建立了水平棚架梨栽培模式10亩，“Y”形栽培棚架3亩，避雨设施栽培模式4亩。在综合评估现有优良品种的特性、适应性、果实品质等方面，初步明确适宜棚架栽培与避雨栽培的品种，结合棚架与避雨设施栽培梨树生长适应性、性状表现及设施的工程造价，建立了设施栽培的标准化建设模式。在栽培技术方面，针对避雨设施栽培模式，重点总结了苏翠1号梨避雨设施关键栽培技术，包括设施膜管理、温湿度控制管理、花果管理、土肥水管理、整形修剪、病虫害综合防治，为在徐淮地区早熟梨避雨设施栽培能够大面积推广提供科学依据。针对徐州地区梨品种搭配不均、劳动力紧缺现状，通过连续多年从搭配选择、定植技术、花果管理、肥水管理、生草覆盖、轻简化树形塑造、病虫害绿色防治等方面进行调研，形成了早熟梨轻简化高效栽培技术，为早熟梨在徐州地区轻简化种植与推广奠定基础。在栽培生理研究方面，开展避雨栽培环境温湿度、光照强度、土壤水分含量的变化对砂梨果实糖酸含量、糖酸比、可溶性固形物含量、固酸比、果皮硬度和单株产量影响的研究，明确了避雨栽培环境变化特征及其对早熟砂梨品质的影响因子，为早熟砂梨避雨栽培模式的运用提供科学依据；同时开展早熟砂梨在生长季果实糖含量变化的研究，明确徐州地区早熟砂梨果实生长发育过程中糖含量的动态变化规律，为栽培上科学管理提供了理论依据。通过探讨增施钾肥对早熟梨果实品质和产量的影响，比较分析不同增施钾肥处理梨果实品质和产量的变化，明确了早熟梨增施钾肥最佳施用量，为早熟砂梨生产上合理施用钾肥提供理论依据。

2. 草莓研究

引进草莓优良新品种，进一步丰富品种资源，扩大适宜品种的选择范围，并以优质、早熟为前提，以耐低温弱光为重要选择目标，对不同草莓品种进行广泛鉴定，从中筛选出耐低温弱光的品种并具有推广前景的草莓新品种；同时从茎尖、离体叶片、匍匐茎中选择最佳的外植体，并优化培养基组分（诱导分化培养基、继代培养基、生根培养基），提高繁殖系数和存活率，筛选驯化假植的基质及时间，减省营养钵育苗程序，节工省开支，降低育苗成本，加快繁殖速度，最终建立相对成熟组培快繁技术体系。

3. 苹果研究

研究不同矮化中间砧对苹果长富 2 号叶片特性的影响，筛选出适宜徐淮地区适应性砧木 M9 和 Mark；并用礼泉富士品种嫁接在 8 种矮化中间砧为试材，研究不同矮化中间砧对叶片叶绿素含量及光合特性的影响。结果表明，不同矮化中间砧对叶绿素含量及其比例间产生明显差异性影响，叶绿素 a 以 M26 最高，类胡萝卜素则以 MM111 含量最高，而叶绿素 a/b 则以 SH9 最高，但三者均以对照最低，叶绿素 b 以 GM256 最高，SH9 最低，各处理间具有显著性差异；Pn 以 Mark 最高，而 Ci 以 SH9 最高，Tr 与 Gs 分别在各处理间并无显著性差异，但均以对照最低，且具有显著性差异。

4. 甜樱桃研究

以红灯、桑提娜、黑珍珠、美早、早生凡、艳阳、萨米脱、砂蜜豆 8 个品种为试验材料，对这些甜樱桃品种的果实性状进行差异性分析，研究不同品种的果形指数、单果重、可溶性固形物含量、果柄长度、可食用率、果实硬度及果实色泽的差异。结果表明，各品种果实形状表现完全一致，大部分为心形；单果重以黑珍珠最高，美早最低；可溶性固形物含量以早生凡最高，美早最低；果柄长度以黑珍珠最长，桑提娜最短；各品种果实可食用率均在 92.4% 以上；果实硬度以艳阳最大，早生凡最小。黑珍珠在 8 个品种中综合表现最好，适宜在徐淮地区推广种植，萨米脱次之，其他品种可有选择地适当发展，以满足市场需求，为徐淮地区甜樱桃优良品种的筛选提供依据；以连栋大棚栽培方式，研究了不同品种部分生理指标在大棚栽培环境下的差异性。试验示范结果表明：不同品种间叶面积和叶片鲜重差异显著，红灯最大，萨米脱最小，而叶片干重却差异不显著；叶片组织含水量与相对含水量在各品种间差异性相似，红灯均为最大，萨米脱组织含水量最小，叶片相对含水量以美早最小，二者差异显著，各品种间叶片水分饱和亏差异不显著，美早最大，红灯最小；各品种在叶绿素 a 含量、叶绿素 b 含量间的差异相似，均以萨米脱最大，桑提娜最小，类胡萝卜素含量则以桑提娜最高，美早最低。并对徐淮地区甜樱桃大棚春提早优质丰产栽培管理技术进行集成，主要包括：园址选择、品种选择、搭配及定植技术以及其后的土肥水管理技术、整形修剪技术、花果管理技术、病虫害防治技术等，对这些技术进行总结，形成江苏省地方标准 1 项——《大樱桃提早栽培技术规程》。

三、玉米学科

（一）学科概况

徐州地理位置优越，是江苏省乃至全国玉米的主产区之一，品种区试的重要选点。玉米一直是徐州主要的高产杂粮作物，20 世纪 90 年代徐州的种植面积 300 余万亩，是仅次于小麦的第二大粮食作物，21 世纪以来常年种植 200 余万亩，播种面积小于水稻，且以夏玉米为主导，春玉米多为甜糯品种零星种植。徐州农科所的玉米科研工作始于新中国建立的 1949 年，20 世纪 60—70 年代自育的徐单系列品种对提升徐州地区玉米生产水平发挥了重要作用；80 年代徐州农科所的玉米专业研究据江苏省农作物研究分工调整而基本告停；基于地方产业需求和玉米新品种区域试验组织单位需要，1990

年徐州农科所重启玉米育种工作，成立烟豆玉米研究室，至 1993 年按照江苏省农业科学院专业科研调整要求，徐州农科所的玉米研究工作又遭挫折，仅留一人维持玉米科研工作；1996 年把玉米专业研究并入徐州农科所科技开发服务部，玉米研究得以稍微加强，玉米育种得到恢复，征集国内优良自交系近 50 份，自育玉米自交系 280 余份，这些试验材料由科技开发服务部随当年库存种子放入所外冷库保存，至此玉米研究工作中断。为进一步加强玉米研究，弥补玉米专业研究无成果的空白，增加科技开发经济收入，2005 年 4 月 3 日成立玉米研究室，与科技产品开发服务部合在一起办公（徐农院〔2005〕24 号）。2001 年 8 月，徐州农科所科技开发服务部组建徐州明天种业科技有限公司，又于 2012 年 4 月改建成江苏徐农种业科技有限公司，直至 2014 年 4 月，玉米研究工作再次启动，由江苏徐农种业科技有限公司副总经理黄忠勤（硕士、助理研究员）为学科带头人，李小珊（硕士、助理研究员）、刘红伟（硕士、实习研究员）为成员的玉米科研团队正式开展玉米研究工作。研究方向为玉米资源收集和创新；玉米品种选育；玉米良种繁育体系建设。研究内容：开展玉米资源收集，地方资源收集保护、长期定位观测与评价利用；利用常规回交选育，结合单株选择，开展鲜食玉米和普通玉米新品种的选育。其科研分工：黄忠勤，负责总体目标规划、种质资源收集和玉米育种技术研究；李小珊负责玉米种质资源的筛选与创制及杂交组合的配制；刘红伟负责杂交后代的田间管理与鉴定。明确分工、责任到人，充分调动每个科技人员的积极性和创造性。

（二）研究进展

完成科研课题 1 项（徐州农科院科研基金项目——“鲜食玉米种质资源创新及新品种选育”，项目总经费 6 万元）；现有在研课题 2 项（徐州市科技计划项目——“鲜食玉米种质资源创新及新品种选育”，总经费 57 万元；徐州农科院科研基金项目——“基于 SNP 标记的糯玉米种植遗传基础分析和新品种选育”，项目总经费 10 万元）；每年承担江苏省区试，国家省市联合体区试等 10 余组试验，并取得明显成效。

（1）玉米资源收集与创新研究　2014—2020 年，保存国内外玉米资源 2 000 余份，建立玉米资源田间圃 10 余亩。先后在徐州现代农业试验示范基地、海南省三亚市梅西村设立 80 余亩玉米栽培育种试验基地，先后与安徽科技学院、西北农林科技大学开展玉米栽培育种等相关项目的合作，进一步拓宽了玉米的种质资源。在普通玉米方面主要选育抗逆（抗锈）、丰产、优质为主，尤其抗锈品种的玉米新品种；在鲜食玉米方面主要是夯实甜、糯玉米种质资源的物质基础，加强品种选育技术创新；积极开展玉米种质资源的分子遗传多样性评价及亲缘关系分析，拓宽种质遗传基础，开展循环育种，不断创新、选育突破性的玉米自交系，组配丰产、抗逆玉米新品种及优质的鲜食玉米新品种。

（2）玉米新品种选育研究　利用回交选育和常规杂交育种相结合的育种方法，每年南繁组配杂交组合 1 500 余个，至 2020 年，新筛选出 8 个优势组合参加江苏省及国家玉米品种中间试验（表 2-3）。2016 年选育的鲜食玉米品种徐甜糯 019 已通过江苏省品种审定委员会审定（审定编号“苏审玉 20210029”），现已提交品种权保护申请材料。拟在江苏主产区大面积推广应用。徐甜糯 019，中熟半紧凑型鲜食玉米。幼苗叶鞘紫色，叶片绿色，叶缘紫色，雄花分枝 10 ~ 14 个，花药黄色，颖壳绿色。株型紧凑，叶片较稀疏、叶上挺，成株叶片数 20 片。花丝浅红色。株高 230 cm 左右，穗位高 98 cm。果穗长锥形，穗长 19.4 cm，穗粗 4.4 cm，穗行数 14 行，每行 38 粒，千粒鲜重 326 g，鲜出籽率 70.6%，籽粒白色、籽粒中甜与糯的比例为 1 : 3。播种至鲜穗采收期 82 d 左右，倒伏率 0.1%。

中国农业科学院作物科学研究所接种鉴定平均结果：抗大斑病、抗小斑病、感茎腐病、中抗纹枯病、高抗瘤黑粉病、高感粗缩病。农业农村部谷物品质监督检验测试中心（哈尔滨）检测理化性质：皮渣率 15.1%，支 / 总比例 97.2%，食味品质得分 86 分。

表 2-3　新育成玉米品种（系）参试杂交组合

品种（系）名称	区试组别	推荐参试年份
徐农 109	“8+2”联合体生产试验	2021
徐农 5 号	“8+2”联合体区域试验	2021 第一年
XD720	江苏省普通玉米生产试验	2021
XD716	江苏省普通玉米预备试验	2021
徐甜糯 019	2019 年通过江苏省生产试验	2021 省品审委审定
徐甜 909	江苏省鲜食玉米区域试验	2021 第二年
徐甜糯 020	江苏省鲜食玉米区域试验	2021 第一年
徐农甜 808	陕西省鲜食玉米区域试验	2021 第二年

（3）良繁体系建设　通过连续自交加单株选择，提纯复壮玉米各类种质资源；建立了良繁育种基地，加快了新品种推广应用。

（4）高效生产技术研究　探索了徐淮地区鲜食玉米高产高效栽培技术，从选种、播种、田间管理等方面为提高鲜食玉米的产量和种植效益提供科技支撑。

四、其他学科

（一）苦瓜研究

由棉花研究室设立苦瓜研究课题组，2011—2012 年承担徐州市农业科技计划课题“徐淮地区苦瓜新品种的选育及相关栽培技术研究”，选育出徐绿 1 号苦瓜品种，于 2015 年通过江苏省农作物品种审定委员会鉴定。由于集成了高产高效设施种植模式，徐绿 1 号已在徐州、连云港、淮安、南通等地取得较好的推广应用，自 2011—2016 年，累计推广 8.29 万亩，新增社会经济效益 12 435 万元；其中 2015—2016 年推广面积 5.40 万亩，新增社会经济效益 8 100 万元。

（二）辣椒研究

由棉花研究室设立辣椒研究课题组，2012—2014 年承担徐州市农业科技计划课题“设施专用辣椒新品种引进与选育”，征集不同地区不同类型的辣椒品种 10 余份，进行了品种比较试验。研究结果表明新 98A 坐果早，果长长，果粗粗，果肉厚，单果重比对照重，较对照增产 6%。该品种早熟，结果节位 5 ~ 7 节；生长势较强，抗病虫性较强；外观品质好，果实大牛角形，且保水性很好，室内存放 3 d 含水量变化小，口味微辣，适合众人口味。果长约 18 cm，果粗约 3.6 cm，果厚 0.3 cm，平均单瓜重 76 g，维生素 C 含量高达 55 mg/100 g，一般亩产 1 600 kg。累计推广 1 000 亩左右，累计新增产值达 420 万元。

2013—2014 年承担江苏省农业创新资金课题“设施苦瓜－辣椒高效种植模式集成与示范”，集成了设施苦瓜－辣椒周年生产新模式。充分利用苦瓜较耐高温和喜攀爬、辣椒较喜阴和较耐低温的互补特性，既能满足淡季的市场供给，提高苦瓜和辣椒的产量与质量，又能增加种植者的收益。这一模式下苦瓜比本地露地栽培苦瓜提早 60 ~ 70 d 上市，还可以充分利用大棚夏季高温的闲置期，提高了对光能、土地和设施的利用率，同时也提高了秋延迟辣椒在市场上的竞争能力。“连盾”基质有机肥处理结果数提高 80%，单株果实总质量提高 149%，总产量提高 145%，明显改善土壤活力，改良了设施蔬菜的品质和产量，辣椒整个生育期的疫病病害指数减轻 17.38%，根腐病病害指数减轻 13.54%，综合平均主要病害指数减轻 15.46%。

（三）马铃薯研究

由棉花研究室设立马铃薯研究课题组，2015—2017 年承担徐州农科所科研基金“马铃薯微型种薯快繁技术研究”，2017—2019 年承担徐州市农业科技计划课题“徐淮地区马铃薯微型种薯快繁技术研究”，2018—2020 年承担江苏省科研平台“江苏省块根块茎类种质资源库”子课题“马铃薯种质资源库”任务，2019—2020 年承担徐州农科所科研基金“脱毒马铃薯高效栽培技术研究及其产业化”。建成马铃薯种质资源保存库，收集引进国内外马铃薯种质资源 91 份，建成标准化的马铃薯种质资源描述数据库。在对不同马铃薯品种的生育期、田间性状、植株性状、块茎性状、鲜薯产量、抗病性、商品薯率、干物质含量等性状进行比较分析的基础上，筛选出适合徐淮地区种植的高产优质马铃薯品种中薯 3 号。围绕中薯 3 号开展微型薯快繁技术研究，经热处理、茎尖剥离接种、病毒检测、脱毒苗继代扩繁，获得中薯 3 号脱毒苗 2 000 余棵。首次完成了徐淮地区马铃薯微型种薯快繁技术研制，成功获得脱毒组培苗并生产出原原种，建立了马铃薯微型种薯快繁技术体系，降低了马铃薯每亩种薯用量 50 kg 左右，种薯成本降低 165 元，节约种薯成本 33%。建立了马铃薯多重 RT-PCR 病毒检测体系；形成了以马铃薯脱毒技术为依托的马铃薯微型薯繁育技术体系；完成马铃薯微型种薯高效栽培技术研究，每亩增产 40% 以上。发表相关论文 2 篇，申请专利 1 项，申请地方标准 1 项。此外，与江苏沿海地区农业科学研究所合作在黄海滩涂进行了耐盐品种筛选。

（四）菊芋研究

由棉花研究室设立菊芋研究课题组，2011—2012 年承担江苏省农业创新资金子课题“耐盐油葵、蓖麻和大豆等沿海滩涂规模化种植技术及示范产业链集成——菊芋小区生产技术及示范”和江苏省农业生物学重点实验室开放课题“海涂耐盐油葵、大豆、蓖麻规模生产技术集成及综合利用产业链示范”，引进盐城 1 号、盐城 2 号、南充 1 号、大兴 1 号、青芋 1 号、青芋 2 号、徐州 1 号、徐州 2 号 8 个菊芋品种进行了比较试验，筛选出产量高、适应性强的品种 4 个。通过对 4 个菊芋品种进行不同盐浓度模拟海水处理，结果表明：在盐胁迫下不同基因型菊芋品种的产量均有所下降，且随着盐分浓度的增加，产量的下降幅度增加，最大下降幅度达到 93.9%；当用 75% 盐水浇灌时，所有品种几乎都不能生长，植株叶色变黄脱落，受伤严重，产量受很大影响。对盐胁迫后的菊芋块茎进行理化分析，菊芋块茎中总糖、还原糖、菊糖含量均在 25% 浓度盐分胁迫下略有增加，说明不同基因型品种对盐胁迫有自我调节保护机制，产生一定的适应能力，但是随着盐分浓度增加，各种糖分含量均下降，说明随着胁迫增加植株自我调节能力减退，从而导致各种营养成分含量下降。综合分析品种的耐受度、产量、含糖量等多种因素，认为2个菊芋品种（徐州2号、徐州1号）对盐胁迫有较好的耐受性。

（五）牛蒡研究

由棉花研究室设立牛蒡研究课题组，2014年初，开始自立科研课题进行牛蒡种质资源收集和栽培技术研究。2015年在《园艺与种苗》上发表《江苏省徐州地区重要出口蔬菜牛蒡研究现状》、2018年在《安徽农业科学》上发表《种植密度对徐淮地区牛蒡产量与品质的影响》2篇研究论文。先后引进东北理想、东北大长、常获大长、吉科、弘春5个牛蒡品种进行筛选试验。试验结果表明东北理想、东北大长、吉科3个品种春播表现较好；秋播的地膜加小拱棚双膜覆盖可保证安全越冬。以主推品种‘吉科’为材料，在江苏徐淮地区徐州农业科学研究所进行田间试验，研究不同种植密度对牛蒡品质与产量的影响。种植密度为90 000株/hm^2时，牛蒡的根长、根粗达到出口的A级要求，且根含水量最高，产量最高，更好地保证了牛蒡的存储安全。2020年又在多次调研基础上，“牛蒡绿色生产技术研究与示范”立项所长科研基金课题，引进种质资源8份，收集栽培种在丰县范楼和本所试验基地种植田间试验3亩，设置不同肥力水平，研究牛蒡养分吸收规律并开展牛蒡养分吸收利用规律、库源关系及牛蒡根商品性形成机制；设置露地栽培和覆盖栽培两种栽培方式以及不同肥料运筹模式，研究肥料运筹调控牛蒡养分吸收及产量品质形成的机理；结合不同种植条件的土壤特点进行病虫害发生规律及其综合防治技术研究，构建其绿色防控技术体系；设置不同的土壤改良剂、生物菌肥、有机无机肥配施等处理，构建土壤健康保持施肥方案。

第三章 国家体系

第一节 国家甘薯产业技术体系研发中心

2008 年 12 月 22 日，《农业部关于印发现代农业产业技术体系第二批建设依托单位和岗位聘用人员名单的通知（2008—2010 年）》（农科教发〔2008〕10 号），表明在第一批试点基础上，启动第二批包括甘薯在内的 40 个主要农产品现代农业产业技术体系建设，江苏徐淮地区徐州农业科学研究所定为国家甘薯产业技术体系建设依托单位，马代夫研究员为首席科学家，建设内容包括国家甘薯产业技术研发中心和综合试验站两部分，共设 4 个功能实验室、16 个科学家岗位和 20 个综合试验站，其中国家甘薯产业技术研发中心、育种研究室、综合研究室和品种资源、育种、栽培、加工 4 个岗位科学家设在徐州农科所，其余机构分设在国内另外省（区、市）。至此，在江苏徐淮地区徐州农业科学研究所（江苏徐州甘薯研究中心）内建成的“国家甘薯产业技术体系研发中心”，已经成为面向全国北方、长江、南方 3 个甘薯区域、18 个省（区、市）、25 个甘薯综合试验站、126 个示范县开展专职联络服务的甘薯专业研发机构，系统从事国家甘薯品种资源的收集鉴定保存和利用、甘薯遗传育种及其材料与方法研究、生物技术应用、机械化配套栽培以及加工利用技术、甘薯病虫草防控技术等多学科研究工作。

2011 年，农业部在“十一五”现代农业产业技术体系建设和运行工作基础上，对“十二五”体系岗位设置和综合试验站布局进行了优化调整，并于 2011 年 3 月 8 日下发《农业部关于印发现代农业产业技术体系建设依托单位和岗位聘用人员名单（2011—2015 年）的通知》（农科教发〔2011〕3 号）。“十二五”国家甘薯产业技术研发中心建设依托单位仍为江苏徐淮地区徐州农业科学研究所，设有 4 个功能研究室，岗位和综合试验站设置分别由 16 个和 20 个增加到 20 个和 25 个。我所马代夫继续被聘任为首席科学家兼北方区育种岗位科学家，唐君为种质资源评价岗位科学家，谢逸萍为北方病害防控岗位科学家，李洪民为南方区栽培岗位科学家，钮福祥为功能食品与产业经济岗位科学家。“十二五”期间综合试验站增加 5 个，徐州农科所增加北方病虫害防控岗位科学家 1 人。孙近友任首席科学家办公室主任，蒋玉峰任副主任并兼任首席科学家秘书，张梅、周志林、孙健、孙厚俊为成员。

2016 年，依照农业部办公厅《关于现代农业产业技术体系“十三五”过渡期人员调整的通知》（农办科〔2016〕2 号）要求，首席科学家马代夫不再兼任北方区育种岗位科学家，李强任北方区育种岗位科学家。2016 年首席科学家办公室调整，蒋玉峰任主任，王欣任副主任兼首席科学家秘书，孙明芳、孙健、谭长容、张梅、周志林、杨冬静、陈晓光为成员。

2017 年，国家甘薯产业技术体系结合“十三五”农业供给侧结构性改革和绿色发展新要求，为了全面提高体系服务国家目标和产业发展的支撑能力，在甘薯产业技术研发中心新增了 3 个岗位科学家岗位，并对岗位研究方向和重点进行了优化。根据农业部印发的 2017—2020 年国家现代农业产业技术体系聘用人员名单（农科教发〔2017〕10 号），国家甘薯产业技术研发中心建设依托单位不变，新增了机械化研究室和产业经济研究室，功能研究室增至 6 个，岗位科学家由 20 个增至 23 个，25 个综合试验站未作调整。我所马代夫继续被聘任为首席科学家，唐君为种质资源收集与评价岗位科学家，李强为加工型甘薯品种改良岗位科学家，李洪民为养分管理岗位科学家（唐忠厚于 2020 年 4 月 1 日代任此岗位科学家），谢逸萍为线虫及真菌病防控岗位科学家，钮福祥为食品加工岗位科学家。

2019 年，为进一步加强体系在土壤污染防治、智能化发展、绿色防控等方面的科研力量，加强关键共性技术联合攻关，全力支撑乡村振兴和农业高质量发展，依据农业农村部办公厅关于印发《现代农业产业技术体系新增聘用人员名单（2019—2020）的通知》，国家甘薯产业技术体系新增土壤与产地环境污染管控与修复岗位科学家，岗位科学家由 20 个增至 24 个。

国家甘薯产业技术体系成立 10 年共获得各级科技成果奖励 151 项次，其中部省级一等奖 9 项（次），打破体系建立前 10 年甘薯领域无部省级一等奖的局面；出版专著 26 部，发表标明体系资助的论文 1 619 篇，其中 SCI 收录 250 篇；申请国家专利 391 件（其中国家发明专利 298 件），获得授权专利 253 件（其中国家发明专利 160 件）；申请植物新品种权 112 项，获得授权 64 项。根据已取得的应用证明统计，仅“十二五”期间，累计推广新技术 3 077.9 万亩，新增社会经济效益 66.1 亿元；累计推广新品种 7 982 余万亩，新增社会经济效益 285.4 亿元；合计新增社会经济效益 351.5 亿元。

“十二五”以来国家甘薯产业技术研发中心以市场需求为导向，在优质专用品种选育、健康种薯种苗繁育、病虫害绿色防控、轻简化栽培、产后加工技术等方面取得了重大突破，甘薯基础性、前瞻性研究和大数据平台建设等方面研究处于国际领先地位，建立了具有国际领先水平的学科队伍，打造的“一县一业”现代产业模式及实施的精细精准扶贫工程支撑了区域经济发展，为产业竞争力提升积累了丰富的经验，并提供了可复制可推广的新模式。

附件 1：《农业部关于印发现代农业产业技术体系建设依托单位和岗位聘用人员名单（2011—2015 年）的通知》（农科教发〔2011〕3 号）

一、甘薯

（一）国家甘薯产业技术研发中心

建设依托单位：江苏徐淮地区徐州农业科学研究所

首席科学家：马代夫

1. 遗传育种研究室

建设依托单位：中国农业大学

研究室主任：刘庆昌

岗位聘用人员

种质资源与评价：唐君（江苏徐淮地区徐州农业科学研究所）

生物技术育种：刘庆昌（中国农业大学）

北方区育种：马代夫（江苏徐淮地区徐州农业科学研究所）

长江中下游区育种：王大一（四川省农业科学院）

南方区育种：房伯平（广东省农业科学院）

种薯繁育：王庆美（山东省农业科学院）

2. 病虫草害防控研究室

建设依托单位：河南省农业科学院

研究室主任：张振臣

岗位聘用人员

虫害防控：陈书龙（河北省农林科学院）

病毒病防控：张振臣（河南省农业科学院）

北方病害防控：谢逸萍（江苏徐淮地区徐州农业科学研究所）

南方病害防控：蔡南通（福建省农业科学院）

3. 栽培与耕作研究室

建设依托单位：山东省农业科学院

研究室主任：张立明

岗位聘用人员

北方区栽培：张立明（山东省农业科学院）

长江中下游区栽培：李育明（南充市农业科学院）

南方区栽培：李洪民（江苏徐淮地区徐州农业科学研究所）

营养与栽培生理：史衍玺（青岛农业大学）

土壤与肥料：张永春（江苏省农业科学院）

机具与机械化：胡良龙（农业部南京农业机械化研究所）

4. 产后加工研究室

建设依托单位：中国科学院成都生物研究所

研究室主任：赵海

岗位聘用人员

能源化利用：赵海（中国科学院成都生物研究所）

深加工技术：陆国权（浙江农林大学）

副产品综合利用：木泰华（中国农业科学院农产品加工研究所）

功能食品与产业经济：钮福祥（江苏徐淮地区徐州农业科学研究所）

（二）国家甘薯产业技术综合试验站

1. 石家庄综合试验站

建设依托单位：河北省农林科学院；站长：张松树

2. 运城综合试验站

建设依托单位：山西省农业科学院；站长：武宗信

3. 南京综合试验站

建设依托单位：江苏省农业科学院；站长：谢一芝

4. 杭州综合试验站

建设依托单位：浙江省农业科学院；站长：吴列洪

5. 合肥综合试验站

建设依托单位：安徽省农业科学院；站长：刘小平

6. 阜阳综合试验站

建设依托单位：安徽省阜阳市农业科学研究所；站长：范泽民

7. 龙岩综合试验站

建设依托单位：福建省龙岩市农业科学研究所；站长：杨立明

8. 南昌综合试验站

建设依托单位：江西省农业科学院；站长：吴问胜

9. 烟台综合试验站

建设依托单位：山东省烟台市农业科学研究院；站长：林祖军

10. 济宁综合试验站

建设依托单位：济宁市农业科学研究院；站长：黄成星

11. 威海综合试验站

建设依托单位：威海市农业科学院；站长：王同勇

12. 商丘综合试验站

建设依托单位：河南省商丘市农林科学研究所；站长：杨爱梅

13. 漯河综合试验站

建设依托单位：河南省漯河市农业科学院；站长：李建国

14. 郑州综合试验站

建设依托单位：河南省农业科学院；站长：杨国红

15. 武汉综合试验站

建设依托单位：湖北省农业科学院；站长：杨新笋

16. 长沙综合试验站

建设依托单位：湖南省作物研究所；站长：张超凡

17. 广州综合试验站

建设依托单位：广东省农业科学院；站长：陈景益

18. 湛江综合试验站

建设依托单位：广东省湛江市农业科学研究所；站长：汪云

19. 南宁综合试验站

建设依托单位：广西壮族自治区农业科学院；站长：陈天渊

20. 重庆综合试验站

建设依托单位：西南大学；站长：傅玉凡

21. 万州综合试验站

建设依托单位：重庆三峡农业科学院；站长：王乐碧

22. 绵阳综合试验站

建设依托单位：四川省绵阳市农业科学研究所；站长：余金龙

23. 南充综合试验站

建设依托单位：四川省南充市农业科学院；站长：何素兰

24. 贵阳综合试验站

建设依托单位：贵州省生物技术研究所；站长：李云

25. 宝鸡综合试验站

建设依托单位：陕西省宝鸡市农业科学研究所；站长：刘明慧

附件 2：《农业部关于印发现代农业产业技术体系建设依托单位和岗位聘用人员名单（2016—2020 年）的通知》（农科教发〔2017〕10 号）

（一）国家甘薯产业技术研发中心

建设依托单位：江苏徐淮地区徐州农业科学研究所

首席科学家：马代夫（江苏徐淮地区徐州农业科学研究所）

（二）岗位科学家

1. 遗传改良研究室　主任：刘庆昌

种质资源收集与评价：唐君（江苏徐淮地区徐州农业科学研究所）

育种技术与方法：刘庆昌（中国农业大学）

细胞遗传与倍性育种技术：李宗芸（江苏师范大学）

鲜食型甘薯品种改良：房伯平（广东省农业科学院）

加工型甘薯品种改良：谭文芳（四川省农业科学院）

特用型甘薯品种改良：李强（江苏徐淮地区徐州农业科学研究所）

种薯繁育与质量控制：王庆美（山东省农业科学院）

2. 栽培与土肥研究室　主任：张立明

栽培生理：张立明（山东省农业科学院）

生态与土壤管理：张永春（江苏省农业科学院）

水分生理与节水栽培：刘庆（青岛农业大学）

养分管理：唐忠厚（代）（江苏徐淮地区徐州农业科学研究所）

种植制度：李育明（南充市农业科学院）

土壤和产地环境污染管控与修复：陈亚华（南京农业大学）

3. 病虫草害防控研究室　主任：张振臣

病毒病防控：张振臣（河南省农业科学院）

细菌病防控：邱思鑫（福建省农业科学院）

线虫及真菌病防控：谢逸萍（江苏徐淮地区徐州农业科学研究所）

虫害防控：陈书龙（河北省农林科学院）

4. 机械化研究室　主任：胡良龙

种植机械化：张文毅（农业部南京农业机械化研究所）

收获机械化：胡良龙（农业部南京农业机械化研究所）

5. 加工研究室　主任：赵海

贮藏与保鲜：陆国权（浙江农林大学）

食品加工：钮福祥（江苏徐淮地区徐州农业科学研究所）

副产物综合利用：木泰华（中国农业科学院农产品加工研究所）
质量安全与营养品质评价：赵海（中国科学院成都生物研究所）
6. 产业经济研究室　主任：易中懿
产业经济：易中懿（江苏省农业科学院）

（三）综合试验站站长

1. 石家庄综合试验站：刘兰服（河北省农林科学院）
2. 运城综合试验站：武宗信（山西农业大学棉花研究所）
3. 南京综合试验站：谢一芝（江苏省农业科学院）
4. 杭州综合试验站：吴列洪（浙江省农业科学院）
5. 合肥综合试验站：刘小平（安徽省农业科学院）
6. 阜阳综合试验站：刘新亮（阜阳市农业科学院）
7. 龙岩综合试验站：郭其茂（龙岩市农业科学研究所）
8. 南昌综合试验站：吴问胜（江西省农业科学院）
9. 烟台综合试验站：辛国胜（山东省烟台市农业科学研究院）
10. 济宁综合试验站：黄成星（济宁市农业科学研究院）
11. 威海综合试验站：王同勇（威海市农业科学院）
12. 商丘综合试验站：杨爱梅（商丘市农林科学院）
13. 漯河综合试验站：张勇跃（漯河市农业科学院）
14. 郑州综合试验站：杨国红（河南省农业科学院）
15. 武汉综合试验站：杨新笋（湖北省农业科学院）
16. 长沙综合试验站：张超凡（湖南省作物研究所）
17. 广州综合试验站：陈景益（广东省农业科学院）
18. 湛江综合试验站：陈胜勇（湛江市农业科学研究院）
19. 南宁综合试验站：陈天渊（广西壮族自治区农业科学院）
20. 重庆综合试验站：傅玉凡（西南大学）
21. 万州综合试验站：张兴端（重庆三峡农业科学院）
22. 绵阳综合试验站：余金龙（绵阳市农业科学研究院）
23. 南充综合试验站：何素兰（南充市农业科学院）
24. 贵阳综合试验站：李云（贵州省生物技术研究所）
25. 宝鸡综合试验站：刘明慧（宝鸡市农业科学研究院）

自2007年10月开始，徐州农科所的传统专业小麦、棉花、水稻、大豆、花生先后都进入国家农业产业技术体系建设行列，确定为各自产业体系的徐淮或徐州综合试验站，服务对象为江苏淮北地区。园艺新兴专业从2008年初就注意高标准配置，其中大蒜专业于2017年进入国家特色蔬菜产业技术体系建设团队，受聘大蒜品种改良岗位科学家1人。亦即全院现有7种作物（甘薯、小麦、水稻、棉花、大豆、花生、大蒜）进入国家现代农业产业技术体系建设队伍，受聘首席科学家1人、岗位科学家6人、综合试验站站长5人。

第二节 岗位科学家

一、唐君研究员——国家甘薯产业技术体系甘薯种质资源评价、种质资源收集与评价岗位科学家

2008—2010 年，为国家甘薯产业技术体系育种研究室岗位科学家（农业部农科教发〔2008〕10 号）；“十二五”期间为国家甘薯产业技术体系遗传育种研究室种质资源评价岗位科学家（农业部“农科教发〔2011〕3 号”）；“十三五”期间为国家甘薯产业技术体系遗传改良研究室种质资源收集与评价岗位科学家（农业部“农科教发〔2017〕10 号”）。

（一）任务及考核情况

2009—2020 年年度考核情况如表 3-1 所示。

表 3-1 国家甘薯产业技术体系
甘薯种质资源评价、种质资源收集与评价岗位科学家任务、经费及各年度考评情况

岗位名称	任务书编号 / 年限	经费 /（万元 / 年）	考核年度	考核等次
资源创新与利用	Nycytx-19-B-6/2009—2013	70.00	2009—2010	优秀
甘薯种质资源评价	CARS-11-B-02/2011—2015	70.00	2011—2015	优秀
甘薯种质资源评价	CARS-11-B-02—2016	70.00	2016	优秀
种质资源收集与评价	CARS-10-B1/2017—2020	70.00	2017—2019	优秀
种质资源收集与评价	CARS-10-B1/2017—2020	43.75	2020	优秀

（二）岗位工作取得的主要成绩

承担国家甘薯产业技术体系“资源创新与利用”“甘薯种质资源评价”“甘薯种质资源收集与评价岗位科学家”10 余年来，依托甘薯产业技术体系和科技支疆项目，在新疆开展抗旱鉴定与优良品种应用研究，取得了较好进展。首次在新疆选育登记品种 5 个，创建了新疆优食甘薯品种评价新模式，从 216 份品种资源中，筛选出适宜当地推广应用的优食品种 10 个，基本解决了新疆优良鲜食甘薯品种缺乏的问题，建立的乌苏甘薯优良品种示范基地被自治区人社厅授予“引智成果示范推广基地”。在国内率先系统研究并提出了甘薯田间旱胁迫敏感节点（栽后 30 ~ 35 d），以相对产量、抗旱指数和生化分析，综合评价甘薯品种的耐旱等级，创建了田间与室内相结合的甘薯抗旱鉴定评价新体系，所鉴定筛选的抗旱性品种更加符合生产实际；提出了甘薯贮藏性快捷鉴定新方法，为科学评价甘薯品种耐贮性和解决甘薯安全贮藏共性问题，提供理论支撑。主持和参与制定并发布地方标准 5 项；

建立了适宜新疆甘薯优质节水为核心的栽培技术标准，商品薯率提高 11% ~ 13%，节水 100 m^3/ 亩；平均增产 445.84 kg/ 亩，增幅 18.58%，平均亩单产 2 845.84 kg，相比全国平均水平提高 14%（全国平均 2 500 kg/ 亩）。创建了适宜南疆“麦茬复种”和“果薯间作”新模式，分别比原种作物（麦茬玉米 300 元 / 亩；果树间作小麦 300 元 / 亩）增效 2 ~ 4 倍，扶贫增收效果显著。2016—2018 年，在全疆的 14 个县、市累计推广应用 60 万亩，增效 891.7 元 / 亩，累计新增产值 5.35 亿元。主要完成的“甘薯优良品种评价利用及配套栽培技术集成应用”成果，获 2019 年度新疆维吾尔自治区科学技术进步奖二等奖（2/9）。以第一及通信作者，在 *Scientific Reports* 、*Journal of the Science of Food and Agriculture* 等国内外核心刊物上发表论文 10 余篇（其中 SCI 论文 5 篇）。甘薯体系 2009—2019 年连续 11 年年度考评中均优秀，同时被甘薯体系评为“十二五”综合考评优秀。

二、马代夫研究员——国家甘薯产业技术体系北方区育种岗位科学家

马代夫研究员，2008—2020 年为农业部聘任的国家甘薯产业技术体系“首席科学家”；2008—2010 年兼任国家甘薯产业技术体系“育种研究室主任、岗位科学家”；2011—2015 年兼任国家甘薯产业技术体系遗传育种研究室“北方区育种岗位科学家”。

（一）任务及考核情况

2009—2020 年年度考核情况如表 3-2 所示。

表 3-2 国家甘薯产业技术体系北方区育种岗位科学家任务、经费及各年度考评情况

岗位名称	任务书编号 / 年限	经费 /（万元 / 年）	考核年度	考核等次
北方区育种	CARS-11-B-03/2008—2010	70.00	2008—2010	优秀
北方区育种	CARS-11-B-03/2011—2015	70.00	2011—2015	优秀

（二）岗位工作取得的主要成绩

2008—2015 年每年研发经费 70 万元。主要任务是承接国家甘薯产业技术体系研发中心体系任务、相关功能研究室任务、岗位任务、应急性工作。先后培育甘薯新品种 12 个。

三、李强研究员——国家甘薯产业技术体系特用型甘薯品种改良岗位科学家

李强研究员，被农业部聘任为 2016—2020 年国家甘薯产业技术体系遗传改良研究室北方区育种岗位科学家、特用型甘薯品种改良岗位科学家。

（一）任务及考核情况

2016—2020 年年度考核情况如表 3-3 所示。

表 3-3 国家甘薯产业技术体系
北方区育种、特用型甘薯品种改良岗位科学家任务、经费及各年度考评情况

岗位名称	任务书编号 / 年限	经费 /（万元 / 年）	考核年度	考核等次
北方区育种	CARS-11-B-03/2016	70.00	2016	优秀
特用型甘薯品种改良	CARS-10-B6/2017—2019	70.00	2017—2019	优秀
特用型甘薯品种改良	CARS-10-B6/2020	43.75	2020	优秀

（二）岗位工作取得的主要成绩

2016—2019 年每年研发经费 70 万元，2020 年调减为 43.75 万元。主要任务是承接国家甘薯产业技术体系研发中心任务、相关功能研究室任务、岗位任务、应急性工作。先后培育甘薯新品种 14 个。

四、李洪民研究员——国家甘薯产业技术体系栽培与耕作研究室南方区栽培岗位、栽培与土肥研究室养分管理岗位科学家

李洪民研究员，2008—2010 年为国家甘薯产业技术体系“综合研究室主任、岗位科学家”；“十二五”期间（2011 年 1 月—2015 年 12 月），为国家甘薯产业技术体系“南方区栽培岗位科学家”；“十三五”期间（2016 年 1 月—2020 年 3 月），为甘薯国家现代农业产业技术体系“养分管理岗位科学家”。

（一）任务及考核情况

2008—2020 年年度考核情况如表 3-4 所示。

表 3-4 国家甘薯产业技术体系
南方区栽培和养分管理岗位科学家任务、经费及各年度考评情况

岗位名称	任务书编号 / 年限	经费 /（万元 / 年）	考核年度	考核等次
综合研究室岗位	CARS-11-B-13-2008—2010	70	2008—2010	合格
南方区栽培岗位	CARS-11-B-13-2011—2015	70	2011—2015	合格
养分管理岗位	CARS-10-B11-2016—2019	70	2016—2019	合格

（二）岗位工作取得的主要成绩

“十二五”以来，承担国家甘薯产业技术体系“南方区栽培”“养分管理”等岗位任务，在南方区甘薯高产高效栽培技术研发与应用、甘薯养分科学管理与高效利用等研究方面，取得了较好的进展。

1. 南方栽培岗位

测定不同丘陵山区土壤的物理性状和肥力状况，研究不同丘陵山区土壤条件下甘薯需肥需水规

律，干物质分配规律和调控技术，生理指标和生长特点及调控技术，因地因苗优化施肥技术，提出了南方薯区亩产薯干超吨的施肥技术，集成适宜的丘陵薄地甘薯高产配套技术2套，在南方丘陵薄地区域建成10亩以上亩产薯干600 kg核心示范田3个，在南方薯区建立10亩以上亩产薯干1.2 t核心示范片1个，100亩以上亩产薯干1.0 t核心示范片2个。研发适宜丘陵山区应用的小型作垄和收获机械，研发相应的机械操作的栽培模式和管理技术，集成优化适宜南方薯区机械收获的配套技术3套，制定《大垄双行甘薯栽培技术规范》，在南方薯区选择典型地区建立200亩机械收获试验示范基地3个，甘薯生产能耗降低10%，破皮、伤薯率减少10%，明薯率提高10%。针对南方大面积主栽品种，如广薯87、广薯79等，研发不同主栽品种的养分需求特性及调控技术2套，在福建、广东、广西各建立试验示范基地1个，核心示范区面积200亩。研发叶菜用甘薯高产、高效及优质的栽培技术，明确反季节采用甘薯生长最佳光质光强、营养液成分配比等，制定《叶菜用有机甘薯栽培技术规程》1项，建立标准栽培示范基地或绿色、有机栽培示范片3个。累计发表论文20余篇。

2. 养分管理岗位

参与鲜食及食品加工用甘薯提质增效关键技术研发，初步明确鲜食及食品加工用甘薯的需肥规律；完善鲜食及食品加工用甘薯的节本增效施肥模式，提出缓解甘薯连作障碍的技术措施；初步解析甘薯耐贫瘠的生理基础及调控机制，调查总结微量元素缺乏症表现，提出应对解决措施；研究了旱作条件下影响甘薯块根淀粉产量形成的关键因素和养分调控技术，试验土壤吸纳技术自然降解甘薯淀粉加工废水中的有机成分，以及废水浇地对土壤肥力影响，初步明确废水土壤吸纳降解技术的可行性。参与甘薯健康种薯种苗快速繁育关键技术研究，明确甘薯健康种苗快速繁育过程中的养分需求及追肥技术，提出种薯育苗过程中的养分管理及应用技术，发明了健康种苗采后保鲜期延长技术，初步探索出西北干旱地区繁殖甘薯健康种薯种苗技术。开展促进甘薯养分吸收的土壤改良技术研究，明确土壤深松技术、山地黏土掺沙改良技术对改良土壤结构的作用；明确前茬小麦秸秆还田对土壤质量及甘薯产量、品质的影响；探索盐碱性土壤改良技术。累计发表论文17余篇，制定技术规程1件，获得授权专利4件。

五、唐忠厚副研究员——行使国家甘薯产业技术体系栽培与土肥研究室养分管理岗位科学家职责

2020年3月初，李洪民研究员突然不幸病逝，唐忠厚副研究员及时接任行使甘薯国家现代农业产业技术体系“养分管理岗位科学家”职责（国薯产研〔2020〕7号）。

（一）任务及考核情况

2020年年度考核情况如表3-5所示。

表3-5 国家甘薯产业技术体系
养分管理岗位科学家任务、经费及年度考评情况

岗位名称	任务书编号 / 年限	经费 /（万元 / 年）	考核年度	考核等次
养分管理	CARS-10-B11—2017	43.75	2020	合格

（二）岗位工作取得的主要成绩

承担 2020 年国家甘薯产业技术体系“养分管理”岗位任务，在甘薯养分科学管理与高效利用研究方面，取得了较好的工作进展。

开展鲜食及食品加工用甘薯提质增效关键技术研发，进一步明确鲜食及食品加工用甘薯的需肥规律；完善鲜食及食品加工用甘薯的节本增效施肥模式，提出缓解甘薯连作障碍的技术措施；解析甘薯耐贫瘠的生理基础及调控机制，提出应对解决措施；研究旱作条件下影响甘薯块根淀粉产量形成的关键因素和养分调控技术，明确废水土壤吸纳降解技术的可行性；研究甘薯健康种薯种苗快速繁育关键技术，提出种薯育苗过程中的养分管理及应用技术，初步探索出西北干旱地区繁殖甘薯健康种薯种苗技术。研究促进甘薯养分吸收的土壤改良技术，明确土壤深松技术、山地黏土掺沙改良技术对改良土壤结构的作用，前茬小麦秸秆还田对土壤质量及甘薯的产量、品质的影响。发表论文 3 余篇，制定技术规程 1 件，获得授权专利 2 件。

六、谢逸萍研究员——国家甘薯产业技术体系病毒病防控、北方病害防控、线虫与真菌病防控岗位科学家

谢逸萍研究员，2008—2010 年为国家甘薯产业技术体系病虫害研究室病毒病防控岗位科学家；“十二五”期间（2011 年 1 月—2015 年 12 月），为国家甘薯产业技术体系“北方病害防控岗位科学家”；“十三五”期间（2016 年 1 月—2020 年 3 月），为甘薯国家现代农业产业技术体系“线虫与真菌病防控岗位科学家”。

（一）任务及考核情况

2009—2020 年年度考核情况如表 3-6 所示。

表 3-6　国家甘薯产业技术体系病毒病防控、北方病害防控、线虫与真菌病防控岗位科学家任务、经费及各年度考评情况

岗位名称	任务书编号 / 年限	经费 /（万元 / 年）	考核年度	考核等次
病毒病防控	Nycytx-16-B-9/2009—2013	70.0	2009—2010	优秀
北方病害防控	CARS-11-B-09/2011—2015	70.0	2011—2015	优秀
北方病害防控	CARS-11-B-09—2016	70.0	2016	优秀
线虫与真菌病防控	CARS-10-B15/2017—2020	70.0	2017—2019	优秀
线虫与真菌病防控	CARS-10-B1/2017—2020	43.75	2020	优秀

（二）岗位工作取得的主要成绩

本岗位在体系工作的 10 年中，面对生产中的主要病虫害，开展了甘薯真菌病害、线虫病害、病毒病害相关研究工作，获得一批研究成果。首次在国际上报道了中国各大薯区病毒病发生种类及为害程度，发明了甘薯病毒血清检测取样新方法和甘薯抗病毒品种选育方法，获得国家发明专利授权，与河南省农业科学院和全国农业技术推广服务中心共同获得了河南省科学技术进步奖一等奖和全国

农牧渔业丰收奖一等奖，同时，完成了《检测与脱毒种薯种苗生产技术规程》的行业标准。首次证实了当土壤中茎线虫的种群基数 >50 头 /g 土壤时，薯苗的生长受到严重影响，收获时病情指数达 91.8 ~ 100；线虫侵入时间在薯苗移栽 6 周后接种线虫发病减轻，12 周以后则影响很小；在苗床期喷施茉莉酸甲酯，在一定时期内，可控制线虫的侵入；茎线虫主要从薯苗移栽时基部的切口侵入，栽种时用药剂封闭剪苗伤口，可有效防止线虫的侵入。集成了“选、控、封、防”的甘薯茎线虫病综合防治技术，在河北、山东济宁、威海、临沂、河南商丘、漯河、郑州、山西、陕西、北京、安徽泗县、阜阳、江苏泗洪 13 个地区进行示范推广。2019 年成为农业农村部主推技术，同时，甘薯茎线虫病防控研究先后获得：徐州市科学技术进步奖二等奖，淮海科技成果一等奖，山东省农牧渔业丰收奖二等奖。构建了国内唯一的甘薯主要病害抗性鉴定平台，发现、鉴定甘薯新病害——甘薯褐斑病，并对其病菌形态、生物学特性、致病性、品种间抗性差异等方面进行了深入研究。形成甘薯茎线虫病抗扩展鉴定方法、甘薯近缘野生种抗茎线虫病鉴定方法、甘薯黑斑病苗期抗性鉴定方法、甘薯软腐病抗性鉴定方法、甘薯褐斑病抗性鉴定方法、甘薯黑痣病抗性鉴定方法，均获国家发明专利授权，使抗性鉴定病害由 3 种扩大到 6 种；抗性鉴定方法由 3 种扩大到 9 种；正在形成《甘薯主要病害抗性鉴定技术规程》的行业标准，为甘薯新品种选育提供技术保障。2011—2020 年共发表论文 60 篇，其中 SCI 论文 4 篇；参编著作 3 部；获得国家发明专利授权 8 项；获得农业部主推技术 1 项，制定颁布行业标准 4 项；获得省部一等奖 3 项，三等奖 2 项，市厅级一等奖 7 项。

七、钮福祥研究员——国家甘薯产业技术体系功能食品与产业经济、甘薯食品加工岗位科学家

“十一五”末，国家甘薯产业技术体系研发中心根据农业部相关要求，组织体系执行专家组在全国范围内开展“十二五”国家甘薯产业技术体系新增岗位科学家的遴选工作，江苏徐淮地区徐州农业科学研究所甘薯加工利用团队入选“功能食品与产业经济”岗位，钮福祥研究员被聘为国家甘薯产业技术体系“功能食品与产业经济岗位科学家”，农业部（农科教发〔2011〕3 号）；2017 年，农业部对“十三五”体系部分岗位进行调整，钮福祥研究员被聘为国家甘薯产业技术体系“甘薯食品加工岗位科学家”［农业部（农科教发〔2017〕10 号）］。

（一）任务及考核情况

2009—2020 年年度考核情况如表 3-7 所示。

表 3-7　国家甘薯产业技术体系功能食品与产业经济、甘薯食品加工岗位科学家任务、经费及各年度考评情况

岗位名称	任务书编号 / 年限	经费 /（万元 / 年）	考核年度	考核等次
功能食品与产业经济	CARS-11-B-20/2011—2015	70.0	2011—2015	2011—2013 年合格，2014 年优秀，2015 年合格
功能食品与产业经济	CARS-11-B-20-2016/2016—2016	70.0	2016	合格
甘薯食品加工	CARS-10-B20/2017—2019	70.0	2017—2019	2017 年优秀，2018 年合格，2019 年优秀
甘薯食品加工	CARS-10-B20/2020—2020	43.75	2020	2020 年优秀

（二）岗位工作取得的主要成绩

先后承担国家甘薯产业技术体系“功能食品与产业经济”“甘薯食品加工”等岗位科学家任务。近10年来，依托国家甘薯产业技术体系项目，开展食品加工、功能食品及产业经济等研究，取得了较好进展。在国内率先开展药用甘薯提取物对血小板减少症及紫癜出血的应用研究；开展紫薯花青素对高脂诱导肥胖大鼠的减肥效果及其机理研究；以提纯后的紫甘薯膳食纤维为材料研究其对铅中毒致肾损伤的修复及保护作用；利用果胶酶和纤维素酶降低鲜甘薯发酵醪液黏度，建立鲜甘薯不加水酶解降黏、同步发酵为核心的乙醇浓醪发酵关键技术体系，大幅度节约生产成本，经济效益、生态效益显著。已研发甘薯及果蔬脆片系列、紫薯花青素浓缩液及含片、紫薯全粉、药用甘薯口服液、甘薯浓醪发酵乙醇等新产品新技术10余项。其中部分成果（技术）已投入生产应用，产生良好社会经济效益。在国家甘薯产业技术体系2014年、2017年和2019年度考评中被评为优秀。自2011年以来，以第一或通信作者发表的SCI、EI及学报级论文25篇，参与出版论著2部；获江苏省科学技术奖二等奖成果1项、神农中华农业科技奖三等奖1项、江苏省农业科学院科学技术奖一等奖1项、徐州市科学技术奖二等奖4项；作为主要完成人，获授权专利10项；制定农业部行业标准1项、企业标准4项；所带领的团队于2014年获江苏省科学技术协会、江苏省发展和改革委员会、江苏省科学技术厅、江苏省经济和信息化委员会、江苏省人民政府国有资产监督管理委员会5部门联合颁发的江苏省“讲理想、比贡献，奋力实现中国梦”创新团队荣誉称号。2013年起被确认为江苏师范大学硕士研究生导师，2017年被评为徐州市优秀专家，同年被聘为江苏省产业教授。

八、杨峰研究员——国家特色蔬菜产业技术体系大蒜品种改良岗位科学家

2017年6月，农业部对“十三五”体系部分岗位进行调整，杨峰研究员被聘为国家特色蔬菜产业技术体系“大蒜品种改良岗位科学家”[农业部（农科教发〔2017〕10号）]。

（一）任务及考核情况

2017—2020年年度考核情况如表3-8所示。

表3-8　国家特色蔬菜产业技术体系
大蒜品种改良岗位科学家任务、经费及各年度考评情况

岗位名称	任务书编号/年限	经费/（万元/年）	考核年度	考核等次
大蒜品种改良	CARS-24-A-07/2017	70.0	2017	优秀
大蒜品种改良	CARS-24-A-07/2018	70.0	2018	优秀
大蒜品种改良	CARS-24-A-07/2019	70.0	2019	优秀
大蒜品种改良	CARS-24-A-07/2020	43.75	2020	优秀

（二）岗位工作取得的主要成绩

承担国家特色蔬菜产业技术体系大蒜品种改良岗位科学家期间，在大蒜资源创新利用、育种技

术、新品种选育、良繁体系建设和绿色生产技术集成创新方面，取得了较好进展。收集国内外大蒜资源42份，保存资源204份，其中栽培种203份，野生开花资源1份；创新性建立了大蒜 ^{60}Co、X射线诱变育种技术，明确了头蒜诱变条件，建立了头蒜类型“诱变+常规选择”大蒜育种的方法1套，创制高代高产大蒜资源31份；建立了大蒜叶枯病、病毒病分级和室内评价体系，国内首次提出抗叶枯病、病毒病育种技术，筛选出高产大蒜材料4份，耐低氮材料1份，抗（耐）大蒜叶枯病资源5份，育成高产、抗叶枯病大蒜品种4个，新品种支撑了徐州等大蒜优势主产区品种更新；进一步完善了大蒜茎尖快繁技术体系和地方品种提纯复壮方法，实现脱毒率82.3%，建立了快速、准确性高的可同时检测11种大蒜主要病毒的多重RT-PCR快速检测方法，实现了无毒种苗的繁育应用，构建了大蒜“试管苗—原原种—原种—生产用种”四级制种体系，提出了大、小瓣分级高密度繁殖技术，实现扩繁系数41.4，是传统繁殖系数的1.39倍；集成了以化肥减施、有机肥替代化肥、双色膜覆盖栽培、水分运筹管理和主要病虫害综合防控的绿色生产技术，新技术明确了以减氮20%+0.5%NBPT长势旺盛、产量最高，比传统施肥方式增产15.14%，1/3有机肥替代氮肥、玉米秸秆全量+1/3钾肥处理较常规化肥可分别提高产量5.4%和12.74%，作有机肥替代化肥和化肥减施的优化方案；集成推广了双色膜覆盖栽培技术，明确了以银黑双色膜（厚度0.01 mm）增产显著，比传统透明膜增产8.1% ~ 13.2%。集成了膨大期水分管理技术，明确了膨大期浇水对产量的提高有极大的促进作用，可增产28.8%，提出了江苏省头蒜种植灌溉指导意见。2017—2020年，重点推广徐蒜917、徐蒜918等新品种及配套绿色生产技术，新成果的集成应用，有力地推动了企业和县域经济的发展，其中以“邳州白蒜”为主导的“江苏省中晚熟大蒜”列为农业农村部首批50个优势特色产业集群项目，“邳州现代农业产业园”被农业农村部认定为第三批国家现代农业产业园，推动企业获ISO、HACCP认证5项，GAP认证8次，认证面积40.88万亩，产量73.43万t，获绿色食品认证4项，认证绿色保鲜蒜6.25万t，企业完成出口创汇4.39亿美元；连续2年举办“国际（邳州）大蒜产业峰会”，推介江苏省大蒜产业和产品，提升了江苏省大蒜的国际知名度和影响力；完成的主要成果“葱蒜类蔬菜绿色生产技术”列为江苏省主推技术，“大蒜产品产业链技术创新与集成应用”获江苏省科学技术奖三等奖，“大蒜新品种选育及绿色生产关键技术集成与推广”获江苏省农业技术推广奖三等奖；发表论文16篇，申请品种权4项，专利4件。

第三节　综合试验站站长

一、示范县设置

全所建立综合试验站5个（麦、稻、棉、豆、花生），二届站长先后10人；示范实施13 ~ 14年（小麦、棉花2007—2020），水稻、大豆、花生（2008—2020）；覆盖苏北5个市（徐州、连云港、宿迁、淮安、盐城）15个县（市、区）（丰县、沛县、铜山、睢宁、邳州、新沂、东海、赣榆、灌云、泗洪、宿豫、沭阳、洪泽、金湖、盐都）；30个县市区次（丰县麦、棉）、（沛县麦、豆）、（铜山麦、稻、棉、豆)、(睢宁棉、豆、花生)、(邳州麦、稻、棉、豆、花生)、(新沂麦、稻、花生)、(东海麦、花生)、(灌云棉、豆)、赣榆(花生)、泗洪(豆)、宿豫(稻)、沭阳(麦)、洪泽(稻)、金湖(麦)、盐都(麦)。详见表 3-9。

表 3-9 徐州农科所国家现代农业产业技术体系综合试验站下设示范县(市、区)名单

序号	试验站名称	站长职称	年限	各站示范县(市区)名称	示范县数
1	国家小麦产业技术体系徐淮综合试验站	陈荣振 研究员	2007—2010	徐州市沛县、铜山;连云港市东海;宿迁市沭阳;淮安市金湖;盐城市盐都	6
	国家小麦产业技术体系徐淮综合试验站	陈荣振 研究员	2011—2015	徐州市丰县、沛县、铜山、邳州、新沂;连云港市东海	6
	国家小麦产业技术体系徐州综合试验站	冯国华 研究员	2016—2020	徐州市丰县、沛县、铜山、邳州;连云港市东海	5
2	国家水稻产业技术体系徐州综合试验站	刘超 研究员	2008—2015	徐州市铜山、邳州、新沂;宿迁市宿豫、淮安市洪泽	5
	国家水稻产业技术体系徐州综合试验站	王健康 研究员	2016—2020	徐州市铜山、邳州、新沂;宿迁市宿豫、淮安市洪泽	5
3	国家棉花产业技术体系徐淮综合试验站	陈萍 研究员	2007—2010	徐州市丰县、铜山、睢宁、邳州;连云港市灌云	5
	国家棉花产业技术体系徐淮综合试验站	李卫华 研究员	2011—2020	徐州市丰县、铜山、邳州;连云港市灌云	5
4	国家大豆产业技术体系徐淮综合试验站	王宗标 研究员	2008—2015	徐州市沛县、铜山、邳州;连云港市灌云;宿迁市泗洪	5
	国家大豆产业技术体系徐淮综合试验站	王幸 研究员	2016—2020	徐州市沛县、铜山、睢宁、邳州;宿迁市泗洪	5
5	国家花生产业技术体系徐淮综合试验站	张祖明 研究员	2008—2015	徐州市睢宁、邳州、新沂;连云港市赣榆、东海	5
	国家花生产业技术体系徐淮综合试验站	王晓军 研究员	2016—2020	徐州市睢宁、邳州、新沂;连云港市赣榆、东海	5

二、试验站站长

(一)陈荣振研究员——国家小麦产业技术体系徐淮综合试验站站长

2007 年 12 月 29 日农业部批复建设国家小麦产业技术体系徐淮综合试验站(农科教发〔2007〕14 号),聘任陈荣振研究员为“国家小麦产业技术体系徐淮综合试验站”站长(2007—2015 年),并担任执行专家组成员(农业部农科教发〔2011〕3 号)。

1. 任务及考核情况

2007—2015 年年度考核情况如表 3-10 所示。

表 3-10 国家小麦产业技术体系
徐淮综合试验站岗位任务、经费及各年度考评情况

岗站名称	任务书编号 / 年限	经费 /（万元 / 年）	考核年度	考核等次
徐淮综合试验站	CARS-03-/2007—2010	30.00	2007—2010	合格、优秀各 2 年
徐淮综合试验站	CARS-03-/2011—2015	50.00	2011—2015	合格 1 年、优秀 4 年

2. 试验站工作取得的主要成绩

2007—2015 年，徐淮综合试验站承担了各个时期的体系重点任务、研究室任务、平台建设、应急服务等工作。综合试验站启动时联系铜山、沛县、东海、沭阳、金湖、盐都 6 个县（区），2008 年以后改为丰县、沛县、铜山、邳州和东海 5 个示范县，“十二五”期间为完成体系“黄淮麦区砂姜黑土强筋小麦产业化技术研究”重点任务，增加新沂市作为示范县。综合试验站工作取得显著成绩：一是体系重点任务取得显著进展。积极配合岗位科学家开展相关试验示范，及时提供土壤、小麦植株和籽粒等样品，同时安排了一系列高产超高产攻关、小麦新品种展示、新品种（系）播期、密度和肥料运筹等试验，通过新品种筛选试验和大面积试验示范，先后筛选出徐麦 856、淮麦 20、烟农 19、矮抗 58、徐麦 30、济麦 22 等广适性好、高产稳产的新品种，作为淮北地区主体品种大面积推广种植。强化技术集成，提炼小麦生产核心技术，研究集成了“江苏淮北地区亩产 600 kg 小麦高产创建技术规范模式图”“淮北地区小麦高产优质高效栽培技术规程”“全量秸秆还田条件下小麦规范化播种技术”“苏北稻麦周年绿色高产高效栽培技术”等先进适用技术。因地制宜筛选、示范主导品种和主推技术，在示范县积极示范规范化播种、防灾减灾技术，努力提高播种质量，培育冬前壮苗，增强抗旱、抗寒能力，采取合理肥水运筹、化学调控、病虫草害绿色防控等措施，预防和减轻隐性灾害影响，实现大面积小麦生产的高产稳产。连续开展砂姜黑土区强筋小麦品种引进筛选与示范试验（邳州市），筛选出徐麦 30、徐麦 31、徐麦 32 等适宜淮北地区推广应用的强筋小麦新品种，强化强筋小麦新品种示范推广，完善强筋小麦品质调优、高产高效栽培管理模式。2015 年 6 个示范县建设了 15 个徐麦 30、徐麦 32 千亩、万亩示范方，形成优质强筋小麦生产基地，新沂市、邳州市徐麦 32 高产示范方实产超过 500 kg。同时与面粉加工企业和粮食企业等合作，组织订单生产，促进中低产的砂姜黑土区小麦稳产增效，并给有关岗位科学家及时提供强筋麦生产、收购信息。示范推广中抗—中感赤霉病的新品种徐农 029、明麦 16 等抗逆稳产品种为核心的小麦赤霉病综合防控技术，示范区产量损失明显减轻。新品种测试网络建设初步落实，并不断充实试验、测试条件，努力高质量完成有关工作任务。二是高产创建引领，大面积生产水平稳步提高。以推广主导品种、应用主推技术为主线，促进良田良制、良种良法、农机农艺有机融合。生产关键时期安排技术人员到高产攻关方、万亩示范片开展苗情、墒情、灾情和病虫情况调查分析，确保技术进村入户到田，指导高产创建各项措施落实到位，每年 2 ~ 3 个万亩高产创建示范片通过部省级专家组实产验收，实现了本区域最高产量。同时督促各示范县建立完善高产创建田间档案（每个示范县至少 2 个重点乡镇），保证有关数据及时上报。三是新品种选育成效显著：在常规育种和轮回选择的基础上，开展了抗赤霉病、条锈病、白粉病和优质亚基等分子标记辅助选择、DH 双单倍体育种，以及品质、抗病性筛选，夏季就地加代、转基因回交转育、强优势杂交组合筛选等工作。2011 年以来，每年均有小麦新品种通过省级以上审定，品种

经营权转让收入千万余元。“小麦新品种徐麦 30 选育与推广”获 2013 年度徐州市科技进步奖一等奖。与种子企业的联合育种进一步拓展，合作企业达到 6 家。徐麦 30 成为淮北地区主推品种，徐麦 32 强筋麦供不应求。

（二）冯国华研究员——国家小麦产业技术体系徐州综合试验站站长

2016 年冯国华研究员接任“国家小麦产业技术体系徐州试验站站长”（2016 年—），站名按属地统一称谓，徐淮综合试验站改为“徐州综合试验站”，农业部（农科教发〔2017〕10 号）。

1. 任务及考核情况

2016—2020 年年度考核情况如表 3-11 所示。

表 3-11　国家小麦产业技术体系
徐州综合试验站岗位任务、经费及各年度考评情况

岗站名称	任务书编号 / 年限	经费 /（万元 / 年）	考核年度	考核等次
徐州综合试验站	CARS-03-/2016—2019	50.00	2016—2019	优秀 3 年、合格 1 年
徐州综合试验站	CARS-03-/2017—2020	31.25	2020	优秀

2. 试验站工作取得的主要成绩

2016 年以来，徐州试验站承担了各个时期的体系重点任务、研究室任务、平台建设、应急服务等工作。综合试验站及时联系丰县、沛县、铜山、邳州和东海 5 个示范县。工作取得显著成绩：一是体系重点任务取得显著进展。积极配合岗位科学家开展相关试验示范，及时提供土壤、小麦植株和籽粒等样品，同时安排了一系列高产超高产攻关、小麦新品种展示、新品种（系）播期、密度和肥料运筹等试验，通过新品种筛选试验和大面积试验示范，先后筛选出徐麦 33、淮麦 33、徐麦 35 等广适性好、高产稳产的新品种，作为淮北地区主体品种大面积推广种植。强化技术集成，提炼小麦生产核心技术，研究集成了“江苏淮北地区亩产 600 kg 小麦高产创建技术规范模式图”“淮北地区小麦高产优质高效栽培技术规程”“全量秸秆还田条件下小麦规范化播种技术”“苏北稻麦周年绿色高产高效栽培技术”等先进适用技术。因地制宜筛选、示范主导品种和主推技术，在示范县积极示范规范化播种、防灾减灾技术，努力提高播种质量，培育冬前壮苗，增强抗旱、抗寒能力，采取合理肥水运筹、化学调控、病虫草害绿色防控等措施，预防和减轻隐性灾害影响，实现大面积小麦生产的高产稳产。二是高产创建引领，大面积生产水平稳步提高。高产创建示范方逐步增加，体系建设开始时，每个示范县仅 1 个万亩示范片，2017 年徐州试验站联系的 5 个示范县承建绿色高产示范片 37 个，主导品种为徐麦 33、淮麦 33、济麦 22、徐麦 35 等。各示范片小麦平均单产均达到或超过目标产量，比同区域大田生产每亩增产 100 kg 左右，取得了良好的社会经济效益。以推广主导品种、应用主推技术为主线，促进良田良制、良种良法、农机农艺有机融合。生产关键时期安排技术人员到高产攻关方、万亩示范片开展苗情、墒情、灾情和病虫情况调查分析，确保技术进村入户到田，指导高产创建各项措施落实到位，每年 2 ~ 3 个万亩高产创建示范片通过部省级专家组实产验收，实现了本区域最高产量。同时督促各示范县建立完善高产创建田间档案（每个示范县至少 2 个重点乡镇），保证有关数据及时上报。2019 年据农业部门统计，徐州市夏粮播种面积 499.8 万亩，比上年减少 10 万亩；平均单产 427.3 kg，

同比上年亩增 7.3 kg；夏粮总产 21.36 亿 kg，同比上年基本持平。经江苏省统计局核定，全市夏粮播种面积 526.88 万亩，比上年减少 1.36 万亩；平均单产 400.05 kg，比上年亩增 13.05 kg，创历史最高水平，迈上单产 400 kg 新台阶；夏粮总产 21.08 亿 kg，比上年增产 0.64 亿 kg。三是新品种选育成效显著：在常规育种和轮回选择的基础上，开展了抗赤霉病、条锈病、白粉病和优质亚基等分子标记辅助选择、DH 双单倍体育种，以及品质、抗病性筛选，夏季就地加代、转基因回交转育、强优势杂交组合筛选等工作。2016 年以来，每年均有小麦新品种通过省级以上审定，品种经营权转让收入 1 000 余万元。“小麦新品种徐麦 31、徐麦 32 选育与产业化开发”获 2016 年度徐州市科学技术奖一等奖。与种子企业的联合育种进一步拓展，合作企业达到 7 家。徐麦 30、徐麦 33、徐麦 35 等成为淮北地区主推品种，徐麦 32 强筋麦供不应求。四是培训示范区域内主产县的农技人员：开展不同层次的技术培训，邀请体系内外专家到徐州讲课，推动县乡农技人员知识更新；根据各个高产示范方的实际情况提出相应的主栽品种、高产栽培技术和苗情管理技术意见。深入到承担示范方任务的镇村开展现场培训，发放技术资料，提高农民科学种田水平。积极培育科技示范户，带动普通农户利用科技进步搞好小麦生产。多层次组织现场观摩、考察活动，加速了农业科技传播，带动了淮北地区小麦生产管理水平的整体提高。

（三）刘超研究员——国家水稻产业技术体系徐州综合试验站站长

在全国主要农产品第一批现代农业产业技术体系建设中，经提名审核评选，2008 年获准建立国家水稻产业技术体系徐州综合试验站，2008—2015 年聘任刘超研究员为综合试验站站长。在徐州、宿迁、淮安 3 市设立 5 个科技示范县（市、区），分别为铜山区、邳州市、新沂市、宿豫区、洪泽区；2011—2015 年每年研发经费 50 万元。主要任务是承接国家水稻产业技术研发中心和相关功能研究室研发的新技术、新模式，结合当地的生产实际进行集成示范，引领本地区稻作生产的高质高效发展，同时发挥自身的科研优势，选育或研制适宜本地区推广的水稻新品种、新技术。

1. 任务及考核情况

2008—2015 年年度考核情况如表 3-12 所示。

表 3-12 国家水稻产业技术体系
徐州综合试验站岗位任务、经费及各年度考评情况

岗位名称	任务书编号 / 年限	经费 /（万元 / 年）	考核年度	考核等次
徐州综合试验站	CARS-01-44/2008—2010	50.0	2008—2010	合格
徐州综合试验站	CARS-01-44/2011—2015	50.0	2011—2015	合格

2. 岗位工作取得的主要成绩

2008—2015 年，承担国家水稻产业技术体系重点任务“推进粳稻生产关键技术研究与示范”和自选任务“强优势杂交粳稻新品种高产高效栽培”各 1 项，在 5 个示范县建立水稻新品种、新技术展示点 30 个次，共展示新品种 508 个次、新技术 28 项次，筛选出 22 个适应不同栽插方式的粳稻主栽品种，形成 5 项主推技术，建立技术集成百亩核心方 30 个、万亩示范片 17 个，研制“淮北地区麦草全量机械还田机插稻高产高效栽培模式”1 套和专项栽培技术规程 3 项，使徐淮地区优质粳稻规模化

生产得以快速发展。育成通过国家审定水稻新品种 2 个（徐稻 8 号、徐稻 9 号），获国家植物新品种权授权品种 3 个（徐恢 201、徐稻 7 号、徐旱 1 号），获国家发明专利授权 1 件（一种提高粳稻花药培养愈伤组织诱导率和绿苗分化率的方法）。主持完成的“优质高产多抗粳稻新品种徐稻 4 号的选育与应用”成果，获 2011 年度徐州市科学技术进步奖一等奖。

（四）王健康研究员——国家水稻产业技术体系徐州综合试验站站长

2016—2020 年，王健康研究员接任国家水稻产业技术体系徐州综合试验站站长；现有团队成员 4 人，分别为丁成伟、赵铁鹏、胡婷婷、王友霜；在徐州、宿迁、淮安 3 市设立 5 个科技示范县（市、区），分别为铜山区、邳州市、新沂市、宿豫区、洪泽区；2016—2019 年每年研发经费 50 万元，2020 年调减为 31.25 万元。主要任务是承接国家水稻产业技术研发中心和相关功能研究室研发的新技术、新模式，结合当地的生产实际进行集成示范，引领本地区稻作生产的高质高效发展，同时发挥自身的科研优势，选育或研制适宜本地区推广的水稻新品种、新技术。

1. 任务及考核情况

2011—2020 年年度考核情况如表 3-13 所示。

表 3-13 国家水稻产业技术体系
徐州综合试验站岗位任务、经费及各年度考评情况

岗位名称	任务书编号 / 年限	经费 /（万元 / 年）	考核年度	考核等次
徐州综合试验站	CARS-01-44/2016	50.0	2016	合格
徐州综合试验站	CARS-01-59/2017—2019	50.0	2017—2019	合格
徐州综合试验站	CARS-01-59/2020	31.25	2020	合格

2. 岗位工作取得的主要成绩

“十三五”期间，承担国家水稻产业技术体系重点任务 4 项、产业重大关键问题技术攻关任务 2 项、自选任务 2 项，在 5 个示范县建立水稻新品种鉴定点 36 个次、展示点 28 个次，鉴定新品种 584 个次、展示新品种 386 个次，筛选出适合徐淮地区轻简化生产和抗逆的水稻新品种 20 个和绿色优质高效水稻新品种 10 个；建立水稻新品种机插稻百亩示范方 36 个、千亩示范片 9 个和针对稻瘟病、纹枯病、螟虫和稻纵卷叶螟的绿色防控示范区 10 个；研制《苏北稻麦周年绿色高效栽培技术》等技术规程 6 项。徐稻 8 号、徐稻 9 号列为江苏省《现代农业提质增效工程千亿级特色产业发展规划和专项行动方案（2018—2022 年）》淮北地区优质粳稻主推品种，累计推广 200 万亩以上。通过抗性基因检测、接种鉴定和自然诱发鉴定筛选出稻瘟病抗性中抗以上水稻新品种（系）及亲本资源 40 份；育成通过国家或省级审定水稻新品种 5 个（徐稻 10 号、徐稻 11 号、徐稻 12 号、徐稻 13 号、徐稻 119）；获国家植物新品种权授权 6 项、申请 3 项；申请国家发明专利 7 件；主持完成的“优质多抗新品种徐麦 33、徐稻 9 号周年平衡高效栽培技术集成应用”成果，获 2016—2018 年度全国农牧渔业丰收奖二等奖。

（五）陈萍研究员——国家棉花产业技术体系徐淮综合试验站站长

2007 年 12 月 29 日，农业部批复建设国家棉花产业技术体系徐淮综合试验站（农科教发〔2007〕

14 号），聘任陈萍研究员为“国家棉花产业技术体系徐淮综合试验站”站长（2007—2010 年）。

1. 任务及考核情况

2011—2020 年年度考核情况如表 3-14 所示。

表 3-14 国家棉花产业技术体系
徐淮综合试验站岗位任务、经费及各年度考评情况

岗位名称	任务书编号 / 年限	经费 /（万元 / 年）	考核年度	考核等次
徐淮综合试验站	CARS-18-32 /2007—2010	50.00	2007—2010	优秀

2. 岗位工作取得的主要成绩

先后征集适宜江苏沿海及淮北棉区种植体系的新育成中熟品种 20 多个进行试验示范，在 1 800 株 / 亩密度下，单株结铃 38 ~ 55 个，亩铃数 6.8 万 ~ 9.9 万个，展示田实收籽棉亩产 285 ~ 464 kg，皮棉亩产 114 ~ 184 kg，纤维品质和抗枯黄萎性能较好。开展早茬作物收获后适合直播、机械化采收的棉花新品种试验示范研究。在 2007—2010 年连续 4 年年度考评中均获优秀。

（六）李卫华研究员——国家棉花产业技术体系徐淮综合试验站站长

“十二五”以来，聘任李卫华研究员为“国家棉花产业技术体系徐淮综合试验站”站长［农业部（农科教发〔2011〕3 号）；农业部（农科教发〔2017〕10 号）］，负责综合试验站全面工作。“十二五”期间国家棉花产业技术体系徐淮综合试验站共有 6 名技术人员，“十三五”期间本站共有 5 名技术人员，胡新燕副研究员承担品种试验任务，王阶祥副研究员和冯营负责土肥栽培工作，孙亚伟负责病虫害防治，张正敏副研究员和赵明明负责综合工作。10 年来按照体系任务书要求全面完成了徐淮综合试验站重点任务、基础性工作和应急性工作。

1. 任务及考核情况

2011—2020 年年度考核情况如表 3-15 所示。

表 3-15 国家棉花产业技术体系
徐淮综合试验站岗位任务、经费及各年度考评情况

岗位名称	任务书编号 / 年限	经费 /（万元 / 年）	考核年度	考核等次
徐淮综合试验站	CARS-18-32 /2011—2016	50.0	2011—2016	优秀
徐淮综合试验站	CARS-15-32/2017—2018	50.0	2017—2018	优秀
徐淮综合试验站	CARS-15-34/2019	50.0	2019	优秀
徐淮综合试验站	CARS-15-34/2020	31.25	2020	优秀

2. 岗位工作取得的主要成绩

先后征集适宜江苏沿海及淮北棉区种植的体系新育成中熟品种 30 多个进行试验示范,在 1 800 株 / 亩密度下，单株结铃 38 ~ 55 个，亩铃数 6.8 万 ~ 9.9 万个，展示田实收籽棉亩产 285 ~ 464 kg，皮棉亩产 114 ~ 184 kg，纤维品质和抗枯黄萎性能较好。引进大蒜、洋葱、油菜、大麦等作物收获后适合

直播、机械化采收的早熟棉花新品种 20 多个，并对其进行试验示范。5 月 25 日—6 月 9 日蒜茬、麦茬直播，种植密度 5 000 ~ 6 000 株 / 亩，参试品种平均单株结铃 13.2 ~ 23 个，亩铃数 5.9 万 ~ 7.9 万个，皮棉亩产 113 ~ 153 kg。生育期 101 ~ 106 d，株高与中棉所 50 相当，霜前花率 86% 以上，吐絮较早且集中，株型、第一果枝高度、含絮度等性状机采适合度高。集成示范棉花轻简化栽培关键技术，主要对适应淮北棉区的基质育苗、裸苗移栽进行试验示范，对抗虫棉专用型调节剂、棉花花芽分化剂 AFD、“全精控”、打顶剂、脱叶剂和催熟剂等轻简化、机械化药剂进行试验示范，达到了节本增效的目的。各示范县均示范推广了以棉花与大蒜（洋葱）模式为主体的高效立体种植模式，年均推广面积 20 万亩，促进了服务县植棉面积的稳定。集成棉花减肥减药综合技术，针对徐淮棉区土壤有效氮含量较高的实际情况，通过减少基肥中的氮肥用量来降低全程氮肥用量，每亩减施纯氮 4 kg，比前 3 年减少 15%，提高成铃率、增加经济系数。采取生物农药替代化学农药，统防统治和综合防治，减少化学农药喷施次数 3 次，化防时减少用量 10%，合计减少化学农药用量 18%。集成、示范与推广新成灾病虫害防控技术，开展了内生拮抗细菌——枯草芽孢杆菌 Jaased1 菌剂防治棉花黄萎病试验示范，降低了病指，提高了单株铃数；对烟粉虱采取多作物联防联治、统一化学防治时间等措施提高防效；对斜纹夜蛾采用生物农药防治，有效防止了其假死趋避的影响；对盲蝽象进行条带种植绿豆，安放性诱剂捕虫板等综合防治技术的研究与示范，取得了明显的进展。承接了盲蝽、棉铃虫食诱剂试验，新型药剂防治蚜虫试验，新型药剂防治苗期病害试验和防治甜菜夜蛾试验，均取得了良好的效果。在邳州、丰县、大丰、灌云、睢宁、铜山和本试验站基地建立 24 个高产示范区，总面积达 2 000 多亩，示范的棉花品种为常规抗虫棉徐棉 21 号、徐棉 266 和杂交抗虫棉徐杂 3 号、徐杂棉 8 号。密度 1 800 ~ 1 980 株 / 亩，单株成铃数 37 ~ 50 个，亩产籽棉 316 ~ 387 kg，亩产皮棉 123 ~ 165 kg；其中，在邳州和丰县创建的 50 ~ 100 亩千斤棉高产攻关示范田，籽棉亩产 345 ~ 390 kg，棉花亩收入 2 591 ~ 4 708 元，合计亩收入 6 308 ~ 12 645 元。通过“三农在线”、印发纸质材料、开办培训班、现场培训、技术咨询和“农技 110”热线等多种方式进行技术培训 62 次，发放技术资料 37 980 份以上，通过多种形式培训棉农 14 346 人次，培训基层技术人员 5 180 人次，培训种植大户 1 020 人次。结合服务区域具体情况，圆满完成了基础性工作任务，重点充实 C1 ~ C4 和 C10 ~ C12 相关数据库年度数据。10 多年来，服务的各县自然灾害主要发生了长期干旱、连续大雨，风灾、冰雹及长期高温等对棉花生长发育造成影响的严重灾害 7 次。灾情发生后，本站成员均积极参与了灾情调查和灾后管理方案的制订、落实，组织开展应急性技术指导和培训工作，指导棉农科学、及时、准确地开展应急救灾减灾，普及棉花生产应急技术，把灾害造成的损失降到最低点，并及时向棉花产业技术研发中心进行上报。培育出 15 个新组合、新品系参加长江、黄河流域及省级区试，其中徐棉 21 号、徐杂 6 号、徐棉 266 和徐杂棉 8 号通过审定；同时徐杂 3 号和徐棉 21 号分别于 2010 年和 2018 年获得植物新品种权授权。先后在相关专业期刊发表论文 17 篇，其中 SCI 论文 1 篇；作为第一、第二作者，编著出版《棉花枯萎病研究》。新成果示范推广 112 万亩，新增社会经济效益 10.33 亿元。分别获徐州市科学技术进步奖一等奖、二等奖各 1 项，获江苏省农牧渔业丰收奖二等奖 1 项。2011—2019 年连续 9 年年度考评中均优秀。

（七）王宗标研究员——国家大豆产业技术体系徐州综合试验站站长

2008—2015 年，王宗标研究员任国家大豆产业技术体系徐州综合试验站站长，拥有专兼职研究人员 5 人，团队成员结构层次合理。

1. 任务及考核情况

2008—2015 年各年度考核情况如表 3-16 所示。

表 3-16　国家大豆产业技术体系
徐州综合试验站岗位任务、经费及各年度考评情况

岗位名称	任务书编号 / 年限	经费 /（万元 / 年）	考核年度	考核等次
徐州综合试验站	CARS-04-CES22/2008—2010	50.00	2008—2010	称职
徐州综合试验站	CARS-04-CES22/2011—2015	50.00	2011—2015	称职

2. 岗位工作取得的主要成绩

国家大豆产业技术体系徐州综合试验站，在“十二五”期间，承担体系黄淮海麦茬夏大豆机械化免耕栽培技术研究与示范等重点任务。在沛县、铜山区、泗洪县、灌云县、睢宁县等示范县（区）建立试验示范基地，开展了夏大豆撒播浅旋简化栽培技术、麦茬免耕覆秸精量播种栽培技术等研究，提供高产、稳产、优质抗病大豆新品种及栽培技术。

（八）王幸研究员——国家大豆产业技术体系徐州综合试验站站长

“十三五”以来，王幸研究员任国家大豆产业技术体系徐州综合试验站站长，试验站有研究人员 5 人，其中，研究员 1 人，副研究员 1 人，助理研究员 2 人，研究实习员 1 人，博士 1 人，硕士 4 人，原站长王宗标研究员（2008—2015 年），团队成员结构层次合理，具有较强的科技创新及成果转化实力。

1. 任务及考核情况

2016—2020 年各年度考核情况如表 3-17 所示。

表 3-17　国家大豆产业技术体系
徐州综合试验站岗位任务、经费及各年度考评情况

岗位名称	任务书编号 / 年限	经费 /（万元 / 年）	考核年度	考核等次
徐州综合试验站	CARS-04-CES/2016	50.00	2016	优秀
徐州综合试验站	CARS-04-CES/2017	50.00	2017	优秀
徐州综合试验站	CARS-04-CES/2018	50.00	2018	优秀
徐州综合试验站	CARS-04-CES/2019	50.00	2019	称职
徐州综合试验站	CARS-04-CES/2020	31.25	2020	优秀

2. 岗位工作取得的主要成绩

国家大豆产业技术体系徐州综合试验站，在“十三五”期间承担国家大豆产业技术体系麦茬夏大豆绿色增产增效技术集成研究与示范、大豆种质基因库基础群体构建与优异种质创新、轮作条件下大豆病虫发生规律及防控技术研究等重点任务，在沛县、铜山县、泗洪县、灌云县、睢宁县等示范县

（市、区）建立试验示范基地，开展了夏大豆撒播浅旋简化栽培技术、麦茬免耕覆秸精量播种栽培技术等研究，立足黄淮海夏大豆和淮北地区鲜食毛豆产业发展，为广大农户进行技术培训，提供高产、稳产、优质抗病大豆新品种及栽培技术，为江苏淮北及周边地区大豆生产提供有力的技术支撑，促进了大豆产业的发展。

（九）张祖明研究员——国家花生产业技术体系徐州综合试验站站长

国家花生产业技术体系徐州综合试验站，科技服务示范县（市、区）为赣榆区、东海县、新沂市、邳州市、贾汪区。该区域常年花生种植面积100万亩左右，平均单产300 kg左右，是江苏省花生高产区和主产区。针对本地区花生品种多乱杂、栽培技术不到位、机械化程度低、病虫害发生重等问题，开展了一系列试验示范等工作。“十二五”期间，徐州综合试验站站长为张祖明研究员（2008—2015年）；承担的主要任务有6项。一是体系重点任务：传统两年三作区花生种植制度改革研究与示范（早熟高产花生新品种筛选、麦后花生高产栽培技术试验示范、麦后花生主要病虫害防治技术试验示范、麦后花生专用肥高效利用技术试验示范）；二是研究室重点任务：花生优质抗病种质创制与新品种培育（花生高油、高蛋白、高油酸、抗病种质与新品系的试验鉴定）、花生种子快繁技术研究与示范（一年两作快繁技术试验示范）；花生主要病害综合防治技术的建立与示范（花生抗病品种的试验和鉴定、花生叶斑病的化学防治技术试验示范、花生主要病害综合防控技术试验示范）；花生主要虫害综合防治技术的建立与示范（高效低毒农药防治技术试验示范、物理防治技术试验示范）、旱薄地花生丰产增效技术集成研究与示范（旱薄地花生综合丰产技术试验示范、旱薄地花生水分高效利用技术的试验示范）、花生机械化收获技术及装备集成与示范（麦茬花生免耕直播机械试验、4HZB-2型花生摘果机试验、花生烘干设备试验）、花生产业经济政策研究（试验站调查问卷、农户调查问卷、固定观察点调查问卷）；三是岗位任务：高产优质抗病春花生新品种培育与筛选（高产、优质、抗病种质资源的收集、鉴定与评价，高产、优质、抗病花生新品种培育）；四是开展基础性工作：产业基础数据平台建设［中国花生审（鉴）定品种数据库、中国花生种质资源数据库、花生病害发生数据库、花生虫害发生数据库、花生病虫害防治农药数据库、花生主产区气候资源数据库、花生加工企业数据库、花生市场动态变化数据库］；五是开展应急性工作：监测本地区花生生产和市场的异常变化，及时向首席科学家上报情况；发生重大自然灾害时，及时向首席科学家汇报，根据相关科学家制订的技术指导方案向灾区提供服务；组织开展本领域应急性技术指导和培训工作；六是完成首席科学家临时交办的任务。

1. 任务及考核情况

2011—2016年年度考核情况如表3-18所示。

表3-18 国家花生产业技术体系
徐州综合试验站岗位任务、经费及各年度考评情况

岗位名称	任务书编号 / 年限	经费 /（万元 / 年）	考核年度	考核等次
徐州综合试验站	CARS-14/2011	50	2011	优秀
徐州综合试验站	CARS-14/2012	50	2012	合格

（续表）

岗位名称	任务书编号 / 年限	经费 /（万元 / 年）	考核年度	考核等次
徐州综合试验站	CARS-14/2013	50	2013	优秀
徐州综合试验站	CARS-14/2014	50	2014	优秀
徐州综合试验站	CARS-14/2015	50	2015	优秀

2. 岗位工作取得的主要成绩

“十二五”期间，国家花生产业技术体系徐州综合试验站圆满完成了本体系安排的各项工作任务，并取得明显成效，在体系综合考评中连续 4 年获优秀。筛选适宜当地种植的花生新品种，并推广应用。筛选出适宜苏北地区种植的花生新品种徐花 13 号、徐花 14 号、徐花 15 号等在生产上推广应用，累计推广 200 万亩以上；试验示范新技术、新模式，并推广应用。试验示范麦后夏直播种植模式，经省、市级专家组测产，亩产超过 400 kg，最高亩产为 433.2 kg，比周边同类地块增产 20%；示范推广花生“一喷三防”综合性丰产技术，花生病虫害发生迟、发病轻，后期功能叶片多，产量高；试验单粒稀播压枝扩繁技术，繁殖倍数达到 50.0，目前东海、赣榆的合作社已用该法进行繁种，大大提高了新品种推广速度；试验示范防治地下害虫药剂，筛选出毒死蜱微囊悬浮剂种衣剂，可有效防治蛴螬，省时省事，防效显著，已大面积推广应用；开展多种形式的科技服务，提高新品种、新技术普及率。通过召开技术培训、现场观摩会、现场技术指导等方式提供技术服务，加快了新品种、新技术的推广应用；在突发自然灾害时，及时提出应对建议，有效降低了自然灾害对花生生产的影响。

（十）王晓军副研究员——国家花生产业技术体系徐州综合试验站站长

“十三五”以来，王晓军副研究员接任国家花生产业技术体系徐州综合试验站站长。国家花生产业技术体系徐州综合试验站的科技服务示范县（市、区）为赣榆区、东海县、新沂市、邳州市、睢宁县（2016 年调整）。该区域常年花生种植面积 110 万亩左右，平均单产 300 kg 左右，呈逐年上升趋势，是江苏省花生高产区和主产区。针对本地区花生品种多乱杂、栽培技术不到位、机械化程度低、病虫害发生重等问题，开展了一系列试验示范等工作。“十三五”以来，试验站成员 5 人，其中硕士 4 人。主要任务有 5 项。一是体系重点任务：花生农机农艺融合关键技术研究与示范（花生剥壳、播种、收获等机械试验示范）、花生—粮棉轮作制度研究（适于江苏北部地区与小麦轮作的花生新品种筛选示范、连作及轮作条件下花生病害种类及消长规律调查、不同轮作条件下花生生长发育动态变化等）；二是研究室重点任务：优质抗逆花生种质创制、品种选育与展示评价［高油酸花生品种（系）受环境影响的试验］；花生化肥减施增效综合技术研究与集成示范（旱薄地综合技术示范、劲素花生专用肥减施增效示范、花生高产套餐肥示范）；花生主要病虫草害综合防控技术研究与示范（花生虫害全程绿色防控示范、花生病害综合防治示范、花生病虫草害调查）；花生贮藏加工及质量控制关键技术研究与示范（花生干燥与贮藏装备示范）；花生产业经济政策研究（花生示范县调查问卷、花生农户调查问卷、“花生农机农艺融合关键技术研究与示范”经济生态社会效益调查问卷、“花生—粮棉轮作制度研究”经济生态社会效益分析问卷）；三是岗位任务：优质抗逆花生种质筛选；四是产业基础数据平台建设与考核指标、中国高油酸花生品种数据库；五是 CARS-14-10D：应急性技术服务。

1. 任务及考核情况

2016—2020 年年度考核情况如表 3-19 所示。

表 3-19　国家花生产业技术体系
徐州综合试验站岗位任务、经费及各年度考评情况

岗位名称	任务书编号 / 年限	经费 /（万元 / 年）	考核年度	考核等次
徐州综合试验站	CARS-14/2016	50.00	2016	合格
徐州综合试验站	CARS-13/2017	50.00	2017	优秀
徐州综合试验站	CARS-13/2018	50.00	2018	优秀
徐州综合试验站	CARS-13/2019	50.00	2019	合格
徐州综合试验站	CARS-13/2020	31.25	2020	优秀

2. 岗位工作取得的主要成绩

“十三五”以来，保质保量完成体系安排的各项任务，针对新沂市、睢宁县、贾汪区等地鲜食花生面积逐年扩大的趋势，通过调研写成《徐州鲜食花生产业调研报告》提供给省市相关领导，在徐州成功举办全省鲜食花生品鉴暨产业发展论坛，连续 3 年举办鲜食花生品鉴会，促进本地花生产业发展；大力推广高产、高油、高油酸等新品种，累计推广 300 余万亩；筛选出适宜苏北地区种植的花生新品种徐花 16 号、徐花 18 号、徐花 19 号等，并在生产上推广应用；试验示范新技术、新模式、新装备，并推广应用，在新沂市、赣榆区、睢宁县等地开展花生全程机械化试验示范，促进当地花生增效；麦后夏直播花生优质高产栽培技术试验示范达到 413.9 kg/ 亩的产量水平，使麦后夏直播花生产量达到春花生水平，促进苏北地区小麦 - 花生一年两作面积增加；花生蛴螬防治技术全面推广，主产区基本解决蛴螬为害；正确施用花生除草剂、生育中后期“一喷三防”等技术被老百姓普遍接受，并带来了较大的直接经济效益；适期晚播避旱、单粒精播节本等试验已获成功，为大面积推广提供了技术支撑；针对睢宁县炒货型花生需求，在该地区进行高产中小果花生徐花 15 号、徐花 17 号大面积示范种植，促进了当地花生品种更新换代，有效提高了当地花生种植效益；加强和企业合作，实现徐花 16 号、徐花 18 号品种转让，有效促进了花生新品种的推广应用；开展多种形式的科技服务，提高新品种、新技术普及率；通过召开技术培训、现场观摩会、现场技术指导等方式提供技术服务，加快了新品种、新技术的推广应用；在突发自然灾害时，及时提出应对建议，提出的建议被接受采纳并付诸实施，有效降低了自然灾害对花生生产的影响。

第四章
党的建设

第一节　院（所）党委

1981 年 6 月 20 日，中国共产党徐州地区委员会批准成立“中国共产党徐州地区农业科学研究所委员会”，1983 年 11 月 6 日，中国共产党徐州市委员会批准更名为“中国共产党江苏徐淮地区徐州农业科学研究所委员会”，1992 年 2 月 10 日，中国共产党徐州市委员会批准更名为“中国共产党徐州市农业科学研究所委员会”，2005 年 5 月，中国共产党徐州市委员会批准更名为“中国共产党徐州市农业科学院委员会”，直至 2020 年。所党委成员除了 1991 年 3 月 15 日全所党员直选外，其余均实行任命制。下辖党支部 4 ~ 7 个不等。现任党委按照统一部署，于 2019 年 3—4 月，党委所属各在职党支部完成了换届选举工作，并下发《关于各党支部换届选举结果的批复》(徐农院委〔2019〕3 号)。

第二节　各党支部

第一党支部（行政党支部）

1990 年 2 月 8 日，中共徐州农科所党委《关于各党支部正、副书记、委员分工情况的通知》(徐农研委〔1990〕字第 2 号)设立第一（行政）党支部，即第一党支部第一届支委，党支部书记吴耀德，副书记王绍连，组织纪检委员严雪英，宣传保卫委员吴保民；第一（行政）党支部第二届支委是 1992 年 7 月 20 日中共徐州农科所党委《关于各党支部正、副书记及委员分工的批复》(徐农研委〔1992〕第 6 号)，党支部书记吴耀德，副书记独凤荣，组织委员严雪英，宣传委员刘树法，纪检委员李克富；第一（行政）党支部第三届支委是 1995 年 4 月 5 日中共徐州农科所党委《关于各党支部正、副书记及委员分工的批复》(徐农研委〔1995〕第 3 号)，党支部书记独凤荣，副书记孙近友，组织委员刘树法，宣传委员李松山，纪检委员张正敏；第一（行政）党支部第四届支委是 1998 年 5 月 28 日中共徐州农科所党委《关于各党支部正、副书记及委员分工的批复》(徐农研委〔1998〕第 5 号)，党支部书记孙近友，副书记谭西贵，组织委员李松山，宣传委员张正敏，纪律委员邹道兴；第一（行政）党支部第五届支委是 2005 年 12 月 14 日中共徐州市农业科学院委员会《各基层党支部书记、委员分工的批复》(徐农院委〔2005〕19 号)，党支部书记张栋，组织委员李再祥，宣传委员孙克新；第一（行政）党支部第六届支委是 2014 年 6 月 23 日中共徐州市农业科学院委员会《关于调整支部设置及支部委员会成员的通知》(徐农院委〔2014〕11 号)，党支部书记张栋，组织委员孙厚浩，宣传委员辛涛，纪检委员董玲霞；第一（行政）党支部第七届支委是 2019 年 12 月 26 日中共徐州市农业科学院委员会《关于调整支部设置及支部委员会成员的通知》(徐农院委〔2019〕35 号)，由徐州农科所办公室、科研处、财务处、后勤处、科技服务中心、综合档案室、工会 7 个行政处、室的党员组成，现有党员 13 人。

一、人员组成

根据徐农院委〔2019〕第35号，截至2020年底，第一（行政）党支部现有党员13人，分别是张梅（支部书记）、董玲霞（纪检委员）、武强（组织委员）、冯营（宣传委员）、孙扬（院党委委员）、孙厚浩（院纪委副书记）、张栋、孙明芳、辛涛、李文哲、戚强、张宏群、王亚。另有发展对象2人（金夏红、封智蔷）和入党积极分子1人（迟飞）。

二、工作成效

在所党委领导下，第一（行政）党支部紧紧围绕“服务农业科研高质量发展”这一宗旨，认真学习贯彻中共十九大和十九届四中、五中全会精神，扎实开展党员教育、支部联村主题实践、“不忘初心、牢记使命”主题教育等活动，不断提高党员的政治素养和思想理论水平，充分发挥党支部的战斗堡垒作用、党员的先锋模范作用，立足本职工作，为徐州农科所科技创新发展做好服务和管理工作。

（一）加强学习型党组织建设

深入学习贯彻习近平新时代中国特色社会主义思想和“两会”精神，认真落实中央、省市委、院党委部署要求，学习《习近平新时代中国特色社会主义思想学习纲要》《习近平关于“不忘初心、牢记使命”重要论述选编》《中共中央关于坚持和完善中国特色社会主义制度、推进国家治理体系和治理能力现代化若干重大问题的决定》；学习中共徐州市委“不忘初心、牢记使命”主题教育领导小组转发中央领导小组文件，又重新研读了《中国共产党章程》《关于新形势下党内政治生活的若干准则》《中国共产党纪律处分条例》等文件，并及时跟进习近平总书记重要讲话精神，学习农业相关会议精神，不断增强“四个意识”，广大党员更加坚定“四个自信”，认真做到“两个维护”，扎实工作，奋发有为，努力为推动全所科技创新发展贡献自己的力量。

（二）积极组织开展“不忘初心、牢记使命”主题教育活动

集中开展“不忘初心、牢记使命”主题教育活动。按照“守初心、担使命，找差距、抓落实”总任务要求，对照主题教育责任清单，第一（行政）党支部扎实开展学习教育、座谈讨论、检视问题、党员志愿者等一系列活动，成效明显，组织召开16次支部党员会议，14次支委会议。党委委员和支部书记分别作“什么是初心”“认真做事，无悔青春”的党课，提高党性，增强意识形态建设。开展讨论“初心是什么、使命干什么、奋斗比什么”的讨论；开展了交流活动“我眼中的马代夫”，学习身边的典型——首席科学家马代夫研究员优秀的思想品格，增强爱岗敬业、勇于担当的奉献意识；结合工作实际，讨论“如何成为一懂两爱的新时代好干部”；开展了“四重四亮”活动；开展了观看《忠诚》《榜样》《孤岛》等主题教育片，感受榜样力量，增强无私奉献的大局意识；开展“我和我的祖国征文比赛”“爱祖国·颂党恩”诵读比赛、徐州地铁志愿者服务活动等，进一步强化爱国爱岗意识和努力奋斗的信念。

（三）发挥党员模范先锋作用，提高服务水平和质量

一是开展了第一支部“支部联村”主题实践活动。与丰县李药铺村结成党建共建联建对接村，结合科技服务中心扶贫项目，邀请院内相关专家，为该村提供技术指导和农资支持，效果明显。二是

立足行政岗位，打赢新冠肺炎疫情防控战。行政党支部充分发挥党员先锋模范作用，积极参与疫情防控，统筹全院各项管理，为保障全所职工安全、科技服务不掉线、科研业绩不掉队做出了突出贡献。科技服务中心党员抓住农业生产技术指导管理的重要时节，借助于徐州人保公司项目，发挥桥梁作用，遴选各方面的农业专家在网上讲授农业科技知识，组织种植大户、农业企业、农保员等上线听讲，做好疫情防控特殊时期的农业生产科技培训工作；第一（行政）党支部后勤处党员，做好积极响应徐州市政府的相关防疫要求，第一时间启动应急预案，制定了严格的防疫措施，取得了较为良好的效果；科研处党员同志积极应对，及时沟通衔接，扎实做好项目申报管理和服务，发动科技工作者居家防疫时，高质量完成项目申报书、成果申报书，在科研立项、经费争取、成果获奖等各方面成绩较往年都有较大提升。

第二党支部（科研党支部）

最早见于 1990 年 2 月 8 日中共徐州市农科所党委《关于各党支部正、副书记、委员分工情况的通知》（徐农研委〔1990〕字第 2 号），设立第二党支部（科研党支部），即为第二党支部第一届支委：党支部书记汤敖荣，副书记刘超，组织委员夏善保，纪检保卫委员朱国清；第二党支部第二届支委是 1992 年 7 月 20 日中共徐州农科所党委《关于各党支部正、副书记及委员分工的批复》（徐农研委〔1992〕第 6 号），党支部书记刘超，副书记夏善保，组织委员朱国清，宣传委员将复，纪检委员邢继英；第二党支部第三届支委是 1995 年 4 月 5 日中共徐州农科所党委《关于各党支部正、副书记及委员分工的批复》（徐农研委〔1995〕第 3 号），党支部书记刘超，副书记张凤海，组织委员孙克新，宣传委员申温文，纪检委员邢继英；第二党支部第四届支委是 2005 年 12 月 14 日中共徐州市农业科学院委员会《各基层党支部书记、委员分工的批复》（徐农院委〔2005〕19 号），党支部书记王健康，组织委员杨峰，宣传委员王幸；第二党支部第五届支委是 2014 年 6 月 23 日中共徐州市农业科学院委员会《关于调整支部设置及支部委员会成员的通知》（徐农院委〔2014〕11 号），党支部书记王健康，组织委员王幸，宣传委员樊继德，纪检委员马红勃，设立 3 个党小组；2014 年 9 月—2019 年 3 月设立 2 个党小组；2019 年 3 月划出部分党员，设立第三党支部（园区党支部）；2019 年 3 月后不设党小组；第二党支部第六届支委是 2019 年 12 月 26 日中共徐州市农业科学院委员会《关于调整支部设置及支部委员会成员的通知》（徐农院委〔2019〕35 号）；2011—2020 年，第二党支部支委进行了更迭，党员人数也在动态调整，党支部标准化建设不断完善，管理逐步规范。

一、人员组成

第二党支部现有党员 14 人，分别是王幸（党支部书记）、王晓军（组织委员）、胡婷婷（宣传委员）、马红勃（纪检委员）、李再祥（所党委委员）、冯国华、刘静、易媛、王健康、赵轶鹏、何弯弯、孙东雷、卞能飞、朱雪成。

二、工作成效

徐州农科所第二党支部由小麦、水稻、油料 3 个专业科室组成，在所党委的正确领导下，以习近平新时代中国特色社会主义思想为指导，认真学习贯彻中共十九大和十九届四中全会精神，以推进

"两学一做"学习教育常态化、制度化为抓手，抓班子带队伍、抓学习强思想、抓制度重落实，全面加强支部工作。

（一）注重政治思想学习

及时召开支部党员学习交流会，先后学习了"十八届四中全会""四个全面"战略布局、"三严三实"专题教育活动内容和习近平总书记系列讲话精神。2019 年"不忘初心、牢记使命"主题教育活动以来，把学习理论知识、贯彻"两会"精神作为首要任务。一是支部书记履行第一责任人职责，带头学、积极抓。二是全体党员坚持"集中学"。在学习形式上，除了原原本本学、个人自学等形式，还召开专题会议集中研讨学、对照典型学，全体党员积极研讨，广泛交流，对照先进典型和身边榜样，对照党章党规、对照《中国共产党廉洁自律准则》《关于新形势下党内政治生活的若干准则》《中国共产党纪律处分条例》等，查找党员意识、担当作为、服务群众、遵守纪律、作用发挥等方面的差距和不足，统一思想，提高认识。为确保人员到位率、针对农忙时节工学矛盾突出的实际，想尽办法全力克服，将学习时间定为中午休息时间。为巩固学习成效，积极组织党员参加应知应会考核。三是依托网络，对在家休产假的同志通过电话、网络等形式敦促其参加学习及讨论，并经常督促大家在学习强国 App 上进行学习，对于分值低的党员同志单独谈话提醒。

（二）严格落实"三会一课"制度

一是抓好理论学习。针对学习教育的总体安排、参加范围、学习时间、学习形式、学习内容等要求细化分解学习任务，制定党支部学习计划、支部书记学习计划，做到理论学习月月有安排、周周有计划，有效督促广大党员提高学习的主动性和积极性，为高起点推进党建工作奠定了坚实基础。二是抓好常态落实。每月至少召开两次支委会，讨论学习安排及分工，制订详细计划，每月至少组织党员集中学习 2 ~ 3 次，有效推动学习入心入脑，确保学习效果。

（三）重视党员队伍建设

在支部建设工作中，适时进行支部班子和党小组的换届调整，推选了一批年轻党员担任党内职务，增强了支部活力。积极发展入党积极分子，为支部输送了新的血液。在业务学习工作中，鼓励年轻党员积极参加所内外的专业技术培训、学历深造，推选党员出国深造。

（四）多措并举开展活动

一是开展支部联村活动。根据院党委"支部联村，助推产业兴旺农民增收"主题实践活动要求，第二党支部与邳州市邢楼镇蒲旺村党支部进行对接，共同探讨研究当地的种植模式，并对该村的种植模式进行进一步的优化。通过支部联建共建活动，进一步树立农业科研为农业生产服务的责任意识和农科院干部职工服务乡村振兴、推进农民增收的使命意识，走出大院、走出实验室，深入一线了解农业生产的实际需求，增强科技创新的服务针对性，把新的理念、新的技术、新的信息带到支部联村，帮助基层解决现代农业发展技术难题，促进科技成果转化、农业增效、农民增收，实现科研单位和乡村高质量发展的互动双赢，形成支持和激励创新的良性循环。二是结合"不忘初心、牢记使命"主题教育活动，到睢宁县、沛县、铜山区、邳州市等地开展大豆、花生、水稻、小麦新品种新技术指导服务，把新兴技术用在一线。切实贯彻落实中共十九大关于“乡村振兴”发展战略要求和习近平总书记视察徐州时的重要指示精神，服务三农。三是与企业对接，加大成果宣传力度。与嘉祥大豆协会及16家企业进行对接，宣传推广徐豆、徐麦系列品种。四是以党支部为主体，引导党员结合岗位工作践行党员承诺，增进动力，激发活力，促使广大党员以良好的精神状态、实干的工作作风，投入到各自的工作中，不断提升工作质量和服务水平。四是以“主题党日”深化党建效果。围绕党建工作实际，开展主题党日活动，带领全体党员开展“四重四亮”“初心是什么、使命干什么、奋斗比什么”“我眼中的马代夫”等研讨活动，组织学习了《中国共产党章程（修正案）》，集中观看了《忠诚》《诺言》《孤岛》等专题片；进一步促进了党建效果。

（五）维护树立良好形象

首先，严密组织生活会等制度。以支部为单位通过召开全体党员会议的形式，倾听意见、征求建议、查找问题、制定措施，切实转变工作作风、激发党建活力。其次，把党性原则作为基本规矩和行动准则。接受组织监督和民主监督，不断增强自我完善、自我革新、自我提高的能力。再次，严格落实民主集中制。开展谈心谈话活动，积极化解问题矛盾，自觉维护支部班子团结，充分发挥集体的领导作用。最后，支委率先垂范。积极履行职责，自觉树立责任意识、宗旨意识和科技富民意识。在夏收夏种夏管等应急任务面前，全体党员都能勇挑重担，迎难而上。在节假日期间，科室负责人和党员骨干都能积极加班加点，带头完成本职工作。

第三党支部（园区党支部）

根据中共徐州市农业科学院委员会2019年3月24日《关于做好徐州市农科院党支部设置优化、换届选举更正的通知》“徐农院委〔2019〕第13号”和2019年12月26日《关于各党支部换届选举结果的批复》“徐农院委〔2019〕第35号”，院（所）党委所属各党支部改选换届新成立的第三党支部，即为第三党支部的第一届党支部。本支部之前的党员属于第二党支部（科研党支部）成员。

一、人员组成

共有党员14人，分别是樊继德（支部书记）、马宁（组织委员）、赵明明（宣传委员）、杨峰（党委委员）、陆信娟、赵林、李刚波、张婷、高金喜、陈晓光、杨青青、李可、葛洁、石梦云。

二、工作成效

党支部在所党委的领导下，围绕支部标准化建设、支部联村、主题教育等重要工作，做到及时宣传和执行党的路线、方针、政策；强化党员教育、管理，提高党员素质，坚定理想信念，增强党性；深入推进“三会一课”制度，不断提高支部标准化建设；在科技创新和服务管理中发挥模范带头作用。

（一）宣传和执行党的路线、方针、政策

利用党员大会等形式，及时传达上级文件。支部成立以来，学习习近平在“不忘初心、牢记使

命”主题教育工作会议上的讲话等28个，及时传达十九届四中全会精神，传达苏教组发、徐委发、徐教办发、徐农院发等各类文件48个，做到及时传达贯彻中央的路线、方针、政策，重点落实好院党委决议和部署。

（二）深入开展主题教育，强化党员教育、管理，提高党员素质，推进支部标准化建设

充分利用好“三会一课”制度，及时组织召开支部委员会，党员大会，学习《习近平新时代中国特色社会主义思想》《习近平关于“不忘初心、牢记使命”重要论述摘编》；邀请党委委员讲党课，提高党性，增强意识形态建设；观看《忠诚》《榜样》《孤岛》等主题教育片，学习盛家廉事迹，马代夫精神，坚定理想信念，增强为农、为民服务的精神。完成了《基层党支部书记主题教育责任清单》的内容。

（三）发挥党员先锋模范作用，提高服务水平和质量

一是深入开展“支部联村，助推乡村振兴、农民增收”主题教育活动，为邳州市引进示范大蒜品种6个，开展可降解地膜等绿色生产技术研究和推广工作，促进当地大蒜产业发展，同时发挥专业优势，参与其他支部活动。二是选派支部同志到邳州市、睢宁县、丰县指导大蒜、梨、洋葱、棉花等基地技术指导，配合院里完成人保公司农业培训活动、市妇联组织的“彭城妇创”巾帼新农民护航计划暨第一期农业科技培训班等活动，年开展技术培训班10次，培训农民和种植户980人次。三是开展志愿服务活动，服务群众。充分利用江苏省、徐州市科普教育基地条件，为徐州学生开展志愿科普活动。讲解我院辉煌的历史和农耕文化，走到棉花、甘薯、大豆、水稻、果树、蔬菜试验基地，为学生们讲解各种作物的传播历史、植物学特性、随处可见的农业产品和成果、转基因技术等。师生们对活动志愿者们精心准备、耐心讲解和组织安排给予高度评价和感谢，表示要常态化开展学农、爱农活动，让学生们懂得热爱生活，美化生活，创造生活。

第四党支部（甘薯中心党支部）

1990年2月8日中共徐州市农科所委员会《关于各党支部正、副书记、委员分工情况的通知》（徐农研委〔1990〕字第2号），设立第三（甘薯中心）党支部，即为第三（甘薯中心）党支部第一届支委：党支部书记马代夫，组织纪检委员孙近友，宣传保卫委员华希新；甘薯中心党支部第二届支委是1992年7月20日中共徐州农科所党委《关于各党支部正、副书记及委员分工的批复》（徐农研委〔1992〕第6号），党支部书记马代夫，组织纪检委员孙近友，宣传青年委员钮福祥；甘薯中心党支部第三届支委是1995年4月5日中共徐州农科所党委《关于各党支部正、副书记及委员分工的批复》（徐农研委〔1995〕第3号），党支部书记马代夫，组织委员钮福祥，宣传委员李洪民；第三（甘薯中心）党支部第四届支委是2005年12月14日中共徐州市农业科学院委员会《各基层党支部书记、委员分工的批复》（徐农院委〔2005〕19号），党支部书记李洪民，组织委员谢逸萍，宣传委员王欣；第三党支部（甘薯中心党支部）第五届支委是2014年6月23日中共徐州市农业科学院委员会《关于调整支部设置及支部委员会成员的通知》（徐农院委〔2014〕11号）决定，党支部书记李洪民，组织委员谢逸萍，宣传委员王欣；第三党支部（甘薯中心党支部）第六届支委是2019年12月26日中共

徐州市农业科学院委员会《关于调整支部设置及支部委员会成员的通知》（徐农院委〔2019〕35号）决定，党支部书记李洪民，组织委员王欣，宣传委员戴习彬，纪检委员张毅。第四党支部（甘薯中心党支部第七届）支委是2020年3月17日中共徐州市农业科学院委员会《关于第四党书记任命的通知》（徐农院委〔2020〕14号）决定，党支部书记孙厚俊，组织委员王欣，宣传委员戴习彬，纪检委员张毅。党支部划分成5个党小组：第一党小组（品种资源室、实验室），组长袁蕊；第二党小组（育种室），组长闫会；第三党小组（栽培室），组长刘明；第四党小组（病虫害防控室），组长杨冬静；第五党小组（加工利用室），组长岳瑞雪。

一、人员组成

这次改选换届至2020年底，第四（甘薯中心）党支部有正式党员34人，分别是李洪民（党支部书记2019年12月—2020年3月）、孙厚俊（党支部书记2020年3月—）、王欣（组织委员）、戴习彬（宣传委员）、张毅（纪检委员）、宋庆科（所党委书记）、马代夫、周志林、孙书军、徐振、苏一钧、袁蕊、张允刚、后猛、闫会、唐忠厚、靳容、刘明、张立平、谢逸萍、杨冬静、钮福祥、徐飞、孙健、岳瑞雪、蒋薇、赵鹏、肖世卓、张文婷、宋炜涵、马晨、王维、张文燕、王珧。党支部划分成5个党小组：第一党小组（品种资源室、实验室），组长袁蕊；第二党小组（育种室），组长闫会；第三党小组（栽培室），组长刘明；第四党小组（病虫害防控室），组长杨冬静；第五党小组（加工利用室），组长岳瑞雪。

二、工作成效

第三（甘薯中心）党支部支委会通过会议协商，根据院（所）党委的学习计划并结合各研究室农忙工作特点，制订了第三支部“两学一做”学习教育实施方案。并组织召开动员和启动大会，学习传达习近平总书记关于“两学一做”学习教育重要指示精神和省、市“两学一做”学习教育动员会规定，让每一名党员都能深刻认识到“两学一做”学习教育的重大意义，确保完成“两学一做”学习教育各项工作任务。

执行百千万帮扶行动，支部第一、第二小组负责桃园街道陈庄社区，第三小组负责南村社区，3月23日集中前往与街道负责人对接，看望了陈庄社区冯思金、高金英两位困难老人，商定了联系活动方案，随后多次前往调研、走访，顺利完成了党委安排的工作任务。

开展系列学习活动旨在建立两学一做学习教育常态化、制度化，重点在引导党员深入学习党章党规，学习习总书记系列重要讲话精神和党中央治国理政新理念新思想新战略，增强“四个意识”，在思想上政治上行动上同以习近平同志为核心的党中央保持高度一致，做到政治合格、执行纪律合格、品德合格、发挥作用合格，发挥示范带动作用。

开展“不忘初心、牢记使命”主题教育活动，组织全体党员围绕“初心是什么、使命干什么、奋斗比什么”开展学习讨论，深入开展“四重四亮”活动，注重统筹兼顾，把开展主题教育与科研中心工作有机结合，与科技服务乡村振兴紧密结合，与党支部标准化建设有机结合，与庆祝中华人民共和国成立70周年紧密结合，不忘历史、不忘初心，敢于斗争、善于斗争，始终保持奋斗精神和革命精神，为建设现代农业科研院所贡献力量。在睢宁县双沟镇园西村启动“支部联村，助推产业兴旺”主题实践活动，第四（甘薯中心）党支部多次前往园西村，持续推进开展支部联村活动。通过党建共建联建的方式，将“党建”和“科技服务”相结合，把科技成果推广到生产一线，发挥农业科技在乡村振兴战略中的支撑作用。

第四（甘薯中心）党支部积极配合徐州农科所与贾汪区政府签订《共建甘薯产业园区协议》，同时，在贾汪区江庄镇高村举行“支部联村，助推产业兴旺 农民增收”主题实践活动，坚定科技强农、兴农、富农信念，充分发挥党组织的战斗堡垒作用，转变思想观念推动贾汪甘薯产业园区建设。并以江庄镇为中心，建立核心示范区，通过党建引领、徐薯薯业带动、种植大户参与，把新品种、新技术、新模式扎扎实实推广到甘薯生产一线，做大做强高村甘薯产业，实现甘薯生产的科学化、规范化、产业化的典范目标，带动其周边镇、村的薯农科技致富。

第五党支部（徐农种业党支部）

2014 年 6 月 23 日，中共徐州市农业科学院委员会《关于调整支部设置及支部委员会成员的通知》（徐农院委〔2014〕第 11 号）新设立第四（徐农种业）党支部。在此之前，第四（徐农种业）党支部的党员属于第二（科研）党支部成员。

一、人员组成

2014 年 6 月 23 日院（所）党委批复的第四（徐农种业）党支部第一届支委由党支部书记周兴根、组织委员王波、宣传委员常勇组成。2018 年 9 月 17 日所党委任命苏在兴为第四（徐农种业）党支部纪检委员（徐农院委〔2018〕9 号）。第四（徐农种业）党支部新成立时有党员 6 名、预备党员 1 名，分别为杨峰（所党委委员）、周兴根（党支部书记）、王波（组织委员）、常勇（宣传委员）、孙克新、郑玉明，武强（预备党员）。根据中共徐州市农业科学院委员会《关于做好徐州市农科院党支部设置优化、换届选举工作的通知》（徐农院委〔2019〕13 号）精神，第四（徐农种业）党支部调整为第五（徐农种业）党支部，2019 年 4 月 1 日召开支部党员大会进行了换届选举，2019 年 12 月 26 日第五（徐农种业）党支部第二届支委是党支部书记常勇，组织委员王波，宣传委员苏在兴（徐农院委〔2019〕第 35 号）。换届后的第五（徐农种业）党支部有党员 8 人，分别为曹清河（党委委员）、常勇（党支部书记）、王波（组织委员）、苏在兴（宣传委员）、周兴根、孙克新、李小珊、郑玉明。

二、工作成效

（一）思想政治建设方面

第五（徐农种业）党支部自 2014 年成立以来，全体党员深入学习习近平新时代中国特色社会主义思想，坚决贯彻落实党中央、省、市委及院（所）党委的各项工作部署，不断增强“四个意识”，坚定“四个自信”，做到“两个维护”。2016 年开展了“两学一做”主题教育活动，2017 年开展了“百千万帮扶”活动（徐农院委〔2017〕8 号）。自 2019 年以来党建工作全面焕发活力，开展了“不忘初心、牢记使命”主题教育活动，集中学习《习近平重要论述摘编》《中国共产党章程纲要》《十九大党章知识精粹》的全部内容，做到理论学习内化于己、入脑入心，进而达到学思用贯通、知信行统一的地步。高质量完成了“三学”“三问”“四重四亮”“榜样 4”“学习马代夫精神”“科技下乡志愿服务”“专题党课”等学习和研讨工作，在每次活动结束后，均在农科院网站上发表高质量通讯稿，进一步夯实学习效果。率先开展了支部组织生活会，用好批评与自我批评这个利器。

（二）支部标准化建设方面

在徐农种业公司一楼大厅东侧摆放了阅读书架用来更好地传达学习贯彻院（所）党委的文件精神，在徐农种业公司三楼的党支部活动室添置了专门的党务资料柜。全面落实组织生活，不折不扣完成“三会一课”“组织生活会”“民主评议党员”“谈心谈话”等，以主题党日为抓手，将党务工作融入到各项业务工作中，同时突显党建的引领作用，增强各位党员的政治意识和看齐意识。在谈心谈话制度方面，党委委员与支部书记、支委、全体党员之间，支部书记与支委、党员之间，支委与各党员之间，各党员之间经常性开展谈心谈话。让党的工作在创新研发、生产经营等各部门都有所体现，让所有党员在干工作的时候时刻意识到自己是一名党员，时刻发挥带头模范作用，时刻树立政治意识，时刻将党正能量的意识形态坚持下去、传导下去，潜移默化地影响和改变自身及身边的群众。

（三）科技服务方面

徐农种业是徐州农科所的窗口单位，是科技成果转化的重要平台，在科技服务方面有着一定的权重和影响，是徐州农科所社会效益的重要载体。譬如，科技超市的党员每年通过电话或者下基地到现场为老百姓提供科技服务几十次，对农户在生产中出现的具体问题先结合其丰富的实践和踏实的专业知识耐心地加以讲解，并提出切实可行的解决方法，受到广大农户的高度认可和赞赏。开展党支部联村，助推产业兴旺农民增收主题实践活动，第五（徐农种业）党支部对接的是铜山区利国镇谭家村，在徐州农科所科技支撑的作用下，农户种植小麦由连年亩产 350 ~ 400 kg，提高到稳定在亩产 600 kg 以上，产量大幅提高，增产增效显著，新技术新品种的辐射作用十分明显。每一年徐农种业公司均安排合作社繁殖徐麦 351 500 余亩，同时辐射周边村繁殖徐麦 35 面积 3 500 余亩，带动种植徐麦 35 良种种植面积万余亩。第五（徐农种业）党支部的党员专家多次应邀到安徽、河南及本市的沛县、邳州市、新沂市、贾汪区等多个县（市、区）举办专题讲座，对各乡镇技术员、当地合作社负责人、种植大户进行有关小麦、水稻方面的高产栽培技术培训，受到与会人员的高度评价。第五（徐农种业）党支部的党员利用到丰县常店镇挂职的有利契机，经常性到村到户开展技术服务，收到常店镇党委和院（所）党委的高度评价。第五（徐农种业）党支部在发挥自身优势服务三农、助推乡村振兴工作中做出了应有的贡献，取得了明显的成效。

第六党支部（铜山试验站党支部）

2005 年 12 月 14 日所党委所属各党支部进行改选换届，新成立第四（铜山试验站）党支部（徐农院委〔2005〕19 号），建成第四（铜山试验站）党支部第一届支委，任命黄怀成为党支部书记。在此之前，第四（铜山试验站）党支部的党员属于第一（行政）党支部成员。2016 年 5 月 5 日所（院）党委《关于调整支部设置的通知》（徐农院委〔2016〕7 号），将第四（铜山试验站）党支部改设为第五（铜山试验站）党支部，组成铜山试验站党支部第二届支委，党支部书记魏猛，组织委员黄怀成，宣传委员王启武。按照 2019 年 12 月 26 日所（院）党委《关于做好党支部设置优化、换届选举工作的通知》（徐农院委〔2019〕35号）要求，第五（铜山试验站）党支部顺利开展换届选举，决定将第五（铜山试验站）党支部改设为第六（铜山试验站）党支部，组成铜山试验站党支部第三届支委，魏猛继任党支部书记。支部共4人，分别为魏猛、黄怀成、王启武、冯腾腾。

一、人员组成

第一届党支部书记黄怀成（2005年12月14日—2016年5月5日），第二、第三届党支部书记魏猛（2016年5月5日—）。截至2020年底，第六（铜山试验站）党支部现有党员4人（魏猛、黄怀成、王启武、冯腾腾）。

二、工作成效

第六（铜山试验站）党支部在院（所）党委正确领导下，坚持“党要管党、从严治党”的原则，始终把党建工作摆在突出位置，开展深入学习贯彻习近平新时代中国特色社会主义思想和中共十九大精神活动，认真贯彻落实院（所）党委的决策部署，党支部工作取得了长足发展。

1. 注重基层党建建设，夯实党建责任

为了抓好党建工作，充分发挥党支部的战斗堡垒作用，明确责任分工，支部书记负总责，对各项工作负主体责任、履行第一责任人职责，定期召开支部大会认真研究分析党建工作，进一步健全完善三会一课、组织生活会、民主评议、党费缴纳等相关制度，确保了各项工作保质保量完成。连续两年（2017—2018年）圆满完成了以加强基层党建为主题的“书记项目”工作。

2. 注重思想建设，提升党员素质

为了全面提升党员素质，组织党员干部认真学习了《中国共产党章程》、中共十九大和习近平总书记系列重要讲话精神，以及《中国共产党廉洁自律准则》《中国共产党纪律处分条例》《关于新形势下党内政治生活的若干准则》《中国共产党党内监督条例》等有关文件规定，用理论武装党员头脑，进一步坚定理想信念和政治立场，增强“四个意识”，坚定不移做到“两个维护”，筑牢思想防线。结合站内工作实际，制订学习计划方案，指定专人组织学习，确保学习“时间、内容、人员、效果”四落实。在深入开展“两学一做”学习教育活动中，组织开展“两学一做”知识考试，要求每名党员撰写心得体会；开展“牢记入党初心、增强党性观念”网上学习测评；组织开展“学习强国”App学习等系列教育主题活动，大大提高了党员干部的理论知识水平。

3. 注重廉政建设，狠抓主体责任落地见效

认真落实习近平总书记“把权力关进制度的笼子里”的要求，结合工作实际，站领导与院党委签订了《党风廉政建设目标责任书》，严格责任考核和责任追究。学习《当前违反中央八项规定精神和隐形“四风”问题常见表现形式及查处典型案例》，参加“不忘初心，永葆本色”警示教育月等主题活动，确保了党风廉政建设工作的全面落实，形成了职工信任、积极向上的党风廉政氛围。

4. 注重党建引领，推动科研扎实有效发展

2013年江苏省农业科学院将铜山试验站移交徐州农科所时基础设施薄弱，科研工作处于停滞状态。如何促进铜山试验站发展，成为铜山试验站党支部全体党员最为关心的问题。通过近几年积极努力的工作，获得了中央发展现代农业项目2项，新建设连栋大棚2 800 m^2，网室4 000 m^2，日光温室

840 m^2 等设施；与甘薯病虫害防控研究室对接，完成了“三位一体”脱毒甘薯种苗繁育新模式。按照徐州农科所全面发展布局要求，积极开展草莓健康种苗繁育科研工作，并依托“支部联村，助推产业兴旺 农民增收”主题实践活动，在种植大户、家庭合作社中开展草莓、火龙果等新品种引进、栽培模式创新等指导工作。铜山试验站党支部决心将党建与科研相结合，充分发挥党员先进性，提升党员创新意识与服务意识，着力打造活力党支部，进一步推动铜山试验站更好更快发展。

第七党支部（离退休党支部）

1990 年 2 月 8 日中共徐州市农科所党委《关于各党支部正、副书记、委员分工情况的通知》（徐农研委〔1990〕字第 2 号）设立第五党支部（离退休党支部），即为第五党支部（离退休党支部）第一届支委：党支部书记颜世先，组织纪检委员高兰芬，宣传保卫委员李凡良；离退休党支部第二届支委是 1992 年 7 月 20 日，中共徐州市农科所党委《关于各党支部正、副书记及委员分工的批复》（徐农研委〔1992〕第 6 号）离退休党员设立 2 个党支部，即第四党支部（离退休干部党支部）第一届支委是党支部书记张正敏，组织纪检委员颜世先，宣传委员徐少芝；第五党支部（离退休党支部）书记于秀香，组织纪检委员刘兆甫，宣传委员李慧德。

第四党支部（离退休干部党支部）第二届支委是 1995 年 4 月 5 日中共徐州市农科所党委《关于各党支部正、副书记及委员分工的批复》（徐农研委〔1995〕第 3 号），党支部书记吴耀德，组织委员严雪英，宣传委员徐少芝；2005 年 12 月 14 日中共徐州市农科所党委（徐农院委〔2005〕19 号），将第四党支部（离退休干部党支部）改为第五、第六党支部（离退休干部党支部）。第五党支部（离退休干部党支部）支委，党支部书记王绍连，组织委员夏善保，宣传委员高兰芬；第六党支部（离退休干部党支部）支委，党支部书记李国柱，组织委员将复，宣传委员邢继英。

第五党支部（离退休党支部）第三届支委是 1995 年 4 月 5 日中共徐州市农科所党委《关于各党支部正、副书记及委员分工的批复》（徐农研委〔1995〕第 3 号），党支部书记于秀香，组织委员刘兆甫，宣传委员高明志；第五党支部（离退休党支部）第四届支委是 2002 年 8 月 5 日中共徐州市农科所党委《关于第五党支部书记、委员分工的批复》（徐农研委）〔2002〕5 号），党支部书记刘兆甫，组织委员李克富，宣传纪检委员高明志；第五党支部（离退休党支部）第五届支委是 2005 年 12 月 14 日中共徐州市农科院党委《各基层党支部书记、委员分工的批复》（徐农院委）〔2005〕19 号），将第五党支部（离退休党支部）改为第七党支部（离退休党支部），党支部书记刘兆甫，组织委员高明志，宣传委员李克富；2014 年 6 月 20 日中共徐州市农科院党委《关于调整支部设置及支部委员会成员的通知》（徐农院委〔2014〕11 号），将第七党支部（离退休党支部）改为第五党支部（离退休党支部），其第六届支委是党支部书记王阶祥，组织委员邢继英，宣传委员高明志；2019 年 12 月 26 日中共徐州市农科院党委《关于各党支部换届选举结果的批复》（徐农院委〔2019〕第 35 号），因第七党支部（离退休党支部）会议召集存在实际困难，推迟换届。

第五章 跨越发展

第一节 科研机构

江苏徐淮地区徐州农业科学研究所，亦称徐州市农业科学院、江苏徐州甘薯研究中心、中国农业科学院甘薯研究所，是一个区域性突出、综合性明显、特色性很强的农业科研机构。在全国同类农业科研机构综合实力排位列前，其甘薯科技创新引领全国、世界领先；麦、稻、棉、油（大豆、花生）、蒜专业研究区域优势突显。现设置 13 个科研机构、行政管理部门 10 个、民主党派 4 个、独立法人单位和学会组织各 2 个。

一、小麦研究室

（一）科研概况

1986 年将粮食作物研究室小麦育种组划出成立小麦研究室，1990 年撤销耕作栽培研究室并入小麦研究室。从此开始，小麦研究主题是小麦遗传育种及栽培技术。徐州农科所一直把小麦科研工作列入重点，始终在人力、物力、财力上予以重点支持。小麦研究室的科研成就较为突出，2011—2020 年，共承担各级各类农业科研项目（课题）39 项，其中国家级 11 项，部省级 20 项，市厅级 7 项，所基金 1 项。育成小麦新品种 10 个，在苏、鲁、豫、皖等省份累计推广种植 1 500 万亩以上，新增社会经济效益 10 亿元以上。申报植物新品种权 8 个，参编专著 10 部、发表研究论文 22 篇。被评为市级拔尖人才 4 人次，优秀专家 3 人次。

（二）科研人员

2011—2020 年，从事小麦专业研究的刘世来研究员（2011 年 5 月退休）、王来花副研究员（2014 年 4 月退休）、李德民副研究员（2014 年 1 月退休）、陈荣振研究员（2015 年 9 月退休）陆续退休，新进人员有马红勃博士、刘静硕士、刘立伟硕士、易媛博士、朱雪成硕士。科辅工人有佟刚强、叶学华（2012 年 1 月调至甘薯病控室）、颛孙良恩（2020 年 6 月退休）、王平兰（2014 年 12 月退休）、唐彩侠（2013 年 5 月退休）、颛孙成恩（2019 年 7 月退休）；其中主任冯国华（2001 年 4 月—2021 年 8 月）、刘东涛（副主任 2001 年 4 月—2021 年 8 月；主任 2021 年 8 月—），副主任马红勃（2017 年 10 月—）。现有在职研究员 2 人（冯国华、刘东涛）、副研究员 3 人（张会云、马红勃、王静）、助理研究员 3 人（刘静、刘立伟、易媛）、研究实习员 1 人（朱雪成），高级工 1 人（佟刚强）。按照研究方向调配人员，相对分工，明确责任。一是小麦种质资源评价与创制：研究内容是小麦种质资源收集、鉴定评价与种质创新，张会云为负责人，朱雪成、王静（DH 材料创制）为成员；二是小麦抗病育种：研究内容是综合利用分子标记辅助选择（MAS）和玉米花粉诱导小麦单倍体（DH）等生物技术手段，结合常规育种、加代技术、多点表型鉴定，快速选育多抗（赤霉病、白粉病、条锈病等）小麦新品系；刘东涛为负责人，刘静、朱雪成、马红勃为成员；三是小麦优质育种：研究内容是综合利用 MAS 和 DH 等生物技术手段，结合常规育种、品质鉴定，选育优质面包、面条、馒头专用小麦新品系；马红勃为负责人，王静、刘立伟、刘东涛为成员；四是小麦高效绿色栽培：研究内容是稻麦周年高产等绿色栽培技术研究和技术培训、技术指导，加快新品种、新技术应用步伐，服务当地农业生产；冯国华为负责人，易媛、刘立伟、张会云为成员。坚持“分工不分家，全室一盘棋、相互交叉、互相融合”的原则，由室主任统一安排，集思广益。

（三）科研经费

2011—2020 年，小麦研究室科研到账经费 1 530 万元。

二、水稻研究室

（一）科研概况

1986 年在徐州农科所粮食作物研究室水稻研究组的基础上建立水稻研究室，从此开始系统的水稻育种和栽培技术研究工作。水稻专业研究方向有 3 点：①优质高产多抗中粳稻新品种选育；②优质多抗超高产杂交粳稻新品种选育；③水稻轻简化绿色高效栽培技术研究。2011—2020 年共承担各级各类农业科研项目（课题）30 项，其中国家级 6 项，部省级 15 项，市厅级 6 项，所基金 3 项。育成水稻新品种 7 个，在苏、皖、鲁、豫等省份累计推广种植 550 万亩以上，新增社会经济效益 7 亿元以上，获直接经济效益 600 余万元。申报植物新品种权 12 个、授权 8 个，申报专利 8 件、授权 1 件，参编专著 2 部、发表研究论文 39 篇。获国家科学技术进步奖一等奖 1 项（第二完成单位）、江苏省科学技术奖二等奖 1 项（第一完成单位）、徐州市科学技术进步奖一等奖 1 项（独立完成）。实现了杂交中粳、系列常规稻品种在产量、品质、抗病、适应性和配套栽培技术等方面的新突破，开创了黄淮、江淮稻区生产增收的新局面。

（二）科研人员

2011—2020 年先后参加水稻科研工作的科技人员有刘超（2015 年 11 月退休）、王健康、郭荣良、丁成伟、吴玉玲、徐家安、王友霜、胡婷婷、赵轶鹏、何弯弯；科辅工人有陈鹏（2019 年 11 月退休）、潘玉良、李芳（2016 年 3 月退休）、高金喜（2017 年 1 月调至基地），其中主任王健康（副主任 2001 年 4 月—2008 年 10 月；主任 2008 年 10 月—2021 年 8 月）、胡婷婷（副主任 2014 年 8 月—2021 年 8 月；主任 2021 年 8 月—），副主任丁成伟（2005 年 1 月—）。现有科研人员 8 人、科辅工人 1 人，其中研究员 3 人，副研究员 3 人，博士 3 人，硕士 2 人。2016 年 1 月国家水稻产业技术体系徐州综合试验站新老站长实现顺利交接。现在的科研分工是：丁成伟、吴玉玲、胡婷婷、何弯弯主要从事常规粳稻育种资源创制及新品种选育；王健康、郭荣良、王友霜主要从事杂交粳稻亲本创制及新品种选育；赵轶鹏主要从事水稻轻简化栽培技术研究。科技人员在不同研究方向上有交叉和协作。科辅工人主要负责科研项目的田间管理及实验室部分辅助工作。

（三）科研经费

2011—2020 年，水稻研究室科研到账经费 1 350 万元。

三、棉花研究室

（一）科研概况

徐州农科所棉花科研工作始于1918年，是所内最早的专业研究之一。1986年徐州农科所经济作物研究室棉花课题组升格为棉花研究室，在棉花科研工作中成绩斐然，长期保持全所支柱专业之一的地位，只是近期受大气候影响发展势头向弱。2011年以来，为应对国家及当地产业需求新形势，棉花研究室逐渐调优专业研究结构，划分为棉花作物和区域特色作物2个科研课题组。2011—2020年承担各级各类农业科研项目（课题）35项，其中国家级3项，部省级12项，市厅级17项，所基金3项；育成新品种5个通过审（鉴）定；新品种、新技术、新模式示范推广159万亩，新增社会经济效益9.25亿元，直接经济效益134万元；申请专利4项；制定标准1项；徐棉21号获得植物新品种权授权；在专业刊物和学术会议上发表论文28篇，主编著作1部，参编9部；获徐州市科学技术进步奖一等奖、二等奖各1项，江苏省农业丰收奖二等奖1项。

（二）科研人员

2011—2020年从事棉花科研工作的有李卫华、陈萍（2015年调出）、王阶祥（2013年退休）、张正敏（2012年退休）、胡新燕（2019年调出，2020年调回）、冯营（2018年调出）、孙亚伟（2020年调出）、赵明明（2015年调入）、李元元（2019年3—6月）、陈晓光（2020年7月调入）、王大存、马昌友（2018年退休）、王爱荣（2016年退休），其中主任李卫华（2010年3月—2021年8月），副主任胡新燕（2011年2月—）、陈晓光（2020年7月—2021年8月；主持工作2021年8月—）。

（三）科研经费

2011—2020年，棉花研究室科研到账经费656.37万元。

四、油料研究室

（一）科研概况

油料研究室始建于1995年，包含大豆、花生两个作物，分设大豆、花生2个专业研究团队。2011—2020年，承担国家大豆产业技术体系徐州综合试验站、国家花生产业技术体系徐州综合试验站、国家重点研发、江苏省科技支撑计划、江苏省重点研发、江苏省农业科技自主创新资金、江苏省333高层次人才项目、徐州市科技计划等各级各类农业科研项目（课题）33项，其中国家级8项，部省级11项，市厅级10项，所基金4项。育成大豆新品种11个、花生新品种7个，授权大豆品种11个、花生品种2个，共有11个品种经营权进行转让，直接经济效益300余万元，大豆新品种累计推广2 000余万亩，产生社会经济效益25亿元以上，花生新品种累计推广面积500万亩以上，产生社会经济效益20亿元以上，发表论文26篇（其中SCI论文2篇），参编专著7部，获各级科研成果奖12项。

（二）科研人员

2011年油料研究室科研人员5人，分别是王宗标（主任2015年7月退休）、张祖明（副主任

2016年10退休）、王幸（副主任2011年2月、主任2016年3月—）、王晓军（副主任2014年4月—）、徐泽俊（2009年8月—）；2012—2014年新增3人，分别是孙东雷（2012年8月—）、齐玉军（2013年8月—）、卞能飞（2014年8月—），2016—2018年增加2人，即邢兴华（2016年8月—）和童飞（2018年10月—）。现有在职职工10人，其中科技人员8人，科辅高级工人2人（陈勇斌、佟大卫）；研究员1人（王幸）、副研究员2人（王晓军、邢兴华）、助理研究员4人（徐泽俊、孙东雷、齐玉军、卞能飞）、研究实习员1人（童飞）；博士（邢兴华），其余均是硕士。

（三）科研经费

2011—2020年，油料研究室科研到账经费1 654.25万元，其中大豆924万元，花生730.25万元。

五、园艺研究室

（一）科研概况

1996年5月，成立徐州农科所园艺开发中心（徐农研〔1996〕第31号），开展辣椒、绿化苗木、花卉的繁育试验。1999年11月8日，以人员竞聘的方式成立了徐州农科所蔬菜研究室（徐农研〔1999〕第68号），主要从事蔬菜品种的引种。但是，这两个设置机构均因市场经济、运作方式存在难以解决的问题而维持不久都被迫解散。进入21世纪，徐州市蔬菜产业迅速发展，年种植达400万亩左右，徐州农科所为适应当地“三农”发展新需求、满足徐州市蔬菜产业快速发展对科技支撑的新要求，于2007年8月重新组建徐州农科所蔬菜研究室。2010年新进果树专业研究生2人，于2013年4月5日将蔬菜研究所更名为园艺研究室（徐农院〔2013〕21号），内设蔬菜、果树、食用菌3个专业研究方向。2015—2019年设蔬菜、果树、山药、食用菌4个专业研究方向。2019年6月，园艺研究室的果树专业课题组划出，建成独立的果树研究室，园艺研究室的研究方向调整为蔬菜、山药、食用菌、花卉育种及其栽培技术研究。2011—2020年，保存大蒜品种资源206份，山药品种资源102份，羊肚菌资源10份，梨品种资源27份，草莓品种资源23份，苹果品种资源63份，甜樱桃品种资源12份，葡萄搜集品种12个；自主育成大蒜新品种5个，紫山药新品种3个，配置苹果杂交组合10个，获得实生株1 123株，筛选出优系5株，配置梨杂交组合10个，获得实生株456株；承担国家特色蔬菜产业体系大蒜品种改良专项、国家公益性行业计划专项、国家优势特色产业集群－江苏省中晚熟大蒜品种改良子项目、江苏省农业自主创新项目、江苏省现代农业（蔬菜）产业技术体系葱蒜类蔬菜创新团队建设专项，江苏省科技支撑重点研发计划项目等各级各类农业科研项目（课题）82项，其中国家级6项，部省级44项，市厅级29项，所科研基金3项。育成大蒜新品种5个，块状紫山药品种2个，申请新品种权保护4个，新品种推广应用面积近80万亩，直接经济效益4.2亿元。起草制定江苏省地方标准规程2项，科研经费1 600万元，科技服务成果转化80万元；获国家授权专利32件，获省、市科技成果各类奖励8项，发表论文77篇，参编著作6部。新品种在黄淮区域推广应用150万亩以上；年均举办各类培训班、观摩会10个场次，培训农民1 000余人次。

（二）科研人员

2011—2020年，共有在职职工16人，其中科技人员16人（杨峰、樊继德、史新敏、李勇、陆信娟、赵林、陈映辉、张玉娇、李刚波、张婷、刘灿玉、朱晨、赵永强、张碧薇、杨青青、葛洁）；科辅工人1人（吕青春）。主任杨峰（2010年4月—2014年12月）、樊继德（副主任2011年2月—2016年3月）、主任（2016年3月—）；副主任赵林（2017年10月—2019年7月）、赵永强（2020年8月—）。具有高职专家5人（杨峰研究员、史新敏研究员、樊继德副研究员、赵永强副研究员、陆信娟副研究员），博士2人，硕士11人（表5-1）。科研分工是：杨峰为园艺学科带头人，主导大蒜专业；樊继德负责蔬菜、史新敏负责山药、李勇负责食用菌、赵林负责果树、赵永强负责植保，余下科技人员各有专业研究侧重，都在不同研究方向上有交叉和协作，科辅工人主要从事科研课题的田间管理及实验室协助工作。主要开展蔬菜、山药、食用菌育种及栽培技术研究工作，重点围绕大蒜、山药、羊肚菌等开展育种栽培研究。至2020年底，现有科技人员8名，其中研究员2名，副研究员3名，助理研究员2名，研究实习员1名，博士2名，硕士4名。分设3个课题组，分别是蔬菜、山药和食用菌课题组，蔬菜课题组主要从事大蒜等蔬菜育种、引种及栽培技术研究工作；山药项目组主要开展山药资源搜集评价和创新利用，块状山药品种选育及轻简化栽培技术研究；食用菌项目组主要开展野生羊肚菌资源的搜集、评价、保存和驯化栽培；人工仿生栽培技术研究应用。由于研究室作物种类多，人员少，在实际工作中做到相对分工，分工不分家，集中力量协作研究，发挥好团队优势。

表5-1　2011—2020年徐州农科所园艺研究室在职人员

姓名	性别	职称	入室年月	现岗位	备注
杨　峰	男	研究员	2008年8月	副所长	由棉花研究室调入
史新敏	男	研究员	2015年1月	园艺研究室	由甘薯生理栽培研究室调入
樊继德	男	副研究员	2007年8月	园艺研究室主任	
赵　林	男	助理研究员	2010年8月	果树研究室副主任	园艺研究室副主任（2017年8月—2019年6月）
赵永强	男	副研究员	2017年8月	园艺研究室副主任（2020年7月）	由甘薯病虫草害防控研究室调入
陆信娟	女	副研究员	2008年8月	园艺研究室	
李　勇	男	助理研究员	2007年8月	园艺研究室	由食用菌开发中心调入
张玉娇	女	助理研究员	2010年8月	山东省林场	2013年8月调离
李刚波	男	助理研究员	2014年8月	果树研究室	2019年7月调出园艺研究室
张　婷	女	助理研究员	2015年8月	果树研究室	2019年7月调出园艺研究室
刘灿玉	女	助理研究员	2016年8月	园艺研究室	
张碧薇	女	研究实习员	2017年8月	园艺研究室	
朱　晨	男	研究实习员	2019年8月	果树研究室	2019年7月调出园艺研究室
杨青青	女	研究实习员	2020年11月	园艺研究室	
葛　洁	女	研究实习员	2020年11月	园艺研究室	
吕青春	男	技师	2008年8月	退休	2018年退休
陈映辉	女	研究实习员	2013年8月由东甸分场调入	果树研究室	2019年7月调出园艺研究室

（三）科研经费

2011—2020 年，园艺研究室科研到账经费 1 940 万元。

六、果树研究室

（一）科研概况

果树研究室成立于 2019 年 6 月 6 日（徐农院〔2019〕22 号），前身是园艺研究室的果树专业研究课题组。分设梨、苹果、草莓、葡萄和甜樱桃等研究方向。2019—2020 年共承担科研项目（课题）3 项，其中部省级 1 项，所科研基金 2 项。搜集梨品种资源 27 份，配置杂交组合 10 个，获得实生株 456 株；搜集草莓品种资源 23 份，收集苹果品种资源 63 份，获得实生株 1 123 株，筛选出优系 5 株；搜集甜樱桃品种资源 12 份，搜集葡萄品种 12 个。建立地方标准 1 项——《大樱桃提早栽培技术规程》；发表研究论文 17 篇；获得实用新型专利 2 件。

（二）科研人员

2011 年以来，从事果树科研的科技人员有杨峰、樊继德、赵林、张玉娇、李刚波、张婷、朱晨、陈映辉、石梦云、张文杰等 10 人，科辅工人 1 人（吕青春）；副主任赵林（园艺研究室 2017 年 8 月—2019 年 6 月、果树研究室 2019 年 7 月—）（徐农院〔2017〕35 号）、（徐农院〔2019〕30 号）。现有在职的甘薯专业科研人员 5 人，均为硕士学历；赵林全面负责果树研究室工作，树种侧重苹果、甜樱桃、葡萄、猕猴桃等。主要科研工作包括苹果品种资源收集；苹果彩肉杂交育种；优株筛选；优良育种中间体筛选；品种 DUS 测试；优系的配套栽培试验以及生产区试；主持项目实施方案的安排；葡萄、甜樱桃和猕猴桃生产技术集成。李刚波负责梨种质资源的收集；新品种引进试种；以梨基地为载体，集成总结优质绿色栽培技术管理方案；以生产问题为导向的梨栽培生理试验；梨基地项目的顺利实施；所主持项目的实施。张婷负责草莓栽培生理试验、种苗组培、黄果（花）草莓倍性加倍；特殊种质资源的培育；草莓育种。石梦云负责草莓种质资源的收集及创制；草莓、苹果生理生化相关机理研究；同时与张婷共同完成种苗组培、黄果（花）草莓倍性加倍；特殊种质资源的培育；草莓育种等相关工作。张文杰负责苹果栽培生理（优系的配套栽培试验）；申报品种 DUS 测试；草莓全生育期栽培技术集成创新；草莓组培种苗田间繁育。

（三）科研经费

2019 年 6 月—2020 年 12 月，果树研究室科研到账经费 90 万元。

七、甘薯品种资源研究室

（一）科研概况

甘薯品种资源研究室始建于 1984 年 3 月的江苏徐州甘薯研究中心成立之时。2011—2020 年，内设甘薯种质资源、种质改良与创新和基因组及功能基因组等研究方向。研究室先后承担市科技局重点研发、江苏省农业科学院科研创新基金、农业农村部种质资源保护、农业农村部 948 计划、科技部 863 计划和基础平台、江苏省自然科学基金面上项目、国家自然科学基金青年基金、国家自然科学基金面上项目、国家自然科学基金地区国际合作交流项目、农业农村部种子工程项目、国家甘薯产业技术体系岗位科学家项目、科技部重点研发计划等各级各类农业科研项目（课题）37 项，其中国家级 24 项，部省级 9 项，市厅级 3 项，所科研基金 1 项。先后在《植物遗传资源学报》、《江苏农业学报》、《西北植物学报》、*Nature Communications*、*Scientific Reports* 等国内外刊物发表研究论文 60 余篇，参编专著 5 部；主持及参加制定地方及行业标准 6 项，获国家发明专利授权 4 件；育成通过省级、国家鉴定及登记的甘薯新品种 2 个，获植物新品种权授权 1 个，育成品种推广面积 118 万亩，累计新增社会经济效益 10.2 亿元；相关研究成果获徐州市科学技术进步奖二等奖 2 项，淮海科学技术奖（省级）一等奖 1 项，江苏省科学技术进步奖三等奖 1 项、新疆维吾尔自治区科技进步奖二等奖 1 项。

（二）科研人员

2011—2020 年甘薯品种资源研究室的科研人员有曹清河、唐君、周志林、徐振、赵冬兰、张安、戴习彬、袁蕊、赵凌霄、苏一钧 10 人，科辅工人技师 2 人（孙书军、项彩云 2016 年 5 月退休），其中高级职称 5 人（曹清河、唐君、周志林、赵冬兰、张安），博士 5 人、硕士 4 人。研究室主任、副主任先后有唐君（副主任 2001 年 4 月—2006 年 5 月；主任 2006 年 5 月—2016 年 3 月）、曹清河（副主任 2011 年—2016 年 3 月，主任 2016 年 3 月—2020 年 7 月）、周志林（副主任 2017 年 10 月—2020 年 7 月；副主任主持工作 2020 年 7 月—2021 年 8 月；主任 2021 年 8 月—）、徐振（副主任 2019 年 6 月—2020 年 11 月挂靠在甘薯品种资源研究室负责所重点实验室购置）。高级职称人员的研究方向及科研分工分别如下。曹清河研究员的研究方向为甘薯种质资源收集评价、种质创新及组学研究，侧重国内外种质资源引进评价、种质创新和组学等科研工作；唐君研究员的研究方向为甘薯种质资源收集保存及鉴定评价，侧重国内外甘薯种质资源收集保存、鉴定评价及相关评价技术等科研工作；周志林副研究员的研究方向为甘薯种质资源鉴定评价及创新利用，侧重入圃保存甘薯种质资源鉴定评价、优异种质筛选及创新利用等科研工作；赵冬兰副研究员的研究方向为甘薯种质抗病鉴定及优异资源共享利用，侧重资源抗病鉴定及优异资源分发利用等科研工作；张安副研究员的研究方向为重要功能基因挖掘及调控机制研究，侧重甘薯种质重要性状相关基因克隆及功能验证等科研工作。依托品种资源研究室成立的江苏省农业科学院“甘薯种质资源创新与利用”三星级创新团队，曹清河为团队负责人。团队分设两个研究组：甘薯种质资源收集、保存、鉴定评价和创新利用为研究 1 组，组长周志林，组员有唐君、赵冬兰、戴习彬、赵凌霄、袁蕊；甘薯基因组学和重要功能基因挖掘及其调控为研究 2 组，组长徐振，组员有张安、肖世卓、苏一钧。

（三）科研经费

2011—2020 年，甘薯品种资源研究室科研到账经费 2 427.3 万元。

八、甘薯遗传育种研究室

（一）科研概况

甘薯遗传育种研究室的前身是始建于 1984 年 3 月江苏徐州甘薯研究中心的甘薯育种研究室，甘薯育种一直是本所甘薯专业最重要的研究领域之一，曾取得令人瞩目的科研成就。自建立甘薯遗传育种研究室以来，保持和发扬了老一辈科学家务实严谨的优良传统，工作成绩卓越，在全国享有较高的知名度。2011—2020 年共承担各级各类农业科研项目（课题）56 项，其中国际合作项目 6 项，国家级项目（课题）21 项，部省级项目（课题）24 项，市厅级项目（课题）3 项，所科研基金课题 2 项。先后育成徐薯 22 至徐薯 39、徐紫薯 1 号至徐紫薯 8 号等各具特色的甘薯优良品种 14 个，推广面积达 2 000 万亩左右，年新增社会经济效益 2.5 亿元以上。荣获农业农村部、江苏省以及徐州市科技进步奖共 15 项，其中“高淀粉多抗广适甘薯新品种徐薯 22 的选育和利用”获 2013 年神农中华农业科技奖一等奖。2011 年以来，发表研究论文 85 篇。

（二）科研人员

在 1984 年 3 月建立江苏徐州甘薯研究中心时，将甘薯品种选育研究课题组从徐州农科所原粮食作物研究室分出，设立江苏徐州甘薯研究中心甘薯育种研究室，先后有朱崇文研究员、马代夫研究员、李强研究员、张允刚研究员任室主任。2011—2020 年先后参加甘薯育种科研工作的在职职工 15 人，其中科技人员 11 人［马代夫、李秀英、李强、王欣、后猛、唐维、张允刚、刘亚菊、闫会、宋炜涵（2020 年入编）、高闰飞（2020 年入编）］；科辅工人 4 人（孟庆堂、竺莉、刘霞、张孝俊），其中研究室主任李强（2008 年 10 月—2016 年 3 月）、张允刚（副主任 2005 年 11 月—2016 年 3 月；主任 2016 年 3 月—），副主任刘亚菊（2011 年 12 月—2020 年 7 月）、王欣（2014 年 4 月—）。具有高级职称的科技人员 8 人（马代夫研究员、李秀英研究员、李强研究员、张允刚研究员、王欣研究员、后猛副研究员、唐维副研究员、刘亚菊副研究员），博士 3 名、硕士 5 名。至 2020 年有科研人员 8 人，其中研究员 3 人（李强、张允刚、王欣）；副研究员 2 人（后猛、唐维）；博士 3 人（李强、王欣、宋炜涵）；硕士 4 人（张允刚、后猛、唐维、高闰飞）；有科辅工人 1 人。科研主题是甘薯遗传育种研究，内设研究方向有二：一是甘薯专用品种改良和甘薯分子育种技术研发，李强、张允刚负责常规育种，后猛、唐维负责分子育种技术研发；二是育种程序采用整段式育种方案，张允刚、王欣、后猛、唐维、闫会 5 人分别分工负责 1 个年度的育种工作材，即从实生苗开始，到复选Ⅰ、复选Ⅱ、鉴定圃、品比圃等整个育种科研工作；后猛负责区域试验；闫会负责品种登记管理；张允刚负责示范、推广。全室科技人员在专业研究方面虽各有侧重，但在不同的研究方向上都有交叉和协作；科辅工人主要负责科研课题的田间试验和科研用工管理工作。

（三）科研经费

2011—2020 年，甘薯遗传育种研究室科研到账经费 3 624.4 万元，详见表 5-2。

表 5-2　2011—2020 年甘薯遗传育种研究室科研到账经费　　单位：万元

经费种类	年度										合计
	2011	2012	2013	2014	2015	2016	2017	2018	2019	2020	
到账经费	238	438	361	317.4	428.8	100	164.8	284.4	320	972	3 624.4
可用经费	268	220	361	317.4	320.8	100	164.8	284.4	320	972	2 586.4

九、甘薯生理栽培研究室

（一）科研概况

甘薯生理栽培研究室的前身是始建于 1984 年 3 月的甘薯栽培研究室，1992 年 11 月 25 日，甘薯栽培研究室与甘薯综合利用研究室合并为甘薯栽培利用研究室（徐农研〔1992〕第 44 号），钮福祥任副主任，主持工作（徐农研〔1992〕第 47 号）；2010 年 12 月 30 日，根据国家甘薯产业技术体系建设发展要求和本所实际工作需要，将甘薯栽培与加工利用研究室调整为甘薯生理栽培研究室、甘薯加工利用研究室（徐农院〔2010〕54 号）。“十二五”以来，相继承担国家自然科学基金、国家重点研发、国家甘薯产业技术体系南方栽培与养分管理等岗位，农业农村部科研行业专项、国家 863 计划等各级各类农业科研项目（课题）共 19 项，其中国家级 8 项，部省级 7 项，市厅级 3 项，所科研基金 1 项。形成了甘薯脱毒种薯（苗）快繁、甘薯轻简化与标准化高产栽培、甘薯绿色生产模式、甘薯田土壤有机质演变与提升、甘薯安全贮藏、叶菜类甘薯安全生产与周年供应、基于大垄双行的甘薯主要环节机械化生产等科技创新成果，并在我国南方薯区、黄淮海地区、江淮分水岭地区等进行规模化示范应用。获得国家科学技术奖、江苏省科学技术奖、河南省科学技术奖、河北省科学技术奖、淮海科学技术奖等 10 余项，发表各类论文 70 余篇，获得授权专利（或计算机软件著作权）20 余件，地方技术标准 3 件。徐薯 32 获得甘薯植物新品种权，据不完全统计，在苏、豫、皖等淮海区推广面积累计 150 万亩，新增社会经济效益 81 843.22 万元。

（二）科研人员

最近 10 年（2011—2020 年），在职人员不断增加和调整，从事甘薯栽培生理科研工作的在职职工有李洪民（主任 2010 年 12 月—2018 年 3 月）、张爱君（副主任 2010 年 12 月—2020 年 7 月）、史新敏（2014 年 12 月调至园艺研究室）、唐忠厚（副主任 2014 年 4 月—2018 年 3 月、主任 2018 年 3 月—）、魏猛（2016 年 3 月调至铜山试验站）、陈晓光（2020 年 7 月调至棉花研究室）、靳容、刘明、赵鹏、张强强、张立平、李令廷（2017 年 8 月退休）12 人。2018 年 3 月 9 日，唐忠厚接任甘薯生理栽培研究室主任（徐农院〔2018〕8 号），2020 年 7 月 28 日，张爱君不再担任副主任（徐农院〔2020〕34 号）。现有在职人员 7 人，其中科研人员 6 人，科辅工 1 人。包括副研究员 2 人，助理研究员 2 人，研究实习员 2 人，科辅工技师 1 人；博士 2 人，硕士 3 人。

（三）科研经费

2011—2020 年，甘薯生理栽培研究室科研到账经费 1 500 余万元。

十、甘薯病虫草害防控研究室

（一）科研概况

甘薯病虫草害防控研究室源于甘薯遗传育种研究室的抗病育种课题组和徐州农科所植保研究室。2008 年 2 月 14 日，成立甘薯植保研究室（徐农院〔2008〕14 号），2008 年 2 月 22 日，聘任谢逸萍任副主任主持工作（徐农〔2008〕15 号）；2010 年 3 月 1 日，聘任谢逸萍为甘薯育种病虫害研究室主任（徐农院〔2010〕11 号）；2011 年 11 月 21 日，徐州农科所植保研究室由甘薯病虫害防控研究室代管，谢逸萍兼任植保研究室主任（徐农院〔2011〕67号），从此原徐州农科所植保研究室不复存在，与甘薯病虫害防控研究室合为一家，自此以后均称甘薯病虫草害防控研究室。2018年3月9日，谢逸萍不再担任甘薯病虫草害防控研究室主任（徐农院〔2018〕8号）。甘薯病虫草害防控研究室内设甘薯真菌病害、甘薯线虫病害、甘薯病毒病害、甘薯虫害、甘薯草害5个研究方向，谢逸萍、孙厚俊、张成玲、杨冬静、唐伟负责真菌病害研究；谢逸萍、孙厚俊、马居奎负责线虫病害研究；张成玲、唐伟负责病毒病害研究；孙厚俊，杨冬静、马居奎负责甘薯虫害与草害研究。孙厚俊负责科室全面工作，谢逸萍研究员和孙厚俊主任负责科室研究方向制订，张成玲协助研究室主任做好科室管理及科研工作，杨冬静以真菌病害研究为主，同时协助甘薯虫害与草害的研究，马居奎以线虫病害研究为主，同时协助甘薯虫害与草害的研究，唐伟以病毒病害研究为主，同时协助做好真菌病害研究工作。2011—2020年共承担各级各类农业科研项目（课题）37项，其中国家级5项，部省级20项，市厅级9项，所科研基金3项；获得国家发明专利授权8项，发表研究论文60篇，其中SCI论文4篇；参与编写专著3部；获得部省级科技成果奖励5项，"高淀粉多抗广适甘薯新品种徐薯22的选育和利用"获得神农中华农业科技奖一等奖，"中国甘薯病毒种类鉴定、检测和综合防控技术研究与应用"获得河南省科学技术进步奖一等奖，"甘薯优异种质资源的挖掘与利用"获得江苏省科学技术进步奖三等奖，"甘薯病毒病综合防控关键技术集成及推广应用"获得全国农牧渔业丰收奖一等奖，"甘薯茎线虫病发生规律及综合防控技术研究与应用"获得河南省科学技术进步奖三等奖，市厅级成果奖励10项；主持制定（修订）农业行业标准《甘薯茎线虫病综合防控技术规程》《脱毒甘薯种薯（苗）病毒检测技术规程》《甘薯脱毒种薯（苗）生产技术规程》《甘薯主要病虫害综合防治技术规程》4项，江苏省地方标准2项，均已颁布实施；"甘薯茎线虫病绿色防控技术"入选2019年农业农村部主推技术。

（二）科研人员

2011—2020年，从事甘薯病虫草害防控（包括植保）科研工作的科技人员有谢逸萍、孙厚俊、赵永强（2009年7月入职，2017年8月调至园艺研究室）、梁家荣（所原植保研究室副主任2012年11月退休）、张风海（所原植保研究室主任2014年6月退休）、刘树法（所原植保研究室副科级，2012年2月退休）、徐振（2010年8月入职，2019年6月调任甘薯品种资源研究室副主任负责重点实验室工作、2020年11月调任所中心实验室任副主任）、杨冬静、戚强（2015年4月调至科技服务中心）、张成玲、马居奎、唐伟12人，科辅工人叶学华。主任（谢逸萍副主任2008年2月—2010年3月、主任2010年3月—2018年3月）、孙厚俊（副主任2012年3月—2018年3月、主任2018年3月—）；副主任张成玲（2017年10月—）。至2020年底有在职职工7人，研究室主任孙厚俊（2018年3月—），副主任张成玲（2017年10月—），学科带头人谢逸萍（研究室主任2010年3月—2018年3月），杨冬静（2011年7月—）；马居奎（2018年8月—），唐伟（2020年4月—），叶学华（2011年1月调入）。

（三）科研经费

2011—2020年，甘薯病虫草害防控研究室的科研到账经费1 010.95万元。

十一、甘薯加工利用研究室

（一）科研概况

甘薯加工利用研究室的前身是1984年3月成立的江苏徐州甘薯研究中心综合利用研究室，1992年11月合并到甘薯栽培技术研究室，成立甘薯栽培利用研究室（徐农研〔1992〕44号），钮福祥任副主任（主持工作）。2010年12月30日，根据甘薯产业及学科发展需求，把甘薯栽培利用研究室划分为甘薯生理栽培研究室和甘薯加工利用研究室，钮福祥任甘薯加工利用研究室主任（徐农研〔2010〕54号）。2011—2020年，承担国家、部省级及市级等各类项目（课题）共计28项，其中国家级项目6项，部省级项目12项，市厅级项目6项，所基金项目4项。发表论文71篇，其中学报论文21篇，SCI收录论文12篇，会议论文6篇，另外，参编专著2部。申请专利32项，获授权专利17项，其中发明专利7项。制定农业部行业标准1项、企业标准2项。获得科技成果奖11项，其中部省级以上成果奖4项，市厅级成果奖7项；获批江苏省农业科学院甘薯加工工程实验室、徐州市薯类加工重点实验室平台项目2项。先后研发紫甘薯花青素口服液、紫甘薯花青素含片、低温脱水花生、紫薯黑蒜酒、膳食纤维咀嚼片、甘薯月饼、甘薯即食全粉、甘薯脆饼8个新产品，并与泗水利丰食品有限公司、河南天豫薯业股份有限公司、四川光友薯业有限公司、连城县福农食品有限公司、武汉市普泽天食品有限公司等国内知名甘薯加工企业对接，部分产品实现转化应用，取得较好的经济效益。本研究室钮福祥同志现为国家甘薯产业技术体系食品加工岗位专家、江苏省产业教授、江苏省高层次创新创业人才培育计划优秀人才培育对象、江苏师范大学硕士生导师、中国作物学会甘薯专业委员会常务理事、徐州市优秀专家。孙健同志先后荣获江苏省“333人才工程”培养对象（第三层次）、江苏省“六大人才高峰”等称号，岳瑞雪同志荣获徐州市拔尖人才称号。

（二）科研人员

2011—2020年，从事甘薯加工利用科研工作的在职科技人员有钮福祥、徐飞、孙健、朱红、岳瑞雪、张毅、张文婷7人，其中主任钮福祥（2010年12月—2020年7月）、孙健（副主任2016年3月—2020年7月、主任2020年7月—），副主任徐飞（2011年2月—2020年7月）；研究员1人，副研究员3人；博士1人、硕士3人。内设甘薯食品加工技术研发、甘薯功能成分与功能作用研究、甘薯乙醇发酵研发等研究方向。团队成员既有分工负责又有交叉合作研究，全室一盘棋，分工不分家。

（三）科研经费

2011—2020年，甘薯加工利用研究室科研到账经费1 073.8万元。

十二、植物品种测试技术研究室

（一）科研概况

2018年7月9日，徐州农科所与农业农村部签订《植物新品种测试中心测试站共建合作协议》，2019年10月18日，把植物新品种测试中心测试站更名为“国家植物品种测试中心（徐州）”，又于2020年10月29日，定名为“国家植物品种测试徐州中心”。该中心是从国家层面布局的两个综合性测试中心之一，辐射全国，建成后将实现测试技术研发与标准制定、品种测试疑难解决与纠纷仲裁、质量检验与特性鉴定、国际交流合作与人才培养、名特优珍稀品种展示功能，是国家测试评价网络体系的牵头平台。2020 年 5 月 6 日，徐州农科所向江苏省农业科学院呈交《关于增加徐州农科所内设科研机构及部门负责人职数的请示》，2020 年 5 月 18 日，江苏省农业科学院下达《关于同意江苏徐淮地区徐州农业科学研究所设置植物品种测试技术研究室的批复》(苏农院人字〔2020〕21 号)。2020 年 7 月 14 日，植物品种测试技术研究室正式成立（徐农院〔2020〕40 号）。其主要职责是：配合国家植物品种测试徐州中心，开展植物品种 DUS 测试指南研制、植物品种 DUS 测试、植物表型组学研究、国内外优良植物品种展示示范、植物品种保护国际交流等工作。为更好地开展植物品种测试工作，植物品种测试技术研究室有 4 人参加了农业农村部植物新品种测试中心在海南举办的“农业植物品种特异性、一致性和稳定性测试技术培训班”，有 6 人参加了国际植物新品种保护联盟（UPOV）的植物新品种保护远程培训班“DL-205 Introduction to the UPOV System of Plant Variety Protection under the UPOV Convention”；有 2 人参加 UPOV 植物新品种保护远程培训班“DUS Examination（Part B of DL-305 course：Examination of applications for plant breeders’ rights）”；先后有 3 人赴农业农村部科技发展中心植物新品种保护中心学习实践 8 ~ 12 个月；有 1 人参加了农业农村部植物新品种测试（广州）分中心举办的为期 8 个多月的农业植物品种特异性、一致性和稳定性测试理论和实践培训，2 人（所长刘明钟、副所长曹清河）赴日本、韩国考察植物新品种保护情况，并与日、韩两国就新品种保护合作事宜达成一致意见。主要包括：①通过与日本农林水产省充分交流与沟通，有望达成中日植物新品种保护合作意向并签订合作协议；②拟在徐州测试站成立中日植物新品种保护合作交流中心；③拟达成中韩植物新品种权保护合作协议。仪器设备均在陆续调研购置中。

（二）科研人员

2020 年 7 月 28 日，刘亚菊博士、副研究员任植物品种测试技术研究室主任（2020 年 7 月—）（徐农院〔2020〕34 号），成员有孙亚伟助理研究员和苏一钧研究实习员。2020 年 12 月，江苏省农业科学院人才招聘，批准国家植物品种测试徐州中心新进 15 人，其中 2 个高层次人才，13 个一般工作人员。第一批招聘到 1 名博士，8 名硕士。其中植物品种测试技术研究室留用 3 人（罗元凯、王荣辕、李宜蒙），其余新进人员暂安排到其他研究室学习。现有科研人员 6 人，其中副研究员 1 名，助理研究员 1 名，研究实习员 4 名；博士 1 名，硕士 5 名。

（三）科研经费

2018—2020 年，植物品种测试技术研究室科研到账经费 140 万元。

十三、重点（中心）实验室

（一）科研概况

重点实验室（高新技术研究中心）成立于 2010 年 3 月 1 日，曹清河任主任（徐农院〔2010〕11 号）；为打造一流的科技创新、科技服务和人才培养平台，高效整合调配科研资源，服务乡村振兴，结合全所学科建设实际需求，在农业农村部甘薯生物学与遗传育种重点实验室、中国农业科学院甘薯遗传改良重点开放实验室的基础上，2020 年 11 月 9 日成立“中心实验室”（徐农院〔2020〕47 号），中心实验室为所属内设正科级机构，围绕本所学科发展方向，结合相关产业需求，开展技术研发与创新，针对农业环境和食品安全提供检测及相关技术服务，针对健康种苗产业需求开展无性繁殖作物脱毒快繁服务。同时兼具实验楼（南楼和北楼）各类实验平台及大型设备日常管理职能，主要包括实验室安全生产，公共仪器设备的预约使用、维修维护、耗材采购、操作培训及价值 10 万元以上仪器设备的采购论证和审核等。徐振任副主任，负责日常工作（徐农院〔2020〕48 号）。重点实验室（中心实验室）经过 10 年来的发展，现已投入使用（南楼）的面积约 4 200 m^2，分设中心实验室、甘薯品种资源实验室、甘薯分子育种实验室、甘薯栽培生理实验室、甘薯病虫草害防控实验室、甘薯加工利用实验室、小麦栽培实验室、水稻分子组培实验室、油料作物实验室、园艺作物实验室 10 个管理单元 15 个功能实验室（表 5-3），拥有精密科研仪器设备 500 余台（套），总价值 5 000 余万元，其中价值 50 万元以上的液质联用仪、气质联用仪、元素分析仪、高通量核酸片段分析仪、人工气候室、高内涵成像系统、组学分析与数据存储系统、真空冷冻干燥系统、品质分析系统、电耦合等离子光谱系统、核酸提取工作站等大型、先进、精密仪器设备近 83 台（套），可完全满足农药残留、土壤有机质、农产品营养品质等多项检测分析需求及细胞、分子水平基础研究需求。重点实验室（中心实验室）兼具管理服务与科技服务双重职责。管理服务包括维护实验楼正常安全生产秩序，硬件公共设施的维修维护，贯彻执行所相关管理规定；参加国家土壤质量观测站等平台建设项目实施；参与农业农村部重点实验室等科研平台日常运行管理，已完成农业农村部甘薯生物学与遗传育种重点实验室建设项目批复的 19 台（套）仪器设备的采购工作；对大型仪器设备实行全生命周期管理。在科技服务方面，根据所加快“三中心一库”（土壤环境监测中心、食品安全检测中心、脱毒中心、江苏省根茎类作物种质资源库）建设工作部署，着眼于农业环境监测、农产品品质分析和食品安全检测方面，以所内外优秀的科研团队为依托，充分利用各类先进的检测分析设备，开展检测方法研发，承担委托检测，面向本所及社会提供精准科技服务，为乡村振兴作贡献，建成徐州农科所开展科技创新、高端人才培养、科技服务支撑的重要平台。

表 5-3 徐州农科所重点实验室（中心实验室）功能划分

房间号	分设管理（部门）	功能实验室
103	中心实验室	仪器分析室
104		样品前处理室
105		液相分析室
204		核酸分析室
119	甘薯栽培生理研究室	甘薯栽培生理实验室
207	甘薯遗传育种研究室	甘薯分子育种实验室
217	甘薯加工利用研究室	甘薯加工利用实验室
402	甘薯品种资源研究室	甘薯种质分子技术实验室
408		甘薯种质生物信息实验室
409		甘薯种质细胞遗传实验室

（续表）

房间号	分设管理（部门）	功能实验室
312	甘薯病虫害草害防控研究室	甘薯病虫害防控实验室
411	水稻研究室	水稻分子组培实验室
407	园艺研究室	园艺作物实验室
309	小麦研究室	小麦栽培实验室
307	油料研究室	油料（大豆、花生）实验室

（二）科研人员

2011—2020年，从事重点实验室工作的科技人员先后有曹清河（主任2010年3月—）、李元元（2013年7月—2020年9月）、杨翠玲（2014年8月—2018年3月退休）、戴习彬（2015年3月—2020年12月）、朱玲（2015年3月—2018年9月）、徐振（2018年1月—）副主任负责日常工作（2020年11徐农院〔2020〕48号）、苏涵（2020年10月—）、岳续（2020年10月—）、王维（2020年10月—）9人。现有科技人员职责分工如表5-4所示。

表5-4　徐州农科所重点实验室（中心实验室）科研人员分工

成员	管理服务	工作职责
徐振	①实验室安全生产；②建设项目实施验收，科研平台运行管理；③提议、拟定管理制度；④组织大型仪器采购、实验室改造方案论证；⑤院领导安排的其他工作	①项目申报，拓展合作；②调研产业技术需求；把控技术研发方向；③农药残留检测分析
苏涵	①危化品管理及相关台账、系统信息填报、迎检、设施升级等工作；②试剂耗材采购，相关计划、总结申报	①相关仪器操作培训；②土壤、水及植物样品中金属离子、氮磷钾硫、有机质等检测分析；③检测方法开发及优化
岳续	①固定资产管理；②常规公用仪器操作使用，维修维护，配件耗材及相关台账管理；③实验室公共设施维护	①相关仪器操作培训；②营养品质分析（花青素、氨基酸、蛋白质、糖类等）；③检测方法开发及优化
王维	①实验室安全培训规划制定、实施；②实验室准入资格审核；③仪器设备开放共享，包括制度制定执行，建立收费标准等	①实验室安全培训规划制定、实施；②实验室准入资格审核；③仪器设备开放共享，包括制度制定执行，建立收费标准等

（三）经费项目

至2020年底，重点实验室（中心实验室）尚处于建设完善阶段，纯属于公益性科研服务部门，所需费用均由院财政支持，有待承担相应科研项目及收取合法性服务费用来满足自身运行、发展之需求。

第二节 科研平台

2011—2020 年，全所承建各级各类农业科研平台项目 21 个（项），其中国家级 8 项、省级、市级各 6 项。详见表 5-5。

表 5-5　2011—2020 年徐州农科所科研平台

序号	平台名称	批准部门	批准时间
1	农业农村部甘薯生物学与遗传育种重点实验室	农业部	部 2011 年 7 月 8 日；省立项 2018 年 2 月 5 日
2	国家引进国外智力成果示范推广基地	国家外专局	2001 年 12 月，2006 年 12 月，2011 年 10 月
3	国家甘薯改良中心二期	农业部，省	部 2006 年 5 月；省 2008 年 5 月、2012 年 1 月
4	国家种质徐州甘薯试管苗库扩建	农业部	2014 年 12 月
5	江苏省徐淮地区国家农作物品种区域试验站	农业部	部 2016 年 5 月；省 2016 年 9 月
6	国家甘薯产业技术体系研发中心（1 首席、5 岗位）	农业部	2008 年 12 月，2011 年 3 月，2017 年 6 月
7	“国家甘薯产业技术体系遗传育种与生物技术”博士人才培养项目	国务院学位委员会	2019 年 5 月 6 日
8	国家农业科学土壤质量徐州观测试验站	农业农村部	2019 年 10 月
9	徐州市徐麦系列小麦新品种原原种扩繁基地	江苏省农委	2013 年 8 月
10	江苏省科技服务超市徐州主要农作物产业分店	江苏省科技厅	2015 年 4 月
11	设施园艺高效农业示范基地（铜山站）	江苏省财政厅	2016 年 9 月—2017 年 12 月
12	江苏省科普教育基地	江苏省科协	2016 年 12 月 30 日 .
13	甘薯脱毒原原种扩繁基地（铜山站）	江苏省财政厅	2017 年 12 月—2018 年 12 月
14	江苏省块根块茎类种质资源库	江苏省科技厅	2018 年 7 月
15	徐州市根茎类作物高技术重点实验室	徐州市科技局	2010 年 6 月—2011 年 12 月
16	南京农业大学校外教学实习基地	南京农业大学	2015 年 9 月
17	江苏省农业科学院甘薯加工工程实验室	江苏省农科院	2017 年 12 月—2020 年 12 月
18	扬州大学大学生实践教育中心	扬州大学	2019 年 8 月

（续表）

序号	平台名称	批准部门	批准时间
19	徐州市薯类加工重点实验室	徐州市科技局	2019 年 8 月—2021 年 7 月
20	徐州市特色根茎类作物工程研究中心	徐州市发改委	2020 年 8 月—2021 年 7 月
21	江苏徐淮地区徐州农业科学研究所南繁育种基地	徐州农科所	2010 年 12 月—2012 年 1 月

一、农业农村部甘薯生物学与遗传育种重点实验室

2011 年 7 月，农业部批准建立“农业部甘薯生物学与遗传育种重点实验室”。直到 2018 年 2 月 5 日，根据江苏省农业委员会《关于甘薯生物学与遗传育种重点实验室等 2 个建设项目初步设计的批复》(苏农复〔2018〕7 号)，本所申报的“农业部甘薯生物学与遗传育种重点实验室建设项目”正式立项，建设期限 2 年，项目负责人为刘明钟。建设项目总投资 1 449 万元，其中财政投资 1 208 万元，单位自筹 241 万元。主要建设内容为购置超低温液氮发生系统、核酸提取和 PCR 体系构建系统、高通量核酸片段分析仪、荧光定量 PCR 仪、组学分析与数据存储系统、基因枪、流动分析仪、元素分析仪、电感耦合等离子体光谱系统、植物生理生态监测系统、人工气候室、全自动微波消解萃取系统、真空冷冻干燥系统、品质分析系统（电子舌 + 质构仪）、液质联用仪、顶空自动进样器、高内涵成像分析系统、纯水设备系统、实验室服务管理系统等仪器设备 19 台 / 套。2017 年 12 月，本所成立农业部重点实验室建设项目工作组（徐农所〔2017〕42 号），由所长刘明钟任组长，马代夫、李强任副组长。工作组下设多个专项办公室，成员来自科研、财务、后勤等多个相关部门，全力保障项目顺利实施。项目执行过程中始终坚持公开、公平、公正原则，严格遵守《农业基本建设项目管理办法》等相关管理规定。截至 2020 年 12 月 31 日，建设项目经过 2 次招标，已完成全部 19 台 / 套仪器的招标采购工作，其中 18 台 / 套仪器设备已安装到位并投入使用。超低温液氮发生系统为英国进口仪器，受新冠肺炎疫情影响推迟送货，计划 2021 年 2 月安装到位，2021 年 3 月，建设项目完成验收。建设项目采购的 19 台 / 套大型仪器设备，应用领域涉及组学分析、痕量物质检测、元素分析、细胞生物学等多个研究方向及实验室管理，纯水、液氮等实验耗材制备等多个方面，极大提升了农业农村部重点实验室科研分析水平和管理、运转效率。中心实验室利用建设项目采购的仪器设备，已建立花青素、有机质、金属离子等检测方法 6 项，完成相应检测项目 4 项。项目建成后将极大提升重点实验室的科研创新能力，促进科研成果产出和技术转化，提高人才培养能力，大大加快重点实验室建成为国内外品种遗传改良、创新和新品种定向培育核心基地的速度；建立甘薯植物保护、耕作栽培和加工利用多学科交叉融合的技术平台，加快建设成为国内甘薯新材料、新技术、新品种示范推广核心基地的进程。

二、国家引进国外智力成果示范推广基地

国家外国专家局是对引智工作取得引智成果并在成果示范推广工作方面做出显著成绩的单位，命名为“国家引进国外智力成果示范推广基地”（简称引智基地）。国家外国专家局国家申请、验收结果，先后于 2001 年 11 月、2006 年 12 月、2011 年 10 月批准徐州农科所为“国家引进国外智力成果示

范推广基地”，基地建设内容主要是“甘薯高淀粉品种开发”（2001 年 11 月—2006 年 12 月）、“甘薯特殊育种材料和生物育种”（2006 年 12 月—2011 年 10 月）、“优异甘薯新种质及创新技术”（2011 年 10 月—）。通过近 20 年利用各种平台和传媒扩大引智成果的影响、对甘薯研发单位无偿提供引智品种促进甘薯产业快速发展、开展国（境）外技术培训提高研发人员的素质、政企学研结合推动引智成果示范等研发创新、示范推广工作，引进国际马铃薯中心亚太中心的实生种子“AB94078.1”、日本的“凌紫”、中国台湾的“台农 71”等国（境）外甘薯品种（系）20 多份；引进 T-DNA 载体、siRNA 载体和优异外源基因 10 余个，极大地促进了徐州农科所乃至全国在分子生物学研究领域的工作；成功举办和积极参加国际学术会议交流最新研究成果，选派国内年轻科技人员赴国际组织或国外大学或研究机构学习与培训，邀请国外境外专家来华交流解决科研中的具体问题，利用各种途径引进优异种质资源和基因资源，丰富甘薯资源库和基因库。形成全国甘薯引智成果与示范推广体系，进一步加快了引智成果的推广进程，促进了甘薯生产力发展，实现引智工作为我国经济建设和社会发展服务。

三、国家甘薯改良中心

国家甘薯改良中心建设分为两期，一期是 1999 年农业部和江苏省农林厅分别批复同意在徐州农科所建立国家甘薯改良中心。投资总额 815 万元，其中，农业部 310 万元，江苏省地方配套 505 万元。二期是基于甘薯改良中心学科先进性与其他农作物改良中心和国外甘薯科研机构相比，仍存在较大差距，基础研究的滞后将限制甘薯品种的进一步改良。农业部于 2006 年 5 月（农计函〔2006〕552 号）、江苏省农林厅于 2008 年 5 月（苏农计〔2008〕55 号）决定续建“国家甘薯改良中心二期建设项目”，根据江苏省农林厅 2008 年 12 月（苏农复〔2008〕25 号）、江苏省农业委员会 2012 年 1 月 17 日《关于同意国家甘薯改良中心二期建设项目变更部分建设内容的批复》（苏农复〔2012〕1 号），徐州农科所实施了“国家甘薯改良中心二期建设项目”，总投资 859 万元，其中财政拨款 600 万元。

一期工程建设包括实验室、种薯及资源库、短日照处理室、温室、网棚、田间水利工程，购置仪器 76 台套，购置农机具 10 台，建成生物技术实验室、病毒检测实验室、甘薯加工实验室、育种品质分析室，并改造组织培养室。2004 年 10 月完成，2005 年 4 月通过农业部验收。二期工程建设始于 2012 年 1 月，由于京沪、郑徐、徐宿淮盐三条高铁工程建设影响，导致国家甘薯改良中心二期建设至 2018 年 12 月底完成土建工程 4 568.8 m^2、田间工程 1 504 m^2+3 440 m^2、购置仪器设备 17 台套、农机具（拖拉机）2 台等各项任务。2019 年 12 月 12 日、2020 年 5 月 22 先后通过徐州市初验、农业农村部委托江苏省农业农村厅验收。

四、国家种质徐州甘薯试管苗库

国家种质徐州甘薯试管苗库是国家 43 个作物种质资源保存库圃之一，主要离体保存国家甘薯种质资源和登记品种标准样品。国家种质徐州甘薯试管苗库依托单位为江苏徐淮地区徐州农业科学研究所，第一责任人为单位法人，日常管理依托甘薯品种资源研究室。

近 10 年，国家种质徐州甘薯试管苗库进行扩建一次，项目于 2014 年 6 月和 9 月分别获得农业部和江苏省农业委员会《关于 2014 年种子工程江苏省 7 个建设项目可行性研究报告的批复》（农计发〔2014〕141 号）和《转发农业部关于 2014 年种子工程江苏省 7 个建设项目可行性研究报告的批复》(苏农计〔2014〕81号)立项批复。并于2014年12月获得江苏省农业委员会《关于2014年种养业良种工程项目初步设计的批复》(苏农复〔2014〕30号)初步设计批复。2015年1月开工,2018年5月竣工。建设内容主要为:改造试管苗库403 m^2,新建资源保存及贮藏性研究库400 m^2;建设与完善围栏676 m、涵管桥8座,排水沟240 m,田间道路长658 m;隔离大棚240 m^2,防虫网室1 600 m^2,节能日光温室818 m^2;购置流式细胞仪、多功能细胞电转电融合仪、倒置显微镜、植物培养箱等仪器设备25台(套)。总投资494万元,其中中央投资380万元,自筹配套114万元。于2018年6月通过徐州市农业委员会组织的初步验收,2019年11月通过江苏省农业农村厅组织的项目验收。项目建设显著改善了甘薯资源圃和试管苗库的保存、鉴定评价与创新的科研条件,项目建设完成后,充分利用改善的科研条件,加强了国际合作和资源的引进工作,积极争取国家基金、国家重点研发项目等甘薯资源研究新课题,主持和参加国家、部省级科研课题20余项,为甘薯资源的深入研究和国内外资源的收集引进开辟了新途径;新收集引进资源100余份,野生种资源4份,丰富了我国甘薯基因资源,拓展了甘薯育种背景;为国内36家科研单位和高校提供利用甘薯资源600余份次;发表相关研究论文20余篇;获国家发明专利权2件,制定行业标准及地方标准4项。主持完成的“菜用甘薯新品种薯绿1号选育及省工高效栽培技术”和“甘薯优异种质资源的挖掘与利用”研究任务,先后获2015年徐州市科学技术进步奖二等奖、2016年淮海科学技术奖一等奖、2019年江苏省科学技术奖三等奖,为加快我国甘薯种质资源创新、遗传改良及生产应用奠定了基础。

五、江苏省徐淮地区国家农作物品种区域试验站

2016年9月,根据《农业部关于2016年种子工程农业部植物新品种测试阜阳分中心等32个建设项目可行性研究报告的批复》和江苏省农业委员会《转发农业部关于2016年现代种业提升工程项目可行性报告批复的通知》《关于2016年现代种业提升工程等项目初步设计的复函》的通知,江苏徐淮地区徐州农业科学研究所牵头实施的“江苏省徐淮地区国家农作物品种区域试验站建设项目”获批立项建设。项目采用“1+5”模式设6个主、分站,其中江苏徐淮地区徐州农业科学研究所为主站(主持),江苏保丰集团公司、徐州佳禾农业科技有限公司、宿迁中江种业有限公司、丰县农业科学技术推广中心、东海县平明镇农业技术推广服务站5个单位为分站(参加)。项目主管为江苏省农业农村厅;建设法人为江苏徐淮地区徐州农业科学研究所刘明钟所长;项目管理责任人为徐州市农业农村局杨亚伟局长;项目建设责任人为江苏徐淮地区徐州农业科学研究所杨峰副所长;项目实施负责人为孙近友处长。2017年3月开工,2019年6月全面竣工。项目建设内容如下。①土建工程:包括改造考种、挂藏室及贮藏室1 015.4 m^2;试验物联网系统中心87.2 m^2;新建农机具棚253 m^2;购置安装货运电梯1部。②田间工程:包括新建喷灌系统275亩(实建280亩)、维修渠道3 185 m(实建3 281 m)、水泥晒场1 200 m^2(实建1 360 m^2)、灌排渠800 m(实建640 m)、涵管桥10座(实建11座)、田间道路1 526 m(实建4 081 m^2)、田间围网2 250 m^2、排水沟260 m。③仪器、农机具、物联网:购置仪器设备及农机具共64台(套),其中种子处理与考种设备20台,物联网系统6台(套),农机具38台。项目总投资915.00万元,均为中央预算内投资,包括建安工程93.23万元、田间工程202.55万元、仪器设备237.80万元、农机具280.81万元、工程建设其他费用62.34万元、预备费38.27万元。2019年7月15—16日、11月18—19日分别通过徐州市农业农村局初验、江苏省农业

农村厅验收，具备批复要求的新品种区域试验功能，已承担国家甘薯、水稻、小麦、玉米、棉花、大豆、花生等作物品种区域试验任务，项目效益突显。

六、国家甘薯产业技术体系研发中心

2008 年 12 月 22 日，《农业部关于印发现代农业产业技术体系第二批建设依托单位和岗位聘用人员名单的通知（2008—2010 年）》（农科教发〔2008〕10 号），江苏徐淮地区徐州农业科学研究所被确定为国家甘薯产业技术体系研发中心的建设依托单位，共设 4 个功能实验室、1 个首席科学家、16 个科学家岗位和 20 个综合试验站，其中国家甘薯产业技术研发中心、育种研究室、综合研究室和品种资源、育种、栽培、加工 4 个岗位科学家设在徐州农科所，其余机构分设在国内另外省、市。至此，国家甘薯产业技术体系研发中心成为面向全国北方、长江、南方 3 个甘薯区域、18 个省市自治区、25 个甘薯综合试验站、126 个示范县开展专职联络服务的国家甘薯研发机构。

2011 年 3 月 8 日农业部下发《农业部关于印发现代农业产业技术体系建设依托单位和岗位聘用人员名单（2011—2015 年）的通知》（农科教发〔2011〕3 号），对“十二五”体系岗位设置和综合试验站布局进行了优化调整。国家甘薯产业技术研发中心设有 4 个功能研究室，岗位和综合试验站分别增加到 20 个和 25 个。马代夫继任为首席科学家兼北方区育种岗位科学家，唐君为种质资源评价岗位科学家，谢逸萍为北方病害防控岗位科学家，李洪民为南方区栽培岗位科学家，钮福祥为功能食品与产业经济岗位科学家。孙近友任首席科学家办公室主任，蒋玉峰任副主任并兼任首席科学家秘书，张梅、周志林、孙健、孙厚俊为成员。

2016 年，据农业部办公厅《关于现代农业产业技术体系“十三五”过渡期人员调整的通知》（农办科〔2016〕2 号），李强任北方区育种岗位科学家。蒋玉峰任首席科学家办公室主任，王欣任副主任兼首席科学家秘书，孙明芳、孙健、谭长容、张梅、周志林、杨冬静、陈晓光为成员。

2017 年，甘薯产业技术研发中心新增机械化研究室和产业经济研究室，功能研究室增至 6 个，岗位科学家增至 23 个，维持综合试验站 25 个。徐州农科所马代夫继任首席科学家，唐君、李强、李洪民（唐忠厚于 2020 年 4 月 1 日代任此岗位）、谢逸萍、钮福祥为岗位科学家。

2019 年，农业农村部办公厅关于印发现代农业产业技术体系新增聘用人员名单（2019—2020）的通知，明确国家甘薯产业技术体系研发中心新增土壤与产地环境污染管控与修复岗位科学家，岗位科学家增至 24 人。

国家甘薯产业技术体系研发中心成立 10 年来共获得各级科技成果奖励 151 项次，其中部省级一等奖 9 项（次）；出版专著 26 部，发表标明体系资助的论文 1 619 篇，其中 SCI 收录 250 篇；申请专利 391 件（其中发明专利 298 件），获得授权专利 253 件（其中发明专利 160 件）；申请植物新品种权 112 项，其中获得授权 64 项。

七、“国家甘薯产业技术体系遗传育种与生物技术”博士人才培养项目

徐州农科所与江苏师范大学共建的“服务国家特殊需求博士人才培养项目——国家甘薯产业技术体系遗传育种与生物技术”，2012 年经教育部报请国务院学位委员会获批，徐州农科所的马代夫研究员被遴选为服务国家特殊需求博士人才培养指导教师的 3 人成员（苏师大研〔2013〕10 号），学科

方向为生物学（学科代码 0710）。根据国务院学位委员会《关于开展服务国家特殊需求人才培养项目验收评估工作通知》（学位〔2017〕16 号）要求，经专家评估，征询有关部门意见，继续批准“国家甘薯产业技术体系遗传育种与生物技术”招收博士研究生（学位〔2019〕9 号），招收专业及研究方向是甘薯育种及其遗传学基础、甘薯产品开发生物技术、甘薯栽培生物学。截至 2020 年底，已招收培养博士研究生 69 人，其中获得博士学位 12 人，在读博士研究生 57 人。

八、国家农业科学土壤质量徐州观测试验站

（一）基本情况

针对我国集约化种植条件下土壤质量变化和生态环境效应态势不明、原因不清楚、区域差异不明确等核心问题，根据农业部 2017 年印发《农业基础性长期性科技工作实施方案》和已有观测年限、工作基础条件，并经现场考察和专家论证，江苏徐淮地区徐州农业科学研究所作为项目建设依托单位于 2018 年 1 月 30 日被农业部确定为第一批“国家农业科学观测实验站”。

1. 目标方向

开展我国农田土壤质量和肥料效应的联网监测与预警，推进我国农田土壤质量与肥料效应变化的长期监测网络建设，促进监测数据的规范采集与大量数据的深度分析及社会化服务，构建农业土壤肥力质量、环境质量和肥料效应持续改善的理论与方法，为实现我国粮食持续增产和耕地质量提升提供基础资料和理论依据。

2. 主要任务

根据本区域存在的土壤质量问题提出合理的试验处理；针对数据规范、监测指标、土壤样品采集及长期定位试验的管理等内容接受国家土壤质量数据中心的技术培训与指导；开展规范化数据的系统采集和保存，建立农田土壤质量监测数据库和土壤样品库；基于长期监测数据进行系统深入分析，提出本区域农田土壤质量及要素的演变规律与环境效应，为农田高效持续管理提供科学依据，为农业生产和政府决策提供服务。

（二）建设内容

1. 建设规模

国家土壤质量徐州观测实验站观测监测基地位于江苏省徐州市经济开发区大庙街道大庙村（徐州现代农业试验示范基地），主要分为粮田试验区、菜地试验区、果园试验区，共涉及试验区面积 133.80 亩。①土建工程：新建农机具库 240 m^2，钢架结构；新建土样保存室 200 m^2，框架结构；新建日光温室 1 400 m^2；新建农资存放棚 150 m^2。②田间工程：新建试验监测田钢筋混凝土结构隔断 400 m^3，新建田间沟渠 1 600 m，土地平整 50 亩，新建田间生产道路 450 m^2。③仪器设备购置：购置土壤观测相关仪器设备 52 台（套）。④农机具购置：购置配套农机具 15 台（套）。

2. 投资规模

项目总投资 1 353.65 万元（中央财政投资 1 100.00 万元，自筹资金 253.65 万元），其中建安工程投资 179.50 万元；田间工程投资 122.75 万元；仪器设备购置投资 698.60 万元；农机具购置投资 259.80 万元；工程建设其他费用 57.00 万元；预备费 36.00 万元。

（三）实施进展

1. 项目组织措施

江苏徐淮地区徐州农业科学研究所作为“国家土壤质量徐州观测实验站”依托单位，按照农业农村部对国家农业科学观测站实体化运行的建设管理要求，为确保观测实验站平台的建设与运行的顺利开展，更好落实国家土壤质量数据中心制订的观测实施方案，规范观测数据采集、整理、保存和上报等工作，于 2019 年 12 月 23 日完成了增设“国家土壤质量徐州观测实验站”（所内设机构）的相关事宜（徐农所〔2019〕83 号），其中：站长 1 名、副站长 2 名、管理人员 1 名、观测监测工作人员 9 人。同时，按照《江苏省农业农厅关于农业农村部植保工程重点实验室条件建设等 5 个项目可行性研究报告的批复》（苏农复〔2019〕137 号）《省发展改革委、省农业农村厅关于下达现代农业支撑体等专项 2020 年中央预算内投资项目投资计划、任务清单及绩效目标的通知》（苏发改投资发〔2020〕1066 号）的要求，2020 年 12 月 4 日，成立“国家土壤质量徐州观测实验站建设项目”建设领导小组和建设工作小组。项目建设领导小组组长：李强，副组长：杨峰、孙杨。项目建设工作小组组长：杨峰（兼），副组长：张爱君。

2. 运行情况

①制定、印发了《国家土壤质量徐州观测实验站运行管理办法（试行）》（徐农所〔2019〕84 号）及其相关的“卫生安全制度”“人员工作守则”。②完成了“粮田土壤”“菜田土壤”“设施土壤”监测区的路渠、试验小区隔断的硬化工程。③向农业农村部提交工作报告，在国家土壤质量数据中心指导下，已从 2017 年开始进行观测监测工作，将获得的实验数据按时上传中心汇交平台，提交年度工作报告，接受年终考评。④制订了观测实验站建设项目工作进度安排计划：本项目建设期限 16 个月（2020 年 8 月至 2021 年 12 月）。⑤启动建设初见成效。基于本所 40 年 80 季长期定位试验数据的系统整理和深度挖掘利用，在启动项目建设以来（2017—2020 年）已获得徐州市科学技术奖二等奖 1 项、淮海科学技术奖二等奖 1 项、软件著作权 3 项；发表研究论文 12 篇（其中 SCI 收录 4 篇）。

九、徐州市徐麦系列强筋小麦新品种原原种扩繁基地

“徐州市徐麦系列强筋小麦新品种原原种扩繁基地”属于农业部农业开发专项，全称为“2013 年江苏省徐州市徐麦系列强筋小麦新品种原原种扩繁基地建设项目”；建设依托单位是江苏徐淮地区徐州农业科学研究所；建设地点在徐州市经济开发区大庙镇大庙村东徐州市现代农业科技试验示范基地；项目建设法人为陈萍；主要建设内容：规划建设徐麦系列强筋小麦新品种 200 亩高标准原原种繁殖田。达到年产徐麦 30、徐麦 31 小麦原原种 8 万 kg 的规模，可供安排原种繁殖田 8 000 亩，良种繁殖田 7 万 ~ 8 万亩，按原、良种扩繁基地 8 万亩计算，将可生产原良种 3 200 万 kg 以上，可以确保生产满足推广种植 300 万亩强筋小麦用种的需求。生产性基础设施包括新建考种挂藏室 180 m^2，网室 720 m^2，温室 480 m^2，加代冷库 50 m^2；田间工程包括建设 200 亩高标准原原种繁殖基地，平整改良土壤，提高田间水利工程标准，配套田间设施；仪器设备包括购置必要的种子检验、品质分析等仪器设备 11 台（套）和小型农机具 3 台（套）。科技推广包括培训农民 2 000 人次，在苏、皖北部等地建立高产示范方 2 万亩，示范推广优质高产高效配套栽培技术。项目总投资 265 万元，按照中央财政支持资金、省市财政配套资金与单位自筹资金 1：1：0.20 的筹措比例，申请国家投资 120 万

元，省市配套资金 120 万元，单位自筹 25.0 万元。其实施进展：一是项目组织措施。成立了项目领导小组，由江苏徐淮地区徐州农科所所长陈萍担任组长。成立由主要业务骨干为成员的项目建设实施小组，由徐州农科所副所长陈荣振担任组长。项目实施小组下设项目基建办、项目财务管理办、项目监理办等机构。项目建设建立明确的责任制，任务落实到人，保证项目按实施方案的建设内容、施工质量的要求，保质保量、规范有序地按期完成。为确保工程建设的公正与透明，所有重大建设项目全部实行招投标和工程监理制。由徐州农科所下属的江苏徐农种业科技有限公司管理，产品研发部负责新品种的研发和原原种的繁殖；生产部负责原种、大田用种的生产、加工、包装与贮藏；市场部负责种子市场网络的开拓与销售。严格按照国家原良种生产标准实行全程质量控制，生产经营合格的原良种，为苏北及黄淮麦区农业生产服务。生产性基础设施和田间工程由北京智博瑞华温室工程技术有限公司、徐州力拓市政工程有限公司和徐州立志建筑安装工程有限公司等负责施工安装，目前已建设完毕，正在督促中标单位做好工程决算和验收准备。拟购置的仪器设备已到位使用。二是建设成效突显。每年 5 月与有关种子企业联合召开新品种、新技术观摩会，秋播前召集相关示范县技术骨干开展技术培训，生产关键季节及时开展现场技术指导，3 年来累计培训技术骨干、种田大户、农民 2 100 多人次，发放技术资料 5 000 余份。2014 年、2015 年每年均生产徐麦 30、徐麦 31、徐麦 32 原原种 8.5 万 kg 以上，满足了相关企业种子扩繁要求。完善了《江苏淮北地区亩产 600 kg 小麦高产创建技术规范模式图》和《淮北地区小麦高产创建栽培技术规程》。建立了不同层次的高产示范方、高产攻关方。良种良法配套推广，起到了良好的效果。目前徐麦 30 已成为淮北地区高产创建首选品种，徐麦 31 播种面积不断扩大，徐麦 32 商品粮优质优价且供不应求，已成为淮北地区强筋小麦种植区首选品种。尚待申请验收中。

十、江苏省科技服务超市徐州主要农作物产业分店

农村科技服务超市的建设是繁荣农村市场经济、推进农村小康建设的一项重要举措。徐州主要农作物产业分店经江苏省科学技术厅批准，建立于 2015 年 4 月，分店下辖 2 个便利店，即大庙主要农作物产业便利店、张集镇主要农作物产业便利店 。农村科技服务超市以有店面、队伍、网络、基地、成果、品牌“六有”为主要模式，将“六有”与“六化”同步结合，积极创新“六有”建设，创新推进“六化同步”建设，为周边农户提供农业生产整个产业链的一站式全程服务，打造一流的“徐农”科技服务超市服务品牌。其建设规模为：分店和便利店均已建设了完备的店面，店面面积 200 m^2。包括生产资料交易区，技术咨询区、农产品展示区，技术宣传栏、信息发布区等区域。配备了电脑、网络、话筒、耳机等现代化信息设备，并开通了互联网连接，安装了信息管理系统，满足了科技超市信息化建设的要求；在徐州各市、区、县建立示范基地 26 个，总面积 1 万余亩，具备示范推广新品种、新技术的必要条件。建设内容为：合理组建了专家团队和科技特派员团队，各位专家均具备主要农作物生产管理的知识和为农服务能力。创新性地采用微信、QQ 等网络平台提供形式各样的科技服务，包括定期组织农业生产技术培训、田间生产技术咨询与指导及农业新品种、新技术观摩示范等，通过网络和现场互动及时解决农户的农业生产问题。同时公司与徐州市农科所签订产学研合作协议，服务领域范围更加广泛、服务内容更加细致，更好地解决农民“产前、产中、产后”的农业生产问题，加快了科技超市的科技服务创新，支撑和提升科技服务能力，实现农业服务可持续。项目总投资

为 80 万元，均为单位自筹。属于省科技厅挂牌项目。项目实施进展顺利，一是组织措施得力。成立了项目领导小组，由江苏徐农种业科技有限公司董事长周兴根任店长（2015 年 4 月—2018 年 1 月），2018 年 1 月变更为孙克新任店长（2018 年 1 月—），公司职工李小珊担任信息联络员。项目建设建立明确的责任制，任务落实到人，保证科技服务超市规范有序运行。店长主要负责专家和技术骨干的联络，安排其开展技术培训、技术咨询，联络员主要负责科技服务信息的收集与整理、科技服务超市运行情况汇报等。二是建设成效突显。徐州主要农作物产业分店 2016—2019 年连续 4 年被评为省优秀农村科技服务超市。分店建立了“1+2”的三级联动机制，分店与各个便利店之间通过电话联系、网络视频等途径及时沟通协调，服务于相同的产业，实现了资源共享。5 年来累计推进转化农作物新品种 8 个，累计培训技术骨干、种田大户、农民 12 000 余人次，发放技术资料 70 余万份，服务农民 50 余万人次。通过农业生产服务“一条龙”，加大科技服务宣传，吸引了越来越多的农户前来解疑答惑、购买种苗、技术咨询等，影响力逐步扩大，得到了广大农户的认可和赞赏，也增强了“徐农种业”的品牌知名度。同时，通过开展各项科技服务，让农民意识到现代农业的科学性、高效性，助推了全市农业高质量发展。

十一、设施园艺高效农业示范基地（江苏省农业科学院淮北现代设施农业科研试验示范基地）（铜山站）

“江苏省农科院淮北现代设施农业科研试验示范基地”是江苏徐淮地区徐州农业科学研究所于 2015 年 9 月委托江苏省农业科学院农业经济与信息研究所编制建设规划目标，该规划方案经过江苏省农业科学院相关领导组织有关部门及研究所专家研讨论证，总投资 2 466.10 万元。为了进一步推进建设规划落地，2016 年 4 月在江苏省财政厅和江苏省农业科学院的大力支持下，通过积极申请，铜山试验站以“设施园艺高效农业示范基地建设”项目名义获得“2016 年中央财政现代农业生产发展项目”资金支持，其中财政资金为 100 万元。项目建设内容为：①建设钢架大棚 5 栋，占地面积 2 000 m^2；②建设连栋大棚 1 栋，占地面积 2 800 m^2；③引进猕猴桃品种 4 个，桃品种 5 个，西瓜品种 4 个，茄子品种或品系 9 个，番茄品种或品系 13 个，韭菜品种 15 个，示范基质育苗、节水灌溉等新技术；④进行猕猴桃设施建设 2 700 m^2；⑤进行了配套的田间道路建设整理、沟渠改造；⑥ 400 m^2 网室试验池进行了完善建设。该项目共投资 120 万元，其中自筹 20 万元，财政资金 100 万元。

十二、江苏省科普教育基地

省科协、省科技厅、省教育厅联合开展 2016—2020 年度江苏省科普教育基地的认定工作，2016 年 12 月 30 日（苏科协发〔2016〕267 号），徐州农科所现代农业示范基地被认定为江苏省科普教育基地，认定建设年限为 2016—2020 年。旨在依托徐州农科所的综合科技优势，向社会各界主要是青少年学生充分展示传播新成果、新产品、新设施、新技术以及现代农业科普知识，并可供中小学生参与动手实践和夏令营等专题活动以及为社会团体承接休闲、观光、旅游、采摘等农业科普服务。基地建立以来，每年都有当地或外地的农业企业、合作社、家庭农场、科技推广部门、农业科研单位等专职、兼职人员来江苏省科普教育基地开展农业新成果示范、展示的参观、学习和观摩活动，并收到很好的效果。

十三、甘薯脱毒原原种扩繁基地（铜山站）

甘薯脱毒原原种扩繁基地是由 2017 年中央财政农业优势特色主导产业发展资金项目资助建设，建设依托单位是江苏徐淮地区徐州农业科学研究所铜山试验站，江苏徐淮地区徐州农业科学研究所甘薯病虫害防控研究室作为技术指导单位，建设地点在徐州市铜山区张集镇铜山试验站，项目建设法人为黄怀成。主要建设内容；一是建设规模。规划建设甘薯脱毒原原种繁殖田，达到年产脱毒原原种 10 000 kg 的规模。二是建设内容。生产性基础设施主要为设施温室建设，占地面积 840 m^2；联栋大棚建设，占地面积 2 800 m^2；钢架结构大棚，占地面积 4 000 m^2 以及平整改良土壤，完善田间配套设施等。三是项目投资估算与资金筹措。该项目资金共 296 万元，其中自筹 196 万元，财政补助 100 万元。实施进展良好：一是项目组织措施。由铜山试验站负责项目的实施工作，为了项目顺利实施，成立了项目技术实施组，负责项目实施过程中的各类任务。具体项目建设由铜山试验站等相关单位组织实施，在组织实施过程中，充分利用各职能部门的专业技术力量，把好质量关，确保了项目的顺利实施。二是建设成效突显。脱毒甘薯种苗是目前防治甘薯病毒病等最为有效的方法，健康的种苗促进了产量的提升，有效降低了种植成本，目前已完成 3 年甘薯脱毒原原种快繁任务，累积原原种产量超 30 000 kg，为促进本区域甘薯规模化种植发展提供了有利的科技支撑。

十四、江苏省根茎类作物种质资源库

依托徐州农科所甘薯品种资源室、园艺研究室、棉花研究室和江苏省农业科学院经济作物研究所，重点收集保存特色甘薯、马铃薯、大蒜、山药和芋头等根茎类作物。于 2018 年组织申报并获江苏省农业种质资源保护与利用平台立项（项目编号：JSGB2018-03），省拨经费 60 万元。建设时间为 2018 年 7 月—2020 年 6 月，建设内容主要为建成一个以离体保存为主、田间为辅的根茎类作物种质资源库；其中离体保存库 200 m^2，田间保存圃 30 000 m^2；完成马铃薯资源保存库降温控温设备改造和甘薯低温保存库灯光改造；收集引进国内外甘薯、大蒜、山药、芋头、马铃薯种质资源 118 份；使库（圃）存资源达到 800 余份，收集保存根茎类资源在全国处于领先地位；建成标准化的甘薯、大蒜、山药、芋头、马铃薯种质资源描述数据库；种质数量达 800 余份，录入数据项 10 000 条以上；建立一支 10 人左右的核心团队，专业结构合理，对于特性数据信息完善和资源特色明显的根茎类作物，制定全省共享服务规划，推出可提供利用资源清单，通过优异资源展示和电话邮件等预约的方式，促进资源向科研单位、企业等的开放共享。该项目 2020 年 7 月通过江苏省科技厅组织的专家验收，根茎类作物种质资源库实行江苏徐淮地区徐州农业科学研究所直接领导，资源库负责人为曹清河研究员。项目执行期间新收集各类资源 483 份，初步建立根茎类作物数据库，种质资源特征信息超 800 份，特征数据超 22 000 个，为国内 55 家科研单位提供根茎类作物种质资源 448 份次，支撑 11 个新品种的选育和国家重点研发计划等项目的实施，发表论文 20 篇。目前，根茎类作物种质资源库正在申请江苏省根茎类作物种质资源库挂牌，责任人为单位法人。

十五、徐州市根茎类作物高技术重点实验室

（一）基本情况

江苏徐淮地区徐州农业科学研究所作为项目建设依托单位，于 2010 年 6 月获批徐州市科学技术

局立项建设“徐州市根茎类作物高技术研究重点实验室”（项目编号：XF10C010）；建设期限18个月（2010年6月—2011年12月）；建设投资为徐州市财政资助10万元，其余为建设单位自筹。徐州市根茎类作物高技术研究重点实验室由江苏徐淮地区徐州农业科学研究所直接领导，实验室负责人为曹清河研究员。

（二）实施进展

建成组培脱毒实验室、病毒分子检测实验室、品质分析实验室、新品种分子指纹图谱（分子标记）实验室、细胞工程实验室，功能完备，能够满足根茎类作物相关应用基础性研究需要。通过本项目实施创新甘薯种质材料3份，培育菜用型甘薯新品种1个，生产甘薯、山药、大蒜等根茎类作物脱毒种苗10 000余株；申请专利2项，获得授权1项；在国家核心期刊发表论文2篇；培养硕士研究生2名。该项目2012年6月30日通过徐州市科学技术局组织的专家验收。

十六、南京农业大学校外教学实习基地

2015年9月，徐州现代农业试验示范基地被南京农业大学授予校外教学实践基地。基地共建合作年限为：2015—2020年。校方有关专业的部分师生不定期到基地开展教学实践活动，基地主动惠予密切配合，努力使师生能够在实习工程中开阔农业科研视野，提升动脑动手的实践能力。

十七、江苏省农业科学院甘薯加工工程实验室

2017年12月，经江苏省农业科学院批准成立江苏省农业科学院甘薯加工工程实验室，负责人为孙健，建设时间为2017年12月—2020年12月，建设内容：①优质果蔬、甘薯的感官品质、营养品质以及加工品质评价。通过原材料的加工适宜性评价，确定具体的加工用途及产品方向。②功能成分的提取及功能性食品加工工艺研究。主要包括：多酚类物质、多糖类、膳食纤维、类胡萝卜素等的提取分离、构效关系及改性研究和产品加工工艺。③绿色、安全、营养、健康的新型休闲食品的研发。采用真空低温油炸脱水、真空（微波）冷冻干燥、气流干燥、滚筒干燥、组合干燥等加工工艺及包装技术，研发原切型及重组型果蔬休闲系列产品。④果蔬、甘薯食用发酵酒的工艺研究。以淀粉质原料及富含天然保健成分的果蔬为基础，以浓醪发酵为技术核心，研究功能性纯天然发酵类果酒的加工工艺及标志性成分的检测技术等。目前，已完成建设的目标任务和预期成果，正在汇总材料，准备验收。

十八、扬州大学大学生实践教育中心

2019年8月，江苏徐淮地区徐州农业科学研究所与扬州大学签署合作协议，共建扬州大学大学生实践教育中心。扬州大学不定期选派有关专业的教师、学生到基地开展教学实践活动，基地尽力惠予积极配合，努力让实习的师生能够增长农业科研见识，提高技能操作水平。

十九、徐州市薯类加工重点实验室

（一）基本情况

2019 年 8 月，经徐州市科技局批准成立徐州市薯类加工重点实验室，建设时间为 2019 年 8 月—2021 年 7 月，属于徐州市科技条件（创新能力建设）项目，名称为“徐州市薯类加工重点实验室（KC19243）”；建设依托单位是江苏徐淮地区徐州农业科学研究所，建设地点在徐州市经济开发区徐州市农业科学院内，项目建设法人为刘明钟。主要内容：一是建设规模。规划在原有基础上扩建中试实验室 300 m^2 及相关配套工程，建成后薯类加工重点实验室总面积达 800 m^2 以上。二是建设内容。购置液质联用仪、全自动微波消解萃取系统、中试型冷冻干燥机组、电子舌、质构仪、微波干燥机组、纯水设备系统仪器设备 7 台（套）。三是研发内容。开展营养品质与加工品质的评价、功能性成分的提取及功能性食品加工工艺研究、新型休闲食品的研发、食用发酵酒的工艺研究等任务；申请发明专利 8 件，授权专利 2 件；发表论文 10 篇；研发新产品 1 项、新工艺 2 项；获批部省级或市厅级项目 4 ~ 5 项；引进或培养高层次人才 1 ~ 2 名；组织技术培训 1 ~ 2 次。四是项目投资估算与资金筹措。总投资为 560 万元，其中设备费 465 万元，按照市财政配套资金与单位自筹资金实施方案，申请市拨款 50 万元，单位自筹 510 万元。

（二）实施进展

一是项目组织措施。项目建成后由江苏徐淮地区徐州农业科学研究所和徐州市科学技术局共同管理。实验室实行主任负责制。实验室主任全面负责实验室日常的科研和管理活动，负责实验室的设备、使用和维修工作，负责向实验室学术委员会汇报各项工作。重点实验室设主任 1 名，其主要职责：①制订并向学术委员会提出实验室年度计划，提交年度工作报告和财务报告；②处理实验室重大事务；③负责实验室日常工作的协调和实施。实验室设副主任 1 人，具体负责研究项目学术成果管理、开放基金管理、实验室基本条件建设、仪器设备管理与维护以及实验室日常事务等工作。目前项目还处于建设期，已购置仪器设备 6 台（套），基本完成实验室的扩建工作。二是建设成效突显。建立甘薯等薯类营养品质和加工品质的评价体系，先后开发花青素、膳食纤维、多糖、甘薯杂粮粉、甘薯月饼、甘薯薄饼、倒蒸地瓜干、紫甘薯酒、牛蒡紫薯饮料等产品，部分产品实现转化应用并取得较好的经济效益。申请专利 8 件，授权专利 4 件，其中发明专利 2 件；发表论文 20 篇，其中 SCI 收录 6 篇；研发新产品 5 项、新工艺 4 项；获批部省级以上项目 8 项，市厅级项目 3 项；培养和引进高层次人才 2 名；开展技术培训 6 次。项目建成后将立足徐州地区，面向淮海经济区，服务全国，建设成为徐州领先、省内先进、全国有影响的农产品加工工程实验室，使之成为新产品、新技术研发及成果示范与转化的基地和桥梁，成为产业技术自主创新的重要源头和服务现代农业产业发展的重要平台。

二十、徐州市特色根茎类作物工程研究中心

2020 年 8 月 25 日，徐州市发展和改革委员会批准徐州农科所建设市级工程研究中心挂牌项目“徐州市特色根茎类作物工程研究中心”（徐发改高技发〔2020〕244 号）。主要目标是围绕徐州市特色根茎作物品种退化严重、优异种质匮乏等问题，针对特色根茎类作物高效育种技术、脱毒快繁技术、轻简栽培和加工技术的需求，建设徐州市特色根茎类作物工程研究中心，开展特色根茎类作物种

质资源引进鉴定、高效育种平台及健康种薯种苗繁育体系和绿色轻简栽培建设等方面研究，突破品种、绿色栽培和加工等关键技术，满足提升产业创新能力、促进区域经济发展方面的需求。

二十一、江苏徐淮地区徐州农业科学研究所南繁育种基地

2010 年 6 月，经所领导班子商定，决定在海南省三亚市选址建设南繁育种基地，委派刘超副所长带队携同水稻研究室王健康、陈朋等人赴三亚市考察选址，通过多地考察比较，与三亚市崖州区梅西村干群协商，选定该基地建设地点，并签订长期租用该村 13.8 亩耕地为徐州农科所南繁基地（11.6 亩试验田、2.2 亩建设用地）租赁协议。2010 年 12 月，李要进副所长、刘超副所长、李再祥处长、张栋处长、王健康主任一行 5 人赴海南，共同确定南繁基地房屋建筑位置和建筑规模，建筑方案和施工图纸由徐州市设计院设计，经与当地建筑单位代表李刚签订施工合同进行建设。共建成两栋三层钢筋混凝土结构楼房 1 600 余 m^2，同时建有南、北、西三面围墙和院内水泥地坪等辅助设施。2012 年 1 月，南繁育种基地建设竣工并投入使用。 自此时起，本所水稻研究室、甘薯育种研究室、油料研究室和江苏徐农种业科技有限公司玉米课题组相继入驻海南基地开展南繁育种研究工作，常年租用土地面积 30 亩以上，至 2020 年经南繁加代共育成农作物新品种 30 余个，其中列为省、市主推品种 10 多个，对本所科技创新发挥了很好的平台作用。

第三节 科研项目

徐州农科所在“十二五”至“十三五”期间，有 16 个研究室（站、中心、公司）承担各级各类农业科研项目（课题）460 项，其中国家级 96 项、部省级 214 项、市厅级 111 项、院（所）科研基金 33 项、国际合作 6 项，其各项比例为 20.9%、46.5%、24.1%、7.2%、1.3%。其中国家级、部省级及国际合作的科研项目（316 项）占项目总数的 68.7%。全所科研项目到账总经费 19 656.07 万元，其中 5 个甘薯专业研究室的科研经费（9 636.45 万元）占全所科研项目总经费的 49%，几乎占有半壁河山。全所承担的科研项目（课题）数量及项目经费数额详见表 5-6。

表 5-6 2011—2020 年徐州农科所承担各级各类农业科研项目（课题）、经费统计

研究专业	科研项目 / 项						项目经费 / 万元
	国家级	部省级	市厅级	院所基金	国际合作	合计	
小麦	11	20	7	1		39	1 530.00
水稻	6	15	6	3		30	1 350.00
棉花	3	12	17	3		35	656.37
大豆	4	7	4	3		18	924.00
花生	4	4	6	1		15	730.25

（续表）

研究专业	科研项目 / 项						项目经费 / 万元
	国家级	部省级	市厅级	院所基金	国际合作	合计	
园艺	6	44	29	3		82	1 940.00
果树		1		2		3	90.00
甘薯品资	22	9	3	1		35	2 427.30
甘薯育种	21	24	3	2	6	56	3 624.40
甘薯栽培	8	7	3	1		19	1 500.00
甘薯病控	5	20	9	3		37	1 010.95
甘薯加工	6	12	6	4		28	1 073.80
植物测试		7		1		8	140.00
科技服务		19	14			33	942.00
铜山试验		3		1		4	311.50
徐农种业		10	4	4		18	1 405.50
合计	96	214	111	33	6	460	19 656.07

第四节 科研成果

一、科研成果获奖情况

2011—2020 年，全所有 12 个研究室（站、中心）获得各级各类农业科研成果奖励 65 项，其中国家级科研成果奖励 2 项、部省级科研成果奖励 21 项、市级科研成果奖励 42 项。分别占获奖总数的 3.1%、32.3% 和 64.6%，其中国家、部省级科研成果奖励（23 项）占获奖总数的 35.4%。全所荣膺科研成果奖励数量详见表 5-7。

表 5-7 2011—2020 年徐州农科所荣获各级各类农业科研成果奖励统计

获奖研究室（中心）	科研成果奖励 / 项			
	国家级	部省级	市厅级	合计
小麦研究室			3	3
水稻研究室	1	1	1	3
棉花研究室			3	3
油料研究室		6	8	14
园艺研究室		1	4	5

（续表）

获奖研究室（中心）	科研成果奖励 / 项			
	国家级	部省级	市厅级	合计
甘薯品种资源研究室		2	3	5
甘薯遗传育种研究室		1	2	3
甘薯生理栽培研究室	1	1	2	4
甘薯病虫草害防控研究室		4	9	13
甘薯加工利用研究室		3	6	9
科技服务中心		2	1	3
合计	2	21	42	65

二、获奖科研成果简介

（一）小麦科研成果

1.“小麦新品种徐麦 30 选育与推广”

（1）成果简介　获 2013 年度徐州市科技进步奖一等奖。高产优质多抗小麦新品种‘徐麦 30’由徐州农科所利用生物技术与常规育种结合育成。通过筛选创新种质资源、选用优良性状互补的亲本进行杂交，开展杂交早期世代品质性状的测试筛选，并利用分子标记辅助选择加速抗病基因和优质麦谷蛋白亚基聚合，实现了产量与品质、抗性的综合集成。徐麦 30 经 5 年（2008—2012 年）大面积示范推广均表现高产稳产，连续数年实产超过 600 kg/ 亩，其中 2010 年亩产 663 kg 创江苏省小麦高产纪录，同时品质达到强筋小麦标准，综合农艺性状优良。目前是淮北地区早中茬、高中肥田块种植的理想品种，深受广大农民群众欢迎。累计推广面积 1 147.8 万亩，增产增收 4.82 亿元，已成为淮北地区高产创建的首选品种，实现了大面积生产均衡增产。

（2）成果完成人　陈荣振、冯国华、刘东涛、张会云、王静

（3）成果获奖证书（图 5-1）

图 5-1　“小麦新品种徐麦 30 选育与推广”项目获奖证书

2.“小麦新品种徐麦 31、徐麦 32 选育与产业化开发”

（1）成果简介　获 2016 年度徐州市科学技术奖一等奖。徐麦 31、徐麦 32 均申请了国家植物新品种保护，并获得授权证书。技术经济指标：徐麦 31 系选用烟辐 188 作母本，徐州 26 号作父本进行杂交，通过优良性状基因聚合育成的高产优质小麦新品种，2009 年通过江苏省审定，2011 年通过国家审定，丰县赵庄棉花原种场千亩示范方实产 685.75 kg/ 亩。其产量三要素协调，高产稳产，综合抗性好，慢条锈病，高抗黄花叶病，中抗纹枯病，大面积生产赤霉病轻，且成熟早，品质达强筋小麦标准，适宜在黄淮冬麦区南片的河南省中北部，安徽省北部、江苏省北部、陕西省关中地区高中水肥地块早中茬种植。徐麦 32 系郑农 7 号 / 藁城 8901// 烟农 19 复合杂交，经分子标记辅助选择、品质连续筛选育成的强筋小麦新品种，2012 年通过江苏省审定，适宜淮北地区推广种植。2015 年邳州市四户镇石羊村千亩示范方理论产量 677.7 kg，折实产 609.9 kg。国家小麦产业技术体系连续多年测试，徐麦 32 品质稳定达到强筋小麦标准，商品粮供不应求。2015 年秋播徐麦 31 推广种植 481.6 万亩，2009—2015 年累计推广面积 1 994.4 万亩，增产小麦 3.51 亿 kg，增加社会经济效益 7.72 亿元，目前徐麦 31 已成为淮北地区稻麦周年高产的首选品种，促进了江苏省小麦生产稳步提高。2015 年秋播徐麦 32 示范推广 157.4 万亩，2012—2015 年徐麦 32 累计推广 303.1 万亩，增产小麦 0.62 亿 kg，增加社会经济效益 1.36 亿元。两品种累计推广种植 2 297.5 万亩，增产粮食 4.13 亿 kg，增加社会经济效益 9.08 亿元，同时徐麦 31、徐麦 32 品质优良，粮食收储企业和面粉加工企业优先收购，农民、企业均取得了较好的社会经济效益。目前各地发展势头良好，通过强化市场化运作，扩大订单生产，预计推广面积将进一步扩大。

（2）成果完成人　冯国华、刘东涛、张会云、王静、马红勃、周兴根、黄忠勤、陈荣振

（3）成果获奖证书（图 5-2）

图 5-2　“小麦新品种徐麦 31、徐麦 32 选育与产业化开发”项目获奖证书

三、“小麦新品种徐麦 31、徐麦 32 选育与产业化开发”

（二）水稻科研成果

1.“抗条纹叶枯病高产优质粳稻新品种选育及应用”

（1）成果简介　获 2010 年度国家科学技术进步奖一等奖，由南京农业大学主报，徐州农科所为第二完成单位。水稻是我国第一大粮食作物，但从 2000 年开始水稻条纹叶枯病在我国南方粳稻区大面积流行，每年损失 45 亿元，给水稻生产带来巨大为害。针对我国水稻抗条纹叶枯病抗性鉴定技术体系和分子标记聚合育种技术体系尚未建立，抗病种质、基因、品种匮乏等突出问题，本项目开展了抗条纹叶枯病高产优质粳稻新品种选育及应用研究，取得了重大突破与创新。一是首次建立了规模化水稻条纹叶枯病抗性鉴定技术体系，筛选抗病种质 212 份。提出了灰飞虱非嗜性和抗生性鉴定、强迫饲毒与集团接种相结合的水稻条纹叶枯病抗性鉴定方法，研制了室内与田间相结合的水稻条纹叶枯病鉴定技术和指标，首次建立了规模化水稻条纹叶枯病抗性鉴定技术体系；对 10 977 份水稻资源进行了抗条纹叶枯病鉴定，筛选出高抗种质 212 份。二是挖掘和标记水稻条纹叶枯病抗性基因 /QTL，创建分子标记聚合育种技术体系。挖掘水稻抗条纹叶枯病基因 /QTL 24 个，占全世界已报道的 71%；精细定位抗病基因 *Stvb-i* 并获得候选基因；构建抗病基因饱和图谱，开发紧密连锁的分子标记，选择准确率达 95% 以上；建立了抗条纹叶枯病高产优质水稻分子标记聚合育种技术体系，创制抗病优质新种质 16 份。三是选育系列抗条纹叶枯病高产优质水稻新品种，实现了南方粳稻区的快速应用。创新了教学、科研和推广多部门，资源、育种、栽培、植保多学科协作机制，构建了南方粳稻品种选育与应用的综合平台。选育出适应不同生态区的早中晚熟系列抗条纹叶枯病高产优质新品种 10 个；制定栽培技术规程 13 个；新品种累计推广 6 348 万亩，增产 374 200 万 kg，社会经济效益 80.84 亿元，2008 年推广面积占南方粳稻区种植面积的 62.1%。四是获新品种权 7 项，申请发明专利 8 项，发表论文 53 篇，其中 SCI 21 篇。该成果有效解决了南方粳稻区长期受条纹叶枯病威胁的难题，有力地促进了水稻生产的发展，为保障我国粮食安全、农民增收和农业可持续发展做出了重要贡献。

图 5-3 “抗条纹叶枯病高产优质粳稻新品种选育及应用”项目获奖证书

（2）成果完成人　国家奖证刘超为第三主要完成人；南京农业大学奖证主要完成人分别为王健康、丁成伟、郭荣良、吴玉玲

（3）成果获奖证书（图 5-3）

证字 2010-J-201-1-02-D01-02-01 号

王健康　同志：

你参加完成的《抗条纹叶枯病高产优质粳稻新品种选育及应用》项目，获 2010 年度国家科学技术进步一等奖。

特发此证，以资表彰。

南京农业大学

2011 年 2 月

国家科学技术进步奖

证　书

为表彰国家科学技术进步奖获得者，特颁发此证书。

项目名称：抗条纹叶枯病高产优质粳稻新品种选育及应用

奖励等级：一等

获 奖 者：南京农业大学

证书号：2010-J-201-1-02-D01

证字 2010-J-201-1-02-D01-02-02 号

丁成伟　同志：

你参加完成的《抗条纹叶枯病高产优质粳稻新品种选育及应用》项目，获 2010 年度国家科学技术进步一等奖。

特发此证，以资表彰。

南京农业大学

2011 年 2 月

证字 2010-J-201-1-02-D01-02-03 号

郭荣良　同志：

你参加完成的《抗条纹叶枯病高产优质粳稻新品种选育及应用》项目，获 2010 年度国家科学技术进步一等奖。

特发此证，以资表彰。

南京农业大学

2011 年 2 月

证字 2010-J-201-1-02-D01-02-04 号

吴玉玲　同志：

你参加完成的《抗条纹叶枯病高产优质粳稻新品种选育及应用》项目，获 2010 年度国家科学技术进步一等奖。

特发此证，以资表彰。

南京农业大学

2011 年 2 月

图 5-3　“抗条纹叶枯病高产优质粳稻新品种选育及应用”项目获奖证书（续）

2.“杂交粳稻 9 优 418 及其三系亲本的选育与应用”

（1）成果简介　获 2010 年度江苏省科学技术奖二等奖；徐州农科所为第一完成单位。一是通过阶梯杂交、聚合杂交、回交等方式筛选生产力水平高、品质优、抗病能力强、异交结实性好的粳稻不育系，与不同恢源、不同生态型粳稻恢复系广泛配组，评估其配合力水平和应用价值；通过“籼粳架桥”技术，将爪哇稻广亲和基因与籼稻恢复基因聚合，筛选对粳稻不育系具有特异亲和性的偏粳型恢复系，扩大杂交双亲遗传距离，实现杂交粳稻优势水平提高和应用范围扩大的效果；采用“控制授粉，株系循环”技术，创新粳三系基础种子和杂交种子繁育体系，建立与推广规模相适应的杂交种子生产基地，降低生产成本，促进种子产业化。二是徐 9201A 花粉败育度好，不育性稳定，柱头外露率 22% ~ 27%，最高 35%，花时早，开花高峰明显，制繁种异交结实率 40% ~ 60%，最高 80% 左右，品质优，抗病抗逆能力强，是国内选配优势组合最多、应用规模最大的粳稻不育系。C418 含 1/3 籼稻血缘，恢复力强，对粳稻不育系具有特异亲和性，较好地解决了籼粳杂种存在的结实率低、籽粒充实度差、对环境敏感、耐寒性差、早衰等遗传障碍。9 优 418 株型优良、穗大粒多、结实率高、抗病性强、适应性广、高产稳产，国家区试两年平均亩产 627.6 kg，比对照豫粳 6 号增产 11.43%，生产试验平均亩产 645.06 kg，比对照豫粳 6 号增产 11.26%，安徽省区试两年平均亩产 579.6 kg，比对照 80 优 121 增产 9.93%，均达到国家广适性超级稻 8% 的增产标准。大面积种植一般亩产 650 ~ 700 kg，高产超过 800 kg，较各地同期主栽常规粳稻或杂交中籼稻品种平均每亩增产稻谷 50 ~ 80 kg，其优质稻米已成为上海、苏州、无锡、南通等大中城市的热销品种，年年供不应求。三是 9 优 418 于 2003 年起进入大面积生产应用，至

2009年在苏、皖、豫、鲁、川、湘等省累计推广种植2 000余万亩，年最大种植面积超过600万亩，占全国杂交粳稻总面积的60%以上，占黄淮、江淮地区杂交粳稻面积的80%以上，是“十五”以来推广面积最大、应用范围最广、生产表现最为突出的杂交粳稻品种，开创了我国杂交粳稻生产应用的新局面。按平均每亩增产增收、优质加价增收和节本增收合计150元计算，累计新增社会经济效益30.5亿元。

（2）成果完成人　刘超、张忠旭、王健康、丁成伟、郭荣良、吴玉玲、方雷、杨纪晖、孙克新

（3）成果获奖证书（图5-4）

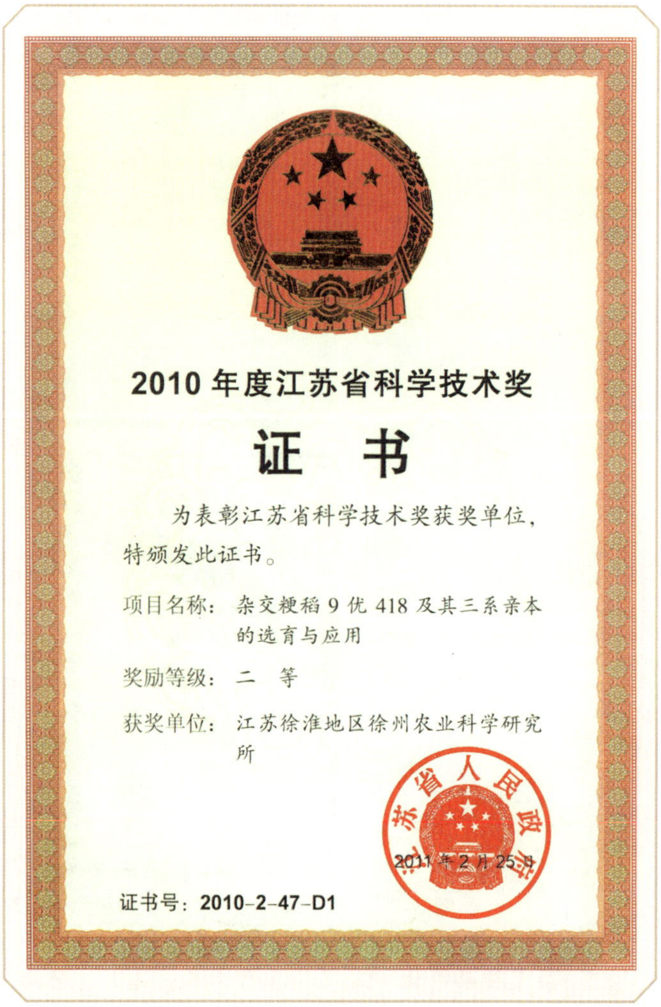
2010年度江苏省科学技术奖

证　书

为表彰江苏省科学技术奖获奖单位，特颁发此证书。

项目名称：杂交粳稻9优418及其三系亲本的选育与应用

奖励等级：二　等

获奖单位：江苏徐淮地区徐州农业科学研究所

2011年2月25日

证书号：2010-2-47-D1

图5-4 “杂交粳稻9优418及其三系亲本的选育与应用”项目获奖证书

3.“优质高产多抗粳稻新品种徐稻4号的选育与应用”

（1）成果简介　获2010年度徐州市科学技术进步奖一等奖；徐州农科所单独完成。一是引进、创新优质、高产、抗条纹叶枯病、黑条矮缩病、稻瘟病、白叶枯病等多抗骨干亲本，通过单交、复交、阶梯杂交等方法将抗病基因导入到目标品种中，实现抗病育种与优质、高产育种结合的新突破；采用部分利用籼粳杂交优势和不同生态型品种间优势的技术路线，培育适应性广的超高产新品种，同时结合品质性状改良，同步提高育成品种的产量和品质水平。二是徐稻4号含有抗条纹叶枯病基因*Stvb-i*，是江淮及黄淮稻区大面积应用的抗条纹叶枯病和抗黑条矮缩病优质高产多抗品种之一。具有农艺性状好，经济性状协调，群体调节能力强，抗多种病害，抗逆抗灾能力强，优质高产稳产的特点。山东省两年区试平均亩产579.2 kg，比CK1豫粳6号增产12.98%，比CK2圣稻301增产16.95%，均达极显著水平，名列参试品种首位。大田种植一般亩产600 ~ 700 kg，高产超750 kg以上。大面积种植表现高抗条纹叶枯病、抗穗颈瘟、中抗白叶枯病等。米质达《优质稻谷》(GB/T 17891—1999)3级标准。适宜江苏沿淮、淮北及山东南部、安徽中北部、河南沿黄稻区种植，也适宜苏中及立下河地区作机插稻、迟播稻种植。三是徐稻4号2005年列为江苏省重大科技成果产业化品种，2006—2008年列为省水稻良种补贴主体品种。2005—2009年在江苏省累计推广1 655.1万亩，其中徐州市推广面积255.8万亩，由于高抗条纹叶枯病，较同期主栽不抗品种亩增产稻谷60 ~ 80 kg，亩增产增收120 ~ 140元、抗条纹叶枯病等亩省工节本30 ~ 50元，优质加价亩增收20 ~ 30元，合计亩增收170 ~ 220元，累计新增社会经济效益35亿 ~ 5.63亿元。

（2）成果完成人　刘超、王健康、丁成伟、郭荣良、吴玉玲、徐家安、王友霜、胡婷婷

（3）成果获奖证书（图 5-5）

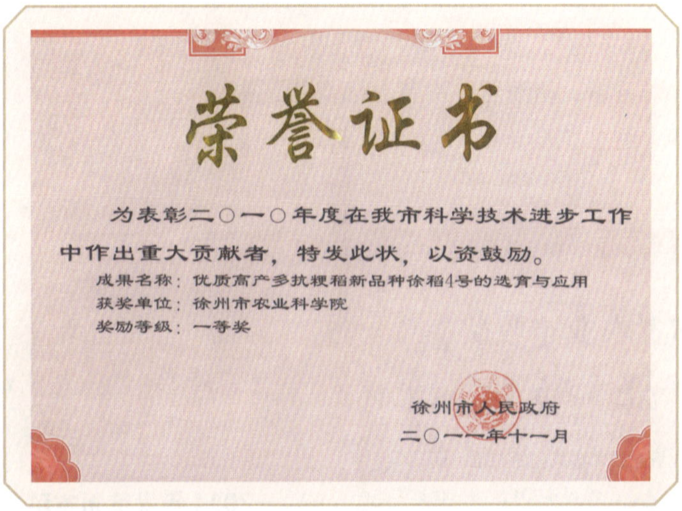

荣誉证书

为表彰二〇一〇年度在我市科学技术进步工作中作出重大贡献者，特发此状，以资鼓励。

成果名称：优质高产多抗粳稻新品种徐稻4号的选育与应用

获奖单位：徐州市农业科学院

奖励等级：一等奖

徐州市人民政府

二〇一一年十一月

图 5-5　“优质高产多抗粳稻新品种徐稻 4 号的选育与应用”成果获奖证书

（三）棉花科研成果

1.“转基因抗虫棉徐杂 3 号及高产抗病苏棉 20 号的选育与应用”

（1）成果简介　获 2011 年度徐州市科学技术进步奖一等奖。根据江苏、安徽、河南及湖北 10 地市种子管理部门应用情况汇总，2004—2010 年上述 2 个品种累计在苏、皖、鄂、豫等棉区推广 930.1 万亩，增产皮棉 6 012.6 万 kg，新增产值 91 342 万元，节本 59 033.4 万元，增收节支总额 150 375.4 万元，按缩值系数 0.8 计，实际新增效益 120 300.3 万元。

（2）成果完成人　李卫华、王阶祥、胡新燕、张正敏、杨峰、冯营、陈萍

（3）成果获奖证书（图 5-6）

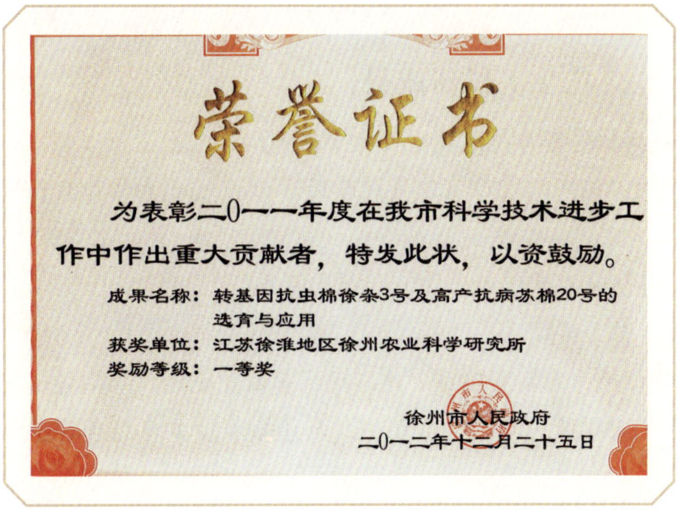

荣誉证书

为表彰二〇一一年度在我市科学技术进步工作中作出重大贡献者，特发此状，以资鼓励。

成果名称：转基因抗虫棉徐杂3号及高产抗病苏棉20号的选育与应用

获奖单位：江苏徐淮地区徐州农业科学研究所

奖励等级：一等奖

徐州市人民政府

二〇一二年十二月二十五日

图 5-6　“转基因抗虫棉徐杂 3 号及高产抗病苏棉 20 号的选育与应用”成果获奖证书

2.“淮北地区棉花/大蒜（洋葱）高效立体种植模式推广应用”

（1）成果简介　获2012—2013年度江苏省农业丰收奖二等奖，同年获徐州市科学技术奖二等奖。近5年在徐州地区累计推广112万亩，新增经济收益10.32亿元，其中2011—2013年累计推广74万亩，新增经济收益6.82亿元。

（2）成果完成人　李卫华、胡新燕、冯营、孙亚伟、张梅

（3）成果获奖证书（图5-7）

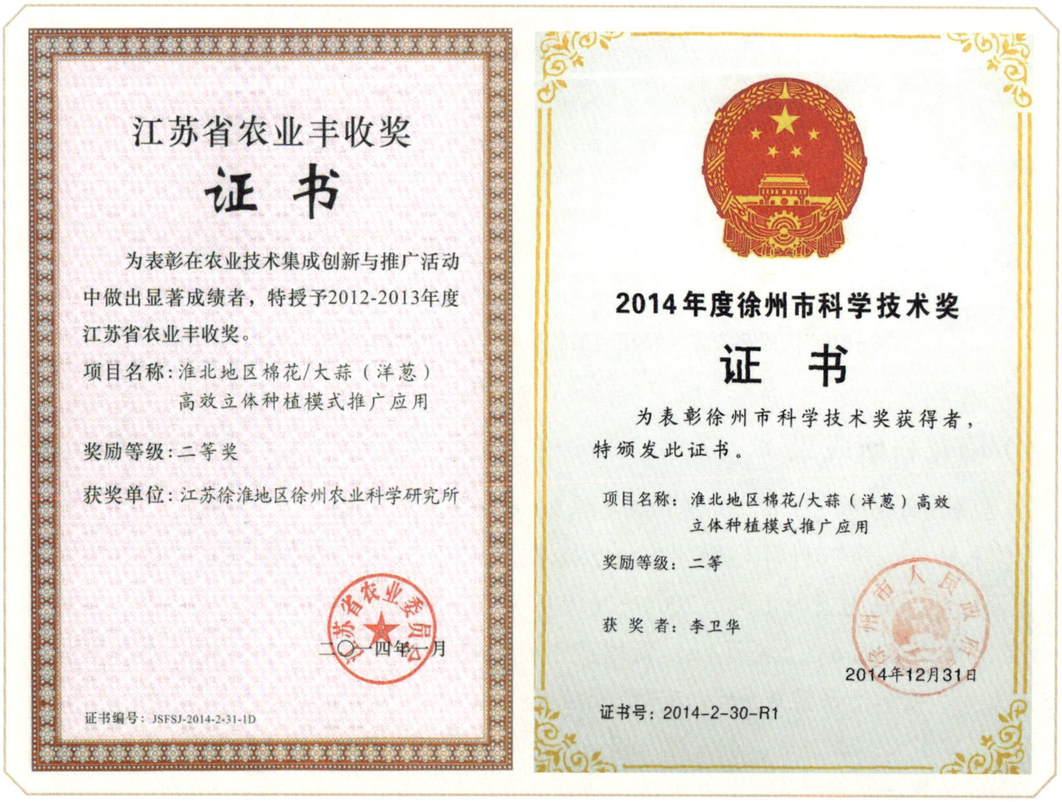
江苏省农业丰收奖
证书
为表彰在农业技术集成创新与推广活动中做出显著成绩者，特授予2012-2013年度江苏省农业丰收奖。
项目名称：淮北地区棉花/大蒜（洋葱）高效立体种植模式推广应用
奖励等级：二等奖
获奖单位：江苏徐淮地区徐州农业科学研究所
二〇一四年一月
证书编号：JSFSJ-2014-2-31-1D

2014年度徐州市科学技术奖
证书
为表彰徐州市科学技术奖获得者，特颁发此证书。
项目名称：淮北地区棉花/大蒜（洋葱）高效立体种植模式推广应用
奖励等级：二等
获奖者：李卫华
2014年12月31日
证书号：2014-2-30-R1

图5-7　“淮北地区棉花/大蒜（洋葱）高效立体种植模式推广应用”项目获奖证书

（四）油料（大豆、花生）科研成果

1.“优质抗病大豆新品种选育与高效栽培技术示范推广”

（1）成果简介　徐州农科所与江苏省农业科学院、南京农业大学等合作完成，2015年获江苏省科学技术奖二等奖。

（2）成果完成人　王宗标（排名3）、王幸（排名9）

（3）成果获奖证书（图5-8）

2.“中国大豆花叶病毒病株系鉴定体系创建、抗性基因挖掘和抗病品种选育”

（1）成果简介　徐州农科所为第二完成单位，与南京农业大学合作完成，2015年获大北农科技奖成果奖一等奖。

（2）成果完成人　王宗标（排名3）、王幸（排名13）

（3）成果获奖证书（图5-9）

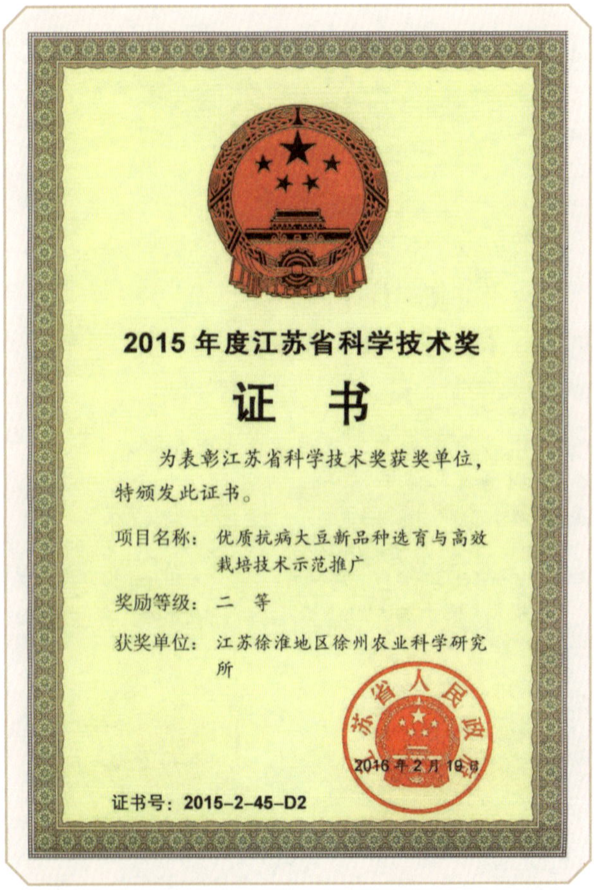
2015 年度江苏省科学技术奖

证 书

为表彰江苏省科学技术奖获奖单位，特颁发此证书。

项目名称：优质抗病大豆新品种选育与高效栽培技术示范推广

奖励等级：二 等

获奖单位：江苏徐淮地区徐州农业科学研究所

江苏省人民政府

2016 年 2 月 19 日

证书号：2015-2-45-D2

图 5-8 “优质抗病大豆新品种选育与高效栽培技术示范推广”项目获奖证书

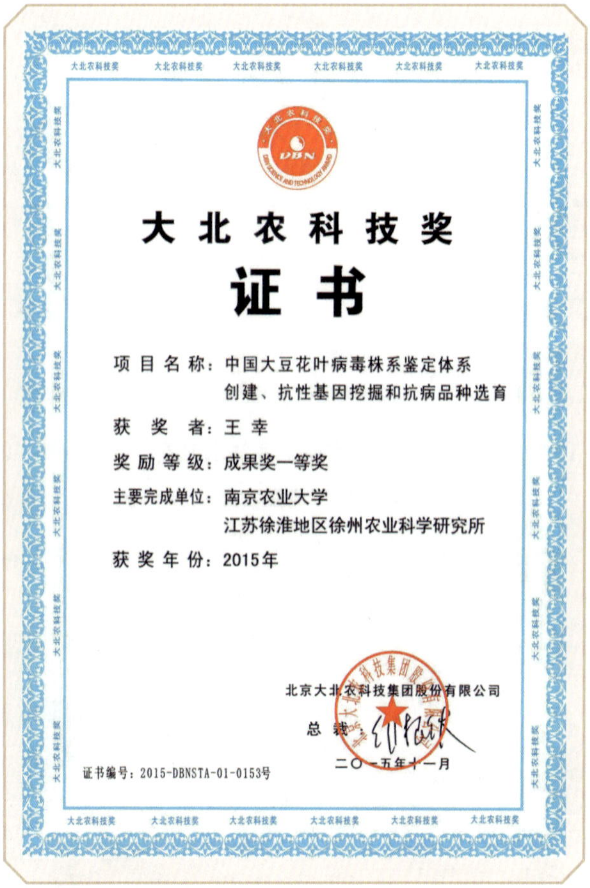
大北农科技奖

证 书

项目名称：中国大豆花叶病毒株系鉴定体系创建、抗性基因挖掘和抗病品种选育

获 奖 者：王 幸

奖励等级：成果奖一等奖

主要完成单位：南京农业大学

江苏徐淮地区徐州农业科学研究所

获奖年份：2015年

北京大北农科技集团股份有限公司

总 裁

二〇一五年十一月

证书编号：2015-DBNSTA-01-0153号

图 5-9 “中国大豆花叶病毒株系鉴定体系创建、抗性基因挖掘和抗病品种选育”项目获奖证书

3.“大豆花叶病毒病鉴定体系创建和抗病品种选育及应用”

（1）成果简介　徐州农科所为第二完成单位，与南京农业大学合作完成，2017 年获得神农中华农业科技奖一等奖。

（2）成果完成人　王幸（排名 4）、王宗标（排名 9）

（3）成果获奖证书（图 5-10）

4.“大豆花叶病毒病鉴定体系创建和抗病品种选育及应用”

（1）成果简介　徐州农科所为第二完成单位，与南京农业大学合作完成，获得 2018 年度中国作物科技奖一等奖。

（2）成果完成人　王幸（排名 5）、王宗标（排名 9）

（3）成果获奖证书（图 5-11）

5.“黄淮海麦茬夏大豆免耕覆秸栽培技术体系构建与示范”

（1）成果简介　徐州农科所与中国农业科学院作物科学研究所等合作完成，2020 年获北京市科学技术进步奖一等奖。

（2）成果完成人　王幸（排名 9）

（3）成果获奖证书（图 5-12）

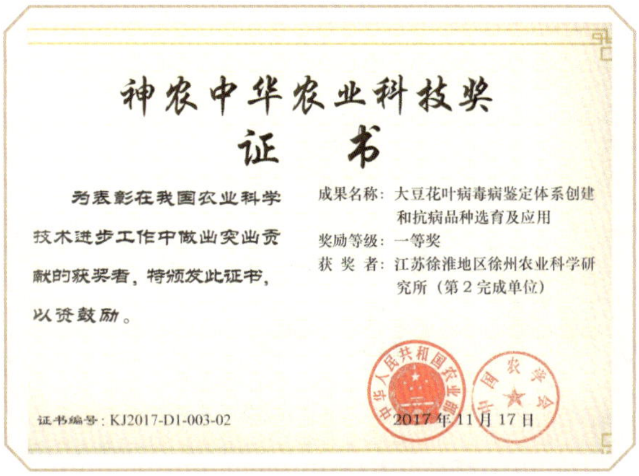

图 5-10 “大豆花叶病毒病鉴定体系创建和抗病品种选育及应用”成果获奖证书

图 5-11 “大豆花叶病毒病鉴定体系创建和抗病品种选育及应用”项目获奖证书

图 5-12 “黄淮海麦茬夏大豆免耕覆秸栽培技术体系构建与示范”项目获奖证书

6.“高产抗病广适应夏大豆徐豆14选育及应用”

（1）成果简介　高产抗病广适应夏大豆徐豆14是徐州农科所用徐豆8号为母本，徐豆9号为父本进行有性杂交选育而成。2006年通过国家农作物品种审定委员会审定，审定编号为国审豆2006008。2009年获植物新品种权证书，品种权号CNA20060248.9。徐豆14 2006年开始在黄淮地区推广应用，2007年徐州农科所和山东圣丰种业公司密切合作，发挥科研和产业结合的优势，建立技术服务和推广网络体系，在黄淮地区大面积推广应用。徐豆14 2004年参加国家黄淮海南片夏大豆区试，平均亩产182.77 kg，较对照中豆20增产12.05%，增产极显著，居参试品种第一位；2005年续试，平均亩产186.68 kg，比对照品种增产17.07%，增产极显著，居第一位。两年平均亩产184.80 kg，比对照平均增产14.56%。最高试点（山东济宁，2004年）平均亩产238.1 kg。2005年参加黄淮海南片夏大豆生产试验，平均亩产188.14 kg，在6个试验点全部增产，增产幅度为5.34% ~ 28.23%，平均比对照品种增产13.41%，居第一位。该品种在大面积生产中，一般亩产200 kg左右，高产田块亩产300 kg左右。2008年邳州市车辐山镇种植860亩，平均亩产217.5 kg，专家组实地测产验收其中50亩，平均单产259.4 kg，实收农户张华2亩，平均单产315.5 kg。2008年在铜山县沿湖、柳泉、大许3个乡镇进行大面积示范，示范面积2 200亩，平均亩产212.0 kg。

2010 年在沛县湖西农场、胡寨等地种植 1.6 万亩，对其中 4 个田块 320 亩进行田间测产，平均理论亩产 287.7 kg，收获后实产，平均亩产 252.5 kg。徐豆 14 属黄淮夏大豆，全生育期 110 d。6 月中旬播种，10 月上旬成熟，株高 60 ~ 70 cm，主茎 13 节，卵圆叶，紫花，有限结荚习性，株型半开张，有效分枝 2 ~ 3 个。底荚高度 16 cm，单株有效荚数 40 个左右，百粒重 22 ~ 23 g，粒形圆，种皮黄色，褐脐，微光泽。落叶性好，抗倒性强，抗大豆花叶病毒病 SC3、SC8、SC11、SC13 4 个株系。蛋白质含量 42.01%，脂肪含量 19.95%。徐豆 14 2006 年开始在江苏、安徽的淮北地区、河南、山东等地推广应用。近两年徐州市的年推广面积均在 30 万亩以上，占江苏市大豆种植面积的 60% 以上。2011 年在江苏省淮北地区推广 108.3 万亩，占江苏省粒用大豆面积 54.2%。2009—2011 年三年在黄淮地区累计推广应用 1 348.1 万亩，增产大豆 2.6 亿 kg，新增社会经济效益 10.8 亿元。目前该品种已成为上述地区主要推广品种之一。2011 年获得徐州市科学技术进步奖二等奖。

（2）成果完成人　王宗标、王幸、李敬、孙石、孙近友、张祖明、徐泽俊、王晓军

（3）成果获奖证书（图 5-13）

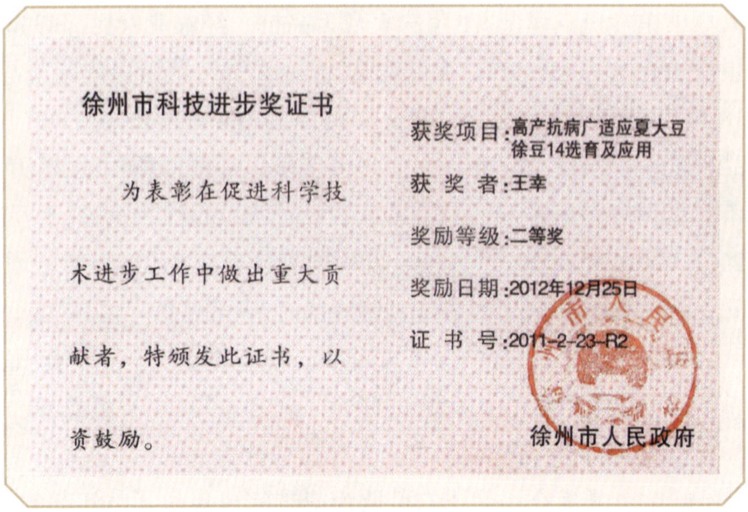
徐州市科技进步奖证书

为表彰在促进科学技术进步工作中做出重大贡献者，特颁发此证书，以资鼓励。

获奖项目：高产抗病广适应夏大豆徐豆14选育及应用
获 奖 者：王幸
奖励等级：二等奖
奖励日期：2012年12月25日
证 书 号：2011-2-23-R2

徐州市人民政府

图 5-13　“高产抗病广适应夏大豆徐豆 14 选育及应用”项目获奖证书

7.“高产抗病夏大豆徐豆 18 的选育及应用”

（1）成果简介　2018 年获徐州市科学技术奖二等奖。广泛收集国内外大豆资源 600 余份，通过主要性状的精准鉴定和基因型分析，筛选丰产性突出、品质优良、抗病、耐逆的优异亲本。高产优质抗病大豆新品种培育：选用遗传背景丰富的早熟、抗倒伏、适应性广的徐豆 9 号为母本，蛋白质含量高、抗病的泗豆 288 为父本进行杂交，聚合优良基因，通过分子标记辅助选择，在低世代对抗性、品质等相关基因进行早期筛选，结合农艺性状和产量相关性状的表型鉴定结果，选育出高产优质、抗病抗倒、适宜机械化种植的大豆新品种徐豆 18，推动江苏淮北及周边地区大豆品种的更新换代。徐豆 18 适应性评价和配套栽培技术研究：根据徐豆 18 的特征特性，在黄淮海区域及贵州、湖北江汉平原等地进行多点鉴定、示范，均表现为高产高效的广泛适应性，并结合各地气候条件和耕作方式，集成“徐豆 18 亩产 250 kg 以上的高产高效配套栽培技术”“适应生产形势的撒播浅旋轻简化栽培技术”“绿色增产增效的麦茬免耕覆秸精量播种栽培技术”。建立健全大豆育繁推一体化、产学研相结合的产业技术体系：利用国家大豆产业技术体系平台，通过与种业企业和农技推广部门的密切合作，建立、健全种子繁育、技术服务和新品种推广网络体系，徐豆 18 及其高产栽培技术在省内外得到大面积推广应用。2011 年徐豆 18 通过国家农作物品种审定委员会审定，审定编号：国审豆 2011009。2015 年徐豆 18 获得植物新品种权证书，品种权号：CNA20110290.2。申请发明专利，申请号：201510559465.5。徐豆 18 于 2009 年参加国家区试，平均亩产 189.29 kg，较对照中黄 13 增产

9.32%，试点中最高产量达 239.64 kg；2010 年续试，平均亩产比对照中黄 13 增产 7.11%，试点中最高产量达 212.23 kg；两年平均亩产 181.69 kg，较对照中黄 13 增产 8.22%。2010 年参加生产试验，7 个试点 6 个增产，平均比对照中黄 13 增产 6.65%，最高增产幅度为 14.99%。该品种在大面积生产中，一般亩产 200 kg 左右，高产田块可达 300 kg 以上。2014 年在邳州市碾庄镇种植 860 亩，平均亩产 277.5 kg，其中 7 号田块 55 亩，实收亩产 312.3 kg。2015 年在铜山区柳新农场示范 80 亩，亩产达 316.5 kg；在安徽华阳河农场种植近万亩，已经盖钧镒院士为组长的专家组验收，实收亩产 278.3 kg。经国家大豆改良中心鉴定，徐豆 18 对大豆花叶病毒病 SC3、SC7 株系均表现为抗病，对大豆细菌性斑点病菌 S1 菌株表现为高抗。经农业农村部谷物品质监督检验测试中心测定，徐豆 18 蛋白质含量为 41.29%，脂肪含量为 20.42%，其蛋白质脂肪总含量较国家审定标准高 2.71%。徐豆 18 自 2011 年开始在江苏、安徽、河南、山东等省份的大豆产区推广应用，现已成为这些地区的主栽品种之一。2015—2016 年在徐州市年推广种植面积均达 25 万亩以上，累计推广 52.4 万亩，占徐州市大豆种植面积的 56%。2016 年在江苏淮北地区推广 69.5 万亩，占本省粒用大豆种植面积的 40%。2011—2016 年在苏、鲁、豫、皖等地累计推广 910.6 万亩，增产大豆 1.8 亿 kg，新增销售额 77.7 亿元，新增利润 8.3 亿元。推广形势看好，应用前景广阔。

（2）成果完成人　王幸、王宗标、徐泽俊、齐玉军、曹阳、邢兴华、顾士力

（3）成果获奖证书（图 5-14）

8.“大豆病毒病侵染机理研究及抗病新品种选育”

（1）成果简介　徐州农科所为第二完成单位，与江苏省农业科学院经济作物研究所合作完成，2020 年获得江苏省农业科学院科学技术奖（研究创新奖）一等奖。

（2）成果完成人　王幸（排名 3）

（3）成果获奖证书（图 5-15）

2017 年度徐州市科学技术奖

证　书

为表彰徐州市科学技术奖获奖单位，特颁发此证书。

项目名称：高产抗病夏大豆徐豆18的选育及应用

奖励等级：二等

获奖单位：江苏徐淮地区徐州农业科学研究所

2018年2月22日

证书号：2017-2-15-D1

图 5-14 “高产抗病夏大豆徐豆 18 的选育及应用”项目获奖证书

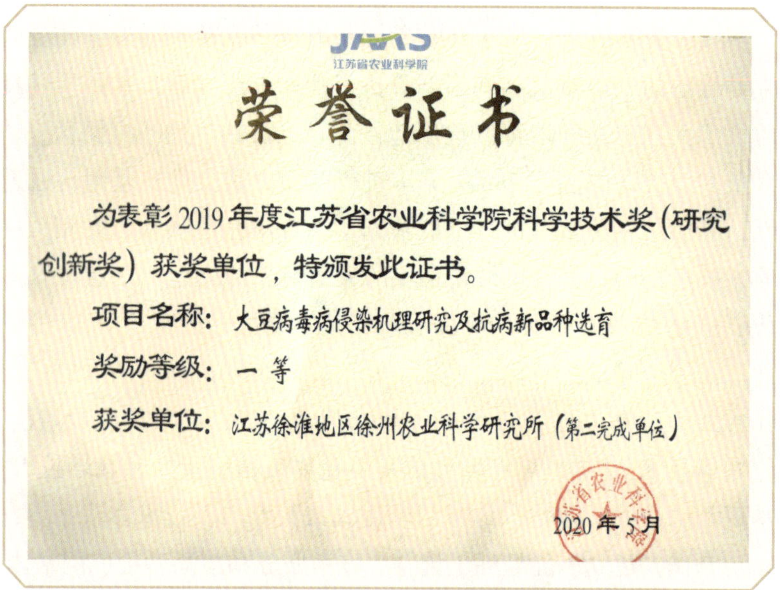

JAAS
江苏省农业科学院

荣誉证书

为表彰 2019 年度江苏省农业科学院科学技术奖（研究创新奖）获奖单位，特颁发此证书。

项目名称：大豆病毒病侵染机理研究及抗病新品种选育

奖励等级：一等

获奖单位：江苏徐淮地区徐州农业科学研究所（第二完成单位）

2020 年 5 月

图 5-15 “大豆病毒病浸染机理研究及抗病新品种选育”项目获奖证书

9.“花生育种新技术及其应用”

（1）成果简介 2012年获山东省科学技术奖二等奖。本项目属于遗传育种技术领域，主要的发明创新点有3个。①特异种质创制新技术。一是克服杂交不亲和的细胞融合技术。花生野生种是二倍体，具有很多优异基因，花生栽培种是四倍体，野生种和栽培种之间杂交不亲和。利用原生质体融合技术成功将野生种原生质体与栽培种体细胞进行融合，解决了胚败育问题，创造出高抗种质ICGS37和高蛋白种质910034。二是提高花生诱变率的胚辐照诱变技术。针对花生种子个体较大，辐射诱变率低的难题，发明了以花生成熟胚为辐照材料的诱变新技术，辐照的有用变异株率由低于0.5%提高至27%以上，减少了辐照和选择成本。创造出SPI098等油酸含量过80%的新种质7份和油脂含量达到61.6%的新种质71/6-4-11。三是提高花生组培苗成活率的嫁接移栽技术。花生组培苗移栽成活率低，制约了本项目细胞融合技术和胚辐射诱变技术的应用。针对这一技术瓶颈，发明了组培苗嫁接移栽技术，花生组培苗移栽成活率比传统方法提高了50%以上，结果数比传统方法提高了80%以上。②优质专用品种培育新技术。针对油酸含量检测成本高和准确率偏低等高油酸育种难题，通过比较高、低油酸品种脂肪酸合成相关基因序列和表达差异，发现高油酸品种中Δ12脂肪酸脱氢酶基因（*AhFAD2B'*）在起始密码子后第442bp处发生单碱基A的插入突变，引起Δ12脂肪酸脱氢酶的活性降低，导致花生中油酸含量提高，亚油酸含量降低，据此特点，研发出高效快速准确的高油酸育种技术，通过同源克隆，确定品种*AhFAD2B'*基因在第442bp处是否发生单碱基A插入突变，发明了花生高油酸育种技术，采用此技术以SPI098为亲本培育出高油酸品种花育32号，O/L值12.3，比传统品种提高了10倍，是国际上油酸含量最高的直立型新品种。油脂和蛋白质含量是衡量花生品质的最主要指标。磷酸烯醇式丙酮酸羧化酶基因（*PEPC*）表达调控决定种子脂肪和蛋白含量。通过克隆*PEPC*基因，对它们在不同脂肪和蛋白含量品种及不同发育时期表达表明：*PEPC*表达高低与脂肪和蛋白含量密切相关。据此特点，结合无损伤快速选择技术，发明了高油和高蛋白育种新技术，利用此技术以71/6-4-11为亲本培育出高油品种徐花9号，粗脂肪含量60.9%，比高油花生（55%）提高10.7%，是通过审定的含油量最高的品种；以910034为亲本，培育出高蛋白品种粤油79，蛋白质含量32.5%，比高蛋白品种（28%）蛋白含量增加16.1%，是通过国家审定的蛋白质含量最高的品种。③耐盐和抗旱品种培育新技术。耐盐和抗旱是花生品种重要的抗逆性指标，以盐胁迫诱导的花生幼苗为材料，克隆花生水通道蛋白基因*AhAQ1*，在盐诱导条件下，该基因在根、茎、叶中的表达量均有所升高，而且在耐盐和抗旱品种中*AhAQ1*表达量均比非耐盐和抗旱品种高。利用花生水通道蛋白基因*AhAQ1*在品种中的表达高低与品种的耐盐和抗旱密切相关的特点，发明了花生耐盐和抗旱品种培育新技术，采用此技术育成了耐盐和抗旱新品种花育23号。本项目共获得授权发明专利10个，软件著作权10项，出版专著2部，发表文章64篇，其中SCI和EI收录22篇；本项目培育的品种累计推广面积达3 224.4万亩，累计新增纯收益79.56亿元。

（2）成果完成人 禹山林、杨庆利、梁炫强、王晶珊、张祖明、周桂元

（3）成果获奖证书（图5-16）

10.“高油高产花生徐花13号、徐花14号选育与应用”

（1）成果简介 获2015年度徐州市科学技术奖二等奖。利用近红外分析仪对花生种质资源和早世代材料进行无破损检测，快速有效鉴定含油量高的花生新种质。选用推广面积大，丰产性、稳产性

好，抗逆性强的鲁花 9 号与含油量高的优异材料进行有性杂交，对杂种后代采用近红外分析仪检测含油量，根据目标性状对含油量高的材料进行定向选择，创制高油、高产、综合性状好的花生新品种。采用一年两作和单粒稀播压枝技术快速繁殖高油花生新品种。利用国家花生产业技术体系平台、万亩花生高产增效创建项目和花生良种繁育补贴项目，与地方农技推广部门联合，建立技术服务体系和推广网络体系，在江苏淮北及周边省市大面积推广应用新品种。徐花 13 号 2013 年被徐州市确定为花生主推品种，2012—2014 年累计推广 303.4 万亩，新增社会经济效益 3.36 亿元。

（2）成果完成人　张祖明、王晓军、王幸、闫秀、孙东雷、吕夫成、闫振春、王新早、卞能飞

（3）成果获奖证书（图 5-17）

山东省科学技术奖
证　书
为表彰山东省科学技术奖获得者，特颁发此证书。
项目名称：花生育种新技术及其应用
获奖等级：贰等
获 奖 者：张祖明（江苏徐淮地区徐州农业科学研究所）（第伍位）
类　　别：技术发明奖
2012年11月22日
证书号：FM2012-2-4-R05

图 5-16 “花生育种新技术及其应用”项目获奖证书

2015年度徐州市科学技术奖
证　书
为表彰徐州市科学技术奖获奖单位，特颁发此证书。
项目名称：高油高产花生徐花13号、徐花14号选育与应用
奖励等级：二等
获奖单位：江苏徐淮地区徐州农业科学研究所
2016年3月1日
证书号：2015-2-6-D1

图 5-17 “高油高产花生徐花 13 号、徐花 14 号选育与应用”项目获奖证书

11.“高油、高产花生徐花 13 号、徐花 14 号选育与应用”

（1）成果简介　获 2015 年度江苏省农业科学院科学技术奖二等奖。利用近红外分析仪对花生种质资源和早世代材料进行无破损检测，快速有效鉴定含油量高的花生新种质。选用推广面积大，丰产性、稳产性好，抗逆性强的鲁花 9 号与含油量高的优异材料进行有性杂交，对杂种后代采用近红外分析仪检测含油量，根据目标性状对含油量高的材料进行定向选择，创制高油、高产、综合性状好的花生新品种。采用一年两作和单粒稀播压枝技术快速繁殖高油花生新品种。利用国家花生产业技术体系平台、万亩花生高产增效创建项目和花生良种繁育补贴项目，与地方农技推广部门联合，建立技术服

务体系和推广网络体系，在江苏淮北及周边省市大面积推广应用新品种。徐花 13 号 2013 年被徐州市确定为花生主推品种，2012—2014 累计推广 303.4 万亩，新增社会经济效益 3.36 亿元。

（2）成果完成人 张祖明、王晓军、陈志德、孙东雷、卞能飞、徐泽俊、齐玉军、沈一、张梅、刘永惠

（3）成果获奖证书（图 5-18）

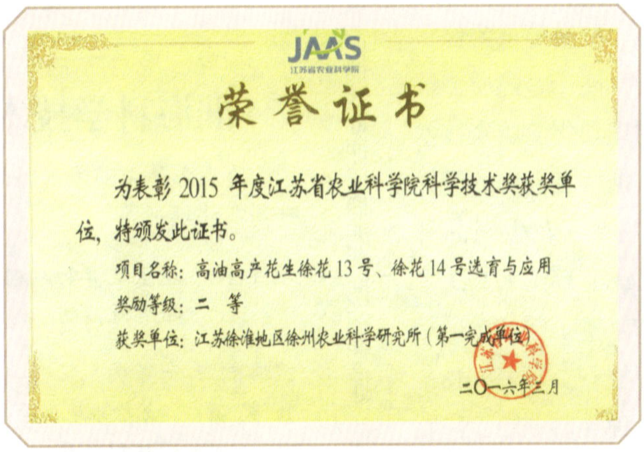
JAAS 江苏省农业科学院

荣誉证书

为表彰 2015 年度江苏省农业科学院科学技术奖获奖单位，特颁发此证书。

项目名称：高油高产花生徐花 13 号、徐花 14 号选育与应用

奖励等级：二 等

获奖单位：江苏徐淮地区徐州农业科学研究所（第一完成单位）

二〇一六年三月

图 5-18 “高油高产花生徐花 13 号、徐花 14 号选育与应用”项目获奖证书

12.“花生种质资源的鉴定与育种利用”

（1）成果简介 2016 年获江苏农业科技奖一等奖。本成果以花生产业发展需求为目标，有计划、有步骤地对江苏花生地方品种资源、不同地理来源和不同类型资源，各省市审定品种进行系统地收集、鉴定与创新利用研究，取得明显成效。①共收集 1 917 份各类花生资源，分别建立中国花生品种及其系谱数据库，花生文献数据库和江苏农业种质资源（花生）数据库。②根据花生育种研究和生产发展对目标性状的要求，筛选出远杂 9102、徐花 4 号、中花 5 号、泰花 7 号等耐逆（盐、旱、老化）、抗叶斑病、耐光氧化资源 57 份，筛选出豫花 15 号等高油种质 9 份、开 17-6 等高油酸种质 23 份、阜花 10 号等高蛋白种质 7 份、冀甜 1 号等高含糖量种质 2 份，挖掘出 3 个叶斑病相关基因（PR 类）和 4 个抗旱相关基因（MYB 类）。③筛选出开封 KJ-1、中 87-77 等优良资源 18 份作亲本，通过有性杂交、诱变等途径创制一批特色明显的育种中间材料，培育 17 个花生新品种在江苏及周边地区推广，累计推广面积 1 000 万亩以上，取得显著的经济和社会效益。④获得植物新品种权 3 个，软件著作权 1 项，发表研究论文 39 篇，其中 SCI 收录 1 篇。

荣誉证书

陈志德 王晓军 谢吉先 沈一 刘永惠 王书勤 王全友 孙东雷 卞能飞：

您的成果《花生种质资源的鉴定与育种利用》荣获首届江苏农业科技奖一等奖。

特此表彰，以资鼓励。

江苏省农学会

二〇一六年十一月

图 5-19 “花生种质资源的鉴定与育种利用”成果获奖证书

（2）成果完成人 陈志德、王晓军、谢吉先、沈一、刘永惠、王书勤、王全友、孙东雷、卞能飞

（3）成果获奖证书（图 5-19）

13.“花生优异种质创制与徐花新品种培育及应用”

（1）成果简介　2020年获淮海科学技术奖一等奖。本项目历经14年，围绕花生种质资源的鉴定评价、种质创新、徐花新品种培育及示范推广应用等方面开展攻关，形成了一系列创新性成果，取得了显著的经济和社会效益：①构建了优质、抗逆等重要性状鉴定评价体系，筛选出一批高产、优质、抗逆等优异种质。②利用物理和化学诱变技术及常规杂交技术创制出一批特点突出的优异花生新种质。③培育徐花系列花生新品种10个。本项目发表论文11篇（SCI收录1篇），参编著作1部；审（鉴）定、登记品种10个；获植物新品种授权2项。2018—2019年徐花系列花生品种在江苏、河南、山东等花生主产区累计推广面积271.4万亩，新增社会经济效益6.23亿元；其中在江苏推广82.3万亩，占江苏花生播种面积的27.6%；为企业增加销售收入1.95亿元，新增利润3 194.25万元。

（2）成果完成人　王晓军、孙东雷、卞能飞、齐玉军、徐泽俊、刘洋、王新早、姜新菊、尹建国、张祖明

（3）成果获奖证书（图5-20）

淮海科学技术奖证书

为表彰第七届淮海科学技术奖获得者，特颁发此证书。

项目名称：花生优异种质创制与徐花新品种培育及应用

奖励等级：一等奖

获 奖 者：江苏徐淮地区徐州农业科学研究所

类　　别：科技创新奖

2020年10月16日

证书号：2020-HJC-1-07-D01

图5-20　“花生优异种质创制与徐花新品种培育及应用”项目获奖证书

（五）园艺科研成果

1.“大蒜新品种徐蒜1号、徐蒜815的选育与推广”

（1）成果简介　获2014年度徐州市科学技术奖一等奖。该成果通过混合选择选育大蒜新品种徐蒜815和徐蒜1号，其产量明显高于其他白蒜品种，蒜头大且一致性高，商品性好，抗逆性强，对大蒜多种病害具有较强的抗性；通过大蒜胚性愈伤组织诱导、丛生芽诱导、体胚诱导、试管多头蒜诱导、试管蒜高效诱导培养基的建立，初步形成了大蒜新品种和良种脱毒快繁技术体系，加快了新品种推广应用；发挥科研和产业结合的优势，联合地方农技推广部门，建立技术服务和推广网络体系，成果推广应用速度快，自2011—2013年在徐州市累计推广面积87.7万亩，新增经济效益2.280 2亿元。

（2）成果完成人　杨峰、樊继德、陆信娟、王幸、李家运、杨光峰、李勇、鲁守强、张允刚、赵林、靖波

（3）成果获奖证书（图5-21）

2.“特色紫山药全程机械化栽培技术集成与示范”

（1）成果简介　获2014年度徐州市科学技术奖三等奖。特色紫山药全程机械化栽培技术集成与示范针对山药生产中起垄、播种、中耕、切蔓和收获5个关键技术进行集成。摒弃了普通山药人工挖沟或机械化松沟栽培方式，改变了挖深沟严重破坏土壤耕作层的栽培模式，避免了夏季多雨时塌辙沟现象，无需搭架且破解了山药收获难题。打破了普通山药栽培对土壤的严格要求，拓宽了山药栽培的土壤类型，扩大了山药栽培范围，沙性、壤性或黏性土均可。技术简单、易于推广，大大减轻了薯农劳动强度，保护了土壤耕作层的生态平衡，开启了薯农轻松种田新时代。项目研发形成了3项授权发明专利，2009—2013年在核心山药基地示范3.72万亩，辐射推广12.4万亩，新增经济效益2.46亿元，该技术成果2012年入选农业部主导的技术名录。

（2）成果完成人　史新敏、张爱君、魏猛、陈晓光、孙近友

（3）成果获奖证书（图5-22）

图5-21　“大蒜新品种徐蒜1号、徐蒜815的选育与推广”项目获奖证书

图5-22　“特色紫山药全程机械化栽培技术集成与示范”项目获奖证书

3.“设施蔬菜水肥一体化及高效栽培技术集成示范推广”

（1）成果简介　获2014—2015年度江苏省农业丰收奖二等奖。该成果引进示范适宜设施栽培优质番茄、辣椒、茄子新品种16个，通过测土配方施肥技术、高垄双行覆膜栽培技术、膜下滴灌技术、生物菌肥与有机肥技术应用，创新集成日光温室冬春茬番茄、茄子水肥一体化技术体系和日光温室早

春茬辣椒水肥一体化技术体系，实现水肥管理的无人化、自动化和智能化，节约了劳动力成本，比传统畦灌节水 30% ~ 40%、节肥 20% 以上、减少化学农药用量 15% ~ 30%，增产 20% ~ 30%，每亩较传统方法新增纯收益 2 600 元；建立核心示范基地 2 个，新品种、新技术示范推广 3 050 亩，辐射 5.1 万亩。

（2）成果完成人　张心宁、杨峰、樊继德、胡正文、惠琳、刘敏、谢艳梅、王韦丽、李兆虎、沈明利、孙超群、等

（3）成果获奖证书（图 5-23）

4.“优质早熟砂梨新品种引进、筛选与应用”

（1）成果简介　获 2017 年度徐州市科学技术奖二等奖。自 2011 年开始，课题组引进优质早熟砂梨新品种 9 个，通过区域性栽培试验，调查各品种的生长规律和果实发育表现，并对各品种的区域生长发育特征指标进行分析对比，筛选出了苏翠 1 号、翠冠及中梨 1 号等区域适应性品种，开展了新品种配套高效轻简化栽培技术研究，新品种、新技术在丰县、铜山区、睢宁县等梨栽培区累计推广应用 11.2 万亩，累计新增社会经济效益 15 415.38 万元，取得良好的社会效益。

（2）成果完成人　杨峰、赵林、张梅、李刚波、高付永、杨雪萍、陈刚、张婷、张士伟

（3）成果获奖证书（图 5-24）

江苏省农业丰收奖
证　书
为表彰在农业技术集成创新与推广工作中做出显著成绩者，特授予2014-2015年度江苏省农业丰收奖。
项目名称：设施蔬菜水肥一体化及高效栽培技术集成示范推广
奖励等级：二等奖
获奖单位：江苏徐淮地区徐州农业科学研究所
二〇一五年十二月
证书编号：JSFSJ-2015-2-22-2D

图 5-23　“设施蔬菜水肥一体化及高效栽培技术集成示范推广”项目获奖证书

2017年度徐州市科学技术奖
证　书
为表彰徐州市科学技术奖获奖单位，特颁发此证书。
项目名称：优质早熟砂梨新品种引进、筛选与应用
奖励等级：二等
获奖单位：江苏徐淮地区徐州农业科学研究所
2018年2月22日
证书号：2017-2-29-D1

图 5-24　“优质早熟砂梨新品种引进、筛选与应用”项目获奖证书

5.“大蒜产品产业链技术创新与集成应用”

（1）成果简介　获第二届江苏农业科技奖三等奖。该成果建立了 ^{60}Co、X 射线辐照育种方法，创新种质资源，育成高产头蒜新品种 2 个，新品种高产、稳产性好，经田间生产试验鉴定，比邳州白蒜增产 22% 以上；集成大蒜“脱毒苗—原原种—原种—生产用种”快繁技术体系，编制江苏省地方标准规程《大蒜脱毒快繁技术规程》1 项；明确了头蒜品种徐蒜 815、徐蒜 917 尿素用量为 660 kg/hm^2、K_2O 施用量为 262.5 kg/hm^2 时，大蒜产量最高，明确了水杨酸和茉莉酸甲酯在提高大蒜产量和品质中的作用，研究了不同颜色地膜覆盖对大蒜产量、品质的影响，明确了银色膜覆盖增产效果，大蒜单头鳞茎重、一级大蒜比例较对照分别高了 14.67% 和 24.75%，产量最高，实现亩产 1 711.97 kg，比普通地膜覆盖增产 13.24%，推广应用了双色地膜覆盖栽培技术，促进了大蒜产区地膜覆盖材料更新，明确了大蒜叶枯病发病原因和流行规律，研究了不同药剂的防治效果，以 25% 阿米西达悬浮剂和 75% 可湿性粉剂防治效果最佳，防治效果分别为 71.14% 和 72.16%，同时建立了从抗病品种选择到蒜种处理的农业防治、化学防治的综合防控体系；完成了对低温真空油炸大蒜片工艺的改良，开发了真空油炸脱水（VF）大蒜片的系列产品 3 个，开发出多味大蒜酱和黑蒜饮料产品 4 个；组建了由科研、推广和国家级龙头企业组建的团队，联合攻关，加快成果应用，实现新增社会经济效益 4.104 1 亿元；出口创汇 3.27 亿美元。

（2）成果完成人　杨峰、樊继德、陆信娟、刘灿玉、朱红、赵永强、张黎明、张玉明、姜新菊、张婷、赵林、李勇、史新敏、杨艳

（3）成果获奖证书（图 5-25）

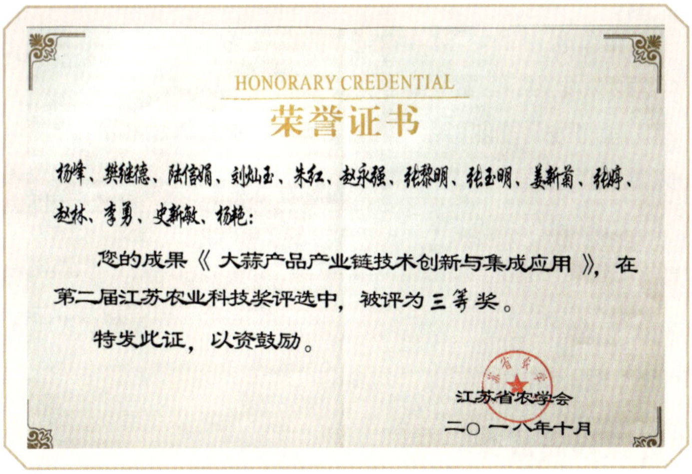
HONORARY CREDENTIAL

荣誉证书

杨峰、樊继德、陆信娟、刘灿玉、朱红、赵永强、张黎明、张玉明、姜新菊、张婷、赵林、李勇、史新敏、杨艳：

您的成果《大蒜产品产业链技术创新与集成应用》，在第二届江苏农业科技奖评选中，被评为三等奖。

特发此证，以资鼓励。

江苏省农学会

二〇一八年十月

图 5-25　“大蒜产品产业链技术创新与集成应用”成果获奖证书

6.“大蒜新品种及绿色生产关键技术集成与推广”

（1）成果简介　获 2020 年江苏省农业技术推广奖三等奖。该成果育成了头蒜新品种 3 个，其中白皮头蒜品种徐蒜 815 为中早熟品种，比徐州白蒜抗寒、抗旱、抗涝、抗倒伏，平均单头重 69.74 g；徐蒜 917 为中熟品种，耐寒性强，抗叶枯病、病毒病，平均单头重 73.13 g；紫皮头蒜徐蒜 918 为中晚熟品种，抗叶枯病、病毒病，平均单头重 73.23 g。建立了大蒜茎尖脱毒快繁方法和病毒快速检测方法，可同时检测 11 种大蒜病毒，实现脱毒率 82.3%，实现大蒜种苗的无毒化繁育；结

合大、小瓣分级高密度繁殖技术，繁殖系数比传统方法提高39%。通过化肥减施、有机肥替代化肥、双色膜覆盖栽培、膨大期增水管理、叶枯病和蒜蛆绿色防控等技术集成，实现减肥20.0%，增产17.55%。依托江苏省现代农业（蔬菜）产业技术体系，建立了集葱蒜类蔬菜创新团队、示范基地和出口创汇企业为一体的协同推广机制，建立示范区29个，推动企业开展标准化安全体系认证，企业获ISO、HACCP认证5项，GAP认证8次，认证面积40.88万亩，产量73.43万t，获绿色食品认证4项，认证绿色保鲜蒜6.25万t。企业完成出口创汇4.39亿美元。举办培训班190期，利用农技耘App线上指导、线下指导260人次，在农技耘发布专家指导意见5次，累计培训培养的农技能手和示范种植户2万人次，发放技术材料3.5万份，发放教材2万套，推动了成果应用。累计推广应用面积113.17万亩，亩增效益690.48元，总经济效益4.89亿元，核心技术全省平均推广度34.23%。该成果总体达到国内领先水平。

（2）成果完成人　杨峰、樊继德、刘贤松、姚凤腾、陆信娟、徐前进、杜淑彩、赵娟娟、李兴东、崔凤珠、仝斌、李靖、赵永强、张黎明、刘灿玉、陈彩娣、李德志、王璐璐、张龙、李传峰、周军、李德华、燕存起、许慧、李华

（3）成果获奖证书（图5-26）

江苏省农业技术推广奖

证　书

为表彰在农业科技推广工作中做出显著成绩者，

特授予第九届江苏省农业技术推广奖。

项目名称：大蒜新品种及绿色生产关键技术集成与推广

奖励等级：三等

获奖单位：江苏徐淮地区徐州农业科学研究所

江苏省人民政府

二〇二〇年十二月二十九日

证书号：JSTGJ(2020)-3-27-D01

图5-26　“大蒜新品种及绿色生产关键技术集成与推广”项目获奖证书

（六）甘薯品种资源科研成果

1.“菜用甘薯新品种薯绿1号选育及安全省工栽培技术应用”

（1）成果简介　先后获2015年度徐州市科学技术奖二等奖、2016年度第五届淮海科学技术奖一等奖。育成优质高产广适抗病菜用甘薯新品种薯绿1号；建立薯绿1号种苗快繁体系；研发配套优质高产栽培技术；建立薯绿1号物理及生物防治病虫害技术体系；初步实现菜用甘薯半机械化采收。薯绿1号在江苏徐州、江苏南京、河南、安徽、浙江等地取得较好的推广应用，累计推广58.65万亩，新增社会经济效益92 170万元。

（2）主要完成人　曹清河、史新敏、唐君、周志林、赵冬兰、王欣、袁起

（3）获奖证书（图5-27）

2015年度徐州市科学技术奖

证　书

为表彰徐州市科学技术奖获奖单位，特颁发此证书。

项目名称：菜用甘薯新品种薯绿1号选育及安全省工栽培技术应用

奖励等级：二等

获奖单位：江苏徐淮地区徐州农业科学研究所

2016年3月1日

证书号：2015-2-1-D1

——淮海科学技术奖是区域性科技奖励与科技创新的高端平台；

——淮海科学技术奖是国家科技奖励体系的重要组成部分。

淮海科学技术奖证书

为表彰第五届淮海科学技术奖获得者，特颁发此证书。

项目名称：菜用甘薯新品种薯绿 1 号选育及安全省工栽培技术应用

奖励等级：一等奖

获 奖 者：江苏徐淮地区徐州农业科学研究所

类　　别：科技创新奖

淮海科学技术奖委员会

2016年9月26日

证书号：2016-HJC-1-1-1

图 5-27 “菜用甘薯新品种薯绿 1 号选育及安全省工栽培技术应用”项目获奖证书

第五届淮海科技奖一等奖主要完成人：曹清河、唐君、袁起、冯沛、刘敏、刘义峰、张安、史新敏、周志林、魏猛

2.“甘薯种质资源创新及抗旱鉴定与评价”

（1）成果简介　获 2016 年度乌鲁木齐市科学技术进步奖二等奖。初步建立自然干旱条件下甘薯抗旱鉴定评价体系，通过抗旱鉴定评价，筛选出产量、品质等表现优异，适宜新疆种植的甘薯品种 20 余个，在新疆首次完成非主要农作物甘薯品种登记，登记甘薯品种 4 个，研发配套甘薯大垄双行膜下滴灌高产栽培技术、制定适宜新疆的甘薯栽培技术和育苗技术两项地方标准；探索高纬度种植，首次成功在北纬 45° 以上高纬度地区实现甘薯种植，登记品种及配套栽培技术在全疆累计推广应用面积达 20 万亩，累计效益超过 3.5 亿元。

（2）成果完成人　金平、赵冬兰、刘恩良、曹清河、周志林、马福刚、樊国全、韩笑、高海峰

（3）成果获奖证书（图 5-28）

证书

为表彰在促进科学技术进步工作中做出重大贡献的单位或集体，特颁发此证书，以资鼓励。

获 奖 项 目：甘薯种质资源创新及抗旱鉴定与评价

获 奖 单 位：新疆农业科学院粮食作物研究所
江苏徐州甘薯研究中心

奖 励 等 级：二等奖

证书号：2015-2-32

乌鲁木齐市人民政府

二〇一六年十二月三十日

图 5-28 “甘薯种质资源创新及抗旱鉴定与评价”项目获奖证书

3.“甘薯优良品种评价利用及配套栽培技术集成应用”

（1）成果简介　获2019年度新疆维吾尔自治区科学技术进步奖二等奖。创建了甘薯优食品种评价新模式，建立自治区级示范基地1个；首次提出了田间旱胁迫关键时间节点，创建了自然干旱条件田间抗旱鉴定与室内高渗培养辅助鉴定相结合的抗旱鉴定评价体系；创建了新疆甘薯脱毒健康种苗繁育技术体系；集成了新疆甘薯优质、高效、节水栽培技术体系，使商品薯率提高11%～13%，亩节水100 m³，创新的“麦茬复种”比原种植作物增加效益2倍、“果薯间作”比原种植作物增加效益3～4倍。登记甘薯新品种5个，获授权和申请国家发明专利5件，获得软件著作权4项，获发布自治区标准5项，累计示范推广新品种新技术60万亩，节本增效4 809万元，累计新增纯收益4.63亿元。

（2）成果完成人　刘恩良、唐君、周志林、金平、高海峰、马福刚、赵冬兰、周安定、胡康棣

（3）成果获奖证书（图5-29）

4.“甘薯优异种质资源的挖掘与利用”

（1）成果简介　获2019年度江苏省科学技术奖三等奖。构建资源高效利用平台，向全国高等院校、科研院所、种植户等提供种质资源2 932份次；对17个资源利用单位的育种利用成效进行统计，培育通过审鉴定的甘薯新品种75个；自2009—2018年，新品种累计推广面积13 049.3万亩，按1个亲本贡献率15%计算，提供资源利用产生的间接经济效益为49.5亿元。

（2）成果完成人　曹清河、唐君、谢逸萍、唐忠厚、王海燕、赵冬兰、孙健、杨冬静、周志林、谭雪梅、袁起

（3）成果获奖证书（图5-30）

自治区科学技术进步奖
证　书
为表彰自治区科学技术进步奖获得者，特颁发此证书。
获 奖 成 果：甘薯优良品种评价利用及配套栽培技术集成应用
主要完成单位：江苏徐淮地区徐州农业科学研究所
奖 励 等 级：二等奖
奖 励 年 度：2019年度
新疆维吾尔自治区人民政府
2020年7月3日
证书编号：KD2019113

图5-29　“甘薯优良品种评价利用及配套栽培技术集成应用”成果获奖证书

2019年度江苏省科学技术奖
证　书
为表彰江苏省科学技术奖获奖单位，特颁发此证书。
项目名称：甘薯优异种质资源的挖掘与利用
奖励等级：三　等
获奖单位：江苏徐淮地区徐州农业科学研究所
江苏省人民政府
2020年3月4日
证书号：2019-3-118-D1

图5-30　“甘薯优异种质资源的挖掘与利用”项目获奖证书

（七）甘薯遗传育种科研成果

1.“高淀粉多抗广适甘薯新品种徐薯22的选育和利用”

（1）成果简介　获2013年中华农业科技奖一等奖。选育成功广适多抗高淀粉甘薯品种徐薯22，研究了其生长发育和生理特点。该品种广泛适于北方薯区和长江中下游薯区种植，抗病毒（SPFMV、SPLV）、根腐病，较抗茎线虫、不抗黑斑病，淀粉含量比徐薯18高2个百分点，薯干平均比徐薯18增产13.5%，鲜薯乙醇发酵效率81.48%，是生产乙醇的理想品种。创建以农艺性状、品质性状和AFLP、ISSR等分子手段相结合的亲本评价体系，建立了动态核心亲本群和亲本组配技术理论。改进和完善甘薯病毒检测和品种耐性鉴定方法，证明徐薯22耐病毒性强。首次建立品种抗侵入性和抗扩展性甘薯茎线虫病抗性鉴定技术，获得国家发明专利。建立分子标记辅助育种技术。截至至2011年累计推广2 012.7万亩，新增社会经济效益29.25亿元。

（2）成果完成人　马代夫、谢逸萍、邱军、李洪民、李强、杨新笋、王欣、张超凡、曹清河、刘玉恒、唐忠厚、吴问胜、彭汉良、卢跃华、周新保、傅玉凡、张爱君、孙厚俊、后猛、孙健

（3）成果获奖证书（图5-31）

图5-31　“高淀粉多抗广适甘薯新品种徐薯22的选育和利用”项目获奖证书

2.“优质食用甘薯品种徐薯23的选育及应用”

（1）成果简介　获2015年度徐州市科学技术奖二等奖。育成了集国内外优质、高产、抗病等优异基因为一体的优良甘薯新品种徐薯23，先后通过国家和江苏省审（鉴）定，在优质食用甘薯品种选育领域取得了重大突破。该品种鲜薯产量高，薯皮光滑，橘黄皮橘红肉，干基粗蛋白和可溶性糖含量分别为6.91%和13.84%，鲜薯胡萝卜素含量3.66 mg/100 g，抗黑斑病。结合徐薯23的选育，建立了优质胡萝卜素型食用甘薯品种的育种技术体系，包括胡萝卜素遗传趋势分析、块根不同膨大时期胡萝卜素的积累规律研究、亲本评价方法和选配原则、甘薯育种后代块根蛋白质含量近红外快速分析方法建立等，尤其与胡萝卜素含量相关的AFLP分子标记开发技术，为我国优质食用甘薯品种选育提供了理论和技术指导。利用徐薯23熟食干面香甜、有黏性，加工品质优良，真空油炸薯片出品

率高，色泽光亮，脆度好，有香味等特点，研发加工产品 1 个，“真空膨化果蔬粒或片的生产方法” ZL201210295974.8 获国家发明专利授权。发表相关研究论文 8 篇，其中学报级 5 篇。围绕优质食用甘薯品种育种技术体系建立，发表研究论文 7 篇。本项目达国内领先水平。在江苏省推广徐薯 23 累计 82.4 万亩，新增社会经济效益 10.53 亿元，其中在徐州市推广 43.8 万亩，增效 5.60 亿元。

（2）成果完成人　李强、王欣、李洪民、谢逸萍、张允刚、曹阳、钮福祥、后猛、唐维、徐飞、曹清河、唐忠厚、刘亚菊、靳容、闫会、马代夫

（3）成果获奖证书（图 5-32）

3.“高淀粉抗茎线虫病甘薯新品种选育与应用”

（1）成果简介　获 2020 年度江苏省科学技术奖三等奖。①创制了高淀粉率、高抗茎线虫病甘薯优异新种质徐 781、徐薯 25，阐明了茎线虫病抗性和淀粉含量的遗传规律，明确了优异种质的育种利用价值以及与国内种质的遗传差异。②率先开发了与甘薯抗茎线虫病基因连锁的分子标记 8 个；构建了高密度分子连锁图谱，并定位与淀粉率、干物率和产量等性状相关的主效 QTL42 个；首次克隆了淀粉合成关键酶基因 5 个、抗茎线虫病基因 3 个，并解析了其调控甘薯淀粉合成和抗茎线虫病的分子机制。③构建了甘薯高淀粉抗茎线虫病品种高效育种技术体系，育成了“双高多抗”甘薯新品种 10 个，创新集成了甘薯抗茎线虫病品种绿色生产技术，突破了“双高多抗”协同改良的技术难题。

（2）成果完成人　李强、刘庆昌、杨爱梅、孙厚俊、王欣、张允刚、翟红、后猛、刘亚菊、唐维、闫会

（3）成果获奖证书（图 5-33）

2015 年度徐州市科学技术奖
证　书
为表彰徐州市科学技术奖获奖单位，特颁发此证书。
项目名称：优质食用甘薯品种徐薯23的选育及应用
奖励等级：二等
获奖单位：江苏徐州甘薯研究中心
2016年3月1日
证书号：2015-2-3-D1

图 5-32　“优质食用甘薯品种徐薯 23 的选育及应用”项目获奖证书

2020 年度江苏省科学技术奖
证　书
为表彰江苏省科学技术奖获奖单位，特颁发此证书。
项目名称：高淀粉抗茎线虫病甘薯新品种选育与应用
奖励等级：三　等
获奖单位：江苏徐淮地区徐州农业科学研究所
2021 年 1 月 7 日
证书号：2020-3-116-D1

图 5-33　“高淀粉抗茎线虫病甘薯新品种选育与应用”项目获奖证书

4.“高淀粉高抗茎线虫病甘薯优异种质创制与挖掘利用”

（1）成果简介　2020 年获江苏农业科技奖创新奖一等奖。①首创高淀粉高抗茎线虫病的优异新种质徐 781，拓宽了国内种质的遗传背景，并被广泛利用，提升了甘薯高淀粉抗茎线虫病品种选育水平。②利用徐 781 等首次克隆并解析了 *IbSSI*、*IbMIPS1* 等基因调控甘薯淀粉合成和抗茎线虫病的分子机制；率先定位了甘薯淀粉含量等性状的主效 QTL；开发了与甘薯抗茎线虫病基因连锁的分子标记，并早代辅助选择；构建了高淀粉抗茎线虫病高效育种技术体系。③利用徐 781 和构建的技术体系育成高淀粉、高产、抗茎线虫病甘薯新品种 6 个，突破了高淀粉、高产、抗茎线虫病协同改良的技术难题。该成果发表论文 38 篇，其中 SCI 收录 11 篇，获国家发明专利 9 件、植物新品种权 1 项。不完全统计，徐薯 26、商薯 103 等在江苏北部及周边地区累计推广 667.40 万亩，增产淀粉 34.04 万 t；近两年推广 150.80 万亩，增产淀粉 7.66 万 t。累计新增社会经济效益 20.42 亿元。

（2）成果完成人　李强、何绍贞、后猛、张艳、张允刚、王欣、唐维、刘亚菊、闫会、赵宁、苏在兴

（3）成果获奖证书（图 5-34）

图 5-34　“高淀粉高抗茎线虫病甘薯优异种质创制与挖掘利用”项目获奖证书

（八）甘薯生理栽培科研成果

1.“优质鲜食型甘薯新品种徐薯 32 的选育与推广应用”

（1）成果简介　获 2018 年第六届淮海科学技术奖三等奖。围绕徐薯 32 的选育、栽培、加工与应用，发表相关研究论文 44 篇，其中 SCI 源期刊 6 篇；获得授权专利 15 项，其中发明专利 6 项；颁布地方技术规程 2 项；通过省鉴定新品种 1 个。项目实施期间，先后在苏、豫、皖等地举办有关徐薯 32 技术培训与现场观摩会 9 次，培训技术人员 300 余人次，农民 5 000 余人次，发放技术光碟、资料 20 000 多份。2014—2017 年在苏、豫、皖等淮海区推广面积累计 132.76 万亩，新增社会经济效益 81 843.22 万元，其中徐州市推广 61.77 万亩，增效 38 080 万元。

（2）成果完成人　唐忠厚、张爱君、刘亚菊、孙健、孙扬、周福红、翟培军、陈晓光、李洪民、魏猛

（3）成果获奖证书（图 5-35）

2.“黄淮地区甘薯绿色增效关键技术与应用”

（1）成果简介　获 2020 年第七届淮海科学技术奖二等奖。以品种为载体、“大垄双行模式”为平台，以基层农技推广机构为纽带，以种植大户、家庭农场、农民合作社、龙头企业等为实施主体，集成创建的甘薯绿色增效技术体系，先后在江苏省徐州市、山东省济宁市、安徽省滁州市、安徽省淮北市等地建立了“试验示范、推广展示、技术培训、现场观摩”等社会化服务形式，举办各类培训与现场观摩会 9 次，培训技术人员 300 余人次，农民 5 000 余人次，发放技术光碟、资料 20 000 多份，有效辐射周边地区甘薯种植，带动了甘薯面积与种植水平的提升。2013—2019 年，高效专用优良品种徐薯 27 和徐薯 32 及其配套绿色高效生产技术，分别在山东省济宁市、安徽省滁州市、安徽省淮北市以及河南省夏邑县等地累计推广面积 290.09 万亩，新增社会经济效益 16.59 亿元。其中近 2 年（2018—2019 年）累计推广面积 93.41 万亩，新增社会经济效益 4.01 亿元。

（2）成果完成人　张爱君、段成鼎、陈晓光、刘明、靳容、郑鹏、魏猛、王洪芹、赵鹏、唐忠厚

（3）成果获奖证书（图 5-36）

淮海科学技术奖证书

为表彰第六届淮海科学技术奖获得者，特颁发此证书。

项目名称：优质鲜食型甘薯新品种徐薯 32 的选育与推广应用

奖励等级：三等奖

获 奖 者：江苏徐淮地区徐州农业科学研究所

类　　别：科技创新奖

2018年9月29日

证书号：2018-HJC-3-20-D01

图 5-35　“优质鲜食型甘薯新品种徐薯 32 的选育与推广应用”项目获奖证书

淮海科学技术奖证书

为表彰第七届淮海科学技术奖获得者，特颁发此证书。

项目名称：黄淮地区甘薯绿色增效关键技术与应用

奖励等级：二等奖

获 奖 者：江苏徐淮地区徐州农业科学研究所

类　　别：科技创新奖

2020年10月16日

证书号：2020-HJC-2-18-D01

图 5-36　“黄淮地区甘薯绿色增效关键技术与应用”项目获奖证书

（九）甘薯病虫草害防控科研成果

1.“中国甘薯病毒种类鉴定、检测和综合防控技术研究与应用”

（1）成果简介　获2015年河南省科学技术进步奖一等奖。本成果首次系统鉴定了我国甘薯病毒的种类，共鉴定出20种病毒，鉴定发现4个病毒新种、4个新株系和7个中国新纪录种，鉴定新种数占已报道甘薯双生病毒总数的33.3%。首次在我国提出5种甘薯病毒即甘薯复合病毒病（SPVD）能通过实生种子传播，对于指导甘薯育种程序的建立、植物检疫规则的实施及制定病毒病防控策略具有重要意义；首次完成10种甘薯病毒中国分离物基因组全序列测定，明确16种病毒的分子变异和株系类型，发现我国甘薯双生病毒基因组广泛存在重组现象。该项目登录Genbank序列382条，占NCBI同期所有甘薯病毒序列的31.4%。创建了甘薯主要病毒的快速检测和早期预警技术体系。创制11种甘薯病毒的特异性抗体，建立快速准确的免疫检测方法；建立甘薯主要病毒8种基于核酸的检测方法，为甘薯病毒的准确检测提供技术保障；阐明种薯携带SPCSV和双生病毒在病害发生流行中的关键作用，构建早期监测预报技术体系，实现病毒病早期准确预警，提高了我国甘薯病毒病的检测和预警水平。创建甘薯脱毒新技术，建立SPVD抗性鉴定方法，集成创新脱毒甘薯种薯种苗病毒检测技术体系。构建重要甘薯病毒的RNA干扰载体，将RNA干扰技术与茎尖培养技术相结合，创新甘薯脱毒方法，培育脱毒甘薯主推品种19个，脱毒甘薯品种平均增产22.2%；建立了SPVD抗性鉴定方法，筛选耐病品种2个；主持修订了国家农业行业标准《脱毒甘薯种薯（苗）病毒检测技术规程》，制定了河南省、江苏省2项地方标准，将创新的病毒检测方法纳入规程，规范了检测对象和检测程序，为脱毒甘薯种薯种苗质量和市场监管提供了技术保障。集成创新了甘薯病毒病的绿色防控技术体系。首次提出以“种薯早期预警”为基础、“种植健康种苗”为核心的病毒病防控策略，制定以“留种田空间隔离、种薯早期检测、苗床控制传播媒介、早期剔除病苗”为主要内容的绿色防控技术体系，在全国主要甘薯产区大面积应用，有效控制了病毒病的发生为害。2009年以来，该项目绿色防控技术在全国范围示范推广，2015—2017年累计推广应用1 462.9万亩，增加社会经济效益38.41亿元。发表学术论文48篇，其中SCI论文11篇，制定（修订）国家农业行业标准1项、地方标准2项，获国家发明专利9件。

（2）成果完成人　谢逸萍（排名2）、孙厚俊（排名9）、徐振（排名11）

（3）成果获奖证书（图5-37）

2.“甘薯病毒病综合防控关键技术集成及推广应用”

（1）成果简介　获2016—2018年度全国农牧渔业丰收奖一等奖，本单位为第二完成单位。本成果针对甘薯主产区病毒病多发重发严重威胁甘薯产业安全的重大问题，通过深入研究甘薯病毒种类鉴定、检测方法、为害规律，创建了甘薯主要病毒快速检测和早期预警技术体系，创制了甘薯病毒病抗性鉴定方法，创新甘薯脱毒技术、脱毒种薯种苗病毒检测和繁育技术体系，系统集成以脱毒种薯种苗应用为重点的甘薯病毒病综合防控和提质增效技术体系，有效控制了甘薯病毒病害SPVD的为害和扩散蔓延，确保实现减灾降损、提质增效，促进甘薯产业健康发展。本项成果推广集约资源，集成技术，构建产业技术体系与推广部门、专家岗位与试验站紧密联合、双向互动的示范推广机制，创建“科研单位＋推广部门＋种薯种苗企业＋种植大户”的技术协同推广模式，为科研成果跨省区快速推广积累经验。2016—2018年累计推广应用3 350万亩，新增纯收益142.71亿元，总经济效益81.53亿元；培训基层和种薯种苗企业技术人员及薯农5万余人次，极大提升了技术应用水平，推进绿色可持续发展，经济、生态和社会效益显著。

（2）成果完成人　谢逸萍（排名 2）、孙厚俊（排名 5）

（3）成果获奖证书（图 5-38）

3.“甘薯茎线虫病发生规律及综合防控技术研究与应用”

（1）成果简介　获 2019 年河南省科学技术进步奖三等奖。该成果创新了甘薯对茎线虫病抗侵入、抗扩展及近缘野生种抗性鉴定方法，为系统研究茎线虫生物学特性、为害规律等奠定基础。阐明了茎线虫不同地理来源种群杂交群体间致病力与繁殖力正相关，证实茎线虫普遍具有较高的耐寒性，明确茎线虫主要从薯苗移栽时基部切口侵入，探明了种群基数和接种时期对茎线虫病发生程度的影响，揭示了茎线虫对甘薯不同部位趋、避特性，为茎线虫病的综合防控提供了理论依据。在系统研究的基础上，创新集成了以选用抗病品种、无病种苗为基础，控制田间虫口基数为手段，药剂封闭切口、大田科学用药为措施的甘薯茎线虫病综合防控技术，该技术操作简单，实用性强，防效突出，已在北方薯区得到广泛推广应用。该技术 2019 年被农业农村部遴选为农业主推技术，应用前景广阔。

（2）成果完成人　孙厚俊（排名 2）、谢逸萍（排名 5）、徐振（排名 8）、赵永强（排名 9）

（3）成果获奖证书（图 5-39）

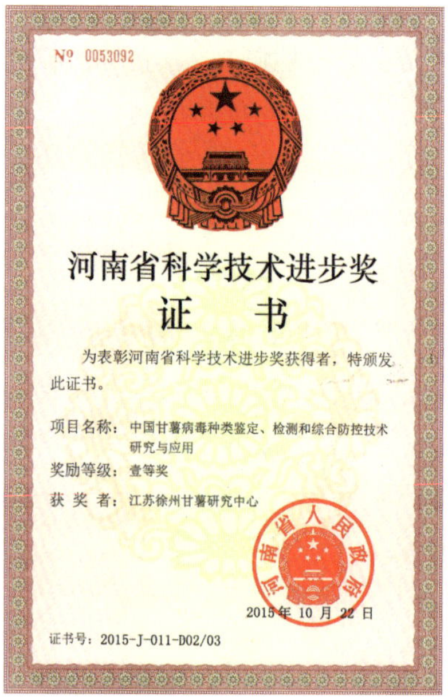
№ 0053092

河南省科学技术进步奖

证　书

为表彰河南省科学技术进步奖获得者，特颁发此证书。

项目名称：中国甘薯病毒种类鉴定、检测和综合防控技术研究与应用

奖励等级：壹等奖

获 奖 者：江苏徐州甘薯研究中心

2015年10月22日

证书号：2015-J-011-D02/03

图 5-37 “中国甘薯病毒种类鉴定、检测和综合防控技术研究与应用”项目获奖证书

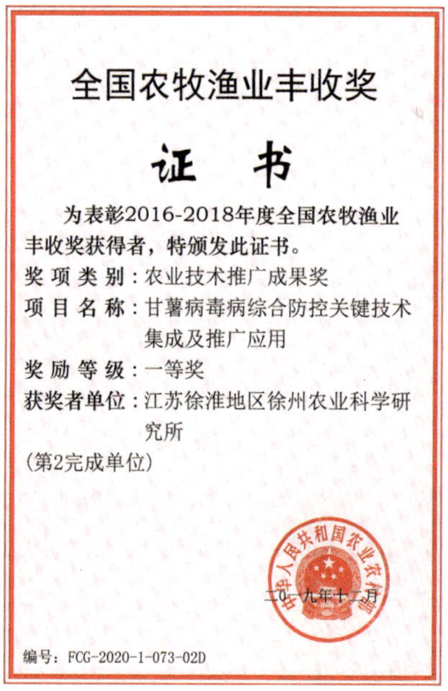
全国农牧渔业丰收奖

证　书

为表彰2016-2018年度全国农牧渔业丰收奖获得者，特颁发此证书。

奖项类别：农业技术推广成果奖

项目名称：甘薯病毒病综合防控关键技术集成及推广应用

奖励等级：一等奖

获奖者单位：江苏徐淮地区徐州农业科学研究所

（第2完成单位）

二〇一九年十二月

编号：FCG-2020-1-073-02D

图 5-38 “甘薯病毒病综合防控关键技术集成及推广应用”项目获奖证书

NO.K 001982

河南省科学技术进步奖

证　书

为表彰河南省科学技术进步奖获得者，特颁发此证书。

项目名称：甘薯茎线虫病发生规律及综合防控技术研究与应用

奖励等级：叁等奖

获 奖 者：江苏徐州甘薯研究中心

2020年1月16日

证书号：2019-J-153-D02/02

图 5-39 “甘薯茎线虫病发生规律及综合防控技术研究与应用”项目获奖证书

4.“优质高抗甘薯新品种商薯 7 号的选育与应用”

（1）成果简介　2012 年获商丘市科技进步奖一等奖，本单位为第二完成单位。该成果是实施河南省科技厅下达的重点攻关项目《优质高产甘薯新品种选育》取得，2008—2009 年该品系参加了国家北方区域试验，2010 年进行了国家大区生产试验，完成了全部育种程序。2011 年 3 月通过国家鉴定，定名“商薯 7 号”。和国家“十一五”攻关育种指标相比，产量、抗病性和品质指标均达到和超

过全国攻关指标。据种子管理部门统计，报奖时该品种已在商丘周边地区累计推广应用 39.6 万亩，缩值后平均每公顷增收鲜薯 4 130.76 kg，累计创经济效益 4 202.35 万元。

（2）成果完成人　孙厚俊（排名 4）

（3）成果获奖证书（图 5-40）

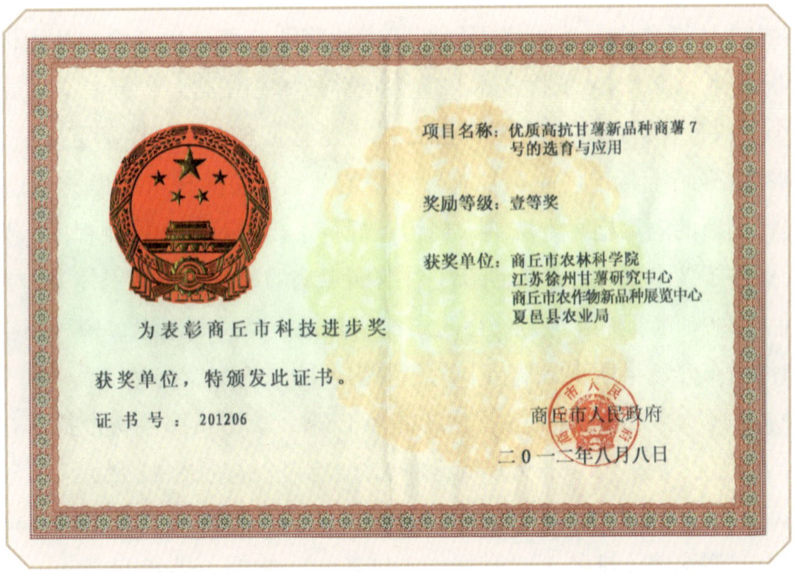

项目名称：优质高抗甘薯新品种商薯 7 号的选育与应用

奖励等级：壹等奖

获奖单位：商丘市农林科学院
江苏徐州甘薯研究中心
商丘市农作物新品种展览中心
夏邑县农业局

为表彰商丘市科技进步奖

获奖单位，特颁发此证书。

证书号：201206

商丘市人民政府

二〇一二年八月八日

图 5-40　“优质高抗甘薯新品种商薯 7 号的选育与应用”项目获奖证书

5.“优质高抗甘薯新品种商薯 8 号的选育与应用”

（1）成果简介　2013 年获商丘市科学技术进步奖一等奖，本单位为第二完成单位。2007 年在海南以豫薯 13 号为母本放任授粉获得杂交种子，2008 年进行实生苗选择，从其后代中选育出了符合淀粉型鉴定标准的甘薯新品系商 0727-5，随后进行了品比试验，2010—2011 年参加了国家北方区域试验，由于该品系综合性状表现突出，2011 年在进行省区试的同时提前进入了国家大区生产试验，完成了全部育种程序。2012 年 3 月通过河南省种子管理站鉴定，定名为商薯 8 号。和国家“十二五”攻关育种指标相比，产量、抗病性和品质指标均达到和超过全国攻关指标。据种子管理部门统计，该品种在商丘市周边地区 2010 年种植 2.7 万亩，2011 年种植 13.75 万亩，2012 年种植 23.15 万亩，累计种植 39.6 万亩，平均亩增淀粉 75.5 kg，新增淀粉 5 979.6 万 kg，新增社会经济效益 9 567.36 万元。

（2）成果完成人　赵永强（排名 8）

（3）成果获奖证书（图 5-41）

6.“中国甘薯病毒种类鉴定、检测和综合防控技术研究与应用”

（1）成果简介　获 2015 年河南省农业科研系统科技成果奖一等奖，本单位为第二完成单位。本成果首次系统鉴定了我国甘薯病毒的种类，共鉴定出 20 种病毒，鉴定发现 4 个病毒新种、4 个新株系和 7 个中国新纪录种，鉴定新种数占已报道甘薯双生病毒总数的 33.3%。首次鉴定出甘薯毁灭性病害——甘薯复合病毒病（SPVD）在我国发生，发现 SPCSV 等 5 种甘薯病毒能通过实生种子传播，对于指导甘薯育种程序的建立、植物检疫规则的实施及制定病毒病防控策略具有重要意义；首次完成 10 种甘薯病毒中国分离物基因组全序列测定，明确 16 种病毒的分子变异和株系类型，发现我国甘薯双生病毒基因组广泛存在重组现象。该项目登录 Genbank 序列 382 条，占 NCBI 同期所有甘薯病毒序列的 31.4%。创建了甘薯主要病毒的快速检测和早期预警技术体系。创制 11 种甘薯病毒的特异性抗体，建立快速准确的免疫检测方法；建立甘薯主要病毒 8 种基于核酸的检测方法，为甘薯病毒的准确检测提供技术保障；阐明种薯携带 SPCSV 和双生病毒在病害发生流行中的关键作用，构建早期监测预报技术体系，实现病毒病早期准确预警，提高了我国甘薯病毒病的检测和预警水平。创建甘薯脱毒新技术，建立 SPVD 抗性鉴定方法，集成创新脱毒甘薯种薯种苗病毒检测技术体系。构建重要甘薯病毒的 RNA 干扰载体，将 RNA 干扰技术与茎尖培养技术相结合，创新甘薯脱毒方法，培育脱毒甘薯主推品种 19 个，脱毒甘薯品种平均增产 22.2%；建立了 SPVD 抗性鉴定方法，筛选耐病品种 2 个；主持修订了国家农业行业标准《脱毒甘薯种薯（苗）病毒检测技术规程》，制定了河南省、江苏省 2 项地方标准，将创新的病毒检测方法纳入规程，规范了检测对象和检测程序，为脱毒甘薯种薯种苗质量和市场监管提供了技术保障。集成创新了甘薯病毒病的绿色防控技术体系。首次提出以“种薯早期预警”为基础、“种植健康种苗”为核心的病毒病防控策略，制定以“留种田空间隔离、种薯早期检测、苗床控制传播媒介、早期剔除病苗”为主要内容的绿色防控技术体系，在全国主要甘薯产区大面积应用，有效控制了病毒病的发生为害。2009 年以来，该项目绿色防控技术在全国范围示范推广，2015—2017 年累计推广应用 1 462.9 万亩，增加社会经济效益 38.41 亿元。发表学术论文 48 篇，其中 SCI 论文 11 篇，制定（修订）国家农业行业标准 1 项、地方标准 2 项，获国家发明专利 9 件。

（2）成果完成人　谢逸萍（排名 2）、孙厚俊（排名 9）、徐振（排名 11）

（3）成果获奖证书（图 5-42）

图 5-41　“优质高抗甘薯新品种商薯 8 号的选育与应用”项目获奖证书

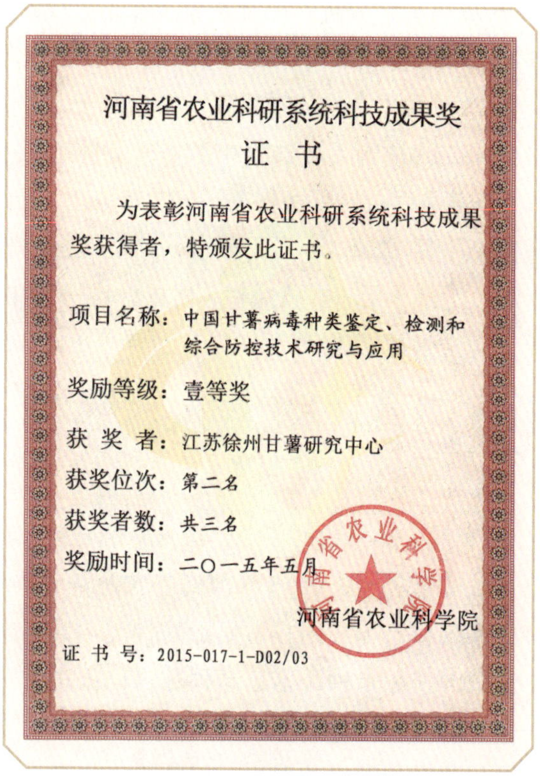

河南省农业科研系统科技成果奖

证　书

为表彰河南省农业科研系统科技成果奖获得者，特颁发此证书。

项目名称：中国甘薯病毒种类鉴定、检测和综合防控技术研究与应用

奖励等级：壹等奖

获 奖 者：江苏徐州甘薯研究中心

获奖位次：第二名

获奖者数：共三名

奖励时间：二〇一五年五月

河南省农业科学院

证 书 号：2015-017-1-D02/03

图 5-42　“中国甘薯病毒种类鉴定、检测和综合防控技术研究与应用”项目获奖证书

7.“甘薯茎线虫病绿色防控技术研究与应用”

（1）成果简介　2016 年获得徐州市科学技术奖二等奖，徐州农科所为第一完成单位．研究创新了甘薯茎线虫病抗性鉴定方法，筛选出了郑红 22、徐紫薯 5 号、徐薯 33、徐 781 等一批抗性资源；系统研究了影响甘薯茎线虫病为害的多方面因素；首次证明甘薯根系分泌物及胶乳提取物对甘薯茎线虫寄主定向行为的影响，发现了甘薯胶乳对甘薯茎线虫的驱避作用及其作为茎线虫病生防制剂的巨大潜力；首次证实了甘薯茎线虫病在南方薯区发生的风险；创新了“选、控、封、防”的甘薯茎线虫病防控技术体系，在江苏、山东、河南、山西、陕西 5 个省份进行示范推广，累计推广 453.9 万亩，增加社会效益 28.24 亿元。其中徐州地区推广 17.7 万亩，增加社会效益 1.72 亿元。

（2）成果完成人　孙厚俊、徐振、王炜、赵永强、杨冬静、张成玲、孙扬、谢逸萍

（3）成果获奖证书（图 5-43）

2016年度徐州市科学技术奖
证　书
为表彰徐州市科学技术奖获奖单位，特颁发此证书。
项目名称：甘薯茎线虫病绿色防控技术研究与应用
奖励等级：二等
获奖单位：江苏徐州甘薯研究中心
2017年3月6日
证书号：2016-2-14-D1

图 5-43　“甘薯茎线虫病绿色防控技术研究与应用”项目获奖证书

8.“甘薯茎线虫病绿色防控技术研究与示范”

（1）成果简介　获 2016 年度山东省农牧渔业丰收奖二等奖，徐州农科所为第二完成单位。成果首创甘薯抗茎线虫病抗扩展性室内鉴定方法及甘薯近缘野生种抗茎线虫病抗性鉴定方法，获国家发明专利 2 项；构建了抗侵入、抗扩展及甘薯近缘野生种抗性鉴定平台，利用平台对 1 006 份次材料进行抗性评价，获得双抗资源 3 份，单抗资源 31 份，甘薯近缘野生种抗性材料 2 份。集成了“选、控、封、防”综合防控技术体系，综合防效达到了 75% 以上，确保甘薯茎线虫病防控达到绿色高效，保证食品安全。采用科研、推广、企联合，市、县、乡同进的推广模式，对该技术进行了示范应用。据不完全统计，2013—2015 年已在山东省济宁、临沂、烟台、威海等市及河南、山西、陕西等省份累计示范应用 314.8 万亩，累计新增总经济效益 13 亿元以上，经济、生态和社会效益显著。

（2）成果完成人　徐振（排名 2）、杨冬静（排名 4）

（3）成果获奖证书（图 5-44）

9.“商薯 11 的选育与应用”

（1）成果简介　2016 年获商丘市科学技术进步奖一等奖，徐州农科所为第二完成单位。该品种以阜徐 01 为母本，徐薯 25 为父本授粉获得杂交种子，2010 年进行实生苗选择，入选系号为商 0710-13，2011 年加紧扩繁并继续对其进行生产力鉴定，2012—2013 年进行了河南省区域试验及大区生产示范，完成了全部育种程序。2014 年 5 月通过河南省种子管理站鉴定，定名为“商薯 11”。和国家“十二五”攻关育种指标相比，产量、抗病性和品质指标均达到和超过全国攻关指标。据种子管理部门统计，2012 年在商丘市周边地区种植 1.5 万亩，2013 年种植 8.65 万亩，2014 年种植

10.5 万亩，2015 年种植 11.03 万亩，累计种植 31.68 万亩，平均亩增鲜薯 430 kg，新增社会经济效益 10 137.6 万元。

（2）成果完成人　赵永（排名 4）

（3）成果获奖证书（图 5-45）

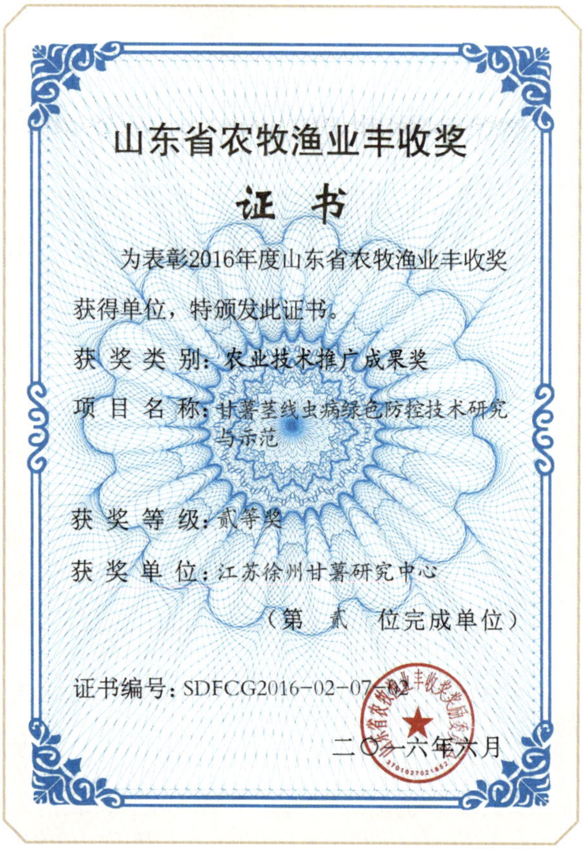

山东省农牧渔业丰收奖

证　书

为表彰2016年度山东省农牧渔业丰收奖获得单位，特颁发此证书。

获奖类别：农业技术推广成果奖

项目名称：甘薯茎线虫病绿色防控技术研究与示范

获奖等级：贰等奖

获奖单位：江苏徐州甘薯研究中心

（第　贰　位完成单位）

证书编号：SDFCG2016-02-07-02

二〇一六年六月

图 5-44　“甘薯茎线虫病绿色防控技术研究与示范”项目获奖证书

商丘市科学技术进步奖

证　书

为表彰商丘市科学技术进步奖获得者，特颁发此证书。

项目名称：商薯 11 的选育与应用

奖励等级：壹等奖

获奖者：商丘市农林科学院/江苏徐州甘薯研究中心/商丘市种子管理站/夏邑县农广校/商丘市农产品质量安全中心/宁陵县农业技术推广站/虞城县农业局

2016 年 7 月 27 日

证书号：2016-04

图 5-45　“商薯 11 的选育与应用”项目获奖证书

10.“优质多抗高淀粉甘薯新品种商薯 12 的选育与应用”

（1）成果简介　2017 年获商丘市科学技术进步奖一等奖，徐州农科所为第二完成单位。2011 年进行实生苗选择，入选系号为商 1113-4，2012 年加紧扩繁并继续对其进行生产力鉴定，2013—2014 年进行了河南省区域试验及大区生产示范，完成了全部育种程序。2015 年 5 月通过河南省种子管理站鉴定，定名为“商薯 12”。和国家“十二五”攻关育种指标相比，产量、抗病性和品质指标均达到和超过全国攻关指标。据种子管理部门统计，2011—2013 年商丘市周边地区种植 1.95 万亩，2014 年种植 8.45 万亩，2015 年种植 11.18 万亩，2016 年种植 13.27 万亩，累计种植 34.85 万亩，平均亩增淀粉 75.5 kg，新增总产值 13 155.8 万元，新增总纯收益 10 800.5 万元。

（2）成果完成人　孙厚俊（排名 5）、孙扬（排名 7）

（3）成果获奖证书（图 5-46）

11.“甘薯茎线虫病侵染机理及综合防控技术研究与应用”

（1）成果简介　2018 年获得第六届淮海科学技术奖一等奖，徐州农科所为第一完成单位。明确了甘薯茎线虫耐寒性、性别分化、致病力等生物学特性，首次证实薯苗携带线虫和人工接种时甘薯茎线虫可在南方发生，当土壤湿度在 20% 时，最适宜线虫发生，高湿对线虫发生有抑制作用。探明甘薯胶乳对茎线虫有较强趋避作用，地下茎提取物和根系分泌物对线虫有吸引作用。首次明确甘薯茎线虫主要从薯苗移栽时基部切口侵入，利用药剂封住伤口，是防治甘薯茎线虫病发生的关键。集成了以抗病品种、无病种苗为基础，控制田间虫口基数为手段，药剂封闭伤口为措施的综合防控技术。发表研究论文 22 篇（SCI 收录 2 篇），制定农业行业标准和江苏省地方标准各 1 项（已发布），获专利授权 9 项（发明 5 项）。2016—2017 年甘薯茎线虫病绿色防控技术已在江苏、山东、河南、安徽、河北、山西、陕西等地累计推广 448.6 万亩，新增经济效益 23.73 亿元。

（2）成果完成人　孙厚俊（排名 1）、张成玲（排名 4）、杨冬静（排名 6）

（3）成果获奖证书（图 5-47）

商丘市科学技术进步奖
证　书
为表彰商丘市科学技术进步奖获得者，特颁发此证书。
项目名称：优质多抗高淀粉甘薯新品种商薯 12 的选育与应用
奖励等级：壹等奖
获奖者：商丘市农林科学院、江苏徐州甘薯研究中心、河南省农业科学院、宁陵县农业技术推广站、商丘市环境监测站、商丘市农产品质量安全中心
2017年8月2日
证书号：2017-04

图 5-46　“优质多抗高淀粉甘薯新品种商薯 12 的选育与应用”项目获奖证书

淮海科学技术奖证书
为表彰第六届淮海科学技术奖获得者，特颁发此证书。
项目名称：甘薯茎线虫病侵染机理及综合防控技术研究与应用
奖励等级：一等奖
获 奖 者：江苏徐州甘薯研究中心
类　　别：科技创新奖
2018年9月29日
证书号：2018-HJC-1-01-D01

图 5-47　“甘薯茎线虫病侵染机理及综合防控技术研究与应用”项目获奖证书

12.“甘薯茎线虫病发生规律及综合防控技术研究与应用”

（1）成果简介　2019 年获河南省农科系统科技成果奖一等奖，本单位为第二完成单位。本成果创新了甘薯对茎线虫病抗侵入、抗扩展及近缘野生种抗性鉴定方法，为系统研究茎线虫生物学特性、为害规律等奠定基础。阐明了茎线虫不同地理来源种群杂交群体间致病力与繁殖力正相关，证实茎线

虫普遍具有较高的耐寒性，明确茎线虫主要从薯苗移栽时基部切口侵入，探明了种群基数和接种时期对茎线虫病发生程度的影响，揭示了茎线虫对甘薯不同部位趋、避特性，为茎线虫病的综合防控提供了理论依据。在系统研究的基础上，创新集成了以选用抗病品种、无病种苗为基础，控制田间虫口基数为手段，药剂封闭切口、大田科学用药为措施的甘薯茎线虫病综合防控技术，该技术操作简单，实用性强，防效突出，已在北方薯区得到广泛推广应用。该技术 2019 年被农业农村部遴选为农业主推技术，应用前景广阔。

（2）成果完成人　孙厚俊（排名 2）、谢逸萍（排名 5）、徐 振（排名 8）、赵永强（排名 9）

（3）成果获奖证书（图 5-48）

13.“甘薯病毒病监测预警及关键防控技术创新与应用”

（1）成果简介　2020 年获河南省农科系统科技成果奖一等奖。该成果明确了我国甘薯病毒的种类和多样性、重要病毒的传播途径和分子特征，为甘薯病毒病的监测预警和有效防控提供了理论依据。揭示了甘薯病毒病的灾变规律，率先创建了甘薯病毒病早期预警方法，为病毒病综合防控技术体系的建立奠定了基础。创建了以“种薯早期预警”为基础、“种植无症种苗”为核心的病毒病综合防控技术体系，实现了甘薯病毒病防控技术的重要突破，经济、社会和生态效益显著。成果完成过程中，获国家发明专利 8 件，制定国家农业行业标准 3 项、省级地方标准 1 项，发表学术论文 30 余篇，解决了甘薯病毒病早期预警和防控技术难题，促进了甘薯产业的可持续发展。2018—2020 年综合防控技术在全国甘薯主产区累计推广应用 4 350 万亩，增加社会经济效益 116.7 亿元。

（2）成果完成人　谢逸萍（排名 8）

（3）成果获奖证书（图 5-49）

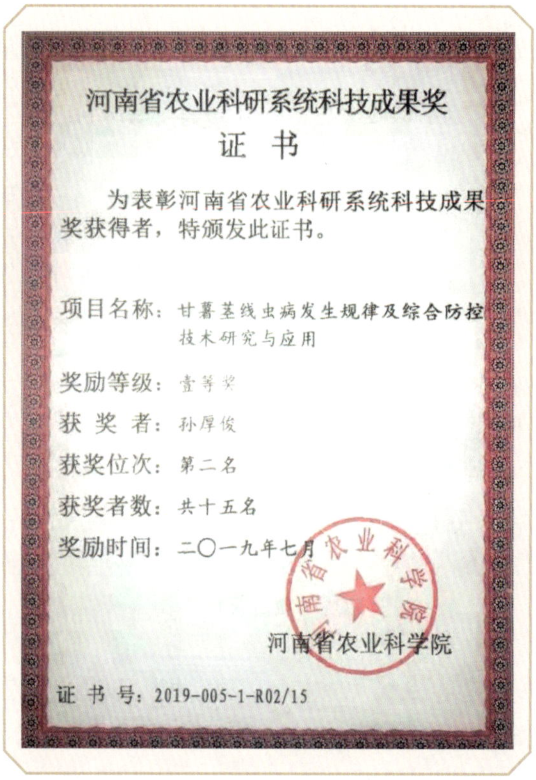
河南省农业科研系统科技成果奖
证　书
为表彰河南省农业科研系统科技成果奖获得者，特颁发此证书。
项目名称：甘薯茎线虫病发生规律及综合防控技术研究与应用
奖励等级：壹等奖
获 奖 者：孙厚俊
获奖位次：第二名
获奖者数：共十五名
奖励时间：二〇一九年七月
河南省农业科学院
证 书 号：2019-005-1-R02/15

图 5-48 “甘薯茎线虫病发生规律及综合防控技术研究与应用”项目获奖证书

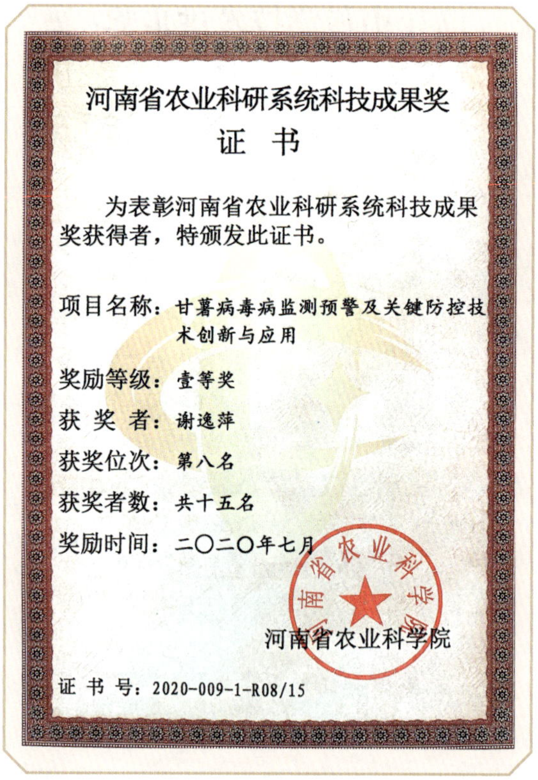
河南省农业科研系统科技成果奖
证　书
为表彰河南省农业科研系统科技成果奖获得者，特颁发此证书。
项目名称：甘薯病毒病监测预警及关键防控技术创新与应用
奖励等级：壹等奖
获 奖 者：谢逸萍
获奖位次：第八名
获奖者数：共十五名
奖励时间：二〇二〇年七月
河南省农业科学院
证 书 号：2020-009-1-R08/15

图 5-49 “甘薯病毒病监测预警及关键防控技术创新与应用”项目获奖证书

（十）甘薯加工利用科研成果

1.“优质食用甘薯品种选育及开发应用”

（1）成果简介　获 2017 年度江苏省科学技术奖二等奖。该成果开展宁紫薯 1 号和宁紫薯 2 号相关深加工产品研究，并探讨宁紫薯 2 号花青素功能作用。先后研制了宁紫薯 1 号脆片、宁紫薯 1 号复合紫薯条、宁紫薯 2 号花青素含片、宁紫薯 2 号速溶紫薯粉和宁紫薯 2 号膳食纤维粉等系列加工产品，其中宁紫薯 2 号花青素含片在第六届北京大兴“舍农源杯”全国甘薯品种和加工产品擂台赛中获得甘薯加工产品组亚军，并在山东赛维绿色科技有限公司、徐州稣联农业科技有限公司和徐州山河绿源果蔬有限公司等企业进行产业化应用。

（2）成果完成人　谢一芝、郭小丁、胡良龙、张永春、钮福祥、牛丽影、贾赵东、宋锦花、马佩勇、边小峰、刘小平

（3）成果获奖证书（图 5-50）

2017 年度江苏省科学技术奖

证　书

为表彰江苏省科学技术奖获奖单位，特颁发此证书。

项目名称：优质食用甘薯品种选育及开发应用

奖励等级：二　等

获奖单位：江苏徐淮地区徐州农业科学研究所

江苏省人民政府

2018 年 1 月 17 日

证书号：2017-2-45-D3

图 5-50　“优质食用甘薯品种选育及开发应用”项目获奖证书

2.“鲜薯高效乙醇发酵关键技术研发与应用”

（1）成果简介　获 2017 年神农中华农业科技奖三等奖。针对鲜薯原料黏度大导致传质传热慢、外界胁迫导致发酵菌株乙醇产量低、发酵工艺技术落后导致鲜薯发酵时间长、效率低、环境污染重等瓶颈技术问题，系统研究了鲜薯原料黏度形成机制与降黏关键工艺技术、菌株外界胁迫应答机制与发酵菌株定向选育技术，建立了鲜薯乙醇高效发酵技术体系且成功实现了产业化生产。成果整体达国际先进水平，在降黏技术方面处于国际领先水平。解析了鲜薯原料黏度形成机制，确定并选育了复合降黏酶系生产菌株，将黏度由 40 000 MPa · s 以上降低至 1 000 MPa · s 以下，降幅达 97.5%，料水比由 1∶1 提高至 4.5∶1。在国际上率先采用了基于 CO_2 定向选育乙醇酵母的方法，获得了适用于鲜薯发酵的耐热、耐压酵母菌株。可耐受 40℃、0.2 MPa 压力，乙醇浓度达 18%（v/v），提高了发酵效率。建立了鲜薯乙醇高效发酵综合技术，将乙醇浓度由原有技术的 5% ~ 6%（v/v）提高至 12.40%（v/v），减少蒸馏能耗 40%；发酵时间由 60 h 以上降低至 30 h 以内，生产周期缩短一半。从生产效率、节能、节水、减排等方面提升了鲜薯乙醇生产技术水平，取得了显著的经济效益、社会效益和生态效益。

（2）成果完成人　赵海、钮福祥、靳艳玲、方扬、何开泽、肖瑶、岳瑞雪、王新惠、王丰、孙健

（3）成果获奖证书（图 5-51）

3.“大蒜产品产业链技术创新与集成应用”

（1）成果简介　获 2018 年江苏省农学会第二届江苏农业科技奖三等奖。该成果研究开发了即食

大蒜脆片（“香脆蒜片”）系列、大蒜酱及黑蒜饮料等产品，其中“香脆蒜片”和大蒜酱已由徐州黎明食品有限公司投入生产应用，项目执行期间已累计生产香脆蒜片及大蒜酱 378.5 t，实现销售收入 1 989 万元，累计新增利润 190.44 万元。同时，该技术成果的应用还为当地提供了 50 余个就业岗位，带动蒜农 300 余户，社会经济效益显著。

（2）成果完成人　杨峰、樊继德、陆信娟、刘灿玉、朱红、赵永强、张黎明、张玉明、姜新菊、张婷、赵林、李勇、史新敏、杨艳

（3）成果获奖证书（图 5-52）

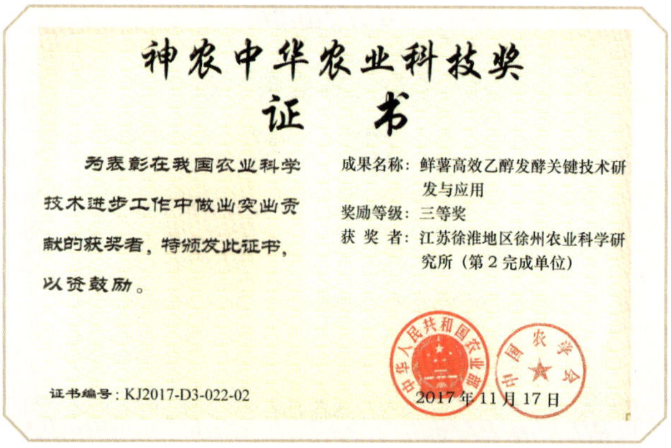
神农中华农业科技奖
证　书
为表彰在我国农业科学技术进步工作中做出突出贡献的获奖者，特颁发此证书，以资鼓励。
成果名称：鲜薯高效乙醇发酵关键技术研发与应用
奖励等级：三等奖
获 奖 者：江苏徐淮地区徐州农业科学研究所（第 2 完成单位）
证书编号：KJ2017-D3-022-02
2017 年 11 月 17 日

图 5-51　“鲜薯高效乙醇发酵关键技术研发与应用”项目获奖证书

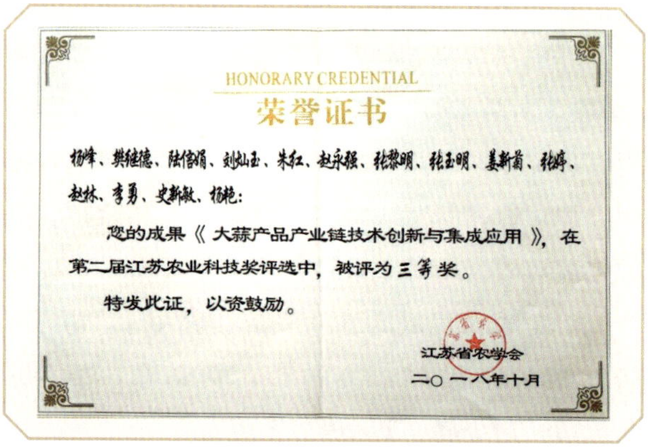
HONORARY CREDENTIAL
荣誉证书
杨峰、樊继德、陆信娟、刘灿玉、朱红、赵永强、张黎明、张玉明、姜新菊、张婷、赵林、李勇、史新敏、杨艳：
您的成果《大蒜产品产业链技术创新与集成应用》，在第二届江苏农业科技奖评选中，被评为三等奖。
特发此证，以资鼓励。
江苏省农学会
二〇一八年十月

图 5-52　“大蒜产品产业链技术创新与集成应用”成果获奖证书

4.“复合甘薯条系列产品加工关键技术研究”

（1）成果简介　获 2013 年度徐州市科学技术进步奖二等奖。该成果以色泽鲜艳、口感好，粗纤维含量低的甘薯为原料，经过预处理、制泥、调配、成型、烘烤等工艺技术制成，色泽亮丽、口感优良，深受广大消费者喜爱，取得较好的经济效益。

（2）成果完成人　徐飞、袁起、钮福祥、孙健、张艳明、岳瑞雪、朱红

（3）成果获奖证书（图 5-53）

2013 年度徐州市科技进步奖
证　书
为表彰徐州市科技进步奖获奖单位，特颁发此证书。
项目名称：复合甘薯条系列产品加工关键技术研究
奖励等级：二等
获奖单位：江苏徐州甘薯研究中心
2013年12月13日
证书号：2013-2-18-D1

图 5-53　“复合甘薯条系列产品加工关键技术研究”项目获奖证书

5.“徐花系列五彩花生生产、加工关键技术研究及应用”

（1）成果简介　获 2015 年度徐州市科学技术奖二等奖。该成果首次以徐花系列五彩花生为原料，将真空低温油炸脱水（VF）技术应用于花生加工生产，并确定了 VF 五彩花生加工工艺流程和最佳参数，明确了五彩花生 VF 加工过程中物料理化品质和感官特性变化特点。筛选出徐花 16、徐彩花 1 号（紫花生）、徐彩花 2 号（黑花生）、徐彩花 3（红花生）4 个适宜真空低温油炸脱水加工的五彩花生专用品种，并建立了相应高产高效栽培技术规程；确

定了真空低温油炸脱水五彩花生工艺流程和最佳工艺参数，经浸泡、蒸煮、冷冻处理后，在真空度 -0.092 ~ -0.1 MPa、温度 110℃条件下制备的产品品质最佳；与现有常压油炸技术相比，低温真空脱水花生具有容重小、商品率高、口感酥脆等优点；开发 VF 五彩花生系列产品 5 个，符合国家相关产品质量标准；明确五彩花生真空低温油炸脱水加工过程中的理化品质和感官特性变化特征。

（2）成果完成人　孙健、张翠英、王洪云、钮福祥、王晓军、梁茂法、徐飞

（3）成果获奖证书（图 5-54）

6.“甘薯乙醇浓醪发酵关键技术研发”

（1）成果简介　获 2016 年度徐州市科学技术奖二等奖。该成果通过建立甘薯品质指标与乙醇产量之间的多元线性回归模式，确定影响甘薯乙醇发酵醪液黏度的主要因素；利用果胶酶和纤维素酶降低鲜甘薯发酵醪黏度，改善醪液的传质效果，建立鲜甘薯不加水酶解降黏、同步发酵为核心的乙醇浓醪发酵关键技术体系；从 50 个现有高淀粉甘薯品种中筛选出商 0829-1、苏 17、商 19 等 12 个适合于甘薯乙醇浓醪发酵专用品种。利用本发酵技术体系所得到的乙醇平均浓度达到 14.8%（v/v），与现有技术工艺的 10.5%（v/v）乙醇浓度相比提高了 40.95%，部分甘薯品种发酵时间缩短至 24 h。本成果一方面可以大幅度提高乙醇产量，另一方面采用不加水的浓醪发酵技术，减少后期的废液处理量，降低能耗，节约生产成本，提高经济效益。

（2）成果完成人　钮福祥、岳瑞雪、孙健、郑尊富、徐飞、朱红、唐忠厚

（3）成果获奖证书（图 5-55）

2015年度徐州市科学技术奖

证　书

为表彰徐州市科学技术奖获奖单位，特颁发此证书。

项目名称：徐花系列五彩花生生产、加工关键技术研究及应用

奖励等级：二等

获奖单位：江苏徐淮地区徐州农业科学研究所

2016年3月1日

证书号：2015-2-7-D1

图 5-54　“徐花系列五彩花生生产、加工关键技术研究及应用”项目获奖证书

2016年度徐州市科学技术奖

证　书

为表彰徐州市科学技术奖获奖单位，特颁发此证书。

项目名称：甘薯乙醇浓醪发酵关键技术研发

奖励等级：二等

获奖单位：江苏徐淮地区徐州农业科学研究所

2017年3月6日

证书号：2016-2-25-D1

图 5-55　“甘薯乙醇浓醪发酵关键技术研发”项目获奖证书

（十一）科技服务中心科研成果

1.“优质多抗新品种徐麦 33、徐稻 9 号高效栽培技术集成与推广”

（1）成果简介　获 2016—2018 年度江苏省农业丰收奖一等奖。徐麦 33 产量高、品质优、抗病抗倒能力强，品质稳定性好，适宜面条、馒头专用粉，是综合性状优良的中强筋小麦品种。徐稻 9 号熟期早、产量高、品质优，米饭外观具有良好的白度、光泽度和完整性，香味纯正，嚼起来有弹性，口感香甜，且冷饭不硬，适宜作为优质食味软米开发。研究徐麦 33 和徐稻 9 号良种繁育技术、轻简高效栽培技术和稻麦周年增产提质技术，采取“一轴双翼，育、繁、推、加”一体化推广模式，在睢宁县、邳州市、铜山区实施优质多抗新品种徐麦 33、徐稻 9 号高效技术集成与推广，三年累计推广种植 208 万亩，同时集成示范了稻麦秸秆全量机械还田、水稻机插足苗早发、小麦精量宽幅条播、稻麦周年平衡施肥和病虫草害绿色防控等轻简高效栽培技术，水稻和小麦平均亩产分别超过 650 kg 和 520 kg，与其他同类型比较，水稻和小麦每亩新增纯收益 150 元和 90 元以上，全年每亩新增纯收益 240 元以上，按照经济效益计算共产生总经济效益 15 584.8 万元。新品种及配套技术集成与推广应用，增强了本地区稻麦发展的科技支撑能力，改变了稻麦生产施肥过量、用药混乱等不良习惯，大幅降低了农药及化肥施用量，保护了农田生态环境，减轻了农业面源污染，经济、社会、生态效益显著。

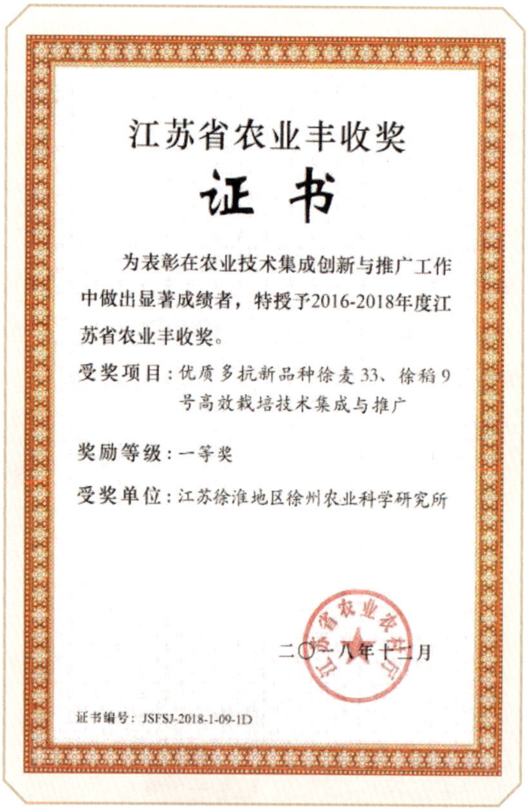
江苏省农业丰收奖
证书
为表彰在农业技术集成创新与推广工作中做出显著成绩者，特授予2016-2018年度江苏省农业丰收奖。
受奖项目：优质多抗新品种徐麦 33、徐稻 9 号高效栽培技术集成与推广
奖励等级：一等奖
受奖单位：江苏徐淮地区徐州农业科学研究所
二〇一八年十二月
证书编号：JSFSJ-2018-1-09-1D

图 5-56　“优质多抗新品种徐麦 33、徐稻 9 号高效栽培技术集成与推广”项目获奖证书

（2）成果完成人　李再祥、党新安、李文哲、戚强、胡正文、徐孝海、李子豪、李健、吴川、崔明纪、冯营、吴玉玲、张会云、李芳、孙静、夏卫国、王韦丽、夏青春、陈刚、王少刚、张建成、王丰、朱明、闫涛、张辉

（3）成果获奖证书（图 5-56）

2.“优质多抗新品种徐麦 33、徐稻 9 号周年平衡高效栽培技术集成应用”

（1）成果简介　获 2016—2018 年度全国农牧渔业丰收奖二等奖。针对江苏淮北地区稻麦周年高效生产存在的季节矛盾、品种搭配、良种良法配套以及全程机械化生产程度偏低等现实问题，系统开展了以周年平衡高产高效和茬口衔接为核心进行稻麦周年生产技术研究。采用“品种筛选→配套栽培技术研究→技术集成与示范→推广应用”的技术路线。筛选出兼具抗逆、丰产、优质等优异特质的稻麦新品种“徐麦 33”和“徐稻 9 号”，同步开展基于良种良法配套的栽培技术研究；通过良种推广与配套栽培技术的集成应用，形成稻麦周年高效生产技术体系；采用育种单位 + 推广部门 + 种子企业 + 种田大户 + 粮食收储 + 加工企业的全产业链推广模式。提出了以优化品种布局和良种良法配套为核心的稻麦周年高效生产技术体系，通过高产示范、辐射引领和项目带动等推广模式，加速了科研成果

的转化应用。2016—2018 年三年推广应用 1 012 万亩，新增社会经济效益 12.13 亿元，集成的稻麦秸秆全量还田，生态效益突显。

（2）成果完成人　李再祥、刘明钟、党新安、张会云、吴玉玲、戚强、李文哲、毛海艳、袁平、胡正文、王鑫、高攀、刘超、薛艳、王广龙、曹帆、张龙、马行军、吴川、王韦丽、李芳、张燕霞、仝刚跃、孙永远、周红珍

（3）成果获奖证书（图 5-57）

全国农牧渔业丰收奖

证　书

为表彰2016-2018年度全国农牧渔业丰收奖获得者，特颁发此证书。

奖项类别：农业技术推广成果奖

项目名称：优质多抗新品种徐麦33、徐稻9号周年平衡高效栽培技术集成应用

奖励等级：二等奖

获奖者单位：江苏徐淮地区徐州农业科学研究所

（第1完成单位）

二〇一九年十二月

编号：FCG-2019-2-120-01D

图 5-57 “优质多抗新品种徐麦 33、徐稻 9 号周年平衡高效栽培技术集成应用”项目获奖证书

3.“加快品种技术创新，优化科技服务模式，为我市乡村振兴提供强有力科技支撑”

（1）成果简介　获 2018 年徐州市创新奖优秀奖。“乡村振兴”是解决“三农”问题的根本方略。作为传统农业大市，近年来农作物单产水平高位徘徊，农业总产值处于增幅缓慢的“平台期”，人们对农产品的品质要求越来越高。只有在品种、技术和成果推广模式上不断创新，才能保持全市农业稳定持续增长，实现十九大提出的乡村振兴目标。我院在全市农业生产上大面积推广应用具有自主知识产权的徐麦、徐稻系列高产创新型品种，为粮食持续增产提供品种支撑；创新品种推广和科技服务模式，发挥人才、技术、项目优势，科技人员主动走出去，集成推广应用徐麦、徐稻系列品种配套绿色节本高产高效栽培技术，为全市粮食丰收提供技术支撑，实现农业增效，农民增收的现代农业可持续发展目标。在实施创新项目过程中，打破常规服务形式，积极拓展“主动服务、超前服务、跟踪服务、全程服务和驻点服务”的“五服务”新模式，发扬“赵亚夫精神”，主动走出科研大院、走出实验室，走进农村、走进田间、走到农民身边，乐于成为“泥腿子”，现场进行技术指导，与农民共同劳作；采取专家驻点分类指导和实用技术集中培训相结合的优化培训模式，由以往培训普通农民转向重点加强对专业合作组织、种粮大户和科技示范户的技术培训，讲授与新品种相配套的实用栽培技术以及新模式新方法，以点带面，加快新品种新技术集成推广应用；开发利用“互联网 + 农业技术”手机应用的智能新模式，专家随时可以线上解答，实时互动。

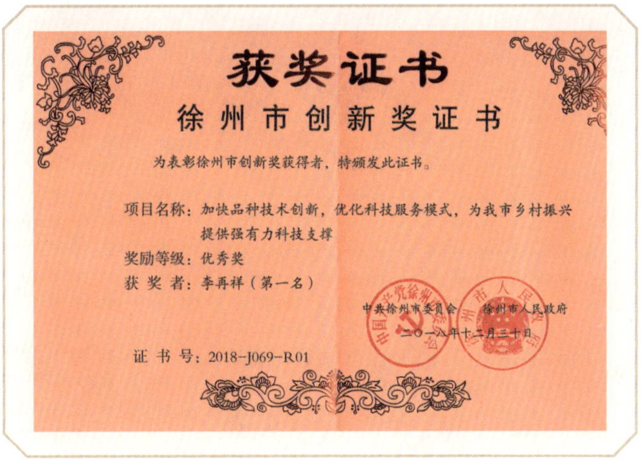
获奖证书

徐州市创新奖证书

为表彰徐州市创新奖获得者，特颁发此证书。

项目名称：加快品种技术创新，优化科技服务模式，为我市乡村振兴提供强有力科技支撑

奖励等级：优秀奖

获 奖 者：李再祥（第一名）

中共徐州市委员会　徐州市人民政府

二〇一八年十二月三十日

证 书 号：2018-J069-R01

图 5-58 “加快品种技术创新，优化科技服务模式，为我市乡村振兴提供强有力科技支撑”项目获奖证书

（2）成果完成人　李再祥、党新安、冯营、李文哲、戚强

（3）成果获奖证书（图 5-58）

第五节 育成品种

一、育成品种情况

在 2011—2020 年，全所有 10 个研究室（中心）分别对 9 个作物开展新品种选育研究，先后育成农作物新品种 67 个，分别通过国家或省农作物品种审定委员会审定、鉴定或登记 70 个次（徐麦 35、徐豆 18 号、徐豆 23 号分别通过省、国家审定），其中通过国家审（鉴）定的育成品种 36 个（次），通过省审（鉴）定的育成品种 34 个（次），分别占育成品种总数（70 个次）的 51.4% 和 48.6%，几乎是 1∶1。全所育成的各种作物新品种数量详见表 5-8。

表 5-8　2011—2020 年徐州农科所育成各种作物新品种统计

作物种类	育成单位	品种名称	国审（鉴）年份	省审（鉴）年份	合计
小麦	徐州农科所小麦研究室	徐麦 31	2011		14
		徐麦 32		2012	
		徐麦 33	2013		
		徐麦 9158		2014	
		农麦 1 号		2015	
		徐麦 35	2017	2015	
	徐州农科所小麦研究室、徐农种业①	徐麦 029		2016	
	徐州农科所小麦研究室、明天种业②	明麦 16		2016	
	徐州农科所小麦研究室、中江种业③	江麦 23		2017	
	徐州农科所小麦研究室	徐麦 36		2018	
		徐麦 178	2020		
		徐麦 2023	2020		
		徐麦 38		2020	
		徐麦 39		2020	

① 江苏徐农种业科技有限公司简称徐农种业。
② 江苏明天种业科技股份有限公司简称明天种业。
③ 江苏中江种业股份有限公司简称中江种业。

（续表）

作物种类	育成单位	品种名称	国审（鉴）年份	省审（鉴）年份	合计
水稻	徐州农科所水稻研究室	徐稻 8 号	2014		7
		徐稻 9 号	2015		
		徐稻 10 号	2018		
		徐稻 11 号		2020	
		徐稻 12 号		2020	
		徐稻 13 号	2020		
		徐稻 119	2020		
	徐农种业	Y 两优 59		2017	1
棉花	徐州农科所棉花研究室	徐棉 21 号		2010	4
		徐杂 6 号		2010	
		徐杂棉 8 号		2013	
		徐棉 266		2014	
苦瓜	徐州农科所棉花研究室	徐绿 1 号		2015	1
大豆	徐州农科所油料研究室	徐豆 18 号	2011	2011	11
		徐豆 19 号		2013	
		徐豆 20	2014		
		徐豆 21 号	2015		
		徐豆 22 号	2016		
		徐豆 23 号	2017	2019	
		徐豆 24 号	2018		
		徐豆 25 号		2019	
		徐豆 26 号		2020	
		徐春 3 号		2013	
		徐春 4 号		2019	
花生	徐州农科所油料研究室	徐花 16	2012 鉴		7
		徐花 17	2013 鉴		
		徐花 18		2015 鉴	
		徐花 19		2015 鉴	
		徐花 20	2020 登记		
		徐花 21	2020 登记		
		徐花 22	2020 登记		

（续表）

作物种类	育成单位	品种名称	国审（鉴）年份	省审（鉴）年份	合计
大蒜	徐州农科所园艺研究室	徐蒜 815		2012 鉴	5
		徐蒜 917		2015 鉴	
		徐蒜 918		2015 鉴	
		徐白蒜 1 号		2018 鉴	
		徐紫蒜 1 号		2018 鉴	
山药	徐州农科所园艺研究室	苏蓣 1 号		2015 鉴	3
		苏蓣 2 号		2015 鉴	
		苏蓣 3 号		2017 鉴	
甘薯	徐州农科所甘薯品种资源研究室	薯绿 1 号	2013 鉴		2
			2018 登记		
		徐新薯 2 号	2019 登记		
	徐州农科所甘薯遗传育种研究室	徐薯 28	2011 鉴		15
		徐薯 29	2011 鉴		
		徐薯 30	2012 鉴		
		徐薯 31	2015 鉴		
		徐薯 33	2015 鉴		
		徐渝薯 34	2018 鉴		
		徐渝薯 35	2018 鉴		
		徐薯 37	2019 鉴		
		徐薯 38	2020 鉴		
		徐薯 39	2020 鉴		
		徐吉薯 4 号		2015 鉴	
		徐紫薯 3 号	2011 鉴		
		徐紫薯 4 号	2013 鉴		
		徐紫薯 6 号	2018 鉴		
		徐紫薯 8 号	2018 鉴		
	徐州农科所甘薯生理栽培研究室	徐薯 32	2017 鉴		1
合计	10 个研究室（公司）	70 个品种	39 个次	36 个次	71 个

二、育成品种简介

（一）小麦品种

1. 徐麦 31

（1）品种简介　徐麦 31 系江苏徐淮地区徐州农科所用烟辐 188/ 徐州 26 号有性杂交，后代连续单株选择及品质筛选育成，国家审定编号：国审麦 2011005，品种权号：CNA20090488.8。该品种为半冬性中晚熟品种，成熟期平均比对照周麦 18 晚熟 1 d 左右。幼苗半匍匐，叶宽长、深绿色，分蘖力中等，成穗率高。冬季抗寒性一般。春季起身拔节早，对肥水敏感，两极分化慢，抽穗晚，抗倒春寒能力一般。株高 83 cm，株型偏紧凑，旗叶窄短、上冲。茎秆弹性一般，抗倒性一般。耐旱性一般，较耐后期高温，熟相好。穗层厚，穗多、穗小。穗纺锤形，无芒，白壳，白粒，籽粒角质，饱满，商品性好。亩穗数 40.5 万穗、穗粒数 32.1 粒、千粒重 42.9 g。抗病性鉴定：高感纹枯病，中感叶锈病、白粉病、赤霉病，慢条锈病。2009 年、2010 年品质测定结果分别为：籽粒容重 785g/L、785 g/L，硬度指数 58.5（2009 年），蛋白质含量 15.06%、16.13%；面粉湿面筋含量 33.0%、35.6%，沉降值 46.7 mL、53.0 mL，吸水率 57.8%、57.4%，稳定时间 8.4 min、6.4 min，最大抗延阻力 303 E.U、218 E.U，延伸性 169 mm、188 mm，拉伸面积 70 cm^2、58 cm^2。品质达到强筋品种审定标准。2008—2009 年度参加黄淮冬麦区南片冬水组品种区域试验，平均亩产 529.6 kg，比对照周麦 18 减产 1.1%；2009—2010 年度续试，比对照周麦 18 增产 3.0%。2010—2011 年度生产试验，平均亩产 536.3 kg，比对照周麦 18 增产 2.5%。

（2）育成人员　陈荣振、冯国华、刘东涛、张会云、王静、刘世来、李德民、王来花

（3）品种照片（图 5-59）

图 5-59　徐麦 31 田间表现

2. 徐麦 32

（1）品种简介　徐麦 32 系江苏徐淮地区徐州农科所 2002 年以郑农 7 号 / 藁城 8901 组合的 F_1 为母本，以烟农 19 为父本杂交，通过优良农艺性状基因聚合以及连续多年单株选择、品质筛选等育成的高产稳产优质小麦新品种，2012 年通过江苏省审定，品种审定编号：苏审麦 201206，国家植物新品种保护申请号：20130764.7，已通过安徽省、河南省引种认定。强筋麦首选品种，省淮北片二年区试比对照增产 5.24%，生产试验增产 4.64%。连续多年测试品质达到一等强筋小麦标准，时间稳定在 10 min 以上，高的可达到 38.5 min，商品粮供不应求，但总体上规模生产不够。江苏省淮北片区试抽混合样化验，2010 年、2011 年品质测定结果分别为：容重 797 g/L、842 g/L，蛋白质（干基）14.63%、13.52%，湿面筋 31.3%、29.16%，稳定时间 9.9 min、25.3 min。国家小麦产业技术体系连续多年检测，品质指标达到国家强筋小麦标准。其中 2011 年、2012 年《黄淮麦区砂姜黑土强筋小麦质量报告》：硬度指数 66、66，容重 831 g/L、835 g/L，降落数值 245s、487 s，蛋白质（干基）

14.8%、14.6%，湿面筋 31.9%、31.7%，吸水率 63.2%、62.1%，形成时间 14.1 min、34.7 min、稳定时间 38.5 min、44.3 min，最大拉伸阻力 Rm799 E.U、637 E.U，延伸度 131 mm、141 mm 。

（2）育成人员　刘东涛、陈荣振、冯国华、张会云、王静

（3）品种照片（图 5-60）

3. 徐麦 33

（1）品种简介　徐麦 33 系江苏徐淮地区徐州农科所 2003 年以内乡 991 作母本，周麦 16 作父本进行杂交，通过优良农艺性状基因聚合以及连续多年单株选择、品质筛选等育成的高产稳产广适小麦新品种，系谱号 03193-S-9-2-4。审定编号：国审麦 2013008，国家植物新品种保护申请号：20130765.6。高产广适性品种，产量三要素较协调，丰产稳产，黄淮南片冬水组中间试验比对照周麦 18 增产 4.6%，2014 年百亩高产示范方实产突破 750 kg/ 亩，刷新江苏省小麦高产纪录。株高 76 cm 左右，茎秆粗壮，耐肥抗倒。抗条锈病和白粉病，成熟期比周麦 18 略早，综合抗性好，适应性广，品质达强中筋小麦标准。适宜种植区域：黄淮冬麦区南片的河南中北部、安徽北部、江苏北部、陕西关中地区水地早中茬种植。

（2）育成人员　冯国华、陈荣振、刘东涛、张会云、王静

（3）品种照片（图 5-61）

图 5-60　徐麦 32 田间表现

图 5-61　徐麦 33 田间表现

4. 徐麦 9158

（1）品种简介　徐麦 9158 系江苏徐淮地区徐州农科所、江苏徐农种业科技有限公司 2002 年以周麦 16 作母本，徐州 24 号作父本进行杂交，经过连续多年单株选择选育而成。2014 年通过江苏省作物品种审定委员会审定，品种审定编号：苏审麦 201404，国家植物新品种保护申请公告号：CNA011683E。2011—2013 年度参加江苏省淮北组小麦区域试验，平均产量 521.9 kg/ 亩，较对照淮麦 20 增产 4.8%，两年增产均达极显著水平。2012—2013 年度参加生产试验，平均产量 599.5kg/ 亩，较对照淮麦 20 增产 4.6%。品质指标达硬质中强筋小麦要求，江苏省区试抽取混合样，经农业部谷物品质监督检验测试中心测定，2011—2013 年度两年结果分别为：容重 833 g/L、798 g/L，蛋白质含量（干基）13.84%、14.72%，湿面筋 29.1%、30.2%，稳定时间 7.3 min、8.5 min，硬度指数 64.8、65.6。

（2）育成人员　冯国华、陈荣振、刘东涛、张会云、王静

（3）品种照片（图 5-62）

5. 农麦 1 号

（1）品种简介　农麦 1 号系江苏徐淮地区徐州农科所以淮麦 18 作母本，矮抗 58 作父本进行杂交，通过连续多年单株选择育成的高产小麦新品种。本所鉴定编号：徐麦 0020，后由江苏神农大丰种业科技有限公司以农麦 1 号名义参加江苏省淮北组小麦区域试验，并于 2015 年通过江苏省审定，审定编号：苏审麦 201504。特征特性：幼苗半匍匐，叶片较宽大，叶色深绿。分蘖力较强，冬前分蘖多，抗寒性中等。株型较紧凑，穗层较整齐，茎秆弹性较好，抗倒性较好。灌浆快，熟相好。穗纺锤形，长芒、白壳、白粒，籽粒卵圆形，半硬质 - 硬质。区试平均结果：全生育期 233.1 d，较对照迟熟 1.4 d，株高 85.6 cm，每亩有效穗 44.3 万穗，每穗 32.9 粒，千粒重 39.6 g。抗病性经江苏省农业科学院植物保护研究所 3 年接种鉴定：感赤霉病，高感白粉病，中感纹枯病、小麦黄花叶病毒病。品质经农业农村部谷物品质监督检验测试中心测定，两年区试测定平均结果：容重 802 g/L，粗蛋白含量 14.5%，湿面筋含量 29.8%，稳定时间 18.3 min，硬度指数 47.0。2012—2014 年度参加江苏省淮北组小麦区域试验，两年平均亩产 547.50 kg，较对照淮麦 20 增产 3.43%，两年增产均达极显著水平。2014—2015 年度参加生产试验，平均亩产 548.57 kg，较对照淮麦 20 增产 4.96%。

（2）育成人员　肖群、王静、刘东涛、贾瑞宇、宋开业、张会云

（3）品种照片（图 5-63）

图 5-62　徐麦 9158 田间表现

图 5-63　农麦 1 号田间表现

6. 徐麦 35

（1）品种简介　徐麦 35 系江苏徐淮地区徐州农科所 2004 年以新麦 93119 作母本，周麦 16 作父本进行杂交，通过优良农艺性状基因聚合以及连续多年单株选择、品质筛选等育成的高产稳产广适小麦新品种。2015 年通过江苏省审定（苏审麦 201502），2017 年通过国家审定（国审麦 20170007）。黄淮南片冬水组中间试验连续三年产量均居第 1 位，比对照周麦 18 增产 7% 以上，2016 年千亩高产示范方实产达 7 125.5 kg，大面积示范不少田块产量突破 750 kg。平均亩穗数 38 万 ~ 43.2 万穗，穗粒数 34.4 ~ 40 粒，千粒重 39.7 ~ 43.5 g。综合抗病性中等，硬质麦，适宜制作馒头。

（2）育成人员　刘东涛、冯国华、张会云、王静、马红勃、陈荣振

（3）品种照片（图 5-64）

7. 徐农 029

（1）品种简介　品种来源：淮麦 20/ 矮抗 58，由徐州农科所育成，江苏徐农种业有限公司申请参加试验，审定编号：苏审麦 20160007。2018 年国家联合攻关专家组评定为较抗赤霉病的绿色品种。

特征特性：半冬性中熟品种，成熟期与对照品种淮麦 20 相当。幼苗半匍匐，叶片短小，叶色深绿，前期长势慢，抗寒性较好。分蘖力较强，成穗数较多。株型较松散，剑叶适中、挺，叶色绿色，茎秆弹性一般。穗纺锤形，穗长码稀，长芒、白壳、白粒，籽粒角质。区试平均结果：全生育期 217.0 d，株高 84.0 cm，每亩有效穗 40.4 万穗，每穗 33.9 粒，千粒重 41.5 g。落黄晚，后期叶功能期长，成熟中等，熟相好。经江苏省农业科学院植物保护研究所 3 年接种鉴定：中感 - 中抗赤霉病（严重度 1.75 ~ 2.58），中感纹枯病，高感白粉病，中抗黄花叶病。经江苏省农业科学院粮食作物研究所鉴定：中抗穗发芽。品质经农业农村部谷物品质监督检验测试中心测定，两年平均结果：容重 820 g/L，粗蛋白含量 13.1%，湿面筋含量 28.5%，稳定时间 7.1 min，硬度指数 68.1。产量表现：2013—2015 年度参加江苏省淮北晚播组小麦区域试验，两年平均亩产 527.9 kg，较对照郑麦 9023 增产 9.6%，两年均达极显著水平，较对照淮麦 20 增产 3.5%，2014 年达显著水平，2015 年达极显著水平。2015—2016 年度参加生产试验，平均亩产 536.65 kg，较对照淮麦 20 增产 2.9%。

（2）育成人员　张会云、冯国华、刘东涛、周兴根、黄忠勤、王静、马红勃、陈荣振

（3）品种照片（图 5-65）

图 5-64　徐麦 35 田间表现

图 5-65　徐农 029 田间表现

8. 明麦 16

（1）品种简介　品种来源徐 3-01/ 矮抗 58，由徐州农科所育成，江苏明天种业科技股份有限公司申请参试，审定编号：苏审麦 20160005。特征特性：半冬性中熟小麦品种，成熟期比对照淮麦 20 晚近 1 d。幼苗半匍匐，叶片细长，叶色深绿。分蘖力较强，越冬抗寒性较好。株型较紧凑，穗层较整齐，抗倒性较强。落黄晚，熟相较好。穗纺锤形，长芒、白壳、白粒，籽粒椭圆形，半硬质 - 硬质。区试平均结果：全生育期 232.6 d，株高 79.9 cm，每亩有效穗 44.5 万穗，每穗 31.8 粒，千粒重 43.5 g。经江苏省农业科学院植物保护研究所 3 年接种鉴定：中感赤霉病（严重度 2.50 ~ 3.25），高感白粉病，感纹枯病，中感小麦黄花叶病毒病。经江苏省农业科学院粮食作物研究所鉴定：高感穗发芽。品质经农业农村部谷物品质监督检验测试中心测定，两年平均结果：容重 834 g/L，粗蛋白含量 13.4%，湿面筋含量 27.1%，稳定时间 3.5 min，硬度指数 64.3。产量表现：2013—2015 年度参加江苏省淮北组小麦区域试验，两年平均亩产 553.2 kg，较对照淮麦 20 增产 3.8%，两年均达极显著水平。2015—2016 年度参加生产试验，平均亩产 597.7 kg，较对照淮麦 20 增产 4.2%。

（2）育成人员　冯国华、刘东涛、张会云、王静、马红勃、刘静、陈荣振

（3）品种照片（图 5-66）

9. 江麦 23

（1）品种简介　2002 年以淮麦 18 为母本，周麦 16 为父本杂交，采用系谱选育法，连续选株选系，同时进行抗病性及品质鉴定筛选。由徐州农科所育成，江苏中江种业有限公司以“徐麦 2233”名义参加试验，审定编号：苏审麦 20170005，国家植物新品种保护申请号：20171003.2。江麦 23 属半冬性中熟小麦品种，成熟期比对照淮麦 20 晚 1.1 d。幼苗半匍匐，叶片细长，叶色深绿。分蘖力强，越冬抗寒性较好。株型较紧凑，蜡质重，穗层较整齐，抗倒性强。落黄好，灌浆快，熟相好。穗纺锤形，长芒、白壳、白粒，穗型较大，结实性较好，籽粒椭圆形，硬质。区试平均结果：全生育期 234.3 d，株高 80.8 cm，每亩有效穗 41.3 万穗，每穗 33.0 粒，千粒重 44.5 g。产量表现：2014—2016 年度参加江苏省淮北片早播组小麦区域试验，两年平均亩产 568.84 kg，较对照淮麦 20 增产 3.76%，两年均达极显著水平。2016—2017 年度参加生产试验，平均亩产 576.12 kg，较对照淮麦 20 增产 5.79%。经江苏省农业科学院粮食作物研究所鉴定：中感 / 感赤霉病（严重度 2.56 ~ 3.56），高感白粉病，中感纹枯病，感叶锈病，中感黄花叶病，高感穗发芽。区试混合样经农业农村部谷物品质监督检验测试中心测定，两年平均结果（中筋品种）：容重 804 g/L，粗蛋白（干基）14.0%，湿面筋（14% 水）28.65%，吸水量 59.8 mL/100 g，稳定时间 5.6 min，最大拉伸阻力 Rm135 E.U、325 E.U，拉伸面积 60 cm^2。

（2）育成人员　王静、凌兆凤、冯国华、刘东涛、张会云、马红勃、付尧、刘静、陈荣振

（3）品种照片（图 5-67）

图 5-66　明麦 16 田间表现

图 5-67　江麦 23 田间表现

10. 徐麦 36

（1）品种简介　系江苏徐淮地区徐州农科所 2005 年以淮麦 18 为母本，矮抗 58 为父本，经系谱选择育成的常规小麦新品种。2018 年通过山东省审定，审定编号：鲁审麦 20080010。国家植物新品种

保护申请号 20171004.1。2014—2016 年山东省小麦品种高肥组区域试验，两年平均产量 558.6kg/ 亩，比对照品种济麦 22 减产 2.5%；2016—2017 年高产组生产试验，平均产量 577.8 kg/ 亩，比济麦 22 增产 0.6%。半冬性，幼苗半匍匐，株型松散，叶色深绿，叶片中等偏宽，越冬抗寒性好，抗倒伏性较好，熟相好。两年区域试验结果平均：生育期 234 d，比济麦 22 早熟 1 d；株高 75.9 cm，成穗数 637.5 万 /hm^2，分蘖成穗率 46.1%；穗长方形，穗粒数 38.6 粒，千粒重 40.7 g。品质强筋：2015 年、2016 年山东省区域试验统一取样，农业农村部谷物品质监督检验测试中心（泰安）测试结果平均：容重 791.0 g/L，籽粒蛋白质含量 13.7%，湿面筋 30.7%，沉淀值 32.1 mL，吸水量 57.6 mL，稳定时间 11.0 min，面粉白度 80.3，2019 年国家联合攻关评定为优质馒头、馒头强筋小麦品种。适宜在山东全省高肥水地块种植利用。

图 5-68　徐麦 36 田间表现

（2）育成人员　冯国华、刘东涛、张会云、王静、马红勃、刘静、陈荣振

（3）品种照片（图 5-68）

11. 徐麦 178

（1）品种简介　系江苏徐淮地区徐州农科所 2005 年以淮麦 18 为母本，矮抗 58 为父本，经系谱选择育成的常规小麦新品种。2020 年通过国家审定，审定编号：国审麦 20200047，国家植物新品种保护申请号：20183494.3，公告号：CNA024393E。产量表现：2016—2017 年度参加国家小麦良种联合攻关黄淮冬麦区南片大区试验，平均亩产 542.4 kg，比对照周麦 18 增产 3.99%；2017—2018 年度续试，平均亩产 460.0 kg，比对照周麦 18 增产 7.03%，2017—2018 年度同步生产试验，平均亩产 458.0 kg，比对照周麦 18 增产 5.9%。特征特性：半冬性、全生育期 217 d，与对照周麦 18 熟期相当。幼苗半匍匐，叶片细长，叶色深绿，分蘖力强。株高 75.8 cm，株型适中，抗倒性较好，倒伏程度≤ 3 级，倒伏面积≤ 40.0% 的试验点比例为 86.4%、90.5%。穗层整齐，熟相好。穗纺锤形，长芒、白粒，籽粒半角质。亩穗数 40.7 万穗，穗粒数 33.3 粒，千粒重 44.6 g。抗病性鉴定：中感纹枯病，高感赤霉病、白粉病、条锈病、叶锈病，中抗秆锈病。品质检测：籽粒容重 793.6 g/L、789.5g/L，蛋白质含量 14.5%、14.72%，湿面筋含量 28.6%、27.46%，稳定时间 15.9 min、5.4 min，吸水率 54.4%、16%，最大拉伸阻力 Rm 484.0 E.U、586.4 E.U，拉伸面积 75.2 cm^2、86.0 cm^2。

（2）育成人员　张会云、冯国华、刘东涛、王静、马红勃、刘静

（3）品种照片（图 5-69）

12. 徐麦 2023

（1）品种简介　江苏徐淮地区徐州农科所以矮抗 58 为母本，良星 99 为父本杂交，经过多年单穗、单株选择，抗性、品质筛选选育而成，原系谱号 06016-S-54-1-2，2016 年秋播与中国种子集团有限公司联合申请参加中种联合体试验。2020 年通过国家审定，审定编号：国审麦 20200071，国家植物新品种保护申请号：20183493.4，公告号：CNA024392E。徐麦 2023 属半冬性，成熟期较对照周麦 18 早熟 0.3 d。幼苗半匍匐，叶片宽长，叶色深绿，冬前分蘖力较强，成穗多，春季起身拔节较

早，两极分化快，苗脚较利索，耐春季低温能力较好。区试平均株高 79.4 cm，茎秆弹性较好，抗倒伏能力较强，株型松紧适中，穗层厚，旗叶短小、上冲，耐后期高温能力较好，灌浆快，落黄好，熟相较好。近长方形穗，结实性较好，白壳、短芒、白粒，籽粒角质，饱满度较好。2017 年、2018 年区试亩穗数 40.2 万穗，穗粒数 34.4 粒，千粒重 40.0 g。2019 年生产试验平均亩穗数 43.2 万穗，穗粒数 34.7 粒，千粒重 42.7 g，株高 79 cm。抗病性鉴定，慢条锈病，高感纹枯病、赤霉病、白粉病、叶锈病。冬春性鉴定，冬性类。品质检测，籽粒容重 808 g/L、783 g/L，蛋白质含量 13.56%、14.67%，湿面筋含量 29.9%、32.5%，稳定时间 5.7 min、6.2 min，吸水率 59.0%、60.0%。

（2）育成人员　王静、冯国华、刘东涛、张会云、马红勃、刘静、刘立伟

（3）品种照片（图 5-70）

图 5-69　徐麦 178 田间表现

图 5-70　徐麦 2023 田间表现

13. 徐麦 38

（1）品种简介　系江苏徐淮地区徐州农科所以淮麦 18 为母本，徐 7048 为父本，经系谱选择育成的常规小麦新品种。2020 年通过江苏省审定，审定编号：苏审麦 20200013。该品种属半冬性中熟品种，幼苗叶色绿，抗寒性较好，分蘖力较强。株型较紧凑，株高 80 cm 左右，茎秆弹性好，耐肥抗倒，适应性广。长方型中等穗，穗层整齐，结实性较好，灌浆快，成熟中等，熟相较好。徐麦 38 适播期长，产量结构协调，每亩成穗 42 万 ~ 45 万穗，每穗结实 33 ~ 35 粒，千粒重 42 ~ 45 g，高产稳产。2018 年、2019 年参加江苏省淮北片区试平均亩产 540.96 kg、636.78 kg，居参试品种的第 2 位、第 1 位，分别比对照增产 4.76%、7.61%，差异极显著。2020 年参加生产试验平均亩产 583.93 kg，比对照淮麦 20 增产 5.86%。籽粒角质，容重高，品质较优。2018 年、2019 年农业农村部谷物及制品监督检验测试中心（哈尔滨）区试混合样分析，粗蛋白（干基）14.56%、13.24%，湿面筋（14% 水）28.2%、29.6%，吸水量 59.0 mL、57.8 mL，稳定时间 9.8 min、10.8 min，最大拉伸阻力 Rm338 E.U、521 E.U，评价值 75、75，能量 66 cm^2、85 cm^2，硬度指数 59.4、54.4，2019 年达到中强筋小麦标准。徐麦 38 田间感赤霉病，中感白粉病，纹枯病轻。江苏省农业科学院植物保护研究所接种鉴定：感 / 中感赤霉病，中感 / 感纹枯病，抗 / 中抗黄花叶病毒病；徐州农科所接种鉴定：中感 / 中感白粉病，高感条锈病，高感 / 中感叶锈病，中抗 / 高感纹枯病，综合抗性较好。

（2）育成人员　刘东涛、王静、刘立伟、张会云、马红勃、刘静、易媛、朱雪成、冯国华

（3）品种照片（图 5-71）

14. 徐麦 39

（1）品种简介　系江苏徐淮地区徐州农业科学研究所 2005 年以周麦 16 为母本，淮核 0615 为父本，经系谱选择育成的常规小麦新品种。2020 年通过江苏省审定，审定编号：苏审麦 20200030。该品种半冬性，幼苗长势较旺，叶色绿，抗寒性较好。分蘖力较强，平均每亩成穗 40.8 万 ~ 41.2 万穗。株型较紧凑，穗层整齐，株高 75 ~ 81 cm，茎秆粗壮，茎秆弹性较好，蜡质重。穗纺锤形，中大穗，平均每穗结实 33.0 ~ 35.7 粒。籽粒半角质，灌浆快，千粒重 43.5 ~ 45.2 g。田间发病情况：赤霉病中等发生、纹枯病较重，中感白粉病，叶锈病较轻。转黄好，成熟中晚（比对照晚 0.5 d），熟相较好。2018 年、2019 年度参加徐州农科所科企联合体淮北片区试平均亩产 500.20 kg、591.73 kg，比对照增产 5.49%、3.37%，差异极显著，两年平均亩产 545.96 kg，比对照淮麦 20 增产 4.65%。2020 年生产试验平均亩产 559.22 kg，比对照增产 6.24%，差异极显著，居 4 个品种的第 1 位。农业农村部谷物及制品监督检验测试中心（哈尔滨）区试混合样分析，粗蛋白（干基）14.59%，湿面筋（14% 水）27.1%，吸水量 52.1 mL，稳定时间 5.5 min。江苏省农业科学植物保护研究所接种鉴定：赤霉病感 / 中感（严重度 3.7/3.6），自然鉴定中感；中感 / 感纹枯病，中抗 / 感黄花叶病毒病；徐州农科所接种鉴定：高感 / 高感白粉病，高抗 / 抗条锈病，高感叶锈病，中感 / 中感纹枯病。

（2）育成人员　马红勃、张会云、刘静、刘东涛、王静、刘立伟、朱雪成、易媛、冯国华

（3）品种照片（图 5-72）

图 5-71　徐麦 38 田间表现

图 5-72　徐麦 39 田间表现

（二）水稻品种

1. 徐稻 8 号

（1）品种简介　粳型常规水稻品种。2010 年育成，2014 年通过国家品种审定（审定编号：国审稻 2014037）。2011 年参加国家黄淮粳稻组区域试验，平均亩产 608.6 kg，比对照徐稻 3 号增产 5.1%；2012 年续试，平均亩产 670.3 kg，比徐稻 3 号增产 5.1%；两年区域试验平均亩产 639.4 kg，

比徐稻 3 号增产 5.1%；2013 年生产试验，平均亩产 597.1 kg，比徐稻 3 号增产 6.5%。在黄淮粳稻区种植，全生育期 156.5 d，与对照徐稻 3 号相当。株高 103.1 cm，穗长 16.4 cm，穗粒数 137.1 粒，结实率 88.3%，千粒重 25.2 g。抗性：稻瘟病综合抗性指数 3.1，穗颈瘟损失率最高级 3 级，条纹叶枯病最高发病率 6.01%；中抗稻瘟病，抗条纹叶枯病。米质主要指标：整精米率 65.4%，垩白米率 33.3%，垩白度 2.4%，直链淀粉含量 16.0%，胶稠度 82.5 mm。适宜河南沿黄、山东南部、江苏淮北、安徽沿淮及淮北地区种植。2017—2019 年列为江苏淮北地区优质粳稻重点推广品种，至 2020 年在苏、皖、鲁、豫等省份适宜地区累计推广种植 180 余万亩，新增社会经济效益 2 亿元以上。

（2）品种育成人　王健康、丁成伟、郭荣良、吴玉玲、徐家安、王友霜、胡婷婷、赵铁鹏、刘超

图 5-73　徐稻 8 号田间表现

（3）品种照片（图 5-73）

2. 徐稻 9 号

（1）品种简介　粳型常规水稻品种。2011 年育成，2015 年通过国家品种审定（审定编号：国审稻 2015049）。2012 年参加国家黄淮粳稻组区域试验，平均亩产 672.2 kg，比对照徐稻 3 号增产 4.88%；2013 年续试，平均亩产 662.6 kg，比徐稻 3 号增产 6.84%；两年区域试验平均亩产 667.9 kg，比徐稻 3 号增产 5.75%。2014 年生产试验，平均亩产 629.2 kg，比徐稻 3 号增产 7.25%。在黄淮粳稻区种植，全生育期 155.9 d，比对照徐稻 3 号早熟 1 d。株高 96.7 cm，穗长 16.4 cm，每穗总粒数 140 粒，结实率 87.7%，千粒重 26 g。抗性：稻瘟病综合抗性指数 4.7，穗颈瘟损失率最高级 5 级，条纹叶枯病最高发病率 10.71%；中感稻瘟病，中抗条纹叶枯病。米质主要指标：整精米率 73.7%，垩白米率 23%，垩白度 2.6%，直链淀粉含量 11.3%，胶稠度 82 mm，达到国家《优质稻谷》标准 3 级。适宜河南沿黄及信阳、山东南部、江苏淮北、安徽沿淮及淮北地区种植。该品种为半糯香型水稻品种，2016 年荣获首届江苏百姓品米节优质大米评选活动“寻找江苏最好吃的大米”二等奖，2017 年荣获“全国优良食味粳稻品评”三等奖，2019 年荣获江苏省优质稻品种食味品质评鉴金奖。2017—2020 年列为江苏淮北地区优质粳稻重点推广品种，至 2020 年在苏、皖、鲁、豫等省份适宜地区累计推广种植 350 余万亩，新增社会经济效益 5.3 亿元以上。

（2）品种育成人　王健康、丁成伟、郭荣良、吴玉玲、徐家安、王友霜、胡婷婷、赵铁鹏、刘超

（3）品种照片（图 5-74）

3. 徐稻 10 号

（1）品种简介　粳型常规水稻品种。2015 年育成，2018 年通过国家品种审定（审定编号：国审稻 20180058）。2016 年参加黄淮粳稻组区域试验，平均亩产 669.20 kg，比对照徐稻 3 号增产 6.15%；2017 年续试，平均亩产 642.67 kg，比对照徐稻 3 号增产 5.93%；两年区域试验平均亩产 655.93 kg，比对照徐稻 3 号增产 6.04%；2017 年生产试验，平均亩产 651.98 kg，比对照徐稻 3 号增产 6.94%。在黄淮粳稻区种植，全生育期 155.6 d，比对照徐稻 3 号早熟 1.1 d。株高 98.6 cm，穗长 18.9 cm，每

亩有效穗数 21.0 万穗，每穗总粒数 140.8 粒，结实率 87.1%，千粒重 28.5 g。抗性：稻瘟病综合指数两年分别为 3.7、5.0，穗颈瘟损失率最高级 3 级，条纹叶枯病最高级 5 级，中抗稻瘟病，中感条纹叶枯病。米质主要指标：整精米率 73.8%，垩白粒率 13.3%，垩白度 2.3%，直链淀粉含量 16.0%，胶稠度 67 mm，长宽比 2.2，达到农业行业《食用稻品种品质》标准 3 级。适宜在河南沿黄及信阳地区、山东南部、江苏淮北、安徽沿淮及淮北地区的稻瘟病轻发区种植。2020 年列为徐州市优质粳稻重点推广品种，在苏、皖、鲁、豫等省份适宜地区示范推广 30 余万亩。

（2）品种育成人　吴玉玲、王健康、丁成伟、郭荣良、徐家安、王友霜、胡婷婷、赵铁鹏、刘超、何弯弯

（3）品种照片（图 5-75）

图 5-74　徐稻 9 号田间表现

图 5-75　徐稻 10 号田间表现

4. 徐稻 11 号（徐农 36618）

（1）品种简介　中熟中粳早熟品种。2016 年育成，2020 年通过江苏省品种审定（审定编号：苏审稻 20200006）。2017—2018 年参加江苏省中熟中粳区域试验，两年平均亩产 652.3 kg，比对照徐稻 3 号增产 2.5%，达显著水平；2019 年生产试验平均亩产 691.7 kg，比对照徐稻 3 号增产 5.7%。省区试平均结果：每亩有效穗 22.7 万穗，每穗总粒数 131.8 粒，结实率 90.8%，千粒重 25.2 g，株高 96.6 cm，全生育期 145.0 d，比对照徐稻 3 号短 2.9 d。病害鉴定：穗颈瘟损失率 5 级，稻瘟病综合指数 5.0，中感稻瘟病、白叶枯病和条纹叶枯病，感抗纹枯病。米质理化指标根据农业农村部食品质量监督检验测试中心（武汉）2018 年检测：整精米率 63.4%，垩白粒率 29.0%，垩白度 5.2%，胶稠度 72 mm，直链淀粉含量 13.5%，长宽比 1.8。适宜在江苏省淮北地区种植。2020 年示范推广 2 万亩。

图 5-76　徐稻 11 号田间表现

（2）品种育成人　王友霜、王健康、丁成伟、郭荣良、吴玉玲、徐家安、胡婷婷、赵铁鹏

（3）品种照片（图 5-76）

5. 徐稻 12 号（徐 32075）

（1）品种简介　迟熟中粳早熟品种。2016 年育成，2020 年通过江苏省品种审定（审定编号：苏审稻 20200020）。2017—2018 年参加江苏省迟熟中粳早熟组区域试验，两年平均亩产 660.6 kg，比对照武运粳 27 增产 4.1%；2019 年生产试验平均亩产 720.1 kg，比对照武运粳 27 增产 5.9%。省区试平均结果：每亩有效穗 23.2 万穗，每穗总粒数 131.7 粒，结实率 90.0%，千粒重 25.5 g，株高 92.8 cm，全生育期 147.0 d，比对照武运粳 27 短 1.1 d。病害鉴定：穗颈瘟损失率 3 级，稻瘟病综合指数 4.25，中感稻瘟病、白叶枯病和条纹叶枯病，抗纹枯病。米质理化指标根据农业农村部食品质量监督检验测试中心（武汉）2019 年检测：整精米率 74.3%，垩白粒率 37.0%，垩白度 5.4%，胶稠度 52 mm，直链淀粉含量 16.1%，长宽比 1.7。适宜在江苏省苏中及宁镇扬丘陵地区种植。2020 年示范推广 1.5 万亩。

（2）品种育成人　丁成伟、王健康、郭荣良、吴玉玲、徐家安、王友霜、胡婷婷、赵铁鹏、何弯弯

（3）品种照片（图 5-77）

图 5-77　徐稻 12 号田间表现

6. 徐稻 13 号

（1）品种简介　粳型常规水稻品种。2017 年育成，2020 年通过国家品种审定（审定编号：20206261）。2018 年参加国家北方黄淮粳稻组区域试验，平均亩产 607.40 kg，比对照徐稻 3 号增产 3.13%；2019 年续试，平均亩产 674.42 kg，比对照徐稻 3 号增产 4.21%；两年区域试验平均亩产 640.91 kg，比对照徐稻 3 号增产 3.67%；2019 年生产试验，平均亩产 675.69 kg，比对照徐稻 3 号增产 6.51%；全生育期 149.0 d，比对照徐稻 3 号早熟 1.3 d。株高 92.3 cm，穗长 16.4 cm，每亩有效穗数 20.3 万穗，每穗总粒数 148.9 粒，结实率 87.5%，千粒重 27.1 g；抗性：稻瘟病综合指数两年分别为 4.2、4.3，穗颈瘟损失率最高级 3 级，条纹叶枯病 5 级，中抗稻瘟病，中感条纹叶枯病；米质主要指标：整精米率 73.4%，垩白度 3.7%，直链淀粉含量 16.2%，胶稠度 61 mm，碱消值 6.5 级，长宽比 1.8，达到农业行业标准《食用稻品种品质》3 级。适宜在河南沿黄及信阳地区、山东南部、江苏淮北、安徽沿淮及淮北地区稻瘟病轻发区种植。

（2）品种育成人　郭荣良、王健康、丁成伟、吴玉玲、徐家安、王友霜、胡婷婷、赵铁鹏、何弯弯

（3）品种照片（图 5-78）

图 5-78　徐稻 13 号田间表现

7. 徐稻 119（徐稻 14）

（1）品种简介　粳型常规水稻品种。2017 年育成，2020 年通过国家品种审定（审定编号：20206255）。2018 年参加北方黄淮粳稻组区域试验，平均亩产 663.29 kg，比对照徐稻 3 号增产 5.2%；2019 年续试，平均亩产 678.88 kg，比对照徐稻 3 号增产 7.04%；两年区域试验平均亩产 671.09 kg，比对照徐稻 3 号增产 6.12%；2019 年生产试验，平均亩产 680.87 kg，比对照徐稻 3 号增产 6.68%。全生育期 150.4 d，比对照徐稻 3 号早熟 1.5 d。株高 89.7 cm，穗长 16.6 cm，每亩有效穗数 21.1 万穗，每穗总粒数 147.1 粒，结实率 89.7%，千粒重 26.5 g。抗性：稻瘟病综合指数两年分别为 3.9、3.1，穗颈瘟损失率最高级 3 级，条纹叶枯病 5 级，白叶枯病 5 级，中抗稻瘟病，中感条纹叶枯病，中感白叶枯病；米质主要指标：整精米率 72.8%，垩白度 4.1%，直链淀粉含量 18.0%，胶稠度 65 mm，碱消值 6.8 级，长宽比 1.6，达到农业行业标准《食用稻品种品质》3 级。适宜在河南沿黄及信阳地区、山东南部、江苏淮北、安徽沿淮及淮北地区种植。

（2）品种育成人　王健康、丁成伟、郭荣良、吴玉玲、徐家安、王友霜、胡婷婷、赵轶鹏、何弯弯

（3）品种照片（图 5-79）

图 5-79　徐稻 14 号田间表现

（三）棉花品种

1. 徐棉 21 号

（1）品种简介　原名徐 443，转基因生物名称徐 443。以徐 97403/GK19 选系配组，单株选择，于 2006 年育成，属转基因抗虫棉常规中熟品种。2010 年 11 月江苏省农作物品种审定委员会审定通过。生育期 134 d，株高 98.8 cm，茎秆较粗壮，茸毛较少，叶片中等大小，叶色较深，出苗好，长势较强，整齐度较好。株型较松散，单株果枝数 17.7 台，果枝较长、平展，单株结铃数 28.6 个，铃卵圆形，吐絮畅，单铃重 5.8 g，衣分 41.2%，子指 10.0 g，霜前花率 87.0%。纤维品质经农业农村部棉花品质监督检验测试中心测试：HVICC 纤维上半部平均长度 29.4 mm，整齐度指数 85.1%，马克隆值 5.3，断裂比强度 29.0 cN/tex，纺纱均匀性指数 137。抗病性经江苏省农业科学院植物保护研究所病圃接种鉴定：枯萎病指 12.2，黄萎病指 43.6，耐枯萎病，感黄萎病。抗棉铃虫。2007—2008 年参加江苏省区试，两年平均籽棉亩产 232.6 kg，比对照泗抗 1 号增产 8.5%；皮棉亩产 95.7 kg，比对照增产 5.5%。2009 年生产试验平均籽棉亩产 268.9 kg，比对照增产 0.8%；皮棉亩产 111.2 kg，比对照减产 3.0%。2013—2015 年被列为江苏省主推品种。2011—2020 年在江苏省推广 22 万亩。

（2）品种育成人　李卫华、胡新燕、张正敏、冯营、王阶祥、孙亚伟

（3）品种照片（图 5-80）

2. 徐棉 266

（1）品种简介　转基因生物名称“徐棉 266”。以苏棉 20 号 / 渝棉 1 号 // 徐 99-2（GK19 后代选

系）配组，单株选择，于 2009 年育成，属转基因抗虫棉常规中熟品种。2014 年 11 月江苏省农作物品种审定委员会审定通过。生育期 137 d 左右。植株较高，茎秆粗壮，株型疏朗，前中期长势强，后期长势较弱；叶片中等，叶色深。铃卵圆形，中等大，单铃重 5.4 g；单株果枝 18 台左右，单株结铃 30 个左右。大样衣分 41.1%。吐絮畅，色泽白。籽指 10.4 g，衣指 7.5 g。耐枯萎病，病指 14.4，耐黄萎病，病指 26.0。2010—2011 年省区试送样，经农业农村部棉花品质监督检验测试中心测定，上半部平均长度 29.1 mm，断裂比强度 28.2 cN/tex，马克隆值 4.8。2012 年省生产试验送样测定结果，上半部平均长度 30.1 mm，断裂比强度 29.6 cN/tex，马克隆值 5.2。2010—2011 年江苏省常规棉品种区试中，亩产皮棉 100.6 kg，较泗抗 1 号增产 6.6%。2012 年江苏省常规棉品种生产试验中，亩产皮棉 101 kg，较泗抗 1 号增产 7.8%。2015—2020 年在江苏省推广 12 万亩。

（2）品种育成人　李卫华、胡新燕、冯营、孙亚伟

（3）品种照片（图 5-81）

图 5-80　徐棉 21 号

图 5-81　徐棉 266 田间表现

3. 徐杂 6 号

（1）品种简介　原名徐 D412，转基因生物名称“徐 D412”。以徐 30-1（来源于从苏棉 20 系统选择育成的品系）× 徐 15-12（来源于从 GK19 中系统选择育成的选系）配组的杂种优势利用组合，属转基因中熟春棉杂交品种。2010 年 11 月安徽省农作物品种审定委员会审定通过。生育期 125 d 左右，与对照品种（皖杂 40）相仿。植株较高，株型疏朗；叶片较大，叶色深。铃卵圆形。株高 113 cm 左右，第 1 果枝节位为 7.4，株果枝数 17 台左右，单株结铃 26 个左右，单铃重 6.1 g 左右，衣分 42% 左右，籽指 11.0 g 左右，霜前花率 91% 左右。经中国农业科学院棉花研究所抗性鉴定，2007 年抗枯萎病（病指 9.0）、耐黄萎病（病指 21.4）；2008 年抗枯萎病（病指 8.4）、耐黄萎病（病指 28.6）。经农业农村部棉花品质监督检验测试中心检验，2007 年纤维长度 29.0 mm，断裂比强度 28.2 cN/tex，马克隆值 5.3；2008 年纤维长度 30.2 mm，断裂比强度 30.0 cN/tex，马克隆值 5.5。2007 年区试亩产皮棉 111 kg，较对照品种增产 10.13%；2008 年平均亩产 92 kg，较对照品种增产 1.21%。

2009 年生产试验亩产皮棉 90 kg，较对照品种增产 7.16%。2011—2020 年在安徽省推广 36 万亩。

（2）品种育成人　李卫华、胡新燕、张正敏、杨峰、冯营、王阶祥、孙亚伟

（3）品种照片（图 5-82）

4. 徐杂棉 8 号

（1）品种简介　原名徐 D619，转基因生物名称徐 D619，以徐 2030/ 徐 17（GK19 选系）选配的杂种优势组合，2007 年育成，属中熟转基因抗虫杂交棉品种。2013 年 4 月江西省农作物品种审定委员会审定通过。该品种出苗较好，生育期 130 d 左右。植株塔型，较松散，株高 135 cm 左右，茎秆粗壮，有茸毛，叶片较大，缺刻中等。铃卵圆形，较大，单铃重 5.5 g；单株果枝 19 层左右，单株结铃 38 个左右。大样衣分 42.87%。吐絮畅，色泽白。籽指 10.3 g，衣指 7.5 g。该品种抗棉铃虫、抗枯萎病，经江西省区试测试，2011 年相对抗指 2.9，2012 年相对抗指 7.46。江西省区试测定，2010 年预试，纤维长度 30.1 mm，整齐度 85.8%，断裂比强度 31.0 cN/tex，伸长率 5.0%，马克隆值 5.1。2011—2012 年区试两年平均纤维长度 28.8 mm，整齐度 85%，断裂比强度 30.9 cN/tex，伸长率 5.1%，马克隆值 5.2，反射率 78.5%，黄度 7.5，纺纱均匀性指数 139.4。2011 年参加江西省区试，亩产籽棉 282.2 kg，第 3 位；亩产皮棉 121.0 kg，比对照赣棉杂 1 号增产 12.5%，显著，第 1 位；霜前皮棉 107.7 kg，第 1 位。2012 年第 2 年区试，亩产籽棉 245.78 kg，比对照赣棉杂 1 号增产 4.11%，第 2 位；亩产皮棉 105.35 kg，比对照赣棉杂 1 号增产 2.69%，不显著，第 1 位；霜前皮棉亩产 96.95 kg，第 1 位。两年平均亩产籽棉 263.99 kg，对照赣棉杂 1 号增产 8.94%，第 1 位；平均亩产皮棉 113.18 kg，比对照赣棉杂 1 号增产 8.22%，第 1 位。2012 年江西生产试验亩产籽棉 313.22 kg，比对照赣棉杂 1 号增产 6.74%；亩产皮棉 133.05 kg，比对照增产 6.03%。2015—2020 年在江西省推广 6.8 万亩。

（2）品种育成人　李卫华、胡新燕、冯营、孙亚伟

（3）品种照片（图 5-83）

图 5-82　徐杂 6 号

图 5-83　徐杂棉 8 号

（四）大豆品种

1. 徐豆 18

（1）品种简介　1997 年用徐豆 9 号为母本，泗豆 288 为父本进行有性杂交，通过系谱法于 2006 年育成，2011 年通过国家审定，审定编号：国审豆 2011009，2019 年通过湖北省审定，审定编号：鄂审豆 2019004，2021 年通过江苏省审定（淮南夏大豆）：苏审豆 20210017。该品种生育期 104 d，株型半收敛，有限结荚习性。株高 73.2 cm，主茎 18.7 节，有效分枝 1.5 个，底荚高度 14.1 cm，单株有效荚数 38.3 个，单株粒数 75.7 粒，单株粒重 16.5 g，百粒重 21.4 g。卵圆叶，白花，灰毛。籽粒椭圆形，种皮黄色，微光，种脐褐色。抗花叶病毒病 3 号和 7 号株系，高感胞囊线虫病 1 号生理小种。粗蛋白质含量 41.29%，粗脂肪含量 20.42%。2009—2010 年参加黄淮海南片夏大豆品种区域试验，平均亩产 181.7 kg，比对照增产 6.5%。2010 年生产试验，亩产 170.6 kg，比对照中黄 13 增产 6.7%。适宜江苏、安徽的淮北地区以及山东南部、河南东南部夏播种植。累计推广种植 1 000 万亩，增加经济效益 10 亿元。

图 5-84　徐豆 18

（2）品种育成人　王宗标、王幸、张祖明

（3）品种照片（图 5-84）

2. 徐豆 19

（1）品种简介　1999 年用徐豆 9 号为母本，泗豆 288 为父本进行有性杂交，通过系谱法于 2009 年育成，2013 年通过江苏省审定，审定编号：苏审豆 201304。该品种幼茎基部紫色，植株直立，有限结荚习性，抗倒性较好。叶片卵圆形，紫花，棕毛。荚弯镰刀形，褐色。籽粒椭圆形，种皮黄色微光泽，种脐深褐色，外观商品性较好。成熟时落叶性好，不裂荚。生育期 110 d，比对照长 6 d，株高 61.5 cm，结荚高度 14.0 cm，主茎 13.5 节，有效分枝 2.6 个，单株结荚 35.4 个，每荚 2.1 粒，百粒重 24.2 g。粗蛋白质含量 42.6%，粗脂肪含量 21.2%。抗大豆花叶病毒病 3 号株系、7 号株系。2010—2011 年参加江苏省区试，平均亩产 191.4 kg，较对照徐豆 13 增产 11.6%，两年增产均达极显著水平。2011 年生产试验平均亩产 210.6 kg，较对照增产 7.8%。适宜江苏省淮北地区作夏大豆种植。累计推广种植 100 余万亩，增加经济效益 0.8 亿元。

图 5-85　徐豆 19

（2）品种育成人　王宗标、王幸、徐泽俊

（3）品种照片（图 5-85）

3. 徐豆 20

（1）品种简介　1998 年用徐豆 9 号为母本，徐豆 10 号为父本进行有性杂交，通过系谱法于 2006 年选育而成，2014 年通过国家审定，审定编号：国审豆 2014012。该品种生育期 104 d，比对照中黄 13 晚 2 d。株型收敛，有限结荚习性。株高 62.25 cm，主茎 13.16 节，有效分枝 2.34 个，底荚高度 14.1 cm，单株有效荚数 39.85 个，单株粒数 77.88 粒，单株粒重 18.60 g，百粒重 24.31 g。卵圆叶，白花，灰毛。籽粒椭圆形，种皮黄色、微光，种脐黄色。中感花叶病毒病 3 号、7 号株系，高感胞囊线虫病 1 号生理小种。籽粒粗蛋白含量 42.99%，粗脂肪含量 19.88%。2011—2012 年参加黄淮海南片夏大豆品种区域试验，平均亩产 206.4 kg，比对照增产 5.8%；2013 年生产试验，平均亩产 198.2 kg，比对照中黄 13 增产 5.3%。适宜江苏、安徽的淮北地区以及山东南部、河南东南部夏播种植。累计推广种植 300 余万亩，增加经济效益 2.4 亿元。

图 5-86　徐豆 20

（2）品种育成人　王幸、王宗标、张祖明、徐泽俊、齐玉军、王晓军、孙东雷

（3）品种照片（图 5-86）

4. 徐豆 21（徐 9418-2）

（1）品种简介　1994 年以诱变 30 为母本，徐豆 9 号为父本进行有性杂交，通过系谱法于 2007 年育成，2015 年通过江苏省审定，审定编号：苏审豆 201504。该品种幼茎基部绿色，植株直立，有限结荚习性，抗倒性较好。叶片卵圆形，白花，灰毛。成熟时荚黄色，弯镰形；落叶性好，不裂荚。籽粒椭圆形，种皮黄色、微光，种脐褐色，外观商品性较好。生育期 105 d，比对照早 1 d，株高 59.5 cm，结荚高度 14.6 cm，主茎 14.3 节，有效分枝 2.0 个，单株结荚 37.7 个，每荚 2.1 粒，百粒重 23.6 g。粗蛋白质含量 43.7%，粗脂肪含量 19.1%。中感大豆花叶病毒病 3 号株系和 7 号株系。2012—2013 年参加江苏省区试，平均亩产 205.7 kg，比对照徐豆 13 增产 5.4%，两年增产均达极显著水平。2014 年生产试验平均亩产 203.4 kg，比对照徐豆 13 增产 8.1%。适宜江苏省淮北地区作夏大豆种植。累计推广种植 100 余万亩，增加经济效益 1.0 亿元。

图 5-87　徐豆 21（徐 9418-2）

（2）品种育成人　王幸、王宗标、张祖明、徐泽俊、齐玉军、王晓军、孙东雷

（3）品种照片（图 5-87）

5. 徐豆 22（徐 9302-A）

（1）品种简介　1993 年以徐豆 9 号为母本，泗豆 288 为父本进行有性杂交，通过系谱法于 2006

年育成，2016年通过江苏省审定，审定编号：苏审豆201604。该品种幼茎基部绿色，植株直立，有限结荚习性，抗倒性较好。叶片卵圆形，白花，灰毛。成熟时荚黄色，弯镰形；落叶性好，不裂荚。籽粒椭圆形，种皮黄色，微光，种脐淡褐色，外观商品性较好。生育期109 d，比对照晚熟2 d，株高65.8 cm，结荚高度12.5 cm，主茎14.2节，有效分枝1.9个，单株结荚48.5个，每荚2.1粒，百粒重19.3 g。粗蛋白质含量42.5%，粗脂肪含量19.8%。中感大豆花叶病毒病3号株系，感7号株系。2013—2014年江苏省淮北夏大豆区试，平均亩产206.9 kg，比对照徐豆13增产7.8%，两年增产均达极显著水平。2015年生产试验平均亩产222.9 kg，比对照徐豆13增产8.0%。适宜江苏省淮北地区作夏大豆种植。累计推广种植50余万亩，增加经济效益0.4亿元。

（2）品种育成人　王幸、王宗标、徐泽俊、齐玉军、孙东雷

（3）品种照片（图5-88）

图5-88　徐豆22（徐9302-A）

6. 徐豆23

（1）品种简介　2001年以徐豆9号为母本，郑90007为父本进行有性杂交，通过系谱法于2010年育成，2017年通过江苏省审定，审定编号：苏审豆20170003，2019年通过国家审定，审定编号：国审豆20190020。该品种属黄淮海夏大豆高蛋白品种，夏播生育期102 d，比对照中黄13晚熟7 d。株型收敛，有限结荚习性。株高78.8 cm，主茎15.6节，有效分枝1.9个，底荚高度17.4 cm，单株有效荚数53.0个，单株粒数111.6粒，单株粒重20.8 g，百粒重19.4 g。卵圆叶，白花，灰毛。籽粒椭圆形，种皮黄色、微光，种脐浅褐色。中感花叶病毒病3号株系，感花叶病毒病7号株系，中感胞囊线虫病1号、2号生理小种。籽粒粗蛋白含量45.22%，粗脂肪含量19.10%。2016—2017年参加黄淮夏大豆南组品种区域试验，平均亩产190.4 kg，比对照增产3.4%。2018年生产试验，平均亩产195.0 kg，比对照中黄13增产8.6%。适宜江苏、安徽的淮北地区以及山东南部、河南东南部夏播种植。

（2）品种育成人　王幸、王宗标、徐泽俊、齐玉军

（3）品种照片（图5-89）

图5-89　徐豆23

7. 徐豆24

（1）品种简介　2002年以徐豆9号为母本，郑90007为父本进行有性杂交，通过系谱法于2011年育成，2018年通过江苏省审定，审定编号：苏审豆20180005。该品种幼茎基部绿色，植株直立，有限结荚习性，抗倒性较好。叶片卵圆形，白花，灰毛。成熟时荚黄色，弯镰形；落叶性好，不裂荚。籽粒椭圆形，种皮黄色、微光，种脐淡褐色，外观商品性较好。生育期110.5 d，比对照徐豆13

晚 2.5 d。株高 69.9 cm，结荚高度 10.9 cm。主茎 14.9 节，有效分枝 2.3 个。单株结荚 52.8 个，每荚 2.0 粒，百粒重 23.9 g。粗蛋白质含量 43.68%，粗脂肪含量 18.92%。抗大豆花叶病毒病 3 号株系和 7 号株系。2015—2016 年度参加江苏省淮北夏大豆区域试验，平均亩产 212.71 kg，较对照徐豆 13 增产 8.04%。2017 年度参加生产试验，平均亩产 205.57 kg，较对照徐豆 13 增产 8.51%。适宜江苏省淮北地区作夏大豆种植。

（2）品种育成人　王幸、王宗标、徐泽俊、齐玉军、邢兴华

（3）品种照片（图 5-90）

8. 徐豆 25

（1）品种简介　2001 年以徐豆 9 号为母本，翠扇大豆为父本进行有性杂交，通过系谱法于 2011 年育成，2019 年通过江苏省审定，审定编号：苏审豆 20190004。该品种植株直立，有限结荚习性，抗倒性较好。幼茎基部绿色，叶片卵圆形，白花，灰毛。成熟时荚黄色，弯镰形；落叶性好，不裂荚。籽粒椭圆形，种皮黄色、微光，种脐淡褐色。生育期 103.5 d，比对照徐豆 13 早 2.5 d。株高 73.2 cm，结荚高度 15.3 cm，主茎 14.5 节，有效分枝 2.0 个，单株结荚 36.5 个，每荚 2.1 粒，百粒重 25.3 g。粗蛋白质含量 44.91%，粗脂肪含量 16.90%。中抗大豆花叶病毒病 3 号株系（病情指数 33），中感 7 号株系（病情指数 48）。2016—2017 年度参加江苏省淮北夏大豆区域试验，平均亩产 197.1 kg，较对照徐豆 13 增产 6.29%。2018 年度参加生产试验，平均亩产 200.4 kg，较对照徐豆 13 增产 7.79%。适宜江苏省淮北地区作夏大豆种植。

（2）品种育成人　王幸、王宗标、徐泽俊、齐玉军、邢兴华

（3）品种照片（图 5-91）

图 5-90　徐豆 24

图 5-91　徐豆 25

9. 徐豆 26

（1）品种简介　2005 年以徐豆 9 号为母本，郑 90007 为父本进行有性杂交，通过系谱法于 2014 年育成，2020 年通过江苏省审定，审定编号：苏审豆 20200010。该品种幼茎基部绿色，植株直立，有限结荚习性。叶片卵圆形，白花，灰毛。成熟时荚黄色，弯镰形。落叶性好，不裂荚。籽粒椭圆形，种皮黄色、微光，种脐褐色，外观商品性较好。生育期 105 d，与对照徐豆 13 相当。株高 70.7 cm，结荚高度 12.4 cm，主茎 15.2 节，有效分枝 2.8 个，单株结荚 55.7 个，每荚 2.0 粒，百粒重 22.2 g。粗蛋白质含量 44.2%，粗脂肪含量 18.6%。中感大豆花叶病毒病 3 号株系和 7 号株系。2017—2018 年参加江苏省淮北夏大豆区试，平均亩产 202.4 kg，比对照徐豆 13 增产 6.0%。2019 年参加生产试验，平均亩产 202.3 kg，比对照徐豆 13 增产 8.9%。适宜江苏省淮北地区作夏大豆种植。

（2）品种育成人　王幸、王宗标、徐泽俊、齐玉军、邢兴华

（3）品种照片（图 5-92）

图 5-92　徐豆 26

10. 徐春 3 号

（1）品种简介　1998 年以辽鲜 1 号为母本，台 75 为父本进行有性杂交，通过系谱法于 2009 年育成，2013 年通过江苏省审定，审定编号：苏审豆 201301。该品种幼茎绿色，株型收敛，有限结荚习性。叶片卵圆形，白花，鲜荚弯镰形，茸毛灰色，籽粒扁椭圆形，绿色。种皮绿色，子叶黄色。出苗至鲜荚采收 95 d，比对照长 3 d，株高 28.6 cm，主茎 9.1 节，分枝 2.3 个，单株结荚 21.5 个，多粒荚个数百分率 67.2%，每千克标准荚 414.3 个，二粒标准荚长 5.0 cm，宽 1.3 cm，百粒鲜重 69.0 g，出仁率 54.9%。口感品质香甜柔糯。中感大豆花叶病毒病 3 号株系，感大豆花叶病毒病 7 号株系。田间花叶病毒病发生较轻，抗倒性好。2010—2011 年参加江苏省区试，平均鲜荚亩产 704.6 kg，较对照台湾 292 增产 5.3%，2010 年增产达极显著水平；平均鲜粒亩产 388.7 kg，较对照增产 11.3%。2012 年生产试验平均鲜荚亩产 770.0 kg，较对照增产 8.1%，鲜粒亩产 428.6 kg，较对照增产 20.2%。适宜江苏省作鲜食春大豆种植。累计推广种植 8 万亩，增加经济效益 0.3 亿元。

（2）品种育成人　王宗标、王幸、徐泽俊

（3）品种照片（图 5-93）

图 5-93　徐春 3 号

11. 徐春 4 号

（1）品种简介　2005 年以铁 94037（辽鲜 1 号 × 日本 3 号）为母本，台湾 75 为父本进行有性杂交，通过系谱法于 2013 年育成，2019 年通过江苏省审定，审定编号：苏审豆 20190008。该品种属春

播鲜食大豆品种。出苗势强，抗倒伏。株型收敛，有限结荚习性。幼茎基部紫色，叶片卵圆形，紫花，灰毛，鲜荚绿色。干籽粒椭圆形，种皮绿色，子叶黄色，百粒干重36 g左右。出苗至鲜荚采收96 d，比对照台湾292晚19.2 d。株高56.6 cm，主茎12.3节，分枝1.5个，单株平均结荚20.3个，标准荚率64.7%，每千克标准荚347.5个，二粒标准荚长5.5 cm，宽1.4 cm，百粒鲜重77.2 g，出仁率51.30%。口感品质香甜柔糯。抗大豆花叶病毒病3号株系（病情指数5）和7号株系（病情指数4）。2016—2017年度参加江苏省鲜食春大豆区域试验，平均亩产鲜荚628.7 kg，较对照台湾292增产5.81%；亩产鲜籽粒322.7 kg，较对照增产11.18%。2018年度参加生产试验，平均亩产鲜荚730.19 kg，较对照台湾292增产12.37%；亩产鲜籽粒388.7 kg，较对照增产17.97%。适宜江苏省作鲜食春大豆种植。

（2）品种育成人　王幸、徐泽俊、苏若成、齐玉军、邢兴华、苏晓明、王宗标

（3）品种照片（图5-94）

图5-94　徐春4号

（五）花生品种

1. 徐花16号

（1）品种简介　1996年用自育的大果型中间材料徐9121-1（徐州68-4×山东79266）为母本，中早熟品种鲁花9号为父本进行有性杂交，通过系谱法于2009年育成，2012年通过国家鉴定，鉴定编号：国品鉴花2012007。徐花16号属中间型、大粒品种。全生育期126 d左右。株型直立、疏枝、连续开花。主茎高43 cm、侧枝长45 cm，总分枝10条。叶片椭圆形，叶色深绿。花橘黄色。荚果普通形，大，网纹中，整齐一致。种仁椭圆形，种皮粉红色，无褐斑，无裂纹。百果重243.2 g，百仁重95.4 g，出仁率68.9%。抗旱性和耐涝性强，抗倒伏性较强，种子休眠性中等。经农业农村部油料及制品质量监督检验测试中心测得，徐花16号含油率达到了59.24%，属于高油花生品种。适宜苏、皖淮北、豫北、冀、京等地大花生产区种植。

（2）品种育成人　张祖明、王晓军、王宗标、王幸

（3）品种照片（图5-95）

图5-95　徐花16号

2. 徐花 17 号

（1）品种简介　1997 年用自育的中间材料“徐 9135-14”（油料所 31269 × 徐州 68-4）为母本，中果型早熟品种“花 28”为父本进行有性杂交，通过系谱法于 2009 年育成，2013 年通过国家鉴定，鉴定编号：国品鉴花生 2013006。徐花 17 号属中间型、小粒品种。全生育期 123 d。株型直立、疏枝、连续开花。株高 37.6 cm、侧枝长 41.8 cm，总分枝 8.3 条。叶片椭圆形，荚果茧形，网纹浅，种仁近圆锥形，种皮淡红色，无油斑，无裂纹。百果重 176.7 g，百仁重 75.2 g，出米率 73.2%。抗旱性强，抗倒性较强，耐涝性和种子休眠性中等。适宜河北、吉林、辽宁、河南、山东的北方小花生产区种植。

（2）品种育成人　张祖明、王晓军、王宗标、王幸

（3）品种照片（图 5-96）

图 5-96　徐花 17 号

3. 徐花 18 号

（1）品种简介　2006 年选用高产高油大果型花生品种“徐花 13 号”作母本，选用高油酸中果、蔓生型花生品种“锦引花 1 号”（引自辽宁锦州农业科学院）作父本杂交，通过系谱法于 2013 年育成，2015 年通过江苏省鉴定，鉴定编号：苏鉴花生 201504。徐花 18 号属中间型、大粒品种。全生育期 130.5 d。株型直立、疏枝、连续开花。在中上等肥力地块、每亩 1 万穴左右的密度下，主茎高 31.51 cm、侧枝长 34.01 cm，总分枝 7.72 条。叶片椭圆形，叶色绿。荚果普通形，大，网纹中，整齐一致。种仁椭圆形，种皮粉红色，有褐斑，有裂纹。百果重 237.3 g，百仁重 94.25 g，出仁率 73.96%。该品种出苗齐，长势强，植株直立，生长稳健。抗旱性和耐涝性强，种子休眠性强。经农业农村部油料及制品质量监督检验测试中心测得，徐花 18 号含油率 57.19%，油酸含量 79.6%，属于高油高油酸“双高”花生新品种，这是目前我国育成的为数不多的双高品种之一。适宜江苏及周边大花生产区种植。

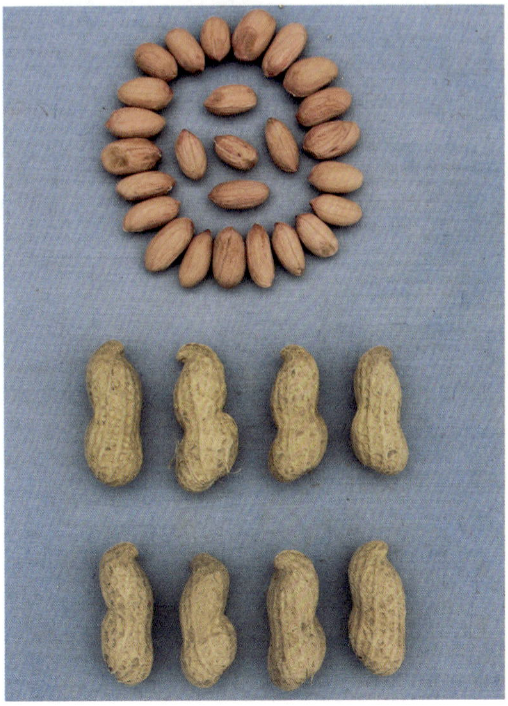

图 5-97　徐花 18 号

（2）品种育成人　王晓军、孙东雷、张祖明、徐泽俊、齐玉军

（3）品种照片（图 5-97）

4. 徐花 19 号

（1）品种简介　2006 年选用高产大果型花生品种“豫花 9331”（河南省农业科学院棉花油料作

物研究所选育）作母本，选用高产大果型商品性好的花生品种“农花32号”（中国农业大学选育）作父本杂交，通过系谱法于2014年育成，2015年通过江苏省鉴定，鉴定编号：苏鉴花生201509。徐花19号属中间型、大粒品种。该品种生育期132 d，株型直立，叶片椭圆形、绿色，连续开花，荚果普通形，籽仁椭圆形、粉红色、有裂纹、有油斑，种子休眠性强。该品种主茎高34.28 cm，侧枝长36.7 cm，总分枝8.2条，百果重244.3 g，百仁重102.3 g，出米率72.45%。抗旱性、抗涝性强，中感叶斑病。经农业农村部油料及制品质量监督检验测试中心测得，徐花19号含油率为56.6%，达到了国家高油花生的标准。适宜江苏及周边大花生产区种植。

（2）品种育成人　王晓军、孙东雷、卞能飞、张祖明、徐泽俊、齐玉军

（3）品种照片（图5-98）

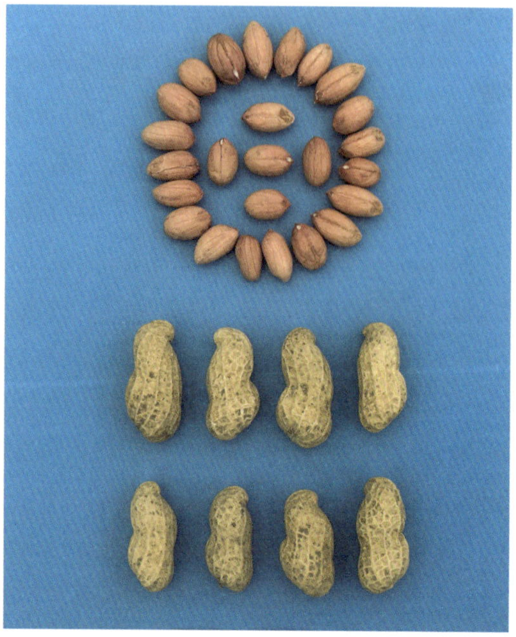

图5-98　徐花19号

5. 徐花20

（1）品种简介　江苏徐淮地区徐州农科所于2004年选用开农49作母本，农花32作父本杂交，通过系谱法于2014年育成，2020年9月通过国家非主要农作物品种登记，登记编号：GPD花生（2020）320090。属中间型、中果品种，生育期116 d。出苗率97%，连续开花，株型直立，叶形长椭圆，叶色深绿，花色橙黄。荚果形状普通形，网纹深。种仁椭圆，种皮粉红色，无油斑、无裂纹。种子休眠性强。主茎高38.59 cm，侧枝长42.71 cm，总分枝数9条，结果枝数7条，单株结果数17个，百果重175.82 g，百仁重70.87 g，千克果数719个，千克仁数1 523个，出米率75.29%。两年平均粗脂肪含量55.245%，粗蛋白含量24.31%，油酸含量44.75%，亚油酸含量33.95，油亚比1.32。适宜江苏及周边大花生产区种植。

（2）品种育成人　王晓军、孙东雷、卞能飞、王幸

（3）品种照片（图5-99）

图5-99　徐花20

6. 徐花21

（1）品种简介　江苏徐淮地区徐州农科所于2003年选用豫花9326作母本，徐州68-4作父本杂交，通过系谱法于2012年育成，2020年9月通过国家非主要农作物品种登记，登记编号：GPD花生

（2020）320091。属中间型、大果品种，生育期 127 d。出苗率 94.52%，连续开花，株型直立，叶形长椭圆，叶色绿色，花色橙黄。荚果形状普通形，网纹深。种仁椭圆，种皮粉红色，无油斑、无裂纹。种子休眠性强。主茎高 44.8 cm，侧枝长 51.3 cm，总分枝数 8 条，结果枝数 7 条，单株结果数 16 个，百果重 249.13 g，百仁重 100.46 g，千克果数 510 个，千克仁数 1 098 个，出米率 71.27%。两年平均粗脂肪含量 53.16%，粗蛋白含量 24.78%，油酸含量 44.75%，亚油酸含量 33.55，油亚比 1.33。适宜江苏及周边大花生产区种植。

（2）品种育成人　王晓军、孙东雷、卞能飞、王幸

（3）品种照片（图 5-100）

7. 徐花 22

（1）品种简介　江苏徐淮地区徐州农科所于 2006 年选用鲁花 12 号作母本，徐州 68-4 作父本杂交，通过系谱法于 2014 年育成，2020 年 9 月通过国家非主要农作物品种登记，登记编号：GPD 花生（2020）320086。属中间型、大果品种，生育期 124 d，出苗率 95.39%。株型直立，叶片长椭圆形、绿色，连续开花，花色橙黄，荚果普通形，籽仁椭圆形、粉红色、无裂纹、无油斑，种子休眠性强。主茎高 52.24 cm，侧枝长 56.1 cm。总分枝数 9 条，结果枝数 7 条。单株结果数 17 个。百果重 270.47 g，百仁重 101.1 g。千克果数 480 个，千克仁数 1 225 个。出米率 68.5%。抗旱性强，耐涝性强，抗倒伏性弱。高感叶斑病。粗脂肪含量 53.3%，粗蛋白含量 28.5%，油酸含量 43.2%，亚油酸含量 34%，油亚比 1.27。适宜江苏及周边大花生产区种植。

（2）品种育成人　王晓军、孙东雷、卞能飞、王幸

（3）品种照片（图 5-101）

图 5-100　徐花 21

图 5-101　徐花 22

（六）大蒜品种

1. 徐蒜 815

（1）品种简介　2010 年育成，2010—2012 参加江苏省非主要农作物品种鉴定区域试验和生产试验，2012 年 12 月通过鉴定。该品种为白皮头蒜品种，蒜头横径 6.2 cm，纵茎 4.3 cm，总瓣数 15.3 瓣，亩产鲜蒜头 1 788 kg，生长势强，抗寒性好，株高 96.02 cm，开展度 22.8°，常有叶数 7.2 叶，叶色深绿，中抗叶枯病、病毒病，全生育期 230 d 左右。适宜徐州及周边地区头蒜种植区种植，多年来累计推广应用面积 50 万亩。

（2）品种育成人　杨峰、樊继德、陆信娟、李勇、赵林、张梅、张玉娇

（3）品种照片（图 5-102）

农作物品种鉴定

证　书

鉴定编号：苏鉴大蒜 201201

作物种类：大蒜

品种名称：徐蒜 815

选育单位：徐淮地区徐州农业科学研究所

品种来源：白皮蒜克-12-15 混合选择

鉴定意见：　该品种已经江苏省农作物品种审定委员会第五十一次会议鉴定通过，江苏省农业委员会 2012 年第 9 号公告公布。适宜江苏省北部秋季露地栽培。

证书编号：2012-1-10　　　　二〇一二年八月七日

江苏省农作物品种审定委员会

图 5-102　徐蒜 815 植株、徐蒜 815 鳞茎、徐蒜 815 证书

2. 徐蒜 917

（1）品种简介　2012 年育成，2013—2015 年参加江苏省非主要农作物品种鉴定区域试验和生产试验，2015 年 12 月通过鉴定。该品种为白皮头蒜品种，生育期 225 d，株高 64.8 cm，株幅 49.9 cm；蒜头整齐度好，皮色白色，横径 6.4 cm，纵茎 4.0 cm，单头蒜重 70.95 g，平均亩产干蒜

头 1 611 kg，比对照徐州白蒜增产 23.35%；适宜徐州及周边地区头蒜种植区种植，9 月下旬至 10 月上旬播种，亩用种量 150 kg。多年来累计推广应用面积 35 万亩。

（2）品种育成人　杨峰、樊继德、陆信娟、李勇、杨艳、赵林

（3）品种照片（图 5-103）

农作物品种鉴定

证　书

鉴定编号：苏鉴大蒜 201501

作物种类：大蒜

品种名称：徐蒜 917

选育单位：江苏徐淮地区徐州农业科学研究所

选 育 人：杨　峰、樊继德、陆信娟、李　勇、杨　艳　赵　林

品种来源：白皮蒜 G-24-17 系统选育

鉴定意见：该品种经江苏省农作物品种审定委员会第五十八次会议鉴定通过，江苏省农业委员会 2015 年第 44 号公告公布，适宜江苏省淮河以北秋季露地种植。

证书编号：2015-2-27　　2015 年 12 月 15 日

江苏省农作物品种审定委员会

图 5-103　徐蒜 917 植株、徐蒜 917 鳞茎、徐蒜 917 证书

3. 徐蒜 918

（1）品种简介　2012 年育成，2013—2015 年参加江苏省非主要农作物品种鉴定区域试验和生产试验，2015 年 12 月通过鉴定。该品种为紫皮头蒜品种。全生育期 228 d，株高 68.89 cm，株幅 50.01 cm，叶长 66.22 cm，叶宽 3.45 cm，叶色深绿；蒜头皮色紫色，蒜头横径 6.39 cm，蒜头高 4.2 cm，外瓣数 9.9 个，夹瓣数 4.0 个，平均单头蒜重 73.12 g，夹瓣少，商品蒜率高，平均亩产干蒜头 1 686.7 kg，比对照徐州白蒜增产 29.19%；抗大蒜叶枯病，适宜性强。适宜徐州及周边地区头蒜种植区种植，多年来累计推广应用面积 40 万亩。

（2）品种育成人　杨峰、陆信娟、樊继德、李勇、杨艳、赵林

（3）品种照片（图 5-104）

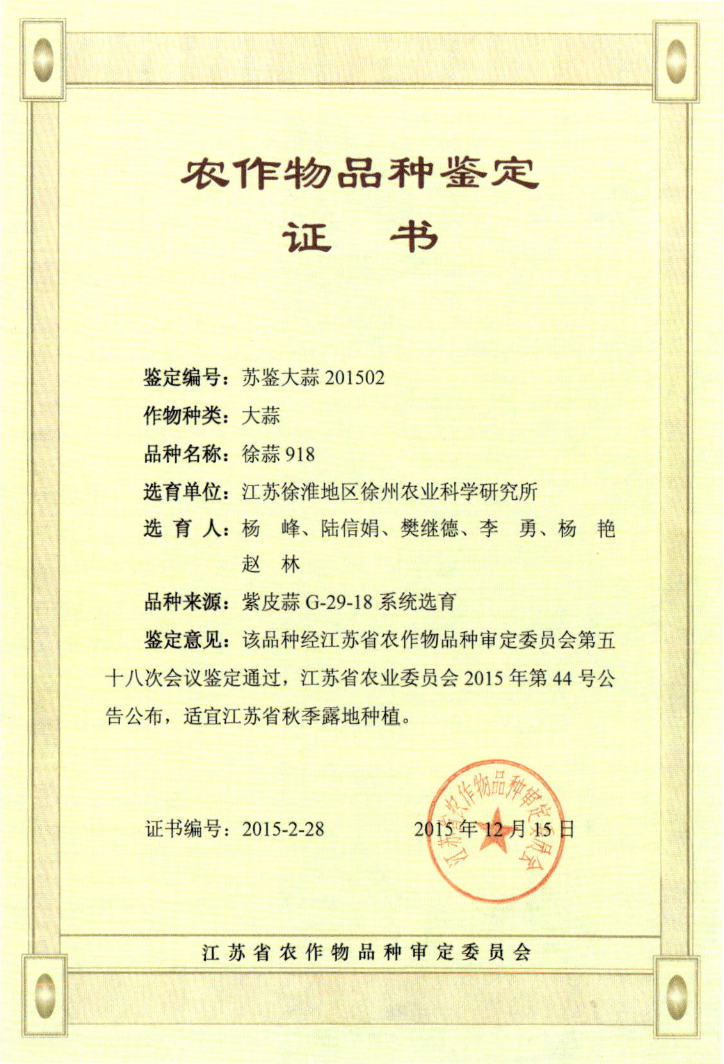
农作物品种鉴定

证　书

鉴定编号：苏鉴大蒜 201502

作物种类：大蒜

品种名称：徐蒜 918

选育单位：江苏徐淮地区徐州农业科学研究所

选 育 人：杨　峰、陆信娟、樊继德、李　勇、杨　艳
赵　林

品种来源：紫皮蒜 G-29-18 系统选育

鉴定意见：该品种经江苏省农作物品种审定委员会第五十八次会议鉴定通过，江苏省农业委员会 2015 年第 44 号公告公布，适宜江苏省秋季露地种植。

证书编号：2015-2-28　　2015 年 12 月 15 日

江苏省农作物品种审定委员会

图 5-104　徐蒜 918 植株、徐蒜 918 鳞茎、徐蒜 918 证书

4. 徐白蒜 1 号

（1）品种简介　2016 年育成，2018 年通过专家鉴定，该品种株高 70.7 cm，株幅 59.8 cm，单株叶片数 8 ~ 9 叶，叶色深绿；蒜头皮色白色，蒜头横径 5.95 cm，单头蒜重 71.71 g，生产试验平均亩产 1 580 kg，较对照增 18.78%；抗叶枯病，白腐病、病毒病与紫斑病发病轻；一致性、稳定性、商品性好；适宜在江苏、山东、河南等地头蒜种植区域，推广应用面积 2 万亩。

（2）品种育成人　杨峰、樊继德、陆信娟、赵永强、刘灿玉、赵林、李刚波、张婷、张碧微、杨艳

（3）品种照片（图 5-105）

图 5-105　徐白蒜 1 号植株、徐白蒜 1 号鳞茎

5. 徐紫蒜 1 号

（1）品种简介　2016 年育成，2018 年通过专家鉴定，该品种株高 69.1 cm，株幅 61.0 cm，假茎高 29.0 cm，假茎粗 1.80 cm，单株叶片数 8 叶，叶色深绿；蒜头皮色紫色，蒜头横径 6.13 cm，蒜头高 4.00 cm，外瓣数 9 ～ 10 个，夹瓣数 4 ～ 5 个，单头蒜重 70.95 g；平均亩产 1 510 kg，较对照增产 12.18%；抗叶枯病，白腐病、病毒病与紫斑病发病轻；一致性、稳定性、商品性好；适宜在江苏、山东、河南等地头蒜种植区域。推广应用面积 4 万亩。

（2）品种育成人　杨峰、樊继德、陆信娟、赵永强、刘灿玉、赵林、李刚波、张婷、张碧微、杨艳

（3）品种照片（图 5-106）

图 5-106　徐紫蒜 1 号植株、徐紫蒜 1 号鳞茎

（七）甘薯品种

1. 徐薯 28

（1）品种简介　徐薯 28 是以徐 P616-23 通过放任授粉选育而成，于 2011 年通过国家鉴定，2019 年通过农业农村部甘薯新品种登记，登记编号为 GDP 甘薯（2019）320061。2008 年参加国家甘薯北方薯区区域试验，平均鲜薯亩产 2 349.0 kg，比对照徐薯 18 增产 18.34%；薯干亩产 636.5 kg，比对照增产 13.89%；淀粉亩产 404.4 kg，比对照增产 12.33%。2009 年续试，平均鲜薯亩产 2 272.3 kg，

比对照徐薯 18 增产 17.18%；薯干亩产 645.9 kg，比对照增产 22.13%；淀粉亩产 417.4 kg，比对照增产 23.93%。2010 年参加生产试验，薯干亩产 629.8 kg，比对照增产 22.92%；淀粉亩产 406.6 kg，比对照增产 24.81%。兼用型品种，萌芽性好，中短蔓，分枝数 12 ~ 13 个，茎蔓中等偏细；叶片深裂，顶叶淡紫色，成年叶、叶脉和茎蔓均为绿色；薯块长纺锤形，红皮白肉，结薯集中，薯块整齐，单株结薯 3 ~ 4 个，大中薯率高；平均鲜薯亩产 2 220.8 kg，比对照徐薯 18 增产 17.79%；平均烘干率 27.72%，淀粉率 17.75%，均与对照相当；薯干较洁白平整，食味较好，干基可溶性糖含量较高；耐贮性好；抗蔓割病，中抗根腐病、茎线虫病和黑斑病。建议在北方薯区的江苏北部、安徽、河南南部、河北、陕西关中地区、北京、山东东部适宜地区种植。不宜在根腐病重发地块种植。

图 5-107　徐薯 28

（2）品种育成人　李强、马代夫、李秀英、李洪民、谢逸萍、王欣、曹清河、唐忠厚、后猛、张允刚、唐维

（3）品种照片（图 5-107）

2. 徐薯 29

（1）品种简介　徐薯 29 以徐薯 18 为母本，徐 781 为父本，经杂交选育，于 2011 年育成，苏鉴薯 201101；2019 年通过农业农村部甘薯新品种登记，登记编号为 GDP 甘薯（2019）320062。2009—2010 年参加江苏省鉴定试验，两年平均鲜薯亩产量为 2 183.5 kg，比对照苏渝 303 增产 9.6%，两年增产均达极显著水平；薯干亩产量 666.7 kg，比对照增产 24.2%，两年增产均达极显著水平。2010 年生产试验，平均亩产鲜薯 1 973.1 kg，比对照苏渝 303 增产 1.9%；平均亩产薯干 562.4 kg，比对照增产 6.9%。萌芽性较好、出苗多而壮。叶片心形，叶片、叶柄均为绿色，叶脉紫色，蔓粗壮较长。栽插后发根缓苗快，生长势较强。结薯集中，薯块整齐、纺锤形，薯皮红色，薯肉白色，干率 30.0%，熟食品质较好。中抗根腐病，感黑斑病和茎线虫病，耐涝性较差。适宜江苏省甘薯产区排水良好的田块种植。

图 5-108　徐薯 29

（2）品种育成人　李强、马代夫、李秀英、李洪民、谢逸萍、王欣、曹清河、唐忠厚、后猛、张允刚、唐维

（3）品种照片（图 5-108）

3. 徐薯 30

（1）品种简介　是以徐薯 22 作母本、徐 781 作父本，2012 年 2 月通过江苏省农作物品种审定委

员会鉴定。2009—2011 年参加江苏省甘薯新品种区域试验和新品种生产试验，经 3 年 18 点次鉴定，徐薯 30 平均鲜薯产量达 31 635 kg/hm^2，比对照苏渝 303 增产显著，平均薯干产量达 10 172.7 kg/hm^2，较对照平均增产 29.31%，薯干产量增产幅度较大，达极显著水平。叶柄色、茎蔓色、叶脉色均为绿色，分枝 7 个左右，地上部长势较强。薯块纺锤形，红皮淡黄肉。单株结薯数 4 个左右，结薯整齐，薯形光滑，商品性好，耐贮性好。中抗根腐病、不抗黑斑病和茎线虫病。适宜江苏省甘薯产区排水良好的田块种植。

（2）品种育成人　谢逸萍、李强、王欣、马代夫、李秀英、李洪民、曹清河、后猛、张允刚、唐维、唐忠厚

（3）品种照片（图 5-109）

图 5-109　徐薯 30

4. 徐薯 31

（1）品种简介　以徐薯 55-2 × 心香为亲本，通过杂交选育 2015 年通过江苏省农作物品种审定委员会鉴定，鉴定编号为苏鉴薯 201502。两年区试平均薯干 647.36 kg/ 亩，比对照增产 14.33%，增产幅度高。顶叶浅紫色，叶脉绿色，叶色绿，心形叶，茎色绿带紫；平均最长蔓长 148.88 cm，单株分枝 7.4 个，茎粗 0.71 cm；薯形纺锤形，薯皮红色，薯肉黄色，单株结薯数 3.54 个，结薯集中整齐，大中薯率 87.68%；萌芽性较好；熟食品质粉糯香甜，薯块商品性好；耐盐；块根平均烘干率 30.89%，比对照苏渝 303 高 4.7 个百分点；中抗黑斑病，不抗茎线虫病和根腐病。建议在江苏省甘薯产区及沿海滩涂种植。

（2）品种育成人　李强、马代夫、王欣、后猛、张允刚、唐维

（3）品种照片（图 5-110）

图 5-110　徐薯 31

5. 徐薯 32

（1）品种简介　2003 年以徐薯 55-2 为母本，红东（日本）为父本配置杂交组合，获得实生种，2004 年播种实生苗，按照优质鲜食标准筛选出一批品系，于 2005 年种植复选圃，选出并命名本品系，为徐薯 15，2007 年升入鉴定圃，经过多年多点试验示范，以及配套栽培技术研究，品质分析，多病抗性鉴定等，认为产量、品质稳定，符合新品种审（鉴）定要求，2013 年提升至省区域试验，2015 年通过河南省农作物品种审定委员会审定（豫品鉴薯 2015005），2017 年完成非主要农作物品种登记 [GPD 甘薯（2018）320002]，申请并获得植物新品种保护（CAN20171025.6）。该品系顶叶紫色，叶片深绿，叶片中等，浅缺刻，全缘无毛。主叶脉紫，侧脉淡紫，叶柄绿色，柄基淡紫，节间短。薯块纺锤形，薯皮紫红色，薯肉黄色。地上部半直立，茎蔓绿色，粗且短。生长势中等，分枝多，耐密植。结薯早，整齐而集中，单株结薯数 3 ~ 5 个，大、中薯率高。薯形美观，熟食味佳，

香、面且糯。薯块萌芽性好，出苗早，苗多、苗匀、苗壮。2014 年河南省甘薯新品种生产试验中鲜薯产量、薯干产量和淀粉产量在洛阳和漯河均比对照增产。两试点平均鲜薯产量 1 824.05 kg/ 亩，比对照增产 12.45%；两试点平均薯干产量 512.00 kg/ 亩，比对照增产 13.53%；两试点平均淀粉产量 329.39 kg/ 亩，比对照增产 13.91%。烘干率和淀粉在漯河试点均比对照低，在洛阳试点均比对照高。平均烘干率 27.75%，比对照高 0.88 个百分点；平均淀粉率 17.78%，比对照高 0.76 个百分点，高抗根腐病，抗蔓割病。建议我国黄淮春夏薯区、北方春夏薯区种植。

（2）品种育成人　李洪民、谢逸萍、李秀英、唐忠厚、张爱君、李强、王欣、魏猛、陈晓光、马代夫

（3）品种照片（图 5-111）

图 5-111　徐薯 32 田间表现、徐薯 32 薯块

6. 徐薯 33

（1）品种简介　以苏薯 8 号 × 济薯 18 为亲本，通过杂交选育而成，2015 年通过江苏省农作物品种审定委员会鉴定，鉴定编号为苏鉴薯 201508。两年区试平均鲜产 2 417.16 kg/ 亩，增幅大于 15%，增产极显著。顶叶绿色，叶脉紫色，叶色绿，缺刻叶，茎色绿带紫；株型直立，平均最长蔓长 191.84 cm，单株分枝 9.55 个，茎粗 0.72 cm；薯形纺锤形，薯皮紫红色，薯肉橘黄带紫，结薯早，单株结薯数 4.21 个，结薯集中整齐，大中薯率 89.51%；花青素含量为 83.27 μg/gFW，胡萝卜素含量为 52.25 μg/gFW；食味较好；萌芽性好；块根平均烘干率 22.37%，比对照苏渝 303 低 3.71 个百分点；抗茎线虫病和根腐病，不抗黑斑病。建议在江苏省甘薯产区及城郊种植。

（2）品种育成人　李强、张允刚、王欣、刘亚菊、后猛、唐维、闫会、李秀英、马代夫

（3）品种照片（图 5-112）

图 5-112　徐薯 33

7. 徐渝薯 34

（1）品种简介　江苏徐淮地区徐州农业科学研究所、西南大学，联合培育，以渝 06-2-9 × 渝 04-3-218 为亲本，通过杂交选育而成。2016 年通过国家甘薯品种鉴定委员会鉴定，鉴定编号：国品鉴甘薯 2016022。2018 年，通过农业农村部甘薯新品种登记，登记编号为 GDP 甘薯（2018）320012。2014 年参加国家甘薯品种长江流域薯区特用组区域试验，平均鲜薯亩产 1 950.1 kg，比对照增产 4.80%；薯干亩产 467.2 kg，比对照增产 8.90%。2015 年续试，平均鲜薯亩产 2 090.5 kg，比对照增产 0.12%；薯干亩产 498.2 kg，比对照增产 9.56%。萌芽性好，中短蔓，分枝数 7 ~ 8 个，茎蔓中等粗；叶片心形，顶叶淡绿色，成年叶绿色，叶脉紫色，茎蔓绿色；薯形纺锤，紫红皮橘红肉，结薯集中，薯块整齐，大中薯率较高；食味较好；较耐贮；烘干率 24.38%，比对照低 2.57 个百分点；胡萝卜素含量 11.37 mg /100 g 鲜薯；抗茎线虫病，中抗根腐病，感黑斑病，高感蔓割病，福建点鉴定中感Ⅰ型薯瘟病、高感Ⅱ型薯瘟病，广州点鉴定抗薯瘟病。建议在重庆、四川、湖南、江西、浙江适宜地区作高胡萝卜素型品种种植。注意防治黑斑病，不宜在根腐病、蔓割病和薯瘟病重发地种植。

（2）品种育成人　李强、王欣、张允刚、后猛、傅玉凡、唐维、刘亚菊、闫会、杨春贤、曹清河、李秀英、马代夫

（3）品种照片（图 5-113）

图 5-113　徐渝薯 34

8. 徐渝薯 35（徐 085919）

（1）品种简介　江苏徐淮地区徐州农业科学研究所、西南大学联合培育，以渝 06-1-2 × 宁紫薯 1 号为亲本，通过杂交选育而成，原品系编号徐 085919。2015 年通过江苏省农作物品种审定委员会鉴定，鉴定编号为苏鉴薯 201505。2018 年，通过农业农村部甘薯新品种登记，登记编号为 GDP 甘薯（2018）320013。两年区试平均鲜产 2 628.15 kg/ 亩，生产试验鲜产 2 288.71 kg/ 亩，增产幅度大于 25%，增产极显著。顶叶绿色，叶脉紫色，叶色绿，叶片缺刻，茎色绿带紫；中长蔓，单株分枝 8.74 个，茎粗 0.55 cm；薯形纺锤形，薯皮红色，薯肉橘黄，单株结薯数 5.55 个，结薯集中整齐，大中薯率 87.74%；胡萝卜素含量为 100.7 μg/gFW；食味好；萌芽性好；块根平均烘干率 22.06%，比对照苏渝 303 增产 4.02%；抗茎线虫病和根腐病，不抗黑斑病。建议在江苏省甘薯产区及城郊种植。

（2）品种育成人　李强、王欣、张允刚、后猛、傅玉凡、唐维、刘亚菊、闫会杨春贤、曹清河、李秀英、马代夫

（3）品种照片（图 5-114）

图 5-114　徐渝薯 35（徐 085919）

9. 徐薯 37

（1）品种简介　以豫薯 13 为亲本，通过集团杂交方法选育而成。由江苏徐淮地区徐州农业科学研究所和山东圣琪生物有限公司联合培育。2020 年通过农业农村部甘薯新品种登记，登记号为：GPD 甘薯（2020）320001。2017—2018 年参加江苏省甘薯品种联合鉴定试验，两年平均鲜薯亩产 2 100.94 kg，较对照苏渝 303 增产 15.02%，增产极显著；薯干亩产 657.50 kg，比对照增产 32.49%，增产极显著。平均烘干率 31.05%，比对照苏渝 303 高 4.82 个百分点。萌芽性较好，蔓长中等，分枝数 10 个左右，茎蔓较粗；叶片深缺刻，顶叶绿色，成熟叶绿色，叶脉绿色，茎色绿色；薯形纺锤形，薯皮粉红色，薯肉淡黄色，结薯集中整齐，大中薯率较高，单株结薯 5 ~ 6 个，熟食口味较好，高抗茎线虫病。适宜在江苏省各甘薯种植区种植。

图 5-115　徐薯 37

（2）品种育成人　张允刚、李强、闫会、刘亚菊、王欣、后猛、唐维、马代夫

（3）品种照片（图 5-115）

10. 徐薯 38

（1）品种简介　以高淀粉甘薯品种绵粉 1 号为母本，通过放任授粉有性杂交选育而成。2017—2018 年参加江苏省甘薯品种联合鉴定试验；2019 年申请植物新品种保护，申请号：20191000054；2020 年通过国家非主要农作物品种登记，登记证书编号：GPD 甘薯（2020）320030。萌芽性好、中短蔓、基部分枝数约 6 个；薯块长纺锤形，薯皮红色，薯肉淡黄色，单株平均结薯数 5 个左右，结薯集中、整齐，大中薯率 80%；2017—2018 年江苏省区域联合鉴定试验中，两年鲜薯平均产量为 1 942 kg/ 亩，薯干产量为 590 kg/ 亩，分别为较对照苏渝 303 增产 6.32% 和 18.96%，鲜薯和薯干产量在区试品种中均占第 2 位。该品种食味黏、香，口感细腻，食味评价中上。

图 5-116　徐薯 38

（2）品种育成人　闫会、李强、张允刚、刘亚菊、王欣、唐维、后猛、马代夫

（3）品种照片（图 5-116）

11. 徐薯 39（徐 14070869）

（1）品种简介　以徐薯 18 为母本，经集团杂交选育，2019 年通过农业农村部甘薯新品种登记，登记号为 DPD 甘薯（2019）320063。2017 年参加长江中下游甘薯联合鉴定试验，大中薯率 98%，鲜产 2 431.7 kg/ 亩，比对照商薯 19 增产 4.87%，薯干产量 619.2 kg/ 亩，比对照商薯 19 减产 1.96%。萌芽性较好，蔓长中等，分枝数 10 个左右，茎蔓较粗；叶片深缺刻，顶叶绿色，成熟叶绿色，叶脉

绿色，茎色绿色；薯形纺锤形，薯皮红色，薯肉淡黄色，结薯集中整齐，大中薯率较高，单株结薯5 ~ 6个，熟食口味较好。适宜在江苏省各甘薯种植区种植。

（2）品种育成人　刘亚菊、李强、张允刚、闫会、王欣、后猛、唐维、马代夫

（3）品种照片（图 5-117）

12. 徐吉薯 4 号（1173-7）

（1）品种简介　系江苏徐州甘薯研究中心组配，吉林省农业科学院经济植物研究所选育鉴定而成。母本为南薯 007，父本为集团父系。2013 年区域试验平均产量 25 918.2 kg/hm^2，较对照主栽农家品种增产 16.9%；2014 年区域试验平均产量 25 089.8 kg/hm^2，较对照主栽农家品种增产 11.6%。2014 年生产试验平均产量 26 615.5 kg/hm^2，较对照主栽农家品种增产 14.0%。叶片枫叶形，叶绿色大小中等，茎绿带褐色，叶柄色绿，蔓长中等，苗期茎粗硬，直立特点明显，后期匍匐。深红皮，黄肉，薯形长纺锤形，薯块大而整齐，单株结薯 4 ~ 5 个，结薯部位较深。抗甘薯软腐病，感黑斑病。在吉林省区域试验和生产试验田间无任何病害发生，贮藏期感黑斑病。

（2）品种育成人　张允刚、刘峰、后猛、王忠伟、刘亚菊、王洋、王欢、王凤、闫会、张海、李强、王殿发、李闯

（3）品种照片（图 5-118）

图 5-117　徐薯 39（徐 14070869）

图 5-118　徐吉薯 4 号（1173-7）

13. 徐紫薯 3 号

（1）品种简介　以绫紫为母本、徐薯 18 为父本通过有性杂交选育而成，原系号为 13-4，于2008—2010 年参加全国农业技术推广服务中心组织的全国甘薯品种区域试验，2011 年 3 月经全国甘薯品种鉴定委员会鉴定通过，鉴定编号为国品鉴甘薯 2011019。2008—2009 年参加国家甘薯特用组品种区域试验，鲜薯亩产 1 619.0 ~ 1 627.7 kg；薯干亩产 565.9 ~ 570.5 kg，比常规对照增产 0.7%左右。2010 年参加生产试验，平均鲜薯亩产 1 686.8 kg，比对照徐薯 18 减产 10.53%；薯干亩产594.2 kg，比对照徐薯 18 增产 15.97%；淀粉亩产 409.5 kg，比对照增产 24.28%。品种萌芽性好，中短蔓，分枝数 7 ~ 8 个，茎蔓中等偏细；顶叶紫色，茎蔓绿色带紫；薯形长纺锤，紫皮紫肉，结

薯集中，薯块整齐，单株结薯 4 个左右，烘干率 34.99% 左右；花青素含量 34.33 mg/100 g 鲜薯；抗茎线虫病和黑斑病，中抗根腐病和蔓割病。该品种适宜江苏北部、山东、河南、湖南、海南、广东适宜地区作高花青素专用品种种植。不宜在根腐病和蔓割病重发地块种植。

（2）品种育成人　李强、王欣、张允刚、马代夫、李洪民、谢逸萍、后猛、唐忠厚、曹清河、唐维、李秀英

（3）品种照片（图 5-119）

14. 徐紫薯 4 号

（1）品种简介　以绫紫 × 徐薯 18 为亲本，通过杂交选育而成，2013 年通过国家甘薯品种鉴定委员会鉴定，鉴定编号：国品鉴甘薯 2013011。2010 年参加国家甘薯品种北方特用组区域试验，平均鲜薯亩产 1 330.8 kg，比对照宁紫薯 1 号增产 3.33%；薯干亩产 386.3 kg，比对照增产 20.54%。2011 年续试，平均鲜薯亩产 1 512.0 kg，比对照宁紫薯 1 号增产 6.72%；薯干亩产 415.9 kg，比对照增产 24.68%。2012 年生产试验平均鲜薯亩产 1 835.5 kg，比对照宁紫薯 1 号增产 10.92%；薯干亩产 537.5 kg，比对照增产 29.61%。萌芽性好，长蔓，分枝数 5 ～ 6 个，茎蔓较细；叶片心形带齿，顶叶黄绿色，成年叶绿色，叶脉绿色，茎蔓绿色带紫点；薯形长纺，紫红皮紫肉，结薯集中，薯块整齐，单株结薯 3 个左右，大中薯率较高；食味中等；较耐贮；两年区试平均烘干率 28.22%，比对照宁紫薯 1 号高 4.04 个百分点；两年平均花青素含量 43.98 mg /100 g 鲜薯；抗根腐病，感茎线虫病和黑斑病。建议在江苏北部、北京、山东、河南适宜地区作高花青素加工及食用品种种植。注意防治茎线虫病和黑斑病。

（2）品种育成人　李强、马代夫、李秀英、王欣、李洪民、谢逸萍、后猛、张允刚、唐维、曹清河、唐忠厚、刘亚菊、闫加启、陈宗光、芦金生、赵娇娜

（3）品种照片（图 5-120）

图 5-119　徐紫薯 3 号

图 5-120　徐紫薯 4 号

15. 徐紫薯 6 号

（1）品种简介　以徐薯 18 × 徐薯 27 为亲本，通过杂交选育而成。2016 年通过国家甘薯品种鉴定委员会鉴定，鉴定编号：国品鉴甘薯 2016011。2018 年，通过农业农村部甘薯新品种登记，登记编

号为 GDP 甘薯（2018）320008。

2014 年参加国家甘薯品种北方薯区特用组区域试验，平均亩产鲜薯 2 353.4 kg，比对照宁紫薯 1 号增产 36.00%；亩产薯干 611.0 kg，比对照增产 36.94%。2015 年续试，平均亩产鲜薯 2 306.8 kg，比对照增产 19.29%；亩产薯干 615.6 kg，比对照增产 21.29%。2015 年生产试验平均亩产鲜薯 2 728.9 kg，比对照增产 22.02%；亩产薯干 732.8 kg，比对照增产 16.76%。萌芽性较好，中短蔓，分枝数 9 个左右，茎蔓较粗；叶片心形，顶叶绿色带紫边，成年叶深绿色，叶脉浅紫色，茎蔓紫色；薯形纺锤，紫皮紫肉，结薯集中，薯块整齐，单株结薯 5 个左右，大中薯率较高；食味较好；较耐贮；烘干率 26.32%，比对照宁紫薯 1 号高 0.3 个百分点；花青素含量 160 μg/g 鲜薯左右；抗茎线虫病和蔓割病，中抗根腐病，高感黑斑病。建议在江苏北部、北京、河北、陕西、山西、山东、河南、安徽中北部适宜地区作食用型紫薯品种种植。注意防治黑斑病。

图 5-121　徐紫薯 6 号

（2）品种育成人　李强、张允刚、王欣、后猛、唐维、刘亚菊、闫会、马代夫

（3）品种照片（图 5-121）

16. 徐紫薯 8 号

（1）品种简介　以徐紫薯 3 号 × 万紫 56 为亲本，通过杂交选育而成。2018 年，通过农业农村部甘薯新品种登记，登记编号为 GDP 甘薯（2018）320033。2017—2018 年参加全国长江中下游薯区甘薯新品系多点鉴定试验，其中 2017 年 7 点次平均：鲜薯产量 1 967.8 kg/ 亩，较对照宁紫薯 1 号增产 16.66%，居第 5 位；薯干产量 575.4 kg/ 亩，较对照宁紫薯 1 号增产 33.82%，居第 2 位；淀粉产量 375.4 kg/ 亩，较对照宁紫薯 1 号增产 40.72%，居第 2 位；烘干率 29.24%，比对照宁紫薯 1 号高 3.75 个百分点；淀粉率 19.08%，比对照宁紫薯 1 号高 3.26 个百分点。2018 年 7 点次平均：鲜薯产量 1 873.5 kg/ 亩，较对照宁紫薯 1 号增产 28.60%，居第 3 位；薯干产量 595.3 kg/ 亩，较对照宁紫薯 1 号增产 50.05%，居第 2 位；淀粉产量 398.7 kg/ 亩，较对照宁紫薯 1 号增产 57.95%，居第 2 位；烘干率 31.77%，比对照宁紫薯 1 号高 4.54 个百分点；淀粉率 21.28%，比对照宁紫薯 1 号高 3.95 个百分点。徐紫薯 8 号蔓长中等，分枝数 9 ~ 10 个，茎蔓中等粗，叶片深缺刻，顶叶黄绿色带紫边，成年叶绿色，叶脉浅紫色，茎蔓绿带紫；薯块纺锤形，紫皮紫肉，结薯集中薯块整齐，单株结薯 4 个左右，大中薯率较高；食味较好。适宜在新疆中部、内蒙古南部、河北、河南、山东、江苏、湖北、湖南、江西、福建等地种植。

图 5-122　徐紫薯 8 号

（2）品种育成人　李强、张允刚、唐维、后猛、王欣、刘亚菊、闫会、马代夫

（3）品种照片（图 5-122）

17. 薯绿 1 号

（1）品种简介　2012 年育成，2013 年通过国家鉴定，2018 年通过国家登记，薯绿 1 号株型半直立，叶形状心形，分枝多，薯块纺锤形，薯皮白色。茎尖无茸毛，烫后颜色翠绿至绿色，无苦涩味，微甜，有滑腻感，食味好。茎尖 10 cm 长、粗，蛋白含量 3.88%，脂肪 0.2%，粗纤维 1.6%，维生素 C 224 mg/kg、钙 32.0 mg/kg、铁 806 mg/kg。薯块干物质含量 32.4%，可溶性糖 5.45%，总淀粉 22.1%。高抗茎线虫病，抗蔓割病。3 个月茎尖产量约 2 000 kg/ 亩，为叶菜用甘薯品种。在江苏、山东、安徽、浙江、河南、广东、福建、海南、四川等地推广种植面积较大，现种植面积已累计 10 万余亩。

（2）品种育成人　曹清河、李强、季志仙、王欣、李洪民、谢逸萍、唐君、唐忠厚、后猛、赵冬兰、周志林

（3）品种照片（图 5-123）

图 5-123　薯绿 1 号田间表现、薯绿 1 号薯块

18. 徐新薯 2 号

（1）品种简介　2016 年育成，2019 年通过农业农村部非主要农作物品种登记，该品种萌芽性好，中蔓，分枝数 6 ～ 10 个，茎蔓较粗；叶片心形，顶叶紫色，成年叶绿色，叶脉绿色，茎蔓绿带紫；薯形纺锤形，红皮淡黄肉，结薯较集中，薯块较整齐，单株结薯 3 ～ 4 个，大中薯率高，食味优，较耐贮，两年鉴定烘干率平均 29.3%，比对照高 2.3 个百分点；抗茎线虫、中抗黑斑病、感根腐、耐瘠薄。为淀粉及鲜食兼用型甘薯品种，推广区域主要为江苏及新疆积温超过 3 200℃的区域作为春薯种植，种植面积已累计 5 万余亩。

（2）品种育成人　周志林、唐君、曹清河、赵冬兰、刘恩良、张安、金平、戴习彬

（3）品种照片（图 5-124）

图 5-124　徐新薯 2 号田间表现、新薯绿 2 号薯块

（八）薯蓣（山药）品种

1. 苏蓣 1 号

（1）品种简介　2015 年通过江苏省非主要农作物品种鉴定，该品种生育期中等偏迟，平均为 155 d；该品种出苗较早，苗势较强，中后期长势稳健，营养生长较大，不结零余子，耐涝渍能力强；单株结薯 2 个左右，块茎表皮紫褐色，肉紫色，色泽鲜艳，块茎长度 25 cm 左右，周长 20 cm 左右，重量 1.0 kg 左右，单产可达 2 000 kg/ 亩以上，属于粗短块状山药。该品种折干率达到 23%，属粉质山药；花青素含量 9.28‰，可作花青素源食品食用；山药皂苷含量达到 1.51%，高于一般栽培山药；但可溶性糖含量偏低。该品种推广应用面积 2 000 亩。

（2）品种育成人　殷剑美、张培通、王立、韩晓勇、郭文琦、李春宏、史新敏、周志林、唐忠厚、陈晓光、樊继德

（3）品种照片（图 5-125）

图 5-125　苏蓣 1 号及证书

2. 苏蓣 2 号

（1）品种简介　2015 年通过江苏省非主要农作物品种鉴定，生育期中等偏迟，平均 160 ~ 180 d。苗势壮。块茎长纺锤形，表皮褐色，肉质柔滑，紫色，块茎肥大。块茎直径 4 ~ 6 cm、长 20 ~ 28 cm，单株结 3 ~ 5 块，单株块茎重 1.0 ~ 1.2 kg，少结零余子。折干率 28%，淀粉 20.9%，属粉

质山药。花青素 7.27‰，多糖 5.1%，山药皂苷 2.14%。轻感山药炭疽病，抗病指数 2.8，耐涝、耐渍能力强。该品种推广应用面积 2 000 亩。

（2）品种育成人　史新敏、周志林、唐忠厚、陈晓光、樊继德、殷剑美、张培通、王立、韩晓勇、郭文琦、李春宏

（3）品种照片（图 5-126）

图 5-126　苏蓣 2 号及证书

3. 苏蓣 3 号

（1）品种简介　2017 年通过江苏省园艺学会组织的专家鉴定，该品种生育期 180 ~ 190 d，属晚熟品种。该品种以块茎作种薯，一般播种后 40 ~ 45 d 出苗，60 d 满架。结薯稍迟，块茎纺锤形，薯皮光滑，出土时鲜紫色，晒后变为紫褐色。黏丝短，肉质柔滑清脆，软而糯，粉红色，块茎肥大，根毛少。块茎直径 10 ~ 13 cm、长 15 ~ 18 cm，单株结薯少 1 ~ 3 块，单株块茎重 1.0 ~ 1.5 kg，商品性能好。该品种块茎折干率 21.5%，淀粉 14.9%，花青素 4.27‰，多糖 7.1%，山药皂苷 2.14%，可食率 85.6%。该品种推广应用面积 2 000 亩。

（2）品种育成人　史新敏、李勇、杨艳、樊继德、陆信娟、刘灿玉、赵林、李刚波、张婷、赵永强

（3）品种照片（图 5-127）

图 5-127　苏蓣 3 号及证书

（九）苦瓜品种

1.“徐绿1号”

（1）品种简介　原名徐深绿1号，为常规苦瓜新品种。2011—2012年参加了在徐州农业科学研究所示范园大棚进行苦瓜品比试验，2014年参加了江苏省区域试验，截至7月10日，平均产量达到2 321.9 kg/亩，较对照品种杂交种“疙瘩绿”增产15.9%，增产显著。徐深绿1号苦瓜表现早熟、分枝性和长势强的特点，果实长纺锤形、皮色墨绿、有光泽、肉厚，结果能力强，单瓜重为322.4 g，果长28.6 cm，横径5.67 cm，肉厚0.95 cm。果瘤为点瘤，较密，果皮墨绿色，果肉绿色。口感较脆，苦味较淡。2015年通过江苏省农作物品种审定委员会鉴定，鉴定编号为苏鉴苦瓜201504，适宜江苏省各地设施栽培。2011—2016年在徐州、连云港、淮安、南通等地累计推广8.29万亩，新增社会经济效益12 435万元；其中2015—2016年推广面积5.40万亩，新增社会经济效益8 100万元。

（2）品种育成人　胡新燕、孙亚伟、冯营、李卫华

（3）品种照片（图5-128）

图5-128　徐绿1号植株、徐绿1号果实

第六节　国际交流

一、合作研究

（一）小麦研究室

2010年11月2—4日，徐州农科所承担的“优质高产多抗小麦高效分子育种体系研究及新品种培育”引智项目，邀请德国Strube Research GmbH & Co.K公司小麦育种首席科学家Andreas Jacobi博

士来徐进行学术交流。

2011 年 5 月 17 日，开展的省国际科技合作“德国小麦种质资源和育种技术的引进及中德穿梭育种”课题，德国 Strube Research GmbH & Co.K 公司小麦育种首席科学家 Andreas Jacobi 博士和其同事托马斯、桑德里娅在江苏省农业科学院蔡士宾研究员陪同下，来我院考察交流。德国客人先后考察了我院新育成品种、选种圃、穿梭育种后代的表现，并相互交流了部分种质。

2013 年 5 月 28 日，德国 Strube Research GmbH & Co.K 公司的小麦育种首席科学家 Andreas Jacobi 博士在江苏省农业科学院粮食作物研究所蔡士宾研究员的陪同下来徐州农科所进行考察交流。

2015 年 5 月 25 日，在岗位科学家姜东教授陪同下，Tuscia University（Italian：Università degli Studi della Tuscia，UNITUS）意大利图西亚大学 Stefania Masci 博士来我所考察小麦育种，陈荣振站长、冯国华研究员等陪同活动。

2016 年 4 月 28 日，德国 STROBE 公司小麦育种首席科学家 Jacobi 博士在江苏省农业科学院蔡士宾研究员陪同下来我所交流小麦育种工作，陈荣振研究员、冯国华研究员、马红勃博士等陪同参观了徐州农科所育种试验地、利国镇徐麦 35 高产示范方，参观了无人机“一喷三防”，最后考察了江苏保丰集团公司小麦育种。

2017 年 5 月 9 日，在江苏省农业科学院粮食作物研究所张鹏研究员（小麦体系沿江综合试验站）和植物保护研究所邓渊钰研究员的陪同下，澳大利亚 CSIRO 首席科学家、西澳大学兼职教授刘春吉教授来我院进行考察，开展茎基腐病的实地调查和指导。

2017 年 5 月 11 日，我所陈荣振研究员、徐农种业周兴根董事长和山东省农业科学院王法宏研究员陪同韩国京畿道农业技术院李宗珩研究员一行 4 人到沛县考察稻茬麦生产情况，并参观徐州农科所科研试验示范基地的小麦新品种田间长势情况。

2018 年 5 月 13 日，德国 Strube Research GmbH & Co.K 公司小麦育种首席科学家 Andreas Jacobi 博士夫妇来徐进行学术交流。陈荣振研究员、冯国华研究员等陪同参观考察了我所小麦育种情况，并带客人考察了睢宁县小麦生产和徐州佳禾农业科技有限公司，江苏省农业科学院蔡士宾研究员陪同活动。

2019 年 11 月 20 日，冯国华研究员陪同美国俄克拉荷马州立大学（Oklahoma State University）植物和土壤科学系终身教授严六零，到江苏师范大学开展学术讲座和交流。

（二）油料研究室

2017 年 3 月 5—18 日，王幸参加国家外国专家局“大豆分子育种及高产高效栽培技术培训”（编号：H162014001）项目，由江苏省农业科学院组团，团组一行 8 人（陈新、袁星星、陈志德、王学军、杨加银、王幸、伍冠锁、郭军）在密西根州立大学和美国农业部接受了为期 14 d 的培训。培训课程涉及美国大豆科研与生产的现状、美国大豆育种相关的前沿理论及分子育种技术、美国机械化生产技术等方面，通过此次出访培训交流，了解了美国大豆的育种现状、前沿育种方法及技术，种植方式及模式，生产及消费习惯等一系列内容，对我们今后在国内开展大豆育种研究起到很大的借鉴作用。

（三）甘薯品种资源研究室

2018 年，与美国康奈尔大学 Fei 等合作共同绘制出两个高质量染色体水平的甘薯二倍体野生种全基因组图谱，分别解码了 2 个种大约 32 300 个和 31 400 个基因，以此为参考基因组对 16 个非洲甘薯品种重测序找到了橘肉甘薯中类胡萝卜素合成相关基因和等位基因 6 个，推动高 β-胡萝卜素含量甘薯品种培育进程，相关研究成果发表于 *Nature Communications*。

二、赴国内、国（境）外进修

（一）小麦研究室

2011 年 07 月 6 日—7 月 13 日，陈荣振研究员应德国 Sturbe Research GmbH & Co. KG 公司的邀请，随同江苏省农业科学院小麦育种代表团一行 3 人赴德国执行德国联邦教育与科研部“德中小麦抗纹枯病育种材料的创制”项目和国家 948 计划项目“江苏省作物种质资源收集与创新利用平台建设”。访问期间 Sturbe Research GmbH & Co. KG 公司总裁 Christine Börries 接见了代表团成员，小麦研究和开发部的 Dr. Andreas Jacobi 陪同访问。

2011 年 12 月 11—19 日，冯国华研究员经广州赴雅加达参加 Indonesia-China Science and Techno logy Week 2011 活动。

2012 年 7 月 5—10 日，刘东涛博士赴德国 Strube Research GmbH & Co.K 公司回访，参观了该公司小麦试验，考察学习玉米花粉诱导小麦单倍体育种技术，并与德国育种专家就品质筛选、抗性鉴定、专业收种机械、数据管理等相关工作进行了深入交流。在 JACOBI 博士的陪同下，参观了位于 Quedlingburg 的 JKI 研究所。

2012 年 12 月 8—17 日，陈荣振研究员赴巴西考察小麦科研。

2013 年 7 月 18—24 日，冯国华研究员和江苏省农业科学院粮食作物研究所蔡士宾研究员、颜伟副研究员应德国 Strube Research GmbH & Co.K 公司的小麦育种首席科学家 Andreas Jacobi 博士邀请，赴德国下萨克森州考察德国小麦育种情况，除实地考察了 Strube Research GmbH & Co.K 公司的小麦育种田、欧洲新品种展示、国际种质圃以及 DH 群体构建的实验室操作和温室情况外，还先后考察了 JKI（Federal Research Centre for Cultivated Plants）和 IPK Gatersleben（The Leibniz Institute of Plant Genetics and Crop Plant Research，莱布尼茨植物遗传和农作物研究所，原东德国家农科院）两个研究所，交流学习了土传病毒病（Dr. Georg F. Backhaus and Dr. Ute Kastirr）、虫媒病毒病（Dr. Antje Habeku β）和转基因研究（Cereal Transformation Plotform，Dr. Jochen Kumlehn）等方面的最新进展，并收集了部分种质资源。

2015 年 8 月 30 日—2016 年 8 月 25 日，刘东涛博士赴美国堪萨斯州立大学进行为期 1 年的访学。

2016 年 4 月 4—13 日，冯国华同志赴巴西参加第五届国际赤霉病大会。

2016 年 7 月 11—16 日，陈荣振、周兴根、马红勃一行 3 人赴德国考察交流小麦育种。

2017 年 2 月 11—18 日，冯国华研究员随同徐州市农业代表团赴乌克兰基洛夫格勒州和俄罗斯梁赞州访问，与基洛夫格勒州农业试验站、国立梁赞农业工程大学的专家进行了学术交流，并与州长、市长会面，就加强友好城市间交流合作进行了广泛讨论。

2017 年 7 月 1 日—2017 年 9 月 3 日，马红勃博士赴墨西哥 CIMMYT 培训 3 个月。

2017 年 8 月 11—17 日，李再祥副院长、冯国华研究员 2 人赴 CIMMYT 考察交流。会同江苏省农业科学院马鸿翔研究员等考察参观了本部和 Toluca 的小麦试验田，以及品质分析实验室、分子生物学实验室和 Gene Bank 等研究设施，并与有关专家进行了交流。

2018 年 12 月 24—31 日，冯国华研究员作为赴台访问团团长，随同江苏省农村专业技术协会赴台培训团赴台湾考察交流。

2019 年 8 月 31 日—2020 年 8 月 23 日，马红勃博士赴美国北达科他州立大学开展为期 1 年的访问学者工作。

（二）水稻研究室

2015 年 7 月 22 日—2016 年 1 月 22 日，胡婷婷副研究员在莫道克大学访问学习。

（三）棉花研究室

2016 年 8 月 8—9 日在徐州召开"中国农学会棉花分会 2016 年年会"，这是时隔 36 年学会第二次在江苏召开。会议由中国农学会棉花分会主办，南京农业大学等承办，本所协办。中国工程院院士、中国农业科学院副院长万建民，中国工程院院士、国家棉花产业体系首席科学家喻树迅，中国农业科学院棉花研究所所长李付广，南京农业大学丁艳锋副校长，江苏省农业委员会张坚勇副主任，江苏省农业科学院副院长刘贤金，徐州市副市长冯兴振出席了开幕式。棉花科技工作者，棉花生产、销售等企业代表，在读研究生，中国农学会棉花分会会员等相关人员 600 余人参加了会议。本届年会以"提质增效 快乐植棉"为主题，旨在进一步加强棉花理论研究与实践探索，促进棉花产业发展，搭建棉花科技工作者的学术交流平台。会上，30 位专家围绕棉花基础研究、遗传育种、棉花农艺与机械化、种质资源和棉花产业等方向进行大会主题报告。李卫华所作"淮北地区棉花大蒜（洋葱）高效立体种植模式"报告受到好评。部分领导和专家 7 日下午前往徐州农业科学院现代农业试验示范基地进行机采棉品种现场观摩，对全国棉花育种家选育的适合在大蒜、洋葱收获后进行机械化直播，能够应用采棉机进行机械化采收的新品种进行现场评价、观摩。

李卫华、张正敏、孙亚伟等参加 2011—2019 年举办的全部 9 届中国农学会棉花分会年会，并在 2011 年、2012 年、2016 年和 2017 年年会上进行了论文交流。

（四）甘薯品种资源研究室

2015 年 8 月 30 日—2016 年 8 月 29 日，赵冬兰副研究员赴美国堪萨斯州立大学学习与合作研究，学习高通量分子标记进行基因分型的技术，参加植物病毒病相关课题的研究，作为第二作者发表研究论文 1 篇。

2016 年 1 月 5 日—10 月 30 日，李元元硕士赴香港中文大学合作研究。

2011—2018 年，唐君研究员、曹清河研究员、张安博士、周志林副研究员等先后赴美国、比利时、韩国、日本、印度尼西亚、秘鲁国际马铃薯中心，考察了作物系统全球变化、可持续农业系统、可持续木本植物、果蔬遗传改良 4 个实验室，了解了国外甘薯资源及育种研究动态，除草剂应用的种类及残留影响，甘薯病毒转基因技术，甘薯现代育种技术，以及最新甘薯研究动态。

2012 年 12 月 29 日—2013 年 12 月 31 日，曹清河研究员在美国康奈尔大学 BIT 研究所访问学习。

2014 年 8 月 28 日—2015 年 9 月 1 日，徐振副研究员在韩国生命工学研究院进修学习。

（五）甘薯遗传育种研究室

2012 年 5 月 19 日—11 月 1 日，唐维副研究员在韩国生命工学研究院进修学习，主要在郭博士的环境生物技术研究中心从事学习和科研工作，具体为从事甘薯 Gigantea（GI）的克隆、功能验证以及转基因方面的研究，并学习相关的生物技术与理论知识。另外，还参加了他们组织的各类学术活动、包括两周一次的研究小组实验进展报告、两个月一次的全体科研人员的实验进展报道、韩中日国际甘薯学术讨论会等。

2013 年 7 月 31 日—2014 年 7 月 30 日，李强研究员在美国德州农工大学进行访学。在德州农工大学土壤与作物科学系植物基因组学与系统生物学著名华裔科学家张洪斌教授实验室，从事植物基因组学和生物信息学的学习及研究工作。主要选用 1 个陆地棉品种和 1 个海岛棉品种多年多重复的 RNA- 测序数据，分析棉花纤维发育 10 d 差异表达基因。在近 15 万个表达 RNA-seq 中，差异表达基因占 15% 以上。差异表达基因中受环境影响的约占 7%。分别对不受环境影响的有功能注释的 12 915 个差异表达基因和 1 467 个受环境影响的差异表达基因进行了功能分类、基因所处的合成路径及整个调控网络中的作用进行了细致的分析。选修了《复杂基因组分析》理论和实验两门专业课程，系统学习了复杂基因组的分子生物学研究方法与实验操作技术。选修了 Vocabulary in use Intermediate 和 Intermediate Listening，双获 A 等级，并被评为优秀毕业生（共两人获奖）。参加第 22 届世界动植物基因组大会，每周 3 ~ 4 次参加学校、院里和系里组织的丰富多彩的学术交流活动（Seminar），了解科研动态。

2016 年 8 月 27 日—2017 年 8 月 26 日，刘亚菊副研究员在美国马凯特大学生物系进行访问研究。系统学习了利用全基因组关联分析定位和克隆植物耐逆基因的研究方法，并参与了一个水稻耐冷基因的克隆和功能研究工作。在美期间，学习了 *American Accent Training*、*Epigenetics*、*Seminar* 和 *Mini-Seminar*，给马凯特大学生物系的教师和学生做了题为“Anthocyanin Synthesis in Sweetpotato”（甘薯花青素合成）的专题报告。还参加了 2017 年 6 月 24—29 日在夏威夷召开的美国植物生物学大会（Plant Biology 2017），并提交了摘要和墙报。

2018 年 9 月—2018 年 12 月，闫会副研究员在国际马铃薯中心撒哈拉以南非洲分中心（肯尼亚内罗毕市）进行访问学习。期间系统学习了甘薯分子标记辅助育种的方法，并参与了红心甘薯 MDP 群体 β-carotene 合成相关基因的基因表达和品质分析、鉴定工作。在中心期间，参加了 Genetic Tools For Sweet Potato（GT4SP）会议和第九届 Sweetpotato for Profit and Health Initiative（SPHI）会议，通过参加会议，不仅认识了众多国际上的甘薯分子育种专家，还系统了解了非洲地区的甘薯育种、栽培、储藏和加工工作进展。此外，期间还参观了国家甘薯种质资源库，并前往甘薯杂交育种基地进行了实地考察和学习交流，进一步了解了非洲地区甘薯品种选育的倾向、喜好，为今后非洲地区甘薯的推广积累了经验。

（六）甘薯病虫草害防控研究室

2011 年 7 月—2011 年 12 月，孙厚俊副研究员在韩国生命工学研究院开展甘薯抗逆基因克隆和载体构建研究，结果成功构建载体。

2013 年 9 月 1 日—2014 年 2 月 28 日，赵永强副研究员在韩国生命工学研究院进修学习，合作研究 RNA 干扰载体构建，结果成功构建干扰载体。

2014 年 9 月—2015 年 8 月，徐振博士在韩国生命工学研究院，开展甘薯抗逆基因功能研究，结果成功验证抗逆基因功能。

2015 年 8 月 25 日—2016 年 8 月 25 日，杨冬静博士在韩国生命工学研究院，开展甘薯抗逆基因克隆和功能研究，克隆抗逆相关基因，完成过表达和干扰表达载体构建、甘薯遗传转化及基因功能验证。

2018 年 9 月 2 日—2018 年 12 月 18 日，张成玲博士在国际马铃薯中心秘鲁，利用 sRNA 测序检测植物病毒，结果成功构建 sRNA 文库 2 个，测序后明确了不同转基因甘薯中 SIRNA 的大小及分布，系统分析了不同样品中病毒种类。

（七）甘薯加工利用研究室

2018 年 9 月 15 日—2018 年 12 月 13 日，岳瑞雪硕士赴肯尼亚（国际马铃薯中心）开展合作研究，为促进江苏徐淮地区徐州农业科学研究所（中国农业科学院甘薯研究所）甘薯科研和产业进步，加强与国际马铃薯中心的交流与合作，应国际马铃薯研究中心食品和营养评价实验室（肯尼亚内罗毕）的邀请，于 2018 年 9 月赴肯尼亚内罗毕进行为期 3 个月的交流、学习工作。培训主要任务包括学习甘薯等作物功能成分及功能食品的最新研究；学习甘薯各性能指标的测定及评价方法；学习甘薯淀粉特性的测定及影响烹调性能的指标测定等。出访期间参加了肯尼亚内罗毕举办的“第九届甘薯营利与健康倡议年度技术会议”以及国际马铃薯研究中心在中东非生物科学研究中心营养和食品安全平台的食品和营养评价项目组（CIP-FANEL）工作汇报会议，学习甘薯等块根作物的最新研究。学习甘薯各成分指标的测定及评价方法，包括甘薯新鲜块根及产品中类胡萝卜素、维生素 C、花色苷和总酚类化合物等的分析测定；学习影响甘薯烹调性能的指标测定等。回国后联合国际马铃薯中心和中东非生物科学研究中心进行了 2018 科技部国际合作项目“中非甘薯精深加工与储藏保鲜关键技术合作研究及示范应用”的预申报。

2019 年 9 月 14 日—12 月 7 日，张毅硕士赴肯尼亚（国际马铃薯中心），学习甘薯各营养指标的测定及评价方法，甘薯品质及感官分析的评价方法，甘薯 β 淀粉酶 RNA 表达量的测定方法。取得 3 点成效。①实验开展全面：从甘薯营养成分评价，到蒸煮感官评价，再到分子学实验，3 个月学习培训中全面完成，品质分析与营养评价是甘薯品种选育和综合利用过程的重要环节。通过分析不同肉色甘薯品种主要营养品质，建立合适和高效的东非甘薯营养品质评价方法，探讨甘薯营养品质综合评价中的主要影响因子，可以为甘薯育种和利用提供基础；②交流考察全面：本次代表团不仅在实验室进行科学研究，还深入超市、菜市场，深入了解东非甘薯产业真实情况；③双方交流坦诚：本次代表团与国际马铃薯中心的许多科研人员都进行了全面、深入和坦诚的交流，交流内容从宏观到微观、从技术层面到管理层面、从科研基础到合作意向。实验结果发表在《江苏师范大学学报》。

三、短期出访

详细情况见表 5-9。

表 5-9　2011—2020 年徐州农科所科研人员出访情况

时间	出访人员	出访国家	出访任务
2012 年 8 月 19 日—9 月 1 日	马代夫、唐君、曹清河	比利时	参加甘薯会议
2012 年 9 月 16—23 日	刘刚、李强、马代夫、唐君、李洪民、钮福祥	韩国	参加甘薯学术会议

（续表）

时间	出访人员	出访国家	出访任务
2012 年 9 月 10—21 日	陈萍	肯尼亚、尼日利亚、以色列	农业项目交流
2012 年 11 月 27 日—12 月 6 日	李强、李要进、孙近友、周志林	印度尼西亚	甘薯国际合作
2012 年 11 月 28 日—12 月 7 日	陈荣振	巴西、智利	业务交流
2013 年 9 月 21—29 日	刘超	肯尼亚、南非	农业信息交流
2014 年 11 月 26 日—12 月 1 日	李要进、钮福祥、张允刚	美国	项目洽谈、学术交流
2014 年 10 月 8—15 日	陈萍	俄罗斯、白俄罗斯	农业科技交流
2014 年 11 月 27 日—12 月 1 日	马代夫、李强、唐君、谢逸萍	日本	甘薯学术会议
2015 年 4 月 19—27 日	马代夫、李强、李洪民	坦桑尼亚、乌干达	农业项目考察
2015 年 11 月 25 日—12 月 2 日	刘明钟	澳大利亚、新西兰	科技合作与交流
2016 年 5 月 3 日—6 月 4 日	马代夫	印度尼西亚	参加国际会议
2016 年 11 月 8—12 日	李强、唐忠厚	日本	甘薯考察交流
2016 年 9 月 5—12 日	曹清河、张安	秘鲁	执行合作项目
2017 年 2 月 14—21 日	刘明钟、杨峰、冯国华、周兴根	俄罗斯、乌克兰	参加国际学术交流会
2017 年 3 月 5—18 日	王幸	美国	培训
2017 年 7 月 5—12 日	蔡成缓、曹清河、张安	秘鲁	执行国际合作项目
2017 年 8 月 1—15 日	李再祥、冯国华	墨西哥	学术交流
2017 年 9 月 7—13 日	钮福祥	英国、意大利	薯类合作研究与学术交流
2018 年 5 月 29 日—6 月 1 日	李强、马代夫、唐君	印度	参加亚洲甘薯育种家及种子系统年会
2018 年 9 月 5—8 日	李强、马代夫、曹清河、唐忠厚	韩国	参加中日韩国际会议
2019 年 7 月 23—30 日	刘明钟、曹清河	日本、韩国	学术交流

四、外宾来访

详细情况见表 5-10。

表 5-10　2011—2020 年徐州农科所接待外宾情况

来访时间	来宾姓名	职称 / 学位	外宾单位	研究专业
2013 年 5 月 12—14 日	卢肖平、Marc Ghislain、高冲	亚太中心主任、博士、翻译	国际马铃薯中心 / 亚太中心	甘薯
2013 年 9 月 19 日	郭尚洙	博士	韩国生命工学研究院	甘薯

（续表）

来访时间	来宾姓名	职称 / 学位	外宾单位	研究专业
2013 年 5 月 28 日	Andreas Jacobi、Hildegard	博士	德国 Strube Research GmbH & Co.K 公司	小麦
2014 年 9 月 23—26 日	Jim Lorenzen and June Yao	高级项目官员	盖茨基金会	甘薯
2014 年 10 月 5—7 日	Hongbin Zhang	教授	美国 Texas A&M 大学	基因组学

第七节 学术活动

一、小麦研究室

2011 年 5 月 6 日，国家小麦产业体系在江苏省的岗位科学家程顺和院士、姜东教授以及 4 个试验站站长齐聚徐州，共商“十二五”发展大计，为提高江苏省小麦生产提供技术支撑，交流高产栽培技术、有关试验示范方案。各位专家和徐淮试验站 6 个示范县的技术骨干一起考察了徐州市农业科学院小麦试验田和江苏省保丰集团公司的新品种展示、高产攻关田，在陈荣振站长主持下，各个示范县就夏粮生产情况进行了交流，各位专家还就如何做好“十二五”体系工作进行了热烈的讨论，冯国华研究员就有关体系调研、产量调研、样品收集等当前工作进行了落实。

2011 年 9 月 10—11 日，陈荣振研究员、冯国华研究员赴合肥市参加安徽农业大学、徐州市农业科学院、宿州市农业科学院、亳州市农业科学研究院、阜阳市农业科学院、连云港农业科学院、江苏保丰集团公司、安徽皖垦种业股份有限公司等发起成立的苏皖淮北小麦研究会会议，岗位科学家马传喜教授到会指导，陈荣振研究员就研究会在资源交流、信息共享、联合鉴定、服务生产等方面如何发挥作用发言。

2011 年 9 月 27 日，冯国华研究员、张会云副研究员赴铜山县柳新农场参加全国冬小麦秋播现场观摩暨技术培训会议，现场参观了碎草匀铺、宽幅条播机、小麦均匀摆播机、麦田镇压器的实际操作和效果，来自全国 18 个省（区、市）的领导、专家与会。徐淮试验站相关示范县的技术人员也到会学习，为提高秋播质量打下了良好基础。

2011 年 5 月 21 日，体系岗位科学家、安徽农业大学副校长马传喜教授率领安徽省淮北小麦协作组成员一行 20 余人来徐州市农业科学院考察交流，陈荣振副院长、冯国华研究员等陪同活动。

2012 年 2 月 20 日，应江苏省淮北小麦协作组首席科学家陈荣振研究员邀请，淮安市农业科学研究院顾正中研究员、连云港市农业科学院李筠研究员以及江苏瑞华农业科技有限公司总经理夏中华研究员等研究团队成员齐聚徐州，共同商讨加强淮北小麦育种协作、申报省有关课题等事宜。

2012 年 5 月 22 日，江苏省种子站在徐州农科所（徐淮试验站）召开淮北小麦新品种展示、示范观摩会，来自淮北 5 市的 70 多位种子管理、种子经销企业代表参加会议，省种子站许明站长、蒋和平科长等到会指导。与会代表和江苏省小麦区试考察组的各位审定委员等一同考察了徐州农科所承担的黄淮南片冬水组区试、预试；江苏省淮北片区试、预试；淮北小麦新品种展示，以及超高产攻关田，并到徐州市国家区试站考察了淮北片生产试验、高产示范。最后转道江苏保丰集团，考察了江苏省农业科技综合展示基地和大面积示范。

2012 年 5 月 25 日，中国农业科学院作物科学研究所辛志勇研究员、马有志研究员、赵德才研究员等小麦专家考察组 15 人来徐州农科所考察小麦育种和高产栽培情况，陈荣振站长和冯国华研究员等团队成员进行了详细介绍，专家们对徐州农科所承担的各级区试、新品种展示等相关试验，以及超高产攻关田的长势长相、栽培管理措施给予了高度评价。

2012 年 9 月 18 日，苏皖小麦育种协作网总结会在徐州市召开，来自苏皖淮北地区的 15 家育种单位代表与会，徐淮试验站陈荣振研究员、冯国华研究员和张会云副研究员等参加会议。会议通报了 2011—2012 年度联合鉴定试验结果，交流了育种工作经验和体会，并落实了秋播新品系联合鉴定的试验方案。

2013 年 5 月 16—17 日，苏皖淮北小麦育种协作组在徐州市开展观摩活动，岗位科学家、安徽农业大学副校长马传喜教授等江苏、安徽 17 家育种单位技术人员以及中国种子集团有限公司、江苏胜田农业科技发展有限公司相关人员等 40 余人参加了活动，先后参观了江苏保丰集团、徐州农科所的苏皖联合鉴定、品种区试和超高产示范田，并在马传喜教授、陈荣振研究员主持下，就当年的严重倒春寒、突破性品种培育、分子标记应用等进行了座谈。

2013 年 11 月 23 日，冯国华研究员、王静等 4 人参加由江苏师范大学和徐州农科所共同承办的江苏省遗传学会 2013 年年会，大会代表达 230 多人，除邀请了 5 位专家作专题报告外，下午设 2 个分会场，植物分会场有 18 位专家和研究生进行了大会交流。

2014 年 5 月 10—12 日，江苏省农业科学院农业资源与环境研究所在徐州市召开稻茬麦高效生产现场观摩暨学术研讨会。会议期间，与会代表参观了徐州农科所小麦新品种展示、高产攻关田和有苗头性的高代育种材料。首席科学家肖世和、岗位科学家郭天财教授、姜东教授以及农业部种植业司粮油处万富世处长、全国农业技术推广服务中心吕修涛副处长、山东农业大学王东教授、扬州大学郭文善教授、南京农业大学戴廷波教授等到会指导，江苏省农业委员会、有关示范县领导、专家参加会议，陈荣振站长、冯国华研究员、刘东涛博士等团队成员参加活动。

2014 年 5 月 13 日，赵振东院士在江苏里下河地区农业科学研究所马谈斌所长、沿海试验站站长高德荣研究员等陪同下，考察了徐州农科所小麦育种情况，就黄淮南片小麦育种方向进行了讨论，并对徐州农科所后代新品种材料给予了详细点评。

2014 年 5 月 23 日，江苏省种子站在徐州农科所召开江苏好品种淮北小麦新品种展示示范观摩活动。来自淮北 5 市的领导、专家 120 余人参加了会议，江苏省种子站许学宏副站长等到会指导。

2014 年 6 月 6 日，江苏省种子站组织有关专家，对江苏徐淮地区徐州农科所承担的江苏好品种评比展示田和徐州农科所、江苏徐农种业科技有限公司联合建立的徐麦 33 高产示范方进行现场实打验收，该示范方设在徐州市农业科学院试验田，面积 100 亩，专家组选取 2 个测产区、面积分别为 2.163 亩和 2.913 亩，联合收割机收获，称重、去杂、用谷物水分测定仪测定籽粒含水量、按 13% 含水量计算，实收亩产 741.24 kg，其中一个测产点达到 753.5 kg/ 亩。展示田小区面积均为 0.72 亩，徐麦 33 实产 622.92 kg/ 亩，居 19 个展示品种的第 1 位。

2014 年 5 月 10—11 日，农业部科技教育司刘艳副司长到徐州考察江苏师范大学和徐州农科所，11 日上午在徐州农科所召开科技人员座谈会，陈荣振站长等全所副研以上科研人员参加活动。

2014 年 7 月 10—11 日，江苏小麦育种协作攻关交流会在徐州农科所召开，国家小麦产业技术体系育种研究室主任程顺和院士及沿江试验站、沿海试验站、苏中试验站和徐淮试验站团队成员及其他小麦育种机构科技人员共 28 人参加了会议。会议由协作组组长马鸿翔研究员主持，各单位代表分别介绍了近期取得的研究进展，提出了小麦科研工作中存在的问题及建议。程顺和院士做了会议总结，他充分肯定了近期大家在新品种选育、种质创制及育种技术研究等方面取得的进展，指出大家今后工作应当从保障我国粮食安全和种业安全出发，针对江苏小麦生产中存在的问题，明确育种目标，在开展育种新技术的研发和应用的同时，注重育种实践中对育种材料的表型选择，共同努力申报小麦育种科研项目，以项目为纽带增进育种单位间的协作，加强育种材料和技术的交流，多出品种，出大品种。会后与会代表参观了徐州农科所试验基地。

2015 年 5 月 9 日，江苏省小麦育种协作组在徐州农科所开展现场观摩，来自江苏省农业科学院、里下河地区农业科学研究所、连云港市农业科学院、宿迁农科所、江苏瑞华农业科技有限公司等单位的专家领导 20 余人参加了活动。

2015 年 5 月 21—23 日，按照全国农业技术推广服务中心安排，开展国家区试点开放日活动，徐州农科所作为国家黄淮南片区试点，对育种技术人员、种子生产经营和使用者开放，先后接待各地来宾近百人。来宾对徐州农科所试验质量和参加黄淮南片区试的徐麦 0054、徐麦 1108 都给予了较高的评价。

2016 年 3 月 23 日，冯国华研究员应邀赴北京参加中国种子集团有限公司等 11 家科研单位和种业企业组建的黄淮冬麦区南片小麦试验联合体启动会。小麦试验联合体由中国种子集团有限公司牵头，河南省农业科学院小麦研究所、河南科技学院、江苏徐淮地区徐州农业科学研究所、淮安市农业科学研究院、宝鸡市农业科学研究所、河南天存种业科技有限公司、河南丰德康种业有限公司、江苏瑞华农业科技有限公司、江苏保丰集团公司和河南中种联丰种业有限公司共同组建，旨在搭建平台、共享资源，在小麦优秀品种的联合审定、推广乃至突破性品种协同选育方面加强合作，加速优秀小麦新品种的审定进程，多出品种，出好品种，促进小麦品种的新一轮更新换代，为确保我国口粮安全、优质、高效做出贡献。农业部种子局、全国农业技术推广服务中心相关负责人共同见证了联合体的成立。各成员单位讨论通过了联合体章程、试验协议和试验方案，推选出理事长和秘书长，确定了专家委员会和工作组成员，并对 2016 年试验工作计划进行了具体部署。

2016 年 4 月 26 日，江苏省作物生产协同创新中心组织南京农业大学、安徽农业大学、江苏省农业科学院、江苏省种子站、连云港市农业委员会、徐州农科所的小麦育种、栽培和生产专家 21 人到徐州农科所考察指导，冯国华研究员、杨峰副所长和江苏徐农种业科技有限公司周兴根总经理等陪同各位专家考察了青山泉镇徐麦 33 高产示范方、利国镇徐麦 35 高产示范方，并参观了徐州农科所小麦育种试验基地，考察了体系新品种展示以及徐麦新品种、新品系。4 月 27 日冯国华研究员、张会云副研究员和马红勃博士等参加江苏省作物生产协同创新中心组织的考察，到安徽农业大学濉溪县小麦育种基地考察，马传喜教授做了详细介绍。

2016 年 4 月 26 日，国家小麦产业技术体系首席科学家肖世和研究员在马传喜教授陪同下来徐州农科所考察，冯国华研究员等陪同考察了体系新品种展示和徐淮试验站小麦新品种，27 日江苏徐农种业科技有限公司周兴根董事长等又陪同参观了青山泉镇的徐麦 33 高产示范方。

2016 年 5 月 23—25 日和 2015 年一样，徐州农科所作为全国农业技术推广服务中心确定的开放区试点，对育种家和有关种子企业开放参观。5 月 26 日江苏省种子站副站长陈国斌、安徽省小麦产业技术体系首席科学家汪建来、江苏中江种业股份有限公司和河南大众种业有限公司领导等来徐州农科所参观考察试验实施情况，据不完全统计，2016 年 5 月有 100 余名小麦育种家、种子企业人员参观、考察了徐州农科所的国家黄淮南片区试和品种比较试验，对公平、公正评价新品种提供了良好平台。

2016 年 6 月 6 日，四川刚毅科技集团有限公司联合徐州农科所、西华大学、四川省农业科学院召开的小区联合收割机展示观摩会在徐州农科所圆满召开。四川省农业科学院汤永禄研究员、西北农林科技大学吉万全教授以及青岛农业大学、农业部规划设计研究院、江苏省种子站和国家小麦产业技术体系 16 个试验站的站长或团队成员，来自陕西、四川、河北、山东、江苏等省份的科研院所、相关企业代表 70 余人出席会议。

2016 年 6 月 8 日，江苏省农业委员会农业技术推广总站束林华科长、江苏省农业科学院杨四军研究员、扬州大学朱新开教授等组成的省高产创建验收专家组对铜山区利国镇谭家村徐麦 35 高产示范方进行了实产验收。徐麦 35 高产示范方总面积 1 900 亩，田间长势比较均衡，专家组随机选取了 2 个地块进行实际收获，其中一个田块收获了 1.36 亩，小麦籽粒产量 980 kg，含水率 14.5%，折合成 13% 的标准水分，平均亩产 708.16 kg，还有一个田块收获了 2.75 亩（因前茬玉米还田灭茬不好，田间出苗不太匀，还有 4 m^2 左右的一块空白地），籽粒总重量 1 860 kg，含水率也是 14.5%，折实产 664.70 kg/ 亩，两块地最终平均亩产 679.08 kg。虽然 2015 年冬天降温早、春季干旱、后期连阴雨导致千粒重有所下降，但在江苏徐农种业科技有限公司周兴根总经理、徐州市农业委员会董全才副主任等的全程技术指导下，小麦纹枯病、赤霉病均得到了较好控制，而且化肥使用量有所下降（基肥 40 kg 复合肥，N 含量 24%，拔节肥 12.5 kg 尿素），实现了高产高效。

2016 年 12 月 7 日，陈荣振研究员陪同岗位科学家闫长生研究员到丰县华山镇考察了徐淮试验站承担的新品种筛选试验和绿色高产创建示范方。

2016 年 12 月 8 日，国家小麦体系重点任务工作会议在徐州市绿地铂骊酒店顺利召开，来自 44 个岗、站的近 70 位专家同行出席会议，国家小麦产业技术体系首席科学家肖世和研究员到会指导。

2017 年 5 月 11—13 日，张会云副研究员赴泰兴市，参加由国家农业科技创新联盟办公室主办，江苏里下河地区农业科学研究所、江苏省农业科学院粮食作物研究所、江苏省泰兴市农业委员会承办的“小麦赤霉病综合防控协同创新联盟成立大会暨现场观摩交流会”。

2017 年 8 月 20 日，冯国华研究员主持召开江苏省淮北片联合体试验碰头会，与江苏省农业科学院、淮安市农业科学研究院、连云港市农业科学院、徐州市农科院、江苏瑞华农业科技有限公司、江苏中江种业股份有限公司、江苏省洪泽湖农场种子公司等 7 家单位的领导、专家共同协商联合体试验有关文件、2017—2018 年度试验安排。

2017 年 9 月 21 日，冯国华研究员赴南京，参加江苏省种子站组织的联合体试验审核会，经过专家论证，同意开展徐州农科所科、企淮北小麦联合体试验，并对申报材料需要补充、修改的内容提出了具体建议。

2017 年 9 月 18 日，冯国华研究员在郑州市参加国家重点研发计划“七大农作物育种”重点专项“黄淮冬麦区南片高产优质节水新品种培育”项目启动会，听取了 6 位课题负责人就课题任务、实施方案、计划进度与考核指标的汇报，总体专家组赵振东院士、刘录祥研究员以及项目咨询委员会专家郭进考研究员、马忠华教授、高春保研究员等专家点评，科技部农村技术开发中心组织了项目启动仪式，贾敬敦主任、魏珣专员介绍了专项管理要求，项目首席专家许为钢研究员汇报了项目内容、实施方案以及项目管理运行机制。徐州农科所承担优质和超高产育种材料创制与新品种选育 2 个课题。

2017 年 12 月 22 日，徐州农科所承办“江苏省小麦育种协作组 2017 年度学术交流会”，邀请夏先春研究员、王秀娥教授、殷贵鸿研究员、姜东教授、韩一军教授等做学术报告，江苏省农业科学院科研处还红华处长到会指导，除有关育种单位、企业外，江苏省内的体系岗、站专家悉数到场，到会人员 58 人，徐州农科所年轻科技人员也积极参加，对加强体系内外协作起到了良好作用。会议由徐州农科所冯国华研究员和扬州市农业科学研究院高德荣研究员主持，江苏省农业科学院马鸿翔研究员做会议总结。

2018 年 1 月 26—28 日，2017 年国家小麦产业技术体系工作会议在徐州市举办，来自全国小麦育种、栽培、植保、加工、农机等研究方向的 92 个团队派人参加会议，会议还邀请河北、河南、江苏、安徽、四川、山西等地小麦主产省的地方体系首席专家参加会议，规模达到 200 多人，首席科学家肖世和研究员及于振文院士、陈剑平院士、赵振东院士、康绍钟院士等莅临会议，年度考评徐州试验站站长冯国华研究员获评优秀。

2018 年 3 月 6 日，冯国华研究员作为合作单位负责人赴南京农业大学参加由江苏瑞华农业科技有限公司牵头完成的江苏省农业委员会重大新品种培育项目“淮北抗赤霉病优质小麦新品种选育”实施方案审核会。

2018 年 12 月 9—11 日，冯国华研究员、张会云副研究员赴宁波大学参加全国小麦病害协作组成立暨学术研讨会。

2019 年 3 月 25—27 日，冯国华研究员赴北京参加四大作物联合攻关 2019 年工作部署会，徐州市农业科学研究院（江苏徐农种业科技有限公司）正式列入国家小麦良种重大科研联合攻关参加单位。

2019 年 12 月 29—30 日，由徐州农科所承办的国家小麦产业技术体系 2019 年年会在徐州市召开。国家小麦产业技术体系首席科学家肖世和研究员、小麦产业技术体系岗位科学家 42 人、综合试验站站长 50 人以及部分团队成员共 200 人出席会议。全国农业技术推广服务中心梁健同志出席会议并主持首席科学家考评。程顺和、于振文、康绍忠、陈剑平 4 位院士拨冗出席会议，会议还邀请了江苏省、河南省、安徽省、四川省小麦产业技术体系首席郭文善教授、雷振生研究员、汪建来研究员、魏育明教授参会，并分别介绍了地方体系建设情况。肖世和首席科学家充分肯定了小麦产业技术体系 2019 年的工作业绩，并就 2020 年工作计划进行了部署。他强调指出，在完成各项计划任务的同时，要认真总结有关经验教训；体系成员需要加强目标意识、产业意识和协作意识，以体现体系的科研特色，推动产业技术进步，提高产业技术研发水平。会上岗位科学家和试验站站长分别做述职报告，并结合管理平台工作记录进行了互评，徐州综合试验站站长冯国华研究员在年度考核中获得优秀。

2020 年 8 月 4 日，江苏省小麦育种攻关协作组在徐州农科所召开工作交流会，来自江苏省科研院所、种子企业的代表 40 余人参加会议。江苏省农业科学院马鸿翔研究员主持会议，扬州大学郭文善教授、江苏省农业技术推广总站王龙俊研究员、江苏省种子管理站冷苏凤研究员做大会报告，徐州农科所刘东涛博士、淮安市农业科学研究院顾正中研究员、连云港市农业科学院樊继伟副研究员、江苏省农业科学院粮食作物研究所姚金保研究员、镇江市农业科学院李东升副研究员，以及江苏省大华种业集团有限公司研究院周凤明院长、江苏瑞华农业科技有限公司金彦刚副总经理等就“十三五”小麦育种工作进展进行了交流，江苏省科技厅农村处顾俊处长做总结发言。

二、油料研究室

2014 年 4 月 7—8 日，徐州农科所在海天酒店承办“第六届黄淮海大豆育种协作网会议”，共 45 个单位 150 人参会，会议邀请了南京农业大学盖钧镒院士、徐州农科所马代夫首席、江苏省农业科学院王才林所长及中国农业科学院李英慧研究员 4 位专家做了特邀报告，总结了 2013 年黄淮海大豆育种协作网工作进展情况，安排 2014 年黄淮海大豆育种协作网工作，7 位青年专家就大豆高产育种、栽培技术等作了专题报告，最后各单位交换了育种材料。

2019 年 3 月 14—15 日，徐州农科所在绿地铂骊酒店承办“江苏省大豆品种审定与产业发展研讨会”，江苏省农作物品种审定委员会大豆专业委员会委员、江苏省大豆区试承担单位技术人员（含联合体）及有关专家共 60 人参加会议，与会专家分析大豆产业发展现状，商讨江苏省大豆审定标准，讨论完善江苏省大豆品种试验方案，讨论大豆联合体试验相关事宜，开展大豆区试技术培训。

2019 年 9 月 16—18 日，徐州农科所在绿地铂骊酒店承办了由中国农业科学院作物科学研究所牵头的国家重点研发计划课题“大豆优异种质资源精准鉴定与创新利用”2019 年课题年度总结会，35 个单位近 70 人参会，徐州农科所宋庆科书记参加会议并致辞，33 位子课题负责人进行了工作汇报，会议总结了课题启动以来的工作进展，讨论解决存在的问题，凝练重点科技成果，统一部署和落实下一步工作，考察并观摩了徐州资源精准鉴定田间情况。

三、园艺研究室

2014 年 11 月 8—24 日，杨峰研究员赴英国学习交流培训。

四、甘薯品种资源研究室

2013 年 8 月 17—22 日，甘薯产业技术体系遗传育种研究室，在新疆开展了“甘薯抗旱材料筛选鉴定现场观摩和技术培训活动”。由国家甘薯产业技术体系遗传育种研究室主办，甘薯种质资源评价岗位和新疆农业科学院粮食作物研究所共同承办。历时 5 d，考察了安宁区试验站、乌苏试验基地、金正薯业淀粉品种生产基地等，行程约 1 800 km。

2019 年 12 月 16—19 日，国家重点研发计划“杂粮作物抗逆和品质形成与调控”项目 2019 年度总结会在徐州召开。出席本次会议的有农业农村部科技发展中心张新明处长、中国农业科学院作物科学研究所马秀勇副书记和江苏徐淮地区徐州农业科学研究所刘明钟所长等相关领导，特邀报告专家有华中农业大学何予卿教授和中国农业大学徐明良教授，项目咨询专家组专家有郭文武教授、国家谷子产业技术体系首席科学家刁现民研究员、中国热带农业科学院彭明研究员和国家甘薯产业技术体系首席科学家马代夫研究员，以及项目、课题、子课题负责人、技术骨干及科研财务管理人员等 113 人。

五、甘薯遗传育种研究室

2011 年 1 月 29 日，乌拉圭国家农业研究所 Francisco Vilaro 来徐州农科所进行学术交流。

2014 年 11 月 25—30 日，李要进、钮福祥、张允刚赴美国夏威夷大学访问甘薯项目组实验室及试验基地并进行学术交流。赴美国农业部农业研究服务署参观贝尔特斯威利研究中心实验室（SPLC）及试验基地，并进行遗传改良交流与项目洽谈。

2014 年 9 月 16—22 日，组团赴韩国参加第五届韩中日甘薯学术讨论会；会议商定成立中日韩甘薯协会，马代夫当选为理事长。会后考察了韩国能源作物研究所、韩国生命工学研究院。

2015 年 5 月 22 日，美国 Texas A&M University 张洋来徐州农科所作“生物信息学在甘薯、棉花、小麦等多倍体物种进化研究中的应用”研讨报告。

2015 年 10 月 11 日，韩国生命工学研究院郭尚洙来徐进行学术交流。

2015 年 5 月—2016 年 5 月，韩国朴成喆在徐州农科所访学 1 年。

2016 年 8 月 14—19 日，唐维和谢昊赴北京参加第七届国际作物科学大会，投稿 2 篇会议摘要。

2016 年 8 月 10—12 日，李强研究员、张允刚研究员和后猛助理研究员赴山东济南参加 2016 中国作物营养强化项目研讨会，李强研究员在会上做了“Development β-carotene or anthocyanin rich sweet potato with other Micronutrients”的报告。

2017 年 4 月—2018 年 3 月，埃及青年学者 Hesham Mohamed Ahmed Abouelnasr 在徐州农科所访学 1 年。

2017 年 11 月—2019 年 11 月，埃及青年学者 Mohamed Hamed Arisha 在徐州农科所访学 2 年。

2018 年 9 月 5—8 日，李强、王欣、唐维赴韩国庆州参加第八届甘薯学术研讨会，并分别做大会报告。

2019 年 7 月—2020 年 6 月，巴基斯坦 Bahauddin Zakariya University 青年学者 Ahmad Muhammad Qadia 在徐州农科所访学 1 年。

六、甘薯病虫草害防控研究室

2012 年 9 月 16—24 日，徐州农科所刘刚、马代夫、李强、钮福祥、唐君、李洪民、刘亚菊、徐振、张允刚、赵永强、唐维、曹清河、孙健、陈晓光一行 14 人赴韩国济州岛参加第五届中日韩三国甘薯学术研讨会和考察。马代夫代表中国作物学会甘薯专业委员会致开幕词，并代表组委会向报告获奖者颁奖。曹清河等 4 名年轻科学家做大会报告，曹清河研究员获大会最佳报告奖。经三国科学家协商成立“中日韩甘薯研究会”，马代夫研究员任主席，韩国 Kwak Sang-Soo 任秘书长。会后徐州农科所代表团参观考察了韩国农业振兴厅农业气候变化研究中心、能源作物研究中心、韩国生命工学研究院、大德研究开发特区及展示馆、水原农业振兴厅及展示馆等，刘刚代表徐州农科所与韩国生命工学研究院副院长 KIM Sung-UK 签订中韩双方《研究和合作发展谅解备忘录》。

2014 年 11 月 27—30 日，马代夫、谢逸萍、唐君、李强、蒋玉峰、魏猛、杨冬静、张安和张毅等出席第六届中日韩甘薯研讨会，张毅做了关于紫甘薯药理方面的大会报告，会议张贴墙报 57 份，其中徐州农科所提交 9 份。

七、甘薯加工利用研究室

2011 年 8 月，钮福祥应邀参加由中国工程院农业学部、中国农业科学院农产品加工所组织的“农产品加工科技援疆学术研讨会”，并做题为“‘十一五’甘薯产后加工技术、成果介绍”的分会场报告。

2011 年 8 月 18 日，钮福祥、孙健赴江苏南京参加由北京食品科学研究院、中国食品杂志社《食品科学》杂志、国际谷物科技学会（ICC）、南京财经大学食品科学与工程学院、常熟理工学院生物与食品工程学院主办的功能食品与健康国际研讨会。

2011 年 11 月，钮福祥应邀参加陕西省咸阳市杨凌区首届薯类产业创新发展论坛，并做题为“甘薯产后加工研发进展”的报告。

2011 年 11—12 月，岳瑞雪赴河南工大学学习甘薯乙醇发酵技术。

2012 年 9 月 27 日，孙健赴北京参加首届全国膳食纤维产业化展示交流大会。

2013 年 5 月 20 日，钮福祥、孙健参加由中国淀粉工业协会甘薯淀粉专业委员会、甘薯加工产业技术创新战略联盟主办的在北京召开的国际食用淀粉加工及检测技术与装备研讨会。

2013 年 9 月 8 日，钮福祥、孙健应邀参加“长江流域甘薯产业发展技术研讨会”，钮福祥做大会学术报告。

2013 年 10 月 11 日，钮福祥、孙健、岳瑞雪、张毅参加由国家甘薯产业技术研发中心主办的在河南郑州召开的薯类产后贮藏加工技术研讨会，钮福祥、孙健、岳瑞雪做大会报告。

2013 年 11 月 12 日，钮福祥、孙健参加国家甘薯产业技术体系产后加工研究室主办、甘薯深加工技术岗位承办的东南沿海地区甘薯淀粉加工调研活动，并展示近年来产后加工研究室研发成果。

2013 年 12 月 5 日，甘薯加工利用研究室功能食品与产业经济岗位主办国家甘薯产业技术体系甘薯产业经济培训与交流会，孙健做大会报告。

2014 年 7 月 9 日，张毅赴山西运城参加“甘薯主要病虫害识别、检测与防控技术培训”。掌握 NCM-ELISA 检测甘薯病毒操作流程，识别常见的甘薯真菌性病害、细菌性病害、线虫病害及病毒病（SPVD）。

2014 年 11 月 26 日，张毅赴日本鹿儿岛参加第六届日中韩甘薯学术研讨会，并做大会报告。

2015 年 6 月 5 日，孙健、张毅赴南京参加 2015 全国药食同源关键技术及功能食品药品产业化发展交流会。

2015 年 7 月 27 日，钮福祥赴北京参加国际甘薯加工技术与产业发展研讨会，并做学术报告。

2015 年 8 月 24 日，孙健、张毅赴成都参加甘薯青年学术研讨会，孙健做学术报告。

2015 年 10 月，钮福祥应邀参加“2015 连城地瓜产业发展大会”，并做大会学术报告。

2016 年 6 月 20 日，钮福祥赴上海参加第十一届上海国际淀粉及淀粉衍生物展会、马铃薯主食化及薯类加工分论坛，并做题为“我国甘薯产后加工及市场趋势分析”的报告。

2016 年 6 月 26 日，钮福祥、孙健赴云南昆明参加国际薯类加工及检测技术研讨会。

2016 年 10 月 8 日，孙健赴河北石家庄参加由国家谷子糜子产业技术体系研发中心、中国农业科学院作物科学研究所主办的谷子糜子体系信息员培训及小宗农产品监测预警研讨会。

2016 年 10 月 10 日，钮福祥、孙健、张毅赴山东济南参加第七届中日韩国际甘薯学术研讨会。

2016年11月6日，钮福祥赴湖北省黄冈市红安县参加“红安苕”产业精准扶贫促进会。

2016年11月7日，钮福祥、岳瑞雪参加中国农学会组织的在北京召开的“薯类高浓度快速乙醇发酵关键技术研发与应用”评价会。

2017年1月8日，钮福祥、孙健赴河北省邯郸市参加第六届“禾下土杯”全国甘薯高产高效竞赛总结和表彰会议。

2017年1月10日，钮福祥、孙健赴河南郑州参加第三届中原甘薯大会。

2017年3月27日，钮福祥赴河北省石家庄市晋州市参加“河北省甘薯产业销售策略研讨会”，并参加“2017年薯类加工新技术交流研讨会”。

2017年6月20日，钮福祥、孙健、岳瑞雪、张毅、张文婷赴江南大学食品学院和扬州大学测试中心进行学习与交流。

2017年10月16日，钮福祥、孙健赴南京参加由国家甘薯产业技术研发中心主办、产业经济研究室承办的甘薯产业经济研发技术研讨会，并做大会发言。

2017年11月17日，孙健、张毅赴北京参加2017年甘薯加工与综合利用技术交流研讨会，听取薯类加工与综合利用相关领域专家、学者的学术报告，并针对企业甘薯加工与综合利用方面的问题进行交流。

2017年12月7日，钮福祥、孙健、张毅、张文婷赴南京参加“甘薯主题公众开放日”活动。

2018年3月21日，孙健赴内蒙古自治区赤峰市参加2018年中国薯业国际博览会和薯类营养健康及产业发展研讨会。

2018年7月6日，孙健赴河北省石家庄市参加甘薯青年学术交流会，并做学术报告。

2018年8月23日，钮福祥、徐飞、孙健、朱红、岳瑞雪、张毅、张文婷在徐州参加2018年食品营养与健康国际研讨会。孙健做学术报告。会议还听取了曼尼托巴大学穆罕默德·摩加迪亚教授、加拿大农业及农业食品部洛夫莫尔·N·马伦加副研究员等国际专家的大会主题报告，并就“新型果汁加工技术”“新型食品保鲜技术”“食品成分的活性研究”等议题进行了深入研讨。

2018年9月5—8日，徐飞、朱红参加在韩国全州举办的第八届国际甘薯学术研讨会，会议听取来自国际马铃薯研究中心、中国、日本和韩国的各位专家分别就甘薯遗传资源、甘薯栽培及生理、甘薯病虫害、细胞生物技术及甘薯加工与应用等方面作了报告。

2018年9月21日，孙健赴南京参加甘薯产业技术体系产业经济岗位举办的甘薯固定观察点工作会议。

2018年10月22日，孙健、张毅赴北京参加薯类加工与综合利用相关领域专家、学者的学术报告，并针对企业甘薯加工与综合利用方面的问题进行交流。

2018年11月14日，钮福祥、张毅赴南京参加2018年全国农产品加工科技创新推广活动，并做好甘薯加工产品展示工作。

2019年1月14日，钮福祥、孙健、张毅赴郑州参加2018年度甘薯产业技术体系年终考评总结会、第八届“亿丰年杯”全国甘薯高产高效竞赛总结表彰会和中国甘薯博览会。

2019年4月，钮福祥应邀参加“2019中国农业展望大会”，并做“中国甘薯产业现状与展望”的分会场报告。

2019年6月27日，钮福祥、张毅赴北京参加2019年中国国际薯业博览会。

2019 年 8 月 30 日，孙健赴安徽阜阳参加第二届甘薯青年学术交流会，并做大会学术报告。

2019 年 9 月 14 日，应国际马铃薯中心 Xiaoping Lu 主任和 Tawanda Muzhingi 博士的邀请，张毅赴肯尼亚内罗毕进行 3 个月的短期学习培训。

2019 年 9 月 26 日，钮福祥、岳瑞雪参加第二届中国连城甘薯产业发展大会。

2019 年 10 月 15 日，孙健、张文婷参加在山东省济宁市泗水县举办的中国（泗水）甘薯助力乡村振兴学术研讨暨甘薯新品种现场观摩会。

2019 年 11 月 5 日，孙健赴广州参加甘薯育种新技术研讨会，听取甘薯育种新技术的最新进展，并与部分岗站进行交流学习。

2019 年 12 月 11 日，钮福祥、张毅赴北京参加杂粮产业链一体化项目会议及参观中国农业科学院作物科学研究所。

2019 年 12 月 27 日，钮福祥、张毅赴洛阳参加第三届中国甘薯产业博览会。

第八节 行政管理

行政管理设置 6 个行政部门、4 个党群部门。

一、行政部门

（一）办公室

1. 主要职责

办公室是集党务、所务管理服务于一体的综合管理部门，承担党建、干部、人才、文明创建、纪检、组织人事、意识形态、宣传报道、外事、统战、编制机构、岗位设置与聘用、人员招聘与退休、职称评审、劳资社保、医保、聘用合同管理、研究生管理、法人年检、绩效考核、印章管理、机要保密、文件收发登记、文书档案收集、网站管理、电子公文传输系统、网络维护、离退休老干部、职工档案、请销假、会务接待等日常服务保障工作。

2. 在编人员

主任：谭西贵（1996 年 12 月—2012 年 3 月），孙扬（副主任 2007 年 12 月—2012 年 3 月、主任 2012 年 3 月—2019 年 6 月），孙厚浩（副主任 2012 年 3 月—2019 年 6 月，主任 2019 年 6 月—，纪委副书记 2018 年 9 月—）；副主任：李松山（1993 年 3 月—2012 年 3 月），孙明芳（副主任 2011 年 2 月—2019 年 6 月、综合档案室主任 2019 年 6 月—），董玲霞（副主任 2019 年 6 月—）；成员：王洪云、封智蕾、冯腾腾、朱晨、王晓。

3. 工作成效

（1）加强党务工作　第一，加强党内法规制度建设。严格落实全面从严治党各项要求，先后制定了徐州市农业科学院党委议事规则（试行）、“三重一大”事项议事规则（试行）等制度性文件。第二，加强政治统领。通过学习研讨、专题报告、专题党课等形式，为党委理论学习中心组会议、党委会、党政联席会、班子会提供会前、会中保障工作，强化了党委把方向、议大事、管大局、抓落实的作用。第三，加强支部标准化建设。分别于 2014 年、2019 年组织支部进行了换届，2016 年、2020 年分别对部分支部设置进行了调整。从政治建设、组织建设、组织生活、党员队伍建设、基础保障等方面加强支部标准化建设。第四，加强党风廉政建设。每年组织与部门主要负责人签订《党风廉政建设责任状》，明确责任主体、责任内容、责任考核和责任追究。第五，加强党建与业务深度融合。先后组织开展“行政服务科研，科研服务三农”双评议活动和“支部联村，助推产业兴旺农民增收”主题实践活动，负责活动方案起草，启动仪式对接，活动推进和调度，活动总结和宣传报道等。第六，加强党组织规范管理。完成每年各级党委“两优一先”推优工作；进一步规范和强化党员发展程序；党务干部与党员的教育培训逐步常态化和系统化。高质量完成年度党内统计年报、党员信息维护和党费管理工作。第七，加强老干部管理。每年做好离退休职工慰问工作，并推进老干部工作信息化；为离退休党支部订阅各类党刊、报刊，组织开展送学上门和外出现场教学活动；认真落实离退休干部各类生活待遇，按时足额发放离休干部相关生活待遇，并每年按省级标准报批一次性生活补助；及时收集老干部反馈的各类诉求，做好反馈和解释工作。第八，加强群团统战组织建设。定期组织召开统战干部座谈会，收集意见建议。协助民主党派及无党派知识分子联谊会自身建设，共 3 人成为民革党员，2 人发展为民盟盟员，3 人成为九三学社社员，3 人加入无党派知识分子联谊会。全面负责工会、青工委、妇委会的日常协调，助理群团完成先进推选、慰问及活动组织等各项工作。

（2）做好干部人事工作　坚持党管干部原则，深入推进干部队伍建设。一是规范选人用人程序。对照《党政领导干部选拔任用工作条例》《江苏省事业单位领导人员管理暂行办法》和徐州市相关政策文件，严格履行选人用人程序，认真组织科级干部任免工作。二是阶梯式储备人才。分两次组织开展后备干部推荐工作，共产生正科级后备干部 17 名，副科级后备干部 25 名，充实了干部队伍后备力量。三是高质量完成市管干部年度考核、推优、干部考察和一报告两评议工作。四是高标准完成人大代表、党代表推荐、考察工作，分别推选省人大代表 1 名、省党代表 1 名、市人大代表 1 名。五是做好干部人事档案管理工作。2015 年以来，开展了干部人事档案专项审核工作。对全体干部的人事档案完成了鉴别、分类、排序、技术加工、装订和归档等工作，共收集、补充 101 人档案材料 518 份，对 12 名信息不一致人员的干部信息进行了组织认定。从党务活动、人事管理、办事程序到业绩考量、奖惩办法都制定出一整套相应完善的规章制度。如表 5-11 所示。

表 5-11　2011—2020 年徐州农科所办公室制定的部分管理文件

序号	文件名称	文号
1	关于开展 2011 年专业技术职务任职资格申报工作的通知	徐农院〔2011〕39 号
2	关于成立专业技术岗位等级评审委员会与工勤技能岗位等级评审委员会的通知	徐农院〔2011〕49 号
3	徐州市农科院关于实施岗位等级聘用制的通知	徐农院〔2011〕50 号
4	关于加强植保研究室管理的通知	徐农院〔2011〕67 号
5	关于在职攻读博士学位和引进博士生的意见	徐农院〔2011〕72 号
6	关于成立徐淮地区徐州农科所国有资产管理办公室的通知	徐农院〔2012〕22 号

（续表）

序号	文件名称	文号
7	关于调整研究生助研津贴的通知	徐农院〔2012〕31号
8	中共徐州市农科院委员会关于印发《院领导班子成员2012年党风廉政建设责任目标分解》的通知	徐农院委〔2012〕2号
9	徐州市农科院关于加强廉政风险防控工作实施意见	徐农院委〔2012〕7号
10	关于调整院领导班子成员工作分工的通知	徐农院〔2013〕10号
11	关于印发《2013年全院重点工作任务分解落实方案》的通知	徐农院〔2013〕31号
12	徐州市农科院因公出国（境）人员管理办法	徐农院〔2013〕49号
13	徐州市农科院关于表彰2013年度先进集体和优秀个人的决定	徐农院〔2014〕1号
14	关于印发《2014年全院重点工作任务分解落实方案》的通知	徐农院〔2014〕5号
15	关于调整院农业科技服务中心成员的通知	徐农院〔2014〕11号
16	关于召开全院科研工作座谈会的通知	徐农院〔2015〕11号
17	关于开展专业技术三级及其以下岗位等级申报评审工作的通知	徐农院〔2015〕47号
18	关于转发《关于严督严查严防中秋国庆期间"四风"反弹的通知》的通知	徐农院委〔2015〕11号
19	关于印发《2016年徐州所、铜山站国有资产清查工作实施方案》的通知	徐农院〔2016〕19号
20	关于同意江苏徐农种业科技有限公司实现"事企脱钩"的决定	徐农院〔2016〕46号
21	关于通报作风建设"双评议"结果的通知	徐农院委〔2016〕4号
22	关于通报作风建设评议会评议结果的通知	徐农院委〔2017〕1号
23	关于调整专业技术岗位等级评审委员会成员的通知	徐农院〔2017〕3号
24	关于印发《徐州市农业科学院出国（境）人员管理办法》的通知	徐农院〔2017〕23号
25	关于印发《江苏徐淮地区徐州农业科学研究所科研副产品管理处置实施细则（试行）》的通知	徐农院〔2018〕46号
26	关于印发《江苏徐淮地区徐州农业科学研究所合同管理规定》的通知	徐农院〔2018〕53号
27	中共徐州市农科院委员会关于表彰先进党支部、先进党小组、优秀党务工作者和优秀共产党员的决定	徐农院委〔2018〕12号
28	关于印发《江苏徐淮地区徐州农业科学研究所合同管理规定》的通知	徐农所〔2019〕14号
29	徐州市农科所内部控制规范实施工作方案的通知	徐农所〔2019〕28号
30	关于印发《院党委中心组2019年学习计划》的通知	徐农院委〔2019〕10号
31	关于印发《徐州市农科院请休假管理规定（2020年修订）》的通知	徐农院〔2020〕11号
32	关于开展庆祝新中国成立71周年系列活动的通知	徐农院〔2020〕42号
33	关于开展庆祝建党99周年党建文化系列活动的通知	徐农院委〔2020〕26号

（3）强化宣传工作　严格遵循“实事求是、注重实效”的原则。一是落实主体责任，制定了《互联网工作群主与公众账号管理规定》等规范性制度，牢牢把握网络意识形态的领导权和主动权，将网络宣传纳入意识形态工作责任制。二是把握正确的舆论导向，强化联络沟通。近 10 年来，多名专家和领导接受 CCTV-2 财经频道、江苏卫视、徐州电视台等新闻媒体采访和报道，每年在《农民日报》、《新华日报》、《徐州日报》、先锋淮海、无线徐州等融媒体发布稿件数十篇。三是围绕中心重点，增强宣传实效。结合工作安排，加强和完善内部管理，每个科室分别指定一名宣传员，负责重要活动、重大科技进展等新闻报道，每年在徐州农科所网站上发布稿件百余篇，并高质量完成江苏省农业科学院宣传任务。

（4）加大人才培养力度　采取“内培外引”的方法，加强人才干部队伍建设。一是着力高层次人才培养。组织开展享受政府特殊津贴人员和江苏省有突出贡献的中青年专家选拔工作，共有 3 人获得政府津贴，1 人入选江苏省有突出贡献中青年专家。组织开展江苏省“六大人才高峰”、江苏省“333”人才工程、江苏省农业科学院三级重点人才建设、徐州市“双百高层次人才培养工程”等人才选拔、考核工作及人才类科研项目资助申报等工作，共 8 人入选“六大人才高峰”高层次人才，2 人入选江苏省“333”人才工程二层次培养对象，20 人次入选三层次培养对象，4 人入选江苏省农业科学院三级重点人才，18 人被选拔为徐州市优秀专家，20 人次被选拔为徐州市拔尖人才。二是坚持“请进来、走出去”人才培养策略。组织县处级干部参加江苏省科学院开展的“G12”联盟培训和市委党校开展的各级干部培训；组织党员干部赴革命圣地开展“井冈山精神”“延安精神”“沂蒙精神”等专题学习；邀请市委组织部、市委党校、市纪委、市史志办、淮海战役纪念馆等专家教授，徐州农科所及兄弟院所老领导、知名专家，作战老兵等来院所开展专题讲座。三是注重干部挂职锻炼。通过市委科技镇长团、扶贫挂职、科技特派员等渠道，先后推荐 7 名干部到乡镇挂职锻炼。

（5）及时调整职工工资结构　根据江苏省人力资源和社会保障厅、江苏省财政厅《关于印发江苏省其他事业单位绩效工资实施意见的通知》（苏人社发〔2011〕158 号）和《关于印发省直其他事业单位绩效工资实施办法的通知》（苏人社发〔2012〕142 号）文件精神，2013 年 7 月领导班子会通过《奖励性绩效工资分配方案》，根据专业技术、管理、工勤岗位的不同特点及岗位层次结构，明确奖励性绩效工资分配系数，充分发挥绩效工资分配的激励导向作用，进一步调动全所职工工作积极性。该方案于 2017 年 1 月和 2020 年 3 月修订。详见表 5-12、表 5-13 所示。

表 5-12　2011—2020 年徐州农科所在职职工工资情况　　单位：元

年份	管理与技术人员			技术工人			总平均
	最高	最低	平均	最高	最低	平均	
2011	5 352	2 191	3 247	2 984	2 221	2 641	3 058
2012	6 270	2 518	3 930	3 748	2 964	3 404	3 772
2013	6 333	2 780	3 953	3 972	3 021	3 579	3 830
2014	6 698	2 780	4 115	4 148	3 281	3 786	4 009
2015	14 138	4 978	8 165	7 748	6 019	6 205	7 791
2016	14 264	4 978	8 096	7 817	6 054	7 047	7 788

（续表）

年份	管理与技术人员			技术工人			总平均
	最高	最低	平均	最高	最低	平均	
2017	20 359	6 051	10 767	10 591	8 578	9 588	10 451
2018	21 302	6 051	10 883	11 104	8 926	10 074	10 683
2019	21 473	7 879	13 559	12 368	9 985	11 219	13 049
2020	22 009	7 879	13 634	11 855	10 215	11 278	13 182
2011—2020	12 393.4	4 808.5	8 034.9	7 633.3	6 126.4	6 882.1	7 761.3

表 5-13　2011—2020 年徐州农科所退休职工工资情况

单位：元

年份	管理与技术人员			技术工人			总平均
	最高	最低	平均	最高	最低	平均	
2011	3 987	1 975	2 881	2 183	1 763	1 981	2 239
2012	3 987	1 975	2 916	2 183	1 763	1 982	2 270
2013	7 522	4 103	5 460	4 433	3 230	3 865	4 340
2014	7 976	4 246	5 675	4 606	3 330	4 017	4 534
2015	9 486	4 827	6 691	5 231	3 941	4 596	5 246
2016	9 486	4 827	6 800	5 231	3 941	4 588	5 290
2017	11 001.17	5 706.86	8 028.33	6 473.59	4 702.34	5 543.9	6 318.1
2018	11 321.33	5 924.44	8 310.2	6 878.6	4 886.22	5 784.3	6 593.1
2019	12 148.68	6 415.6	9 035.2	8 084.3	5 288.44	6 297.3	7 177.4
2020	12 491.4	6 614.16	9 403.04	8 406.26	5 481.28	6 570.02	7 499.6
2011—2020	8 940.658	4 361.406	6 519.977	5 370.975	3 832.628	4 522.452	5 150.72

（6）适时开展职称评审与岗位聘任　技术职称系列自 1985 年以后一直沿用科研系列，资格条件分别于 2013 年 8 月、2020 年 8 月印发。评审工作每年由江苏省农业科学院人事处统一组织，基本程序为个人申报、办公室归口审核材料、民主测评会、所职称评审委员会召开同行专家评议会、推荐报送。工勤技能岗位考评工作归口单位在 2020 年由徐州市机关事业单位工人技术等级岗位考核办公室调整为江苏省农业科学院人事处。根据《江苏省农业科学院关于实施人员聘用制的暂行办法》（苏农院字〔2011〕61 号）文件精神，2011 年开始在同一职称范围内进行岗位等级聘用资格评审，其中专业技术岗位五级以下（副高级职称及以下）聘用资格由徐州农科所岗位等级评审委员会评审，评审结果由江苏省农业科学院人事处统一报送省人社厅备案，专业技术岗位二级、三级资格评审工作由江苏省农业科学院人事处组织实施。其组织领导及审批情况如表 5-14 至表 5-16 所示。

表 5-14　2011—2020 年徐州农科所历届职称工作领导小组及职务评审委员会名单

届期	名称	组长（主任）	副组长	成员
2012 年 4 月—2013 年 4 月	职称工作领导小组	陈　萍	刘　刚	陈荣振、李要进、刘超、马代夫、李再祥、李强、孙近友
	专业技术职务评审委员会	陈　萍	陈荣振 马代夫	刘刚、刘超、李再祥、李强、孙近友、李卫华、曹清河
	职称工作办公室	孙　扬		孙厚浩
2013 年 4 月—2014 年 2 月	职称工作领导小组	陈　萍		李要进、李再祥、李强
	专业技术职务评审委员会	陈　萍	李　强	陈荣振、马代夫、刘超、李再祥、孙近友、李卫华、刘亚菊
	职称工作办公室			孙扬、孙厚浩
2014 年 2 月—2015 年 5 月	职称工作领导小组	陈　萍	蔡成缓	李要进、李再祥、李强、杨峰
	专业技术职务评审委员会	陈　萍	蔡成缓	李再祥、李强、杨峰、孙近友、王健康、李卫华、冯国华、谢逸萍、曹清河
	职称工作办公室			孙扬、孙厚浩
2015 年 5 月—2017 年 5 月	专业技术职务评审委员会	刘明钟		蔡成缓、李再祥、李强、杨峰、孙近友、王健康、李卫华、冯国华、谢逸萍、曹清河、孙厚浩（秘书）
2017 年 5 月—2018 年 7 月	专业技术职务评审委员会	刘明钟	蔡成缓	李再祥、李强、杨峰、王健康、冯国华、谢逸萍、曹清河、孙厚浩（秘书）
2018 年 7 月—2021 年 1 月	专业技术职务评审委员会	刘明钟		李再祥、李强、杨峰、王健康、冯国华、曹清河、王幸、蒋玉峰、孙厚浩（秘书）
2021 年 2 月—	专业技术职务评审委员会	宋庆科 李　强		李再祥、杨峰、曹清河、孙扬、王健康、冯国华、王幸、蒋玉峰、唐忠厚

表 5-15　2011—2020 年徐州农科所历届岗位等级评审委员会名单

届期	名称	组长（主任）	副组长	成员
2011 年 1 月—2017 年 2 月	专业技术岗位等级评审委员会	陈　萍 刘　刚		陈荣振、李要进、刘超、马代夫、李再祥、李强、谭西贵、孙近友、王宗标、李卫华、杨峰
	工勤技能岗位等级评审委员会	陈　萍 刘　刚		陈荣振、李要进、刘超、马代夫、李再祥、李强、谭西贵、孙近友、张栋

（续表）

届期	名称	组长（主任）	副组长	成员
2017 年 3 月—2019 年 6 月	专业技术岗位等级评审委员会	刘明钟	蔡成缓	李再祥、李强、杨峰、冯国华、曹清河、蒋玉峰、孙扬
2019 年 7 月—2021 年 1 月	专业技术岗位等级评审委员会	刘明钟	宋庆科	李再祥、李强、杨峰、曹清河、孙扬、冯国华、蒋玉峰
	工勤技能岗位等级评审委员会	刘明钟	宋庆科	李再祥、李强、杨峰、曹清河、孙扬、蒋玉峰、辛涛
2021 年 2 月—	专业技术岗位等级评审委员会	宋庆科 李 强		李再祥、杨峰、曹清河、孙扬、冯国华、王幸、蒋玉峰
	工勤技能岗位等级评审委员会	宋庆科 李 强		李再祥、杨峰、曹清河、孙扬、孙厚浩、蒋玉峰、辛涛

表 5-16　2011—2020 年徐州农科所技术职称审批情况　　单位：人

批准年份	研究实习员	助理研究员	副研究员	研究员	合计
2011	4	7	1	1	13
2012		7	2	2	
2013		8	1	2	
2014		2	7	1	
2015		10	2	2	
2016		8	3	2	
2017		5	5	2	
2018		4	3	0	
2019		6	2	2	
2020		8	2	1	
2011—2020		65	28	15	

（7）严格执行纪律检查　2020 年 5 月 6 日苏农院人字〔2020〕18 号文件，批复徐州所设纪委办公室。2020 年 6 月 23 日苏农院党字〔2020〕35 号文件，纪委办公室正科级建制，纪委办公室设主任、副主任各 1 名。负责纪检监察文电运转、信息宣传、履责纪实平台、机要保密文书档案管理、服务保障等工作；协助所党委推进全面从严治党、加强党风廉政建设工作；负责受理对所党委管理的党组织和党员、干部以及监察对象涉嫌违纪或者职务犯罪问题的信访举报；负责审理所立案审查调查的违反党纪和职务违法案件，严格依规依纪依法提出处理或者处分意见；制定年度纪委工作要点，结合工作实际开展例行约谈工作，对新任职中层干部进行任职前廉政谈话，每年有针对性组织生产资料采购、公务用车租用等专项检查。

（8）建立健全档案管理　2019 年 6 月，为健全档案管理机构，对档案室职能结构进行调整，综合档案室挂靠所办公室。定期完成全所文书档案、会计档案、仪器档案、基建档案的文件材料收集、整理和归档工作；对全所各种门类和载体的档案实行集中管理，积极提供查阅，为中心工作服务；定期向徐州市档案馆移交档案；按时完成档案登记备份工作；牵头完成所史所志、统计年鉴、院史馆设计等相关任务。

（9）接续研究生培养管理工作　研究生教育依托于中国农业科学院研究生院。1984 年盛家廉先生招收 2 名硕士研究生，其后中断 23 年，于 2010 年恢复招收硕士研究生，2020 年首次招收博士研究生，目前已有 10 名硕士研究生毕业。现有博士研究生导师 1 人，硕士研究生导师 7 人，在读博士研究生 1 名，硕士研究生 4 名。

（10）强力规范外事管理　遵循“统一领导、归口管理、分级负责、协调配合”的原则，负责因公出访团体的申报、总结和因私出访团体的备案、管理工作，先后制定了《关于公派出国（境）学术交流人员配偶申请出国（境）探亲的管理细则》《徐州市农科院因公出国（境）人员管理办法》等文件，规范了因公、因私出国（境）受理和审批程序、费用管理和回国后管理等问题。先后组织科技人员因公前往美国、日本、韩国、秘鲁等国家进行学术交流和参加国际会议近 40 批次。

（11）着力承办重要活动　“2015 年度地市农业科研院所年会”来自全国 22 个省（区、市）的 55 家单位参会，全国地市农业科研院所工作委员会成立，徐州农科所当选为第一届工作委员会主任单位。“2017 年度华东片农科院党的建设和思想政治工作研讨会”来自华东片区 7 个省级农业科研院所共 44 名代表参加，会议举办获得圆满成功，得到江苏省农业科学院领导和参会人员的高度评价，《新华日报》《徐州日报》进行了报道。“甘薯主题公众开放日”通过科普宣传向近 2 000 名南京市民展示了甘薯的种类、价值及市场前景，刷新了普通市民对甘薯的传统认知，同时宣扬了科技改变生活的新理念，江苏卫视、江苏公共、江苏教育、江苏人民广播电台、《南京日报》、《扬子晚报》、《现代快报》、《金陵晚报》、《江苏农业科技报》、新华网等媒体的大力宣传，掀起了甘薯热潮。

（12）积极争取重要荣誉　积极参加市委、市政府组织的全国文明城市创建和徐州市文明单位创建活动，一方面积极参加文明城市创建执勤活动，另一方面对接文明创建部门，制定徐州农科所争创文明单位的实施方案，系统梳理创建要求，明确组织领导和实施步骤，并对照《江苏省文明单位测评体系》准备各类申报材料，完成文明单位创建网上申报，最终获得 2015—2017 年徐州市文明单位荣誉称号。2012 年以来，积极准备市委、市政府组织的绩效考核和高质量发展申报材料，2012 年获得优秀，2013—2019 年获得良好。

（13）领办全国地市农科院所委员会　为了加强全国地市农业科研院所的合作与交流，促进区域农业科技创新与成果转化，中国农业科技管理研究会决定成立全国地市农业科研院所工作委员会，徐州农科所当选为第一届工作委员会主任单位。主要负责全国地市农业科研院所的协调调度以及各类学术、业务和联谊活动的组织联系，同时立足地市农业科研院所的现状、困境、前景和需求开展针对性调研，为主管部门提供决策依据。承担农业农村部科技发展中心委托研究项目 4 项，获得立项资助经费 53 万元。项目执行期间分别前往国际马铃薯中心（秘鲁）及中国陕西、河南、山东、江苏、湖北就精准扶贫、转型发展、知识产权管理及国际合作进行深入调研，其中《国际马铃薯中心甘薯研究与管理模式探究》《加强地市级农业科研单位知识产权保护工作的思考——以江苏徐淮地区徐州农业科学研究所为例》分别刊发在《湖北农业科学》《重点研发计划项目实施与精准扶贫相结合调查总结报告》上，且被农业农村部科技发展中心采用。

（14）全力开展专项活动　一是党的群众路线教育实践活动。认真完成了活动整体方案、领导讲话、三个环节活动方案及相关文件规定的起草工作，梳理收集意见建议70余条，存在问题归纳为43条，制定了《党的组织建设实施意见》等规章制度。二是“三严三实”专题教育活动。结合群众路线教育实践活动后续工作，下发《教育实践活动后续工作责任表》《领导班子成员联系基层明细表》等文件。组织召开民主党派、支部书记、科辅工人等代表征求意见座谈会7次；归纳梳理出“不严不实”问题12项，制定了《“三严三实”专题教育活动整改责任清单》。协助所党委对9年来未改选的所工会进行改选，提高了工会战斗力。增设离退办，负责老同志的日常服务和福利发放，得到了一致好评。三是“两学一做”学习教育活动。制定了详尽的实施方案和学习计划，梳理了重要节点工作安排，确保学习教育常态化。组织支部普通党员对照“五查五看五强化”，处级干部对照“七查七看七强化”进行对照检查，结合“三个作用”开展专题讨论，确保以实际行动深化“两学一做”学习效果。四是“百千万”集中走访帮扶活动。按照市委市政府“百家机关联百镇、千名干部进千村、万名党员入万户”集中走访帮扶活动工作的统一安排，多次赴泉山区桃园街道进行实地调研，第一时间形成了《市农科院“百千万”集中走访帮扶活动工作方案》。活动期间，先后组织党员干部80余人次，开展了4轮走访，涉及低保户125户，企业3家，基层党组织5个，梳理出待解决问题16条，转交至上级部门统筹解决。五是“不忘初心、牢记使命”主题教育。严格按照“守初心、担使命、找差距、抓落实”的总要求，采取原原本本学、深入研讨学、围绕榜样学、身临其境学的方式组织集中学习17次，开展专题研讨7场。活动期间收集到班子意见12条，领导班子成员意见107条，形成检视剖析材料，并针对剖析出的6类18条问题列出整改措施清单，由班子成员根据分工严格落实。组织开展“8+1”专项整治，排查出26项问题，并列出具体整改方案，班子成员逐一认领、责任到人、逐一销号。

（二）科研管理处

科研管理是科研工作的重要辅助组成部分，在提高管理模式实现科研目标、规范科研环境、科研信用和保证科研工作顺利运行中发挥不可替代的作用。徐州农科所自创建以来，一直对科研管理工作十分重视。百十年历经领导直管（1948年之前）、专职兼管（1949—1979年）、专业专管（1979年5月—）的历史变革。徐州农科所原科研管理科设立于1979年5月，科研管理科改称科研管理处起始于“十一五”开局之年。源自1993年4月22日国务院批复（国函〔1993〕52号），同意苏州市和徐州市为“较大的市”（苏政发〔1992〕160号），当时徐州市决定将下属各部委办局内设科级部门均改称为处。徐州农科所为顺应新形势、新氛围，与社会环境保持一致，2006年4月17日将内设科级部门改称为处（徐农院〔2006〕23号），自此科研管理科称为科研管理处。实际上科研管理科（处）一直都是徐州农科所内设科级部门，只是名称不同而已。

1. 内部设置

2011—2020年，先后设有科研、生产、开发、科技服务、知识产权、图书资料、科技档案、农机具等管理和首席科学家办公室、博士后工作站、学会管理等工作岗位。

2. 人员情况

2011—2020 年，处长孙近友（1992 年 3 月—2016 年 9 月）、蒋玉峰（副处长 2006 年 4 月—2016 年 9 月、副处长主持全面工作 2016 年 9 月—2017 年 10 月、处长 2017 年 10 月—）；副处长常仁才（2004 年 8 月—2017 年 4 月）、张梅（2019 年 6 月—）；科研管理有孙近友、蒋玉峰、张梅、金夏红；生产管理有孙近友、常仁才、蒋玉峰、王基华、张芝廷、刘洪；科技开发管理有常仁才（2015 年 8 该管理职能撤销）；科技服务管理有孙近友、常仁才、蒋玉峰、张梅，2015 年 4 月起该职能调整到科技服务中心（徐农院〔2015〕16 号）；知识产权管理有孙近友、蒋玉峰（兼副处长）、张梅、金夏红、高先俊；图书档案管理有唐友梅、孙近友、常仁才、蒋玉峰、张梅、高先俊、金夏红，2019 年 6 月科技档案管理工作并入综合档案室（徐农院〔2019〕41 号）；首席科学家办公室：主任（兼）先后有孙近友（2008 年 12 月—2016 年 6 月）、蒋玉峰（2016 年 6 月—）；副主任兼秘书蒋玉峰（2011 年 7 月—2016 年 6 月），王欣（2016 年 6 月—）；成员有张梅（2008 年 12 月—）、周志林（2011 年 7 月—）、孙健（2011 年 7 月—）、孙厚俊（2011 年 7 月—2016 年 6 月）、孙明芳（2016 年 6 月—）、谭长容（2016 年 6 月—）、杨冬静（2016 年 6 月—）、陈晓光（2016 年 6 月—）；博士后工作站：孙近友、蒋玉峰、张梅；学会管理（中国作物学会甘薯专业委员会、徐州市农学会、江苏省遗传育种学会徐州分会）：孙近友、蒋玉峰、张梅。

3. 各岗位职责

（1）科研管理　科研发展规划研究与制定、学科建设与运行、所学术委员会日常工作、研究制定科研项目申请实施和验收鉴定相关政策、制定科研任务年度工作计划、科研协作和学术活动日常购置、各类科技项目全过程、科技成果奖励申报答辩、科研副产物和科研数据信息统计以及科研绩效考核等管理事项。

（2）生产管理　所本部及大庙科技试验示范基地使用前期（2012—2014 年）试验地等科研设施的调配和使用管理、试验区农田水利的建设维护和运行监管、全院试验区田间管理质量的督促检查、试验田环境卫生及农业废弃物处置等日常管理及大型农机具购置维修、调配使用、操作安全等管理事项。

（3）开发管理　科技开发管理是农业科研单位必须完成的一项基本任务，也是农业科研单位走向市场的必由之路。其主要职责是：贯彻执行上级有关农业科技开发的方针政策、法律法规；组织制定并实施落实全所各项科技开发的规章制度、标准规范；协调全所科技开发类、科技成果转化和产业化项目的组织管理工作，负责全所科技企业（徐农种业科技有限公司）的培育、监管工作；指导完成全所年度开发创收目标任务；处理好各种侵权行为案件，有效控制危险源滋生；完成所领导交办的临时工作任务。

（4）科技服务管理　农业科技服务是现代农业发展的重要前提，它是以广大农企、农户为对象，以科技为途径，以服务为核心，将科学的、先进的农业技术运用到农业领域的一项管理活动。但是，随着科技的不断进步，单纯的管理已不能适应当代“三农”的需求，变管理为服务才是农业科技服务与管理的关键。其主要职责是：负责全所科技兴农、技术服务、成果示范推广、挂县强农富民、定点扶贫攻关、农业资源开发科技推广等工作的组织实施和全所科技示范基地的发展规划等管理工作，指导所属研究室试验及示范基地的管理；承担徐州农科所与当地农业科技合作规划的制定修订，负责组织本所与地方政府、企业单位等重大合作活动；指导所属各部门（单位）加强对科技成果的运用、保护及管理；完成所领导交办的其他工作。

（5）知识产权管理　制定、完善知识产权管理有关规章制度、协助制定知识产权工作计划、各类技术合同管理、成果转化收益分配管理、知识产权绩效考核、知识产权日常管理工作等管理事项。

（6）图书科技档案管理　各类图书资料的购置编目、科技报刊征订、整理上架、借阅登记和服务管理工作，图书资料库“四防”（防火、防盗、防霉、防尘）及环境清洁工作；科技档案的收集、整理、归档工作；如期完成所领导、本处室负责人交办的其他工作。

（7）首席办公室　与农业农村部科技教育司保持密切联系、及时向首席科学家和体系人员传达部里下发的相关文件和通知、提醒首席科学家按要求上报材料、内部机构的联络沟通和上传下达工作、及时整理体系人员上报的各类材料和信息、定期检查本体系人员填报的工作日志和经费使用情况、协助首席科学家及体系岗、站组织开展各类体系活动等。

（8）博士后科研工作站　博士后科研工作站（简称博士后工作站）是徐州农科所提出申请，经省、市人事部门审核，报请国家人力资源和社会保障部及全国博士后管理委员会审核批准的特殊区域性机构，也是进行招收和培养博士后研究人员的组织，为高技术人才与科研单位、科技企业搭起了桥梁，是产、学、研相结合的新路子。博士后工作站的主要职责是：拟（修）订博士后工作站相关管理制度，提交所领导审核、审批；同博士后工作站上级主管部门、有关博士后流动站保持日常沟通和联系，促进相关工作的顺利开展；提出年度招聘博士后拟研究的课题项目和人员需求，会同上级领导及课题承接单位招募博士后；组织相关专家（内外部专家、承接单位）对入围博士后人选进行评估考查；为博士后科研课题立项（含科研预算），申请、审核、管理和监控博士后人员的科研经费；为入站博士后协调配置导师，组织内、外部相关专家对博士后研究人员进行中期与期满出站的业务考核；办理博士后人员出入站相关手续，协助经考核合格出站的博士后研究人员办理博士后证书。

（9）学会管理　对挂靠在徐州农科所的 3 个社会组织（中国作物学会甘薯专业委员会、徐州市农学会、江苏省遗传育种学会徐州分会）的理事长直接负责，主要职责是：协助学会领导组织策划学会日常运营及管理工作，包括日常活动、学术交流、科技论坛、参观考察、观摩展览等策划及组织，实现学会工作常态化；与学会管理、指导单位或部门保持日常沟通与联络，完成各种报表、总结填写撰写；负责各种接待及会议的会务工作，包括会议的参会组织、准备（宣传册、PPT 制作）、会议记录等；完成学会领导安排的其他工作。

4. 管理成效

作为全科研管理职能部门，认真履行和全面完成了各个岗位职责任务，推动了全所科技创新、生产增收、开发增效、服务增量、知识产权提升、图书完善、档案健全、首席办扩展、博士后站顺延、学会不断前进的跨越发展。先后制定和修订的《“十二五”科研发展规划》《纵向科研项目管理办法》《重大科技成果培育实施方案》《知识产权管理办法》《科技成果转化收益管理办法》《重要科研业绩与重大科研产出奖励办法》等各类管理文件 102 项，年均 10 项以上，形成了比较完善的科研管理体系（表 5-17）。

表 5-17 2011—2020 年有关科研管理处拟（制）定的部分管理文件

序号	文件名称	文号
1	关于召开全院科研“十一五”进展及“十二五”规划报告会的通知	徐农院〔2011〕25 号
2	徐州市农业科学院关于加强植保研究室管理的调整	徐农院〔2011〕67 号
3	关于调整有关专业试验地及试验地费用的调整	徐农院〔2011〕73 号
4	徐州市农业科学院“十二五”科研发展规划及《通知》	徐农院〔2011〕83 号
5	关于对 2011 年度获奖成果给予配套奖励的决定	徐农院〔2012〕2 号
6	关于成立农业科技服务中心的通知	徐农院〔2012〕13 号
7	徐州市农科院关于开展生产质量检查评比活动的通知	徐农院〔2012〕16 号
8	徐州市农业科学院关于鼓励自然科学基金项目立项的暂行规定	徐农院〔2012〕63 号
9	关于对 2012 年度获得国家专利、新品种权给予奖励的决定	徐农院〔2013〕6 号
10	关于召开农业部重点实验室学委会暨基金项目指导会的通知	徐农所〔2013〕9 号
11	市农科院关于蔬菜研究室更名为园艺研究室的通知	徐农院〔2013〕17 号
12	关于调整我院科研办公用房、试验地及辅助设施收费标准的通知	徐农院〔2013〕52 号
13	徐州市农业科学院 2014 年“三夏”工作意见	徐农院〔2014〕18 号
14	江苏徐淮地区徐州农业科学研究所知识产权管理办法	徐农所〔2014〕24 号
15	江苏徐淮地区徐州农业科学研究所知识产权交易实施细则	徐农所〔2014〕25 号
16	关于对 2014 年度获得自然基金项目资助给予奖励的通知	徐农院〔2015〕6 号
17	保增国家体系科学家、培育第一批重大成果任务落实分解方案	徐农院〔2015〕15 号
18	关于印发《徐州市农业科学院海南试验基地管理办法》的通知	徐农院〔2015〕45 号
19	关于调整院“挂县强农富民工程”项目建设领导小组、驻村工作小组及其工作考核办法的通知	徐农院〔2015〕51 号
20	关于成立“江苏省徐淮地区国家农作物品种区域试验站建设项目”建设领导小组、建设工作小组的通知	徐农院〔2016〕23 号
21	关于印发《徐州市农业科学院重要科研业绩与重大科研产出奖励办法》的通知	徐农院〔2016〕31 号
22	关于甘薯产业技术体系首席科学家办公室人员调整的通知	徐农院〔2016〕50 号
23	徐州市农业科学院科技成果转化收益管理办法（试行）	徐农院〔2016〕52 号
24	江苏徐州甘薯研究中心博士后管理工作规定	徐农院〔2017〕8 号
15	徐州市农科院 2017 年“三夏”工作意见	徐农院〔2017〕18 号
26	关于下达 2017 年度院科研基金项目计划的通知	徐农院〔2017〕37 号
27	江苏徐淮地区徐州农业科学研究所科研经费管理办法	徐农院〔2017〕41 号
28	关于做好夏收夏种期间空气环境质量保障工作的通知	徐农院〔2018〕19 号
29	江苏徐淮地区徐州农业科学研究所科研副产品管理处置实施细则	徐农所〔2018〕46 号

（续表）

序号	文件名称	文号
30	徐州市农业科学院安全生产管理办法	徐农院〔2018〕49号
31	徐州市农业科学院重大科技成果培育实施方案（试行）	徐农院〔2019〕8号
32	江苏徐淮地区徐州农业科学研究所纵向科研项目管理办法（试行）	徐农所〔2019〕70号
33	江苏徐淮地区徐州农业科学研究所横向科研项目管理办法（试行）	徐农所〔2019〕72号
34	江苏徐淮地区徐州农业科学研究所横向科研经费管理办法（试行）	徐农所〔2019〕73号
35	关于成立徐州现代甘薯产业园项目建设工作领导小组的通知	徐农院〔2020〕4号
36	关于组织申报2020年度徐州市农业科学院科研基金项目的通知	徐农院〔2020〕35号
37	关于开展甘薯主产区土壤样品采集工作的通知	国薯产研〔2020〕5号

配合领导争取平台项目20项，年均2项；组织申报各级各类科研项目787项，新上科研项目523项，年均52.3项，中标率66.45%；新增合同经费26 820万元，年均合同经费2 682万元；2011—2020年共计承担在研项目1 205项，年均在研项目120.5项，其中国家级40.3项，占33.44%；省级53.2项，占44.15%；市厅级11.2项，占9.29%；横向合作11.4项，占9.46%；国际合作1.1项、所基金3.3项，分别占0.91%和2.74%；申请植物新品种权52个，年均5.2个，其中获得授权品种34个，年均3.4个；申请专利174件，年均17.4件，其中发明专利128件，年均12.8件，实用新型专利43件，外观设计3件；制定标准20个，年均10个；发表论文出版专著600篇部，年均60篇部，其中SCI刊录59篇，学报论文242篇，主编或参编专著53部；组织主办、承办、协办或参加学术研讨活动87次（场），年均8.7次（场）；承担省市农业资源开发科技推广、挂县强农富民工程、对口扶贫攻坚等科技服务项目22项，获得项目资助482.47万元；截至2015年底，全所共计3 021种类92 427册书刊资料历经3次（二层楼图书馆→职工老食堂→温室小麦仓库→综合楼东一层）搬迁移库，做到完好有序、方便查找；协调管理全所田间试验、良种繁殖地1 500亩（所本部554亩，基地946亩），达到工程逐年完善，质量连年提升增效；管理博士后工作站保证3人（徐振、陈晓光、阿瑞沙）顺利进出站；2011—2020年主笔拟定、修订《纵向科研项目管理办法》《重大科技成果培育实施方案》《知识产权管理办法》《科技成果转化收益管理办法》《重要科研业绩与重大科研产出奖励办法》等各类文件23项，形成较为完善的科研管理体系。获得2011中国农业科学院科研管理先进单位、2013年省院系统科研管理先进单位、2011—2012年度院系统知识产权工作先进单位、徐州市2011年度、2013年度、2015年度、2018年度科技管理（创新）先进单位，以及徐州农科所2017—2020年度先进集体等荣誉；有1人被评为江苏省优秀科技工作者，1人被评为江苏省五一劳动奖章获得者，1人被评为徐州市劳动模范，4人次被评为中国农业科学院、中国作物学会先进工作者，5人次被评为江苏省农科院系统先进工作者，3人次被评为优秀党员，1人被评为优秀党务工作者，10人次被评为本所年终考核优秀等级。

（三）计划财务处

徐州农科所于1989年开始内设财务管理机构“财务科”，2006年4月17日，根据徐州市机构编制委员会办公室《关于核定徐州市农业科学院内设机构及人员编制结构的批复》（徐编办〔2006〕17

号）文件精神，更名为“计划财务处”（徐农院〔2006〕23 号），进一步适应了新形势、便于交流、经费增加、开发加大、事企分开、科目课题化、管理规范化、分工合理化的需要。

1. 内部设置

计划财务处是全所财务管理的统一机构，内设事业（徐州农科所）、企业（徐农种业科技有限公司）两部分；分设处长、副处长、主管、出纳、资产等工作岗位，岗位调换原则上两年一次。

2. 人员情况

李再祥（处长 2006 年 4 月—2012 年 3 月）、王玉丽（副处长 2006 年 12 月—2012 年 3 月；处长 2012 年 3 月—2021 年 8 月）、谭长容（副处长 2012 年 3 月—2021 年 8 月；处长 2021 年 8 月—）、温法军（副处长 2012 年 3 月—2021 年 4 月）、高先俊（2016 年 6 月调到科研处）、刘灿、刘祉圻、王亚。其中温法军、刘祉圻只负责企业（徐农种业科技有限公司）财务管理。

3. 管理职责

（1）制定管理方案　依据上级财务制度、法律、法规，结合本单位实情及需求，制定本单位财务管理规章制度及其财务、会计核算等方面的实施细则或办法意见等约 47 项。选摘部分财务管理文件如表 5-18 所示。

表 5-18　2011—2020 年徐州农科所计划财务处拟（制）定的部分管理文件

序号	文件名称	文号
1	关于严格执行财务管理制度有关工作的通知	徐农院〔2011〕50 号
2	现代农业产业技术体系建设专项资金管理办法	徐农所〔2011〕88 号
3	国家高技术研究发展计划（863 计划专项经费管理办法）	徐薯研〔2012〕10 号
4	关于清理往来款项的会议纪要	徐农院〔2012〕64 号
5	关于调整我院科研办公用房、试验地及辅助设施收费标准的通知	徐农院〔2013〕52 号
6	江苏徐淮地区徐州农业科学研究所固定资产管理办法	徐农所〔2013〕36 号
7	徐州市农科院转发省农科院转发省财政厅关于印发《江苏省省级机关差旅费管理办法》	徐农院〔2014〕15 号
8	关于调整我院科研办公用房、试验及辅助设施收费标准的通知	徐农院〔2014〕47 号
9	关于印发《江苏徐淮地区徐州农业科学研究所差旅费管理办法》的通知	徐农所〔2015〕27 号
10	关于下达 2015 年院科研专项基金项目计划及支出预算的通知	徐农院〔2015〕32 号
11	关于印发《2016 年徐州所、铜山站国有资产清查工作实施方案》的通知	徐农院〔2016〕19 号
12	关于印发《徐州市农科院科技成果转化收益管理办法（试行）》的通知	徐农院〔2016〕52 号
13	关于印发《江苏徐淮地区徐州农业科学研究所差旅费管理办法（试行）》的通知	徐农所〔2017〕39 号
14	关于印发《江苏徐淮地区徐州农业科学研究所国有资产管理办法（试行）》的通知	徐农所〔2017〕40 号
15	关于发布徐州市农业科学院《大型精密仪器管理暂行办法》的通知	徐农院〔2018〕20 号
16	关于印发《江苏徐淮地区徐州农业科学研究所资金存放管理办法》的通知	徐农所〔2019〕17 号

（续表）

序号	文件名称	文号
17	关于印发《江苏徐淮地区徐州农业科学研究所内部控制规范实施工作方案》的通知	徐农所〔2019〕28号
18	关于印发《江苏徐淮地区徐州农业科学研究所专家咨询费、讲课费、劳务费管理办法（试行）》的通知	徐农所〔2019〕44号
19	关于印发《江苏徐淮地区徐州农业科学研究所会议费管理办法（试行）》的通知	徐农所〔2019〕45号
20	关于印发《江苏徐淮地区徐州农业科学研究所差旅费管理办法（修订）》的通知	徐农所〔2019〕46号
21	关于印发《江苏徐淮地区徐州农业科学研究所政府采购管理办法（试行）》的通知	徐农所〔2019〕47号
22	关于印发《江苏徐淮地区徐州农业科学研究所财务管理办法（修订）》的通知	徐农所〔2019〕76号
23	关于印发《江苏徐淮地区徐州农业科学研究所关键岗位人员管理制度》的通知	徐农所〔2020〕26号
24	关于拨付徐州市农业科学院土地收储尾款的请示	徐农院〔2020〕29号
25	关于处置部分固定资产的申请	徐农所〔2020〕45号
26	关于开展“十三五”经费自查工作的通知	国薯产研〔2020〕27号

（2）会计核算　对各级、各类资金来源经费和部门预算及其他省级项目经费、国库资金以及各业务部门、行政处室自有资金进行核算管理。

（3）预算管理　对项目（课题）预算执行的事前、事中、事后的指导、控制。在各部门项目申报预算编报阶段，根据项目任务书内容，结合业务工作实际，协助科研人员科学编报项目支出预算，做到事前指导；在项目执行过程中，会计按照项目预算设置会计科目支出控制，避免各预算科目支出超预算，或根据日常项目执行情况，及时提醒科研人员，按照预算科目及项目进度合理支出；在项目（课题）结题验收阶段，根据项目预算要求，协助科研人员正确编报项目资金决算报告，对不符合项目支出的预算，及时纠正处理，确保项目顺利验收。

（4）监督财务制度　对有关会计工作的规范情况及财务规章制度执行情况实行监督检查。配合上级部门、审计部门及省市各级各类监督检查机关的监督检查工作，规范执行财务管理工作，确保各种财务规章制度执行有力，确保会计核算正确、科学、规范。对检查中发现的问题，做好整改落实，并在以后工作中加强防范。

（5）编报执行预决算　高质量、按时准确完成年度预算编报任务；在预算执行过程中防止发生偏差，及时纠正不当之处，确保预算执行正确无误；及时完成年末决算编报工作。

（6）管理国有资产　2017年出台《关于印发《江苏徐淮地区徐州农业科学研究所国有资产管理办法（试行）的通知》（徐农所〔2017〕40号），加强了国有资产管理，提高了国有资产收益，确保了国有资产保值增值；责院领导交办的其他工作。

（7）协助处理业务　领导交办的各种业务和协助处理办公室、科研处、后勤处、科技服务中心、基地管理处、重点实验室等部门的各种、各类财务业务以及各专业研究室的各级各类项目（课题）申报、实施、验收等资金收支业务。

4. 管理成效

2011 年以来，随着徐州农科所三项经费、事业费的增量和开发创收、分户核算、预决算制定的新增，会计业务范围、工作量急剧加大，计划财务管理执行突显业务量加大、责任性增强、效益性提升的特点。会计业务工作由单位核算到分项目核算（记账），由预算、决算到检查、验收，由单独管理到统一管控等；运行资金量由 2011 年的 1 479.11 万元到 2020 年的 3 794.51 万元，增加 2 倍多。如表 5-19、表 5-20 所示。

表 5-19 徐州农科所 2011—2020 年行政事业经费收支情况

单位：万元

年度	收入	支出	结余
2011	7 137.68	6 017.70	1 119.98
2012	5 378.48	8 172.10	-2 793.62
2013	10 298.60	12 834.10	-2 535.5
2014	10 470.24	9 943.52	526.72
2015	7 177.67	7 318.39	-140.72
2016	8 672.90	8 525.63	147.27
2017	9 315.73	7 120.39	2 195.34
2018	6 969.46	7 698.39	-728.93
2019	8 255.56	8 045.54	210.02
2020	9 060.79	7 986.98	1 073.81
合计	82 737.11	83 662.74	-925.63
年均	8 273.71	8 366.27	-92.56

表 5-20 徐州农科所 2011—2020 年科研到账经费统计

单位：万元

年度	项目到账经费	其中本所拨款项目	其中配套资金	成果转化收入	技术服务收入	合计
2011	1 405.13	—	—	23.04	50.94	1 479.11
2012	1 975.49	—	—	40.00	98.12	2 113.61
2013	1 577.67	—	—	240.00	157.31	1 974.98
2014	1 960.09	—	25.00	1 172.18	88.99	3 221.26
2015	1 979.84	48.00	—	340.00	250.86	2 570.70
2016	1 426.80	—	80.00	799.75	283.01	2 509.56
2017	2 267.52	—	80.00	785.00	157.61	3 210.13
2018	2 015.91	51.00	—	95.00	1 271.70	3 382.61

（续表）

年度	项目到账经费	其中本所拨款项目	其中配套资金	成果转化收入	技术服务收入	合计
2019	2 455.34	115.00	85.00	23.00	267.31	2 745.65
2020	3 687.47	50.00	81.73	11.20	95.84	3 794.51
合计	20 751.26	264.00	351.73	3 529.17	2 721.69	27 002.12

（四）后勤服务处

1. 内部设置

后勤服务处在 20 世纪多称总务科，21 世纪初多叫后勤服务部、后勤服务中心，自 2006 年 4 月 17 日开始，徐州农科所将内设科级部门改称为处才统称为后勤服务处（徐农院〔2006〕23 号）。现在的后勤服务处附设由副所长兼管、处长主管的基建办和专人负责的安全保卫、水电维护、食堂餐饮、庭院绿化等。其主要职能是以科研为中心，管理维护全所公共设施，提供科研、生产、开发等保障条件。

2. 人员情况

处长有张栋（2006 年 3 月—2018 年 3 月）、孙扬（2018 年 3 月—2019 年 6 月）、辛涛（副处长 2011 年 2 月—2019 年 6 月，处长 2019 年 6 月—）、邹道兴（副处长 1998 年 5 月—2018 年 3 月），在职职工有范久辉、神凤楼、李永久、马文武、郭发启、神凤伟、颛孙成恩、佟昌平、赵峰、高金喜、张宏群、王玲凤、徐国同、王雪琴、武强、周涧楠等。

3. 管理职责

为全所科研、生产、生活、科企提供后勤保障的各类管理和服务工作，包括水电供应、会务服务、安全保卫、环卫绿化、交通出行、公房建设、食堂餐饮、车辆管理、法律援助、社区管理等内容以及院领导交办的其他管理服务工作，在全面提高管理效能的前提下推行社会化管理，徐州市苏苑物业管理有限公司于 2015 年 3 月入驻徐州农科所，进一步保障和提升了全所科研等各项工作的高水平开展。

4. 管理成效

（1）制定管理文件　根据上级制度、法律、法规，结合本单位实情及需求和领导指示精神，草拟制定本单位后勤服务管理规章制度等约 20 项。遴选部分后勤服务管理文件如表 5-21 所示。

表 5-21　2011—2020 年徐州农科所后勤服务处拟（制）定的部分管理文件

序号	文件名称	文号
1	徐州市农科院汽车管理办法	徐农院〔2011〕43 号
2	关于成立办公区改扩建工程建设领导小组的通知	徐农院〔2011〕52 号
3	徐州市农业科学院公务用车管理规定	徐农院〔2014〕22 号
4	关于印发《徐州市农业科学院招待所管理办法》的通知	徐农院〔2019〕25 号
5	关于印发《国家农业环境徐州观测实验站运行管理办法（试行）》的通知	徐农所〔2019〕42 号
6	关于印发《江苏徐淮地区徐州农业科学研究所公务活动用车管理办法（试行）》的通知	徐农所〔2019〕67 号

（续表）

序号	文件名称	文号
7	关于印发《江苏徐淮地区徐州农业科学研究所公务就餐管理办法（试行）》的通知	徐农所〔2019〕82号
8	关于开展危险化学品等安全风险排查评估工作的通知	徐农所〔2020〕3号
9	关于印发《江苏徐淮地区徐州农业科学研究所建设工程管理办法（试行）》的通知	徐农所〔2020〕13号
10	关于印发《徐州市农业科学院实验室危险化学品安全管理办法》的通知	徐农院〔2020〕28号
11	关于执行《徐州市市级党政机关租用社会车辆管理办法（试行）》的通知	徐农院〔2020〕41号

（2）完成基建任务　在所领导全面组织协调下，积极负责并参加全所的基本建设工作。坚持实事求是原则，以创新发展的眼光科学超前规划基本建设。先后完成“三大工程”“三大项目”建设任务，所容所貌焕然一新，科研平台颠覆提升。

一是危旧房改造工程（翰林花园）：建设始于2006年，完善在2012年的危旧房改造工程（翰林花园），新建职工住宅7幢楼房298户及物管、门面房、人防工程及其附属建筑共54 000 m^2，与原有2幢宿舍楼房92户、平房34户合成一体，具有高层电梯、高多层暖通、平房完备、雨污分离、智能化管理、绿化配套、设施先进、造型美观、生活便利的园林式小区，所里一直协助小区物业加强规范化管理、保障常态化运行。

二是办公房改扩建工程（办公设施）：为改善科研人员办公、实验的综合条件，于2011年10月8日至2014年8月28日实施了办公区域改扩建工程。占地总面积105亩，建成主体7栋楼融为一体的科技研发中心。建筑总面积43 303.59 m^2，其中综合楼5层，7 050.81 m^2；科研楼5层，6 709.08 m^2；作物楼4层，6 017.92 m^2；重点实验室4层，4 810.51 m^2；国际交流中心5层，6 398.45 m^2；科技服务中心Ⅰ，3层，6 873.65 m^2；科技服务中心Ⅱ，3层，4 854.17 m^2；传达室2幢，125 m^2；配电室1层，464 m^2；沥青混凝土道路，6 912 m^2；绿化，30 726 m^2。另建人防兼地下车库2 638 m^2，废弃2008年建成的南大门，改建西大门。总投资1.2亿元左右。建筑风格在汲取汉代建筑特色的基础上进行创新，整体为现代中式，立面转折，高低错落，排布与室外绿化环境设计融为一体，简约大气，兼容并蓄。2014年11月10日开始使用，2015年1月8日新、老所长交接会议在行政楼学术报告厅举行。庭园绿化建设也跟随进行，直至2018年完工，为职工创造了优美的工作环境。

三是试验示范基地建设工程（科技园区）：新建的徐州农科所“现代农业试验示范基地”位于徐州市经济技术开发区大庙镇大庙村东，323省道北侧，向西距徐州市区20 km，沿途10 km处为京沪高铁徐州东站、京福高速公路“徐州东出口”和徐州农科所本部；占地1 049亩，东边以房改河河堤基脚护栏网为界，南以323省道道北河心为界，西与大庙村村镇公路东口围墙为界；北与大庙村剩余土地田间道路南口围墙为界。工程总量为房屋12 397 m^2，沼气站1座，温室10 328 m^2+配房598 m^2，网室4 080 m^2+配房474 m^2，晒场12 370 m^2，硬质道路21 052 m^2，灌排沟渠13 726 m，地下排水暗管3 258 m，大小桥梁46座，西、北两边场界围墙长度约1 930 m，东边场界护栏910 m，南界河北岸界内铁艺护栏502 m，平整土地900余亩、土方量超30 000 m^3。其他工程尚有提水泵站、绿化、养鱼塘、电力、消防、监控、通信和网络系统等。整个工程2010年5月动工，2013年4月绝大部分工程竣工，

2013 年 5 月 6 日，院领导组织中层以上干部 13 人、工程监理、设计院、承建单位负责人及工程技术人员等对温室、网室、农田水利、种子加工楼、农机库、甘薯库、棉花库及混凝土路面等工程逐一验收，认为工程施工质量合格，符合设计要求。累计投资 1 亿元左右。

四是甘薯改良中心二期项目建设：始于 2012 年 1 月，由于京沪、郑徐、徐宿淮盐 3 条高铁工程建设影响，导致国家甘薯改良中心二期建设至 2018 年 12 月底完成。包括土建工程 4 568.8 m^2、田间工程 1 504 m+3 440 m^2、购置仪器设备 17 台套、农机具（拖拉机）2 台等各项任务。总投资 859 万元，其中财政拨款 600 万元。2019 年 12 月 12 日、2020 年 5 月 22 日先后通过徐州市初验、受农业农村部委托江苏省农业农村厅验收。

五是国家种质徐州甘薯试管苗库项目建设：2015 年 1 月—2018 年 5 月实施项目建设；建设内容主要为：改造试管苗库 403 m^2，新建资源保存及贮藏性研究库 400 m^2；建设与完善围栏 676 m、涵管桥 8 座，排水沟 240 m，田间道路 658 m 长；隔离大棚 240 m^2，防虫网室 1 600 m^2，节能日光温室 818 m^2；购置流式细胞仪、多功能细胞电转电融合仪、倒置显微镜、植物培养箱等仪器设备 25 台（套）。总投资 494 万元，其中中央投资 380 万元，自筹配套 114 万元。于 2018 年 6 月通过徐州市农业委员会组织的初步验收，2019 年 11 月通过江苏省农业农村厅组织的项目验收。

六是江苏省徐淮地区国家农作物品种区域试验站项目建设：2017 年 3 月开工，2019 年 6 月全面竣工。项目建设内容如下。①土建工程：包括改造考种、挂藏室及贮藏室 1 015.4 m^2；试验物联网系统中心 87.2 m^2；新建农机具棚 253 m^2；购置安装货运电梯 1 部。②田间工程：包括新建喷灌系统 275 亩（实建 280 亩）、维修渠道 3 185 m（实建 3 281 m）、水泥晒场 1 200 m^2（实建 1 360 m^2）、灌排渠 800 m（实建 640 m）、涵管桥 10 座（实建 11 座）、田间道路 1 526 m（实建 4 081 m^2）、田间围网 2 250 m^2、排水沟 260 m。③仪器、农机具、物联网：购置仪器设备及农机具共 64 台（套），其中种子处理与考种设备 20 台，物联网系统 6 台（套），农机具 38 台。项目总投资 915.00 万元，均为中央预算内投资，包括建安工程 93.23 万元、田间工程 202.55 万元、仪器设备 237.80 万元、农机具 280.81 万元、工程建设其他费用 62.34 万元、预备费 38.27 万元。2019 年 7 月 15—16 日、11 月 18—19 日分别通过徐州市农业农村局初验、江苏省农业农村厅验收，具备批复要求的新品种区域试验功能。

（五）科技服务中心

1. 内部设置

科技服务涵盖成果转化、科技推广等工作，一直是徐州农科所为农服务的强项，属于科研管理的职能范畴。为进一步加强科技成果推广应用，发挥农业科技专家在培育现代农业产业园区、特色农业示范基地的科技支撑作用，2012 年 4 月 28 日，成立徐州农科所“农业科技服务中心”，挂靠科研管理处。其主要职能是协调全院的科技资源，在徐州市和国内其他地区（现代农业产业技术体系综合试验站、科技示范县）开展“现代高效农业示范”科技服务工作；组织实施省、市“挂县强农富民”“整村推进”“科技帮扶”“科技扶贫”“科技开发”等工程项目。2015 年 4 月 7 日，撤销原挂靠科研管理处的“农业科技服务中心”内设机构，成立徐州农科所正科级建制、独立内设机构的“科技服务中心”（徐农院〔2015〕16 号）。其主要职能为扎口管理全所科技服务工作，协调和组织全所的科技资源，在徐州市、江苏省和国内其他地区开展农业科技服务工作。

2. 人员情况

自 2011 年至 2015 年 4 月，刘刚（所党委书记 2006 年 6 月—2013 年 4 月），李再祥（副所长 2013 年 4 月—2015 年 4 月），孙近友（主任 1993 年 2 月—2015 年 4 月），杨峰（副主任 2012 年 4 月—2015 年 4 月），有关专业专家刘东涛、丁成伟、胡新燕、王幸、樊继德、孙厚俊、史新敏 7 人（2012 年 4 月—2015 年 4 月）。2015 年 4 月以来，李再祥（副所长 2015 年 4 月—），党新安（副主任 2016 年 3 月—2019 年 6 月；主任 2019 年 6 月—），另有李文哲、戚强（2015 年 4 月—）、冯营（2018 年 3 月—）。

3. 管理职责

组织实施全所国家体系岗站、挂县强农富民、科技服务专项、亚夫专项、科技帮扶、模式创新、科技扶贫、科企合作等工作，联合开展淮海经济区农科所科技兴农服务团、组织实施所室共建示范基地、组建亚夫工作站、组建科技特派员团队等活动，具体承担本单位的科技成果示范、转化、推广等科技兴农工作。

4. 管理成效

科技服务多以实施项目为主导，认真落实江苏省农业科学院和市政府有关农业科技服务的决策部署，紧紧围绕科技服务“三农”这个宗旨，以科技下乡、为农服务为抓手，密切结合当地农业发展实际，着力在贴近农业、贴近农村、贴近农民上下功夫。做到发挥专家众多、技术力量雄厚的优势，引导、激励科技人员深入生产一线，在开展一系列科技服务活动过程中，建立科技人员直接到户、良种良法直接到田、技术要领直接到人的成果转化、科技兴农新机制，在“科技服务、促农增收”工作中做出好成绩。

（1）以“项目”为载体，科技服务取得新成绩

一是对照项目合同，出色完成各项指标任务。徐州农科所与项目对接县——沛县农业委员会高度重视江苏省农业委员会“挂县强农富民工程”和江苏省农业科学院科技扶贫整村推进项目实施工作，将科技服务项目实施工作摆上重要议事日程。2012 年 4 月 26 日，徐州市农业科学院下发《通知关于成立院挂县强农富民工程项目建设领导小组、驻村工作组及其工作考核办法的通知》（徐农院〔2012〕31 号），分别成立由院领导挂帅、重点处室负责人参加的项目实施领导小组和园艺研究室、植保研究室 10 名专家组成的项目驻村工作组；制定了详细的实施方案；为沛县的 3 个镇 5 个项目村制定了 4 年特色产业发展规划和农村经济发展目标；选派了 3 名科级干部驻镇挂职镇党委副书记专职负责、10 名科技专家分别驻点 5 个示范村开展科技服务和技术指导，各项目示范村专家累计驻村工作时间均在 100 d 以上；为项目示范区引进示范新品种 21 个、推广应用配套栽培技术 25 项、建成科技示范基地 5 个（陈油坊优质葡萄、封皇庄特色蔬菜、张李庄四季甘蓝、宋庵村食用菌种、任董庄村特色优质甘薯）；在 6 个示范村（河申、燕湾、宋庵、封皇庄、陈油坊、任董庄）培育的蔬菜、葡萄、薹蒜、食用菌、甘薯、小麦示范户分别占所在村农户总数的 20% 以上，“三新”（新品种、新技术、新模式）入户率 95% 以上；开展各种类型的技术指导、科技培训达 100 余场次，提高科技贡献率 2%；项目核心区科技示范户增产、增效达 21.7%，农业特色产业规模占 50% 以上，主导产业增长 20% 以上；项目工程实施期间，对接县、镇、村及示范农户反映良好。对照《2012—2013 年实施挂县强农富民工程科技推广合同》内容，全面和部分超额地完成了各项工作任务和技术指标。由江苏省农业委员会指派的专家组成考评小组，通过现场考察、查阅资料、听取汇报，进行质询，形成考评

意见，均达到优秀标准。在实施江苏省农业科学院“科技扶贫整村推进”期间，引进、示范蔬菜研究所等江苏省农业科学院系统自主育成的番茄、菜用甘薯新品种 10 个，示范推广面积累计 400 余亩；集成设施番茄采用甘薯周年生产新模式 1 项，首创本地区设施蔬菜栽培新类型；培养科学种菜能手 60 人，带动 200 户菜农进行新模式示范，年实现种植收益 20 000 元 / 亩之多；采用集中授课、讲座结合现场技能观摩、田棚技术指导的方式，组织项目区农民参加新品种、新技术、新模式的培训和示范，为当地培养了一批懂技术、会经营的新型菜农，使项目区农民种植水平和经济效益明显提高。

二是对接需求，调优调高服务策略。为保证徐州农科所在沛县实施的省“挂县强农富民工程”和江苏省农业科学院“科技帮扶整村推进”4 年 8 个项目取得新成效，驻村科技人员在认真调研的基础上，密切结合当地实际，制定出切实可行的项目村产业发展规划。根据调研结果，对河口、鹿楼、张寨 3 镇的产业分别进行调整，确定河口镇重点发展薹蒜 - 夏番茄（辣椒）；早春甜瓜 - 夏番茄 - 秋延迟菜花；早春甘蓝 - 芹菜 - 秋延迟菜花，再分别辅以牛蒡、山药和葡萄产业；张寨镇重点发展葡萄特色产业；鹿楼镇宋庵村突出食用菌产业发展的重点。构建了以优新品种引进示范、高效栽培技术提档升级为主线的科技服务思路。还利用河口镇建设千亩农业园区的契机，对“科技帮扶整村推进”项目村——河申村现有蔬菜、瓜果的主推品种、栽培技术进行调优调高。引进示范了甜瓜新品种“珍珠”“新景田”和番茄新品种“苏粉 9 号”“二月早”以及薹蒜新品种“早苔 1 号”等优良品种；推广应用了地热育苗、节水喷灌等先进种植技术及模式等。增强了项目村农户示范蔬菜新品种的抗风险能力，平衡了各茬口之间的生产效益，同时保证了农民土地效益最大化。

三是贴紧适用，推广高效种植技术。无论是实施省、市科技服务项目，还是建设良种繁育基地或科技示范区，徐州农科所科技人员都十分注重与当地技术推广部门合作，利用农闲季节或生产关键时期对当地项目区、基地的农民进行科技培训，重点传授各特色产业村急需的先进、适用种植技术，如甜瓜吊蔓栽培技术、穴盘育苗技术；夏番茄、秋延迟番茄高效栽培技术；薹蒜双层覆膜技术和食用菌高效培育技术，以及生态肉鸭标准化养殖和疫病防治技术等。还利用徐州农科所信息资源丰富优势，引导运用发酵床技术，帮助鹿楼镇发展肉鸭产业中建成生态养鸭技术示范基地，即在鸭舍中铺设有益生菌处理的稻壳等垫料发酵床，让肉鸭粪便直接排泄在发酵床上，人工定期翻耙，使肉鸭排泄物与垫料充分混合，通过有益发酵微生物的发酵及微生物间的相互制衡，使有机物质得到充分的分解和转化，既解决了鸭舍臭气熏天的难题，又将发酵的鸭粪作为生物肥料施用到蔬菜种植和食用菌栽培中，形成良性循环农业。在科技培训农民过程中，徐州农科所不拘一格，树立典型，发挥示范户的带头作用，尤其是采用理论授课和技术操作训练相结合的方法收到明显成效。让科技项目与技术培训相衔接，让农民受训与所用相对接，增强农民科技致富的主动性。开展定期或不定期的现场指导技术和示范操作技能；还利用农闲季节，举办集中培训活动，选派专家讲课，有针对性地培训农民，使其掌握特色产业发展需求的实用技术、操作技能。全所（不含甘薯国家体系）共举办各种形式的技术培训 157 场次，其中集中培训 52 场次，累计培训农民 3 万余人次；印发科普资料 5 万余份（册）。

四是加大投入，助推科技强农富民。为“科技帮扶整村推进”项目村改建种菜设施、修建村部、改善公益性设备等，徐州农科所积极筹措资金，直接给该村帮扶现金 16 万元；为“挂县强农富民工程”6 个项目村发放物化补贴 32.5 万元、赠送农作物原、良种（苗）25 000 kg、6 500 余棵，折合人民币 12 余万元。突显了科技服务项目实施的良好效果，更新了项目村农民的思维观念，使农民不再依赖进城务工来养家糊口，而是通过在家门口劳动增加收入，项目增加了农村剩余劳动力的收益，提升了土地产出率，消除了农民进城务工人员产生的空巢、空地现象；使农民的大部分时间从事生产、销售、学习等活动，再不是无事生非，社会和谐氛围逐渐浓厚，项目村的村容、村貌、村民文明发生了根本性变化。

（2）以“服务”为宗旨，科技兴农实显新成效

一是下派科技镇长，造福一方百姓。为加强徐州市部分乡镇农业科技力量，加快当地农业发展速度，徐州农科所积极响应市委组织部号召，按要求优选了一批青年科技人员，组成“科技镇长团”，分别下派挂职科技副镇长，全所 4 名科技人员有幸入选。重点实验室主任曹清河博士挂职贾汪区江庄镇，在不到一年的时间里，不仅为该镇蔬菜种植户带来了先进的科学种植技术，而且带来了优质菜用甘薯新品种“薯绿 1 号”、花生新品种“徐花 14 号”繁育推广项目，涉及项目资金近 20 万元，为江庄镇进一步发展设施农业、特色农业，打造徐州东部特产第一镇打下了良好的基础；小麦研究室副主任刘东涛博士挂职贾汪区贾汪镇，主抓特色产业油菜高效管理、优质小麦高产创建的项目实施，助推了该镇观光农业、高效农业的快速发展；园艺研究室科研人员赵林硕士挂职贾汪区紫庄镇，为该镇引进了一批园艺、蔬菜新品种，建成了“温室种植木瓜基地”“蔬菜科技超市”，赢得了镇村干群的赞誉；科技开发部科技人员丁震乾硕士挂职贾汪区耿集办事处，填补了该办事处长期没有省、市科技项目的空白，繁育推广徐州农科所自育水稻新品种“徐 2 优 129”200 亩，并签订产品回收合同及长年技术服务合同，示范区当年亩均效益可达 2 000 元左右，新增社会经济效益 40 万元以上。

二是科技下镇行动，技术送到农民手中。与徐州市关心下一代工作委员会联合，开展“农业科技下镇行”活动。徐州农科所主要领导带领小麦、水稻、甘薯、油料、蔬菜、果树、食用菌等学科的专家，分别到沛县的河口、张庄、张寨镇，新沂市的窑湾镇，铜山区的柳新、棠张镇，贾汪区的紫庄镇，结合当地农业生产实际需要对农民进行现场技术指导，帮助农民解决生产过程中的难点、热点技术问题。专家们通过展示成果、讲授技术、解答咨询等多种形式，面对面地开展农业科技服务。还走进田间、地头、菜棚内、农户家中，手把手地进行技术指导，把科学实用的相关资料送到农民手里，赢得了广大农民的赞许。目前，“农业科学技术下镇行”活动已成为徐州农科所科技服务的品牌。

三是拓宽工作思路，建设“脱贫攻坚工程”。为助推小康社会建设，徐州市委、政府提出在全市实施“脱贫攻坚工程”的决定，这是一项民心工程，又是一项政治任务，将科技服务工作与之紧密结合，在一定程度上更是拓宽了工作思路、提高了服务效果。其做法是：第一，选派专家专职科技服务。为了把科技服务工作进一步做好、做出实效。徐州农科所选派植保研究室孙厚俊副主任挂职沛县河口镇党委副书记，驻点专职负责“脱贫攻坚工程”等沛县科技服务项目实施工作，加大了工作力度，提高了扶贫效果和服务质量，提升了影响力和知名度。第二，尽力增加农民种植收益。河口镇河申村虽然是蔬菜专业村，但由于村内外出劳务人员多，一批年龄大、身体弱的留守老人还依靠种粮为生，因此，被定为市级贫困村。徐州市确定徐州农科所为该村“脱贫攻坚工程”的对口单位，在此情况下，当年根据农民种粮习惯，为该村送去了徐州农科所自育的“抗倒伏、产量高、品质优徐麦 31”新品种 3 000 kg，并印制了种植明白纸发放到示范户农民手中，具体指导农户进行科学种植。第三，多方筹措扶贫支持资金。在 2011 年协调多项资金新建村部办公楼的基础上，2012 年又为该村配备了计算机网络、购置技术培训桌椅、改建教室兼会议室，使村民的蔬菜种植、营销走上了信息化、规范化的道路。同时还为河申村“沛县金田蔬菜专业合作社”争取到专项扶持资金 20 万元，推动了该合作社加快发展，也增强了典型带动能力，真正成为河申村广大蔬菜种植户增收致富的领跑者。徐州农

科所还为该村涉及蔬菜大棚改建的土地流转农户发放补贴资金5万元。第四，结合体系建设，彰显科技服务特色。结合徐州农科所国家农业产业体系建设任务的完成，国家甘薯产业体系面向全国18个省（区、市）开展甘薯科研、生产技术服务，在新良种选育推广、新技术研制应用、新产品开发营销等科技服务方面都做出显著成绩。举办技术培训班159次，培训体系岗位人员519人次，基层农技人员和技术骨干2 558人次，甘薯种植大户和农民11 327人次，编写印发《甘薯优质高产栽培技术规程》《甘薯轻简化栽培技术》《甘薯新品种介绍》等培训材料和技术资料28 000余份；召开现场培训会149次，培训基层科技人员和技术骨干939人次，甘薯种植大户和农民5 200人次，发放相关技术和宣传资料19 796余份，提高了基层甘薯科技队伍的专业素质，培养了一批甘薯种植的带头人；培训体系岗位人员308人次，基层农技人员和技术骨干3 497人次，甘薯种植大户和农民17 527人次，发放技术和宣传资料48 000余份；与泗水利丰食品有限公司、四川光友薯业有限公司、广西科潮实业投资有限责任公司、重庆捷那顺世汽油醇有限公司、内江蜀国食品有限公司、山东麦得丰肥业有限公司等企业达成多项服务协议，先后提供种薯11 t，健康种苗79.7万株，可研报告1份，技术资料1份，以及多台甘薯生产作业机械，协助鉴定成果1项，增加了企业专用型甘薯原料的生产供应比例，提高了工艺水平；主动为甘薯专业合作组织和种植大户服务，无偿提供专用型种薯超2 500 kg，健康种苗70万株，甘薯专用复混肥料22 t，高产栽培技术资料1 000余份，形成了“专家进大户、大户带小户”的喜人局面；甘薯体系通过科技大集、科技服务面对面等多种形式，开展内容丰富，方式多样的科普宣传活动，送科技到田间地头，进行现场技术指导和示范操作，解决农民在甘薯生产中遇到的技术难题，促进了甘薯技术成果的“进村入户”，进行科技下乡148次，制作生产技术宣传展板350块，直接进行咨询的农民达4 450人次，发放技术和宣传资料5万余份，免费赠送种薯12.5 t、种苗44万余株和价值10万余元的农业生产资料，配合电视台录制节目2次，分别在河北电视台农民频道和阜阳电视台科教农频道播放，受河南省音像出版社邀请，录制了《甘薯主要病虫害防治技术》光盘，通过远程教育视频直播平台《农事早知道》和广播电台《金色田园》等栏目开展甘薯生产技术讲座，在电视台、互联网以及报刊等媒体上根据农时提供相关技术信息，群众反应热烈，效果显著；甘薯体系各岗位专家接待人员来访、电话咨询779人次，与政府相关部门配合，通过电台和农信通以及农业信息网“专家在线访谈”等服务平台，解答群众咨询200多次。通过技术培训和指导，提高了甘薯技术人员的专业素质，培养了一批科技意识强、群众威信高的科技带头人；通过跟踪服务，甘薯专业合作组织提高了抵御市场风险的能力，增强了示范带动作用；通过科技服务，深入了解了甘薯产业发展中的技术需求，找准了影响甘薯产业发展的瓶颈技术；建成了一批展示新技术、新成果的高产示范基地，促进了甘薯新技术的推广应用和产业升级；进一步强化了甘薯产业链，稳定了薯农的种植效益和企业的生产效益，促进了甘薯产业的健康发展。如开展的“甘薯科技苏鲁豫皖行”“甘薯高产擂台赛”“全国甘薯主要病虫防控技术培训”“甘薯生产全程机械化观摩”等活动，对徐州市、江苏省乃至全国甘薯产业发展都起到了重大的推动作用。在小麦、水稻、棉花、大豆、花生5个国家农业产业技术体系综合试验站的建设中，徐州农科所遴选了淮北26个县、市作为定向、定点的科技服务县。在试验示范新品种、新技术、新模式等科技成果的同时，着力开展高效无公害栽培技术和解决现代农业发展难题的关键技术问题。并开展配套高效栽培技术示范推广和高产、超高产创建观摩活动，如小麦徐麦30在柳新农场创建的万亩示范片核心方实收亩产655.9 kg；水稻徐稻5号在睢宁县凌城镇以及徐稻6号在沭阳县陇集镇示范方亩产均达750 kg，且品质优良，抗病抗倒；棉花在邳州棉蒜高效立体种植示范中，获得亩效益达 1 万元的好成绩；徐豆 16 在邳州市宿羊山镇平均亩产高产田块实收产量达到 303.2 kg；花生在贾汪江庄采取机播地膜覆盖高产栽培措施，平均亩产达到 498.7 kg。第五，实施开发项目，拓宽科技服务渠道。先后承担省、市科技开发项目 10 项，在项目区大力推广新品种、新技术，加快科技成果转化步伐，促进农民增收、农业增效，扩大了徐州农科所科技服务的影响力。例如，在沛县安国镇实施了江苏省黄河故道农业综合开发高效农业科技示范项目“优质西瓜新品种与高效栽培技术示范推广”，示范推广早春红玉、庆发特早红西瓜新品种，配套推广轻型基质穴盘育苗技术、多层膜覆盖栽培技术、生物菌肥应用技术，培训农民 600 人次以上；在沛县鹿楼镇实施江苏省 2012 年黄河故道农业综合开发科技推广项目“新型肥料推广应用”。引进推广新型肥料 1 个；培训土壤改良与地力培肥技术，举办培训班，培训项目农民 200 人次；在沛县胡寨中闸村实施 2012 年度农业综合开发土地治理科技推广项目“小麦新品种徐麦 31 及高效栽培技术推广”。示范小麦新品种 1 个；示范新品种、新技术 1 000 亩；组织农民技术培训 2 次，达 240 人次以上，发放相关技术资料 1 000 份；在新沂市新店镇刘庄村实施新沂市农业综合开发土地治理科技推广项目“小麦新品种及高效栽培技术示范推广”。示范小麦新品种 1 个；示范新品种、新技术 2 000 亩；培训徐麦 30 新品种配套栽培技术。组织农民技术培训达 320 人次以上，发放相关技术资料 1 000 份；在新沂市四季青农特品营销合作社实施新沂市 2012 年度农民专业合作经济组织试点项目“西瓜新品种引进及高效栽培技术推广”。推广示范西瓜新品种 1 个；建立新品种、新技术核心示范基地 200 亩；培训西瓜多层膜覆盖技术，基质育苗技术、立体吊蔓栽培技术、长季节栽培和无公害栽培技术；组织农民技术培训达 200 人次，发放相关技术资料 1 000 份；在新沂市瓦窑镇水利站推广“香锦”葡萄新品种，推广葡萄避雨栽培技术，当年取得葡萄亩产收益超 2 万元的高效益；在丰县欢口镇肖桥村实施江苏省农业综合开发科技推广项目“水稻新品种及高效栽培技术示范与推广”。示范推广水稻新品种 1 个，新技术 5 项；通过现场指导、集中培训的形式，培训农民 250 人次；在丰县梁寨镇红楼村实施丰县 2012 年度增量资金高标准农田示范工程项目“小麦新品种徐麦 31 及高效栽培技术推广”。推广示范小麦新品种 1 个；示范推广新品种、新技术 2 000 亩；培训徐麦 31 新品种配套栽培技术；组织农民技术培训达 480 人次以上，发放相关技术资料 1 000 份；在大黄山镇王可乐村实施 2012 年度农业综合开发高标准农田建设示范工程项目“水稻新品种及高效栽培技术推广”。示范推广水稻新品种 1 个；推广精确播种育壮秧技术、超高产精确定量施肥技术、精确水分管理技术、病虫草害综合防控技术 4 项；培训农民 400 人次；在徐州市泉山区苏山办事处，实施 2012 年江苏省采煤塌陷地农业综合开发项目“优质稻麦新品种示范推广”，引进新品种 3 个、推广新技术 5 项、培训农民 500 人次、建立项目核心区示范方 400 亩、技术辐射 2 万亩，亩均增收 75 kg，新增社会经济效益 30 万元。通过开发项目的实施，开展新品种、新技术、新模式的推广应用，在引导当地产业升级、农村经济发展中起到显著的科技支撑作用，使当地主导产业增效 10% 以上；通过科技指导和技术培训，增加了农民对科技的认知和应用，提高了农民的农业生产技能，为当地农业发展培育了人才，社会效益十分显著。

（3）围绕乡村振兴，精准服务 “三农” 2015 年以来，科技服务聚焦高质量发展，科学谋划全局，跟踪现代农业发展新趋势，聚焦乡村振兴新课题，集成优势科技资源，服务区域农业发展，发挥成果、技术、人才 3 个优势，强化科技与产业、项目与资源、专家与农户 3 个对接，加快先进、实用新成果组装配套与集成示范推广，开创了科技服务工作新局面，为乡村振兴提供了有力科技支撑。科技服务中心 2019 年荣获“徐州市农技推广服务先进单位”、江苏省农业科学院“先进集体”；2020 年荣获“徐州市工人先锋号”。科技服务形成了以下亮点。

一是突出项目引领，强化精准服务。承担科技服务类项目（含中央财政农业技术推广、江苏省挂县强农富民工程、江苏省农业科学院科技服务专项等）21项，项目经费892万元。依托项目开展科技服务，重点围绕高效农业产业发展需求，遴选科技专家、科技特派员等蹲点驻村帮扶，开展精准科技服务，实现了科技与产业的融合。以江苏省挂县强农富民工程为例，5年来通过在睢宁县和邳州市两地的实施，示范县、镇、村“三新”成果推广面积9.43万亩，其中核心示范区面积6.35万亩，新增效益418万元，社会经济效益逾1 500万元，科技示范户“三新”入户率达97.75%，示范带动300个示范户，示范户产业增产增效12%。举办多种形式的培训会360余场次，培训25 082人次，发放技术资料38 000余份（册），累计推广小麦、水稻、花生、甘薯、大蒜、果树新品种29个、高产栽培技术27项、新模式3项。示范区特色农业快速发展，农民收益大幅提高。

二是注重集成推广，加快成果培育。通过品种、技术集成示范推广，加快了科技服务成果培育，荣获推广奖4项，其中全国农牧渔业丰收奖二等奖1项、江苏省农业丰收奖一等奖1项、徐州市创新奖2项。“优质多抗新品种徐麦33、徐稻9号周年平衡高效栽培技术集成应用”成果，获全国农牧渔业丰收奖二等奖，在徐州、宿迁、淮安、盐城、连云港苏北5市累计推广稻麦新品种和集成周年平衡高效栽培技术1 012万亩，新增社会经济效益12.13亿元，经济、社会、生态效益显著，为苏北农业健康可持续发展做出了显著贡献，《中国农业大事记》载文宣传报道。“优质多抗新品种徐麦33、徐稻9号高效栽培技术集成与推广”成果，获江苏省农业丰收奖一等奖，2016—2018年3年在睢宁县、邳州市、铜山区累计推广稻麦新品种208万亩，新增社会经济效益1.5亿元，产生了较大的社会影响。“加快品种技术创新，优化科技服务模式，为我市乡村振兴提供强有力科技支撑”成果，获2018年徐州市创新奖优秀奖，构建了“一轴两翼、育繁推加一体化”的推广模式，建设了核心基地、示范基地和科技示范户“三位一体”的技术示范体系，推广了“互联网＋五服务”的服务新方式，创新了品种推广应用模式，集成推广适宜全市稻麦连作的优质高产稻麦品种5个、稻麦周年轻简高效栽培新技术23项，累计推广1 400万亩，新增社会经济效益14亿元。“开辟‘农业科技＋保险’科技服务新渠道，精准服务乡村振兴”成果，获2020年徐州市创新奖优秀奖，建立了科技＋保险合作机构，组建“科技＋保险”专家智库，依托“互联网＋”，创新科技服务模式，利用“腾讯课堂”“小鹅通”线上授课平台，创建“惠农e享”科技培训品牌，组织专家线上授课21期，累计培训11 800余人次，涵盖小麦、大蒜、水稻、大豆、花生、山药、果树、甘薯、蔬菜、食用菌等多种作物，投入少、效果好，受到保险公司和种植大户的一致好评。

三是发挥体系优势，拓展服务内容。充分发挥现代农业产业技术体系1首席、6岗位、5综合试验站的专业、技术优势，不断拓宽服务领域。甘薯专业团队面向全国3个薯区、18个省（区、市）、25个甘薯综合试验站、126个示范县开展技术服务，引领甘薯科研和生产快速发展。科技人员足迹踏遍全国甘薯产区，开展品种示范、技术培训、田间指导、加工研发、高产创建等技术服务。推广徐薯32、徐紫薯8号等新品种26个，推广甘薯高垄双行机械化绿色栽培技术、大垄双行膜下滴灌节水栽培技术等33项，开展培训和观摩活动58场次，培训63 900余人次，发放技术资料80 000余份。为农业龙头企业徐州黎明食品有限公司提供加工专用品种筛选、加工工艺技术及食品标签（营养成分表等）技术服务。粮棉油园艺果树专业发挥优势，服务区域农业，小麦、水稻、棉花、大豆、花生5个综合试验站，面向徐州、宿迁、连云港、淮安等示范推广新品种，开展技术服务，园艺、果树专业面向当地开展科技服务工作。全年示范推广小麦、水稻、大豆、花生、棉花、蔬菜、果树新品种41个、新技术49项，推广面积507.972 6万亩、新增社会经济效益6.5亿元以上，开展技术培训166场次，培训农民100 750人次，发放技术资料90 000余份（册）。

四是长年驻点帮扶，强化科技扶贫。所领导十分重视科技扶贫工作，长期选派人员深入农村基层驻点帮扶。分别选拔青年干部魏猛（2014年3月—2015年12月）、辛涛（2016年3月—2018年2月）、赵林（2018年3月—2020年4月）、张毅（2020年4月—）等到基层挂职，任所在镇（乡）党委副书记或副镇（乡）长，兼帮扶村第一书记，从事驻点扶贫工作，为基层农业发展做出了贡献。2018年7月—2020年8月，选拔3名科技特派员到县（区）挂职锻炼，任所在县（区）党组成员，王晓军派驻睢宁县、魏猛派驻铜山区、徐振派驻贾汪区。科技特派员围绕所在县区农业主导产业、结合自身专业优势提供科技服务，为当地产业发展献计献策，受到当地干部群众的欢迎和称赞。

五是加强横向合作，建设服务新平台。坚持“互赢共享、优势互补”的原则，广泛开展科企合作。2019年徐州农科所与中国人民保险公司徐州分公司签署了《助力乡村振兴战略合作协议》，共建“农业科技＋保险”高端智库，搭建成果转化平台，为农业保险行业提供智力、技术支撑，为农业产业提供产前、产中、产后全产业链服务，开展农业保险人员农业技术培训，提高保险人员农业技术水平。2020年与宿州市埇桥区农业科技产业园签订科技服务合同，依托徐州农科所甘薯专业成果和人才优势，为埇桥区农业科技园区提供品种、技术、模式，促进其甘薯产业提档升级。

六是传承“亚夫精神”，构建服务新体系。为传承“亚夫精神”，聚焦乡村振兴战略，以“融入乡村，贴近农民”为目标，坚持“重心下沉，注重实效”的原则，建设亚夫工作站，实施亚夫科技服务专项，构建亚夫科技服务新体系。“贾汪江庄亚夫工作站”成立时，江苏省农业科学院孙洪武副院长出席揭牌仪式。亚夫工作站强化了与政府、部门合作，打破了条块界限壁垒，汇聚了发展合力，将逐步建成稳定、持续、辐射力强的科技服务体系，打通成果转化“最后一公里”。

七是选派科技特派员，服务乡村振兴。为有效整合人才、科技、成果、资金、管理等生产要素，引导农业科技人员深入基层开展科技创业和高质量服务，加快科技成果转化落地，2019年分别向铜山区、睢宁县和贾汪区选派了3名科技特派员，取得了显著成效，受到当地干部群众欢迎。2021年结合全市“三乡工程”的实施，重点建立科技特派员制度，出台了《农业科技特派员选拔管理办法》，对科技特派员的选拔管理进行规范，并在政策、资金诸方面大力支持。在各专业遴选马红勃、赵铁鹏、赵明明、邢兴华、孙东雷、陆信娟、李刚波、戴习彬、后猛、张爱君、马居奎、张毅、苏一钧、常勇14名科技特派员，派往丰县、沛县、睢宁县、铜山区、贾汪区、邳州市、新沂市7个县（市区）的乡镇基层一线，进村入企驻点，为乡村或企业提供直接服务，促进乡村振兴和企业发展。

八是整合科技资源，建设重点成果示范基地。进一步整合优化全所科技资源，规范科技示范基地建设，提升成果辐射力和影响力，经研究室申报，结合往年基地建设成效，在全所外设72个科技试验示范基地（点）中遴选13个（“小麦新品种新技术示范基地”“优质粳稻新品种绿色高效生产技术基地”“机采棉新品种及高效种植技术基地”“麦茬夏大豆增产增效技术示范基地”“优质食用花生绿色高效生产技术基地”“大蒜新品种及绿色生产技术示范基地”“果树优新品种标准化栽培示范园”“紫薯产业园”“特色甘薯生产加工及绿色防控技术示范推广基地”“甘薯绿色高效生产技术示范基地”“甘薯脱毒种薯生产基地”“丰县牛蒡种质资源及品种展示示范基地”“徐稻、徐麦系列新品种繁育示范推广基地”）作为2020—2022年度所室共建重点科技成果示范基地。在基地管理上，加强统筹协调，将基地建设纳入年度重要考核内容之一。在工作分工上，科技服务中心对13个示范基地归口管理，统一标准、统一设计制作标牌。根据作物不同生长季节，组织专家开展现场考察、学术观摩、检查考核等活动。基地责任部门做好规划、培训、指导工作，并充分发挥专兼职科技特派员作用，将基地培育同特派员工作职责和工作内容结合起来，统筹安排，加强沟通协调，做到资源信息共享。

九是认真调研献策，积极提供决策参考。为掌握徐州农业农村发展现状和重大科技需求，积极配合江苏省农业科学院纪委书记邱昱东率领的调研组，深入基层调研农业科技重大需求，全面了解徐州“三农”工作情况。先后赴丰县和铜山区开展调研，了解两个农业大县（区）的主导特色产业技术需求，实地考察5个现代农业园区（范楼镇牛蒡产业园、丰县果树试验站、沿湖农场优质粮食生产基地、汉王镇现代农业示范园、棠张镇设施蔬菜生产基地）、4个龙头企业（江苏大沙河现代农业综合开发集团有限公司、徐州佳合食品有限公司、江苏君乐宝乳业有限公司和江苏华升面粉有限公司）、1个特色田园乡村（汉王镇紫山村），对其发展状况、存在问题、科技需求等进行详细调研，撰写《徐州农业重大科技需求调研报告》被江苏省农业科学院领导采纳，编入《院领导、党委委员农业重大科技需求调研报告》一书。仅2020年全所在科技服务方面参加综合性或专题调研活动5次（徐州农业重大科技需求调研、省委1号文件落实督导调研、乡村振兴区域样板科技需求调研、“三农”政策落实情况调研、基层农技服务体系建设情况调研）；配合市委、市政府重点工作，起草制订了《关于遴选农业产业集群市级首席专家工作方案》《良种培育推广方案》《为农科技服务方案》等工作方案，为上级领导提供决策参考。

（六）基地管理处

1. 内部设置

“徐州现代农业试验示范基地”位于徐州经济技术开发区大庙镇大庙村东端、房改河西边，南接323省道（徐海路），北邻虎山村。“基地管理处”成立于2011年1月。设有负责人、后勤管理、环境管理、水电管理、食堂管理等岗位。其职责：一是负责人，作为第一责任人，落实部署所有各项工作，统筹协调内部岗位分工，实施廉政建设。二是后勤管理，主要负责基地土地及相关设施的统筹调配、人员考勤，协助负责人内部协调管理，协助其他岗位完成临时用工工资发放等报账工作，人员接待，协助所完成资产管理。三是环境管理，负责绿化养护、公共区域环境卫生维护，协助徐州农科所完成公共区域维修维护计划制定、申报。四是水电管理，负责基地水电网络等安全使用、维修维护上报，用水用电安全培训、督查；五是食堂管理，负责职工用餐和食堂日常管理。

2. 人员情况

基地负责人历经三届，孙克新主任（2011年1月—2014年4月）（徐农院〔2011〕2号）；樊继德副主任（兼职2014年4月—2021年8月）（徐农院〔2014〕6号）；陈飞主任2021年8月—（徐农院〔20214〕47号）。2011—2020年共有在职职工6人，分别是孙克新（2014年4月调至江苏徐农种业科技有限公司）、樊继德（兼职）、马宁、祁志强（2020年4月退休）、孟庆堂（2017年3月退休）、顾君亮、高金喜。

3. 管理成效

“徐州现代农业试验示范基地”历经建设和管理两个阶段，一是建设阶段（2010年5月—2013年5月）。因高铁建设占用徐州农科所本部试验用地100亩，按程序报请国土资源部、江苏省、徐州市有关上级部门批准，于2008年2月30日第一期新征徐州经济技术开发区大庙镇大庙村土地

500.101 5 亩，2010 年 4 月 14 日第二期又征该村土地 116.913 亩；第三期征用该村土地 431.78 亩，合计 1 048.794 5 亩，即作为高铁建设征占徐州农科所试验用地的补偿土地约为 1 049 亩。在新征用试验地手续完备后，于 2010 年 5 月 1 日开工建设，标志基地建设、基地管理处开始成立、运行。至 2012 年底基本建设完毕，试运行一年后的 2013 年 5 月通过验收，2014 年初交付使用。突显了建设成效：一是以满足试验用地为主，共 37 个方格区，周围用围墙或护栏网与外界隔离，形成独立封闭区域，灌渠为“U”形混凝土现浇结构，排渠用砌块堆砌而成，沟、渠、路配套，新建提水灌溉泵房和排洪涵闸各一座。二是配套辅助设施完备，建设并交付使用小型办公楼 1 栋，甘薯储藏库 1 座 798 m^2，种子加工及储藏库，种子晒场，小型农机库，棉花加工及储藏库，温室大棚，过河桥梁，网络监控，用电线路架设，园林绿化等。2014 年以来，主要负责徐州现代农业试验示范基地内勤管理、环境绿化、水电、食堂等。贯彻落实徐州农科所各项工作部署，统筹调配基地土地及相关设施的使用，协助徐州农科所完成资产管理；负责基地绿化养护、公共区域环境卫生维护，协助徐州农科所完成公共区域维修维护计划制定、实施；保证基地水电网络等设施安全使用、维修维护，督查用水用电安全；负责管理在基地工作的职工用餐，努力将基地打造成集科技创新、示范培训、产业带动和科普示范等功能的综合性农业科技成果创新展示平台。其功能作用包括现代农业新品种、新技术、新装备、新模式集成创新，优势农作物育种、栽培、植物保护、土壤肥料等学科的试验研究示范，学生校外实践、职业农民培训和农业知识科普，建成江苏省科普教育基地、徐州市科普教育基地，南京农业大学、扬州大学、徐州生物工程学院校外教学实践基地，徐州市经济技术开发区高级中学、徐州新城实验学校社会实践基地和研学基地。示范基地的科研、展示、培训和建设工作，吸引了国内外大批农业科技工作者前来访问交流，年均接待农业专家、农业科研生产单位、农技人员和种植户等 3 000 余人次，在业内产生了良好的社会影响。

二、党群部门

（一）纪委办公室

20 世纪初，徐州农科所（徐州市农业科学院）纪委只设兼职委员 1 人（马代夫）；2006 年以来一直由中共徐州市纪委任命，设有纪委兼职副书记。2006 年 5 月 9 日—2018 年 9 月，李再祥任纪委副书记（徐纪干〔2006〕6 号），2018 年 9 月 7 日以来，中共徐州市纪委任命孙厚浩为纪委副书记（徐纪组〔2018〕18 号）。按照江苏省农业科学院《关于印发江苏省农业科学院纪检监察机构设置方案的通知》（苏农院党字〔2019〕33 号）《关于同意江苏徐淮地区徐州农业科学研究所增加内设机构的批复》（苏农院人字〔2020〕18 号）和《关于印发关于进一步加强农区所（试验站）纪检工作的意见的通知》（苏农院党字〔2020〕35 号）要求，2019 年 9 月 29 日中共徐州农科所（徐州市农业科学研究院）党委《关于成立纪委办公室通知》（徐农院委〔2019〕23），明确新成立的纪委办公室为正科级建制，纪委办公室设主任、副主任各 1 名。机关、甘薯、铜山站党支部设有纪检委员。其主要工作职责是：负责纪检监察文电运转、信息宣传、履责纪实平台、机要保密文书档案管理、服务保障等工作；承担院纪检监察有关文件、规章制度的起草；负责纪委会议、活动的筹办；协助院党委推进全面从严治党、加强党风廉政建设工作；负责受理对院党委管理的党组织和党员、干部以及监察对象涉嫌违纪或者职务犯罪问题的信访举报；负责审理院立案审查调查的违反党纪和职务违法案件，严格依规依纪依法提出处理或者处分意见；承办党员对院纪委及各党组织做出的党纪处分或者其他处理不服的申诉案件；负责与市纪委监委相关部门的联络；负责组织纪检监察干部教育培训工作；完成领导交办的其他工作。

（二）工会

1. 主要情况

徐州农科所工会为事业单位工会，接受同级党组织和上级工会双重领导，以同级党组织领导为主。作为党联系群众的桥梁和纽带，真正成为职工群众遮风挡雨的“温馨之家”、充满爱心的“幸福之家”。工会于 2011—2020 年换届选举 3 次（第九至第十一届）（表 5-22）。始终秉承“维护职工权力、改善职工福利”的工作目标，协助职工料理红白大事；坚持职工住院治病必探、有难必帮；每年举办职工运动会、春节联欢会，丰富职工文化生活；春节看望离退休老党员、老干部，慰问劳模、军属、伤残军人、困难职工、遗属；重阳节慰问离退休老职工；对结婚、生育职工进行慰问；对亲属去世的在职职工、去世的离退休职工亲属进行慰问；春节、中秋节职工福利按规定足额发放；夏季安康“送清凉、送安全、送法律”走访慰问活动。

表 5-22　徐州市农业科学研究所 2011—2020 年工会换届情况

<table>
<tr><th>届别</th><th>届期</th><th>机构</th><th colspan="7">职务</th></tr>
<tr><td rowspan="6">第九届</td><td rowspan="6">2006 年 11 月—2015 年 7 月</td><td rowspan="2">工会委员会</td><td>主　席</td><td>副主席</td><td colspan="5">委　员</td></tr>
<tr><td>张启全</td><td>谭希贵</td><td colspan="5">张启全　张　栋　李洪民　杨　峰　谭希贵</td></tr>
<tr><td rowspan="2">经审委员会</td><td>主　任</td><td colspan="6">委　员</td></tr>
<tr><td>王玉丽</td><td colspan="6">孙近友　张祖明</td></tr>
<tr><td rowspan="2">女工委员会</td><td>主　任</td><td colspan="6">委　员</td></tr>
<tr><td>孙明芳</td><td colspan="6">孙明芳　吴玉玲　赵冬兰</td></tr>
<tr><td rowspan="6">第十届</td><td rowspan="6">2015 年 7 月—2020 年 1 月</td><td rowspan="2">工会委员会</td><td>主　席</td><td>副主席</td><td>组织委员</td><td>纪检委员</td><td>宣传委员</td><td>文体委员</td><td>财经委员</td></tr>
<tr><td>张　栋</td><td>孙明芳</td><td>李洪民</td><td></td><td>黄怀成</td><td>樊继德</td><td></td></tr>
<tr><td rowspan="2">经审委员会</td><td>主　任</td><td colspan="6">委　员</td></tr>
<tr><td>王玉丽</td><td colspan="6">王玉丽　李卫华　曹清河</td></tr>
<tr><td rowspan="2">女工委员会</td><td>主　任</td><td colspan="6">委　员</td></tr>
<tr><td>王　幸</td><td colspan="6">王　幸　王　欣　王晓红</td></tr>
<tr><td rowspan="6">第十一届</td><td rowspan="6">2020 年 1 月—</td><td rowspan="2">工会委员会</td><td>主　席</td><td>副主席</td><td>组织委员</td><td>纪检委员</td><td>宣传委员</td><td>文体委员</td><td>财经委员</td></tr>
<tr><td>张　栋</td><td>樊继德</td><td>武　强</td><td>董玲霞</td><td>戴习彬</td><td>陈　飞</td><td>刘　灿</td></tr>
<tr><td rowspan="2">经审委员会</td><td>主　任</td><td colspan="6">委　员</td></tr>
<tr><td>党新安</td><td colspan="6">党新安　武　强　黄忠勤</td></tr>
<tr><td rowspan="2">女工委员会</td><td>主　任</td><td colspan="6">委　员</td></tr>
<tr><td>董玲霞</td><td colspan="6">董玲霞　王　幸　王　欣</td></tr>
</table>

2. 主要工作

一是积极参加党组织活动、学习 “贯彻党的十八大、十九大精神网上学习测评”“习近平新时代中国特色社会主义思想知识竞赛”“牢记入党初心、增强党性观念”网上学习考试，全部顺利通过。

二是根据江苏省农业科学院纪委要求和徐州农科所党委部署，认真学习《高校院所违纪违法案例警示》，每名工会党员撰写一篇 1 000 字左右的心得体会，其中 2 人心得体会获江苏省农业科学院纪委“以案释法明纪、严守纪律规矩”三等奖。

三是开展“万人学法”竞赛活动，全体在职工会人员按期完成网上答题。

四是参加“不忘初心、牢记使命”主题教育活动。

3. 专业活动

2018—2020 年选拔了青年科技人员参加江苏省农业科学院工会组织的三届院系统职业技能竞赛；组织建立乒乓球、瑜伽、足球兴趣小组。定期开展活动，与兄弟单位开展联谊赛。2018 年江苏省农业科学院工会组织徐州农科所、淮阴农业科学研究所、宿迁农科所、连云港农业科学研究所、沿海农科所及新洋农业试验站 6 家农科所组成的江苏省农业科研系统北片区乒乓球选拔赛，徐州农科所工会在江苏省农科院系统乒乓球比赛、羽毛球选拔赛中均列全省农业区域研究所第一名。2019 年参加徐州市总工会“羽”你共享羽毛球比赛（20 多年第一次参加市总工会活动），徐州农科所工会会员周涧楠被评为优秀运动员；主办了新中国成立 70 周年“我和我的祖国”征文、“爱祖国、颂党恩”诵读比赛。2018 年、2019 年端午节开展了“粽叶飘香，自包米粽，共度端午，互赠祝福”主题活动。2020 年参加由沿海地区农业科学研究所、新洋农业试验站承办的江苏省农科院系统北片区乒乓球、羽毛球预赛，分别获得团体第一名、第二名；选拔组成的乒乓球、羽毛球北片区联队在江苏省农科院系统决赛中，取得团体第二名、第三名的好成绩。

4. 主要成绩

① 2013 年，本工会被徐州市总工会评为“模范职工之家”；②李洪民同志被评为徐州市“劳动模范”；③孙明芳同志被评为徐州市“优秀工会工作者”；④岳瑞雪同志被评为徐州市“优秀工会积极分子”；⑤李再祥同志被评为徐州市“支持工会工作优秀干部”；⑥ 2014 年，曹清河同志荣获徐州市“五一劳动奖章”；⑦ 2015 年，孙近友同志荣获“徐州市劳动模范”称号；⑧ 2016 年，冯国华同志荣获“江苏省劳动模范”称号；⑨ 2017 年，办公室、油料研究室被评为“徐州市工人先锋号”；⑩曹清河、樊继德同志分别荣获江苏省、徐州市“五一劳动奖章”；⑪ 2018 年，徐农种业科技有限公司被评为“徐州市模范职工小家”；⑫ 园艺研究室荣获“徐州市工人先锋号”称号；⑬ 李洪民同志，获江苏省“五一劳动奖章”；⑭ 王幸同志荣获徐州市“五一劳动奖章”“徐州市职工科技创新成果博览会创新先进个人”；⑮ 武强同志被评为“徐州市优秀工会积极分子”；⑯ 董玲霞同志当选为徐州市第十五次工会代表大会代表；⑰ 2019 年刘东涛同志荣获“徐州市劳动模范”称号；赵林同志被评为“徐州市文明职工”；⑱ 2020 年科技服务中心被评为“徐州市工人先锋号”；⑲ 2017 年、2019 年分别参加江苏省农科院系统首届、第二届运动会，在足球射门项目比赛中取得首届团体第一；第二届团体总分 105 分，名列江苏省农科院系统 35 支代表队第三名、农业区域研究所第一名。

（三）青年工作委员会（共产主义青年团）

1. 组织沿革

根据《江苏徐淮地区徐州农业科学研究所志 1910—2010》记载，徐州农科所共产主义青年团组织自 1949 年 9 月成立，历经 71 年改选 14 次，由新民主主义青年团小组、团支部、团总支、团委到青工委等多次变革，隶属领导由徐州市建设局团总支、徐州地委地直机关团委，团地委、团市委到徐州农科所党委等数次改变。2014 年，徐州农科所党委，为适应新形势下农业科研事业对青年职工的新要求，进一步以党建带团建，延伸青年工作内涵及外延，创新青年工作机制，实现青年工作新发展，结合徐州农科所进人标准提高、新进人员年龄偏大、团员人数少而青年人数多的实际情况，于 2014 年 4 月 23 日，决定成立徐州农科所青年工作委员会（徐农院委〔2014〕7 号）。制定了青工委《章程》。第一届青工委设主任、副主任各 1 人，委员 5 人。同时青工委下设办公室，主任为辛涛，副主任为唐忠厚、胡婷婷、王小军、王静（表 5-23）。

2020 年 4 月 24 日，青工委举行换届选举大会，选出新一届主任、副主任及委员，其中主任 1 名，副主任 3 名，委员 15 人，取消青工委办公室设置。

表 5-23　2011—2020 年徐州农科所历届共青团（青工委）主要负责人

组织名称	时间	职务		
		书记（主任）	副书记（副主任）	委员
共青团委	2006 年 1 月—2014 年 4 月		曹清河	王　静、辛　涛
青工委	2014 年 4 月—2020 年 4 月	杨　峰	曹清河	辛　涛、樊继德、孙厚俊、刘亚菊、陈　飞
青工委	2020 年 4 月—	孙厚俊	辛　涛 徐　振 张　梅	王　亚、王　静、冯　营、冯腾腾、刘　明 后　猛、孙东雷、苏在兴、何弯弯、张　婷 张　毅、张碧薇、赵明明、赵凌霄、封智蔷

2. 工作成效

一是加强学习，全面提高青年人员的科研业务水平。目前徐州农科所现有 40 岁以下青年人员 64 人，占全院在职职工的 46%，其中研究生以上学历占 92%，干部比例达 100%，青年人员是我所的未来，是我所发展的希望。因此，引导加强青年的学习培训是青工委工作的重中之重。几年来，青工委以提高青年人员的科研水平和创新能力为核心，积极组织各种学术活动，提供多种锻炼平台，促进青年人员快速成长。几年来平均每年组织 15 ~ 20 次的所内学术沙龙、学术报告，并多次邀请国外知名专家进行现场及视频报告，开拓了青年科技人员的学术视野，形成了浓厚的科研学术风气，为我所青年科技人员的成长和科研事业的发展起到了较好的推动作用。同时配合院党委选派多名年轻科技人员下基层锻炼，增强实践能力，磨砺意志，强化群众观念与服务意识，为徐州市脱贫攻坚和农村农业发展做出了应有贡献。二是积极开展文体交流活动，增强青年活力、凝聚力和向心力。面对我所年轻人比例越来越高，青年人活动交流相对偏少的问题，青工委建议院党委建设了新的篮球、羽毛球等活动场地，为青年人的体育活动提供了场所。配合院工会每年组织一次职工运动会和新春联欢会，并积极组织青年人员参加江苏省农科院系统运动会、拓展训练等，丰富了我所年轻人的文体活动，为青年提供了多方位展示自己的舞台，培养了青年人员的积极向上和团队协作精神。同时多次组织我所青年科技人员前往江苏镇江，山东烟台、威海、寿光，河南洛阳等兄弟院所、红色教育基地进行学习交流，取长补短，开拓思路，丰富眼界，以红色教育促进科学求实的精神和为农业科研、农民致富奉献自我的精神。三是及时掌握青年人思想动态，引导青年人员为我所科研事业奉献青春。当代青年在价值取向上呈现出务实、宽容、多样和善变的特点，注重自我价值的实现，并且易受外来思想的冲击而改变。因此青工委不仅要做组织者，还要善于做倾听者和服务者。青工委采取了多种形式，包括组织小范围的谈话、讨论、交流，设立微信群、邮箱等沟通渠道，及时掌握每个青年人的政治倾向，了解其心理活动，发现个人生活上、工作中存在的问题及困扰，及时做好青年人的心理疏导与纠正，起到青年之间、青年与上下级之间沟通的桥梁和纽带作用；解决青年人的后顾之忧。同时积极开展思想道德、红色教育等方面的学习，引导他们在思想上、行动上与党中央、院党委保持一致，充分调动和发挥青年的积极性与创造性，塑造有利于科研发展、引导青年健康成长的环境，为院所的科研管理添砖加瓦，为他们全身心投入我所科研事业创造良好条件。

（四）妇女联合会

1. 基本概况

徐州农科所妇女联合会（妇女委员会，简称妇委会），简称妇联。自 20 世纪 90 年代以来，历经 4 次换届选举，其中 2011—2020 年跨越 3 个届别。第一届至第三届称为妇女委员会，第四届改称妇女联合会（表 5-24）。

表 5-24　徐州农科所历届妇联（妇委会）任期及负责人

届别	任期	主席（主任委员）	副主席（副主任委员）	委员
第一届	1991 年 3 月 5 日—2005 年 12 月 31 日	独凤荣	唐　君 李爱凤	独凤荣、唐　君、李爱凤、朱崇文、严雪英宋玉萍、许秀英、贺荣华、竺　丽
第二届	2005 年 12 月 31 日—2013 年 3 月 8 日	唐　君		唐　君、谢逸萍、王　幸、胡新燕、竺　丽
第三届	2013 年 3 月 8 日—2020 年 4 月 26 日	王　幸		王　幸、胡新燕、王晓红、王　欣、岳瑞雪
第四届	2020 年 4 月 26 日—	王　幸	王玉丽	王　幸、王玉丽、王　欣、岳瑞雪、封智蔷陆信娟

2. 主要工作

一是在所党委和上级妇联组织的领导下，在全所女职工中开展“自尊、自信、自立、自强”四自精神的宣传教育。二是根据所中心工作和上级妇联组织的工作要求，制定和组织实施妇委会工作计划，开展妇女工作。三是和所其他部门一起开展相关活动，满足女职工的正当诉求，促进她们的身心健康。四是团结和带领全所女职工为徐州农科所的改革与发展建功立业。五是做好妇女工作先进集体、先进个人及“科技创新竞赛”等的推荐、评比和表彰工作，宣传先进典型，发挥模范引领作用，弘扬社会公德、职业道德和家庭美德，为营造、宣传和谐文明社会作贡献。六是宣传相关政策、法律和法规，切实维护女职工的合法权益和特殊利益，发挥女性民主参与、民主管理、民主监督的作用。七是加强妇委会自身建设，提高妇委会干部综合素质。深入开展调查研究，及时向所党委和有关部门反映广大妇女的合理要求。

3. 工作成效

所妇委会积极引领广大女工围绕中心工作大局，全面参与政治、文化、科研、开发等工作，在推动徐州农科所改革开放和现代化建设中发挥了主人翁和主力军的作用。涌现出一批又一批能力突出、甘于奉献的优秀人才。近年来，甘薯病虫害防控研究室被推荐为“省巾帼文明岗”，谢逸萍同志被评为“江苏省百名巾帼科技创新典型人物”和徐州市科技创新“十大女杰”，王幸被评为“江苏省巾帼建功标兵”，王欣被评为“徐州市巾帼建功标兵”，4 人荣获徐州市“三八红旗手”称号，1 人享受“国务院政府特殊津贴”，6 人被推选为江苏省“333 人才工程”培养对象，1 人被推选为江苏省“六大人才高峰”高层次人才培养对象，8 人被授予“徐州市优秀专家”“徐州市拔尖人才”，17 人获得部省级以上奖项，充分发挥了“半边天”作用。谢逸萍、唐君研究员作为国家甘薯产业技术体系岗位专家，研究成果填补多项国内空白，在学科建设、人才培养、争取国家项目等方面取得了显著成就。

第九节 铜山试验站

一、基本概况

铜山试验站，1963 年经江苏省人民委员会批准建立，原名“江苏省铜山县花碱土改良试验站”。建站后实行省、县双重领导，建制归中国农业科学院江苏分院。1979 年改称“江苏省铜山花碱土试验站”，继续实行省、县双重领导体制，经费、业务由江苏省农业科学院、徐州农科所代管。1981 年 6 月 22 日江苏省农业科学院将该站交给徐州农科所，同年 11 月 14 日经省编委批准，定编 30 人，由江苏省农业科学院拨付单列经费，与铜山县脱离关系。1986—1987 年由徐州农科所配备管理人员。1987 年秋季改由江苏省农业科学院土壤肥料研究所管理，徐州农科所代管人事、工资。后因江苏省农业科学院土壤肥料研究所的分解注销，将“江苏省铜山花碱土试验站”交由明天生物科技公司代管，又因明天生物科技公司注销交给江苏省农业科学院资源与环境研究所代管。至 1996 年经江苏省编委同意，改为独立法人科级单位，徐州农科所代其管理劳动工资。2012 年 4 月省编委清理规范事业单位机构编制将该站更名为“江苏徐淮地区徐州农业科学研究所铜山试验站”。2013 年 7 月本站“人、财、物”由江苏省农业科学院全部移交给徐州市农科所管辖，作为徐州农科所内置机构统一管理，保留其独立法人及财务独立核算，编制 20 人。铜山试验站占地面积 495 亩，其中主要包括耕地 290 亩，鱼塘 60 亩，设施大棚 12 亩。现有职工 30 人，其中在职 15 人，退休 15 人，正科 1 人，副科 3 人，科技人员 4 名，博士 1 名，硕士 1 名。现任站长黄怀成（2002 年 8 月—2021 年 8 月），魏猛（副站长 2016—2021 年 8 月；站长 2021 年 8 月—）副站长陈飞（2012 年 4 月 2021 年 8 月）。

二、财务情况

该站为全额事业单位，财政全额拨款，一直收支状况良好，没有外债。

三、项目建设

2011—2020 年共承担各类项目 5 项。其中 2014 年基本建设投资 69.5 万元，铜山县开发局项目资金 20 多万元用于站内外道路等建设。2015 年站内绿化投资 12 万元。2016 年承担中央财政现代农业生产发展项目——“设施园艺高效农业示范基地建设”，项目经费 100 万元，建设连栋大棚 2 880 m^2，建设期限为 2016 年 9 月—2017 年 12 月。2017 年承担中央财政农业优势特色主导产业发展资金项目——“甘薯脱毒原原种扩繁基地建设”，省财政厅拨付项目经费 100 万元，建设日光温室大棚 840 m^2、钢架大棚 4 000 m^2、配套沟渠路等，建设期限 2017 年 12 月—2018 年 12 月，为进一步促进铜山试验发展，徐州农科所对脱毒种苗的组织培养、病毒检测、快繁技术进行研究开发，利用徐州农科所优势资源，制定了《徐州市种苗组培繁育中心》规划，前期计划主要针对甘薯、草莓和大蒜 3 种我所优势作物的脱毒组培苗进行研究探索。目前与甘薯病虫害防控研究室合作，承担徐州农科所科研基金项目——“甘薯脱毒原原种试验示范基地”，所财政拨付项目经费 10 万元，已经开展工作 2 年，完成了脱毒试管苗快繁任务，开展了高架基质草莓的栽培研究，有效促进了新学科的快速发展。

第十节 江苏徐农种业科技有限公司（简称徐农种业）

一、发展历程

“徐农种业”成立于 2001 年 9 月，前身是“徐州明天种业科技有限公司”，2005 年 7 月徐州农科所向徐州明天种业科技有限公司注册资金 500 万元，注册资金总额达 1 000 万元，其中江苏明天种业科技有限公司出资 150 万元。后来江苏明天种业科技有限公司 150 万元全部转让给江苏农业科技实业总公司；2007 年根据科技开发工作发展的需要，按照法定程序将“徐州明天种业科技有限公司”更名为“江苏徐农种业科技有限公司”，属徐州农科所全资企业，所长陈萍兼董事长，分管副所长刘超兼总经理，周兴根、冯国华（兼）、王健康（兼）副总经理。“徐州明天种业科技有限公司”是以各处室为单位运行；2012 年 4 月增资产到 3 000 万元。其中，575 万元增资额由徐州农科所工会委员会代表个人 103 名职工出资；徐州农科所增资 1 425 万；江苏农业科技实业总公司 150 万元出资额全部转让给徐州农科所，公司开始独立运行，所长陈萍为公司法人、董事长，周兴根为总经理；2012 年 11 月徐州农科所工会委员会 575 万元出资额分别转让给徐州丰康种子销售中心名义下 4 名自然人张梅 150 万元，丁震乾 76 万元，吴玉玲 216 万元，唐维 133 万元。2014 年 3 月 6 日孙克新调任公司副总经理（正科级）；2015 年 5 月公司法人由陈萍变更为周兴根，周兴根任董事长兼总经理，孙克新、黄忠勤任副总经理。2016 年 11 月成立合伙企业，张梅等 4 人代表上述合伙企业行使股东权利。

2017 年 2 月完成了事企脱钩改制工作，徐州农科所将 955 万元出资额转让给原自然人股东丁震乾，从合伙企业合伙人股本中由丁震乾支付上述出资款。至此，徐农种业注册资本 3 000 万元，其中张梅等 4 人代表的徐州丰康种子销售中心出资 1 530 万元，徐州农科所出资 1 470 万元。2019 年 9 月徐州丰康种子销售中心变更为徐州丰硕农业科技中心，张梅等 4 个自然人变更为 58 个自然人出资 1 530 万元。截至 2020 年底，徐农种业注册资本 3 000 万元，其中徐州农科所出资 1 470 万元，徐州丰硕种子销售中心出资 1 530 万元，公司股权徐州农科所与合伙公司比例为 49：51（2017 年评估价 3 845 万元）。目前，徐农种业内设“三部一所”（市场营销、生产、财务部和种业研究所）。现为江苏省种业协会副会长单位、北方稻作科技协会常务理事单位、中国种子协会第六届会员单位、国家黄淮南片小麦 HHN 科体联合体主持单位。

二、工作业绩

（一）徐农种业创新弥补了徐州农科所科技创新的不足

2012 年开始独立运行以来，与多家科研院所广泛合作。年投入经费 200 多万元，先后创建了杂交籼稻、玉米、常规稻麦等创新平台。育成小麦品种 2 个，杂交中籼 1 个，玉米品种 1 个，目前有 23 个材料进入国家和省级区域试验。

（二）以竞价获得稻麦新品种权，助推徐州农科所科技成果迅速、高效转化

2012 年以来，公司以市场为导向，先后买断徐州农科所 11 个稻麦品种的独占实施许可权。公司主营的徐麦 33、徐麦 35、徐农 029、徐稻 9 号、Y 两优 59 等品种，目前已成为江苏淮北主推品种。根据江苏省种子站提供的数据（江苏、安徽 2 省），徐麦 33 等 6 个公司主营品种累计推广面积达 1 250.7 万亩（表 5-25）。

表 5-25　江苏省种子站提供的推广面积　　单位：万亩

品种	年份						合计
	2015 年前	2016	2017	2018	2019	2020	
徐麦 31	148	11	1.30	1.00	7.35	13.00	181.65
徐麦 33	60	67	105.50	83.35	85.44	103.00	504.29
徐麦 35			39.00	68.56	68.57	90.00	266.13
徐农 029			3.80	2.15	8.85	15.00	29.80
徐稻 9 号			69.60	42.68	52.80	59.19	224.27
Y 两优 59			2.70	7.61	15.30	19.00	44.61

（三）承担项目支撑自主创新

2014—2020 年，主持省、部、市级项目 10 项，到账经费超千万元。在省级以上刊物发表论文 23 篇，获得专利 3 项。

（四）开展社会化服务，实施乡村振兴战略

公司每年有 3 万余亩小麦、1 万余亩水稻良繁和制种基地，分布在种植大户、农场、种子企业。做到“三个结合”：一是良种繁育与高产示范相结合。根据品种制定良繁和配套栽培技术，实现良种良法；在各县市建设麦、稻高产示范方，引导农民树立科技意识。二是技术培训与技术服务相结合。通过技术培训、发放技术资料、微信公众平台全程跟踪与指导、测产验收、现场观摩、种子交流会、种子包装信息、新闻媒体等活动为当地稻麦产业高质量发展提供技术支撑。近 3 年来，年建立百亩以上高产示范方 30 个以上，发放宣传资料 50 余万份，培训农民千人次，观摩人数超 5 000 人次，成为徐州农科所“科技成果”转化的主战场，成为各级政府部门品种观摩的重要窗口。创办的“徐州主要农作物产业分店”在 2015 年、2017 年、2018 年省科技厅考评中 3 次获得优秀。三是良种推广与高产创建示范相结合。2013 年，强筋小麦新品种徐麦 31 被列入国家级星火计划示范推广；2014 年徐麦 33 百亩示范方通过江苏省农业委员会组织的专家验收，实产 741.24 kg，创江苏小麦高产纪录，连续 3 年被评为“江苏好品种”，2015 年获“江苏品牌农资”十佳产品；2016 年 1130 亩徐麦 35 繁殖田，实收亩产达 712.3 kg，并通过省级实产验收；2019 年，1 300 亩徐麦 35 繁殖田，实收亩产达 648 kg，并通过中国种业协会实产验收，徐农 029 实收亩产达 815.6 kg，刷新安徽省亳州市小麦单产历史最高纪录，2019 年 7 月 1 日《农民日报》进行了报道。实践证明，徐农种业作为徐州农科所科技成果转化的重要平台，推动了创新科技成果的迅速转化，提高了科技人员创新的积极性，通过市场导向，使创新的质量和水平大幅度提高，创新成果更接地气，服务“三农”的意识更加明确；同时，种业的发展也离不开徐州农科所的技术依托和成果支持，二者实属鱼水关系不可分离、相辅相成、合作共赢。

三、运行情况

公司独立法人，自主经营，自负盈亏，设立股东会、董事会、监事会等完整的运行机构，本着诚信、敬业、服务、创新的经营理念，组建了一支科研、推广、生产、销售相结合的专业队伍。公司经营状况良好，年销售收入从 2013 年的 2 000 万元至 2017 年突破 5 000 万元。公司拥有较好的仓储条件、较为先进、完备的种子生产线及检验设备，建有稳定的种子繁育和生产基地，设立区域代理及直销网点 200 多家。引繁制种和推广销售小麦、水稻、玉米、大豆等品种遍及苏、鲁、豫、皖、鄂等省份，注册的“徐农”品牌在市场上享有较高的声誉。徐农种业一直不忘初心、牢记使命，竭诚与省内外同行交流合作、共谋发展，共创中国种业新的辉煌。

第十一节　社会组织

一、中国作物学会甘薯专业委员会

中国作物学会甘薯专业委员会，英文名称：THE PROFESSIONAL COMMITTEE OF SWEETPOTATO，CSSC（简称 PCS），是由甘薯科研、教育工作者、科技型企业家等自愿组成、依法登记成立的

学术性、社会公益性社会团体，是党和政府联系甘薯科研、教育工作者以及企业家的桥梁和纽带，是国家发展甘薯产业与科学事业的助手，是推进全国甘薯科学技术创新、推动甘薯产业发展、保障国家粮食安全、促进农业可持续发展的重要社会力量，也是中国科学技术协会、中国作物学会的组成部分。本会的业务主管单位是中国作物学会，社团登记管理机关是中华人民共和国民政部民间组织管理局，挂靠单位是江苏徐淮地区徐州农业科学研究所（中国农业科学院甘薯研究所）。

（一）办会宗旨

团结国内甘薯界广大科研、教育工作者及企业家，遵守国家的宪法、法律、法规和国家政策，弘扬高尚的职业道德，坚持“百花齐放，百家争鸣”方针，倡导“献身、创新、求实、协作”的精神，落实科学发展、高质量发展新思想，提倡开拓创新、与时俱进的科学精神，坚持民主办会原则，促进甘薯科学技术的普及与发展，促进甘薯科学技术人才的成长与提高，促进甘薯科学技术与经济建设的结合与融合，为实现我国农业现代化做出贡献。

（二）组织沿革

1987 年 3 月 2 日江苏徐州甘薯研究中心（原江苏徐州甘薯研究室）以《关于筹建中国作物学会甘薯专业委员会情况的报告》（徐薯研〔87〕字第 23 号）文报请中国作物学会，同年 5 月 3 日中国作物学会〔87〕农学作字〔5〕号文批复同意，文中称：中国作物学会 1987 年 5 月 3 日在京常务理事会审议通过了《关于筹建中国作物学会甘薯专业委员会情况的报告》一致同意成立中国作物学会甘薯专业委员会。

中国作物学会甘薯专业委员会 1987 年 7 月 30 日正式成立，已选举产生六届理事会，理事会一般任期为 5 年，选举换届均报请中国作物学会同意后履行程序。

1. 第一届委员会（理事会）

1987年3月在湖南省长沙召开第一届委员会（理事会）筹委会。1987年7月30日正式成立第一届委员会，选举产生委员（理事）31人，其中主任委员（理事长）1人、副主任委员（副理事长）4人、秘书长1人、副秘书长2人。

委员（理事）会任期：1987年7月30日—1993年3月1日
主任（理事长）：盛家廉
秘书长：吴 霖

2. 第二届委员会（理事会）

1993年2月26日—3月1日在山东省济南市召开全国甘薯育种、薯类资源攻关工作会议期间，于3月1日下午作为专题会议，选举产生委员（理事）33人，其中主任委员（理事长）1人、副主任委员（副理事长）2人、常务委员（常务理事）5人，秘书长1人、副秘书长3人、顾问2人。

委员（理事）会任期：1993年3月1日—2000年10月28日
顾问：杨洪祖 盛家廉
主任（理事长）：袁宝忠
秘书长：邬景禹

3. 第三届委员会（理事会）

2000年9月在江苏徐州甘薯研究中心召开换届会议，选举产生委员（理事）45人，其中主任委员（理事长）1人、副主任委员（副理事长）2人、常务委员（常务理事）9人，秘书长1人、副秘书长3人、联络秘书13人、顾问4人。

委员（理事）会任期：2000年9月27日—2005年8月22日

顾问：袁宝忠　陆淑韵（女）　叶彦复　王荫樨

主任（理事长）：马代夫

秘书长：孙近友

4. 第四届委员会（理事会）

2005 年 8 月在四川省成都市召开换届会议，选举产生委员（理事）62 人，其中主任委员（理事长）1 人、副主任委员（副理事长）3 人、常务委员（常务理事）17 人，秘书长 1 人、副秘书长 4 人。

委员（理事）会任期：2005年8月22日—2013年1月9日

主任（理事长）：马代夫

秘书长：孙近友

5. 第五届委员会（理事会）

2013年1月在浙江省杭州市召开换届会议，选举产生委员57人，其中主任委员（理事长）1人、副主任委员（副理事长）5人、常务委员（常务理事）21人，秘书长1人、副秘书长5人。

委员（理事）会任期：2013年1月9日—2018年3月8日

主任（理事长）：马代夫

副主任（副理事长）：刘庆昌　张立明　房伯平　李育明　李　强

秘书长：孙近友

副秘书长：蒋玉峰　翟　红（女）　王庆美（女）　陈景益　何素兰（女）

常务委员（常务理事）21人：（以姓氏笔画为序）

丁　斌　马代夫　孔宪奎　王大一（女）　刘庆昌　孙近友
余　华（女）　张立明　张振臣　李育明　李　强　邱　军
邹光友　陆国权　陈彦宾　房伯平　郑元林　赵　海　钮福祥
傅玉凡　谢开云

委员（理事）57人：（以姓氏笔画为序）

马如斌　木泰华　王同勇　王庆南　王良平　王季春　王　钰（女）
卢跃华（女）　史春余　史衍玺　刘　峰　刘小平　刘玉恒
刘华荣　刘志坚　刘明慧　余金龙　吴列洪　吴问胜　张允刚
张永春　张松树　张超凡　张　鹏　李　云　李建国　李明福
李洪民　李爱贤　杨立明　杨国红　杨爱梅（女）　杨新笋
汪　云　陈书龙　陈天渊　陈选阳　周新保　季志仙（女）
林祖军　武宗信　罗维禄　范泽民　范恒进　金　平　胡良龙
唐　君（女）　郭小丁　曹清河　阎文昭　黄成星　黄　洁

蒋小平　谢一芝　谢逸萍（女）　廖志华　翟英芬

6. 第六届委员会（理事会）

2018年3月在江苏省徐州市召开换届会议，选举产生委员（理事）84人，其中会长（理事长）1人、副会长（副理事长）6人、常务委员（常务理事）23人，秘书长1人、副秘书长6人。

委员（理事）会任期：2018年3月8日—

主任（理事长）：马代夫

副主任（副理事长）：刘庆昌　张立明　李　强　卢肖平　房伯平　李育明

秘书长：曹清河

副秘书长：（以姓氏笔画为序）

王　欣（女）　王庆美（女）　何素兰（女）　黄立飞

蒋玉峰　翟　红（女）

常务委员（常务理事）23人：（以姓氏笔画为序）

马代夫　木泰华　孔庆富　卢肖平　刘庆昌　李　强　李育明

邹光友　杨春笋　张立明　张　鹏　张振臣　陆国权　易中懿

房伯平　郑元林　赵　海　赵天学　胡良龙　钮福祥　贺娟（女）

曹清河　傅玉凡

委员（理事）84人：（以姓氏笔画为序）

马代夫　木泰华　孔庆富　王　欣（女）　王　钰（女）

王同勇　王庆南　王庆美（女）　王季春　卢肖平

卢跃华（女）　史春余　刘　庆　刘庆昌　刘　峰　刘小平

刘玉恒　刘兰服（女）　刘华荣　刘志坚　李育明　刘明慧

李　云　李小宁　李明福　李宗芸（女）　李洪民　李爱贤

李　强　何素兰（女）　杨国红　杨爱梅（女）　杨春笋

吴列洪　吴问胜　陆国权　易中懿　邱思鑫　郑元林　余金龙

辛国胜　张立明　张文毅　张允刚　张玉明　张永春　张兴瑞

张勇跃　张超凡　张　鹏　张振臣　陈天渊　陈书龙　陈选阳

陈胜勇　陈景益　邹光友　武宗信　房伯平　范泽民　范恒进

季志仙（女）　金　平　钮福祥　周新保　孟令文　赵　海

赵天学　胡良龙　贺　娟（女）　郭小丁　郭其茂

唐　君（女）　蒋玉峰　黄立飞　黄　洁　黄成星　傅玉凡

曹清河　谢一芝　谢逸萍（女）　廖志华　谭文芳（女）

翟　红（女）

2019年5月根据作物学会党委通知精神，经中国作物学会甘薯专业委员会常委会讨论通过，并报请中国作物学会党委批准，建立中国作物学会甘薯专业委员会党建工作小组。

组长：马代夫

副组长：刘庆昌

成员：张立明　曹清河　王　欣（女）

（三）主要工作

自 2011 年以来，本会历经三届委员（理事）会，各项工作都有明显进步和长足发展。通过认真贯彻落实中国科协“四服务一加强”及中国作物学会“献身、创新、求实、协作”的精神，在中国科学技术协会、中国农业科学院、中国作物学会和挂靠单位的领导与支持下，坚持围绕中心、服务大局，在近 10 年，始终把加强党和政府同科技工作者的联系作为基本职责，把竭诚为科技工作者服务作为根本任务，把开展学术交流、发挥学术交流对自主创新的重要作用作为学会的基本职责，把上级领导和广大会员是否满意作为衡量工作的主要标准。学会积极参加国家创新体系建设，积极搭建不同形式、不同层次的学术交流平台，积极推动科学家之间的交流。每年一次的国家甘薯产业技术体系考评总结暨中国作物学会甘薯专业委员会学术研讨会已成为本会高效、节俭、闪亮的品牌会议；期间先后举办十届全国甘薯高产（高产高效、优质高效）竞赛和六届全国甘薯擂台赛，以竞赛为手段引导甘薯产业由高产向优质高效发展；同时，学会积极参与并承办国际甘薯学术交流会议，2012 年以来，成功组织举办第四届至第九届中日韩甘薯学术讨论会、每年一届的中日韩甘薯产业峰会、第四届国际甘薯学术研讨会等具有国际影响力的会议。并组织主持和指导每年一届的中国甘薯产业博览会。

特别是在中国暴发新冠肺炎疫情后，马代夫理事长于 2020 年 2 月 21 日代表甘薯专业委员会向中日韩三边甘薯研究会（TRAS）等外方专家发送“致国际同行一封信”，介绍中国政府在疫情发生以来高度负责的应对措施和防控效果，中国政府和人民战胜疫情的信心和决心，同时也介绍了中国作物学会甘薯专业委员会的专家积极调研疫情对薯农和甘薯产业的影响，为薯农春季生产开展网上技术培训，为经济薄弱村或贫困村发展甘薯产业提供咨询和技术指导等工作情况。先后收到日本 Kazusa DNA 研究所的高级研究员 Isobe 女士、韩国科学院院士郭尚洙博士和国际马铃薯中心亚太分中心主任卢肖平的回信。2020 年 11 月 16—19 日在陕西省宝鸡市主持召开了第二届中国甘薯青年学术研讨会。中国作物学会甘薯专业委员会成员及甘薯青年科研工作者、研究生等近 200 人出席，还特邀万建民院士到会作“水稻重要基因克隆及育种利用研究”专题报告。研讨会以“传承奉献创新发展”为主题，以院士报告、特邀报告、分会场学术报告、墙报交流、论文交流等方式进行，采取线下报告结合线上直播，为与会人员和全国甘薯学者提供了获取甘薯科研新动态、交流新思想的平台。54 位青年学者在甘薯育种与生物技术、高产高效栽培及生理、病虫害机制及防控、加工利用及产业经济 4 个分会场做了现场演讲，60 余名学者通过墙报展示最新研究进展，还收录 73 篇论文摘要，进一步活跃了甘薯学术氛围，成为甘薯学科、甘薯产业发展的又一个里程碑。

作为作物科普工作的主要社会力量，学会积极参加全国科技周和科普日活动，以科普资源共建共享为突破口，开展群众性、基础性、社会性科普活动和“甘薯科技县区行”“精准扶贫甘薯帮扶”“甘薯科技苏鲁豫皖行”“甘薯组织培养与病毒检测培训月”“甘薯开放日”等科技服务活动，影响广泛、实用性强、成效显著，不断增强学会的科普服务能力和科技服务水平。特别是我国著名科学家、杂交水稻之父袁隆平院士挥笔题写的“扶贫攻坚，甘薯当先”，既是对甘薯科技产业成就的认可与赞赏，更是对甘薯科技工作者的厚爱与勉励。

2011 年以来，本会抢抓机遇，在中国作物学会的关心、指导下，在各理事长单位的支持、协助下，全体会员团结一心、通力合作，继承和发扬了甘薯专业委员会“勇于奉献”的优良传统和作风，本着“凝聚农科教、服务产学研”的宗旨，创新工作方式方法，探索学会发展机制，着力抓好学术交流、科学普及、科技咨询、科技奖励、人才举荐、科技培训等工作，不断加强学会自身建设，实现了持续、稳定和健康发展。在这 10 年中，本会连续 3 次获得中国作物学会“先进学会”，孙近友、曹清河等被评为中国作物学会“先进工作者”。在第 4 ~ 6 届理事会任职期间，学会不仅关注学会事业发展，还聚焦服务全国现代农业、甘薯产业。在搭建交流平台、启迪创新思维、传播科学理念、提升民众科学素养、促进产学研深度结合等许多方面充分发挥了独特优势和作用，为加快促进全国甘薯产业转型升级、生态环境持续改善、乡村振兴战略实施和全面建成更高水平小康社会做出了积极贡献。

经过 2011—2020 年的风雨沧桑，中国作物学会甘薯专业委员会现已发展成为拥有全国 24 个省（区、市）的 63 家会员单位、614 名个人会员的中国作物学会专业分支机构。根据学会历年《工作总结》不完全统计，近 10 年来，在全国开展甘薯学术交流 62 场次（年均 6.2 场次）、参加人员 18 541 人次（年均 1 800 人次以上）；开展品种示范、成果推广、科技培训等技术指导 32 场次（年均 3.2 场次）、受训人员 35 792 人次（年均 3 500 余人次）；连续 10 年主办或协办形式多样的“全国甘薯高产高效竞赛”“全国甘薯品种区试年会”等全国性甘薯评比、表彰、鉴定和学术研讨会议，涉及甘薯科研、推广单位、种植大户、合作社、企业等各团体的人员达 6 000 余人次。此外，全年甘薯品种资源筛选利用、种植技术、机械化栽培、病虫害防控、产后加工利用科技人员共 709 人次赴全国各甘薯主产区、开辟新疆等高纬度地区开展甘薯栽培技术示范与培训，受训的薯农 12 000 余人次，展示甘薯产业链各环节关键生产技术最新成果 50 余项，进一步促进了全国甘薯产业的健康、持续、快速发展。

二、徐州市农学会

徐州市农学会（英文名 Xuzhou Association of Agricultural Science Societies，缩写为 XAASS）成立于 1981 年 2 月 26 日，是徐州市乃至江苏省较早依法登记成立的市级学会之一。本会的业务主管单位是徐州市科学技术协会，社团登记管理机关是徐州市民政局社会组织管理办公室，挂靠单位是徐州农科所。接受徐州市民政局的组织管理和徐州市科学技术协会、江苏省农学会的业务指导。

（一）办会宗旨

团结、动员和依靠广大农业科技工作者，遵守《中华人民共和国宪法》、法律、法规和国家政策，遵守社会道德风尚；坚持“百花齐放、百家争鸣”，倡导“献身、创新、求实、协作”的科学精神；坚持民主办会；坚持科学技术是第一生产力的思想，实施科教兴农、助农，以农业、农村、农民经济可持续发展战略为目标，坚持学科创新发展和学术交流，促进农业科学技术的繁荣与发展，促进农业科技成果转化，促进农科教结合，促进人才成长与提高，促进科技、教育与经济发展相结合，促进新农村建设，构建和谐社会，为现代农业发展做出贡献。

（二）组织沿革

1. 选举产生五届理事会

自成立至今，已有 40 年历史，共召开 5 次会员代表大会，选举产生五届理事会。历届理事会任期不尽相同，其原因都是在届满时出现种种影响因素并报请上级主管部门同意延期换届所致。现在 2010 年出版发行的《江苏徐淮地区徐州农业科学研究所志（1910—2010）》基础上，将历届理事会任期、顾问、名誉理事长、理事长、秘书长、监事等简述如下。

第一届理事会

理事会任期：1981年2月26日—1986年4月21日

理　事　长：李元泉

副理事长：段芳春　胡学勤　眭　彪

秘　书　长：汤敖荣

副秘书长：张运凯

第二届理事会

理事会任期：1986年4月21日—1994年10月28日

名誉理事长：蔡修邦

理　事　长：罗玉荣

副理事长：眭　彪　颜振德

秘　书　长：华希新

副秘书长：周维富　汤敖荣

第三届理事会

理事会任期：1994年10月28日—2010年7月21日

名誉理事长：汪为群　唐朝双

理　事　长：李国柱

副理事长：眭　彪　颜振德　丁维合　赵玉柱　刘金山　李秀花　刘菊花　孙建军

秘　书　长：夏善保

副秘书长：江　淮　陈　萍

第四届理事会

2010年7月在徐州市中山饭店举行换届选举会议。

理事会任期：2010年7月21日—2018年4月10日

顾　　　问：漆冠山

名誉理事长：张学胜　谢建林　陈建领

理　事　长：陈　萍

副理事长：董全才　陈荣振　刘存山　秦越华　杨大勋

秘　书　长：孙近友

副秘书长：王松松　王言华　李　强

第五届理事会

2018年4月在徐州农科所举行换届选举会议。

理事会任期：2018年4月10日—

组织概况：名誉理事长4人，理事长1人，秘书长1人，副理事长8人，副秘书长3人，监事1人，理事会由58人组成，其中常务理事会组成人员13人；理事长单位8个，秘书长单位3个，理事单位22个，登记会员579人，其中登记新会员126人；下设“一处四委”工作机构，即秘书处、组织工作委员会、科技工作委员会、专家工作委员会。

名誉理事长：陈　萍　谢建林　杨亚伟　马代夫

理　事　长：刘明钟

副理事长：滕俊磊　李　强　刘从良　秦越华　李宗芸　杨　政　花纯伟　张黎明

秘　书　长：孙近友

副秘书长：温荣夫　王言华　蒋玉峰

监　　事：张　梅

常务理事（13人）：

刘明钟　滕俊磊　李　强　刘从良　秦越华　李宗芸　杨　政　花纯伟
张黎明　孙近友　温荣夫　王言华　蒋玉峰

理事会（58人，排名不分先后）：

刘明钟　滕俊磊　李　强　刘从良　秦越华　李宗芸　杨　政　花纯伟
张黎明　杨　峰　马代夫　孙近友　温荣夫　王言华　蒋玉峰　冯国华
王健康　李卫华　王　幸　樊继德　唐　君　曹清河　张允刚　李洪民
唐忠厚　谢逸萍　孙厚俊　钮福祥　周兴根　张瑞平　端礼钦　孟　雷
蒋　伟　苏华远　李振宏　董中民　刘凤君　王大鹏　吴敬东　王其民
范　勇　王为林　苗　亚　刑　维　毕玉秀　王庆濛　臧　雷　张道民
陈永亮　强承魁　王胜永　赵　虎　刘敬然　孟祥志　张　红　王文香
张仁祖　沈玉堂

2. 设置4个学会分支机构

学会秘书处

处　　长：孙近友（兼）

副处长　王玉丽

主要职责：负责学会的日常管理工作；负责学会工作规划、计划的拟制和各种文件的起草，资料的整理归档；负责学会印章的使用、管理；负责学会各种会议、活动的策划、组织与安排；负责学会会费的收取等财务管理工作；完成理事会决定和理事长交办的其他任务。

组织工作委员会

主任委员：温荣夫（兼）

副主任委员　王言华（兼）　孟祥志　张祖仁

主要职责：负责会员的发展、管理工作；负责会员档案管理、联络、服务维权等工作；协调学会内外关系，负责与政府有关部门、各兄弟学会、社会各界及会员单位联系，进行上传下达，协调会员单位各项工作。

科技工作委员会

主 任 委 员：蒋玉峰（兼）

副主任委员 刘敬然 赵 虎 沈玉堂

主 要 职 责：向会员单位提供农业科技信息，宣传和普及农学知识，增强科学意识，提高农业创新活动的能力和水平；掌握了解会员单位农业科技工作方面的需求，针对困难和问题提供帮助；根据学会职能，组织举办专题讲座、科技培训，提供农业技术咨询服务；负责学会的宣传工作，构筑起相互交流、信息发布、资源共享的平台。

专家工作委员会

主 任 委 员：陈荣振

副主任委员 董全才 刘存山

秘 书 长 孙近友（兼）

主 要 职 责：为全市现代农业发展、结构调整等宏观决策提供技术咨询；参与农作物、水产、畜禽品种考察，为引进、试验、示范推广新品种提供决策依据；受聘参加农药、种子、肥料、饲料、兽药等农业投入品质量纠纷和案件的技术鉴定；参与对引进重大农业科技示范推广项目的咨询评估；对本会会员拟申报立项的农业科研、开发项目的可行性进行论证与技术审查；制定全市各种抗灾救灾技术预案、实施方案；开展农业科技培训，做好重大新技术、新成果转化、推广的技术咨询和服务。

3. 理事长单位、秘书长单位、理事单位

（1）理事长单位8个 徐州市农业科学院 徐州市农业委员会 徐州市农业资源开发局 徐州生物工程职业技术学院 江苏师范大学生命科学学院 徐州市农业干部中等专业学校 徐州市气象局 徐州黎明食品有限公司

（2）秘书长单位3个 徐州市农业科学院 徐州市农业委员会 徐州市农业资源开发局

（3）理事单位22个 徐州市农业科学院有关处、室、站、公司；徐州市农业委员会有关处、室、站、所、中心；徐州市农业资源开发局有关处、室、站；徐州生物工程职业技术学院相关院系；江苏师范大学生命科学学院；徐州市农业干部中等专业学校有关处、室、专业系；徐州市气象局相关处、室、站、台；徐州黎明食品有限公司相关部、室、厂；丰县、沛县、铜山区、睢宁县、邳州市、新沂市、贾汪区7个县（市、区）农业委员会；丰县、沛县、铜山区、睢宁县、邳州市、新沂市、贾汪区7个县（市、区）农业资源开发局。

（三）主要工作

徐州市农学会自成立开始，长期秉持“研究学术，图农业之发挥；普及智识，求农事之改良”，积极履行农业科普宣传、学术交流、会员维权等职能，为推动徐州率先实现农业现代化做出了积极贡献。尤其是2011年以来，徐州市农学会紧紧围绕党中央、国务院、省、市党委、政府对新时期、新时代学会工作部署的新任务，特别是在智库建设、推动科技创新、人才举荐、科技奖励、技术标准编制、提供社会化科技服务产品等方面对学会提出的新要求，一贯认真贯彻落实中央、党、省、市的群团工作会议精神和中国科学技术协会“四服务一加强”以及江苏省委“两聚一高”要求，以服务徐州科技强市建设和决战决胜脱贫攻坚、高水平全面实现小康为目标，深刻把握经济发展新常态对学会工作的新要求，在继续加强自身能力建设的同时，发挥多学科综合性学术团体优势，开展丰富多彩的科普活动，搭建高水平学术交流平台，积极向党和政府建言献策，凝聚徐州市广大会员创新创业，激发全市农业科技工作者智慧，为徐州现代农业发展和建设富强美高新徐州做出更大的贡献。

1. 开展学术交流活动

近 10 年来，针对不同时期出现的农业生产问题，组织相关专家跟紧跟近服务、把脉问诊，及时提出解决瓶颈或关键性问题的技术方法；支持或联合召开学术研讨会 5 次，参加会员 267 人；派员参加国家、省、市学术报告会 15 次，参会人员 29 人次；协助理事长单位开展农业科技协（合）作、接待国际机构、国外境外来访专家学者来徐访问考察 4 次，举办“现代农业科技园区讲座”“科技互联网 +”培训 3 场次，受训的科技人员 200 余人次。

2. 开展考察调研活动

“十二五”以来，徐州市农学会与市、县（区）涉农行政部门配合，开展农业科技考察、调研 11 次，主办或协办粮、棉、油、菜、果、菌、肥、药等专业现场观摩活动 20 余场次，听讲和受训的县镇村技术骨干、专业户、种田能手达 1.5 万人次以上。呈交调研报告、提案建议等 10 篇，为市政府领导、业务主管部门、农业科研教学单位制定规划、计划、政策等决策提供参考。

3. 开展科技推广活动

徐州市农学会在 2011—2020 年，报请立项徐州市农业资源开发科技推广项目 4 项、徐州市科学技术协会能力提升项目 3 项，获得项目资助经费 20.6 万元，既给学会开展科技推广、助农发展发挥作用搭建平台、提高影响力，也给学会活动经费匮乏提供补充、保障学会工作常态化。

4. 开展科普下乡活动

在近 10 年中，徐州市农学会每年都组织科技人员积极参加科普宣传周、科技下乡活动，年均制作图片展板 16 块，印发咨询手册、编印科技资料 11 种 2 000 余份（册）。

5. 开展评先选优活动

2011 年以来，积极组织开展徐州市两年一次的自然科学优秀论文评选共 5 次，推荐初评论文 194 篇，获奖 82 篇，其中一等奖 13 篇；徐州市农学会在参评明星、先进、创新特色等学会评选活动中，被评为四星级学会、先进学会、创新特色学会 6 年次。

6. 开展学会建设活动

2010 年召开四届理事会，有会员 450 人，其中高级职称会员 178 人，到 2018 年 4 月选举换届第五届理事会时，登记的会员数量达 579 人，其中高职称会员 363 人。

7. 开展服务会员活动

咨询引荐本会会员赴国外考察访问、交流学术、合作研究等 14 人，遴选优秀科技工作者和业绩优异的理事参加江苏省农学会或徐州市科学技术协会组织的休假活动 12 人次；向国家、省、市推荐优秀会员参评各级评先选优活动，有 4 人获得杰出人才或优秀人才荣誉称号。

8. 全面完成学会各项工作

在抓好徐州市农学会日常管理及会费收缴等工作的同时，圆满完成徐州市民政局、徐州市科学技术协会下达的各项任务；积极参加中国农学会、中国作物学会、江苏省农学会等上级组织开展的各种学术学会活动；主动联合理事长单位、挂靠单位主办、承办或联办服务“三农”、助农发展、扶贫攻坚、学术研讨、现场观摩、科技行动等社会有益性活动，既扩大学会对外的影响力又彰显会员获得科技成果的社会经济价值。

第十二节 民主党派

徐州农科所现有的民主党派为中国国民党革命委员会、中国民主同盟、九三学社、无党派知识分子联谊会4个，中国各民主党派是中国共产党领导的爱国统一战线的重要组成部分。

一、中国国民党革命委员会（简称民革）徐州农科所成员

（一）基本情况

自2003年11月起陈萍从徐州市农业局副局长调任徐州农科所所长，徐州农科所开始有中国国民党革命委员会成员，先后有民革成员5人，2015年1人调离，现有在职成员4人，分别参加民革徐州市委综合支部、铜山支部和云龙支部的活动。

（二）主要成员概况

1. 陈萍

1998年11月加入民革，参加民革徐州市委综合支部活动。曾任徐州农科所所长（院长）、助理研究员、副研究员、研究员、博士生导师（1982年2月—2016年7月；2003年11月—2015年1月），民革徐州市委第十一届主任委员、第十一届全国人民代表大会代表（2008年3月—2013年3月），享受国务院政府特殊津贴，中国农业科学院第六、第七、第八届学术委员会委员。详见履历表5-26。

表5-26 陈萍履历

时间	单位及职称、职务
1978年2月—1982年2月	南京农学院植保系读书
1982年2月—1989年10月	徐州农科所棉花研究室实习研究员、助理研究员
1989年10月—1992年11月	徐州农科所棉花研究室助理研究员、室副主任
1992年11月—1996年7月	徐州农科所棉花室研究副研究员、室主任
1996年7月—2002年5月	徐州市农业局副研究员、副局长
2002年5月—2003年11月	徐州市农业局；民革徐州市委，副研究员、副局长；副主任委员
2001年9月—2002年12月	江苏省委党校政治经济学专业硕士研究生
2003年11月—2008年3月	徐州市农业科学院；民革徐州市委，研究员、院长；副主任委员（兼）
2008年3月—2011年12月	徐州市农业科学院、徐州市政协、民革徐州市委，研究员、院长；副秘书长（兼）；副主任委员（兼）

（续表）

时间	单位及职称、职务
2011 年 1 月—2012 年 6 月	徐州市农业科学院、民革徐州市委、徐州市政协，研究员、院长；主任委员；副秘书长（兼）
2012 年 6 月—2015 年 1 月	徐州市农业科学院、徐州市政协、民革江苏省委、民革徐州市委，研究员、博士生导师、院长；副主席（兼）；副主任委员（兼）；主任委员
2015 年 1 月—2020 年 1 月	徐州市政协、民革江苏省委、民革徐州市委，副主席；副主任委员（兼）；主任委员
2020 年 1 月—2020 年 6 月	民革江苏省委、民革徐州市委，副主任委员（兼）；主任委员
2020 年 6 月—	民革江苏省委，副主任委员（兼）

2. 李强

2009 年 11 月加入民革，参加民革徐州市委综合支部活动。现任徐州市农业科学院研究员、副院长（2011 年 6 月—）、民革徐州市委委员（2016 年 11 月—）、民革徐州市委监督委员会主任（2016 年 11 月—），民革江苏省第十一届委员会经济和“三农”委员会委员（2017 年 10 月—），曾任民革徐州市委综合支部主任委员（2012 年 8 月—2017 年 6 月）。现为科技部重点研发计划项目首席科学家，国家甘薯产业技术体系岗位科学家，主持育成甘薯新品种 12 个，获品种权 5 个，发表研究论文 100 余篇，其中 SCI 收录 10 篇，制定国家、行业和地方标准 5 项，授权国家发明专利 6 项，获成果奖励 15 项。兼任中国农业科学院和江苏师范大学博士生导师、农业农村部甘薯生物学与遗传育种重点实验室主任、中国作物学会甘薯专业委员会第五届理事会副理事长（2013 年 1 月—2018 年 3 月）、第六届理事会副会长（2018 年 3 月—）、徐州市农学会第五届理事会副理事长（2018 年 4 月—）、中国农业科学院第八届学术委员会委员（2016 年 3 月—）、农业农村部薯类作物生物学与遗传育种重点实验室学术委员会委员（2016 年 8 月—2021 年 8 月）、农业农村部甘薯生物学与生物技术重点实验室学术委员会委员（2017 年 1 月—2020 年 12 月）、江苏省农业科学院第九届学术委员会委员（2018 年 1 月—2020 年 2 月）、第十届学术委员会委员（2020 年 2 月—）、江苏省第四批产业教授（2017 年 1 月—2020 年 12 月）、政协徐州市第十五届委员会农业和农村委员会兼职副主任（2019 年 8 月—）、第一届徐州欧美同学会（徐州留学人员联谊会）副会长（2019 年 12 月—）、徐州市生物学会第五届理事会副理事长（2020 年 8 月—）。

3. 赵永强

2013 年加入民革，参加民革徐州市委综合支部活动。现任徐州农科所园艺研究室副主任、副研究员和民革徐州市委综合支部宣传委员。徐州市第七期“双百高层次人才培养工程”拔尖人才培养对象。主持和参与各项课题 10 余项，发表研究论文 16 篇，参与制定农业行业标准 2 项、江苏省地方标准 2 项，获得国家发明专利授权 6 项，各类成果奖 5 项。

4. 陈飞

2015 年加入民革，参加民革徐州市委铜山支部活动。现任徐州农科所铜山试验站副站长、民革徐州市委铜山支部组织委员。

5. 王静

2020 年加入民革，参加云龙支部活动。徐州农科所小麦研究室副研究员，主持和参与各项课题 20 余项，作为主要完成人育成小麦新品种 10 余个，其中作为第一完成人育成小麦新品种 2 个，获得新植物品种权 6 项，获各类成果奖 6 项。

二、中国民主同盟（简称民盟）徐州农科所支部

自 1962 年 8 月开始，徐州农科所的甘薯专家盛家廉作为民盟成员参加 1993 年之前的民盟徐州市联合支部活动；1993 年 2 月 18 日成立徐州农科所民盟支部，历经换届 5 次，曾有民盟成员 8 人，其中病故 1 人，调离 1 人，退休 3 人，现有在职民盟成员 3 人。

（一）基本情况

1951 年盛家廉先生加入民盟，成为徐州农科所最早的民盟成员。1993 年 2 月经民盟徐州市委员会批准，成立了第一届徐州农科所民盟支部，支部主任委员为于承祖副研究员，历时 3 年（1993 年 2 月—1996 年 2 月）；第二届支部（1996 年 3 月—2001 年 8 月）和第三届支部（2001 年 9 月—2006 年 9 月），支部主任委员均为宋玉萍副研究员；第四届支部，从 2006 年 10 月至 2016 年 6 月，支部主任委员为唐君研究员；第五届支部，从 2016 年 7 月—2020 年，支部主任委员为张成玲副研究员（表 5-27）。

表 5-27　2011—2020 年徐州农科所民盟支部换届情况

届别	届期	主任委员	组织委员	宣传委员
第四届	2006 年 10 月—2016 年 6 月	唐君	宋玉萍	张祖明
第五届	2016 年 6 月—	张成玲	张成玲（兼）	齐玉军

（二）盟员概况

1. 盛家廉

甘薯科研先驱、老一辈甘薯科学家盛家廉先生主持育成甘薯品种 21 个，尤其是“高产抗病甘薯新品种徐薯 18”于 1982 年荣获国家发明奖一等奖；主编专著《甘薯》《中国甘薯栽培学》《中国甘薯品种志》《全国甘薯品种资源目录》等 8 部，发表甘薯研究论文 49 篇，对指导全国甘薯产业的科技、生产、利用发挥了不可替代的巨大效用。

2. 唐君

徐州农科所三级岗位研究员、国家甘薯产业技术体系“甘薯种质资源收集与评价”岗位专家，连续 12 年在甘薯体系年度工作考核中，考核成绩均为优秀；在甘薯资源方面发表研究论文 80 余篇。2002 年，参加主持的“甘薯脱毒生产技术体系研究与应用”荣获江苏省科学技术进步奖二等奖和徐州市重大科技成果奖，参加培育的薯绿 1 号获得淮海科学技术奖一等奖；2019 年参加的“甘薯优异种质资源的挖掘与利用”获得江苏省科学技术奖三等奖，第二完成人参加的“甘薯优良品种评价利用与配套栽培技术集成应用”获得新疆维吾尔自治区科学技术进步奖二等奖；撰写的地方标准获得徐州市政府奖励，团队培育的甘薯新品种徐新薯 2 号获得品种登记。同时还在 2012 年荣获徐州“三八红旗

手”光荣称号，多次被评为徐州市优秀盟员。

3. 张祖明

研究员，原为国家现代农业产业技术体系花生体系徐州综合试验站站长，累计发表有关大豆和花生等油料作物相关论文 40 余篇。育成“徐花 8 号至徐花 17 号”等花生新品种，并成为我国北方花生区的主要推广品种之一。主持的“花生种质资源的收集评价与利用”获农业农村部科学技术进步奖三等奖。

4. 张成玲

徐州农科所副研究员、甘薯病虫草害防控研究室副主任，徐州市第七期双百工程拔尖人才、江苏省第五期“333 工程”第三层次培养对象、甘薯线虫与真菌病害岗位成员，参与的“花生病虫草害绿色防控技术”和“甘薯茎线虫病侵染机理及综合防控技术研究与应用”分别获得淮海科学技术奖一等奖。主持省级项目 4 项，其余项目 2 项，获得第十五批“六大人才高峰”项目和“333 工程”项目资助，参加课题项目 8 项。参与撰写专利 8 项，授权 4 项，发表相关研究论文 70 余篇。

5. 齐玉军

徐州农科所助理研究员、国家大豆产业技术体系徐州综合试验站成员，主持市项目 1 项，院项目 1 项；参与国家重点研发项目 2 项，省级重点研发项目 5 项，市级项目 2 项。参与育成夏大豆新品种 7 个，鲜食大豆新品种 2 个。参与制定省级标准 1 个，参与申请专利 3 项，发表论文 2 篇。以主要完成人获得江苏省农业科学院科学技术进步奖二等奖 1 项、徐州市科学技术进步奖二等奖 1 项。

（三）参政议政

盛家廉先生先后当选第六、第七届全国人民代表大会代表，徐州市第七、第八届政协副主席，民盟中央委员。郭小丁为第九、第十届全国人民代表大会代表。宋玉萍为徐州市第八届人民代表大会代表。唐君为徐州市第十一、第十二、第十三届政协常委，张成玲为徐州市第十五届政协委员。他们积极参政议政，建言献策，为徐州市的生态生活环境、农业发展及农科所的科研、生活等方面提出了许多有价值的提案和建议。

三、九三学社（简称九三）徐州农科所支社

（一）基本情况

九三徐州农科所支社成立于 1995 年 4 月 12 日，成员由 3 人到 9 人，现在职 5 人，退休 4 人；历经 6 次选举换届，2011 年 7 月 11 日、2016 年 7 月 22 日九三学社徐州市委员会分别批复同意九三徐州农科所第五届、第六届支社委员组成人员名单（表 5-28）。

表 5-28　2011—2020 年九三学社徐州农科所支部换届情况

届别	任期	主委	副主委	组织委员	宣传委员	信息委员
第三届	2006 年 7 月—2011 年 7 月	李卫华		赵冬兰	王宗标	
第四届	2011 年 7 月—2016 年 7 月	李卫华		赵冬兰	王宗标	
第五届	2016 年 7 月—	李卫华	黄忠勤	赵冬兰	孙亚伟	史新敏

（二）工作业绩

2011年以来，九三学社徐州农科所支社成员逐步增加，活动不断增强，成效持续突显。一直坚持中国共产党的领导，认真学习中共十八大、十九大系列文件精神。充分认识全面推进依法治国的重大意义，把学习文件同履行参政党职能有机结合起来，同加强自身建设有机结合起来，同开展坚持和发展中国特色社会主义学习实践活动有机结合起来，坚决维护《中华人民共和国宪法》（简称《宪法》）和法律权威，自觉在《宪法》和法律范围内活动，积极履行《宪法》和法律赋予的职责，坚定不移地走中国特色社会主义法治道路。深入贯彻习近平总书记系列重要讲话精神，积极投身全面推进依法治国伟大实践，开拓进取，扎实工作，坚定了为建设法治中国、实现中华民族伟大复兴的中国梦而奋斗的决心。按照九三学社徐州市委员会关于开展坚持和发展中国特色社会主义学习实践活动的实施细则，支社成立了相应的工作机构，把学习实践活动列入支社班子重要议事日程，制定工作方案、明确分工职责、加强分类指导、精心组织实施。坚定中国特色社会主义政治信念，因地制宜、创新形式，贴近社员、讲求实效。发展新社员3名，孙亚伟、黄忠勤和吴玉玲同志分别于2013年、2015年和2017年加入九三学社，为支社增添了活力。

2011年李卫华、王宗标出席九三学社徐州市第七次代表大会，李卫华当选为九三学社徐州市第七届委员会委员。2016年李卫华、黄忠勤出席九三学社徐州市第八次代表大会，李卫华当选为九三学社徐州市监督委员会委员。2014年李卫华参加了徐州市委统战部在南京举办的民主党派基层组织负责人培训班，2017年李卫华参加了九三学社徐州市委在长沙举办的树立和践行社会主义核心价值观骨干培训班。2015年3月20日李卫华参加了九三学社江苏省委调研处转基因专题座谈会，并作“强化研究有序示范依法应用”的发言，提出了做好科学普及工作，加大转基因科学知识、相关法律法规宣传力度的建议。本支社被评为2013年宣传工作先进集体和2019年先进集体。张会云、史新敏、孙亚伟、黄忠勤和李卫华等同志先后受到了九三学社徐州市委优秀社员、优秀社务工作者、年度先进个人、新冠肺炎疫情防控先进个人及九三基层组织成立60周年先进个人的表彰。

四、徐州市无党派知识分子联谊会（简称市知联会）

（一）换届选举与会员组成情况

徐州市无党派知识分子联谊会（市知联会）成立于2005年3月30日，在市知联会一届一次会员大会上，徐州农科所陈荣振研究员（时任徐州市农业科学院副院长）当选为市知联会常务副会长，任期5年。徐州农科所丁成伟（时任水稻研究室副主任）、张爱君（时任甘薯栽培研究室副主任）、王玉丽（时任财务处副处长）、胡新燕（时任棉花研究室副主任）相继加入市知联会，成为市知联会的第一届会员。

2010年3月，陈荣振副院长在市知联会二届一次会员大会上当选为市知联会会长（任期5年），由此市知联会进入了一个蓬勃发展的新阶段，各项工作取得了突出的成绩并受到江苏省委统战部和徐州市委市政府的多次肯定及嘉奖。2011年5月，刘东涛博士（时任小麦研究室副主任）加入市知联会；2013年5月，刘亚菊博士（时任甘薯育种研究室副主任）加入市知联会；2013年11月，刘明钟院长（时任鼓楼区副区长）增补为市知联会副会长；2015年1月，刘明钟调任徐州农科所所长。至此，全所共有市知联会会员8人。

2015 年 5 月，市知联会召开三届一次会员大会并进行 5 年一次的换届工作，刘明钟院长继续当选为市知联会副会长，刘东涛当选为新一届市知联会理事，并担任市知联会副秘书长。依据市知联会的章程，会长（副会长）只能连任 2 届，陈荣振卸任长达 10 年的知联会副会长、会长职务，被授予市知联会荣誉会员。2018 年，刘东涛加入江苏省无党派知识分子联谊会（省知联会）。

（二）内设机构及相关工作业绩情况

为了便于组织开展活动，市知联会根据会员从事行业类别并结合行政区划，对全体会员进行分组，实行会员小组活动制度。二届理事会（2010 年）以来，成立了农业组、政法组、卫生组、教育组等 10 个活动小组，徐州农科所知联会会员属于农业组（第一小组），王玉丽担任第一小组的召集人。三届理事会（2015 年）成立以来，对会员小组重新进行了调整：共设置了 8 个会员小组；以徐州农科所知联会会员为主体组成第二小组，会员还包括水利、园艺、生态环卫等行业，以及鼓楼区、云龙区和在徐高校的部分会员；刘明钟担任第二小组的指导会长，刘东涛、王玉丽担任第二小组组长。随着新会员的不断发展，小组成员不断增加，但徐州农科所知联会会员在第二小组的主体位置始终没有改变。

2010 年以来，在徐州农科所及其党委的鼎力支持下，徐州农科所知联会会员积极参加市知联会的各项活动，并在各专业科室的大力帮助下，取得了较为突出的成绩：参加徐州市统战系统的“三下乡”（农业科技、医疗卫生、法律援助），深入新沂市多个乡镇对农民进行小麦、水稻、棉花、甘薯等作物新品种、新技术的宣传培训；参加市知联会组织的定点帮扶贾汪区紫庄镇沙庄村，为该村提供优良种子化肥、技术资料和科技图书以及设施蔬菜栽培现场培训等；积极为新沂市窑湾“统战名镇”建设出谋划策，针对当地经济作物种植情况，在座谈、调研的基础上，结合窑湾的区域优势和农民的种植习惯，提出鲜食毛豆规模化种植、发展设施草莓、改良现有果树品种等措施建议，并组织专家进行技术培训和指导；积极对接徐州沿湖街道（农场），充分发挥徐州农科所农业科技优势，促进沿湖农场打造稻麦良种繁育、粮食高产、有机粮生产、休闲农业四大基地，建设现代化优质粮食生产示范区。协同市知联会内各类专业技术人才，为沿湖街道（农场）实现乡村振兴提档升级助力，打造徐州市“美丽乡村”的典型示范；2019 年，刘东涛积极参加市知联会组织的定点帮扶铜山区三堡镇潘楼村文化帮扶项目，通过对村民进行舞蹈、戏曲、音乐、乐器、书法等的培训辅导，丰富他们的文化活动内容。对该村的真人真事提炼加工、艺术编排成柳琴戏，再让农民自己演自己，发掘培育乡土文艺人才。组织农民开展丰收节文艺演出，增强他们的文化自信和幸福感。

此外，徐州农科所知联会会员还主持或积极参加了市知联会组织的各类调研课题，为徐州市社会经济发展出谋划策，并为徐州市委市政府的决策提供科学依据：“徐州市推进农村宅基地有序退出改善乡村人居环境研究”（陈荣振主持）“关于大力发展现代都市农业的调查报告”“徐州市加快发展现代都市型农业问题研究”“强化区域医疗中心建设打造淮海经济区医疗高地”“江苏省产业扶贫：现状、问题与对策”。其中，“关于我市老旧小区综合整治中若干问题的建议”和“建立以产业发展为杠杆的精准扶贫机制”作为徐州市政协大会发言的标题，得到了市委市政府的高度重视，并被列为重点提案进行督办。

多年来，徐州农科所知联会会员在立足本职工作，做好科研项目的同时，响应各级统战部门号召，全身投入到实践创新、服务社会活动中，开创了市知联会服务社会工作的“农科院实践经验”，受到中共徐州市委、市委统战部的高度重视。2020 年市知联会总结徐州农科所知联会的实践经验，并按照省市统战部要求，在徐州农科所建立了“知行逐梦”实践创新基地，为徐州农科所以及市知联会会员提供了一个联谊联络、培训学习、工作交流、实践创新和成果展示的平台。同时，该实践基地已成为徐州农科所党外知识分子开展“不忘合作初心，继续携手前进”实践活动、不断创新、超越自我、奋进逐梦的活动基地，对徐州农科所党委统战工作、党外知识分子工作以及科研创新起到积极的推动作用。2020 年 9 月 17 日，中共江苏省委统战部副部长方未艾、徐州市委常委、统战部部长毕于瑞、省委统战部六处处长梁永琴、徐州市统战部分管副部长吴伟一行以及部分苏北地市的统战部部长、知联会会长，来徐参观市知联会徐州农科所“知行逐梦”实践创新基地，并对这项工作给予充分肯定和赞赏。徐州农科所无党派知识分子将以此为动力，奋力践行乡村振兴战略，并充分利用该实践基地为“全面奔小康，建设新徐州”做出新的更大贡献！

第六章 领导与专家

第一节 院（所）长

陈　萍

女，汉族，1958年6月生，江苏省铜山区人。中国国民党革命委员会党员。研究员。享受国务院政府特殊津贴。曾任徐州农科所所长（2003年11月—2015年1月）、徐州市政协副主席（2012年6月—2020年1月）。1982年1月，南京农业大学植保系毕业，学士学位。同年2月分配到徐州农科所从事棉花科研工作，1989年10月、1992年11月先后任棉花研究室副主任、主任。1996年7月调任徐州市农业局副局长。1999年9月至2002年12月在江苏省委党校经济管理专业学习，研究生学历。2003年11月调任徐州农科所所长，第十一界全国人民代表大会代表；中国妇女第九次代表大会代表；民革中央第十一、第十二、第十三次代表大会代表。政协江苏省第九届委员，第十一届、第十二届常委。政协徐州市第十一届常委，政协徐州市第十四届、第十五届副主席。中国国民党革命委员会江苏省第十、第十一届副主任委员；中国国民党革命委员会徐州市副主任委员、主任委员。农业部第八届科学技术委员会常委、中国农业科学院六届、七届学术委员会委员。国家棉花产业技术体系徐淮综合试验站站长、国家甘薯行业计划首席科学家等。长期从事棉花科研、技术研发、行政主管、民主党派管理等工作。作为中国农业科学院甘薯研究所所长、江苏徐州甘薯研究中心所长、主任，积极组织全国甘薯科研单位协同攻关，超前谋划、形成发展的“十一五”至“十二五”全国现代甘薯产业技术体系；主持完成国家、部省级、市级重点科研项目（课题）10余项，育成棉花新品种10个，参与主持制定农业标准25项，发表论文30余篇，主编出版《徐州市农产品质量安全建设地方标准》《棉花枯黄萎病研究》；荣获科研成果奖10多项，其中部省级奖4项；获得江苏省青年科技标兵、江苏省“333新世纪科学技术带头人工程”培养对象、徐州市专业技术拔尖人才、徐州市优秀专家等荣誉称号10余个。

刘明钟

男，汉族，1960年10月生，江苏省睢宁县人。无党派知识分子联谊会会员。研究员。江苏徐淮地区徐州农业科学研究所所长、中国农业科学院甘薯研究所所长、徐州市农业科学院院长（2015年1月—2020年12月）。

1982年7月南京农业大学土壤农化专业毕业，学士学位；同年8月分配到徐州农科所土肥研究室工作，助理研究员，任研究室副主任；1989年1月调到徐州市国土局工作，任地政地籍科科长、土地利用处处长；2005年4月至2014年12月在徐州市鼓楼区任副区长；2015年1月至2020年12月任徐州市农业科学院院长。兼任中国农业科技管理研究会地市农科院所工作委员会主任、徐州市无党派知识分子联谊会副会长、徐州市农学会理事长、江苏省农学会第十一届理事、国家土壤质量徐州观测实验站站长、徐州市人民政府参事等。主持或参加主持国家、部省、市级科技项目（课题）10 余项。在《中国土地科学》等多个学术期刊上发表研究论文 20 余篇，其中有 11 篇被评为市级优秀学术论文一、二等奖，2 篇分别被江苏省土地学会和土壤学会评为三等奖和优秀论文。获国家土地管理局优秀成果一等奖 1 项、二等奖 3 项、三等奖 2 项，江苏省国土管理局科技进步和优秀成果一等奖 5 项、二等奖 1 项，徐州市科学技术进步奖一等奖 1 项、二等奖 1 项、三等奖 2 项。

李　强

男，汉族，1971 年 6 月生，江苏省徐州市人，民革党员。博士，研究员。徐州市农业科学院（所）长（2020 年 12 月—）。享受国务院政府特殊津贴，江苏省有突出贡献中青年专家。

1992 年 7 月南京农业大学农学系毕业，农学学士学位。2005 年 6 月、2008 年 6 月毕业于中国农业大学作物遗传育种专业，分别获农学硕士、博士学位。2013 年 9 月至 2014 年 8 月在美国 Texas A&M University 做访问学者。2009 年 11 月加入民革。1992 年 8 月分配到徐州农科所至今。主要从事农作物优异基因挖掘、甘薯育种技术研发及新品种选育与示范推广工作。先后主持国家重点研发计划项目、国家 863 计划课题、HarvestPlus 国际合作项目、国家引智项目、江苏省科技支撑计划项目、江苏省农业自主创新项目等 10 余项；主持育成甘薯新品种 12 个；制定国家、农业行业和地方标准 4 项；发表研究论文 120 余篇，其中 SCI 收录 18 篇；获品种权保护 5 项，国家发明专利 6 项，部、省、市成果奖 16 项。历任甘薯遗传育种研究室副主任、主任和徐州市农业科学院（所）副院（所）长（2011 年 8 月 2 日—2020 年 12 月 29 日）、院（所）长（2020 年 12 月 29 日—）；兼任农业农村部甘薯生物学与遗传育种重点实验室主任、国家甘薯产业技术体系特用型甘薯品种改良岗位科学家、国家重点研发计划项目“双子叶杂粮高效育种技术与品种创制”首席专家、中国农业科学院第八届学术委员会委员、中日韩三国甘薯研究会执行委员、第六届中国作物学会甘薯专业委员会副会长、第五届徐州市农学会副理事长、第一届徐州市欧美同学会副会长、第四届徐州市生物学会副会长、中国农业科学院和江苏师范大学博士生导师等。被评选为江苏省农业科学院首批领军人才、重点学科带头人、“四星创新团队”带头人、江苏省第五期（2016—2020 年）“333 人才工程”培养对象（二层次，中青年领军人才）、江苏省第十三届人民代表大会大表、政协徐州市第十四和十五届常委、民革徐州市第十二届委员会委员、监督委员会主任、民革江苏省委经济和“三农”委员会委员等。荣获民革江苏省委社会服务工作先进个人、民革江苏省委定点扶贫工作先进个人、民革徐州市委会成立 60 周年社会服务先进个人等荣誉称号。

第二节 院（所）党委书记

刘 刚

男，汉族，1957 年 10 月生，江苏省新沂市人。中共党员。硕士学位，高级工程师，副研究员。中共徐州市农业科学院党委书记（2006 年 6 月 1 日—2013 年 4 月 13 日）。

1982 年 1 月江苏农学院机电排灌专业毕业，工学学士学位。2000 年 7 月南京大学政治与行政管理学院毕业，法学硕士学位。1982 年 1 月—2002 年 11 月历任徐州市水利工程处科长、副主任；徐州市水利局副科长、科长、局长助理、副局长、党委常委、徐洪河工程指挥部副处长、郑集河工程指挥部处长、徐州市防洪抗旱指挥部副指挥；2002 年 12 月至 2006 年 5 月任睢宁县委副书记、纪委书记；2006 年 6 月至 2013 年 4 月任中共徐州市农业科学院党委书记，中共徐州市第十次党代会代表。在徐州农科所工作期间，主持院（所）党委全面工作，分管干部、组织、纪检、老干部、群团、挂县强农富民、对口扶贫、整村推进等工作，积极推进和谐、勤廉院所创建、科技推广、农村帮扶等各项工作快速发展。发表研究论文 22 篇。

蔡成缓

男，汉族，1961 年 12 月生，江苏省徐州市人。中共党员。硕士学位，高级农经师。中共徐州市农业科学院（所）党委书记（2013 年 11 月 8 日—2017 年 7 月 27 日）。

1984 年 7 月江苏省徐州农业学校农学专业毕业，同年 8 月分配到徐州市计划委员会工作；分别于 1988 年 6 月、1991 年 6 月南京大学经济管理专业毕业（自考），先后获大专、本科学历；2004 年 7 月江苏省委党校政治经济学专业毕业，获研究生学历。历任徐州市计划委员会农业计划科副科长、农村经济科科长、农村经济处处长、固定资产投资处处长；徐州市发展计划委员会副主任、党组成员；徐州市发展和改革委员会副主任、党组成员；徐州市统计局局长、党组书记、国家统计局徐州调查队党组书记；徐州市泉山区委副书记、区长；徐州市农业科学院（所）党委书记等。在徐州农科所工作期间，兼任农业农村部中国农业科技管理研究会地市农科院所工作委员会主任，主持党委全面工作，负责思想政治、党风廉政建设、群团组织和科技服务、扶贫攻坚等工作，分管铜山试验站。积极推进党组织建设、和谐廉政院所创建和农业农村科技帮扶等快速发展；主持部省软科学调研、基础设施建设项目（课题）4 项；发表研究论文、调研报告 3 篇；大力推进全国农科院所党务、科研工作的相互交流与合作，促使徐州农科院（所）的创新发展迈上新台阶。

宋庆科

男，汉族，1967 年 10 月生，江苏省丰县人，中共党员。徐州农科所（院）党委书记（2019 年 1 月 20 日—）。

1991 年 7 月沈阳农业大学园艺系果树专业毕业，学士学位。1991 年 8 月丰县李寨乡林果站技术员；1992 年 8 月丰县林果局果树研究所所长；1996 年 3 月丰县梁寨镇副镇长；1999 年 3 月丰县梁寨镇党委副书记、镇长；2000 年 4 月丰县农业局党组成员、副局长、蔬菜办副主任；2000 年 9 月丰县王沟镇党委副书记、镇长；2002 年 12 月丰县师寨镇党委书记；2008 年 7 月丰县人民政府副县长（2008 年 7 月至 2010 年 12 月援疆，任新疆新源县人民政府副县长）；2011 年 3 月沛县人民政府副县长；2012 年 2 月睢宁县县委常委、县政府党组成员；2013 年 4 月徐州市委农工办副主任；2019 年 1 月以来，徐州农科所（院）党委书记；兼职江苏现代农业（梨）产业技术体系徐州推广示范基地主任。

在丰县工作，4 次被丰县人民政府记三等功；连续 2 年获评徐州市基层党建“书记项目”优秀。在援疆时，被评为新疆维吾尔自治区优秀援疆干部。在徐州市委农工办期间，完成调研课题 22 项，主导的《新形势下徐州农民增收的金融保障机制研究》课题研究报告，作为第一人获江苏省农业委员会一等奖；连续 6 年农工办绩效考核进入市优秀行列，每年都有 2 项以上的课题获市创新奖表彰；联合江苏师范大学编制《徐州市“十三五”农业现代化和农村经济发展规划》，联合苏州城乡改革院编制《徐州市乡村振兴规划战略实施规划（2018—2022 年）》；获江苏省农业委员会农业政策调研暨软科学课题研究成果三等奖 2 项、徐州市农经论文二等奖 1 项；发表代表性论文 2 篇。调任徐州农科所（院）党委书记以来，主持所（院）党委全面工作；主管干部、人才、意识形态与宣传、党风廉政、纪检监察等工作；侧重抓好服务平台建设；联系果树研究室、铜山试验站。加强基层党组织建设，发挥党支部战斗堡垒作用，组织学习党史，发挥党员模范带头作用；构建“党建 +”工作机制，创建“科技特派员”服务模式；建设科技服务平台，实施乡村振兴战略，进一步提升了徐州农科所（院）科技支撑现代农业发展的影响力和综合竞争力。

第三节　副院（所）长

张启全

男，汉族，1953 年 7 月生，江苏省丰县人。中共党员，副研究员，徐州市农业科学院（所）副院（所）长，院（所）党委委员（1998 年 12 月—2011 年 8 月 2 日）。

1983 年 7 月江苏农学院农学系干部班毕业，大专学历；1996 年 12 月中央党校函授学院毕业，本科学历。1978—1987 年历任丰县顺河乡团委书记、丰县团委副书记、书记、丰县常店乡党委书记；1987—1990 年历任丰县县委常委、丰县纪委书记；1990—1993 年任铜山县县委常委、铜山县纪委书记；1993—1998 年 11 月任贾汪区委副书记兼政法委书记；1998 年 12 月至 2011 年 8 月任徐州农科所党委委员、副所长兼所工会第九届主席。曾是共青团全国第十次代表大会代表、中共江苏省委第七次代表大会代表、中共徐州市委第七、八、九次代表大会代表和江苏省优秀纪检监察干部。在徐州农科所工作期间，分管办公室、生产管理、基础建设、安全保卫等工作，着重加强全所基础设施、田间工程、生产条件建设及其质量监管、资金节约等，使所容所貌、科研条件得到明显改善和提高，在推行“两田制”改革中及时调整试验田、安排大田工人岗位，既适应所情改革，又调动工人积极性、提高管理质量效益；同时不失时机要求高铁建设占地补偿、损坏田间工程的恢复、保证满足全所试验规模、生产质量要求。

陈荣振

男，汉族，1955 年 9 月生，江苏省沛县人。二级研究员，徐州市农业科学院（所）副院（所）长（1994 年 2 月 19 日—2012 年 12 月 27 日）。享受国务院政府特殊津贴。

1982 年 1 月毕业于江苏农学院，学士学位。同年 2 月分配至徐州农科所后一直从事小麦育种工作。1985 年任粮食研究室副主任，1992 年任小麦研究室主任，1994 年 3 月任农科所副所长，分管全所科研工作。1985 年起参加主持“六五”国家、江苏省小麦育种攻关课题，1997 年后主持国家攻关、国家 863 计划、国家 948 计划、国家成果转化基金、省攻关、省重大成果转化资金、“六大人才高峰”等多项研究课题。2009 年起担任省农作物良种工程淮北小麦育种首席专家。主持和参加主持育成徐麦 21 至徐麦 3111 个小麦品种，累计推广面积达 1.85 亿亩，成为淮北地区不同时期的主题品种。其中徐州 21 号 1989 年获农业部科学技术进步奖一等奖，徐麦 24 于 1999 年获江苏省科学技术进步奖二等奖，徐麦 25 于 2001 年获江苏省科学技术进步奖二等奖。另获江苏省农业技术推广奖二等奖一项，省科学技术进步奖三等奖 2 项，徐州市科学技术进步奖一等奖 2 项。在长期育种实践中探索出一批配合力较强的品种资源，如濮农 3665、淮麦 18、矮抗 58、周麦系统等材料，育成徐麦系列品种。根据本地区小麦病害变化情况，90 年代初期提出该地区小麦病害以条锈病为主转为以纹枯病、白粉病为主，1996 年建立了纹枯病鉴定圃，筛选出一批抗性较好的材料，推荐给全国各育种单位，并及时提供参试品种纹枯病抗性信息，为黄淮麦区品种利用提供决策参考。及时掌握现代生物技术在常规育种工作中的应用，把小麦白粉病、锈病、纹枯病分子标记育种应用到后代选择中。从 2005 年起，多渠道争取资金，购买全套小麦品质分析仪器，对主要材料的品质性状进行筛选，育成的部分品种品质指标达到国家一类强筋标准。1998 年起兼任徐州师范大学生命科学学院教授，2000 年后培养硕士研究生。多次获徐州市优秀专家、两次获江苏省有突出贡献中青年专家称号。获 2000 年江苏省劳动模范称号和国家五一劳动奖章。曾兼职江苏省第八届政协委员、第十届和第十一届省人大代表、人大常委；2007—2015 年国家小麦产业技术体系执行专家组成员、徐淮综合试验站站长。5 次连任徐州市政府咨询委员会委员、参事；徐州市无党派知识分子联谊会第一届常务副会长、第二届会长；徐州市农村专业技术协会第一届理事长。

李要进

男，汉族，1958 年 2 月生，山东省荣成市人。中共党员，经济师，徐州市农业科学院（所）副院（所）长（2004 年 3 月 5 日—2014 年 8 月 15 日）。

1988 年 7 月徐州电大中文专业毕业，大专学历；2003 年 7 月电大会计专业毕业，本科学历。1977 年“上山下乡”；1980 年“回城”分配到铜山县霸王水泥厂工作；1982 年调到江苏省文化干部学校后勤处；1988 年转入徐州医学院基础部；1989 年调到徐州农科所总务科，任副科长、科长；1997 年任财务处处长；2004 年 3 月至 2014 年 8 月任徐州农科所（院）副所（院）长。1992 年、1994 年参加徐州市党校“青年干部培训班”学习。获徐州市“优秀青年干部”荣誉称号。在总务、财务工作中，建立健全规章制度，节约运行费用，积极争取外援资金，缩小财政赤字，提高服务效能，确保科研、生产和开发工作的正常运转；升任副所（院）长，分管科技开发、后勤保障、基础建设、园艺中心和江苏原生食品有限公司等，优化资源配置，增建种子仓库、晒台、职工健身娱乐室，增添食堂设施，改善科研、办公条件和环境面貌；负责建设的危旧房改造（翰林花园）、试验示范基地（科技园区）、改扩建工程（所部办公新区）都取得显著成效。

刘　超

男，汉族，1955 年 10 月生，江苏省睢宁县人。中共党员，二级研究员，徐州市农业科学院（所）副院（所）长（2006 年 5 月 8 日—2012 年 12 月 27 日），兼江苏徐农种业科技有限公司总经理。享受国务院政府特殊津贴。

1982 年 2 月江苏农学院毕业，学士学位，同时分配到徐州农科所工作。1989 年任水稻研究室副主任（主持工作）；1992 年任水稻研究室主任；2006 年 5 月至 2012 年 12 月任徐州市农业科学院（所）副院（所）长。2008—2015 年兼职国家水稻产业技术体系徐州综合试验站站长。评选为江苏省有突出贡献中青年专家、第三届江苏省创新创业人才、江苏省青年科技标兵、江苏省“333 人才工程”培养对象、徐州市劳动模范、徐州市优秀专家、徐州市优秀党员。兼职全国北方稻作科技协会常务理事、江苏省种业协会常务理事、江苏省遗传学会理事、徐州市种业协会副会长。受聘为《中国稻米》《北方水稻》《江苏种业》《农业科技通讯》《大麦与谷类科学》编委。主持育成水稻新品种 20 多个，累计推广 1 000 万亩以上，其中“9 优 418”“徐稻 3 号”是淮北地区历史上种植面积最大的突破性粳稻品种，年最大种植面积占同类品种 90% 左右。主持水稻研究室科技开发和科技服务，建立了品种推广、产业开发和科技服务三位一体的多层次成果转化网络体系。发表研究论文 40 余篇，参与编撰专著 3 部。获科研成果奖近 20 项次，其中有国家科学技术进步奖一等奖、江苏省科学技术进步奖一等奖和淮海科学技术创新奖一等奖。

马代夫

男，汉族，1953 年 5 月生，山东省兖州市人。中共党员，二级研究员，徐州市农业科学院（所）副院（所）长（2008 年 10 月 22 日—2012 年 12 月 27 日）。国家甘薯产业技术体系首席科学家，享受国务院政府特殊津贴。兼职江苏师范大学博士研究生导师、农业农村部薯类专家指导组副组长、中国作物学会甘薯专业委员会理事长、农业农村部甘薯生物学与生物技术重点实验室学术委员会副主任、中国淀粉协会甘薯专业委员会名誉会长、中国粮油学会薯类分会名誉会长、徐州市农学会名誉理事长；曾任中日韩三国甘薯研究会首任主席、全国甘薯品种鉴定委员会主任、农业农村部甘薯生物学与遗传育种重点实验室主任。

1977 年 8 月毕业于徐州地区“五七”农业大学，大专学历。1977 年 8 月至 1980 年 7 月在沛县农业局从事杂粮技术推广工作。1980 年 8 月调到徐州农科所，先后任所长助理、甘薯育种研究室主任、徐州市农业科学院（所）副院（所）长。曾参加农业农村部甘薯遗传育种班、徐州市科技进修学院高等数学班、亚洲蔬菜研究中心蔬菜研究班、国际热带作物所块根作物快繁班等国内外培训。先后被评为徐州市优秀青年科技人才、市优秀专家、市科技创新先进个人、市优秀共产党员，2021 年 3 月入选市“好人园”个人塑像；江苏省智力引进工作先进个人、江苏省“333 人才工程”二层次培养对象、江苏省有突出贡献的中青年专家、江苏省农业科技先进工作者、江苏省优秀共产党员，江苏省第十次中共党员代表大会代表，2020 年 11 月入选江苏好人，省事业单位脱贫攻坚专项奖励记大功表彰；全国农业技术推广先进个人、全国先进工作者；2016 年被国际块根作物学会授予终身成就奖。长期从事甘薯育种研究，主持国家、部省级和国际合作课题，先后育成徐薯 22 等多个甘薯新品种。先后荣获国家科学技术进步奖三等奖（1999 年，第一名），农业部科学技术进步奖一等奖（1998 年，第一名），中华农业科学技术奖一等奖（2013 年，第一名），中国农业科学院科学技术进步奖一等奖（2004 年，第一名），湖北省科学技术进步奖二等奖（2008 年，第二名），江苏省科学技术进步奖三等奖（2003 年，第一名）、四等奖（1995 年，第二名）等多项科技成果奖励；在 *Food Chemistry*、*Acta Physiologiae Plantarum*、《中国农业科学》、《农业生物技术学报》等杂志上发表论文 100 余篇，主编出版《中国甘薯》《中国甘薯产业技术创新与发展》《中国甘薯育种与产业化》《甘薯—能源与粮食安全》《甘薯栽培技术模式》《甘薯技术 100 问》等多部专著。

李再祥

男，汉族，江苏省睢宁县人，1964 年 11 月生。中共党员，研究员，徐州市农业科学院（所）副院（所）长、党委委员（2011 年 8 月 2 日—）。

1984 年 7 月毕业于江苏省徐州农业学校农学专业，1988 年 4 月毕业于南京农业大学农学专业，大专学历。1984 年 7 月分配到徐州农科所耕作栽培研究室从事玉米科研，1990 年 2 月调任科研科秘书，1996 年 1 月任科研科副科长，2004 年 9 月任办公室副主任，2006 年 4 月任财务处处长、所纪委副书记，2011 年 7 月任副所长、党委委员。引进、鉴定、筛选出掖单 2 号、苏玉 1 号等优良玉米品种，在徐州地区大面积推广。在科研管理中全方位参与项目论证、申报、实施过程、结题验收及成果鉴定和报奖管理，跟踪成果在生产上的应用，倡导并实施科研目标化、制度化、精准化管理，科研管理水平和绩效居省院农区所前列。在财务管理上，重点加强内控机制建设，开源节流，提高账务质量，改善所财政经济状况。2011 年后，工作重点主要在成果推广和科技服务方面，先后承担科技服务类项目 10 余项，其中主持 8 项，以项目为依托，同科技服务团队一起，深入徐州及周边地区村镇一线，推广应用新品种 20 余个，建立品种示范推广基地、基（点）近 30 个，起到良好的示范带动作用。2019 年以来，在巩固原有成果基础上，加大科技服务力度，主持建立亚夫工作站，开展科企合作，整合全所科技资源，在省院农区所中率先建立科技特派员制度。作为主持人获全国农牧渔业丰收奖二等奖、江苏省农业丰收奖一等奖、徐州市创新奖；获江苏省农业委员会、徐州市委等表彰 4 次。

杨 峰

男，汉族，1975 年 9 月生，江苏省邳州市人。中共党员，博士，研究员，徐州农科院（所）副院（所）长、党委委员（2014 年 1 月 25 日—）。

1997 年 6 月毕业于扬州大学作物栽培学与耕作学专业，学士学位，同年 7 月到徐州农科所从事棉花育种栽培研究；2004 年 6 月获中国农业大学人文与发展学院农业推广硕士学位；2011 年 8 月获扬州大学农学博士学位。2005 年 1 月任棉花研究室副主任，2008 年 8 月调任蔬菜研究室副主任主持工作；2010 年 3 月任蔬菜研究室主任；2013 年 4 月任园艺研究室主任，2014 年 1 月任徐州农科所副所长；2017 年 6 月被农业部聘为特色蔬菜产业技术体系大蒜品种改良岗位专家；兼职徐州市科学技术协会副主席、徐州市农村专业技术协会第二届理事长。被评为江苏省“333 人才工程”培养对象、江苏省农业科学院中青年学术骨干、徐州市优秀专家等。先后从事棉花、蔬菜、园艺等作物育种栽培技术科研工作。主持国家、部省、市级项目（课题）50 多项；参加育成棉花新品种 4 个，主持育成大蒜新品种 5 个；制定江苏省地方标准 2 项；发表研究论文 50 余篇；获省、市级各类科研成果奖励 9 项。

付长亮

男，满族，1979 年 1 月生，吉林省吉林市人。中共党员，徐州市农业科学院（所）副院（所）长（2014 年 9 月 9 日—2016 年 1 月 8 日）。

2002 年 6 月毕业于中国农业大学生物学专业，学士学位；2005 年 6 月毕业于中国医学科学院生药学专业，硕士学位，同年到中国农业科学院科技局工作。在徐州农科所挂职期间，任副院（所）长，主要协助所长、书记工作，侧重综合管理科研项目。在加强徐州农科所与农业部有关部门联系、高质量完成国家农业科研任务、立项资助科技项目、规范管理科研成果等工作中做出优异成绩和显著贡献。2015 年调至农业部科技教育司工作，现任农业农村部科技教育司能源生态处处长。

曹清河

男，汉族，1975年8月生，江苏省徐州市人。中共党员，博士，研究员，博士生导师。徐州市农业科学院（所）副院（所）长、党委委员（2019年3月1日—）。

1998年7月毕业于河南农业大学园艺系，学士学位。2001年9月至2006年6月在南京农业大学园艺学院学习，硕博连读，获博士学位。先后赴国际马铃薯中心、比利时根特大学、美国奥尔康州立大学和康奈尔大学等单位访学。2008年8月任甘薯育种研究室副主任/团委副书记。2010年3月任院重点实验室主任、甘薯品种资源研究室副主任。2016年任甘薯品种资源研究室主任、重点实验室主任。2019年2月任副院长。中国作物学会甘薯专业委员会秘书长，农业农村部甘薯生物学与遗传育种重点实验室副主任，中日韩三国甘薯研究会执行委员，国家基金委网评专家，教育部学位与研究生教育发展中心评审专家。江苏师范大学博士生导师、中国农业科学院、中国矿业大学硕士生导师。主要从事甘薯种质创新及新技术研究以及菜用观赏甘薯新品种选育等工作。近年来主持国家自然科学基金、国家重点研发和部省级项目10余项，获得部省级奖项3项，发表论文50余篇，获得授权专利4件，获得品种权或登记新品种3个。先后获得江苏省五一劳动奖章，江苏省第五期（2016—2020年）“333人才工程”培养对象（三层次），江苏省农业科学院“中青年学术骨干”，江苏省农村专业技术协会“首席专家”，“徐州市拔尖人才”等称号。

孙　扬

男，汉族，1979年2月生，江苏省邳州市人。中共党员，徐州市农业科学院（所）副院（所）长（2019年3月1日—）。

2001年6月，徐州师范大学经济地理学与城乡区域规划专业毕业，学士学位；2011年7月江苏省委党校马克思主义哲学专业毕业，研究生学历。2001年7月—2002年6月，在烟台WECL英语学院学习；2002年10月—2006年2月，在徐州市委农工办，从事农村经济发展管理工作；2006年3月—2007年7月，徐州市委老干部局，从事离休干部政治待遇管理工作。2007年8月，调至徐州农科所蔬菜研究室，同年12月任徐州农科所办公室副主任；2010年3月—2012年3月，派驻沛县河口镇任镇党委副书记，负责江苏省“挂县强农富民工程”、“科技扶贫整村推进工程”和徐州市“对口帮扶扶贫攻坚工程”等实施；2012年3月—2019年6月，任徐州农科所办公室主任；2018年3月—2019年6月，兼任徐州农科所后勤服务处处长；2019年3月，任徐州农科所（院）副所（院）长，主管党建、组织、精神文明建设、青年和妇女工作，中国农业科技管理研究会地市农业科研院所工作委员会工作，后勤安全管理等工作，协管人才、宣传与意识形态工作；分管办公室、后勤服务处、综合档案室、青工委、妇联。自到徐州农科所至今，首先为蔬菜研究室常态化运行打下良好基础；其次在行政管理上致力于开拓创新，开展了以“行政服务科研、科研服务‘三农’”为导向的“作风建设双评议”活动，并自主形成一整套评价体系；牵头相关部门改革完善有关管理机制，出台了财务管理、国有资产管理、科研经费管理、科研副产品处置、成果转化奖励分配、博士后管理、出国（境）人员管理、公务用车以及公务出行、接待规定摘编等一系列管理办法或规定，促进了全所工作程序规范、管理效率提高、廉政风险降低。2011—2020年承担部省级项目5项，其中参加主持农业农村部科技发展中心软科学调研项目4项；作为完成人协作育成甘薯新品种1个，获河南省商丘市科学技术进步奖一等奖；发表研究论文2篇，作为编委成员编写出版专著1部；获得江苏省“送科技下乡、促农民增收”优秀科技特派员、江苏省“挂县强农富民工程”科技服务明星、江苏省优秀扶贫工作队员、江苏省农科院系统先进个人、徐州市扶贫开发工作先进个人、徐州市优秀统战干部、徐州市优秀党务工作者、徐州市“工人先锋号”、徐州农科所优秀党员、徐州农科所先进工作者等荣誉称号近20个。

第四节 研究员

研究员（以姓氏笔画为序）：丁成伟、马代夫（副所长）、王幸、王欣、王宗标、王健康、史新敏、冯国华、刘世来、刘东涛、刘明钟（所长）、刘超（副所长）、孙近友、李卫华、李再祥（副所长）、李秀英、李洪民、李强（所长）、杨峰（副所长）、张允刚、张祖明、陈荣振（副所长）、陈萍（所长）、钮福祥、郭荣良、唐君、曹清河（副所长）、谢逸萍。

丁成伟

男，汉族，1968年3月生，江苏省沛县人。无党派知识分子联谊会成员，研究员，徐州农科所水稻研究室副主任。1991年7月毕业于南京农业大学农学作物专业，大学学历，农学学士学位。2004年6月获南京农业大学农业推广硕士学位。1996年被评为徐州市新长征突击手。2009年、2011年分别列为江苏省第三、第四期“333人才工程”培养对象（三层次），2011年江苏省第三期“333人才工程”考核优秀（三层次）。2012年当选云龙区十六届人大代表。主持或参加完成了国家、部省级、市级各类项目30多项。作为第一或主要完成人育成了杂交粳稻和常规粳稻品种30个，累计推广9 000多万亩，创社会经济效益90亿元以上。先后获国家、省（部）、市科技进步奖及技术推广开发奖等20项。发表学术论文30余篇。

王　幸

女，汉族，1973年1月生，江苏省丹阳市人。中共党员，研究员，徐州农科所油料研究室主任、徐州农科所妇联主席、徐州农科所第二党支部书记。1996年毕业于扬州大学农学院农学系作物专业，学士学位，同年到徐州农科所工作。2012年获中国农业科学院研究生院农业推广硕士学位。2011年任油料研究室副主任，2016年任主任，2013年兼任徐州农科所妇委会主任，2019年任徐州农科所第二党支部书记。2016年任国家大豆产业技术体系徐州综合试验站站长。被评为江苏省“333 人才工程”第三层次培养对象、徐州市“拔尖人才”，获江苏省“巾帼建功标兵”、江苏省“区试先进个人”、徐州市“优秀党务工作者”、徐州市“职工科技创新先进个人”、徐州市“三八”红旗手、徐州市“五一劳动奖章”等荣誉称号。主要从事大豆育种与栽培技术研究，主持或参加“国家现代农业产业技术体系”等国家及省市级项目 20 余项，获得农业部神农中华农业科技奖一等奖等奖项 16 项，作为第一完成人育成大豆新品种 10 个，参与育成品种 15 个，其中 15 个品种获植物新品种权证书，3 件专利获得授权。以第一作者（通信作者）发表 SCI 论文 1 篇、学报级论文 10 余篇，参与编写专著 4 部。

王　欣

女，汉族，1980 年 2 月生，江苏省徐州市人。中共党员，博士，研究员，中国农业科学院、江苏师范大学硕士生导师。现任甘薯育种研究室副主任，兼任国家甘薯产业技术体系首席科学家办公室副主任、首席科学家秘书。中国作物学会甘薯专业委员会理事、副秘书长，中国粮油协会薯类分会理事，徐州生物学会理事。2005 年江苏师范大学遗传学硕士毕业，同年在甘薯育种研究室参加工作，2006 年赴韩国生命工学研究院交流访学半年，2017 年江苏师范大学生物学博士毕业。2002 年 5 月加入中国共产党。先后获徐州市“拔尖人才”，徐州市“巾帼建功标兵”，江苏省“333 人才工程”培养对象（三层次），江苏省“六大人才高峰”培养对象等荣誉称号。一直从事甘薯育种及生物技术研究，特别是高花青素紫薯品种选育与紫薯营养品质评价研究。先后育成甘薯新品种 30 余个，其中紫薯品种 9 个，获得新品种保护权 5 个。主持省级以上课题 10 余项，发表论文 20 篇，参编《中国甘薯》《中国甘薯产业技术创新与发展》《甘薯产业精准扶贫实践与探索》《作物学科发展报告（2018—2019）》专著 4 部。获得神农中华农业科技奖一等奖 1 项，江苏省科学技术奖三等奖 1 项，市厅级科技进步奖一等奖 2 项、二等奖 3 项。

王宗标

男，汉族，1955 年 7 月生，江苏省赣榆县人。九三学社社员，研究员，徐州农科所原油料研究室主任。1977 年毕业于徐州五七农业大学，大专学历。毕业后到徐州农科所工作，1986 年任大豆研究室副主任。1995 年任油料研究室副主任，1998 年任主任。2008 年任国家大豆产业技术体系徐州综合试验站站长。徐州市拔尖人才、市五一劳动奖章获得者。中国作物学会大豆专业委员会理事。第五届江苏省农作物品种审定委员会大豆专业委员会副主任。自 1978 年起参加大豆育种和推广，1990 年先后承担国家现代农业产业技术体系、省国际合作等课题 20 余项，主持育成大豆品种 16 个，均在不同时期成为黄淮夏大豆区的主要推广品种，有 10 个大豆品种获植物新品种保护。育成大蒜新品种 2 个。获科研成果奖 19 项次，其中省级奖项 4 项。发表论文 20 余篇，参编专著 7 部。

王健康

男，汉族，1964 年 7 月生，江苏省睢宁县人，中共党员，研究员。享受国务院政府特殊津贴。1985 年徐州农业学校农学专业毕业，2001 年南京农业大学农业专业本科（函授）毕业。1998 年加入中国共产党。历任徐州农科所水稻研究室技术员、研究实习员、助理研究员、副研究员、研究员和研究室副主任、主任。徐州市 2007—2009 年度劳动模范。江苏省第十一次、第十二次中国共产党代表大会代表。江苏省第四期“333 人才工程”培养对象（三层次）。主持完成国家和部省级农业科技项目 8 项，主持或参与育成水稻新品种 33 个。获科技成果奖 11 项次，其中江苏省科学技术进步奖一等奖 1 项、二等奖 2 项、三等奖 3 项。发表论文 20 余篇，参编专著 3 部。

史新敏

男，汉族，1967 年 5 月生，江苏省丰县人。九三学社社员，研究员。

1989 年毕业于安徽农业大学，农学学士。1999 年 1 月加入九三学社。历任江苏徐淮地区徐州农业科学研究所研究实习员、助理研究员、副研究员、研究员。国家山药产业科技创新联盟常务理事，国家公益性行业（农业）科研专项执行专家，江苏省现代农业（蔬菜）产业技术体系岗位专家，贵州和安徽省科技特派员，江苏、江西、安徽和河北省科技评审专家库成员。

先后从事甘薯栽培和山药育种、大蒜新技术推广工作。主持国家和省（部）级科研课题 30 余项；发表论文 70 余篇，参编专著 7 部；科研成果获省科学技术进步奖二等奖 1 项，江苏省农业科学技术奖三等奖 1 项，徐州市科学技术奖二等奖 2 项、三等奖 1 项，淮海科学技术奖一等奖 1 项；自主培育山药新品种“苏蓣 1 号”“苏蓣 2 号”“苏蓣 3 号”；获国家授权专利 35 件。

冯国华

男，汉族，1965 年 9 月生，江苏省通州区人。中共党员，三级研究员，小麦研究室主任，国家小麦产业技术体系徐州综合试验站站长，兼任江苏师范大学产业教授、江苏省农作物品种审定委员会小麦专业委员会委员。享受国务院政府特殊津贴。

1984 年 7 月江苏农学院农学专业毕业，学士学位；2004 年 6 月获中国农业大学人文与发展学院农业推广硕士学位。大学毕业后一直在徐州农科所从事小麦育种和栽培研究工作，1992 年 5—12 月赴日本研修农业技术，1996 年起任小麦研究室副主任，2001 年至今任小麦研究室主任。长期主持江苏省淮北片小麦区试，先后主持省应用基础研究、支撑计划、重点研发计划（农业）、省农业科技自主创新以及国家863计划、转基因专项、重点研发等课题。从事小麦科学研究30余年，作为主要完成人育成徐州21号、徐麦30、徐麦33、徐麦2023等20余个小麦新品种，成为不同时期徐州市乃至黄淮南片麦区的主体品种，实现了小麦亩产600 kg、700 kg的突破，以及品质、抗性的同步提升，累计推广面积2亿多亩，创社会经济效益80多亿元，品种经营权转让获直接经济效益2 000余万元，获部省市级科技进步奖20项次，发表论著30余篇，徐麦856等9个新品种获得国家植物新品种保护授权。先后荣获江苏省突出贡献中青年专家、省优秀科技工作者、省粮食生产突出贡献科技人员、江苏省先进工作者、徐州市优秀专家、徐州市劳动模范等荣誉称号。

刘世来

男，汉族，1951年2月生，江苏铜山县人。九三学社社员，研究员，享受国务院政府特殊津贴。

1977年7月毕业于江苏徐州五七农业大学农学专业，大专学历。1977年8月起一直在徐州农科所工作，主要从事小麦遗传育种研究，承担国家、部省级、市级科研项目（课题）20余项，作为主要完成人之一育成不同类型小麦新品种20余个，在不同时期成为淮北地区乃至黄淮麦区的主体栽培品种，发表研究论文38篇，获科技成果奖励20余项次，其中部省级奖多项。获江苏省有突出贡献中青年专家、徐州市优秀专家、徐州市拔尖人才、徐州市两个文明建设先进个人等荣誉称号。

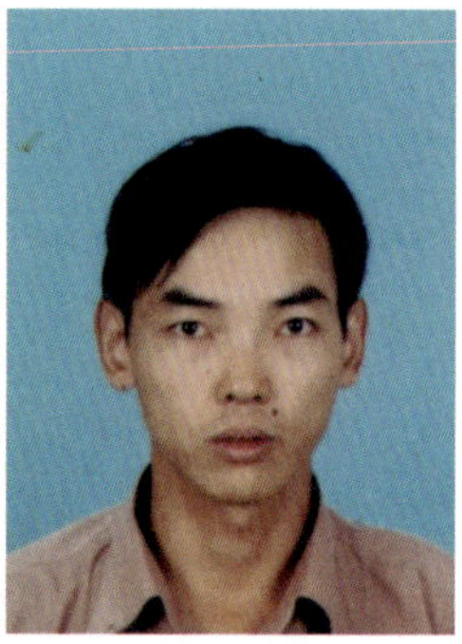

刘东涛

男，汉族，1975年1月生，陕西省韩城市人。博士，研究员。徐州农科所小麦研究室副主任2001年4月—2021年8月；主任2021年8月—。

1996年7月，原西北农业大学农学专业毕业，获农学学士学位；1999年7月原西北农业大学作物遗传与育种专业毕业，获农学硕士学位；2008年7月中国农业大学生物学院遗传学专业毕业，获理学博士学位。2015年8月赴美国堪萨斯州立大学做访问学者一年。1999年7月硕士毕业后一直在徐州农科所从事小麦遗传育种工作，2001年起任小麦研究室副主任至今。兼职徐州市无党派知识分子联谊会第三届副秘书长、第四届副会长和江苏省第三届、第四届党外知识分子联谊会会员以及徐州市第十六届人大代表、徐州市监察委员会第一届特约监察员。入选江苏省“333人才工程”第三期、第四期中青年科学技术带头人、江苏省“六大人才高峰”行动计划资助对象、徐州市优秀专家、拔尖人才、徐州市双百人才工程。主持国家科技支撑计划、国家重大研发项目（七大农作物育种专项）、江苏省重点研发计划、江苏省科技支撑计划、江苏省农业自主创新资金、江苏省国际科技合作计划、徐州市科技创新课题等10多项；参加国家小麦产业技术体系、国家科技成果转化、国家转基因重大专项等省级以上课题20余项。作为主要完成人，先后育成20多个徐麦系列小麦新品种，并成为江苏淮北乃至黄淮麦区不同时期的主体栽培品种。发表论文40余篇，获部、省、市级科技奖励6项次。

孙近友

男，汉族，1956年8月生，江苏省邳州人。中共党员，研究员，曾任徐州农科所办公室副主任兼江苏徐州甘薯研究中心秘书（1985年5月—1992年2月）、政工科副科长（1992年2月—1993年2月）、科研处长（1993年2月—2016年9月）。其中1995年8月—1997年8月为徐州市委组织部选派的支乡干部，任贾汪区耿集乡党委副书记。1996年评聘为副研究员，2012年8月评聘为研究员。2016年9月以来，负责农业部“国家农作物品种区域试验站建设项目”实施、《江苏徐淮地区徐州农业科学研究所跨越发展十年（2011—2020）》撰写、徐州市农业科学院“院史馆”建设和中国作物学会甘薯专业委员会（2016年9月—2018年3月）、徐州市农学会（2016年9月—）日常工作等。曾兼任徐州农科所学术委员会委员兼秘书长（1993年3月—2016年9月）、国家甘薯产业技术体系首席科学家办公室主任（2008年12月—2016年6月）、中国作物学会甘薯专业委员会第三、第四、第五届理事会秘书长（2000年10月—2018年3月）、农业部甘薯生物学与生物技术重点实验室学术委员会秘书（2011年7月—2018年2月）、徐州市农学会第四、第五届理事会秘书长（2010年7月—）。

1979年7月徐州五七农业大学农学系毕业，大专学历。1978年7月加入中国共产党。1979年7月至1980年5月在邳州市农业局从事粮食作物技术推广工作；1980年5月调到徐州农科所工作至今。42年来，主要从事农业技术推广（1979年1月—1980年5月）、甘薯研究（1980年5月—1998年12月）、科研管理（1993年2月—2016年9月）、项目建设、学会管理、所志史撰写（2016年9月—）等工作。主持或参加国家、部省、市级科技项目（课题）50多项。在《农业科技管理》《作物品种资源》《江苏农业学报》等杂志上发表论文70余篇，参编出版《全国甘薯品种资源目录》《中国甘薯品种志》《中国现代农学家传》《中国科学技术专家传略》《中国农业科学技术四十年》《21世纪中国农业科技展望》《徐州饮食史话》等多部专著。荣获科技成果奖励27项，其中有国家科学技术进步奖二等奖、农业部科学技术进步奖三等奖、江苏省科学技术进步奖二等奖、中国农业科学院科技成果一等奖等。曾被评选为徐州市优秀共产党员、徐州市优秀科技人才、徐州市科技兴农先进工作者、徐州市支乡先进工作者、徐州市科研管理先进工作者、徐州市科协系统先进工作者、徐州市五一劳动奖章获得者、徐州市劳动模范、江苏省第二期（1992—1997年）“333人才工程”培养对象（三层次）、江苏省优秀科技工作者、中国农业科学院科研管理先进工作者、中国作物学会先进工作者等。

李卫华

男，汉族，1963 年 9 月生，江苏省东台市人。研究员，徐州农科所棉花研究室主任。

1984 年 7 月毕业于南京农学院园艺系，获学士学位，1984 年 7 月—1986 年 8 月江苏省徐州农业学校任教。1986 年 8 月—1989 年 6 月年南京农业大学农学系读研究生，获农学硕士学位，1989 年 7 月到徐州农科所工作，2004 年 12 月作为访问学者公派赴澳大利亚合作研究一年。徐州市第十二、十三届人大代表，江苏省工会第十次代表大会代表，主席团成员。九三学社徐州市委员会委员，徐州市农业科学院支社主任委员。江苏省农作物品种审定委员会棉花专业委员。江苏省第二期（1992—1997 年）“333 人才工程”培养对象（三层次）和中青年学术带头人，市拔尖人才，市优秀专家。现任国家棉花产业技术体系徐淮综合试验站站长，先后主持承担国家、省、市级重点项目 30 余项，将生物技术与常规方法相结合进行抗虫育种取得了较大进展。主持育成新品种 10 个，参与育成新品种 1 个，在产量和抗黄萎病育种上均达到了国内领先水平，累计示范推广 3 000 余万亩。获科研成果奖 12 项，其中部省级科技进步奖 3 项。发表论文 41 篇，主编著作 1 部，合作编、译著 11 部。

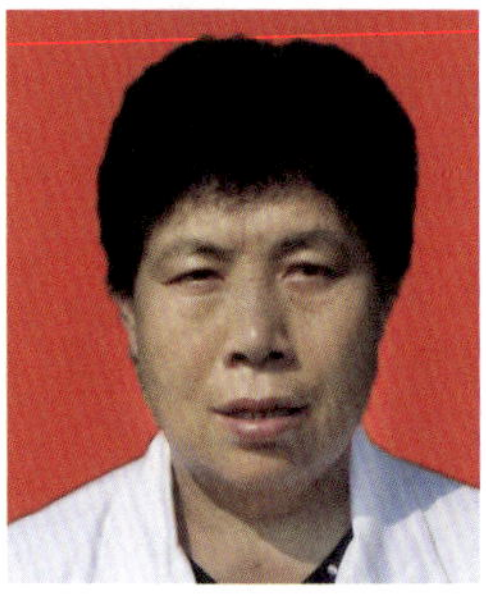

李秀英

女，汉族，1951 年 5 月生，江苏省沛县人。中共党员，三级研究员，享受国务院政府特殊津贴。

1977 年 8 月毕业于徐州地区五七农业大学农学专业，大专学历。1977 年 8 月至 1978 年 3 月在沛县五段镇从事农业技术推广工作，1978 年 4 月调到徐州农科所。2011 年 5 月退休。徐州市优秀专家，徐州市三八红旗手。江苏省有突出贡献中青年专家，省科学技术协会第七届代表大会代表。

长期从事甘薯育种工作。参加国家甘薯育种攻关、甘薯甘蔗新型能源用新材料创制与研究等重大研究课题 10 余项。主持国家“九五”攻关、国家“十五”863 高科技发展计划（课题、子课题）。参加和主持育成甘薯新品种 9 个，作为第一完成人育成高淀粉高抗病品种“徐薯 25”。作为主要完成人获科技成果奖 10 项，其中国家科学技术进步奖 1 项、农业农村部科技进步奖 2 项。发表论文 40 余篇。参加编写《甘薯技术 100 问》《现代科技综述大辞典》等专著。

李洪民

男，汉族，1962 年 7 月—2020 年 3 月，江苏省丰县人。中共党员，研究员，曾任甘薯生理栽培研究室主任，国家甘薯产业技术体系栽培岗位科学家。2020 年 3 月病逝。

1985 年 7 月毕业于南京农业大学土壤农化专业，学士学位，同年 8 月分配到徐州农科所从事甘薯育种及栽培、品质分析研究。兼职中国作物学会甘薯专业委员会委员、中国农学会杂粮分会理事。作为主要负责人 2004 年创办甘薯专业网站“中国甘薯品种与产业化”。主持或参加国家甘薯育种攻关计划及国家和省级支撑计划等 10 多项，参与育成甘薯新品种 7 个，主持育成“徐薯 32”通过河南省鉴定，在北方薯区、黄淮海薯区大面积推广应用。1998—2002 年参加主持与国际马铃薯中心国际合作项目，争取到欧盟第五框架国际合作获资助超过 100 万元，开创徐州农科所与欧盟深入合作的先河。曾多次出国参加学术会议；负责 2000 年对越南、朝鲜甘薯专家的培训。2001 年被授予江苏省第三期（2001—2005 年）“333 人才工程”培养对象（三层次）、徐州市拔尖人才，2007 年再次被授予江苏省第四期（2007—2011 年）“333 人才工程”培养对象（三层次）、徐州市拔尖人才，多次被评为徐州农科所优秀共产党员。在甘薯机械化研究方面成效明显。参与完成的科研成果获 1999 年国家科学技术进步奖三等奖、2002 年江苏省农业科学院科学技术二等奖、2002 年徐州市科学技术进步奖二等奖、2003 年江苏省科学技术进步奖三等奖、2004 年中国农业科学院科学技术一等奖、2005 年河南省科学技术进步奖三等奖、2013 年神农中华农业科技奖一等奖。2005 年荣获江苏省人事局颁发的全省引智先进个人，2018 年获江苏省五一劳动奖章。

张允刚

男，汉族，1968 年 3 月出生，江苏省邳州市人。中共党员，研究员，甘薯遗传育种研究室主任（2016 年 3 月—）。

1991 年 7 月毕业于南京农业大学农学系遗传育种专业，学士学位；2004 年 6 月获南京农业大学农业推广硕士学位。先后主持国家科技基础条件平台、国家 863 计划项目子课题，国家重点研发计划子课题，公益性行业计划和省市级课题 10 余项；主持培育甘薯新品种 3 个，参与培育甘薯新品种 6 个；编写和制定了甘薯种质资源数据标准、出版专著 1 本，参与制定行业标准 1 项，申请国家发明专利 10 件、获授权 7 件、获科技成果奖 8 项、发表论文 10 余篇。获江苏省第四期（2006—2011 年）“333 人才工程”培养对象（三层次）、徐州市拔尖人才、徐州市优秀专家等荣誉称号。

张祖明

男，汉族，1956 年 10 月生，江苏省如东县人。民盟会员。研究员。徐州农科所原油料研究室副主任。

1982 年毕业于南京农学院农学系，获农学学士学位。大学毕业后分配到徐州农科所从事花生科研工作，1989 年 10 月起任花生研究室副主任。徐州农科所原花生学科带头人，2008—2015 年任国家花生产业技术体系徐州综合试验站站长。1986 年起主持花生育种课题，作为主要完成人育成 17 个花生新品种，均成为徐州市乃至我国北方花生产区不同时期的主要种植品种之一，累计推广 5 000 余万亩。花生栽培研究先后在根瘤菌接种、花生地膜覆盖、花生生长调节剂应用、鲜食花生早春双膜覆盖栽培等方面做了大量试验研究和示范推广。获农业农村部、省、市科技进步奖 11 项次，其中部省级奖项 4 项。发表论文 44 篇，编写专著 3 部。

钮福祥

男，汉族，1963 年 7 月生，江苏省吴江区人，中共党员，研究员，甘薯加工利用研究室原主任。

1985 年 7 月毕业于江苏农学院农学系农学专业，获学士学位，同年 8 月分配到徐州农科所工作至今。1994 年 9 月—1995 年 2 月在原无锡轻工业学院食品科学与工程系学习，1985 年 7 月加入中国共产党。2004 年 6 月获中国农业大学人文与发展学院农业推广硕士学位。历任甘薯栽培利用研究室副主任、主任和甘薯加工利用研究室主任。2011—2015 年为国家甘薯产业技术体系功能食品与产业经济岗位科学家，2016 年以来为国家甘薯产业技术体系食品加工岗位科学家。兼职中国作物学会甘薯专业委员会常务理事、中国粮油学会薯类分会常务理事、中国淀粉协会甘薯专业委员理事、江苏徐淮地区徐州农业科学研究所学术委员会委员；2008 年被确认为江苏省高层次创新创业人才培育计划优秀人才培育对象；江苏省第三期（1997—2001 年）“333 人才工程”培养对象（三层次）；现为江苏省产业教授，徐州市优秀专家，江苏师范大学硕士生导师。主要从事甘薯等农产品产后深加工研发，先后主持国家及部省级科技项目 10 余项，获江苏省科学技术奖二等奖、神农中华农业科技奖三等奖及徐州市科学技术奖二等奖等各级各类成果奖 9 项次，发表论文 80 余篇，授权专利 13 件，制定行业标准 1 项、企业标准 6 项。主持研发低糖薯脯、倒蒸地瓜干、甘薯及果蔬脆片系列、甘薯全粉、薯泥系列、药用甘薯浓缩口服液、紫薯饮料等新产品、新技术 20 余项，部分成果投入生产应用，取得良好社会经济效益。

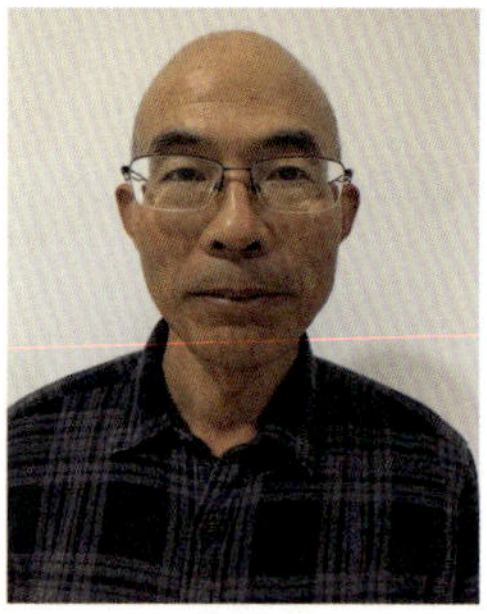

郭荣良

男，汉族，1963 年 5 月生，江苏省兴化人，研究员。

1987 年原江苏农学院农学专业毕业，同年进入徐州农科所工作，徐州市拔尖人才获得者。参与国家、省、市级水稻科技项目和科研课题 30 项，获科技成果 10 余项，其中国家奖 1 项，省级 4 项，市厅级 8 余项。参与和主持育成 20 余个粳稻品种，发表论文 11 篇，参编专著 2 部。

唐　君

女，汉族，1960 年 10 月生，河南省淮滨县人。民盟盟员，研究员，甘薯品种资源研究室原主任。

1983 年石河子农学院毕业，1992 年 12 月加入中国民主同盟会。历任甘薯品种资源研究室副主任、主任。徐州市政协第十一、第十二、第十三届常委，中国作物学会甘薯专业委员会第五届常务委员，1996 年和 1997 年连续两年被评为徐州市优秀科技青年；1998 年和 2003 年两次被评为徐州市优秀拔尖人才；1997 年和 2005 年两次被评为江苏省“333 人才工程”培养对象（三层次）。徐州市农业科学院妇委会主任。从事甘薯品种资源研究33年，主持和参加国际合作、国家攻关、948计划、支撑计划、公益性行业（农业）科研专项、国家甘薯产业技术体系等各级课题30余项。荣获市级以上科研成果奖12项次，其中国家级奖2项，部省级奖7项。主持和参与制定行业标准3项、地方标准5项；参编专著4部，发表研究论文40余篇，其中SCI论文5篇。编写了《国家种质徐州甘薯试管苗库管理细则》，在国家甘薯产业技术体系2009—2020年度考核中，连续12年考核为优秀。

谢逸萍

女，汉族，1962年2月生，广东省罗定市人，中共党员，二级研究员，徐州农科所原甘薯病虫草害防控研究室主任。

1983年7月西南农学院植物保护专业毕业，学士学位，毕业后到徐州农科所工作。现任国家甘薯产业技术体系甘薯病虫害岗位科学家、国家甘薯产业技术体系执行专家组成员、农业农村部薯类专家指导组成员、中国作物学会甘薯专业委员会常务委员。享受国务院政府特殊津贴；江苏省“333人才工程”培养对象；荣获江苏省劳动模范、徐州市优秀科技工作者、徐州市优秀专家、十大女杰徐州市三八红旗手等荣誉称号；入选江苏省百名巾帼科技创新典型人物。长期从事甘薯抗病育种和甘薯病虫害防控工作，先后主持农业行业计划、948计划项目、省重大攻关项目、江苏省自然基金等重大项目，作为国家甘薯产业技术体系甘薯病虫害岗位科学家，对甘薯病虫害进行深入研究，填补多项国内空白，组织多个综合试验站协同攻关，研究解决我国甘薯产业发展中甘薯病虫害防控关键技术问题，研发的“甘薯茎线虫病综合防控技术”成为农业农村部主推技术。主持育成甘薯新品种5个，参加育成甘薯新品种9个；主持制定《甘薯脱毒种薯（苗）检测技术规程》《甘薯茎线虫病综合防控技术规程》等10余项行业标准，4项行业标准已颁布；获省级以上科技进步奖励8项，其中部省级一等奖3项；获国家发明专利授权12项；发表研究论文60余篇，其中SCI论文4篇，参编专著4部。

第五节　副研究员

副研究员（以姓氏笔画为序）：

丁震乾、马红勃、王玉丽、王阶祥、王来花、王洪云、王晓军、王静、冯营、邢兴华、朱红、后猛、刘亚菊、刘刚（党委书记）刘树法、孙克新、孙明芳、孙厚俊、孙健、李文哲、李德民、吴玉玲、张凤海、张正敏、张成玲、张会云、张安、张启全（副所长）、张爱君、陆信娟、陈晓光、范久辉、周志林、赵冬兰、赵永强、赵轶鹏、胡婷婷、胡新燕、徐飞、徐振、徐家安、唐忠厚、唐维、常仁才、梁家荣、蒋玉峰、谭长容、樊继德、魏猛。

丁震乾

男，汉族，1972 年 10 月生，安徽省安庆市人，硕士研究生，徐州农科所副研究员，江苏徐农种业科技有限公司创新部部长。

1998 年 7 月南京农业大学农学院毕业，本科，获学士学位，同年 8 月到徐州农科所从事棉花遗传育种工作；2004 年 9 月南京农业大学作物遗传育种专业毕业，获硕士学位，在江苏省农业科学院明天种业有限公司从事棉花、水稻育种科研与生产工作；2011 年 8 月调到徐州农科所的江苏徐农种业科技有限公司，从事水稻育种与栽培技术研究工作；2012 年 9 月曾挂职徐州市第二批“科技镇长团”贾汪区耿集办事处副主任一年。先后主持和参与各项科研课题 10 余项；主持和参加制定江苏省地方标准 4 项；参与育成棉花品种 4 个、水稻品种 1 个；作为完成人获国家发明专利 3 项、科技成果奖 1 项；发表论文 13 篇。

马红勃

男，汉族，1983 年生，河北省邢台市人。中共党员，副研究员，徐州农科所小麦研究室副主任 2017 年 10 月—。

2005 年 7 月毕业于河北农业大学，获农学学士学位；2008 年 7 月毕业于福建农林大学，获硕士学位；2013 年 7 月毕业于南京农业大学作物遗传育种专业，获博士学位；2019 年 9 月赴美国北达科他州立大学访学一年。2013 年 7 月博士毕业后一直在徐州农科所从事小麦遗传育种工作。2017 年 8 月聘任副研究员，同年 10 月任小麦研究室副主任。2018 年入选江苏省第五期“333 人才工程”培养对象（三层次）。2018 年和 2019 年先后荣获所优秀共产党员和优秀党务工作者称号。主持江苏省“六大人才高峰”和徐州市重点研发计划各 1 项，参加国家小麦产业技术体系、国家重大研发项目（七大农作物育种专项）、江苏省重点研发计划、江苏省农业自主创新资金等部省级以上课题 5 项。作为主要完成人或参加人育成徐麦系列小麦新品种 10 多个，有的品种成为江苏淮北乃至黄淮麦区不同时期的主体栽培品种。以第一作者或者通信作者在 *Journal of Cereal Science*、《作物学报》、《麦类作物学报》等学术期刊上发表论文 10 余篇，获国家发明专利 1 项。完成并获得市级科技成果奖励 1 项。

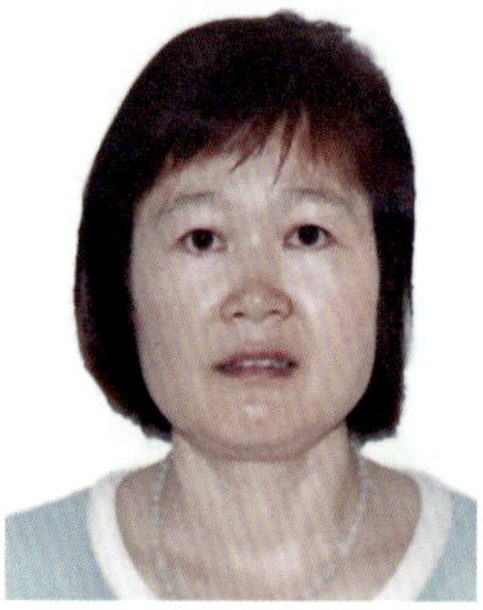

王玉丽

女，汉族，1968 年 6 月生，江苏省丰县人。副研究员，徐州农科所财务处副处长 2006 年 12 月—2012 年 3 月；处长 2012 年 3 月—2021 年 8 月。

1990 年 7 月毕业于江苏省冶金经济管理学校会计专业，同月被分配到徐州农科所，一直从事财务管理工作。2005 年 7 月毕业于南京工业大学计算机科学与技术专业，本科学历（在职就读）。2006 年 12 月至 2012 年 3 月，任徐州农科所财务处副处长兼总账会计；自 2012 年 3 月以来任财务处处长，2009 年 9

月评聘为高级经济师，2014 年 8 月转为副研究员。主持或参加国家、省、市建设项目、科研课题 10 余项；发表专业论文 8 篇，荣获江苏省农科院系统财务管理先进工作者、徐州农科所先进工作者、民主党派先进个人等荣誉称号 9 个。2012 年以来被选为鼓楼区第八届、第九届政协委员。

王阶祥

男，汉族，1953 年 8 月生，江苏省沛县人。中共党员，副研究员，徐州农科所棉花研究室主任。

1977 年毕业于徐州五七农业大学农学专业，大专学历。1978 年到徐州农科所工作，1993—1994 年下派铜山县吴邵乡任科技副乡长，1996 年任棉花研究室副主任，2001 年任主任。市优秀共产党员，市优秀专家，江苏省第二期（1992—1997 年）“333 人才工程”培养对象（三层次）。到所后有 12 年在农村驻点参与国家攻关和部优质棉技术研究推广工作，1990 年以来主持江苏省、国家科技攻关，农业部优质棉基地服务等 30 多项课题。参与育成新品种 7 个。研究建立麦套棉高效栽培技术数学模型和棉花利用叶枝高产理论与栽培新技术，在黄淮棉区累计推广 5 000 余万亩。获科技进步与开发奖 26 项，其中部省级奖 10 余项。发表论文 55 篇，参与编撰专著 2 部。2013 年 8 月退休。

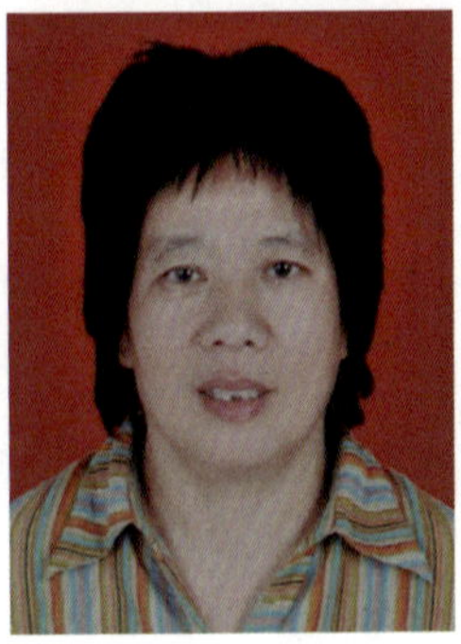

王来花

女，汉族，1954 年 4 月生，江苏省铜山县人。副研究员。

1979 年 1 月毕业于江苏徐州五七农业大学农学专业，大专学历。1979 年 1 月—1982 年 12 月在铜山县农科所从事全国土壤普查工作；1982 年 12 月调到徐州农科所，一直从事小麦育种栽培技术研究工作。1983—1995 年，主持或参加国家、部省级、市级小麦栽培科研项目（课题）10 余项，1996 年起从事国家、部省、淮北片小麦育种攻关、区试研究，作为主要育成人之一育成各具特色、不同类型的小麦新品种 8 个，成为徐州市乃至黄淮麦区不同时期主体栽培推广品种，推广应用面积累计 1.85 亿亩。发表研究论文 32 篇；获科技成果奖励 13 项次，其中部省级科技进步奖 4 项。

王洪云

女，汉族，1964 年 12 月生，江苏铜山县人。副研究员。

1987 年 7 月毕业于淮阴卫生学校；2004 年 12 月毕业于南京医科大学临床医学专业（自学考试）专科；2009 年 1 月毕业于徐州医学院临床医学专业，获成人高等教育本科学历、学士学位。1987 年 7 月至 1991 年 11 月在铜山县大黄山乡卫生院从事临床医疗工作；1991 年 12 月调到徐州农科所工作至今，其中 1991 年 12 月至 2000 年 12 月在农科所医务室工作，2001 年 1 月调入办公室。

2001 年取得全科医学主治医师资格，2014 年 10 月技术职称系列由医学转农学，为助理研究员，2016 年 8 月获副研究员资格，同年 10 月被聘为副研究员。2001 年以前从事临床医学工作，调至办公室之后主要从事全院职工医保管理、网络网站管理、办公室文件收发登记、保密工作、离退休干部信息登记及年报管理等，同时承担甘薯加工利用研究室部分科研工作，先后承担国家甘薯产业技术体系岗位任务及部、省、市项目（课题）7 项，发表论文 8 篇，作为主要完成人获徐州市科学技术奖二等奖及淮海科学技术奖二等奖各 1 项，授权发明专利 1 件、实用新型专利 5 件，参与制定企业标准 4 项。

王晓军

男，汉族，1981 年 3 月生，河南博爱县人。中共党员，副研究员。

2008 年 7 月毕业于徐州师范大学生命科学学院，硕士学位。2008 年 8 月以来，一直在徐州农科所从事花生遗传育种与栽培研究工作。2014 年 4 月任徐州农科所油料研究室副主任，2016 年 10 月作为徐州农科所花生学科带头人，接任国家花生产业技术体系徐州综合试验站站长，2017 年 12 月入选徐州市第七期拔尖人才，2018 年 7 月入选江苏省第五期“333 人才工程”培养对象（三层次）。主持或参加国家、省、市科研项目 14 项，作为主要完成人培育花生新品种 7 个、获得植物新品种权 1 项、荣获江苏省农业科学技术奖一等奖、江苏省农业科学院科学技术奖二等奖、淮海科学技术奖一等奖、徐州市科学技术奖二等奖等科研成果奖励 5 项。发表研究论文 19 篇，其中 SCI 收录 2 篇。参编出版专著 2 部。

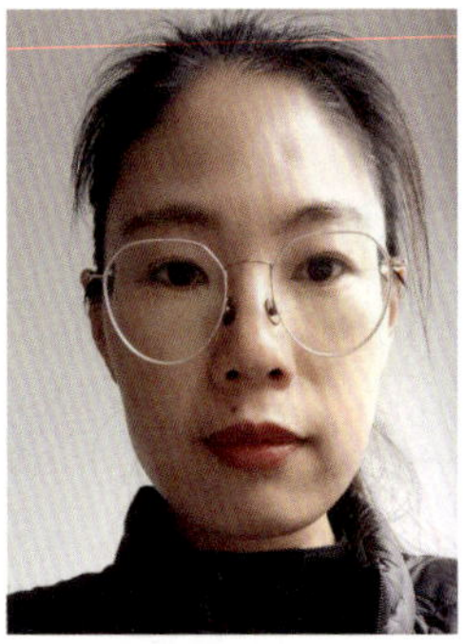

王　静

女，汉族，1984 年 5 月生，江苏省铜山县人。民革党员，副研究员。

2005 年 7 月毕业于扬州大学生物技术专业，学士学位。2020 年加入中国国民党革命委员会。2005 年 7 月以来一直在徐州农科所小麦研究室从事小麦育种与栽培研究工作。主要负责国家、江苏省、联合体小麦新品种的区试、预试和高代品系的鉴定、品比试验等科研工作。2006 年 2 月被评聘为研究实习员，2011 年 9 月被评聘为助理研究员，2020 年 3 月被评聘为副研究员。2020 年获江苏省政协颁发的优秀社情民意信息奖并被民革江苏省委授予“2020 年度反映社情民意信息工作先进个人”称号。主持或参加国家小麦产业技术体系、国家重大研发项目（七大农作物育种专项）、国家科技成果转化、国家转基因重大专项、江苏省重点研发计划、江苏省农业自主创新资金、江苏省国际科技合作计划、徐州市科技创新等项目（课题）10 多项；作为主要完成人或参加人育成小麦新品种 11 个，其中国审品种 5 个，省审品种 6 个；发表研究论文 6 篇，参编专著 4 部，累计参编字数 10 万字左右；作为完成人获部、省、市科技奖励 6 项次。

冯 营

女，汉族，1981年6月生，山东省潍坊市人。中共党员，副研究员。

2008年7月毕业于南京农业大学作物生理生态学专业，硕士学位。同年8月到徐州市农科所工作。2008年7月—2018年3月在棉花研究室从事棉花栽培育种研究。2018年3月至今在科技服务中心从事科技推广服务。2017年4月确定为徐州市第七期拔尖人才。连续多年主持国家棉花新品种多点试验项目，主持完成省市级项目2项。作为主要成员参加国家现代技术产业体系棉花综合试验站、国家基础数据检测等项目。2008年至今参与省市级项目20余项，获市厅级科技成果奖5项，以第一作者发表论文7篇，参编专著6部。

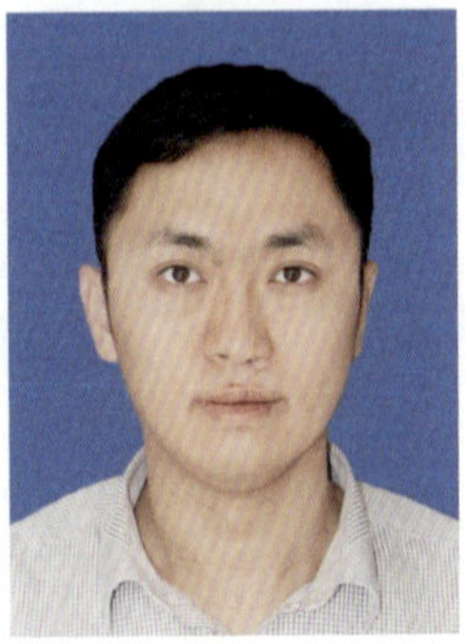

邢兴华

男，汉族，1985年2月生，山东省潍坊市人。副研究员。

2008年毕业于青岛农业大学，获得农学学士学位。2016年毕业于南京农业大学，获得农学博士学位。2016年进入江苏徐淮地区徐州农科所工作至今，主要从事大豆育种与栽培研究。在提高大豆抗旱、耐涝能力、秸秆还田研究中取得了一系列原创性研究成果，为大豆抗逆栽培和麦秸还田下大豆高产高效栽培提供了技术支持。

主持科研课题3项，其中国家自然科学基金项目1项，参与科研课题3项。以第一作者发表论文9篇，其中SCI论文3篇，并以第一完成人获得实用新型专利授权3项。参与选育江苏省审定大豆品种徐豆24、徐豆25和徐豆26。

朱 红

女，汉族，1975年2月生，江苏省盐城市人。副研究员。

1998年7月毕业于连云港市淮海工学院食品科学与工程专业，同年8月到徐州农科所工作至今。先后从事甘薯贮藏保鲜、甘薯功能性物质的提取以及农产品加工利用研究。参加国家现代农业产业技术体系岗位任务、国家科技攻关计划子专题、江苏省科技攻关项目等各级各类科研课题16项，主持省自主创新、省苏北计划项目课题3项；发表论文12篇；作为主要完成人，获徐州市科学技术进步奖二等奖2项、徐州市科学技术进步奖三等奖1项、江苏省农业科学院科技进步奖三等奖1项；参与编写《中国甘薯》《甘薯生产宝典系列丛书》专著2部。

后　猛

男，汉族，1981 年 6 月生，山东省曹县人。中共党员，博士，副研究员。

2008 年山东农业大学农学院遗传学专业硕士毕业，2020 年江苏师范大学生命科学院生物学专业博士毕业。2008 年硕士毕业后，在江苏徐淮地区徐州农业科学研究所甘薯遗传育种研究室工作，主要从事甘薯遗传育种及其重要性状基因克隆与功能分析工作。2010 年 7—12 月，在韩国生命工学研究院进行访问深造，研究方向为甘薯耐逆基因克隆与功能分析。近年来，先后主持国家重点研发项目子课题、科技部 863 计划子课题协作课题、江苏省科技支撑计划项目、国际合作项目 HarvestPlus 子课题等，为国家甘薯产业技术体系特用型甘薯品种改良岗位团队主要成员，为江苏省农业科学院“甘薯分子育种”四星团队创培对象成员。作为完成人之一育成甘薯品种 20 余个；发表研究论文 40 余篇（第一作者 22 篇，其中 SCI 论文 4 篇）；获国家发明专利 4 件；获部、省、市各类奖项 4 项；参与制定江苏省地方标准 2 项。

刘亚菊

女，汉族，1975 年 11 月生，陕西省渭南市人。博士，副研究员，无党派知识分子联谊会会员、理事、副秘书长。中国农业科学院和江苏师范大学硕士生导师，2018 年 7 月入选江苏省第五期“333 人才工程”培养对象（三层次）。徐州农科所植物品种测试技术研究室主任（2020 年 7 月—）。

1997 年 7 月西北大学生命科学院生物学专业毕业，获学士学位，1999 年 7 月西北大学生命科学院植物学专业毕业，获硕士学位；2009 年 7 月，中国科学院大学（植物研究所）植物学专业毕业，获博士学位。1999 年 8 月—2003 年 9 月，徐州农科所甘薯品种资源研究室，研究实习员 / 助理研究员；2009 年 11 月—2011 年 11 月，中国科学院遗传与发育生物学研究所，博士后。2011 年 12 月—2020 年 7 月，徐州农科所甘薯遗传育种研究室，副主任（2011 年 12 月—2020 年 7 月），副研究员（2012 年 8 月—）。2016 年 8 月—2017 年 8 月美国马凯特大学生物学系，访问副教授。2020 年 7 月至今，徐州农科所植物品种测试技术研究室主任。主持国家自然科学基金、科技部 863 计划子课题协作课题、国家外专局引智项目、江苏省农业科技支撑项目、江苏省自主创新项目、江苏省自然科学基金项目、国家重点研发计划项目子课题等 10 余项。作为主要完人成育成甘薯品种徐薯 39、参加育成甘薯新品种 10 个；获国家发明专利 8 项；制定标准 2 项；获科技成果奖 3 项。在 *New Phytologist*、*Journal of Plant Physiology* 等期刊发表研究论文 40 余篇。

刘树法

男，汉族，1952年2月生，江苏省东海县人。中共党员，副研究员。1979年1月毕业于江苏徐州五七农业大学农学专业，大专学历。

1979年到徐州农科所工作，主要从事植物保护研究，1989年任所办公室秘书，1996年3月任养殖场副场长主持工作；1998年3月—1999年5月任园艺开发中心副主任，主持工作；2006—2007年派驻睢宁县姚集镇参加江苏省扶贫工作，获徐州市扶贫先进工作者称号。参加各级各类科研课题8项；发表研究论文15篇；获科研成果奖励4项，其中国家奖励1项，部省级奖励2项。

孙克新

男，民族1964年8月生，安徽宿州人。中共党员，五级副研究员。

1987年7月毕业于安徽农学院农学系，学士学位，1987年8月分配到徐州农科所工作至今。2004年6月获中国农业大学农村发展学院农业推广硕士学位。1987年8月至2002年4月从事水稻科研工作；1993年5月至2006年12月任徐州农科所团委副书记（主持工作）；2002年5月调任科技开发部副主任；2010年4月调任基地管理处主任；2014年3月调任所属科技企业江苏徐农种业科技有限公司副总经理（正科）；2017年底负责江苏徐农种业科技有限公司所属江苏农村科技服务超市徐州主要农作物产业分店。被评选为江苏省“333人才工程”培养对象（三层次）、江苏省水稻区域试验先进个人、徐州市专业技术拔尖人才、新长征突击手、优秀科技青年、徐州市十佳团干部。参加省、市级科研课题30项，作为主要完成人育成水稻新品种8个、完成鉴定成果4项，获国家、省、市科技进步奖10项。发表研究论文15篇。

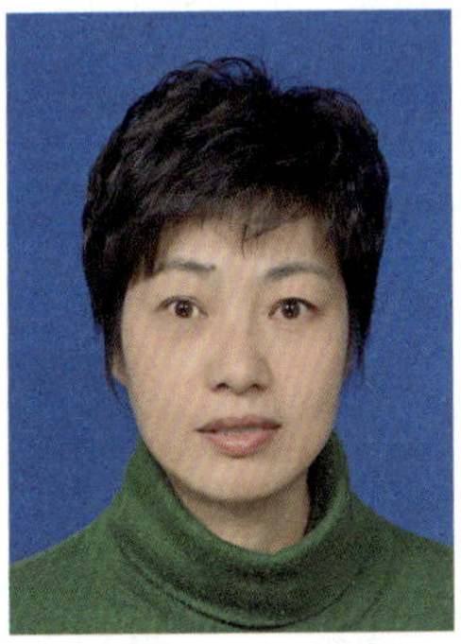

孙明芳

女，汉族，1965年10月生，江苏省铜山县人。中共党员，副研究员。曾任徐州市农业科学院知识产权处副处长、办公室副主任；兼任工会副主席；现任徐州市农业科学院综合档案室主任（2019年6月—）；兼任中国农业科技管理研究会第八届理事会副秘书长。

1985年7月毕业于江苏沛县师范学校；1996年7月毕业于苏州大学档案管理专业（自学考试）专科；2005年7月毕业于江苏省委党校档案管理专业，本科学历。1985年7月—1989年12月在铜山县棠张中学任教；1990年1月调到徐州市农业科学院至今。2010年11月任档案专业副研究馆员，2017年8月转为副研究员。30余年以来，一直从事综合档案管理和办公室相关工作，主持农业部软课题2项，参与研究课题3项，作为完成人之一制定农业部行业标准《甘薯茎线虫病综合防控技术规程》（NY/T 2992—2016）。参与《江苏徐淮地区徐州农业科学研究所志（1910—2010）》《徐州市年鉴》《江苏省农科院年鉴》的编写出版，发表论文 10 篇。荣获徐州市三八红旗手称号。

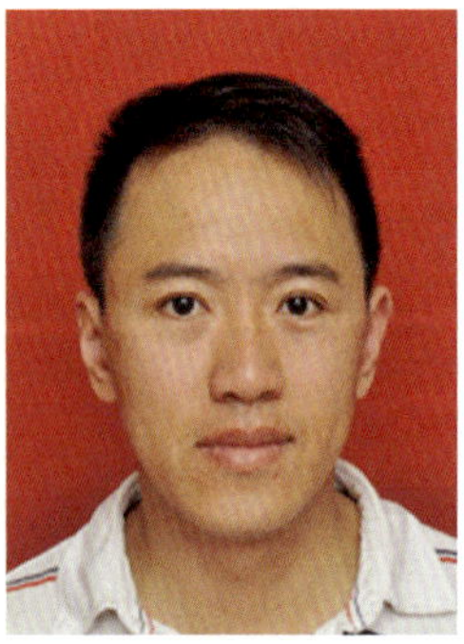

孙厚俊

男，汉族，1980 年 12 月生，江苏省丰县人。中共党员，副研究员，甘薯病虫草害防控研究室主任。

2007 年 6 月毕业于扬州大学园艺与植物保护学院农业昆虫与害虫防治专业，硕士学位。2007 年 8 月到徐州农科所植物保护研究室工作，2008 年 3 月到甘薯病虫草害防控研究室工作。被评选为江苏省“333 人才工程”培养对象（三层次），江苏省植物病理学会理事，江苏省农学会杂草分会理事，徐州市优秀共产党员。主持国家重点研发计划、863 计划子课题、省自主创新、省自然科学基金等部省级项目（课题）6 项，主持制定农业行业标准 2 项、省地方标准 1 项，获国家发明专利授权 8 项，获科技成果奖励部省级 5 项、市厅级 5 项，发表研究论文 20 余篇，其中 SCI 论文 5 篇，参与编写专著 3 部。

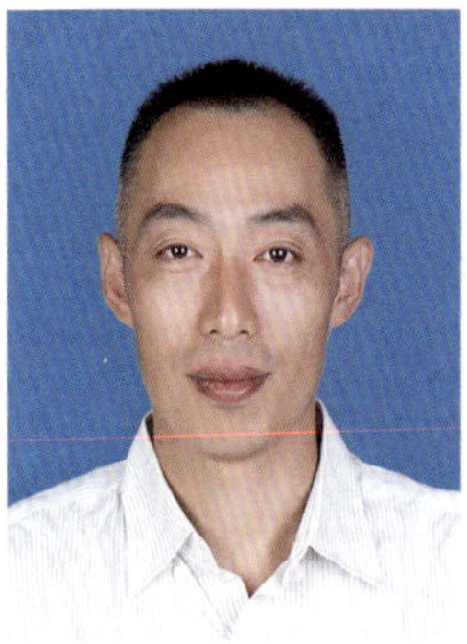

孙　健

男，汉族，1979 年 10 月生，江苏省睢宁县人。中共党员，在读博士，副研究员。现任甘薯加工利用研究室主任。

2003 年 7 月毕业于扬州大学农学院食品科学系食品科学与工程专业，获工学学士学位，2006 年 7 月毕业于扬州大学生物技术学院食品生化专业，获理学硕士学位，目前在扬州大学化学化工学院攻读化学专业博士学位。2003 年 6 月加入中国共产党。2016 年 4 月至 2020 年 7 月任甘薯加工利用研究室副主任，2020 年 7 月以来，任甘薯加工利用研究室主任。评为江苏省第五期“333 人才工程”培养对象（三层次）、第十六批“六大人才高峰”高层次人才培养对象。中国作物学会甘薯专业委员会委员、中国淀粉工业协会甘薯淀粉专业委员会委员。主要从事甘薯等根茎类产后加工及功能食品研究，先后主持国家、部省级、市级科研项目（课题）10 余项、市厅级以上平台项目 2 项。获农业农村部神农中华农业科技奖一等奖、农业农村部神农中华农业科技奖三等奖、徐州市科学技术进步奖二等奖、徐州市科学技术奖二等奖、淮海科学技术奖二等奖等各级各类成果奖 7 项次。发表论文 30 余篇（其中 SCI 收录 9 篇、EI 收录 1 篇），参编著作 2 部。获授权专利 8 项（其中发明专利 3 项）。制定企业标准 4 项。主持研发甘薯膳食纤维粉、甘薯膳食纤维咀嚼片、高纤紫薯挂面、花青素口服液、紫薯多糖口服液、即食低温脱水五彩花生等新技术、新产品 8 项。

李文哲

男，汉族，1963 年 9 月生，江苏省丰县人。中共党员，副研究员。

1986 年 7 月江苏省徐州农业学校农学专业毕业，1988 年 7 月南京农业大学农学专业自学考试大专毕业，2001 年 7 月南京农业大学农学专业成人教育本科毕业。1986 年 7 月分配至徐州农科所工作，长期从事科技成果推广与科技服务工作。1994 年 10 月加入中国共产党。1991 年 3 月—1995 年 3 月年被选派至丰县金陵乡驻点支乡，被丰县政府评为先进支乡工作者，记功 1 次。参加部、省、市、省院科技推广项目 21 项，获奖成果 4 项，其中国家丰收奖 1 项、省丰收奖 1 项、市创新奖 2 项。发表论文 10 余篇。

李德民

男，汉族，1954 年 1 月生，江苏省铜山区人。副研究员。

1977 年 7 月毕业于江苏徐州五七农业大学农学专业，大专学历。1977 年 8 月起一直在徐州农科所工作，1977—1986 年在土肥研究室从事土壤肥料研究；1987—1990 年在丰县参加全国优质棉基地县科技服务；1991—2003 年在江苏省农业科学院睢宁县王集镇试验站实施国家科技攻关项目；2003 年 3 月起在小麦研究室从事小麦科研工作。作为主要完成人之一育成苏徐 1 号、2 号小麦新品种，参加徐麦 856、徐麦 31 等 5 个徐麦系列新品种的选育和开发工作。发表论文 26 篇；获省、市科技进步奖 11 项；获“睢宁县荣誉公民”称号。

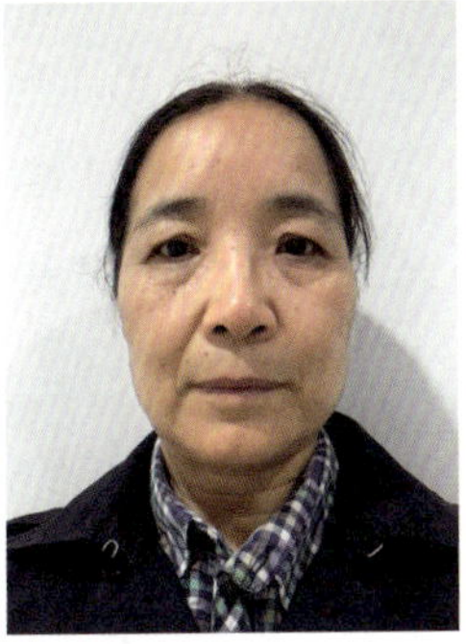

吴玉玲

女，汉族，1973 年 3 月生，江苏省徐州市人。九三学社社员，副研究员。

1996 年新疆农业大学作物专业毕业，2018 年获安徽农业大学农学硕士学位，2017 年加入九三学社。主要从事水稻育种和高产栽培技术研究工作，参与选育徐稻 3 号、9 优 418 等品种 20 多个。江苏省第四、第五期人才工程培养对象，徐州市拔尖人才。

主持完成徐州市科技攻关项目 2 项，参与完成部省级和市级课题 30 余项，获科技成果奖 6 项次，其中部省级 5 项，发表论文 10 篇。

张凤海

男，1954 年 6 月生，江苏省邳州市人。中共党员，副研究员。徐州农科所原植保研究室主任。1977 年 7 月毕业于江苏徐州五七农业大学农学专业，大专学历。1977 年 8 月起一直在徐州农科所工作，主要从事农作物病虫草防治研究，其中 1990 年下派到丰县马楼乡挂职副乡长，获丰县记大功嘉奖；1992—1995 年先后任植保研究室副主任、主任；2005 年派驻睢宁县姚集镇挂职镇党委副书记，专职扶贫工作；2007 年后继续从事植保科研工作。1978 年以来，参加或主持国家、部省级、市级项目（课题）20 余项，在杂草防除技术方面取得突破性进展，成果推广近 1.5 亿亩；发表研究论文 25 篇；获科技成果奖励 9 项次，其中部省级奖励 5 项。

张正敏

男，汉族，1952 年 7 月生，江苏省睢宁县人。中共党员，副研究员。

1977 年毕业于徐州五七农业大学农学专业，大专学历。1978 年到徐州农科所工作，1989 年任东店子试验场场长兼蔬菜研究室主任，1995 年改任园艺中心主任，1998 年任生产科科长兼保卫科科长。作为主要完成人之一，育成棉花新品种 6 个，累计推广 2 亿亩以上。在蔬菜园艺科研开发中，探索出辣椒在设施栽培条件下一年两代制种技术模式，并为社会提供数万棵绿化苗木。获科技成果奖 10 项次，其中国家奖 1 项，省级奖 3 项。发表论文 20 余篇。2012 年 7 月退休。

张成玲

女，汉族，1983 年 3 月生，山东省淄博市人。中国民主同盟盟员，副研究员，徐州农科所甘薯病虫草害防控研究室副主任。

2005 年 7 月山东农业大学植物保护学院毕业，获学士学位；2005 年 8 月至 2010 年 6 月山东农业大学植物保护学院植物病理学专业硕博连读，获博士学位。2010 年 7 月至 2012 年 9 月，山东省泰安市农业科学研究院工作。2012 年 10 月到徐州农科所工作。2013 年 6 月加入中国民主同盟。政协徐州市第十五届委员，为徐州银杏源生物工程有限公司科技联络员。为江苏省第五期“333 人才工程”培养对象（三层次）、徐州市第七期“双百工程”拔尖人才。获批江苏省第十五批“六大人才高峰”C 类项目，主持江苏省自然基金、国家重点研发子课题、863 计划协作等项目（课题）6 项，参加国家甘薯产业技术体系岗位专家项目等 8 项。获淮海科学技术奖一等奖等 5 项。发表研究论文 70 余篇，参编专著 3 部。

张会云

女，汉族，1973 年 12 月生，陕西省澄城县人。九三学社社员，副研究员。

1996 年 7 月毕业于原西北农业大学农学专业，获农学学士学位。毕业后一直在江苏徐淮地区徐州农业科学研究所工作。江苏省第四期“333 人才工程”培养对象（三层次），徐州市第六、第七期拔尖人才，2016 年获徐州市第三届女性科技创新大赛一等奖，2020 年被聘为安徽科技学院农业硕士专业学位研究生校外导师。主持江苏省农业综合开发科技推广项目、江苏省农业自主创新资金、江苏省科技支撑计划子课题等课题 5 项，参加国家小麦产业技术体系、国家重大研发项目（七大农作物育种专项）、江苏省重点研发计划、江苏省科技支撑计划、江苏省国际科技合作计划等省级以上课题 10 余项。作为主要完成人或参加人育成小麦新品种 10 余个；发表研究论文 20 余篇，参与编写专著 4 部。作为完成人获徐州市科学技术进步奖一等奖 4 项，其中江苏省农业丰收奖一等奖、全国农牧渔业丰收奖农业技术推广成果奖二等奖、江苏省农业科学院科学技术奖二等奖各 1 项。

张　安

男，汉族，1984 年 2 月生，山东省菏泽人。副研究员。

2009 年徐州师范大学遗传学硕士毕业，2012 年中国科学院大学沈阳应用生态研究所生态学博士毕业。任职于甘薯品种资源研究室，从事甘薯资源利用研究。

主持徐州市国际合作项目 1 项，国家重点研发子课题 1 项，获得淮海科学技术奖一等奖 1 项。发表论文多篇，参编专著 1 部。

张爱君

男，汉族，1963 年 8 月生，江苏省宜兴市人。副研究员，曾任徐州农科所甘薯生理栽培研究室副主任。

1985 年 7 月毕业于南京农业大学果树专业，获学士学位；同年 8 月分到徐州农科所工作。主要从事土壤培肥与甘薯栽培、养分管理等创新技术的研究。先后主持国家土壤质量徐州观测实验站、江苏现代农业（桃）产业技术体系贾汪推广示范基地建设、农业部 948 计划项目子课题以及行业（农业）专项横向课题等部、省级科技项目（课题）5 项；以第一作者在中文核心期刊上发表研究论文 19 篇，参与编写专著 5 部；作为第一完成人，荣获徐州市科学技术奖二等奖 1 项、淮海科学技术奖二等奖 1 项、软件著作权 1 项、授权发明专利 2 项。

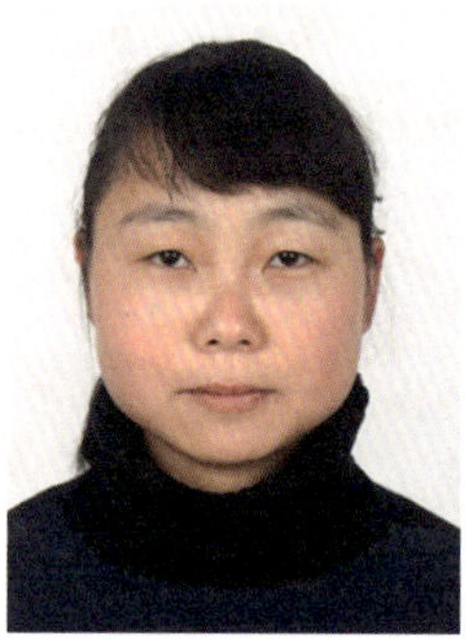

陆信娟

女，汉族，1982年8月生，江苏省海门市人。中共党员，副研究员。

2008年毕业于南京农业大学园艺学院蔬菜学专业。2004年加入中国共产党。2008年8月入职徐州农科所，主要从事大蒜栽培技术研究与大蒜新品种选育。任现职以来，主持省市级课题3项，作为主要项目组成员参与国家项目2个，参与省市级项目20余个。作为主要选育人，育成大蒜新品种5个（徐蒜815、徐蒜917、徐蒜918、徐蒜3号、徐蒜6号），撰写江苏省地方标准一项（排名第二），作为第一作者或通信作者发表论文10篇；获2014年度徐州市科学技术奖一等奖（排名第三）；江苏省农业科学技术奖三等奖，排名第三；山东省农牧渔业丰收奖三等奖，排名第四；江苏省农业技术推广奖三等奖，排名第五。

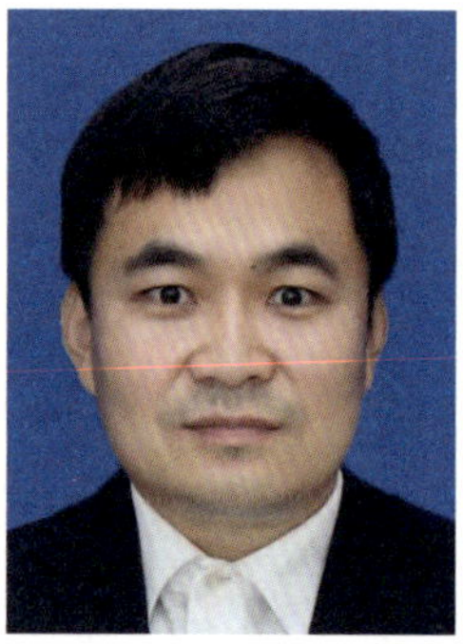

陈晓光

男，汉族，1983年1月生，山东省泰安市人。中共党员，副研究员，棉花研究室副主任（2019年7月—；主持工作2021年8月—）。

2001—2005年于山东农业大学农学专业攻读本科学位；2005—2011年于山东农业大学作物栽培学与耕作学专业攻读研究生，2011年获博士学位；2013年进入南京农业大学博士后流动站工作。2011年到江苏徐淮地区徐州农业科学研究所工作，先后被聘为助理研究员和副研究员。主持国家自然科学基金、江苏省自然科学基金、江苏省自主创新资金项目、江苏省“六大人才高峰”等项目7项，发表论文20篇，软件著作权4件，参编专著2部，先后获市级科技进步奖4项。

范久辉

男，汉族，1952年10月生，江苏省铜山县人。中共党员，副研究员。

1978年8月毕业于徐州师范学院物理系。1978年9月至1984年9月在铜山县大许中学任教；1984年10月调至徐州农科所，先后从事仪器设备管理维修、摄影、仓库保管、农田水利、房屋维修等科研管理、后勤服务工作。近期参加实施徐州农科所的危旧房改造、试验示范基地、办公区改扩建、徐淮地区国家农作物区试站、国家土壤定位试验等工程项目建设。在中央或省、市广播电视台等媒体发表新闻稿件百余篇，向专业期刊、图书资料提供宣传照片千余幅。作为成果完成人之一曾获部、省、市成果奖5项。获徐州市优秀共产党员荣誉称号。

周志林

男，汉族，1979 年 9 月生，山西省孝义市人。中共党员，副研究员。徐州农科所甘薯品种资源研究研究室副主任（2017 年 10 月—2020 年 7 月）、副主任主持工作（2020 年 7 月—2021 年 8 月）、主任（2021 年 8 月—）。徐州市第七期“双百高层次人才培养工程”拔尖人才培养对象，江苏省第五期“333 人才工程”培养对象（三层次）。

2003 年 6 月山西农业大学农学院农学专业毕业，获农学学士学位；2006 年 6 月华中农业大学植物科学技术学院作物遗传育种专业毕业，获农学硕士学位。2006 年 8 月参加工作，主要从事甘薯种质资源收集、保存、鉴定评价及创新利用工作。任职以来，主持完成及在研部省级科研项目 9 项，发表研究论文 60 余篇，参编著作 2 部，获国家发明专利授权 6 项，软件著作权 2 项，主持及参与制定地方标准 3 项，行业标准 2 项，主持及参与育成甘薯品种 6 个。获江苏省科学技术进步奖二等奖 1 项，徐州市科学技术进步奖一、二等奖 4 项。

赵冬兰

女，汉族，1972 年 12 月生，陕西省泾阳县人。九三学社社员，副研究员。

1996 年西北农业大学园艺系本科毕业，获学士学位，1999 年西北农业大学植物病理学专业毕业，获硕士学位。2001 年 11 月加入九三学社。1999 年 8 月参加工作，任江苏徐淮地区徐州农业科学研究所科技干部，从事甘薯种质资源研究工作。徐州市妇女十五大代表，徐州市第七期拔尖人才。

主持国家重点研发项目子课题、国家农作物种质资源平台国家甘薯种质资源平台（徐州）、江苏省农业科学院科研基金等课题 6 项；作为主要人员，参加国家甘薯产业技术体系、行业计划、国家自然科学基金等部省级及以上课题 40 余项。作为主要完成人，育成甘薯品种 2 个，获得国家发明专利 2 项；作为第一完成人，制定农业行业标准 1 项，获得软件著作权登记 1 个；获得科技成果 6 项，其中部省级 4 项。以第一作者发表论文 20 篇，参编专著 1 部。

赵永强

男，汉族，1986 年 1 月生，山东省临朐县人。民革党员，副研究员。徐州农科所园艺研究室副主任。

2009 年 7 月毕业于山东农业大学植物病理学专业，获农学硕士学位。同年 8 月就职于江苏徐淮地区徐州农业科学研究所甘薯病虫草害防控研究室，先后受聘为研究实习员和助理研究员。2017 年 7 月调至园艺研究室任副主任，2017 年 8 月评聘为副研究员。主要从事植物保护方面的研究和技术推广工作，主持和参与各项科研课题 10 余项，发表研究论文 18 篇，参与制定农业行业标准 2 项、江苏省地方标准 2 项，获国家发明专利授权 7 项、各类成果奖 7 项。被评选为徐州市第七期“双百高层次人才培养工程”拔尖人才培养对象。

赵铁鹏

男，汉族，1980 年 1 月生，吉林省扶余市人。中共党员，扬州大学作物栽培学与耕作学专业博士研究生，副研究员，现在徐州市农业科学院水稻研究室工作。主要从事水稻栽培生理和生态方面的研究。先后主持和参加包括江苏省自然科学基金、省现代农业重点研发计划、国家重点研发计划及国家现代农业产业技术体系等在内的多个国家和省市级科研课题，在 *Environmental and Experimental Bbotany*、《生态学报》和《中国水稻科学》等国内外相关学术刊物上以第一作者发表研究论文 10 余篇。

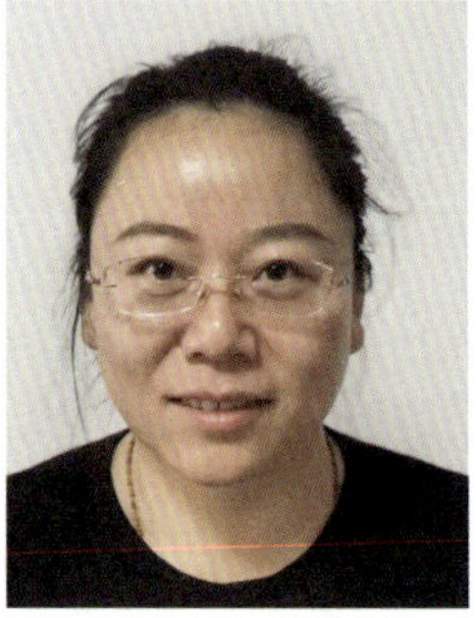

胡婷婷

女，土家族，1980 年 10 月生，湖北省宜昌市人。中共党员，副研究员，徐州农科所水稻研究室副主任（2014 年 8 月—2021 年 8 月）、主任（2021 年 8 月—）。

2006 年华中农业大学农学系（硕士）毕业，2018 年南京农业大学作物遗传育种专业（博士）毕业，2015 年 7 月赴澳大利亚莫道克大学访学 6 个月。2001 年加入中国共产党。主要从事水稻优良食味粳稻新品种选育、推广及种质资源创新。参与选育徐稻 9 号、徐稻 10 号等品种 11 个。主持完成徐州市科技攻关项目 1 项，江苏省留学基金 1 项，参与完成部省级和市级课题 16 项，获科技成果奖 2 项次，在 *Plant Cell Reports*、《中国农业科技导报》、《分子植物育种》等杂志发表研究论文 9 篇，1 项国家发明专利、1 项实用新型专利获得授权。

胡新燕

女，汉族，1969 年 1 月生，浙江省温州市人。无党派，副研究员，棉花研究室副主任。

1990 年南京农业大学农学系农学专业毕业。两次获“徐州市拔尖人才”称号。作为主持人主持完成江苏省农业科技自主创新项目、江苏省国际合作项目、徐州市农业科学院项目各 1 项，完成徐州市科技项目 2 项；作为第一主持人承担农业部公益性行业科研专项子课题 1 项。参与国家支撑计划子专题、国家转基因重大专项子课题、国家棉花产业技术体系、江苏省高技术研究子课题、农业部公益性行业科研专项子课题等项目 30 余项。获得各级奖励 10 余项次，主要有中国农业科学院成果二等奖和淮海科学技术奖二等奖各 1 项，第四完成人；徐州市科学技术进步奖一等奖 1 项，第三完成人；徐州市科学技术进步奖三等奖 1 项，第四完成人。作为第一完成人育成新品种 1 个，实现转化运用，并取得显著的经济效益和社会效益。参与育成新品种 10 个。以第一作者在《江苏农业科学》《中国棉花》《安徽农业科学》等学术期刊发表科研论文 10 余篇。

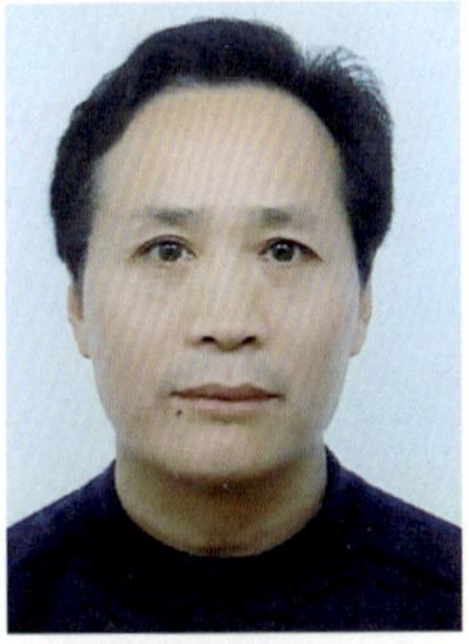

徐 飞

男，汉族，1963 年 3 月生，江苏省新沂市人，中共党员，副研究员。甘薯加工利用研究室原副主任。

1987 年毕业于南京农业大学食品科学系农产品加工专业。1987 年 7 月分配到徐州市果脯蜜饯厂工作，先后担任厂团总支书记（兼徐州市果品公司团委副书记）、厂技术开发科科长、工程师。2000 年 1 月调到江苏徐州甘薯研究中心，2009 年 6 月加入中国共产党。2000 年以来，先后主持或参加完成部省级、市级各类科研课题 20 余项；以第一作者发表核心期刊论文 17 篇；第一发明人获各类授权专利 20 项（其中国际发明专利 2 项）；第一完成人获徐州市科学技术进步奖三等奖 1 项（2013 年度）、徐州市专利金奖 1 项（2016 年度）。

徐 振

男，汉族，1983 年 11 月生，辽宁省鞍山市人。中共党员，博士，副研究员。先后任徐州农科所甘薯品种资源研究室副主任（2019 年 6 月—2020 年 11 月），负责徐州农科所重点实验室工作；徐州农科所中心（重点）实验室副主任（2020 年 11 月—）主持工作；兼任农业农村部甘薯生物学与遗传育种重点实验室副主任（2019 年 8 月—）。被评为江苏省农业科学院三级重点人才青年拔尖人才培养对象。

2004 年 6 月南京农业大学植物保护学院毕业，获农学学士学位；2010 年 6 月南京农业大学植物保护学院农业昆虫与害虫防治专业毕业，获农学博士学位。2010 年 12 月至 2013 年 10 月，中国农业科学院甘薯研究所（江苏徐州甘薯研究中心）博士后。自 2010 年 8 月到徐州农科所工作至今，主要从事甘薯病虫害防控、农产品营养品质分析、土壤环境检测及实验室管理等工作。主持完成江苏省自然科学基金项目、江苏省“六大人才高峰”项目 2 项；参与国家现代甘薯产业技术体系岗位科学家项目等 8 项。以第一作者发表研究论文 9 篇，参编专著 2 部；获国家发明专利授权 5 项；参与制定农业农村部农业行业标准 2 项、地方标准 2 项。作为完成人获河南省科学技术进步奖一等奖 1 项、徐州市科学技术进步奖二等奖 1 项、山东省农牧渔业丰收奖二等奖 1 项。

徐家安

男，汉族，1963 年 5 月生，江苏省铜山区人。副研究员。

1984 年 7 月毕业于江苏徐州农业学校，1988 年南京农业大学农学专业自学考试大专毕业，1997 年南京农业大学农学专业函授本科毕业。1984 年 7 月—1999 年 11 月在棉花研究室从事棉花栽培和育种工作；1999 年 11 月—2001 年 4 月任蔬菜研究室副主任，主持工作；2001 年 4 月—2020 年 8 月在水稻研究室从事水稻育种和栽培工作；2020 年 8 月至今，在科技开发服务部从事水稻栽培和育种工作。1995—1998年多次被评为徐州市优秀科技青年。先后参加国家、部、省、市研究课题50余项，参加育成棉花、水稻品种16个，获奖成果20余项次，其中作为主要完成人18项次，发表论文30余篇。

唐忠厚

男，汉族，1975年11月生，安徽省安庆市人。中共党员，博士，副研究员，产业教授。江苏徐淮地区徐州农业科学研究所（江苏徐州甘薯研究中心）甘薯生理栽培研究室主任。

2000年毕业于安徽科技学院农艺教育专业，获学士学位；2006年毕业于浙江大学作物遗传育种专业，获硕士学位；2015年毕业于南京农业大学作物栽培学与耕作学专业，获博士学位。主要从事甘薯生理生态与养分管理研究，先后承担国家自然科学基金（面上项目）、国家甘薯产业技术体系养分管理岗、国家重点研发计划子课题、江苏省自然科学基金项目、公益性行业（农业）科研专项子课题等10余项课题，作为主要骨干先后参加国家863计划项目、农业部948计划项目、江苏省现代农业技术创新团队等；入选江苏省产业教授、江苏省“333人才工程”与江苏“六大人才高峰”高层次人才；以第一作者或通信作者在各类期刊发表论文30余篇，其中SCI收录7篇，参编专著3册，获神农中华农业科技奖、江苏省科学技术奖、河北省科学技术奖等10余项成果，以第一完成人获得授权国家发明专利4项，实用新型专利2项。

唐　维

男，汉族，1982年12月生，湖北省武汉市人。无党派人士，副研究员。

2001年华中农业大学生物技术专业毕业，获学士学位，2009年华中农业大学作物遗传育种专业毕业，获农学硕士学位。目前，于江苏师范大学攻读生物学在职博士。2009年至今于江苏徐淮地区徐州农业科学研究所（江苏徐州甘薯研究中心）甘薯遗传育种研究室工作，主要从事甘薯遗传育种及其功能基因挖掘与分子机制研究。2012年5月—2012年11月，作为访问学者于韩国生命工学研究院进行合作研究。国家甘薯产业技术体系特用型甘薯品种改良岗位团队主要成员，*Plant Physiology and Biochemistry* SCI期刊审稿人。主持或参加江苏省农业科技自主创新项目、农业农村部重点实验室开放性课题、国家自然基金面上项目、江苏省科技支撑计划等项目10余项；获科技成果奖3项，其中部省级1项，市级2项。发表研究论文30余篇，其中SCI论文10篇。申请国家发明专利5项，获国家发明专利3项。作为完成人之一育成甘薯品种10余个，获得品种保护权2项，编写江苏省地方标准2个。

常仁才

男，汉族，1957 年 4 月生，江苏省丰县人。副研究员，曾任徐州农科所科研管理处副处长（2004 年 8 月—2017 年 4 月）。

1982 年 1 月毕业于江苏农学院农学系，获农学学士学位。同年 2 月分配到徐州农科所，先后从事大豆、绿豆、玉米研究和开发、生产、科技服务管理工作。曾是政协徐州市云龙区第六、第七届委员会常委和云龙区第一届党外知识分子联谊会副会长、徐州市种业协会第一届理事会理事。

主持或参与科技项目 20 余项；主持和参加选育推广大豆、绿豆、玉米新品种 8 个；研制推广农作物高产优质高效栽培技术 3 项；开发转化科技成果 10 项；获科技成果奖 5 项，其中部省级 1 项；发表论文 20 余篇。荣获徐州市优秀青年专业技术人才、徐州市拔尖人才称号。

梁家荣

男，汉族，1952 年 11 月生，江苏省铜山县人。中共党员。副研究员，徐州农科所原植保研究室副主任。

1979 年 1 月毕业于江苏徐州五七农业大学农学专业，大专学历。1979 年 2 月起一直在徐州农科所工作，主要从事植保科研工作，先后参加或主持国家、部省级、市级科研项目（课题）10 余项，其中“淮北稻区灾害性病虫防治关键性技术研究与应用”，累计推广 2 500 万亩；发表研究论文 23 篇；获科技成果奖 7 项，其中国家奖 1 项、部省级奖 4 项。

蒋玉峰

男，汉族，1968 年 2 月生，江苏省铜山县人。副研究员，徐州农科所科研管理处处长。

1990 年 8 月毕业于南京农业大学农学系，学士学位，同年分配到徐州农科所水稻研究室工作，1996 年调到科研管理处工作，2004 年 6 月任财务处副处长，2006 年 4 月任科研管理处副处长，自 2017 年 10 月以来任科研管理处处长，兼任国家甘薯产业技术体系首席科学家办公室主任。中国作物学会甘薯专业委员会理事、副秘书长，江苏省农村专业技术协会理事、徐州市科技服务行业协会副会长、徐州市农学会副秘书长、徐州市知识产权学会理事。荣获江苏省农业科学院系统知识产权管理工作先进个人、科研管理工作先进个人和徐州市科技创新工作突出个人等荣誉称号。主持或参与科技项目 12 项，获得科技成果奖 2 项；发表论文 12 篇，参编《中国甘薯产业技术创新与发展》《作物学科发展报告（2010—2015）》等专著。

谭长容

女，汉族，1979 年 7 月生，江苏省邳州市人。本科，高级会计师，注册税务师，徐州农科所财务处副处长（2012 年 3 月—2021 年 8 月）、处长（2021 年 8 月—）。

1998 年 6 月徐州农校财务会计专业毕业；2001 年 7 月南京农业大学经济管理专业毕业，大专学历；2004 年 6 月南京财经大学会计专业（自学考试）毕业，本科学历。2000 年 5 月取得助理会计师专业技术资格；2005 年 5 月取得会计师专业技术资格；2011 年 9 月取得高级会计师专业技术资格；2012 年 6 月考取注册税务师资格。1998 年 8 月至今，一直在徐州农科所财务处工作，2012 年 3 月任财务处副处长。主要从事部门预算、决算、财务报告、科研经费管理、财务管理信息系统的设置与维护、财务政策研究等，历经出纳、核算、资产管理、审核、主管等岗位。主持省会计类软科学课题 1 项，参与部、省级软科学课题 5 项；发表论文 10 余篇；荣获江苏省农业科学院财务系统先进工作者（个人）荣誉称号 7 个、徐州市财务工作先进工作者荣誉称号 1 个。

樊继德

男，汉族，1980 年 7 月生，山东省兰陵县人。中共党员，副研究员。徐州农科所园艺研究室主任，兼任徐州市农业科技试验示范基地管理处副主任。

2007 年 7 月毕业于山东农业大学蔬菜学专业，获农学硕士学位。同年 8 月就职于江苏徐淮地区徐州农业科学研究所蔬菜研究室，先后受聘为研究实习员、助理研究员和副研究员，2011 年 2 月至 2016 年 3 月任蔬菜研究室、园艺研究室副主任，2016 年 3 月以来任园艺研究室主任。主要从事大蒜等蔬菜育种及栽培技术研究工作。主持和参与各级各类科研项目（课题）近 20 项，育成大蒜新品种 5 个，发表研究论文 18 篇，参与制定江苏省地方标准 2 项，获省、市科研成果奖励 5 项。评选为江苏省“333 人才工程”培养对象，徐州市五一劳动奖章获得者。

魏　猛

男，汉族，1983 年 9 月生，山东省微山县人。中共党员，博士，副研究员。现任徐州农科所第六党支部书记、徐州农科所铜山试验站站长。

2007 年 6 月山东农业大学资源与环境学院农业资源与环境专业毕业，获农学学士学位；2010 年 6 月山东农业大学资源与环境学院土壤学专业毕业，获农学硕士学位；2017 年 6 月山东农业大学资源与环境学院土壤学专业毕业，获农学博士学位。2010 年 8 月到徐州农科所甘薯生理栽培研究室工作；2016 年 3 月任徐州农科所铜山试验站副站长；2016 年 5 月任徐州农科所第六（铜山试验站）党支部书记；2021 年 8 月任徐州农科所铜山试验站站长。主要从事土壤养分管理及甘薯生理栽培、草莓栽培技术等研究工作。主持承担部省级农业科研项目（课题）4 项；以第一作者发表研究论文 20 余篇（其中 SCI 收录 4 篇），参编专著 3 部；获国家发明专利授权 7 项；获徐州市科学技术进步奖二、三等奖各 1 项，获淮海科学技术奖一、二、三等奖各 1 项。

参考文献

《所志》编纂委员会，2010. 江苏徐淮地区徐州农业科学研究所志（1910—2010）[M]. 北京：中国农业科学技术出版社.

附 录

附录一　承担项目

2011—2020 年全所承担新上各级各类农业科研项目（课题）460 项，包括国家级项目（课题）98 项；省、部级项目（课题）214 项；市级项目（课题）111 项；本所科研基金课题 33 项；甘薯遗传育种研究室承担国际合作项目 6 项。其中开展应用基础课题研究 153 项。详见附表 1-1 至附表 1-6。

（一）国家级项目（课题）98 项

附表 1-1　2011—2020 年徐州农科所承担国家级科研项目（课题）

承担单位	起止年限	课题名称	课题来源	计划类别	主持人
小麦研究室 11 项	2009 年 6 月—2011 年 6 月	小麦新品种徐麦 30 示范推广	农业部	国家农业科技成果转化资金项目 2009GB2C100128	陈荣振
	2011 年 1 月—2015 年 12 月	国家项目产业技术体系徐淮综合试验站	农业部	现代农业（小麦）产业技术体系（MATS）专项	陈荣振
	2011 年 7 月—2012 年 12 月	黄淮等麦区强筋和中筋小麦转基因品质改良	科技部	转基因专项 2011ZX08002—004	冯国华
	2011 年 1 月—2015 年 12 月	小麦新品种培育与扩繁	农业部	国家科技支撑计划 2011BAD35B03	陈荣振
	2010 年 4 月—2011 年 3 月	抗逆转基因小麦新品种培育	科技部	转基因专项 2008ZX08002	陈荣振
	2013 年 4 月—2014 年 4 月	徐麦系列强筋小麦新品种原原种扩繁基地建设	农业部	农业综合开发农业部专项	陈　萍
	2016 年 1 月—2020 年 12 月	徐州综合试验站	农业部	现代农业（小麦）产业技术体系（MATS）专项	冯国华
	2013 年 1 月—2015 年 1 月	强筋小麦新品种徐麦 31 示范推广	科技部	国家星火计划 2013GA690366	冯国华
	2015 年 4 月—2018 年 3 月	黄淮主产麦区超级杂交小麦选育及高效制种技术研究与示范	科技部	国家科技支撑计划 2015BAD27B01	刘东涛
	2017 年 1 月—2020 年 12 月	优质育种新材料创制与新品种选育	农业部	国家重点研发计划 2017YFD0100704	冯国华
	2017 年 1 月—2020 年 12 月	超高产育种新材料创制与新品种选育	农业部	国家重点研发计划 2017YFD0100705	刘东涛
水稻研究室 6 项	2011 年 1 月—2020 年 12 月	国家水稻产业技术体系徐州综合试验站（CARS-01-59）	农业部	国家现代农业产业技术体系	刘　超 王健康

（续表）

承担单位	起止年限	课题名称	课题来源	计划类别	主持人
水稻研究室 6 项	2011 年 1 月—2015 年 12 月	杂交粳稻品种创新及产业化工程（2011BAD35B02-02）	科技部	“十二五”国家科技计划子课题	王健康
	2013 年 1 月—2015 年 12 月	杂交粳稻新品种徐 68 徐优 201、徐优 502 示范推广（2013GB2C100179）	科技部	国家农转资金	王健康
	2015 年 1 月—2016 年 12 月	优良食味粳稻新品种徐稻 8 号绿色高效生产技术［TG（15）085］	农业部	中央财政资金	王健康
	2016 年 1 月—2017 年 12 月	优良食味粳稻新品种徐稻 8 号绿色高效生产技术［TG（16）084）］	农业部	中央财政资金	王健康
	2017 年 1 月—202.120	长江中下游粳稻优质高产高效新品种培育（2017YFD0100400）	科技部	国家重点研发计划专项	王健康
棉花研究室 3 项	2011 年 1 月—2015 年 12 月	国家棉花产业技术体系徐淮综合试验站	农业部	国家棉花产业技术体系	李卫华
	2016 年 1 月—2020 年 12 月	国家棉花产业技术体系徐淮综合试验站	农业部	国家棉花产业技术体系	李卫华
	2011 年 1 月—2012 年 12 月	抗虫及转基因杂交棉花新品种培育	中国棉花所	国家重大专项子课题	李卫华
油料研究室 8 项	2011 年 1 月—2015 年 12 月	大豆产业技术体系徐州综合试验站建设	农业部	国家大豆产业技术体系	王宗标
	2016 年 1 月—2020 年 12 月	大豆产业技术体系徐州综合试验站建设	农业部	国家大豆产业技术体系	王　幸
	2016 年 1 月—2020 年 12 月	大豆种质资源产量性状精准鉴定与种质创新	科技部	国家重点研发计划	王　幸
	2017 年 1 月—2020 年 12 月	黄淮海大豆优质高产广适新品种培育	科技部	国家重点研发计划	王　幸
	2018 年 1 月—2020 年 12 月	干旱胁迫下在 IAA 诱导大豆抗氧化酶中 Ca^{2+}/CaM 与 H_2O_2 关系研究	国家基金委	国家自然科学基金	邢兴华
	2011 年 1 月—2015 年 12 月	国家花生产业技术体系徐州综合试验站	农业部	国家花生产业技术体系	张祖明
	2016 年 1 月—2020 年 12 月	国家花生产业技术体系徐州综合试验站	农业部	国家花生产业技术体系	王晓军
	2018 年 1 月—2020 年 12 月	国家花生良种重大科研联合攻关项目	农业农村部	国家良种重大科研联合攻关	王晓军

（续表）

承担单位	起止年限	课题名称	课题来源	计划类别	主持人
园艺研究室 6 项	2009 年 1 月—2013 年 12 月	淮山药高效栽培技术研究与示范	农业部	农业部公益性行业专项	史新敏
	2017 年 1 月—2018 年 12 月	特色蔬菜产业技术体系大蒜品种改良岗位	农业农村部	现代农业产业技术体系	杨　峰
	2018 年 1 月—2019 年 12 月	特色蔬菜产业技术体系大蒜品种改良岗位	农业农村部	现代农业产业技术体系	杨　峰
	2019 年 1 月—2020 年 12 月	国家特色蔬菜产业技术体系大蒜品种改良岗位	农业农村部	现代农业产业技术体系	杨　峰
	2020 年 1 月—2021 年 12 月	国家特色蔬菜产业技术体系大蒜品种改良岗位	农业农村部	现代农业产业技术体系	杨　峰
	2020 年 1 月—2021 年 12 月	大蒜品种改良更新及配套栽培技术研发工程	农业农村部	优势产业集群建设项目	杨　峰
甘薯品种资源研究室 24 项	2011 年 1 月—2013 年 12 月	甘薯种质资源收集、编目与利用	农业部	种质资源保护专项	唐　君 周志林
	2011 年 1 月—2015 年 12 月	甘薯资源创新与利用（岗位专家）	农业部	国家甘薯产业技术体系	唐　君
	2011 年 1 月—2015 年 12 月	优异、特色甘薯种质资源引进与利用	农业部	948 子课题	曹清河
	2011 年 1 月—2015 年 12 月	国家农作物种质资源平台国家甘薯种质资源平台（徐州）	科技部	国家科技基础条件平台	赵冬兰
	2012 年 1 月—2015 年 12 月	甘薯生物育种技术创新与专用型新品种选育	科技部	863 子课题	曹清河
	2014 年 1 月—2014 年 12 月	抗 SPVD 甘薯种间渐渗系的创制及抗性基因 /QTL 定位	科技部	国家自然科学基金面上项目	曹清河
	2014 年 1 月—2014 年 12 月	甘薯种质资源分类原则与分类目录修订	农业部	作物种质资源保护与利用专项子课题	唐　君
	2014 年 1 月—2015 年 12 月	甘薯试管苗库种质资源收集鉴定编目与保存分发利用	农业部	种质资源保护专项	唐　君 周志林
	2015 年 1 月—2019 年 12 月	全球甘薯种质资源遗传多样性分析及重要基因资源发掘	科技部	国家自然科学基金国际地区合作与交流项目	曹清河
	2016 年 1 月—2016 年 12 月	物种资源保护费	农业部	种质资源保护专项	唐　君 周志林
	2016 年 1 月—2018 年 12 月	*IbMADS11* 基因调控甘薯块根发育的分子机理研究	科技部	国家自然科学基金协作课题	周志林
	2016 年 1 月—2020 年 12 月	甘薯种质资源评价（岗位专家）	农业农村部	国家甘薯产业技术体系	唐　君

（续表）

承担单位	起止年限	课题名称	课题来源	计划类别	主持人
甘薯品种资源研究室 24 项	2016 年 1 月—2019 年 12 月	国家农作物种质资源平台国家甘薯种质资源平台（徐州）	科技部	国家科技资源共享服务平台	赵冬兰
	2017 年 1 月—2017 年 12 月	物种品种资源保护费	农业部	种质资源保护专项	唐　君 曹清河 周志林
	2018 年 1 月—2020 年 12 月	物种品种资源保护费	农业农村部	种质资源保护专项	曹清河
	2018 年 7 月—2022 年 12 月	甘薯近缘野生种泛基因组研究	科技部	种质资源保护专项	张　安
	2018 年 1 月—2018 年 12 月	登记品种分子数据库项目	农业部	农业部其他计划	曹清河
	2018 年 6 月—2018 年 12 月	特色作物国家良种重大科研联合攻关项目甘薯课题	农业农村部	农业农村部其他计划	曹清河
	2018 年 8 月—2022 年 12 月	杂粮作物品质性状形成分子机理及调控途径	科技部	国家重点研发项目	曹清河
	2019 年 1 月—2019 年 12 月	作物种质资源收集引进、鉴定、编目繁种与入库	农业农村部	农业农村部其他计划	曹清河
	2019 年 5 月—2022 年 12 月	甘薯核心种质构建及基因组变异本底评价	科技部	国家重点研发计划子课题	周志林
	2019 年 7 月—2022 年 12 月	甘薯抗性种质创制	科技部	国家重点研发项目子课题	赵冬兰
	2020 年 1 月—2020 年 12 月	国家作物种质资源库甘薯徐州分库运行服务	科技部	国家科技资源共享服务平台	赵冬兰
	2020 年 1 月—2020 年 12 月	甘薯种质资源的收集、鉴定、编目、繁种与入库（圃）保存	农业农村部	农业农村部其他计划	曹清河
甘薯遗传育种研究室 21 项	2012 年 1 月—2015 年 12 月	薯类（甘薯、木薯）生物育种技术与新品种选育研究	科技部	国家 863 计划	李　强
	2018 年 7 月—2021 年 12 月	低盐胁迫参与紫薯花青苷品质调控	科技部	国家重点研发计划子课题	王　欣
	2019 年 7 月—2022 年 12 月	甘薯高产优质新品种选育	科技部	国家重点研发计划子课题	李　强
	2019 年 7 月—2022 年 12 月	甘薯高产优质种质创制	科技部	国家重点研发计划子课题	后　猛
	2019 年 7 月—2022 年 12 月	抗根腐病甘薯新品种选育	科技部	国家重点研发计划子课题	张允刚

（续表）

承担单位	起止年限	课题名称	课题来源	计划类别	主持人
甘薯遗传育种研究室 21 项	2019 年 7 月—2022 年 12 月	双子叶杂粮高产优质新品种选育	科技部	国家重点研发计划课题	李 强
	2019 年 7 月—2022 年 12 月	双子叶杂粮高效育种技术与品种创制	科技部	国家重点研发计划项目	李 强
	2019 年 7 月—2022 年 12 月	专用型甘薯高效育种技术研究	科技部	国家重点研发计划子课题	闫 会
	2011 年 1 月—2015 年 12 月	国家甘薯产业技术体系首席科学家	农业部	国家甘薯产业技术体系	马代夫
	2011 年 1 月—2015 年 12 月	国家甘薯产业技术体系北方区育种岗位	农业部	国家甘薯产业技术体系	马代夫
	2011 年 1 月—2011 年 12 月	生物质能源甘薯育种新技术	国家外专局	引智项目	李 强
	2014 年 1 月—2014 年 12 月	甘薯块根采后生理研究和贮藏技术优化与完善	国家外专局	引智项目	刘亚菊
	2018 年 1 月—2018 年 12 月	甘薯耐逆基因克隆与功能研究	国家外专局	引智项目	刘亚菊
	2016 年 1 月—2016 年 12 月	国家甘薯产业技术体系设置管理研究	农业部	国家甘薯产业技术体系专项	马代夫
	2016 年 1 月—2016 年 12 月	国家甘薯产业技术体系－北方区育种	农业部	国家甘薯产业技术体系	李 强
	2016 年 1 月—2016 年 12 月	国家区试	农业部		李 强
	2017 年 1 月—2020 年 12 月	国家甘薯产业技术体系首席科学家	农业农村部	国家甘薯产业技术体系	马代夫
	2017 年—2020 年	国家甘薯产业技术体系任务特用型甘薯品种改良岗位	农业农村部	国家甘薯产业技术体系	李 强
	2017 年 1 月—2020 年 12 月	国家体系管理模式创新及紫甘薯品质功能评价研究	农业农村部	国家甘薯产业技术体系子课题	王 欣
	2018 年 11 月—2021 年 6 月	甘薯产业在精准扶贫中的重要地位和作用研究	农业农村部	国家甘薯产业技术体系子课题	王 欣
	2018 年 1 月—2018 年 12 月	国家甘薯育种联合攻关	农业农村部	专项	马代夫

（续表）

承担单位	起止年限	课题名称	课题来源	计划类别	主持人
甘薯生理栽培研究室 8 项	2011 年 1 月—2015 年 12 月	国家甘薯产业技术体系—南方区栽培岗位	农业部	国家甘薯体系	李洪民
	2016 年 1 月—2020 年 12 月	国家甘薯产业技术体系—养分管理岗位	农业部	国家甘薯产业技术体系	李洪民 唐忠厚
	2017 年 1 月—2019 年 12 月	农业基础性长期性科技工作国家土壤质量数据观测监测	农业部	长期性、基础性项目	张爱君
	2018 年 1 月—2022 年 12 月	甘薯养分高效利用的分子机制与调控网络	科技部	重点研发子课题	唐忠厚
	2018 年 1 月—2021. 年 12 月	甘薯耐低钾性形成的机制研究	国家基金委	面上基金	唐忠厚
	2019 年 1 月—2021 年 12 月	IbMPK3/6 参与调控甘薯抵御低温逆境分子机制的研究	国家基金委	青年基金	靳　容
	2020 年 1 月—2023 年 12 月	低钾胁迫下生长素参与调控甘薯根系构型的作用与机制研究	国家基金委	青年基金	刘　明
	2020 年 1 月—2022 年 12 月	甘薯轻简化高效栽培技术集成与示范	科技部	国家重点研发子课题	唐忠厚
甘薯病虫草害防控研究室 5 项	2011 年 1 月—2016 年 12 月	甘薯病虫害防控研究（科学家岗位）	农业部	国家甘薯产业技术体系	谢逸萍
	2012 年 1 月—2015 年 12 月	甘薯生物育种技术创新与专用型新品种选育	科技部	863 计划子课题	孙厚俊 张成玲
	2017 年 1 月—2020 年 12 月	甘薯真菌与线虫病害防控（科学家岗位）	农业部	国家甘薯产业技术体系	谢逸萍
	2019 年 1 月—2022 年 12 月	甘薯抗病的遗传机制与分子调控网络解析	科技部	国家重点研发项目	张成玲
	2021 年 1 月—2023 年 12 月	*IbINV* 基因在甘薯抗黑斑病中的功能及调控机理研究	国家基金委	自然科学基金	杨冬静
甘薯加工利用研究室 6 项	2011 年 1 月—2015 年 12 月	功能食品与产业经济	农业部、财政部	国家甘薯产业技术体系任务	钮福祥
	2014 年 1 月—2014 年 12 月	黄淮地区甘薯贮藏保鲜库设计与推广应用	农业部	试验示范项目	钮福祥
	2016 年 1 月—2016 年 12 月	功能食品与产业经济	农业部、财政部	国家甘薯产业技术体系任务	钮福祥
	2017 年 1 月—2019 年 12 月	特色甘薯新品种高效生产及营销模式的建立与推广	财政部	示范推广项目	马代夫 易中懿
	2017 年 1 月—2020 年 12 月	甘薯食品加工	农业部、财政部	国家甘薯产业技术体系任务	钮福祥
	2018 年 1 月—2018 年 12 月	特色作物国家良种重大科研联合攻关	农业部	联合攻关项目	钮福祥

（二）省、部级项目（课题）214 项

附表 1-2　2011—2020 年徐州农科所承担省、部级科研项目（课题）

承担单位	起止年限	课题名称	课题来源	计划类别	主持人
小麦研究室 20 项	2008 年 4 月—2011 年 12 月	稻麦新品种徐麦 29、徐麦 856、徐稻 5 号、徐 2 优 1 号产业化	省科技厅	省科技成果转化专项资金 BA2008032	陈荣振 冯国华
	2009 年 1 月—2011 年 12 月	优质高产多抗中强筋小麦新品种选育	省科技厅	省支撑计划 BE2009302-2	陈荣振 刘东涛
	2009 年 9 月—2011 年 8 月	优质小麦新品种、高产优质高效标准化栽培新技术集成创新与示范	省科技厅	省粮食丰产科技工程项目 BE2009426	冯国华
	2009 年 7 月—2012 年 12 月	小麦类重要病害抗性分子育种技术研发和应用	省科技厅	省支撑计划 BE2009343	冯国华
	2009 年 9 月—2011 年 8 月	优质专用小麦新品种选育	省科技厅	省农业科技自主创新资金 CX（09）635	陈荣振 冯国华
	2010 年 4 月—2011 年 3 月	高产优质小麦新品种徐麦 30 产业化开发	省人事厅	省“333 人才工程”科研项目 BRA2010028	冯国华
	2010 年 7 月—2012 年 12 月	淮北地区稻茬晚播麦轻简高效配套栽培技术研究	省科技厅	省支撑计划 BE2010389	冯国华
	2011 年 7 月—2013 年 6 月	德国小麦种质资源和育种技术的引进及中德穿梭育种	省科技厅	省国际科技合作 BZ2011014	刘东涛
	2011 年 10 月—2014 年 9 月	小麦新品种徐麦 30、保麦 1 号产业化	省科技厅	省成果转化 BA2011051	冯国华
	2012 年 3 月—2014 年 12 月	淮北亩产 650 kg 优质多抗专用小麦新品种选育	省科技厅	省支撑计划 BE2012308	陈荣振 冯国华
	2013 年 1 月—2013 年 12 月	强筋小麦徐麦 31 高产稳产配套栽培技术示范推广	省开发局	省农业综合开发科技推广项目 2013kj-1	冯国华 张会云
	2013 年 4 月—2015 年 12 月	优质高产稳产抗病小麦新品种选育	省农科院	省自主创新 CX（13）2022（与淮阴所合报）	冯国华
	2013 年 4 月—2015 年 12 月	优质高产专用抗赤霉病小麦新品种选育	省科技厅	省科技支撑（与省农科院合报）	冯国华
	2014 年 7 月—2017 年 6 月	优质多抗超高产麦稻新品种徐麦 31、徐 68 优 201 产业化	省科技厅	省成果转化专项 BA2014074	冯国华
	2015 年 7 月—2018 年 6 月	苏北稻麦周年高产高效栽培技术集成与示范	省科技厅	江苏省重点研发计划（现代农业）BE2015312	冯国华 王健康
	2015 年 7 月—2018 年 6 月	淮北抗赤霉病小麦品种选育	省科技厅	省重点研发计划（现代农业）BE2015352-5	刘东涛

（续表）

承担单位	起止年限	课题名称	课题来源	计划类别	主持人
小麦研究室 20 项	2016 年 6 月—2019 年 6 月	淮北地区高产稳产抗赤霉病小麦新品种培育	省科技厅	省科技支撑计划（农业）BE2016312	刘东涛
	2016 年 4 月—2019 年 12 月	多抗、优质小麦新种质的创制及其应用研究	省人社厅	省人力资源和社会保障厅“六大人才高峰”项目	马红勃
	2017 年 1 月—2020 年 12 月	淮北麦区优质高产抗赤霉病小麦新品种培育	省农林厅	省农业重大新品种创制 PZCZ201706	冯国华
	2018 年 1 月—2021 年 12 月	淮北地区优质高效多抗小麦新品种选育	省科技厅	省重点研发 BE2018340-2	张会云
水稻研究室 15 项	2012 年 1 月—2014 年 12 月	优质高抗超级杂交粳稻新品种选育与示范推广（BE2012307）	省科技厅	省支撑计划	丁成伟
	2012 年 1 月—2013 年 12 月	优质高产多抗粳稻新品种选育与示范推广（BRA2012035）	省组织部	省“333 人才工程”人才基金	王健康
	2012 年 1 月—2013 年 12 月	优质粳稻高产高效生产技术帮扶工程（BN2012302）	省科技厅	省苏北专项	刘　超 王健康
	2012 年 1 月—2016 年 12 月	抗稻瘟病水稻新种质创制［（CX（12）1003-4）］	省财政厅 省农科院	省创新基金（体系类）	王健康
	2012 年 1 月—2015 年 12 月	粳稻优质、抗病虫等重要功能基因多基因聚合和超高产分子育种技术研究（BE2012303）	省科技厅	省支撑计划	王健康
	2013 年 1 月—2016 年 12 月	优质高产抗黑条矮缩病水稻新品种选育（BE2013301）	省科技厅	省支撑计划	王健康
	2014 年 1 月—2016 年 12 月	优质多抗超高产中粳稻新品种选育（BE2014314）	省科技厅	省支撑计划	王健康
	2014 年 1 月—2017 年 12 月	优质多抗超高产麦稻新品种徐麦 31、徐 68 优 201 产业化（BA2014074）	省科技厅	省成果转化	陈　萍
	2015 年 1 月—2017 年 12 月	江苏省水稻主栽品种抗病性风险评估及水稻重大病害种群检测［CX（15）1054］	省财政厅 省农科院	省创新基金	王健康
	2015 年 1 月—2017 年 12 月	苏北稻麦周年高产高效技术集成与示范（BE2015312）	省科技厅	省现代农业重点研发计划	冯国华 王健康
	2016 年 1 月—2018 年 12 月	优良食味粳稻新品种徐稻 8 号的选育与应用	省科技厅	省现代农业（后补助）	郭荣良
	2016 年 1 月—2018 年 12 月	水稻优质、高产、抗病虫、营养高效分子育种技术研发［（CX（16）1029）］	省财政厅 省农科院	省创新基金	王健康

（续表）

承担单位	起止年限	课题名称	课题来源	计划类别	主持人
水稻研究室 15 项	2016 年 1 月—2019 年 12 月	大气 CO_2 和 O_3 浓度升高对水稻结实的影响机制及氮素调控（BK20161161）	省科技厅	省自然科学基金	赵轶鹏
	2018 年 1 月—2020 年 12 月	优质稻麦绿色高效生产关键技术研究与示范［（CX（18）1002）］	省财政厅 省农科院	省创新基金	王健康
	2018 年 1 月—2020 年 12 月	徐稻 9 号优质食味稻米清洁高效生产技术集成示范（XZ-SZ201844）	省科技厅	省苏北专项	周兴根
棉花研究室 12 项	2011 年 1 月—2012 年 12 月	耐盐油葵、蓖麻和大豆等沿海滩涂规模化种植技术及示范产业链集成—菊芋小区生产技术及示范	省财政厅 省农科院	江苏省创新资金子课题	李卫华
	2011 年 1 月—2012 年 12 月	海涂耐盐油葵、大豆、蓖麻规模生产技术集成及综合利用产业链示范	省财政厅 省农科院	江苏省农业生物学重点实验室开放课题	冯 营
	2013 年 1 月—2014 年 12 月	设施苦瓜－辣椒高效种植模式集成与示范	省财政厅 省农科院	江苏省创新资金	胡新燕
	2014 年 1 月—2014 年 12 月	棉花种质创新与生产力评价试验	全国农技推广服务中心	纵向委托	李卫华
	2014 年 1 月—2017 年 12 月	适合机械化作业的棉花品种	省财政厅 省农科院	江苏省创新资金	李卫华
	2018 年 1 月—2018 年 12 月	全国棉花生产市场监测	农业农村部农研中心	农业部公益性行业专项子课题	赵明明
	2018 年 1—2020 年 12 月	马铃薯种质资源库	省科技厅	省科技厅其他子课题	孙亚伟
	2019 年 1 月—2019 年 12 月	全国棉花生产市场监测	农业农村部农研中心	农业农村部公益性行业专项子课题	赵明明
	2019 年 1 月—2019 年 12 月	国家农作物品种试验任务书——棉花	全国农技推广服务中心	纵向委托	赵明明
	2019 年 1 月—2019 年 12 月	国家农作物品种试验任务书——马铃薯	全国农技推广服务中心	农技指导性课题	孙亚伟
	2020 年 1 月—2020 年 12 月	国家农作物品种试验任务书——棉花	全国农技推广服务中心	农技指导性课题	赵明明
	2020 年 1 月—2020 年 12 月	国家农作物品种试验任务书——马铃薯	全国农技推广服务中心	农技指导性课题	孙亚伟
油料研究室 11 项	2011 年 1 月—2015 年 12 月	优质高产抗病大豆新品种选育	省科技厅	省农业科技支撑	王宗标 王 幸

（续表）

承担单位	起止年限	课题名称	课题来源	计划类别	主持人
油料研究室 11 项	2013 年 1 月—2016 年 12 月	优质高产高油大豆种质创新与新品种选育	省科技厅	省农业科技支撑	王宗标 王　幸
	2015 年 1 月—2017 年 12 月	高产优质抗病大豆新品种选育及徐豆 18 的推广应用	省科技厅	省农业科技支撑	王　幸
	2017 年 1 月—2018 年 12 月	高产优质抗病大豆新品种徐豆 20 选育及应用	省科技厅	省农业科技支撑	王　幸
	2018 年 1 月—2019 年 12 月	优质高产多抗大豆新品种“徐豆 22”选育与应用	省科技厅	省农业科技支撑	王　幸
	2019 年 1 月—2020 年 12 月	高产优质多抗大豆新品种“徐豆 24”选育与应用	省科技厅	省农业科技支撑	王　幸
	2019 年 1 月—2021 年 12 月	适合机械化作业的优质大豆新品种选育	省科技厅	省农业科技支撑	王　幸
	2011 年 1 月—2013 年 12 月	高产优质抗病花生新品种选育及推广	省科技厅	科技支持计划花生课题	张祖明
	2011 年 1 月—2014 年 12 月	适宜高效、规模化种植的棉花特异种质资源的引进与创新	省农科院	江苏省农业科技自主创新资金	张祖明
	2012 年 1 月—2015 年 12 月	江苏省花生地方品种基础数据库的建立及遗传多样性分析	省农科院	江苏省农业科技自主创新资金	王晓军
	2018 年 1 月—2020 年 12 月	特色食用花生种质创新及新品种培育	省人才领导小组办公室	江苏省第五期“333 工程”培养资金项目	王晓军
园艺研究室 44 项	2010 年 1 月—2012 年 12 月	大蒜新品种选育及推广应用	省财政厅 省农科院	省农业自主创新项目	杨　峰
	2010 年 1 月—2012 年 12 月	徐淮地区菌菜高效共作模式创新	省财政厅 省农科院	省农业自主创新项目	孙近友
	2010 年 1 月—2012 年 12 月	设施专用优质早熟薹蒜新品种选育	省科技厅	重点研发计划	杨　峰 樊继德
	2010 年 1 月—2011 年 12 月	蔬菜、甘薯高效生产技术帮扶工程	省科技厅	苏北专项	陈荣振 杨　峰
	2010 年 1 月—2011 年 12 月	抗 TY 病毒番茄新品种繁育与推广应用	省农委	三新工程	杨　峰
	2010 年 1 月—2011 年 12 月	特色五彩甘薯新品种及其配套栽培技术推广	省农业资源开发局	省级科技推广单项	杨　峰 黄忠勤
	2010 年 1 月—2011 年 12 月	优质西瓜新品种与高效栽培技术示范推广	省农业资源开发局	省黄河故道农业综合开发高效农业示范项目	杨　峰
	2011 年 1 月—2013 年 12 月	设施梨优质、安全、高效栽培技术研究与示范	省财政厅 省农科院	省农业自主创新项目	杨　峰

（续表）

承担单位	起止年限	课题名称	课题来源	计划类别	主持人
园艺研究室44项	2012年1月—2015年12月	设施番茄、菜用甘薯周年生产模式创新与示范	省财政厅 省农科院	省农业自主创新项目	孙近友
	2012年1月—2013年12月	现代农业（蔬菜）科技综合示范推广（徐州）	省农委	省农业三新工程	杨　峰
	2012年1月—2013年12月	秸秆太阳能沼气集中供气工程项目	省农委	省级农业生态环境保护项目资金	杨　峰
	2012年1月—2012年12月	设施特色甜樱桃新品种选育及引进	市科技局	市科技项目	杨　峰
	2012年1月—2014年12月	优质西瓜新品种与高效栽培技术示范推广	省农业资源开发局	省黄河故道农业综合开发高效农业科技示范项目	杨　峰
	2012年1月—2013年12月	小麦新品种及高效栽培技术示范推广	省农业资源开发局	省农业综合开发土地治理科技推广项 目	杨　峰
	2013年1月—2015年12月	城市近郊设施蔬菜高效栽培模式创新与推广应用	省科技厅	苏北专项	杨　峰 樊继德
	2013年1月—2014年12月	彩色麦+紫薯/紫山药高效种植模式及配套技术	省农业厅	省农业三新工程项目	史新敏
	2014年1月—2015年12月	苏粉11、金陵秀玉番茄新品种及标准化栽培技术集成示范	省财政厅 省农科院	省农业自主创新项目	孙近友
	2014年1月—2015年12月	现代农业（蔬菜）科技综合示范推广	省农委	三新工程	杨　峰
	2014年1月—2015年12月	大蒜脱毒快繁技术规程	省质量技术监督局	省质监局	杨　峰
	2014年1月—2015年12月	设施甜樱桃栽培技术规程	省质量技术监督局	省质监局	杨　峰
	2014年1月—2016年12月	适合机械化生产的特色山药新品种培育	省科技厅	省科技支撑计划	史新敏
	2014年1月—2016年12月	地方特色山药品种改良及其高效栽培技术研究	省财政厅 省农科院	省农业自主创新	史新敏
	2014年1月—2016年12月	适宜篱式栽培模式苹果品种筛选及其关键技术研究	省财政厅 省农科院	省农业自主创新	杨　峰
	2014年1月—2016年12月	抗白腐病大蒜新品种选育及其栽培技术研究	省财政厅 省农科院	省农业自主创新	谢逸萍
	2015年1月—2016年12月	现代农业（蔬菜）科技综合示范推广	省农委	省三新工程	杨　峰
	2015年1月—2015年12月	徐蒜815快繁技术及高效栽培技术集成	省农科院	省院技术集成与转化项目	杨　峰

（续表）

承担单位	起止年限	课题名称	课题来源	计划类别	主持人
园艺研究室 44 项	2015 年 1 月—2016 年 12 月	苏粉 11、金陵秀玉番茄新品种及标准化栽培技术集成示范	省财政厅 省农科院	省自主创新	孙近友
	2015 年 1 月—2017 年 12 月	大蒜产品产业链技术创新与集成应用	省财政厅 省农科院	省自主创新	杨　峰
	2016 年 1 月—2018 年 12 月	大蒜新品种及高效栽培技术示范推广	省农科院	中央财政农业推广项目	郭文琦 杨　峰
	2016 年 1 月—2018 年 12 月	设施优质早熟梨新品种及标准化技术示范推广	省农科院	中央财政农业推广项目	杨　峰
	2016 年 1 月—2017 年 12 月	大蒜新品种及配套高效栽培技术集成示范	省农委	三新工程	樊继德
	2017 年 1 月—2018 年 12 月	葱蒜品种改良岗位	省农业农村厅	省现代农业产业技术体系	杨　峰
	2017 年 1 月—2020 年 12 月	大蒜良繁体系建立及配套高效栽培技术研究与应用	省科技厅	科技支撑计划	杨　峰
	2017 年 1 月—2019 年 12 月	优质早熟砂梨新品种引进及配套高效栽培技术集成示范	省科技厅	苏北专项	樊继德
	2018 年 1 月—2019 年 12 月	葱蒜品种改良岗位	省农业农村厅	省现代农业产业技术体系	杨　峰
	2018 年 1 月—2018 年 12 月	根茎类作物品种改良与应用	省农科院	基本科研业务专项	杨　峰
	2018 年 1 月—2019 年 12 月	“苏翠”系列优质早熟砂梨新品种选育	省农业农村厅	江苏省重大新品种创制项目	李刚波
	2018 年 1 月—2020 年 12 月	大蒜山药种质资源库	省科技厅	江苏省农业种质资源保护与利用平台子课题	陆信娟
	2018 年 1 月—2020 年 12 月	优质出口大蒜产业关键技术集成创新与示范	江苏省科技厅	省农业科技支撑计划	杨　峰
	2018 年 1 月—2020 年 12 月	出口大蒜品种筛选及良种繁育体系建立	省科技厅	苏北专项	陆信娟
	2019 年 1 月—2020 年 12 月	江苏现代农业（蔬菜）产业技术体系葱蒜类蔬菜创新团队	省农业农村厅	省现代农业产业技术体系	杨　峰
	2019 年 1 月—2019 年 12 月	小而特学科——大蒜学科	省农科院	基本科研业务专项	杨　峰
	2019 年 1 月—202 年 12 月	设施甘蓝——花椰菜四种四收高效栽培模式创新应用	省科技厅	苏北专项	刘灿玉
	2020 年 1 月—2021 年 12 月	江苏现代农业（蔬菜）产业技术体系葱蒜类蔬菜创新团队	省农业农村厅	省现代农业产业技术体系	史新敏

（续表）

承担单位	起止年限	课题名称	课题来源	计划类别	主持人
果树研究室 1 项	2019 年 7 月—2020 年 6 月	江苏省现代农业（梨）产业技术体系徐州推广示范基地	省农业农村厅	现代农业	宋庆科
甘薯品种资源研究室 9 项	2011 年 5 月—2013 年 12 月	优质、多抗、专用叶菜型甘薯新品种选育	省财政厅 省农科院	省农业科技自主创新基金	曹清河
	2010 年 8 月—2012 年 12 月	甘薯野生优异资源挖掘及种质创新	省财政厅 省农科院	省农业科技自主创新基金	曹清河
	2013 年 7 月—2016 年 6 月	EMS 诱变创制甘薯耐盐新材料	省科技厅	省自然科学基金面上项目	周志林
	2014 年 4 月—2016 年 3 月	苏北特色菜用甘薯新品种薯绿 1 号优质安全高效生产新技术研究	省科技厅	省苏北专项	曹清河
	2014 年 6 月—2017 年 7 月	抗甘薯病毒病种间渐渗系创制及抗性主效 QTL 分析	省科技厅	省自然科学基金面上项目	曹清河
	2016 年 1 月—2018 年 12 月	优质高产多抗菜用甘薯新品种“薯绿 1 号”选育及推广应用	省科技厅	省重点研发（后补助项目）	曹清河
	2017 年 1 月—2017 年 12 月	江苏省第五期“333 工程”培养资金	江苏省	“333 人才工程”专项	曹清河
	2018 年 9 月—2018 年 12 月	甘薯登记品种 DNA 分子鉴定	全国农业技术推广中心	农业农村部其他计划	戴习彬
	2018 年 6 月—2020 年 7 月	江苏省农业种质资源保护与利用平台	省科技厅	种质资源库建设	曹清河
甘薯遗传育种研究室 24 项	2011 年 3 月—2013 年 12 月	甘薯育种技术创新与粮饲兼用型新品种选育	省科技厅	“333 人才工程”专项	李　强
	2011 年—2014 年 6 月	甘薯块根花青苷积累关键酶基因表达研究	省科技厅 财政厅	江苏省农业自主创新课题	王　欣
	2012 年 1 月—2014 年 12 月	甘薯钾素高效利用型新品种选育技术研究	省科技厅	省科技支撑计划	张允刚
	2012 年 1 月—2014 年 12 月	鲜食保健型甘薯品种及高效生产技术示范与推广	中国农科院	园区合作项目	李　强 马代夫
	2013 年 1 月—2013 年 12 月	甘薯徐薯 28 生产技术规程	省质监局	省农业标准专项	李　强
	2013 年 1 月—2013 年 12 月	甘薯徐紫薯 3 号生产技术规程	省质监局	省农业标准专项	李　强
	2013 年 1 月—2013 年 12 月	农作物审（鉴）定标准的制定——甘薯	农业部	部农业标准专项	马代夫
	2013 年 7 月—2016 年 6 月	耐盐碱甘薯育种材料创制	省财政厅	省农业科技自主创新资金	李　强
	2014 年 1 月—2017 年 12 月	高脂饮食小鼠肝脏胰岛素抵抗分子机制及甘薯花青素干预	省教育厅	普通高校研究生科研创新计划	王　欣
	2014 年 7 月—2016 年 12 月	适合机械化生产的高产多抗甘薯新品种选育	省科技厅	省科技支撑计划	刘亚菊

（续表）

承担单位	起止年限	课题名称	课题来源	计划类别	主持人
甘薯遗传育种研究室24项	2014年7月—2016年6月	甘薯GI基因克隆及其介导的甘薯耐逆性研究	省科技厅 财政厅	省农业科技自主创新资金	唐　维
	2014年1月—2014年12月	2014年农业法制建设与政策调研	全国农业技术推广服务中心	全国农业标准专项	马代夫
	2014年1月—2014年12月	新型农民技术培训规程	中央农广校	农业技术培训专项	马代夫
	2015年1月—2015年12月	生物强化甘薯专用新品种改良新技术引进	省外专局	引智项目	王　欣
	2015年7月—2018年6月	高花青素甘薯育种材料创制	省科技厅	科技支撑计划	王　欣 李　强
	2016年7月—2019年6月	*IbSAP15*基因在甘薯盐胁迫反应中的功能与调控机理研究	省科技厅	省自然科学基金	刘亚菊
	2017年7月—2019年6月	*IbSAP15*基因在甘薯盐胁迫反应中的功能与调控机理研究	省组织部	省“333人才工程”专项	刘亚菊
	2017年7月—2020年6月	紫甘薯全粉产业链技术创新与集成应用	省财政厅	省农业科技自主创新资金	李　强
	2018年1月—2018年12月	国家非主要农作物品种登记工作组织管理	全国农业技术推广服务中心	农作物品种管理执行	李　强
	2018年7月—2021年6月	蒜薯连作种植模式中甘薯绿色轻简栽培技术研究	省财政厅	省农业科技自主创新资金	刘亚菊
	2018年1月—2018年12月	优质特色紫甘薯新品种“徐紫薯6号”选育及应用	省科技厅	现代农业后补助	张允刚
	2019年1月—2019年12月	早熟优质特色紫甘薯品种徐紫薯8号选育及应用	省科技厅	现代农业后补助	李　强
	2019年7月—2022年12月	低盐胁迫对徐紫薯8号品质调控研究	省人社厅	“六大人才高峰”高层次人才选拔培养项目	王　欣
	2020年8月—2022年7月	紫甘薯花青素多糖螯合物的评价及产品开发	省财政厅	省农业科技自主创新资金	王　欣
甘薯生理栽培研究室7项	2012年1月—2016年12月	徐州潮土长期试验土壤肥力演变和培肥技术研究与示范	农业部	全国农业科技创新能力条件建设	张爱君
	2013年1月—2015年12月	小麦茎秆木质素合成代谢与倒伏的关系及其调控途径	省财政厅	省自主创新项目	陈晓光
	2015年1月—2018年12月	甘薯耐低钾的生理特征及其机制研究	省科技厅	自然科学基金	唐忠厚
	2015年1月—2018年12月	小麦/甘薯周年氮素高效利用栽培学机制研究	省人社厅	“六大人才高峰”项目	陈晓光

（续表）

承担单位	起止年限	课题名称	课题来源	计划类别	主持人
甘薯生理栽培研究室 7 项	2018 年 1 月—2020 年 12 月	非生物胁迫下甘薯 *IbMPK3* 基因的应答与调控	农业部	部重点实验室开放项目	靳　容
	2018 年 1 月—2020 年 12 月	腐植酸尿素对甘薯块根产量形成的影响及其调控机制	省科技厅	自然科学基金	陈晓光
	2020 年 1 月—2021 年 12 月	高产优质鲜食型甘薯新品种徐薯 32 的选育与应用	省重点研发计划	后补助项目	刘　明
甘薯病虫草害防控研究室 20 项	2011 年 1 月—2014 年 12 月	甘薯抗茎线虫防卫反应信号物质鉴定	省科技厅	自然科学基金	徐　振
	2011 年 1 月—2014 年 12 月	硅元素对甘薯抗盐性的影响及其分子机理研究	省科技厅	自然科学基金	赵永强
	2012 年 1 月—2015 年 12 月	秸秆还田后水稻、小麦纹枯病及单子叶杂草的发生与防治	省科技厅	自创基金	赵永强 孙厚俊
	2012 年 1 月—2015 年 12 月	甘薯抗茎线虫病抗性基因的表达研究	省科技厅	自创探索	孙厚俊
	2014 年 1 月—2017 年 12 月	甘薯卷叶病毒致病性及基因功能研究	省科技厅	自创探索	张成玲
	2014 年 1 月—2017 年 12 月	响应甘薯卷叶病毒侵染甘薯二倍体野生种的 miRNA 鉴定及其作用机制	省科技厅	自然青年基金	张成玲
	2014 年 1 月—2017 年 12 月	大蒜抗白腐病新品种选育与栽培技术研究	省科技厅	自创基金	谢逸萍
	2014 年 1 月—2014 年 12 月	甘薯抗逆基因功能研究	省教育厅	留学基金	杨冬静
	2014 年 1 月—2014 年 12 月	脱毒甘薯种薯（苗）SPCSV、SPVG、SPLCV 检测技术规程	省质量技术监督局	省地方标准	谢逸萍
	2015 年 1 月—2015 年 12 月	甘薯主要病虫害防控技术规程	省质量技术监督局	省地方标准	谢逸萍
	2017 年 1 月—2017 年 12 月	甘薯脱毒种薯（苗）生产技术规程	全国农业技术推广服务中心	农业行业标准	谢逸萍
	2017 年 1 月—2017 年 12 月	甘薯主要病虫害综合防治技术规程	全国农业技术推广服务中心	省地方标准	谢逸萍
	2017 年 1 月—2017 年 12 月	甘薯抗低温糖化关键基因 *IbINH* 的克隆和功能研究	省外专局	引智项目	杨冬静
	2017 年 1 月—2017 年 12 月	甘薯抗茎线虫病鉴定技术规程	省质量技术监督局	省地方标准	孙厚俊
	2018 年 1 月—2018 年 12 月	甘薯品种主要病害抗性鉴定技术规程	农业部农产品质量安全监管局	农业行业标准	谢逸萍

（续表）

承担单位	起止年限	课题名称	课题来源	计划类别	主持人
甘薯病虫草害防控研究室 20 项	2018 年 1 月—2018 年 12 月	甘薯采收与储藏技术规程	农业部农产品质量安全监管局	农业行业标准	谢逸萍
	2018 年 1 月—2018 年 12 月	甘薯脱毒种薯（苗）生产技术咨询	全国农业技术推广服务中心	横向委托	孙厚俊
	2018 年 1 月—2021 年 12 月	甘薯黑斑病致病机理及综合防控技术	省人社厅	“六大人才高峰”项目	张成玲
	2018 年 1 月—2018 年 12 月	甘薯脱毒组培及种苗快繁技术研究	省人社厅	省“333 人才工程”专项	孙厚俊
	2019 年 1 月—2019 年 12 月	2019 年绿色高质高效创建专项管理与技术支撑项目	全国农业技术推广服务中心	横向委托	孙厚俊
甘薯加工利用研究室 12 项	2014 年 1 月—2016 年 12 月	甘薯膳食纤维结构表征与功能食品制备基础	省农科院	探索性项目	孙　健
	2014 年 1 月—2016 年 12 月	高膳食纤维发酵乳制品生产关键技术研究	省科技厅	苏北专项	杨玉葆 孙　健
	2014 年 1 月—2017 年 12 月	紫甘薯加工利用及产业化	省农科院	成果导向专项	钮福祥
	2015 年 1 月—2017 年 12 月	鲜食甘薯仓储及电子商务技术集成与应用	省科技厅	苏北专项	钮福祥 朱　红 袁　起
	2017 年 1 月—2019 年 12 月	膳食纤维强化紫薯挂面关键技术开发及产业化	省科技厅	苏北专项	孙　健
	2017 年 1 月—2020 年 12 月	紫甘薯全粉加工工艺研究	省农科院	省自主创新资金项目	孙　健
	2017 年 1 月—2019 年 12 月	即食风味蒜片关键技术及其产业化	省科技厅	苏北专项	张明永
	2018 年 1 月—2020 年 12 月	牛蒡紫薯复合饮料关键技术与应用	省科技厅	苏北专项	丁　鹏 岳瑞雪
	2019 年 1 月—2022 年 12 月	紫甘薯水溶性多糖结构解析和保护 H_2O_2 诱导 ANA-1 细胞应激损伤作用机制研究	省人社厅	“六大人才高峰”项目	孙　健
	2019 年 1 月—2021 年 12 月	基于甘薯泥的速冻包子加工关键技术研发	省科技厅	苏北专项	丁卫国 朱　红
	2019 年 1 月—2021 年 12 月	紫甘薯水溶性多糖优化提取、结构鉴定及保护 H_2O_2 诱导细胞应激损伤作用机制研究	省人社厅	省“333 人才工程”专项	孙　健

（续表）

承担单位	起止年限	课题名称	课题来源	计划类别	主持人
甘薯加工利用研究室 12 项	2019 年 1 月—2021 年 12 月	鲜食甘薯标准化栽培及原产地初加工技术集成与应用	省科技厅	苏北专项	袁　起 王洪云
植物品种测试技术研究室 7 项	2018 年 10 月—2019 年 10 月	国内外优良植物新品种展示示范	农业农村部科技发展中心	技术服务	辛　涛
	2019 年 3 月—2020 年 3 月	马铃薯、甘薯等特色品种展示示范	农业农村部科技发展中心	技术服务	刘亚菊
	2020 年 1 月—2023 年 12 月	牛蒡品种 DUS 测试指南研制	农业农村部科技发展中心	合作项目	刘亚菊
	2020 年 4 月—2022 年 12 月	测试指南研制	农业农村部科技发展中心	技术服务	苏一钧
	2020 年 6 月—2021 年 6 月	宿根花卉品种展示示范	农业农村部科技发展中心	技术服务	孙　扬 曹清河
	2020 年 10 月—2021 年 10 月	郁金香特色品种展示示范	农业农村部科技发展中心	技术服务	刘亚菊
	2021 年 5 月—2023 年 12 月	牛蒡品种鉴定标准 SSR 分子标记法	农业农村部科技发展中心	技术服务	孙亚伟
科技服务中心 19 项	2008 年 1 月—2011 年 12 月	稻麦新品种徐麦 29、徐麦 856、徐稻 5 号、徐 2 优 1 号产业化	江苏省科技厅	成果转化	陈　萍 李再祥
	2011 年 3 月—2013 年 2 月	蔬菜（甜瓜、番茄）、肉鸭新品种（良种）引进	江苏省农委 江苏省财政厅	挂县强农富民工程项目	孙近友 孙　扬
	2012 年 4 月—2013 年 3 月	小麦新品种及高效栽培技术示范与推广（编号 XCXQ201201）	江苏省农业资源开发局	泉山区土地综合治理科技推广	孙近友 冯国华
	2012 年 4 月—2013 年 3 月	水稻新品种及高效栽培技术示范与推广（编号 XCXQ201202）	江苏省农业资源开发局	泉山区土地综合治理科技推广	孙近友 王健康
	2014 年 4 月—2015 年 3 月	小麦新品种及高效栽培技术推广（编号 320322-201402）	江苏省农业资源开发局	沛县高标准农田建设科技推广	孙近友 刘东涛
	2014 年 4 月—2015 年 3 月	优质粳稻新品种机插稻高产栽培技术推广（编号 320322-201403）	江苏省农业资源开发局	沛县高标准农田建设科技推广	孙近友 刘东涛

（续表）

承担单位	起止年限	课题名称	课题来源	计划类别	主持人
科技服务中心19项	2013年3月—2015年2月	示范推广设施园艺作物新品种、新技术、新模式	江苏省农委 江苏省财政厅	挂县强农富民工程项目	孙近友 孙厚俊
	2014年3月—2016年2月	园艺（甘蓝葡萄）食用菌（木耳）粮食（小麦）新品种推广	江苏省农委 江苏省财政厅	挂县强农富民工程项目	李再祥 孙近友 魏　猛
	2016年1月—2016年12月	省挂县强农富民工程沛县点	省农业委员会	挂县强农富民工程项目	李再祥
	2016年1月—2016年12月	省挂县强农富民工程睢宁点	省农业委员会	挂县强农富民工程项目	李再祥
	2016年1月—2016年12月	省级农业科技创新与推广（邳州点挂县强农富民工程）	省农业委员会	省级农业综合产能建设类项目	李再祥
	2016年1月—2016年12月	省级农业科技创新与推广（睢宁点挂县强农富民工程）	省农业委员会	省级农业综合产能建设类项目	李再祥
	2016年1月—2018年12月	优质食味粳稻品种徐稻8号绿色高效生产技术	中央财政	农业推广项目	王健康
	2017年1月—2017年12月	省级农业科技创新与推广（睢宁点挂县强农富民工程）	省农业委员会	省级农业科技创新与推广	李再祥
	2017年1月—2017年12月	省级农业科技创新与推广（邳州点挂县强农富民工程）	省农业委员会	省级农业科技创新与推广	李再祥
	2017年11月—2019年11月	特色甘薯新品种高效生产及营销模式的建立与推广	省财政厅	省科研院校农技推广服务试点项目	马代夫 易中懿
	2018年6月—2019年5月	省级农业科技创新与推广（邳州点挂县强农富民工程）	省农业农村厅	省级农业科技创新与推广	李再祥
	2018年6月—2019年5月	省级农业科技创新与推广（睢宁点挂县强农富民工程）	省农业农村厅	省级农业科技创新与推广	李再祥
	2020年10月—2022年9月	江苏省特色甘薯产业技术推广与服务体系建设	省财政厅	亚夫科技服务专项	谢一芝 李再祥
铜山试验站3项	2016年9月—2017年12月	设施园艺高效农业示范基地建设	省财政厅	现代农业生产发展项目	黄怀成
	2017年12月—2018年12月	甘薯脱毒原原种扩繁基地建设	省财政厅	特色产业发展项目	黄怀成
	2019年1月—2022年12月	长期施肥下光合碳在甘薯—土壤系统中的分配机制研究	江苏省自然科学基金	面上项目	魏　猛
江苏徐农种业科技有限公司9项	2014年1月—2017年12月	优质多抗超高产麦稻新品种徐麦31、徐68优201产业化	省财政厅	省科技成果转化专项资金	周兴根
	2014年1月—2016年12月	小麦新品种徐麦33高产高效栽培技术示范推广	省财政厅	中央财政农业技术推广	周兴根

（续表）

承担单位	起止年限	课题名称	课题来源	计划类别	主持人
江苏徐农种业科技有限公司 9 项	2015 年 1 月—2017 年 12 月	徐麦 33 良种繁育及高产高效栽培技术示范推广	省财政厅	中央财政农业技术推广	周兴根
	2016 年 1 月—2019 年 12 月	淮北地区高产稳产抗赤霉病小麦新品种培育	省科技厅	横向科研课题	黄忠勤
	2016 年 1 月—2021 年 12 月	玉米种质资源的创制与新品种选育	省科技厅	横向课题	黄忠勤
	2019 年 1 月—2019 年 12 月	甘薯种质资源的收集、鉴定、编目、繁种与入库（圃）保存	农业农村部	省级科技推广专项	周兴根
	2019 年 1 月—2020 年 12 月	2020 年救灾备荒种子（Y 两优 59）	农业农村部	其他项目	周兴根
	2020 年 1 月—2020 年 12 月	甘薯试管苗种质资源的收集、鉴定、编目、繁种与入库（圃）保存	农业农村部	其他项目	黄忠勤
	2020 年 1 月—2022 年 12 月	Y 两优 59 优质籼米绿色高效生产技术基础及产业化	省科技厅	省苏北科技专项	黄忠勤

（三）市级项目（课题）111 项

附表 1-3　2011—2020 年徐州农科所承担院（所）市厅级项目（课题）

承担单位	起止年限	课题名称	课题来源	计划类别	主持人
小麦研究室 7 项	2010 年 8 月—2012 年 8 月	中国小麦骨干亲本主要农艺性状的关联分析	省农科院	省农业科技自主创新资金 CX（10）451	刘东涛
	2010 年 8 月—2012 年 12 月	优质专用小麦新品种选育	省农科院	省农业科技自主创新资金 CX（10）128	刘东涛
	2010 年 5 月—2011 年 12 月	优质高产早熟小麦新品种徐麦 31 示范推广	市科技局	市农业科技创新计划，XF10C004	刘东涛 张会云
	2012 年 4 月—2014 年 12 月	淮北超高产优质专用小麦新种质创新	省农科院	省自主创新 CX（12）2027	冯国华
	2013 年 1 月—2013 年 12 月	徐麦 30、徐麦 31 及高产高效栽培技术示范推广	市开发局	国家农业综合开发高标准农田建设、土地治理科技推广项目	冯国华 张会云
	2014 年 9 月—2016 年 9 月	高产多抗专用小麦新品种选育	市科技局	市农业科技计划 KC14N0067	刘东涛

（续表）

承担单位	起止年限	课题名称	课题来源	计划类别	主持人
小麦研究室 7 项	2018 年 4 月—2020 年 12 月	优质、高效、多抗小麦新品种选育	市科技局	市重点研发项目 KC18124	马红勃
水稻研究室 6 项	2012 年 1 月—2014 年 12 月	优质多抗超高产粳稻新品种选育与示范推广（XF12C016）	市科技局	市科技攻关项目	吴玉玲
	2016 年 1 月—2018 年 12 月	适合机械化生产的优质粳稻新品种选育（KC16NG067）	市科技局	市科技攻关项目	吴玉玲
	2017 年 1 月—2019 年 12 月	芽孢杆菌微肥对麦秸还田机插稻生长的影响（KC17060）	市科技局	市科技攻关项目	赵铁鹏
	2018 年 1 月—2020 年 12 月	抗稻瘟病优质高效优良食味粳稻新品种选育（KC18126）	市科技局	市科技攻关项目	胡婷婷
	2019 年 1 月—2021 年 12 月	利用 CRISPR/Cas9 技术选育优质香型粳稻新品种（KC19113）	市科技局	市科技攻关项目	丁成伟
	2020 年 1 月—2020 年 12 月	优质杂交籼稻机插绿色高效关键技术研究	市科技局	市科技攻关项目	赵铁鹏
棉花研究室 17 项	2011 年 1 月—2012 年 12 月	徐淮地区苦瓜新品种的选育及相关栽培技术研究	市科技局	市农业科技计划项目	胡新燕
	2012 年 1 月—2014 年 12 月	设施专用辣椒新品种引进与选育	市科技局	农业科技计划项目	冯　营
	2013 年 1 月—2013 年 12 月	抗虫及转基因杂交棉花新品种培育	中国棉花所	国家重大专项子课题	李卫华
	2014 年 1 月—2015 年 12 月	黄河流域棉区转基因棉花新品种培育	中国棉花所	国家重大专项子课题	李卫华
	2016 年 1 月—2016 年 12 月	棉花新品种试验多点试验	中国棉花所	育种攻关课题	冯　营
	2017 年 1 月—2017 年 12 月	棉花新品种试验多点试验	中国棉花所	育种攻关课题	冯　营
	2016 年 1 月—2017 年 12 月	高产高效抗虫转基因棉花新品种培育	中国棉花所	国家重大专项子课题	李卫华
	2017 年 1 月—2018 年 12 月	高产高效抗虫转基因棉花新品种培育	中国棉花所	农业部重大专项子课题	李卫华
	2016 年 1 月—2019 年 12 月	黄淮地区合理耕作制度及绿色增产增效种植模式研究	中国农科院作科所	农业部公益性行业科研专项子课题	胡新燕
	2017 年 1 月—2019 年 12 月	徐淮地区马铃薯微型种薯快繁技术研究	市科技局	市农业科技计划项目	孙亚伟
	2018 年 1 月—2018 年 12 月	生防菌剂筛选	省农科院植保所	生物防控专项	孙亚伟

（续表）

承担单位	起止年限	课题名称	课题来源	计划类别	主持人
棉花研究室 17 项	2018 年 1 月—2018 年 12 月	2018 年国家棉花品种区域试验	中国棉花所	品种区试专项	赵明明
	2018 年 1 月—2018 年 12 月	2018 年国家马铃薯品种区域试验	中国农科院蔬菜所	品种区试专项	孙亚伟
	2019 年 1 月—2019 年 12 月	生防菌剂筛选	省农科院植保所	生物防控专项	赵明明
	2020 年 1 月—2020 年 12 月	利用无人机监测棉花黄萎病	南京农业大学	育种专项	李卫华
	2019 年 1 月—2020 年 12 月	高产高效转基因棉花新品种培育	中国棉花所	农业部重大专项子课题	李卫华
	2020 年 1 月—2020 年 12 月	棉花化控脱叶打顶剂研究	企业	科技推广专项	赵明明
油料研究室 10 项	2013 年 1 月—2015 年 12 月	优质高产抗病大豆新品种选育	市科技局	市科技支撑	王　幸
	2017 年 1 月—2019 年 12 月	高产、优质、多抗大豆种质创新及新品种选育	市科技局	市科技支撑计划项目	徐泽俊
	2018 年 1 月—2020 年 12 月	鲜食大豆高产高效栽培技术示范与推广	市科技局	市科技支撑计划项目	齐玉军
	2018 年 1 月—2018 年 12 月	徐州市开发区紧缺型人才计划	市开发区管委会	科技人才培养专项	邢兴华
	2011 年 1 月—2012 年 12 月	徐花 16 号花生高产高效栽培技术研究	市科技局	农业科技创新计划	王晓军
	2016 年 1 月—2018 年 12 月	适宜设施栽培的鲜食花生品种筛选及关键栽培技术研究	市科技局	农业科技－农业高技术攻关项目	孙东雷
	2016 年 1 月—2020 年 12 月	小而特学科建设——花生学科调研	省农科院	省院基本科研业务费	王晓军（参加）
	2017 年 1 月—2019 年 12 月	鲜食地膜花生早熟、丰产栽培技术集成创新示范	市科技局	重点研发计划（现代农业）	王晓军
	2018 年 1 月—2018 年 12 月	根茎类作物品种改良与应用	省农科院	省院基本科研业务费	王晓军（参加）
	2019 年 1 月—2021 年 12 月	优质食用型花生种质创新及新品种选育	市科技局	重点研发计划（农业与社会发展）	卞能飞
园艺研究室 29 项	2010 年 1 月—2011 年 12 月	优质稻米无公害高效栽培技术推广	市农业资源开发局	土地治理科技推广	杨　峰
	2011 年 1 月—2011 年 12 月	抗 TY 番茄新品种示范与推广	省农业资源开发局	农业综合开发科技推广专项	杨　峰
	2011 年 1 月—2012 年 12 月	设施番茄新品种示范与推广	市农业资源开发局	农业综合开发科技推广专项	杨　峰
	2011 年 1 月—2012 年 12 月	优质小麦新品种示范与推广	市农业资源开发局	农业综合开发科技推广专项	杨　峰

（续表）

承担单位	起止年限	课题名称	课题来源	计划类别	主持人
园艺研究室 29 项	2011 年 1 月—2012 年 12 月	水稻新品种示范与推广	市农业资源开发局	农业综合开发科技推广专项	杨　峰
	2011 年 1 月—2012 年 12 月	优质稻米标准化生产技术推广	市农业资源开发局	农业综合开发科技推广专项	杨　峰
	2011 年 1 月—2012 年 12 月	淮山药品种引进及高效栽培技术推广	市农业资源开发局	农业综合开发科技推广专项	樊继德
	2011 年 1 月—2011 年 12 月	徐农紫药新品种引进与推广	市农业资源开发局	农业综合开发科技推广专项	史新敏
	2011 年 1 月—2012 年 12 月	优质设施桃品种及高效栽培技术推广	市农业资源开发局	农业综合开发科技推广专项	赵　林
	2012 年 1 月—2013 年 12 月	西瓜新品种引进及高效栽培技术推广	省农业资源开发局	省农民专业合作经济组织试点项目	杨　峰
	2012 年 1 月—2012 年 12 月	新型肥料推广应用	省农业资源开发局	省 2012 年黄河故道农业综合开发科技推广项目	杨　峰
	2012 年 1 月—2013 年 12 月	水稻新品种及高效栽培技术示范与推广	省农业资源开发局	省农业综合开发科技推广项目	杨　峰
	2012 年 1 月—2013 年 12 月	小麦新品种徐麦 31 及高效栽培技术推广	市农业资源开发局	丰县 2012 年度增量资金高标准农田示范工程项目	杨　峰
	2012 年 1 月—2013 年 12 月	紫薯品种引进及高效栽培技术推广	市农业资源开发局	丰县 2012 年黄河故道	杨　峰
	2012 年 1 月—2013 年 12 月	水稻新品种及高效栽培技术推广	市农业资源开发局	丰县 2012 年度农业综合开发高标准农田建设示范工程项目	杨　峰
	2012 年 1 月—2013 年 12 月	小麦新品种徐麦 31 及高效栽培技术推广	市农业资源开发局	2012 年度农业综合开发土地治理科技推广项目	杨　峰
	2013 年 1 月—2015 年 12 月	适宜设施栽培优质高产黄瓜新品种（系）选育	市科技局	重点研发计划	孙近友 樊继德
	2013 年 1 月—2013 年 12 月	大蒜新品种及高效栽培技术示范与推广	市农业资源开发局	贾汪区 2013 年度土地治理项目科技推广	杨　峰
	2013 年 1 月—2013 年 12 月	无公害蔬菜优质高产栽培技术示范推广	市农业资源开发局	邳州市 2013 年农业综合开发土地治理项目科技推广	杨　峰
	2013 年 1 月—2013 年 12 月	杏鲍菇新品种及高效栽培技术推广	市农业资源开发局	睢宁县 2013 年度国家农业综合开发高标准农田建设示范科技推广	杨　峰

（续表）

承担单位	起止年限	课题名称	课题来源	计划类别	主持人
园艺研究室29项	2013年1月—2013年12月	小麦新品种及高效栽培技术示范与推广	市农业资源开发局	新沂市2013年度存量资金高标准农田示范工程项目科技推广	杨　峰
	2013年1月—2013年12月	小麦新品种及高效栽培技术示范与推广	市农业资源开发局	新沂市2013年度存量资金高标准农田示范工程项目科技推广	杨　峰
	2013年1月—2014年12月	优质水蜜桃品种及蓝莓高效栽培技术推广	市农业资源开发局	新沂市2013年度省级丘陵山区农业综合开发项目科技推广	杨　峰
	2014年1月—2015年12月	水稻新品种及高产栽培技术推广	省农业资源开发局	省级农业综合开发土地治理科技推广	杨　峰
	2015年1月—2017年12月	适宜轻简化栽培地方特色山药品种筛选及其高效栽培技术研究	市科技局	重点研发计划	樊继德
	2018年1月—2020年12月	徐州科技计划项目	市科技局	重点研发计划	李刚波
	2018年1月—2020年12月	徐州经济技术开发区紧缺型高层次人才引进计划	重点实验室	金龙湖人才项目	刘灿玉
	2020年1月—2020年12月	疫情对徐州市大蒜出口影响及对策建议	徐州市科协	科技创新智库基地	樊继德
	2020年1月—2020年12月	徐州硕龙农业科技有限公司	徐州市科协	首席专家（工程师）	樊继德
甘薯品种资源研究室3项	2013年7月—2015年12月	利用RNA-seq技术分离甘薯近缘种抗逆优异基因	徐州市科技局	市国际合作项目	曹清河
	2016年10月—2018年9月	菜观两用甘薯优异种质挖掘及新品种选育	市徐州市科技局	农业高技术攻关项目	戴习彬
	2016年10月—2018年9月	野生甘薯三浅裂野牵牛（*Ipomoea trifida*）基因组测序及实用分子标记开发	徐州市科技局	农业科技发展专项	张　安
甘薯遗传育种研究室3项	2016年7月—2018年7月	食用甘薯徐紫薯6号和徐薯32及其配套生产技术	省财政厅	省财政农业推广项目	梁　莉 李　强
	2018年1月—2019年12月	紫甘薯花青素产品开发与应用	省环洪泽湖生态农业生物技术重点实验室	农技研发课题	王　欣
	2018年7月—2020年6月	优质、早熟鲜食型甘薯新品种选育	徐州市科技局	农业重点研发	后　猛

（续表）

承担单位	起止年限	课题名称	课题来源	计划类别	主持人
甘薯生理栽培研究室3项	2015年1月—2018年12月	徐紫薯新品种高效生产关键技术集成与示范	市科技局	现代农业科技项目	唐忠厚
	2018年1月—2021年12月	江苏现代农业（桃）产业技术体系贾汪推广示范基地	省农业农村厅	省体系科技推广	张爱君
	2019年1月—2021年12月	农林复合种植模式下甘薯优质高产生产技术及土壤改良研究	市科技局	现代农业科技项目	陈晓光
甘薯病虫草害防控研究室9项	2016年1月—2016年12月	植调剂药效试验	省农科院植保所	委托专项	孙厚俊
	2017年1月—2020年12月	国家天敌等数据资源长期观测任务	中国农科院植保所	农业部专项合作课题	孙厚俊
	2017年1月—2017年12月	甘薯脱毒组培及种苗快繁技术研究	徐州市科技局	市重点研发项目	孙厚俊
	2017年1月—2017年12月	植物生长调节剂效果试验	省农科院植保所	委托专项	孙厚俊
	2017年1月—2017年12月	特色作物国家良种重大科研联合攻关—甘薯	徐州农科所	联合攻关子课题	孙厚俊
	2017年1月—2020年12月	稻—麦周年肥水与秸秆高效利用关键技术	南京农业大学	重点专项	孙厚俊
	2019年1月—2019年12月	植调剂、杀虫剂药效登记试验	省农科院植保所	委托专项	孙厚俊
	2020年1月—2020年12月	植调剂药效试验	省农科院植保所	横向委托	孙厚俊
	2020年1月—2022年12月	甘薯抗病毒遗传机制解析	省人社厅	省“333人才工程”专项	张成玲
甘薯加工利用研究室6项	2011年1月—2012年12月	甘薯燃料乙醇浓醪发酵关键技术研究	市科技局	社会发展专项	岳瑞雪
	2012年1月—2014年12月	五彩花生加工关键技术及其产业化	市科技局	农业科技专项	梁茂法 孙　健
	2017年1月—2018年12月	山楂系列产品低温加工关键技术研究	市科技局	农业科技－技术集成创新项目	徐　飞
	2017年1月—2019年12月	干型紫甘薯食用酒浓醪发酵关键技术研发	市科技局	重点研发计划（现代农业）	郑尊富 岳瑞雪
	2019年1月—2021年12月	徐州市薯类加工重点实验室	市科技局	创新能力建设计划	孙　健 张　毅
	2019年1月—2021年12月	特色甘薯绿色高效生产技术研发与产业化	市科技局	徐州市成果转化项目	袁　起

（续表）

承担单位	起止年限	课题名称	课题来源	计划类别	主持人
科技服务中心 14 项	2011 年 3 月—2012 年 12 月	设施番茄—菜用甘薯周年生产技术示范	江苏省农科院	科技帮扶整村推进项目	孙近友 孙　扬
	2013 年 3 月—2014 年 12 月	甘蓝引种示范及葡萄高效栽培技术推广	江苏省农科院	科技帮扶整村推进项目	孙近友 樊继德 孙厚俊
	2014 年 3 月—2015 年 12 月	甘薯“徐薯 32”、小麦“徐麦 33”繁育技术示范推广	江苏省农科院	科技帮扶整村推进项目	孙近友 魏　猛
	2016 年 4 月—2016 年 12 月	稻麦新品种徐稻 8 号、徐麦 33 周年平衡施肥及高产创建技术	省农科院	省农科院科技服务专项	李再祥
	2017 年 4 月—2017 年 12 月	徐稻 9 号优质高效技术集成与示范	省农科院	省农科院科技服务专项	苏国东
	2017 年 4 月—2019 年 12 月	洋葱—辣椒周年高效栽培模式创新集成应用	省农科院	省农科院科技服务专项 精准扶贫科技行动计划	何绍平
	2018 年 4 月—2018 年 12 月	特色甘薯清洁、轻简、高效栽培模式示范推广	省农科院	省农科院科技服务专项 “一所（室）一村、文明共建”产业帮扶项目	李再祥 党新安
	2018 年 1 月—2018 年 12 月	加快品种技术创新，优化科技服务模式，为我市乡村振兴提供强有力的科技支撑	徐州市委市政府	振兴老工业基地创新项目	李再祥
	2018 年 11 月—2019 年 12 月	洋葱连作障碍克服技术集成示范推广	省农科院	省农科院农业科技扶贫短平快引导项目	李再祥 党新安
	2019 年 4 月—2019 年 12 月	徐州农科所与中国人民财产保险公司徐州分公司科技服务、培训	中保徐州分公司	科技服务横向合作	戚　强
	2019 年 4 月—2019 年 12 月	睢宁县王集镇花生特色小镇创建	省农科院	省农科院科技服务专项 乡村振兴 典型示范	党新安
	2019 年 4 月—2019 年 12 月	基于“徐紫薯 8 号清洁、轻简、高效种植模式推广应用”的特色产业培育	省农科院	省农科院科技服务专项 特色产业科技扶贫典型示范项目	刘明钟 戚　强
	2020 年 1 月—2020 年 12 月	开辟“农业科技 + 保险”科技服务新渠道，精准服务乡村振兴	徐州市委市政府	振兴老工业基地创新项目	戚　强
	2020 年 1 月—2020 年 12 月	徐州农科所与中国人民财产保险公司徐州分公司科技服务、培训	中保徐州分公司	科技服务横向合作	戚　强
江苏徐农种业科技有限公司 4 项	2016 年 1 月—2020 年 12 月	小麦新品种选育协作攻关	省农科院	横向课题	周兴根
	2018 年 1 月—2019 年 12 月	优质多抗高产小麦新品种徐麦 33 基地建设与示范推广	市科技局	农业科技推广	周兴根
	2018 年 1 月—2021 年 12 月	徐稻 9 号优质食味稻米绿色高效生产技术研发及产业化	市科技局	科技成果转化	周兴根
	2019 年 1 月—2021 年 12 月	鲜食玉米种质资源创新及新品种选育	市科技局	科技计划项目	黄忠勤

（四）院（所）科研基金课题 33 项

附表 1-4　2011—2020 年徐州农科所承担院（所）科研基金项目（课题）

承担单位	起止年限	课题名称	课题来源	计划类别	主持人
小麦研究室 1 项	2019 年 8 月—2021 年 7 月	淮北稻茬小麦节氮高产高效栽培技术研究	徐州农科所	科研基金	易　媛
水稻研究室 3 项	2015 年 1 月—2017 年 12 月	不同机插方式对稻麦周年产量形成的影响	徐州农科所	科研基金	赵铁鹏
	2017 年 1 月—2019 年 12 月	水稻种质资源的稻瘟病抗性鉴定及抗病基因筛选	徐州农科所	科研基金	何弯弯
	2019 年 1 月—2021 年 12 月	水稻白条纹叶突变体 wsl8 的表型鉴定及基因克隆	徐州农科所	科研基金	胡婷婷
棉花研究室 3 项	2015 年 1 月—2017 年 12 月	马铃薯微型种薯快繁技术研究	徐州农科所	科研基金	孙亚伟
	2019 年 1 月—2020 年 12 月	脱毒马铃薯高效栽培技术研究及其产业化	徐州农科所	科研基金	赵明明
	2020 年 1 月—2021 年 12 月	牛蒡绿色生产技术研究与示范	徐州农科所	科研基金	陈晓光
油料研究室 4 项	2015 年 1 月—2017 年 12 月	小麦秸秆还田对大豆生长发育及土壤理化性状的影响	徐州农科所	科研基金	齐玉军
	2017 年 1 月—2019 年 12 月	外源 H_2O_2 对鲜食大豆种子低温萌发能力的影响及其机制研究	徐州农科所	科研基金	徐泽俊
	2015 年 1 月—2017 年 12 月	控制花生油酸含量的 *ahFAD2* 基因位点分析	徐州农科所	科研基金	孙东雷
	2020 年 1 月—2022 年 12 月	耕作方式和麦秸还田对大豆田土壤肥力性状及大豆生产力特征的影响	徐州农科所	科研基金	邢兴华
园艺研究室 3 项	2015 年 1 月—2017 年 12 月	沼液、沼渣功能成分分析及在果蔬生产中的应用研究	徐州农科所	科研基金	马　宁
	2017 年 1 月—2019 年 12 月	草莓优良品种引进、筛选及快繁技术研究	徐州农科所	科研基金	张　婷
	2019 年 1 月—2021 年 12 月	花卉品种引进、筛选及快繁技术研究	徐州农科所	科研基金	张碧薇
果树研究室 2 项	2019 年 7 月—2021 年 6 月	果树新品种引进及优质丰产关键栽培技术集成与创新	徐州农科所	科研基金	赵　林
	2020 年 1 月—2022 年 12 月	苹果特异性种质资源创制	徐州农科所	科研基金	李刚波
甘薯品种资源研究室 1 项	2020 年 7 月—2022 年 12 月	甘薯块根类胡萝卜素含量相关基因的全基因组关联分析	徐州农科所	科研基金	肖世卓

（续表）

承担单位	起止年限	课题名称	课题来源	计划类别	主持人
甘薯遗传育种研究室 2 项	2019 年 1 月—2020 年 12 月	*IbFLS1* 基因调控甘薯黄酮醇积累的机理研究	徐州农科所	科研基金	后　猛
甘薯遗传育种研究室 2 项	2017 年 1 月—2019 年 12 月	GIGANTEA 介导的甘薯耐旱分子育种及其机理研究	徐州农科所	科研基金	唐　维
甘薯生理栽培研究室 1 项	2020 年 1 月—2022 年 12 月	长期施肥措施下土壤碳氮组分变化对甘薯碳氮获取的影响	徐州农科所	科研基金	赵　鹏
甘薯病虫草害防控研究室 3 项	2017 年 1 月—2019 年 12 月	甘薯转化酶抑制子 IbINH 参与甘薯抗低温胁迫的功能及其调控机制解析	徐州农科所	科研基金	杨冬静
甘薯病虫草害防控研究室 3 项	2019 年 1 月—2021 年 12 月	马铃薯腐烂茎线虫微卫星标记开发及其国内种群遗传多样性的研究	徐州农科所	科研基金	马居奎
甘薯病虫草害防控研究室 3 项	2020 年 1 月—2022 年 12 月	SPFMV 和 SPCSV 快速检测及暴发成因解析	徐州农科所	科研基金	唐　伟
甘薯加工利用研究室 4 项	2015 年 1 月—2017 年 12 月	紫甘薯膳食纤维对铅中毒致肾损伤的修复及保护研究	徐州农科所	科研基金	张　毅
甘薯加工利用研究室 4 项	2017 年 1 月—2019 年 12 月	紫甘薯黑蒜酒关键技术研发	徐州农科所	科研基金	岳瑞雪
甘薯加工利用研究室 4 项	2019 年 1 月—2021 年 12 月	甘薯叶片多酚物质绿色高效提取及其深加工关键技术	徐州农科所	科研基金	张文婷
甘薯加工利用研究室 4 项	2020 年 1 月—2022 年 12 月	甘薯叶树脂糖苷成分提取分离及结构鉴定	徐州农科所	科研基金	张　毅
植物品种测试技术研究室 1 项	2020 年 7 月—2022 年 6 月	植物品种测试指南研制	徐州农科所	科研基金	孙亚伟
铜山试验站 1 项	2018 年 4 月—2019 年 12 月	甘薯脱毒原原种试验示范基地	徐州农科所	科研基金	魏　猛
江苏徐农种业科技有限公司 4 项	2015 年 1 月—2017 年 12 月	籼粳亚种间强优势杂交稻新组合选育与开发	徐州农科所	科研基金	丁震乾
江苏徐农种业科技有限公司 4 项	2017 年 1 月—2019 年 12 月	鲜食玉米种质资源的创新及新品种选育	徐州农科所	科研基金	李小珊
江苏徐农种业科技有限公司 4 项	2020 年 1 月—2022 年 12 月	基于 SNP 标记的糯玉米种质遗传基础分析和新品种选育	徐州农科所	科研基金	李小珊
江苏徐农种业科技有限公司 4 项	2020 年 1 月—2022 年 12 月	黄淮稻区麦茬直播稻新品种选育	徐州农科所	科研基金	常　勇

（五）国际合作项目 6 项

附表 1-5　2011—2020 年徐州农科所承担国际合作项目（课题）

承担单位	起止年限	课题名称	课题来源	计划类别	主持人
甘薯遗传育种研究室 6 项	2012 年 1 月—2013 年 12 月	Breeding and Demonstration of Carotenoid / Anthocyanin-Rich Sweet Potato	盖茨基金会	HarvestPlus	李　强
	2014 年 1 月—2015 年 12 月	Development of β-carotene or anthocyanin rich sweet potato with other micronutrients	盖茨基金会	HarvestPlus	李　强
	2015 年 5 月—2016 年 5 月	亚非国家杰出青年科学家来华工作项目 -Park Sung-Chul	科技部	亚非杰出青年培训项目	李　强
	2017 年 11 月—2018 年 1 月	亚非杰出青年培训项目 -ARISHA	科技部	亚非杰出青年培训项目	李　强
	2017 年 4 月—2018 年 3 月	亚非杰出青年培训项目 -HESHAM	科技部	亚非杰出青年培训项目	李　强
	2019 年 7 月—2020 年 6 月	巴基斯坦 -19-003 发展中国家杰出青年 Qadir	科技部	亚非杰出青年培训项目	李　强

（六）应用基础研究项目（课题）153 项

附表 1-6　2011—2020 年徐州农科所应用基础科研课题及经费　　单位：项、万元

起止年限	课题名称	课题来源	计划类别	到账经费	主持人
2011 年 1 月—2013 年 12 月	甘薯种质资源更新、复壮与利用	农业部	种质资源保护专项	14	唐　君 周志林
2011 年 1 月—2015 年 12 月	甘薯资源创新与利用	农业部	国家甘薯产业技术体系	70	唐　君
2011 年 1 月—2015 年 12 月	优异、特色甘薯种质资源引进与利用	农业部	948 计划子课题	40	曹清河
2011 年 1 月—2015 年 12 月	徐州甘薯种质资源子平台运行服务	科技部	国家科技基础条件平台	20	赵冬兰
2011 年 1 月—2012 年 12 月	利用野生优异资源创制抗旱耐盐能源用甘薯新种质	徐州市科技局	科技项目	10	曹清河
2012 年 1 月—2014 年 12 月	甘薯种质更新复壮及利用	农业部	国家农作物保护项目	28	唐　君
2012 年 1 月—2015 年 12 月	甘薯生物育种技术创新与专用型新品种选育	科技部	863 计划子课题	12	曹清河
2013 年 7 月—2016 年 6 月	EMS 诱变创制甘薯耐盐新材料	江苏省科技厅	省自然科学基金面上项目	10	周志林

（续表）

起止年限	课题名称	课题来源	计划类别	到账经费	主持人
2013 年 7 月—2015 年 12 月	利用 RNA-seq 技术分离甘薯近缘种抗逆优异基因	徐州市科技局	市国际合作项目	10	曹清河
2014 年 1 月—2014 年 12 月	抗 SPVD 甘薯种间渐渗系的创制及抗性基因 /QTL 定位	科技部	国家自然科学基金面上项目	15	曹清河
2014 年 1 月—2014 年 12 月	甘薯种质资源分类原则与分类目录修订	农业部	农业部作物种质资源保护与利用专项子课题	10	唐　君
2014 年 1 月—2015 年 12 月	甘薯试管苗库种质资源收集鉴定编目与保存分发利用	农业部	种质资源保护专项	30	唐　君 周志林
2014 年 4 月—2016 年 3 月	苏北特色菜用甘薯新品种薯绿 1 号优质安全高效生产新技术研究	江苏省科技厅	省重点研发	50	曹清河
2014 年 6 月—2017 年 7 月	抗甘薯病毒病种间渐渗系创制及抗性主效 QTL 分析	江苏省科技厅	省自然科学基金面上项目	10	曹清河
2015 年 1 月—2019 年 12 月	全球甘薯种质资源遗传多样性分析及重要基因资源发掘	科技部	国家自然科学基金国际地区合作与交流项目	208	曹清河
2016 年 1 月—2016 年 12 月	物种资源保护费	农业部	种质资源保护专项	30	唐　君 周志林
2016 年 1 月—2018 年 12 月	*IbMADS11* 基因调控甘薯块根发育的分子机理研究	科技部	国家自然科学基金协作课题	4	周志林
2016 年 1 月—2020 年 12 月	甘薯种质资源评价（岗位专家）	农业部	国家甘薯产业技术体系	70	唐　君
2016 年 1 月—2019 年 12 月	国家农作物种质资源平台国家甘薯种质资源平台（徐州）	科技部	国家科技资源共享服务平台	80	赵冬兰
2016 年 10 月—2018 年 9 月	菜观两用甘薯优异种质挖掘及新品种选育	徐州市	农业高技术攻关项目	30	戴习彬
2016 年 10 月—2018 年 9 月	野生甘薯三浅裂野牵牛（*Ipomoea trifida*）基因组测序及实用分子标记开发	徐州市	纵向委托	20	张　安
2017 年 1 月—2017 年 12 月	物种品种资源保护费	农业部	种质资源保护专项	20	唐　君 曹清河 周志林
2018 年 1 月—2020 年 12 月	物种品种资源保护费	农业部	种质资源保护专项	182	曹清河
2018 年 7 月—2022 年 12 月	甘薯近缘野生种泛基因组研究	科技部	纵向委托	65	张　安
2018 年 9 月—2018 年 12 月	甘薯登记品种 DNA 分子鉴定	全国农业技术推广服务中心	农业农村部其他计划	8	戴习彬

（续表）

起止年限	课题名称	课题来源	计划类别	到账经费	主持人
2018 年 6 月—2020 年 7 月	江苏省农业种质资源保护与利用平台	江苏省农业种质资源保护与利用平台	种质资源库建设项目	60	曹清河
2018 年 8 月—2022 年 12 月	杂粮作物品质性状形成分子机理及调控途径	科技部	国家重点研发项目	810	曹清河
2019 年 5 月—2022 年 12 月	甘薯核心种质构建及基因组变异本底评价	科技部	国家重点研发计划子课题	91.86	周志林
2019 年 7 月—2022 年 12 月	甘薯抗性种质创制	科技部	国家重点研发项目子课题	43	赵冬兰
2020 年 1 月—2022 年 12 月	甘薯块根类胡萝卜素含量相关基因的全基因组关联分析	徐州农科所	所基金	10	肖世卓
2020 年 1 月—2020 年 12 月	测试指南研制——牛蒡	农业农村部科技发展中心	横向委托	10	苏一均
2020 年 1 月—2020 年 12 月	国家作物种质资源库甘薯徐州分库运行服务	科技部	国家科技资源共享服务平台	8	赵冬兰
2020 年 1 月—2020 年 12 月	种质资源收集与评价岗位	农业农村部	国家甘薯产业技术体系	43.75	唐　君
2020 年 1 月—2020 年 12 月	甘薯种质资源的收集、鉴定、编目、繁种与入库（圃）保存	农业农村部	农业其他计划	42	曹清河
2011 年 1 月—2012 年 12 月	生物质能源甘薯育种新技术	国家外专局	引智项目	5	李　强
2011 年 6 月—2014 年 6 月	甘薯块根花青苷积累关键酶基因表达研究	江苏省科技厅财政厅	江苏省农业自主创新课题	20	王　欣
2012 年 1 月—2015 年 12 月	薯类（甘薯、木薯）生物育种技术与新品种选育研究	农业部	国家 863 计划	625	李　强
2012 年 1 月—2015 年 12 月	甘薯生物育种技术创新与专用型新品种选育	科技部	863 计划子课题	34	刘亚菊 后　猛
2012 年 1 月—2015 年 12 月	甘薯生物育种技术创新与专用型新品种选育	科技部	863 计划协作课题	34	张允刚 王　欣
2012 年 1 月—2013 年 12 月	Breeding and Demonstration of Carotenoid/Anthocyanin-Rich Sweet Potato	盖茨基金会	HarvestPlus	20	李　强
2012 年 1 月—2014 年 12 月	甘薯钾素高效利用型新品种选育技术研究	江苏省科技厅	省科技支撑计划	92	张允刚
2014 年 1 月—2014 年 12 月	甘薯块根采后生理研究和贮藏技术优化与完善	国家外专局	引智项目	5	刘亚菊
2014 年 7 月—2016 年 6 月	甘薯 GI 基因克隆及其介导的甘薯耐逆性研究	江苏省农业科技自主创新项目	探索性研究	10	唐　维

（续表）

起止年限	课题名称	课题来源	计划类别	到账经费	主持人
2014 年 1 月—2015 年 12 月	Development ofβ-caroteneor anthocyaninrich sweet potato with other micronu trients	盖茨基金会	HarvestPlus	20	李　强
2015 年 7 月—2018 年 6 月	高花青素甘薯育种材料创制	江苏省科技厅	重点研发	48	王　欣 李　强
2016 年 7 月—2019 年 6 月	*IbSAP15* 基因在甘薯盐胁迫反应中的功能与调控机理研究	江苏省科技厅	江苏省自然科学基金	10	刘亚菊 闫　会
2017 年 7 月—2019 年 6 月	*IbSAP15* 基因在甘薯盐胁迫反应中的功能与调控机理研究	江苏省组织部	“333 人才工程”培养资金	3	刘亚菊
2018 年 1 月—2018 年 12 月	甘薯耐逆基因克隆与功能研究	国家外专局	引智项目	5	刘亚菊
2018 年 1 月—2020 年 12 月	甘薯盐诱导高表达基因 *IbNAC4* 的分离及其耐盐机理研究	国家自然基金	协作课题	3	王　欣
2018 年 7 月—2022 年 12 月	低盐胁迫参与紫薯花青苷品质调控途径研究	科技部	国家重点研发计划子课题	10	王　欣
2019 年 7 月—2022 年 12 月	甘薯高产优质种质创制	科技部	国家重点研发计划	59	后　猛
2019 年 1 月—2020 年 12 月	*IbFLS1* 基因调控甘薯黄酮醇积累的机理研究	徐州农科所	所基金	5	后　猛
2020 年 1 月—2020 年 12 月	甘薯高淀粉育种方法创新与品种选育应用	江苏省农科院	基本科研业务专项	20	马代夫
2020 年 8 月—2020 年 13 月	甘薯分子育种	江苏省农科院	基本科研业务专项创新团队	20	李　强
2020 年 8 月—2022 年 7 月	紫甘薯花青素多糖螯合物的评价及产品开发	省财政厅 省农科院	省自主创新	20	王　欣
2020 年 1 月—2022 年 12 月	SPFMV 和 SPCSV 快速检测及暴发成因解析	徐州农科所	所基金	8	唐　维
2020 年 1 月—2020 年 12 月	*IbNAC* 和 *IbZFP* 在甘薯中的遗传转化及功能研究	国家外专局	国际合作	21.8	闫　会
2020 年 1 月—2020 年 12 月	国家非主要农作物品种登记	农业农村部	其他计划	9	李　强
2012 年 1 月—2015 年 12 月	叶菜型甘薯叶多酚类物质积累对氮素的反应及其基因型差异	省农科院	省自主创新资金	10	魏　猛
2014 年 1 月—2015 年 12 月	甘薯耐低钾的生理特征及其机制研究	省科技厅	自然基金	10	唐忠厚
2015 年 1 月—2017 年 12 月	甘薯块根淀粉合成与淀粉品质形成机制及其调控研究	国家基金委	青年基金	25	陈晓光

（续表）

起止年限	课题名称	课题来源	计划类别	到账经费	主持人
2018 年 1 月—2022 年 12 月	甘薯养分高效利用的分子机制与调控网络	科技部	重点研发子课题	50	唐忠厚
2018 年 1 月—2021 年 12 月	甘薯耐低钾性形成的机制研究	国家基金委	自然基金（面上）	58	唐忠厚
2018 年 1 月—2020 年 12 月	腐植酸尿素对甘薯块根产量形成的影响及其调控机制	江苏省科技厅	省基金面上项目	10	陈晓光
2018 年 1 月—2020 年 12 月	非生物胁迫下甘薯 IbMPK3 的应答与调控	农业部重点实验室	重点实验室开放课题	8	靳　容
2019 年 1 月—2021 年 12 月	IbMPK3/6 参与调控甘薯抵御低温逆境分子机制的研究	国家基金	青年基金	25	靳　容
2020 年 1 月—2022 年 12 月	甘薯轻简化高效栽培技术优化与集成	科技部	重点研发子课题	52	唐忠厚
2020 年 1 月—2023 年 12 月	低钾胁迫下生长素参与调控甘薯根系构型的作用与机制研究	国家基金	青年基金	25	刘　明
2020 年 1 月—2021 年 12 月	高产优质鲜食型甘薯新品种徐薯 32 的选育与应用	江苏省科技厅	江苏省重点研发计划（现代农业）	30	刘　明
2020 年 1 月—2023 年 12 月	低钾胁迫下生长素参与调控甘薯根系构型的作用与机制研究	国家基金委	国家自然科学基金	24	刘　明
2020 年 1 月—2022 年 12 月	长期施肥措施下土壤碳氮组分变化对甘薯碳氮获取的影响	徐州农科所	所基金	8	赵　鹏
2011 年 1 月—2014 年 12 月	甘薯抗茎线虫防卫反应信号物质鉴定	江苏省科技厅	省自然科学基金	10	徐　振
2011 年 1 月—2014 年 12 月	硅元素对甘薯抗盐性的影响及其分子机理研究	江苏省科技厅	省自然科学基金	10	赵永强 孙厚俊
2011 年 1 月—2012 年 12 月	甘薯茎线虫病抗性机理研究	徐州农科所	基金博士后课题	8	徐　振
2012 年 1 月—2015 年 12 月	秸秆全量还田对小麦、水稻纹枯病及单子叶杂草发生规律的影响	省农科院	省自主创新探索性项目	30	赵永强
2012 年 1 月—2015 年 12 月	甘薯抗茎线虫病抗性基因的表达研究	江苏省科技厅	省自主创新探索项目	8	孙厚俊
2012 年 1 月—2015 年 12 月	甘薯生物育种技术创新与专用型新品种选育	农业部	国家 863 计划项目子课题	10.5	孙厚俊 张成玲
2013 年 1 月—2015 年 12 月	甘薯卷叶病毒致病性及基因功能研究	江苏省科技厅	省自主创新探索项目	12	张成玲
2014 年 1 月—2017 年 12 月	响应甘薯卷叶病毒侵染甘薯二倍体野生种的 miRNA 鉴定及其作用机制	江苏省科技厅	江苏省自然科学青年基金	20	张成玲
2015 年 1 月—2016 年 12 月	甘薯抗逆基因功能研究	江苏省教育厅	江苏省政府留学基金	12	杨冬静

（续表）

起止年限	课题名称	课题来源	计划类别	到账经费	主持人
2017 年 1 月—2017 年 12 月	甘薯抗低温糖化关键基因 *IbINH* 的克隆和功能研究	江苏省外专局	引智项目	8	杨冬静
2017 年 1 月—2019 年 12 月	甘薯转化酶抑制子 *IbINH* 参与甘薯抗低温胁迫的功能及其调控机制解析	徐州农科所	所基金	8	杨冬静
2017 年 1 月—2020 年 12 月	秸秆还田稻麦重要病害形成规律、机理及消减途径	科技部	国家重点研发计划子课题	28	孙厚俊
2018 年 1 月—2021 年 12 月	甘薯黑斑病致病机理及综合防控技术	江苏省人社厅	省“六大人才高峰”项目	4	张成玲
2018 年 1 月—2020 年 12 月	甘薯脱毒组培及种苗快繁技术研究	江苏省人社厅	省“333 人才工程”培养对象项目	5	孙厚俊
2019 年 1 月—2022 年 12 月	甘薯抗病的遗传机制与分子调控网络解析	科技部	国家重点研发计划子课题	70	张成玲
2019 年 1 月—2021 年 12 月	马铃薯腐烂茎线虫微卫星标记开发及其国内种群遗传多样性的研究	徐州农科所	所基金	3	马居奎
2020 年 1 月—2020 年 12 月	甘薯绿色安全高效种植技术咨询与示范推广	全国农业技术推广服务中心	横向委托	5	谢逸萍
2020 年 1 月—2023 年 12 月	*IbINV* 基因在甘薯抗黑斑病中的功能及调控机理研究	国家基金委	国家自然科学基金	24	杨冬静
2020 年 7 月—2022 年 7 月	甘薯抗病毒的遗传机制解析	省人才办	省“333 人才工程”培养对象项目	5	张成玲
2020—2022 年	SPFMV 和 SPCSV 快速检测及爆发成因解析	徐州农科所	所基金	8	唐　伟
2020 年 1 月—2022 年 12 月	甘薯健康种薯（苗）高效繁育技术集成	科技部	国家重点研发计划子课题	52	孙厚俊
2021 年 1 月—2023 年 12 月	*IbINV* 基因在甘薯抗黑斑病中的功能及调控机理研究	国家基金委	国家自然科学基金	13.5	杨冬静
2011 年 1 月—2015 年 12 月	功能食品与产业经济	农业部	国家体系岗位任务	350	钮福祥
2011 年 1 月—2012 年 12 月	甘薯燃料乙醇浓醪发酵关键技术研究	徐州市科技局	科技攻关	8	岳瑞雪
2014 年 1 月—2014 年 12 月	黄淮地区甘薯贮藏保鲜库设计与推广应用	农业部	农业技术试验示范项目	14	钮福祥
2014 年 1 月—2017 年 12 月	紫甘薯的加工利用及产业化	江苏省农科院	省农科院成果导向型重大项目课题	40	钮福祥
2014 年 1 月—2016 年 12 月	甘薯膳食纤维结构表征与功能食品制备基础	江苏省农科院	省自主创新项目	10	孙　健
2015 年 1 月—2017 年 12 月	鲜食甘薯仓储及电子商务技术集成与应用	江苏省科技厅	省苏北科技专项	35	钮福祥

（续表）

起止年限	课题名称	课题来源	计划类别	到账经费	主持人
2015 年 1 月—2017 年 12 月	大蒜深加工技术研究	江苏省农科院	省农业自主创新项目课题	50	钮福祥
2015 年 1 月—2017 年 12 月	紫甘薯膳食纤维对铅中毒致肾损伤的修复及保护研究	徐州农科所	所基金	8	张　毅
2016 年 1 月—2016 年 12 月	功能食品与产业经济	农业部	国家体系岗位任务	70	钮福祥
2017 年 1 月—2020 年 12 月	甘薯食品加工	农业部	国家体系岗位任务	280	钮福祥
2017 年 1 月—2019 年 12 月	膳食纤维强化紫薯挂面关键技术开发及产业化	江苏省科技厅	省苏北科技专项	50	孙　健
2017 年 1 月—2019 年 12 月	紫甘薯全粉加工工艺研究	省农科院 省财政厅	省自主创新项目课题	23	孙　健
2017 年 1 月—2019 年 12 月	干型紫甘薯食用酒浓醪发酵关键技术研发	徐州市科技局	科技计划项目	15	岳瑞雪
2019 年 1 月—2021 年 12 月	紫甘薯水溶性多糖优化提取、结构鉴定及保护 H_2O_2 诱导细胞应激损伤作用机制研究	省人才办	省“333 人才工程”培养对象项目	5	孙　健
2019 年 1 月—2021 年 12 月	徐州市薯类加工重点实验室	徐州市科技局	条件建设项目	50	孙　健
2019 年 1 月—2022 年 12 月	紫甘薯水溶性多糖结构解析和保护 H_2O_2 诱导 ANA-1 细胞应激损伤作用机制研究	江苏省人社厅	省“六大人才高峰”项目	4	孙　健
2019 年 1 月—2021 年 12 月	甘薯叶片多酚物质绿色高效提取及其深加工关键技术	徐州农科所	所基金	3	张文婷
2020 年 1 月—2022 年 12 月	甘薯叶树脂糖苷成分提取分离及结构鉴定	徐州农科所	所基金	10	张　毅
2020 年 7 月—2022 年 6 月	高花青素高淀粉甘薯种质评价（子课题）	农业农村部	国家重点研发计划	8	孙　健
2011 年 1 月—2013 年 12 月	德国小麦种质资源和育种技术的引进及中德穿梭育种	省科技厅	省国际科技合作 BZ2011014	15	刘东涛
2012 年 1 月—2014 年 12 月	淮北超高产优质专用小麦新种质创新	省农科院 省财政厅	省自主创新	60	冯国华
2016 年 1 月—2020 年 12 月	多抗、优质小麦新种质的创制及其应用研究	省人力资源和社会保障厅	省“六大人才高峰”项目 NY-156	4	马红勃
2017 年 1 月—2020 年 12 月	超高产育种新材料创制与新品种选育	科技部	国家重点研发计划	53.4	刘东涛
2012 年 1 月—2016 年 12 月	抗稻瘟病水稻新种质创制	省财政厅 省农科院	省创新基金	10	王健康

（续表）

起止年限	课题名称	课题来源	计划类别	到账经费	主持人
2012 年 1 月—2015 年 12 月	粳稻优质、抗病虫等重要功能基因多基因聚合和超高产分子育种技术研究	省科技厅	省支撑计划	20	王健康
2012 年 11 月—2013 年 12 月	优质高产多抗粳稻新品种选育与示范推广	省人才办	“333”基金	25	王健康
2012 年 1 月—2014 年 12 月	优质高抗超级杂交粳稻新品种选育与示范推广（BE2012307）	省科技厅	省支撑计划	50	丁成伟
2013 年 1 月—2015 年 12 月	杂交粳稻新品种徐 68 优 201、徐优 502 示范推广	科技部	国家农转基金项目	60	王健康
2014 年 1 月—2016 年 12 月	优质多抗超高产中粳稻新品种选育（BE2014314）	省科技厅	省支撑计划	100	王健康
2016 年 1 月—2018 年 12 月	水稻优质、高产、抗病虫、营养高效分子育种技术研发	省财政厅 省农科院	省创新基金	10	王健康
2016 年 1 月—2018 年 12 月	适合机械化生产的优质粳稻新品种选育	市科技局	市科技攻关	15	吴玉玲
2016 年 1 月—2019 年 12 月	大气 CO_2 和 O_3 浓度升高对水稻结实的影响机制及氮素调控	省科技厅	省自然科学基金	10	赵铁鹏
2017 年 1 月—2019 年 12 月	芽孢杆菌微肥对麦秸还田机插稻生长的影响（KC17060）	市科技局	市科技攻关	20	赵铁鹏
2017 年 1 月—2020 年 12 月	长江中下游粳稻优质高产高效新品种培育	科技部	国家重点研发计划专项	117	王健康
2018 年 1 月—2020 年 12 月	优质稻麦绿色高效生产关键技术研究与示范	省财政厅 省农科院	省创新基金重大专项	40	王健康
2018 年 1 月—2020 年 12 月	抗稻瘟病优质高效优良食味粳稻新品种选育	市科技局	市科技攻关	45	胡婷婷
2019 年 1 月—2021 年 12 月	利用 CRISPR/Cas9 技术选育优质香型粳稻新品种	市科技局	市科技攻关	25	丁成伟
2019 年 1 月—2021 年 12 月	优质杂交籼稻机插绿色高效关键技术研究	市科技局	市科技攻关	20	赵铁鹏
2020 年 9 月—2020 年 11 月	水稻稻谷外观品质及叶片光合参数测定	江苏省农科院	横向委托	4.51	王健康
2020 年 1 月—2022 年 12 月	优质杂交籼稻机插绿色高效关键技术研究	徐州市科技局	重点研发计划（现代农业）	58	赵铁鹏
2018 年 1 月—2020 年 12 月	马铃薯种质资源库	省科技厅	省科技厅	12	孙亚伟
2015 年—2017 年 12 月	小麦秸秆还田对大豆生长发育及土壤理化性状的影响	徐州农科所	所基金	2	齐玉军
2016 年 1 月—2020 年 12 月	大豆种质资源产量性状精准鉴定与种质创新	科技部	国家重点研发计划	45	王　幸

（续表）

起止年限	课题名称	课题来源	计划类别	到账经费	主持人
2017 年 1 月—2019 年 12 月	外源 H_2O_2 对鲜食大豆种子低温萌发能力的影响及其机制研究	徐州农科所	所基金	6	徐泽俊
2018 年 1 月—2020 年 12 月	干旱胁迫下在 IAA 诱导大豆抗氧化酶中 Ca^{2+}/CaM 与 H_2O_2 的关系的研究	国家基金委	国家自然科学基金	25	邢兴华
2020 年 1 月—2021 年 12 月	耕作方式和麦秸还田对大豆田土壤肥力性状及大豆生产力特征的影响	徐州农科院	院科研基金	6	邢兴华
2020 年 1 月—2022 年 12 月	耕作方式和麦秸还田对大豆田土壤肥力性状及大豆生产力特征的影响	徐州农科所	所基金	10	邢兴华
2011 年 1 月—2014 年 12 月	适宜高效、规模化种植的棉花特异种质资源的引进与创新	江苏省农科院	江苏省农业科技自主创新资金	16	张祖明
2012 年 1 月—2015 年 12 月	江苏省花生地方品种基础数据库的建立及遗传多样性分析	江苏省农科院	江苏省农业科技自主创新资金	10	王晓军
2015 年 1 月—2017 年 12 月	控制花生油酸含量的 *ahFAD2* 基因位点分析	徐州农科所	所科研基金	10	孙东雷
2016 年 1 月—2018 年 12 月	适宜设施栽培的鲜食花生品种筛选及关键栽培技术研究	徐州市科技局	市级计划	15	孙东雷
2017 年 1 月—2019 年 12 月	鲜食地膜花生早熟、丰产栽培技术集成创新示范	徐州市科技局	市级计划	30	王晓军
2018 年 1 月—2021 年 12 月	专用型花生品种高效轻简化栽培技术研制与示范推广	江苏省财政厅	江苏省农业科技自主创新资金	16	王晓军
2018 年 1 月—2020 年 12 月	特色食用花生种质创新及新品种培育	江苏省人事厅	省“333 人才工程”培养对象项目	5	王晓军
2019 年 1 月—2021 年 12 月	优质食用型花生种质创新及新品种选育	徐州市科技局	市级计划	25	卞能飞
2018 年 1 月—2020 年 12 月	大蒜山药种质资源库	省科技厅	江苏省农业种质资源保护与利用平台子课题	20	陆信娟
2020 年 1 月—2022 年 12 月	苹果特异种质资源创制研究	徐州农科所	所基金	20	李刚波
2020 年 1 月—2022 年 12 月	植物品种测试指南研制	徐州农科所	所基金	20	孙亚伟
2020 年 1 月—2022 年 12 月	牛粪和菌菇渣作为草莓栽培基质的应用研究	徐州农科所	所基金	15	冯腾腾
2020 年 1 月—2022 年 12 月	基于 SNP 标记的糯玉米种质遗传基础分析和新品种选育	徐州农科所	所基金	10	李小珊

注：全所15个专业开展应用基础科研课题153项，科研到账经费6 073.32万元。

附录二 科研成果

一、国家级科研成果奖励

国家级科研成果奖励共 2 项，见附表 2-1。

附表 2-1 2011—2020 年徐州农科所获得国家级奖励科研成果统计

获奖单位	获奖年份	成果名称	奖项等级	本单位完成人	单位贡献
水稻研究室 1 项	2010	抗条纹叶枯病高产优质粳稻新品种选育及应用	国家科学技术进步奖一等奖	刘 超（3）	排名第二
甘薯生理栽培研究室 1 项	2015	主要粮食产区农田土壤有机质演变与提升综合技术及应用	国家科学技术进步奖二等奖	张爱君	参与

二、部省级科研成果奖励

省部级科研成果奖励详见附表 2-2。

附表 2-2 2011—2020 年徐州农科所获得部省级奖励科研成果统计

获奖单位	获奖年份	成果名称	奖项等级	本单位完成人	单位贡献
水稻研究室 1 项	2010	杂交粳稻 9 优 418 及其三系亲本的选育与应用	江苏省科学技术奖二等奖	刘 超 王健康 丁成伟 郭荣良 吴玉玲 孙克新	排名第一
油料研究室 6 项	2012	花生育种新技术及其应用	山东省科学技术二等奖	张祖明	排名第三
	2015	优质抗病大豆新品种选育与高效栽培技术示范推广	江苏省科技进步二等奖	王 幸 王宗标	排名第二
	2015	中国大豆花叶病毒病株系鉴定体系创建、抗性基因挖掘和抗病品种选育	大北农科技成果一等奖	王 幸 王宗标	排名第二
	2017	大豆花叶病毒病鉴定体系创建和抗病品种选育及应用	神农中华农业科技奖一等奖	王 幸 王宗标	排名第二
	2018	大豆花叶病毒病鉴定体系创建和抗病品种选育及应用	中国作物科技一等奖	王 幸 王宗标	排名第二
	2020	黄淮海麦茬夏大豆免耕覆秸栽培技术体系构建与示范	北京市科技进步一等奖	王 幸	排名第七

获奖单位	获奖年份	成果名称	奖项等级	本单位完成人	单位贡献
园艺研究室 1 项	2018	大蒜产品产业链技术创新与集成应用	江苏农业科技奖三等奖	杨　峰　樊继德 陆信娟　刘灿玉 朱　红　赵永强 张　婷　赵　林 李　勇　史新敏 杨　艳	排名第一
甘薯品种资源研究室 2 项	2019	甘薯优良品种评价利用及配套栽培技术集成应用	新疆维吾尔自治区科技进步奖二等奖	唐　君　周志林 赵冬兰　曹清河	排名第二
	2019	甘薯优异种质资源的挖掘与利用	江苏省科学技术奖三等奖	曹清河　唐　君 谢逸萍　唐忠厚 赵冬兰　杨冬静 周志林	排名第一
甘薯遗传育种研究室 2 项	2013	高淀粉多抗广适甘薯新品种徐薯 22 的选育和利用	神农中华农业科技奖一等奖	马代夫　谢逸萍 李洪民　李　强 王　欣　曹清河 唐忠厚　张爱君 孙厚俊　后　猛 孙　健　张允刚 唐　维	排名第一
	2014	国鉴高淀粉抗病甘薯新品种漯徐薯 8 号的选育与应用	河南省科学技术进步奖三等奖	李洪民（3） 李　强（5）	排名第二
甘薯生理栽培研究室 1 项	2019	甘薯优异种质资源的挖掘与利用	江苏省科学技术奖三等奖	唐忠厚（4/10）	排名第二
甘薯病虫草害防控研究室 4 项	2015	中国甘薯病毒种类鉴定、检测和综合防控技术研究与应用	河南省科学技术进步奖一等奖	谢逸萍（2） 孙厚俊（9） 徐　振（11）	排名第二
	2019	甘薯优异种质资源的挖掘与利用	江苏省科学技术进步奖三等奖	曹清河（1） 唐　君（2） 谢逸萍（3） 唐忠厚（4） 赵冬兰（6） 杨冬静（8） 周志林（9）	排名第一
	2019	甘薯茎线虫病发生规律及综合防控技术研究与应用	河南省科学技术进步奖三等奖	孙厚俊（2） 谢逸萍（5） 徐　振（8） 赵永强（9）	排名第二
	2019	甘薯病毒病综合防控关键技术集成及推广应用	全国农牧渔业丰收奖一等奖	谢逸萍（3） 孙厚俊（5）	第二完成单位

（续表）

获奖单位	获奖年份	成果名称	奖项等级	本单位完成人	单位贡献
甘薯加工利用研究室 3 项	2017	鲜薯高效乙醇发酵关键技术研发与应用	神农中华农业科技奖三等奖	钮福祥　岳瑞雪　孙　健	排名第二
	2018	优质食用甘薯品种选育及开发应用	江苏省科学技术奖二等奖	钮福祥	排名第三
	2018	大蒜产品产业链技术创新与集成应用	江苏农业科技奖三等奖	杨　峰　樊继德　陆信娟　刘灿玉　朱　红　赵永强　张　婷　赵　林　李　勇　史新敏　杨　艳	排名第一
科技服务中心 2 项	2018	优质多抗新品种徐麦 33、徐稻 9 号高效栽培技术集成与推广	2016—2018 年度江苏省农业丰收奖一等奖	李再祥　党新安　李文哲　戚　强　冯　营　吴玉玲　张会云	排名第一
	2019	优质多抗新品种徐麦 33、徐稻 9 号周年平衡高效栽培技术集成应用	2016—2018 年度全国农牧渔业丰收奖二等奖	李再祥　刘明钟　党新安　张会云　吴玉玲　戚　强　李文哲	排名第一

三、市级科研成果奖励

市级科研成果奖励详见附表 2-3。

附表 2-3　2011—2020 年徐州农科所获得市级奖励科研成果统计

获奖单位	获奖年份	成果名称	奖项等级	本单位完成人	单位贡献
小麦研究室 3 项	2013	小麦新品种徐麦 30 选育与推广	徐州市科学技术进步奖一等奖	陈荣振　冯国华　刘东涛　张会云　王　静	排名第一
	2014	高产广适小麦品种徐麦 30 选育与推广	江苏省农科院科学技术奖二等奖	陈荣振　冯国华　刘东涛　张会云　王　静	排名第一
	2016	小麦新品种徐麦 31、徐麦 32 选育与产业化开发	徐州市科学技术奖一等奖	冯国华　刘东涛　张会云　王　静　马红勃　周兴根　黄忠勤　陈荣振	排名第一
水稻研究室 1 项	2011	优质高产多抗粳稻新品种徐稻 4 号的选育与应用	徐州市科学技术进步奖一等奖	刘　超　王健康　丁成伟　郭荣良　吴玉玲　徐家安　王友霜　胡婷婷	排名第一

（续表）

获奖单位	获奖年份	成果名称	奖项等级	本单位完成人	单位贡献
棉花研究室 3 项	2012	转基因抗虫棉徐杂 3 号及高产抗病苏棉 20 号的选育与应用	徐州市科学技术进步奖一等奖	李卫华　王阶祥　胡新燕　张正敏　杨　峰　冯　营　陈　萍	排名第一
棉花研究室 3 项	2014	淮北地区棉花大蒜（洋葱）高效立体种植模式推广应用	徐州市科学技术进步奖二等奖	李卫华　胡新燕　冯　营　孙亚伟　张　梅	排名第一
棉花研究室 3 项	2014	淮北地区棉花大蒜（洋葱）高效立体种植模式推广应用	江苏省农业丰收奖二等奖	李卫华　胡新燕　冯　营　孙亚伟　张　梅	排名第一
油料研究室 8 项	2011	高产抗病广适应夏大豆徐豆 14 选育及应用	徐州市科学技术进步奖二等奖	王宗标　王　幸　孙　石　孙近友　张祖明　徐泽俊　王晓军	排名第一
油料研究室 8 项	2017	高产抗病夏大豆徐豆 18 的选育及应用	徐州市科学技术奖二等奖	王　幸　王宗标　徐泽俊　齐玉军　邢兴华	排名第一
油料研究室 8 项	2020	大豆病毒病侵染机理研究及抗病新品种选育	江苏省农科院科学技术奖一等奖	王　幸	排名第二
油料研究室 8 项	2016	高油、高产花生徐花 13 号、徐花 14 号选育与应用	徐州市科学技术进步奖二等奖	张祖明　王晓军　王　幸　孙东雷	排名第一
油料研究室 8 项	2012	花生育种新技术及其应用	山东省科学技术进步奖二等奖	张祖明	参与
油料研究室 8 项	2016	高油、高产花生徐花 13 号、徐花 14 号选育与应用	江苏省农科院科学技术奖二等奖	张祖明　王晓军　孙东雷　卞能飞　徐泽俊　齐玉军　张　梅	排名第一
油料研究室 8 项	2016	花生种质资源的鉴定与育种利用	江苏农业科技奖一等奖	王晓军　孙东雷　卞能飞	排名第二
油料研究室 8 项	2020	花生优异种质创制与徐花新品种培育及应用	淮海科学技术奖一等奖	王晓军　孙东雷　卞能飞　齐玉军　徐泽俊　张祖明	排名第一

（续表）

获奖单位	获奖年份	成果名称	奖项等级	本单位完成人	单位贡献
园艺研究室 4 项	2014	大蒜新品种徐蒜 1 号、徐蒜 815 选育与推广应用	徐州市科学技术进步奖一等奖	杨　峰　樊继德　陆信娟　王　幸　李　勇　张允刚　赵　林	排名第一
	2014	特色紫山药全程机械化栽培技术集成与示范	徐州市科学技术进步奖三等奖	史新敏　张爱君　魏　猛　陈晓光　孙近友	排名第一
	2015	设施蔬菜水肥一体化及高效栽培技术集成示范推广	江苏省农业丰收奖二等奖	杨　峰　樊继德	排名第二
	2017	优质早熟砂梨新品种引进与应用	徐州市科学技术进步奖二等奖	杨　峰　赵　林　张　梅　李刚波　张婷	排名第一
甘薯品种资源研究室 3 项	2016	菜用甘薯新品种薯绿 1 号选育及安全省工栽培技术应用	徐州市科学技术进步奖二等奖	曹清河　史新敏　唐　君　周志林　赵冬兰　王　欣	排名第一
	2016	菜用甘薯新品种薯绿 1 号选育及省工高效栽培技术	淮海科学技术奖一等奖	曹清河　唐　君　张　安　史新敏　周志林　魏　猛	排名第一
	2016	甘薯种质资源创新及抗旱鉴定与评价	乌鲁木齐市科学技术进步奖二等奖	赵冬兰　曹清河　周志林	排名第二
甘薯遗传育种研究室 2 项	2016	优质食用甘薯品种徐薯 23 的选育及应用	徐州市科学技术进步奖二等奖	李　强　王　欣　李洪民　谢逸萍　张允刚　钮福祥　后　猛　唐　维　徐　飞　曹清河　刘亚菊　靳　容　闫　会　马代夫	排名第一
	2018	甘薯新品种商徐紫 1 号的选育与应用	商丘市科学技术进步一等奖	王　欣　张允刚	排名第二
甘薯生理栽培研究室 2 项	2014	特色紫山药全程机械化栽培技术集成与示范	徐州市科学技术进步奖三等奖	史新敏	排名第一
	2017	徐州潮土肥力演变与肥效研究的长期定位试验	徐州市科学技术进步奖二等奖	张爱君	排名第一

（续表）

获奖单位	获奖年份	成果名称	奖项等级	本单位完成人	单位贡献
甘薯病虫草害防控研究室9项	2012	优质高抗甘薯新品种商薯7号的选育与应用	商丘市科学技术进步一等奖	孙厚俊（4）	排名第二
	2013	优质高抗甘薯新品种商薯8号的选育与应用	商丘市科学技术进步一等奖	赵永强	排名第二
	2015	中国甘薯病毒种类鉴定、检测和综合防控技术研究与应用	河南省农科院一等奖	谢逸萍（2） 孙厚俊（9） 徐　振（11）	排名第二
	2016	甘薯茎线虫病绿色综合防控技术研究与应用	徐州市科学技术进步二等奖	孙厚俊（1） 徐　振（2） 赵永强（4） 杨冬静（5） 张成玲（6） 孙　扬（7） 谢逸萍（8）	排名第一
	2016	甘薯茎线虫病绿色防控技术研究与示范	山东省农牧渔业丰收奖二等奖	徐　振（2） 杨冬静（4）	排名第二
	2016	商薯11的选育与应用	商丘市科学技术进步奖一等奖	赵永强（5）	排名第二
	2017	优质多抗高淀粉甘薯新品种商薯12的选育与应用	商丘市科学技术进步奖一等奖	孙厚俊（5） 孙　扬（7）	排名第二
	2018	甘薯茎线虫病侵染机理及综合防控技术研究与应用	淮海科学技术奖一等奖	孙厚俊（1） 张成玲（4） 杨冬静（6）	排名第一
	2019	甘薯茎线虫病发生规律及综合防控技术研究与应用	河南省农科系统一等奖	孙厚俊（2） 谢逸萍（5） 徐　振（8） 赵永强（9）	排名第二
甘薯加工利用研究室6项	2013	复合甘薯条系列产品加工关键技术研究	徐州市科学技术进步奖二等奖	徐　飞　钮福祥 孙　健　朱　红 岳瑞雪	排名第一
	2015	徐花系列五彩花生生产、加工关键技术研究及应用	徐州市科学技术奖二等奖	孙　健　王洪云 钮福祥　王晓军 徐　飞	排名第一

（续表）

获奖单位	获奖年份	成果名称	奖项等级	本单位完成人	单位贡献
甘薯加工利用研究室 6 项	2017	甘薯乙醇浓醪发酵关键技术研发	徐州市科学技术奖二等奖	钮福祥 岳瑞雪 孙 健 徐 飞 朱 红 唐忠厚 张 毅	排名第一
	2017	优质鲜食甘薯品种的选育与应用	江苏省农科院科学技术奖一等奖	钮福祥	排名第一
	2018	甘薯乙醇浓醪发酵关键技术研究与应用	淮海科学技术奖二等奖	钮福祥 岳瑞雪 孙 健 唐忠厚 徐 飞 朱 红 张 毅 王洪云 张文婷	排名第一
	2018	优质鲜食型甘薯新品种徐薯 32 的选育与推广应用	淮海科学技术奖三等奖	唐忠厚 张爱君 刘亚菊 孙 健 孙 扬 陈晓光 李洪民 魏 猛	排名第一
科技服务中心 1 项	2018	加快品种技术创新，优化科技服务模式，为我市乡村振兴提供强有力科技支撑	徐州市政府创新奖优秀奖	李再祥 党新安 李文哲 戚 强 冯 营	排名第一

附录三　育成品种

2011—2020 年徐州农科所育成品种统计情况见附表 3-1。

附表 3-1　2011—2020 年徐州农科所育成品种统计

育成单位	品种名称	类型	育成年份	品种特性	推广面积	审定或奖励	育成人员
小麦研究室 14 个	徐农 029	小麦	2016	半冬性中熟品种，幼苗半匍匐，叶片短小，叶色深绿，抗寒性较好，分蘖力较强，成穗数较多。株型较松散，剑叶适中、挺，茎秆弹性一般。穗纺锤形，穗长码稀，长芒、白壳、白粒，籽粒角质。中抗穗发芽	200 万亩	苏审麦 20160007	张会云　冯国华　刘东涛　周兴根　黄忠勤　王　静　马红勃　陈荣振
	徐麦 31	常规	2004	半冬性中晚熟品种，无芒，籽粒商品性好，综合抗病性较好，中强筋	1 994.4 万亩	国审麦 2011005；2016 年徐州市科学技术进步奖一等奖	陈荣振　冯国华　刘东涛　张会云　王　静　刘世来　李德民　王来花
	徐麦 32	常规	2007	一等强筋小麦品种	303.1 万亩	苏审麦 201206；2016 年徐州市科学技术进步奖一等奖	刘东涛　陈荣振　冯国华　张会云　王　静
	徐麦 33	常规	2009	高产广适性品种，产量三要素较协调，丰产稳产，中强筋小麦	300 万亩	国审麦 2013008	冯国华　陈荣振　刘东涛　张会云　王　静
	徐麦 9158	常规	2009	抗旱和干热风，综合抗性较好，中强筋小麦	80 万亩	苏审麦 201406	张会云　陈荣振　冯国华　刘东涛　王　静　马红勃
	徐麦 35	常规	2010	超高产，综合抗病性中等，硬质麦，适宜制作馒头	300 万亩	苏审麦 201502	刘东涛　冯国华　张会云　王　静　马红勃　陈荣振
	徐麦 36	常规	2011	抗寒性好，熟相好，优质馒头、面条强筋小麦品种	50 万亩	鲁审麦 20080010	冯国华　刘东涛　张会云　王　静　马红勃　刘　静　陈荣振
	徐麦 178	常规	2012	高产，稳产，综合抗病性中等，馒头、面条品质好	5 万亩	国审麦 20100047	张会云　冯国华　刘东涛　王　静　马红勃　刘　静
	徐麦 2023	常规	2012	高产，稳产，综合抗病性较好，熟相好	5 万亩	国审麦 20200071	王　静　冯国华　刘东涛　张会云　马红勃　刘　静　刘立伟

（续表）

育成单位	品种名称	类型	育成年份	品种特性	推广面积	审定或奖励	育成人员
小麦研究室14个	徐麦38	常规	2014	高产，稳产，综合抗病性较好	200万亩	苏审麦20200013	刘东涛 王 静 刘立伟 张会云 马红勃 刘 静 易 媛 朱雪成 冯国华
	徐麦39	常规	2015	稳产，综合抗病性较好	50万亩	苏审麦20200030	马红勃 张会云 刘 静 刘东涛 王 静 刘立伟 朱雪成 易 媛 冯国华
	明麦16	常规	2016	由徐州农科所育成，江苏明天种业科技股份有限公司申请参试。半冬性中熟，幼苗半匍匐，叶片细长，叶色深绿。分蘖力较强，越冬抗寒性较好。株型较紧凑，穗层较整齐，抗倒性较强。落黄晚，熟相较好。穗纺锤形，长芒、白壳、白粒，籽粒椭圆形，半硬质－硬质。全生育期232.6 d，株高79.9 cm，每亩有效穗44.5万穗，每穗31.8粒，千粒重43.5 g。中感赤霉病，高感白粉病，感纹枯病，中感小麦黄花叶病毒病。高感穗发芽。容重834 g/L，粗蛋白含量13.4%，湿面筋含量27.1%，稳定时间3.5 min，硬度指数64.3。亩产553.2 kg，较对照淮麦20增产3.8%	50万亩	苏审麦20160005	冯国华 刘东涛 张会云 王 静 马红勃 刘 静 陈荣振
	江麦23	常规	2016	由徐州农科所育成，江苏中江种业以“徐麦2233”名义参加试验。属半冬性中熟小麦品种。幼苗半匍匐，叶片细长，叶色深绿。分蘖力强，越冬抗寒性较好。株型较紧凑，蜡质重，穗层较整齐，抗倒性强。落黄好，灌浆快，熟相好。穗纺锤形，长芒、白壳、白粒，穗型较大，结实性较好，籽粒椭圆形，硬质。全生育期234.3 d，株高80.8 cm，每亩有效穗41.3万穗，每穗33.0粒，千粒重44.5 g。平均亩产568.84 kg，较对照淮麦20增产3.76%，达极显著水平。中感赤霉病，高感白粉病，中感纹枯病，感叶锈病，中感黄花叶病，高感穗发芽。品质中筋，容重804 g/L，粗蛋白（干基）14.0%，湿面筋（14%水）28.65%，吸水量59.8 mL/100 g，稳定时间5.6 min，最大拉伸阻力（Rm，135）325 E.U、拉伸面积60 cm^2	30万亩	苏审麦20170005	王 静 凌兆风 冯国华 刘东涛 张会云 马红勃 付 尧 刘 静 陈荣振

（续表）

育成单位	品种名称	类型	育成年份	品种特性	推广面积	审定或奖励	育成人员
小麦研究室 14个	农麦1号	常规	2015	由徐州农科所以淮麦18作母本，矮抗58作父本进行杂交，通过连续多年单株选择育成的高产小麦新品种。本所鉴定编号：徐麦0020，后由江苏神农大丰种业科技有限公司以农麦1号名义参加江苏省淮北组小麦区域试验，并于2015年通过江苏省审定，审定编号：苏审麦201504。特征特性：幼苗半匍匐，叶片较宽大，叶色深绿。分蘖力较强，冬前分蘖多，抗寒性中等。株型较紧凑，穗层较整齐，茎秆弹性较好，抗倒性较好。灌浆快，熟相好。穗纺锤形，长芒、白壳、白粒，籽粒卵圆形，半硬质－硬质。全生育期233.1 d。感赤霉病，高感白粉病，中感纹枯病、小麦黄花叶病毒病。容重802 g/L，粗蛋白含量14.5%，湿面筋含量29.8%，稳定时间18.3 min，硬度指数47.0。2012—2014年两年平均亩产547.50 kg，较对照淮麦20增产3.43%，达极显著水平。2014—2015年度生产试验，平均亩产548.57 kg，较对照淮麦20增产4.96%	30万亩	苏审麦201504	肖群 王静 刘东涛 贾瑞宇 宋开业 张会云
水稻研究室 6个	徐稻9号	常规粳稻	2015	优质、高产、优良食味	350万亩	国审稻2015049	王健康 丁成伟 郭荣良 吴玉玲 徐家安 王友霜 胡婷婷 赵轶鹏 刘超
	徐稻10号	常规粳稻	2018	优质、高产、抗病	30万亩	国审稻20180058	吴玉玲 王健康 丁成伟 郭荣良 徐家安 王友霜 胡婷婷 赵轶鹏 刘超 何弯弯
	徐稻11号	常规粳稻	2020	优质、高产、多抗	5.6万亩	苏审稻20200006	王友霜 王健康 丁成伟 郭荣良 吴玉玲 徐家安 胡婷婷 赵轶鹏 何弯弯
	徐稻12号	常规粳稻	2020	优质、高产、多抗	3.5万亩	苏审稻20200020	丁成伟 王健康 郭荣良 吴玉玲 徐家安 胡婷婷 王友霜 赵轶鹏 何弯弯
	徐稻13号	常规粳稻	2020	优质、高产、多抗	1.5万亩	国审稻20206261	王健康 丁成伟 郭荣良 吴玉玲 徐家安 胡婷婷 王友霜 赵轶鹏 何弯弯

（续表）

育成单位	品种名称	类型	育成年份	品种特性	推广面积	审定或奖励	育成人员
水稻研究室6个	徐稻119	常规粳稻	2020	优质、高产、多抗		国审稻20206255	王健康 丁成伟 郭荣良 吴玉玲 徐家安 胡婷婷 王友霜 赵轶鹏 何弯弯
棉花研究室5个	徐杂6号	中熟杂交	2011	生育期120 d左右，与对照品种（皖杂40）相仿。植株较高，株型疏朗；叶片较大，叶色深。铃卵圆形。株高113 cm左右，第一果枝节位为7.4，株果枝数17台左右，单株结铃26个左右，单铃重6.1 g左右，衣分42%左右，籽指11.0 g左右，霜前花率91%左右。经中国农业科学院棉花研究所抗性鉴定，2007年抗枯萎病（病指9.0）、耐黄萎病（病指21.4）；2008年抗枯萎病（病指8.4）、耐黄萎病（病指28.6）。经农业部棉花品质监督检验测试中心检验，2007年纤维长度29.0 mm，断裂比强度28.2 cN/tex，马克隆值5.3；2008年纤维长度30.2 mm，断裂比强度30.0 cN/tex，马克隆值5.5。2007年区试亩产皮棉111 kg，较对照品种增产10.13%；2008年平均亩产92 kg，较对照品种增产1.21%。2009年生产试验亩产皮棉90 kg，较对照品种增产7.16%	36万亩	皖审棉2010001	李卫华 胡新燕 张正敏 杨 峰 冯 营 王阶祥 孙亚伟
	徐棉21号	中熟常规	2011	生育期134 d，株高98.8 cm，茎秆较粗壮，茸毛较少，叶片中等大小，叶色较深，出苗好，长势较强，整齐度较好。株型较松散，单株果枝数17.7台，果枝较长、平展，单株结铃数28.6个，铃卵圆形，吐絮畅，单铃重5.8 g，衣分41.2%，子指10.0 g，霜前花率87.0%。纤维品质经农业部棉花品质监督检验测试中心测试：HVICC纤维上半部平均长度29.4 mm，整齐度指数85.1%，马克隆值5.3，断裂比强度29.0 cN/tex，纺纱均匀性指数137。抗病性经江苏省农业科学院植保所病圃接种鉴定：枯萎病指12.2，黄萎病指43.6，耐枯萎病，感黄萎病。抗棉铃虫。2007—2008年参加江苏省区试，两年平均籽棉亩产232.6 kg，比对照泗抗1号增产8.5%；皮棉亩产95.7 kg，比对照增产5.5%。2009年生产试验平均籽棉亩产268.9 kg，比对照增产0.8%；皮棉亩产111.2 kg，比对照减产3.0%	22万亩	苏审棉201001	李卫华 胡新燕 张正敏 冯 营 王阶祥 孙亚伟

（续表）

育成单位	品种名称	类型	育成年份	品种特性	推广面积	审定或奖励	育成人员
棉花研究室5个	徐杂棉8号	中熟杂交	2013	该品种出苗较好，生育期130 d左右。植株塔型，较松散，株高135 cm左右，茎秆粗壮，有茸毛，叶片较大，缺刻中等。铃卵圆形，较大，单铃重5.5 g；单株果枝19层左右，单株结铃38个左右。大样衣分42.87%。吐絮畅，色泽白。籽指10.3 g，衣指7.5 g。该品种抗棉铃虫；抗枯萎病，经江西省区试测试，2011年相对抗指2.9，2012年相对抗指7.46。江西省区试测定，2010年预试，纤维长度30.1 mm，整齐度85.8%，断裂比强度31.0 cN/tex，伸长率5.0%，马克隆值5.1。2011—2012年区试两年平均纤维长度28.8 mm，整齐度85%，比强度30.9 cN/tex，伸长率5.1%，马克隆值5.2，反射率78.5%，黄度7.5，纺纱均匀性指数139.4。2011年参加江西省区试，亩产籽棉282.2 kg，第3位；亩产皮棉121.0 kg，比对照赣棉杂1号增产12.5%，显著，第1位；霜前皮棉107.7 kg，第1位。2012年第2年区试，亩产籽棉245.78 kg，比对照赣棉杂1号增产4.11%，第2位；亩产皮棉105.35 kg，比对照赣棉杂1号增产2.69%，不显著，第1位；霜前皮棉亩产96.95 kg，第1位。两年平均亩产籽棉263.99 kg，对照赣棉杂1号增产8.94%，第1位；平均亩产皮棉113.18 kg，比对照赣棉1号增产8.22%，第1位。2012年江西生试亩产籽棉313.22 kg，比对照赣棉杂1号增产6.74%；亩产皮棉133.05 kg，比对照增产6.03%	6.8万亩	赣审棉2013001	李卫华　胡新燕 冯　营　孙亚伟
	徐棉266	中熟常规	2014	生育期137 d左右。植株较高，茎秆粗壮，株型疏朗，前中期长势强，后期长势较弱；叶片中等，叶色深。铃卵圆形，中等大，单铃重5.4 g；单株果枝18台左右，单株结铃30个左右。大样衣分41.1%。吐絮畅，色泽白。籽指10.4 g，衣指7.5 g。耐枯萎病，病指14.4，耐黄萎病，病指26.0。2010—2011年省区试送样，经农业部棉花品质监督检验测试中心测定，上半部平均长度29.1 mm，比强度28.2 cN/tex，马克隆值4.8。2012年省生试送样测定结果，上半部平均长度30.1 mm，断裂比强度29.6 cN/tex，马克隆值5.2。2010—2011年江苏省常规棉品种区试中，亩产皮棉100.6 kg，较泗抗1号增产6.6%。2012年江苏省常规棉品种生产试验中，亩产皮棉101 kg，较泗抗1号增产7.8%	12万亩	苏审棉201402	李卫华　胡新燕 冯　营　孙亚伟

（续表）

育成单位	品种名称	类型	育成年份	品种特性	推广面积	审定或奖励	育成人员
棉花研究室5个	徐绿1号	常规苦瓜	2015	2014年参加江苏省区域试验，截至7月10日，平均产量达到2 321.9 kg/亩，较对照品种杂交种“疙瘩绿”增产15.9%，增产显著。徐深绿1号苦瓜表现早熟、分枝性和长势强的特点，果实长纺锤形、皮色墨绿，有光泽、肉厚，结果能力强，单瓜重为322.4 g，果长28.6 cm，横径5.67 cm，肉厚0.95 cm。果实长纺锤状，果瘤为点瘤，较密，果皮墨绿色，果肉绿色。口感较脆，苦味较淡	8.29万亩	苏鉴苦瓜201504	胡新燕 孙亚伟 冯 营 李卫华
油料研究室18个（大豆11个、花生7个）	徐豆18	夏大豆	2011	生育期104 d，株型半收敛，有限结荚习性。株高73.2 cm，主茎18.7节，有效分枝1.5个，底荚高度14.1 cm，单株有效荚数38.3个，单株粒数75.7粒，单株粒重16.5 g，百粒重21.4 g。卵圆叶，白花，灰毛。籽粒椭圆形，种皮黄色，微光，种脐褐色。抗花叶病毒病3号和7号株系，高感胞囊线虫病1号生理小种	1 000余万亩	国审豆2011009	王宗标 王 幸 张祖明
	徐豆19	夏大豆	2013	幼茎基部紫色，植株直立，有限结荚习性，抗倒性较好。叶片卵圆形，紫花，棕毛。荚弯镰刀形，褐色。籽粒椭圆形，种皮黄色微光泽，种脐深褐色，外观商品性较好。成熟时落叶性好，不裂荚。生育期110 d，比对照长6 d，株高61.5 cm，结荚高度14.0 cm，主茎13.5节，有效分枝2.6个，单株结荚35.4个，每荚2.1粒，百粒重24.2 g。粗蛋白质含量42.6%，粗脂肪含量21.2%。抗大豆花叶病毒病3号株系、7号株系	100余万亩	苏审豆201304	王宗标 王 幸 张祖明
	徐豆20	夏大豆	2014	生育期104 d，比对照中黄13晚2 d。株型收敛，有限结荚习性。株高62.25 cm，主茎13.16节，有效分枝2.34个，底荚高度14.1 cm，单株有效荚数39.85个，单株粒数77.88粒，单株粒重18.60 g，百粒重24.31 g。卵圆叶，白花，灰毛。籽粒椭圆形，种皮黄色、微光，种脐黄色。中感花叶病毒病3号、7号株系，高感胞囊线虫病1号生理小种。籽粒粗蛋白含量42.99%，粗脂肪含量19.88%	300余万亩	国审豆2014012	王 幸 王宗标 张祖明 徐泽俊 齐玉军 王晓军 孙东雷

（续表）

育成单位	品种名称	类型	育成年份	品种特性	推广面积	审定或奖励	育成人员
油料研究室18个（大豆11个、花生7个）	徐豆21	夏大豆	2015	幼茎基部绿色，植株直立，有限结荚习性，抗倒性较好。叶片卵圆形，白花，灰毛。成熟时荚黄色，弯镰形；落叶性好，不裂荚。籽粒椭圆形，种皮黄色、微光，种脐褐色，外观商品性较好。生育期105 d，比对照早1 d，株高59.5 cm，结荚高度14.6 cm，主茎14.3节，有效分枝2.0个，单株结荚37.7个，每荚2.1粒，百粒重23.6 g。粗蛋白质含量43.7%，粗脂肪含量19.1%。中感大豆花叶病毒病3号株系和7号株系	100余万亩	苏审豆201504	王宗标　王　幸 徐泽俊　齐玉军
	徐豆22	夏大豆	2016	幼茎基部绿色，植株直立，有限结荚习性，抗倒性较好。叶片卵圆形，白花，灰毛。成熟时荚黄色，弯镰形；落叶性好，不裂荚。籽粒椭圆形，种皮黄色，微光，种脐淡褐色，外观商品性较好。生育期109 d，比对照晚熟2 d，株高65.8 cm，结荚高度12.5 cm，主茎14.2节，有效分枝1.9个，单株结荚48.5个，每荚2.1粒，百粒重19.3 g。粗蛋白质含量42.5%，粗脂肪含量19.8%。中感大豆花叶病毒病3号株系，感7号株系	50余万亩	苏审豆201604	王　幸　王宗标 徐泽俊　齐玉军
	徐豆23	夏大豆	2017/2019	生育期102 d，比对照中黄13晚熟7 d。株型收敛，有限结荚习性。株高78.8 cm，主茎15.6节，有效分枝1.9个，底荚高度17.4 cm，单株有效荚数53.0个，单株粒数111.6粒，单株粒重20.8 g，百粒重19.4 g。卵圆叶，白花，灰毛。籽粒椭圆形，种皮黄色、微光，种脐浅褐色。中感花叶病毒病3号株系，感花叶病毒病7号株系，中感胞囊线虫病1号、2号生理小种。籽粒粗蛋白含量45.22%，粗脂肪含量19.10%	5.4万亩	苏审豆20170003； 国审豆20190020	王　幸　王宗标 徐泽俊　齐玉军
	徐豆24	夏大豆	2018	幼茎基部绿色，植株直立，有限结荚习性，抗倒性较好。叶片卵圆形，白花，灰毛。成熟时荚黄色，弯镰形；落叶性好，不裂荚。籽粒椭圆形，种皮黄色、微光，种脐淡褐色，外观商品性较好。生育期110.5 d，比对照徐豆13晚2.5 d。株高69.9 cm，结荚高度10.9 cm。主茎14.9节，有效分枝2.3个。单株结荚52.8个，每荚2.0粒，百粒重23.9 g。粗蛋白质含量43.68%，粗脂肪含量18.92%。抗大豆花叶病毒病3号株系和7号株系	示范0.5万亩	苏审豆20180005	王　幸　王宗标 徐泽俊　齐玉军 邢兴华

（续表）

育成单位	品种名称	类型	育成年份	品种特性	推广面积	审定或奖励	育成人员
油料研究室18个（大豆11个、花生7个）	徐豆25	夏大豆	2019	植株直立，有限结荚习性，抗倒性较好。幼茎基部绿色，叶片卵圆形，白花，灰毛。成熟时荚黄色，弯镰形；落叶性好，不裂荚。籽粒椭圆形，种皮黄色、微光，种脐淡褐色。生育期103.5 d，比对照徐豆13早2.5 d。株高73.2 cm，结荚高度15.3 cm，主茎14.5节，有效分枝2.0个，单株结荚36.5个，每荚2.1粒，百粒重25.3 g。粗蛋白质含量44.91%，粗脂肪含量16.90%。中抗大豆花叶病毒病3号株系（病情指数33），中感7号株系（病情指数48）	示范0.4万亩	苏审豆20190004	王　幸　王宗标　徐泽俊　齐玉军　邢兴华
	徐豆26	夏大豆	2020	幼茎基部绿色，植株直立，有限结荚习性。叶片卵圆形，白花，灰毛。成熟时荚黄色，弯镰形。落叶性好，不裂荚。籽粒椭圆形，种皮黄色、微光，种脐褐色，外观商品性较好。生育期105 d，与对照徐豆13相当。株高70.7 cm，结荚高度12.4 cm，主茎15.2节，有效分枝2.8个，单株结荚55.7个，每荚2.0粒，百粒重22.2 g。粗蛋白质含量44.2%，粗脂肪含量18.6%。中感大豆花叶病毒病3号株系和7号株系	示范0.5万亩	苏审豆20200010	王　幸　徐泽俊　齐玉军　邢兴华　童　飞　王宗标
	徐春3号	鲜食春大豆	2013	幼茎绿色，株型收敛，有限结荚习性。叶片卵圆形，白花，鲜荚弯镰形，茸毛灰色，籽粒扁椭圆形，绿色。种皮绿色，子叶黄色。出苗至鲜荚采收95 d，比对照长3 d，株高28.6 cm，主茎9.1节，分枝2.3个，单株结荚21.5个，多粒荚个数百分率67.2%，每千克标准荚414.3个，二粒标准荚长5.0 cm，宽1.3 cm，百粒鲜重69.0 g，出仁率54.9%。口感品质香甜柔糯。中感大豆花叶病毒病3号株系，感大豆花叶病毒病7号株系。田间花叶病毒病发生较轻，抗倒性好	1.2万亩	苏审豆201301	王宗标　王　幸　张祖明
	徐春4号	鲜食春大豆	2019	春播鲜食大豆品种。出苗势强，抗倒伏。株型收敛，有限结荚习性。幼茎基部紫色，叶片卵圆形，紫花，灰毛，鲜荚绿色。干籽粒椭圆形，种皮绿色，子叶黄色，百粒干重36 g左右。出苗至鲜荚采收96 d，比对照台湾292晚19.2 d。株高56.6 cm，主茎12.3节，分枝1.5个，单株平均结荚20.3个，标准荚率64.7%，每千克标准荚347.5个，二粒标准荚长5.5 cm，宽1.4 cm，百粒鲜重77.2 g，出仁率51.30%。口感品质香甜柔糯。抗大豆花叶病毒病3号株系（病情指数5）和7号株系（病情指数4）	1.1万亩	苏审豆20190008	王　幸　徐泽俊　苏若成　齐玉军　邢兴华　苏晓明　王宗标

（续表）

育成单位	品种名称	类型	育成年份	品种特性	推广面积	审定或奖励	育成人员
油料研究室18个（大豆11个、花生7个）	徐花16号	花生	2009	2012年通过国家、2020年通过非主要农作物品种登记。属中间型、中早熟大粒品种。全生育期126 d左右。株型直立，疏枝，连续开花。株高43 cm、侧枝长45 cm、总分枝10条、结果枝7条左右。叶片椭圆形，深绿色。花橘黄色。荚果普通形，网纹中。种仁椭圆形，种皮粉红色，无油斑，无裂纹。千克果数535个，千克仁数1 280粒，百果重243.2 g，百仁重95.4 g，出米率68.9%。出苗整齐，长势强，植株直立，生长稳健。经农业部油料及制品质量监督检验测试中心（武汉）检测，粗脂肪含量50.38%，粗蛋白含量26.11%，油酸含量42.65%，亚油酸含量34.2%，油/亚比值为1：1.25	20万亩	国品鉴花2012007	张祖明　王晓军 王宗标　王　幸
	徐花17号	花生	2009	2013年通过国家、2018年通过非主要农作物品种登记。属中间型、小粒品种。全生育期123 d。株型直立、疏枝、连续开花。株高37.6 cm、侧枝长41.8 cm左右，总分枝8.3条，结果枝6.7条。叶片椭圆形，叶色绿。花橘黄色。荚果茧形，网纹浅，种仁近圆锥形，种皮淡红色，无油斑，无裂纹，千克果数796个，千克仁数1 612粒，百果重176.7 g，百仁重75.2 g，出米率73.2%。该品种出苗齐，长势强，植株直立，生长稳健。中抗叶斑病，抗旱性强，抗倒性较强，耐涝性和种子休眠性中等	10万亩	国品鉴花2013006	张祖明　王晓军 王宗标　王　幸
	徐花18号	花生	2014	2015年通过国家、2018年通过非主要农作物品种登记。属中间型、大粒品种。该品种苗期长势强，株型直立紧凑。连续开花，花量中等，结荚集中。荚果普通型，籽仁种皮粉红色，有油斑。抗倒性较强，抗旱性中等，种子休眠性强，叶斑病抗性中等，锈病抗性较强。全生育期130.5 d，主茎高31.5 cm，侧枝长34.0 cm，总分枝数7.7个，有效分枝数6.5个。单株饱果数12.1个，百果重237.3 g，百仁重94.25 g，出仁率73.96%。经农业部油料及制品质量监督检验测试中心检测，籽仁粗脂肪含量57.19%，粗蛋白含量20.0%，油酸含量79.6%，亚油酸4.11%	2万亩	苏鉴花生201504	王晓军　孙东雷 张祖明　徐泽俊 齐玉军

（续表）

育成单位	品种名称	类型	育成年份	品种特性	推广面积	审定或奖励	育成人员
油料研究室18个（大豆11个、花生7个）	徐花19号	花生	2015	2015年通过国家、2018年通过非主要农作物品种登记。属中间型、大粒品种。该品种苗期长势强，株型直立紧凑。荚果普通型，籽仁种皮粉红色，有油斑。抗倒性较强，抗旱性中等，种子休眠性强，叶斑病抗性中等，锈病抗性较强。全生育期132 d，主茎高34.3 cm，侧枝长36.7 cm，总分枝数8.2个，有效分枝数6.7个。单株饱果数10.6个，百果重244.3 g，百仁重102.3 g，出仁率72.5%。2015年经农业部油料及制品质量监督检验测试中心检测，籽仁粗脂肪含量56.6%，粗蛋白含量17.9%	5万亩	苏鉴花生201509	王晓军　孙东雷 卞能飞　张祖明 徐泽俊　齐玉军
	徐花20	花生	2016	2020年通过非主要农作物品种登记。属中间型花生品种，生育期116 d，连续开花，株型直立，叶形长椭圆，叶色深绿，花黄色。荚果形状普通形，网纹深。种仁椭圆，种皮粉红色，无油斑、无裂纹。种子休眠性强。主茎高38.59 cm，侧枝长42.71 cm，总分枝数9条，结果枝数7条，单株结果数17个，百果重175.82 g，百仁重70.87 g，千克果数719个，千克仁数1 523个，出米率75.29%。籽仁含油量55.25%，蛋白质含量24.31%，油酸含量44.75%，籽仁亚油酸含量33.95%，油亚比1.32。感青枯病，感叶斑病，感锈病	1.2万亩	国鉴GPD（2020）320090	王晓军　孙东雷 卞能飞　王　幸
	徐花21	花生	2016	2020年通过非主要农作物品种登记。属中间型花生品种，生育期126 d，连续开花，株型直立，叶形长椭圆，叶深绿色，花黄色。荚果形状普通形，网纹深。种仁椭圆，种皮浅褐色，无油斑、无裂纹。种子休眠性强。主茎高36.7 cm，侧枝长40.4 cm，总分枝数8条，结果枝数7条，单株结果数17个，百果重263.56 g，百仁重105.6 g，千克果数490个，千克仁数1 093个，出米率72.38%。籽仁含油量53.16%，蛋白质含量24.78%，油酸含量44.75%，籽仁亚油酸含量33.55%，油亚比1.33。感青枯病，感叶斑病，感锈病	1.1万亩	国鉴GPD（2020）320091	王晓军　孙东雷 卞能飞　王　幸

（续表）

育成单位	品种名称	类型	育成年份	品种特性	推广面积	审定或奖励	育成人员
油料研究室18个（大豆11个、花生7个）	徐花22	花生	2016	2020年通过非主要农作物品种登记。属中间型花生品种，生育期124 d，株型直立，叶片长椭圆形、绿色，连续开花，花色橙黄，荚果普通形，籽仁椭圆形、粉红色、无裂纹、无油斑，种子休眠性强。主茎高52.24 cm，侧枝长56.1 cm。总分枝数9条，结果枝数7条。单株结果数17个。百果重270.47 g，百仁重101.1 g。千克果数480个，千克仁数1 225个。出米率68.5%。抗旱性强，耐涝性强，抗倒伏性弱。高感叶斑病。籽仁含油量53.3%，蛋白质含量28.5%，油酸含量43.2%，籽仁亚油酸含量34%，油亚比1.27。感青枯病，高叶斑病，感锈病	1.2万亩	国鉴GPD（2020）320086	王晓军 孙东雷 卞能飞 王 幸
园艺研究室8个（大蒜5个、山药3个）	徐蒜815	头蒜品种	2012	白皮头蒜品种，蒜头横径6.2 cm，纵茎4.3 cm，总瓣数15.3瓣，亩产鲜蒜头1 788 kg，生长势强，抗寒性好，株高96.02 cm，开展度22.8°，常有叶数7.2叶，叶色深绿，中抗叶枯病、病毒病，全生育期230 d左右。适宜徐州及周边地区头蒜种植区种植	50万亩	徐州市科学技术进步奖一等奖	杨 峰 樊继德 陆信娟 李 勇 赵 林 张 梅 张玉娇
	徐蒜917	头蒜品种	2015	白皮头蒜品种，生育期238 d左右，株高64.8 cm，株幅49.9 cm，叶色深绿；蒜头整齐度好，横径6.4 cm，纵茎4.0 cm，平均单头蒜重73.1 g，耐寒性较强；田间表现较抗大蒜叶枯病；平均亩产干蒜头1 599.3 kg，比徐州白蒜增产23.8%，适宜江苏省淮河以北秋季露地栽培	35万亩	苏鉴大蒜201201；江苏农业科技奖三等奖	杨 峰 樊继德 陆信娟 李 勇 杨 艳 赵 林
	徐蒜918	头蒜品种	2015	紫皮头蒜类型，全生育期238 d左右。株高68.9 cm，株幅50.0 cm，单株叶片数7.7叶，叶色深绿。蒜头整齐度好，皮色紫色，横径6.4 cm，纵茎4.2 cm，外瓣数9.9个，平均单头蒜重73.2 g。耐寒性较强，耐旱、耐湿性较弱；田间表现抗大蒜叶枯病。平均亩产蒜头1 700.4 kg，比徐州白蒜增产31.63%，适宜江苏省秋季露地栽培	40万亩	苏鉴大蒜201202；江苏农业科技奖三等奖	杨 峰 陆信娟 樊继德 李 勇 杨 艳 赵 林
	徐白蒜1号	头蒜品种	2018	2016年育成，2018年通过专家鉴定，该品种株高70.7 cm，株幅59.8 cm，单株叶片数8～9叶，叶色深绿；蒜头皮色白色，蒜头横径5.95 cm，单头蒜重71.71 g，生产试验平均亩产1 580 kg/亩，较对照增产18.78%；抗叶枯病，白腐病、病毒病与紫斑病发病轻；一致性、稳定性、商品性好；适宜在江苏、山东、河南等地头蒜种植区域	2万亩	专家现场鉴定	杨 峰 樊继德 陆信娟 赵永强 刘灿玉 赵 林 李刚波 张 婷 张碧微 杨 艳

（续表）

育成单位	品种名称	类型	育成年份	品种特性	推广面积	审定或奖励	育成人员
园艺研究室 8个（大蒜5个、山药3个）	徐紫蒜1号	头蒜品种	2018	2016年育成，2018年通过专家鉴定，该品种株高69.1 cm，株幅61.0 cm，假茎高29.0 cm，假茎粗1.80 cm，单株叶片数8叶，叶色深绿；蒜头皮色紫色，蒜头横径6.13 cm，蒜头高4.00 cm，外瓣数9～10个，夹瓣数4～5个，单头蒜重70.95 g；平均亩产1 510 kg/亩，较对照增产12.18%；抗叶枯病，白腐病、病毒病与紫斑病发病轻；一致性、稳定性、商品性好；适宜在江苏、山东、河南等地头蒜种植区域	4万亩	专家现场鉴定	杨 峰 樊继德 陆信娟 赵永强 刘灿玉 赵 林 李刚波 张 婷 张碧微 杨 艳
	苏蓣1号	紫山药	2015	生育期中等偏迟，平均为155 d；该品种出苗较早，苗势较强，中后期长势稳健，营养生长较大，不结零余子，耐涝渍能力强；单株结薯2个左右，块茎表皮紫褐色，肉紫色，色泽鲜艳，块茎长度25 cm左右，周长20 cm左右，重量1.0 kg左右，单产可达2 000 kg/亩以上，属于粗短块状山药。该品种折干率达到23%，属粉质山药；花青素含量9.28‰，可作花青素源食品食用；山药皂苷含量达到1.51%，高于一般栽培山药；但可溶性糖含量偏低	0.2万亩	苏鉴蓣201501	殷剑美 张培通 王 立 韩晓勇 郭文琦 李春宏 史新敏 周志林 唐忠厚 陈晓光 樊继德
	苏蓣2号	紫山药	2015	生育期中等偏迟，平均160～180 d。苗势壮。块茎长纺锤形，表皮褐色，肉质柔滑，紫色，块茎肥大。块茎直径4～6 cm、长20～28 cm，单株结3～5块，单株块茎重1.0～1.2 kg，少结零余子。折干率28%，淀粉20.9%，属粉质山药。花青素7.27‰，多糖5.1%，山药皂苷2.14%。轻感山药炭疽病，抗病指数2.8，耐涝、耐渍能力强	0.2万亩	苏鉴蓣201502	史新敏 周志林 唐忠厚 陈晓光 樊继德 殷剑美 张培通 王 立 韩晓勇 郭文琦 李春宏
	苏蓣3号	紫山药	2017	苏蓣3号生育期180～190 d，属晚熟品种。该品种以块茎作种薯，一般播种后40～45 d出苗，60 d满架。结薯稍迟，块茎纺锤形，薯皮光滑，出土时鲜紫色，晒后变为紫褐色。黏丝短，肉质柔滑清脆，软而糯，粉红色，块茎肥大，根毛少。块茎直径10～13 cm、长15～18 cm，单株结薯少1～3块，单株块茎重1.0～1.5 kg，商品性能好。该品种块茎折干率21.5%，淀粉14.9%，花青素4.27‰，多糖7.1%，山药皂苷2.14%，可食率85.6%	0.2万亩	苏园会评字［2017］第061号	史新敏 李 勇 杨 艳 樊继德 陆信娟 刘灿玉 赵 林 李刚波 张 婷 赵永强

（续表）

育成单位	品种名称	类型	育成年份	品种特性	推广面积	审定或奖励	育成人员
甘薯品种资源研究室2个	薯绿1号	菜用型甘薯	2013	薯绿1号株型半直立，叶形状心形，叶缘完整性全缘，叶裂片无，顶叶色黄绿，叶色、叶基色和茎色均为绿色，茎尖叶片叶柄短，茎尖三节间长度中，分枝多，薯块纺锤形，薯皮白色。茎尖无茸毛，烫后颜色翠绿至绿色，无苦涩味，微甜，有滑腻感，食味好。高抗茎线虫病，抗蔓割病	10万亩	国登GPD甘薯（2018）320003；徐州市科技进步二等、淮海科技奖一等	曹清河 李强 季志仙 王欣 李洪民 谢逸萍 唐君 唐忠厚 后猛 赵冬兰 周志林
	徐新薯2号	兼用型甘薯	2019	徐新薯2号为淀粉及鲜食兼用型品种，萌芽性好，中蔓，分枝数6～10个，茎蔓较粗；叶片心形，顶叶紫色，成年叶绿色，叶脉绿色，茎蔓绿带紫；薯形纺锤形，红皮淡黄肉，结薯较集中，薯块较整齐，单株结薯3～4个，大中薯率高，食味优，较耐贮，两年鉴定烘干率平均29.3%，比对照高2.3个百分点；抗茎线虫、中抗黑斑病、感根腐、耐瘠薄	5万亩	国登GPD甘薯（2018）3200065；新疆维吾尔自治区科技进步二等奖	周志林 唐君 曹清河 赵冬兰 刘恩良 张安 金平 戴习彬
甘薯遗传育种研究室12个	徐薯28	兼用型甘薯	2011	淀粉及鲜食兼用型品种，萌芽性好，中短蔓，分枝数12～13个，茎蔓中等偏细；叶片深裂，顶叶淡紫色，成年叶、叶脉和茎蔓均为绿色；薯块长纺锤形，红皮白肉，结薯集中，薯块整齐，单株结薯3～4个，大中薯率高；平均鲜薯亩产2 220.8 kg，比对照徐薯18增产17.79%；平均烘干率27.72%，淀粉率17.75%，均与对照相当；薯干较洁白平整，食味较好，干基可溶性糖含量较高；耐贮性好；抗蔓割病，中抗根腐病、茎线虫病和黑斑病	1.8万亩	国登GPD甘薯（2018）320061	李强 马代夫 李秀英 李洪民 谢逸萍 王欣 曹清河 唐忠厚 后猛 张允刚 唐维
	徐薯29	淀粉甘薯	2011	淀粉型品种，萌芽性较好、出苗多而壮。叶片心形，叶片、叶柄均为绿色，叶脉紫色，蔓粗壮较长。栽插后发根还苗快，生长势较强。结薯集中，薯块整齐、纺锤形，薯皮红色，薯肉白色，干率30.0%，熟食品质较好。中抗根腐病，感黑斑病和茎线虫病，耐涝性较差	2.3万亩	国登GPD甘薯（2018）320062	李强 马代夫 李秀英 李洪民 谢逸萍 王欣 曹清河 唐忠厚 后猛 张允刚 唐维
	徐薯30	兼用型甘薯	2012	淀粉及鲜食兼用型品种，萌芽性中等，叶柄色、茎蔓色、叶脉色均为绿色，分枝7个左右，地上部长势较强。薯块纺锤形，红皮淡黄肉。单株结薯数4个左右，结薯整齐，薯形光滑，商品性好，耐贮性好。中抗根腐病、不抗黑斑病和茎线虫病	1.5万亩	苏鉴薯201202	李强 马代夫 李秀英 李洪民 谢逸萍 王欣 曹清河 唐忠厚 后猛 张允刚 唐维

（续表）

育成单位	品种名称	类型	育成年份	品种特性	推广面积	审定或奖励	育成人员
甘薯遗传育种研究室12个	徐薯31	鲜食甘薯	2015—2018	鲜食型品种，萌芽性好，顶叶浅紫色，叶脉绿色，叶色绿，心形叶，茎色绿带紫；平均最长蔓长 148.88 cm，单株分枝 7.4 个，茎粗 0.71 cm；薯形纺锤形，薯皮红色，薯肉黄色，单株结薯数 3.54 个，结薯集中整齐，大中薯率 87.68%；萌芽性较好；熟食品质粉糯香甜，薯块商品性好；耐盐；块根平均烘干率 30.89%，比对照苏渝 303 高 4.7 个百分点；中抗黑斑病，不抗茎线虫病和根腐病	10 万亩	苏鉴薯 201502	李　强　马代夫 王　欣　后　猛 张允刚　唐　维
	徐薯33	鲜食甘薯	2015	鲜食型品种，萌芽性好，顶叶绿色，叶脉紫色，叶色绿，缺刻叶，茎色绿带紫；株型直立，平均最长蔓长 191.84 cm，单株分枝 9.55 个，茎粗 0.72 cm；薯形纺锤形，薯皮紫红色，薯肉橘黄带紫，结薯早，单株结薯数 4.21 个，结薯集中整齐，大中薯率 89.51%；花青素含量为 83.27 μg/gFW，胡萝卜素含量为 52.25 μg/gFW；食味较好；萌芽性好；块根平均烘干率 22.37%，比对照苏渝 303 低 3.71 个百分点；抗茎线虫病和根腐病，不抗黑斑病	1.6 万亩	苏鉴薯 201508	李　强　张允刚 王　欣　刘亚菊 后　猛　唐　维 闫　会　李秀英 马代夫
	徐渝薯34	高胡萝卜素甘薯	2016—2018	加工型专用品种，萌芽性中等，中短蔓，分枝数 7 ~ 8 个，茎蔓中等粗；叶片心形，顶叶淡绿色，成年叶绿色，叶脉紫色，茎蔓绿色；薯形纺锤形，紫红皮橘红肉，结薯集中，薯块整齐，大中薯率较高；食味较好；较耐贮；烘干率 24.38%，比对照低 2.57 个百分点；胡萝卜素含量 11.37 mg / 100 g 鲜薯；抗茎线虫病，中抗根腐病，感黑斑病，高感蔓割病，福建点鉴定中感Ⅰ型薯瘟病、高感Ⅱ型薯瘟病，广州点鉴定抗薯瘟病	1.3 万亩	国品鉴甘薯 20111022	李　强　王　欣 张允刚　后　猛 傅玉凡　唐　维 刘亚菊　闫　会 杨春贤　曹清河 李秀英　马代夫
	徐渝薯35	高胡萝卜素甘薯	2015—2018	鲜食型品种，萌芽性中等，顶叶绿色，叶脉紫色，叶色绿，叶片缺刻，茎色绿带紫；中长蔓，单株分枝 8.74 个，茎粗 0.55 cm；薯形纺锤形，薯皮红色，薯肉橘黄，单株结薯数 5.55 个，结薯集中整齐，大中薯率 87.74%；胡萝卜素含量为 100.7 μg/gFW；食味好；萌芽性好；块根平均烘干率 22.06%，比对照苏渝 303 低 4.02 个百分点；抗茎线虫病和根腐病，不抗黑斑病	1.2 万亩	苏鉴薯 201505	李　强　王　欣 张允刚　后　猛 傅玉凡　唐　维 刘亚菊　闫　会 杨春贤　曹清河 李秀英　马代夫

（续表）

育成单位	品种名称	类型	育成年份	品种特性	推广面积	审定或奖励	育成人员
甘薯遗传育种研究室12个	徐紫薯6号	鲜食甘薯	2013—2018	鲜食型紫薯，萌芽性较好，中短蔓，分枝数9个左右，茎蔓较粗；叶片心形，顶叶绿色带紫边，成年叶深绿色，叶脉浅紫色，茎蔓紫色；薯块纺锤形，紫皮紫肉，结薯集中，薯块整齐形，单株结薯5个左右，大中薯率较高；食味较好；较耐贮；烘干率26.32%，比对照宁紫薯1号高0.3个百分点；花青素含量16 mg /100 g鲜薯左右；抗茎线虫病和蔓割病，中抗根腐病，高感黑斑病	1.5万亩	国品鉴甘薯2016011	李　强　张允刚 王　欣　后　猛 唐　维　刘亚菊 闫　会　马代夫
	徐紫薯8号	高花青素甘薯	2018	鲜食加工兼用型紫薯，萌芽性好，蔓长中等，分枝数9～10个，茎蔓中等粗，叶片深缺刻，顶叶黄绿色带紫边，成年叶绿色，叶脉浅紫色，茎蔓绿带紫；薯块纺锤形，紫皮紫肉，花青素含量90～140 mg /100 g鲜薯，结薯集中薯块整齐，单株结薯4个左右，大中薯率较高；食味较好	20万亩	国登GPD甘薯（2018）320033	李　强　张允刚 唐　维　后　猛 王　欣　刘亚菊 闫　会　马代夫
	徐薯37	淀粉甘薯	2019	淀粉型品种，萌芽性较好，蔓长中等，分枝数10个左右，茎蔓较粗；叶片深缺刻，顶叶绿色，成熟叶绿色，叶脉绿色，茎色绿色；薯块纺锤形，薯皮粉红色，薯肉淡黄色，结薯集中整齐，大中薯率较高，单株结薯5～6个，熟食口味较好，高抗茎线虫病	1.5万亩	国登GPD甘薯（2020）320001	张允刚　李　强 闫　会　刘亚菊 王　欣　后　猛 唐　维　马代夫
	徐薯38	淀粉甘薯	2020	淀粉型品种，萌芽性较好，蔓长较短，分枝数5～6个，茎蔓较粗；叶片深缺刻，顶叶绿色，成熟叶绿色，叶脉绿色，茎色绿色；薯块纺锤形，红皮淡黄色，结薯集中整齐，大中薯率较高，单株结薯5～6个，熟食口味较好，高抗茎线虫病	2万亩	国登GPD甘薯（2020）320030	闫　会　李　强 张允刚　刘亚菊 王　欣　唐　维 后　猛　马代夫
	徐薯39	淀粉甘薯	2020	淀粉型品种，萌芽性较好，蔓长中等，分枝数10个左右，茎蔓较粗；叶片深缺刻，顶叶绿色，成熟叶绿色，叶脉绿色，茎色绿色；薯块纺锤形，薯皮红色，薯肉淡黄色，结薯集中整齐，大中薯率较高，单株结薯5～6个，熟食口味较好	1.5万亩	国登GPD甘薯（2020）320063	刘亚菊　李　强 张允刚　闫　会 王　欣　后　猛 唐　维　马代夫

（续表）

育成单位	品种名称	类型	育成年份	品种特性	推广面积	审定或奖励	育成人员
甘薯生理栽培研究室1个	徐薯32	鲜食甘薯	2015	品质优、产量高、耐病性强、熟食口感佳、适应性好	132.76万亩	豫品鉴薯2015005；淮海科技奖三等奖	李洪民 谢逸萍 李秀英 唐忠厚 张爱君 李　强 王　欣 魏　猛 陈晓光 马代夫
徐农种业1个	Y两优59	杂交籼稻	2017	两系杂交中籼稻，幼苗矮壮、株型紧凑，分蘖力中等，群体整齐度好，抗倒性强，穗型较大，叶色中绿，叶姿较挺，后期熟相好	14万亩	苏审稻2017000	周兴根 高修桦 黄忠勤 丁震乾 王　波 常　勇

注：2011—2020年全所育成品种合计67个（小麦14个，水稻7个，棉花4个，大豆11个，花生7个，大蒜5个，山药3个，苦瓜1个，甘薯15个），其中国审（鉴、登）25个，省审（鉴）42个。

附录四 获得植物新品种权品种

2011—2020 年徐州农科所获得植物新品种权品种统计详见附表 4-1。

附表 4-1　2011—2020 年徐州农科所获得植物新品种权品种统计

作物种类	品种名称	品种权号	完成人员
普通小麦	徐麦 30	CNA20060481.3	陈荣振　冯国华　刘世来　王来花　刘东涛　张会云
普通小麦	徐麦 31	CNA20090488.8	陈荣振　冯国华　刘东涛　张会云　王　静　刘世来　李德民　王来花
普通小麦	徐麦 32	CNA20130764.7	刘东涛　陈荣振　冯国华　张会云　王　静
普通小麦	徐麦 33	CNA20130765.6	冯国华　陈荣振　刘东涛　张会云　王　静
普通小麦	徐麦 9158	CNA20140181.1	张会云　陈荣振　冯国华　刘东涛　王　静　马红勃
普通小麦	农麦 1 号	CNA20151308.6	肖　群　王　静　刘东涛　贾瑞宇　宋开业　张会云
普通小麦	徐麦 35	CNA20160012.4	刘东涛　冯国华　张会云　王　静　马红勃　陈荣振
普通小麦	江麦 23	CNA20171003.2	王　静　凌兆凤　冯国华　刘东涛　张会云　马红勃　付　尧　刘　静　陈荣振
普通小麦	农麦 1 号	CNA20151308.6	肖　群　王　静　刘东涛　贾瑞宇　宋开业　张会云
水稻	徐稻 7 号	CNA20090725.1	刘　超　王健康　丁成伟　郭荣良　吴玉玲　徐家安　王友霜　胡婷婷
水稻	徐旱 1 号	CNA20100160.0	刘　超　王健康　丁成伟　郭荣良　吴玉玲　徐家安　王友霜　胡婷婷
水稻	徐稻 8 号	CNA20131240.9	王健康　丁成伟　郭荣良　吴玉玲　徐家安　王友霜　胡婷婷　赵铁鹏　刘　超
水稻	徐稻 9 号	CNA20161637.7	王健康　丁成伟　郭荣良　吴玉玲　徐家安　王友霜　胡婷婷　赵铁鹏　刘　超
水稻	69 优 8 号	CNA20100983.5	刘　超　王健康　丁成伟　郭荣良　吴玉玲　徐家安　王友霜　胡婷婷
水稻	徐 68 优 201	CNA20100982.6	丁成伟　刘　超　王健康　郭荣良　吴玉玲　徐家安　王友霜　胡婷婷
水稻	徐 91068A	CNA20100988.0	刘　超　王健康　丁成伟　郭荣良　吴玉玲　徐家安　王友霜　胡婷婷
水稻	徐优 502	CNA20131239.2	丁成伟　王健康　刘　超　郭荣良　吴玉玲　徐家安　王友霜　胡婷婷　赵铁鹏

（续表）

作物种类	品种名称	品种权号	完成人员
两系杂交中籼稻	Y 两优 59	CNA20160631.5	周兴根 高修桦 黄忠勤 丁震乾 王　波 常　勇 孙克新 李玉静 王　建 李小珊 邱　涛
棉花 1	徐棉 21 号	CNA20120541.8	李卫华 胡新燕 张正敏 冯　营 王阶祥 孙亚伟
大豆	徐豆 11	CNA20100161.9	王宗标 王　幸 张祖明
大豆	徐豆 13	CNA20070107.X	王宗标 张祖明 王　幸 孙　石
大豆	徐豆 15	CNA20080506.1	王宗标 王　幸 张祖明
大豆	徐豆 16	CNA20090210.3	王宗标 王　幸 张祖明
大豆	徐豆 17	CNA20090211.2	王宗标 王　幸 张祖明
大豆	徐豆 18	CNA20110290.2	王宗标 王　幸 张祖明
大豆	徐豆 20	CNA20150431.8	王　幸 王宗标 张祖明 徐泽俊 齐玉军 王晓军 孙东雷
大豆	徐豆 21	CNA20150418.5	王宗标 王　幸 张祖明 徐泽俊 齐玉军 王晓军 孙东雷
大豆	徐豆 22	CNA20160517.4	王　幸 王宗标 徐泽俊 齐玉军 孙东雷
大豆	徐豆 23	CNA20171107.7	王　幸 王宗标 徐泽俊 齐玉军
大豆	徐豆 24	CNA20191000507	王　幸 王宗标 徐泽俊 齐玉军 邢兴华
花生	徐花 13 号	CNA20090927.7	张祖明 王宗标 王　幸
花生	徐花 18 号	CNA20151629.8	王晓军 孙东雷 卞能飞 王　幸 徐泽俊 齐玉军
甘薯	薯绿 1 号	CNA20100663.2	曹清河 李　强 季志仙 王　欣 李洪民 谢逸萍 唐　君 唐忠厚 后　猛 赵冬兰 周志林
甘薯	徐新薯 2 号	CNA20191004359	周志林 唐　君 曹清河 赵冬兰 刘恩良 张　安 金　平 戴习彬
甘薯	徐渝薯 35	CNA20161601.9	李　强 王　欣 张允刚 后　猛 傅玉凡 唐　维 刘亚菊 闫　会 杨春贤 曹清河 李秀英 马代夫
甘薯	徐紫薯 3 号	CNA20110306.4	李　强 王　欣 张允刚 马代夫 李洪民 谢逸萍 曹清河 后　猛 唐忠厚 唐　维 李秀英
甘薯	徐紫薯 6 号	CNA20161604.6	李　强 王　欣 张允刚 后　猛 傅玉凡 唐　维 刘亚菊 闫　会 杨春贤 曹清河 李秀英 马代夫
甘薯	徐紫薯 4 号	CNA20140411.3	李　强 王　欣 张允刚 马代夫 李洪民 谢逸萍 曹清河 后　猛 唐　维 李秀英
甘薯	徐薯 25	CNA20080178.3	李秀英 马代夫 李洪民 李　强 谢逸萍 王　欣 马　飞

注：共计39个，其中小麦9个，水稻9个，棉花1个，大豆11个，花生2个，甘薯7个。

附录五 授权专利

2011—2020 年徐州农科所获得授权专利统计详见附表 5-1。

附表 5-1 2011—2020 年徐州农科所获得授权专利统计

授权时间	专利名称	专利号	专利类型	完成人员
2016 年 2 月 23 日	甘薯菜用茎尖栽培方法	10-1598515	国际发明	徐 飞 袁 起 王庆美 曹清河 李洪民 李 勇
2018 年 6 月 6 日	一种叶菜用甘薯茎叶的保鲜系统及保鲜方法	10-187128	国际发明	徐 飞 李 勇 袁 起 曹清河
2014 年 5 月 21 日	一种提高粳稻花药培养愈伤组织诱导率和绿苗分化率的方法	ZL201310146467.2	发明	胡婷婷等
2012 年 8 月 1 日	山药机械化垄作半套管定向栽培方法	ZL201110028818.0	发明	史新敏 周志林 唐忠厚 孙 健
2013 年 3 月 20 日	紫山药高温愈合保存方法	ZL201110264741.7	发明	史新敏 李洪民 张爱君 唐忠厚
2013 年 4 月 17 日	紫山药茎叶双叶节扦插快繁方法	ZL201110264725.8	发明	史新敏 周志林 唐忠厚 孙 健
2013 年 6 月 5 日	徐农紫山药大垄双行全程机械化栽培方法	ZL201210068516.0	发明	史新敏 李洪民 张爱君 唐忠厚 魏 猛 陈晓光
2014 年 9 月 10 日	黄淮地区黑小麦和紫山药一年两熟制高效种植模式	ZL201310396443.2	发明	史新敏 李洪民 张爱君 唐忠厚 魏 猛 陈晓光 靳 容
2014 年 10 月 15 日	健康紫山药微型薯三段式繁育方法	ZL201310429275.2	发明	史新敏 李洪民 张爱君 唐忠厚 魏 猛 陈晓光 靳 容
2015 年 7 月 8 日	不需搭建山药支架的山药栽培方法	ZL201410105744.X	发明	史新敏 李洪民 张爱君 唐忠厚 魏 猛 陈晓光 靳 容
2016 年 8 月 31 日	一种基于机械化修剪架式的葡萄篱架	ZL201410530399.4	发明	杨 峰 赵 林 樊继德 陆信娟 李 勇

（续表）

授权时间	专利名称	专利号	专利类型	完成人员
2017 年 11 月 14 日	矮化密植栽培仁果类果树断枝的方法	ZL201510691507.0	发明	赵　林　杨　峰　樊继德　李刚波　张　婷　陆信娟　李　勇
2019 年 5 月 21 日	一种苹果矮化自根砧大苗穗砧一体繁育的方法	ZL201611015875.4	发明	赵　林　樊继德　张　梅　李刚波　张　婷　陆信娟　李　勇　杨　峰
2020 年 5 月 19 日	一种羊肚菌菌种分离方法	ZL2018.1.0540704.6	发明	李　勇　史新敏　樊继德　李刚波　赵　林　张　婷
2019 年 5 月 21 日	一种苹果矮化自根砧大苗穗砧一体繁育的方法	ZL201611015875.4	发明	赵　林　樊继德　张　梅　李刚波　张　婷　陆信娟　李　勇　杨　峰
2016 年 8 月 31 日	一种基于机械化修剪架式的葡萄篱架	ZL201410530399.4	发明	杨　峰　赵　林　樊继德　陆信娟　李　勇
2017 年 11 月 14 日	矮化密植栽培仁果类果树断枝的方法	ZL201510691507.0	发明	赵　林　杨　峰　樊继德　李刚波　张　婷　陆信娟　李　勇
2019 年 5 月 21 日	一种苹果矮化自根砧大苗穗砧一体繁育的方法	ZL201611015875.4	发明	赵　林　樊继德　张　梅　李刚波　张　婷　陆信娟　李　勇　杨　峰
2012 年 1 月	一种甘薯远缘杂交育种方法	ZL200910213285.6	发明	曹清河　马代夫　李　强　李秀英　王　欣　后　猛
2013 年 5 月	一种适宜弱再生基因型甘薯茎尖培养植株再生的方法	ZL 201210032809.3	发明	周志林　唐　君　曹清河　赵冬兰　项彩云　孙书军
2017 年 1 月	室内辅助鉴定甘薯耐旱性的方法	ZL 201410439300.X	发明	周志林　唐　君　曹清河　赵冬兰　张　安　孙书军　项彩云

（续表）

授权时间	专利名称	专利号	专利类型	完成人员
2020 年 7 月	一种甘薯田间耐旱鉴定方法	ZL201710219292.1	发明	周志林　唐　君　曹清河　赵冬兰　张　安　孙书军　项彩云
2011 年	甘薯丛生芽诱导的培养基	ZL200710132600.3	发明	张允刚　唐　君　赵冬兰
2011 年	大蒜试管多头蒜诱导的培养基	ZL200710132599.4	发明	张允刚　陈　萍　唐　君　赵冬兰
2011 年 5 月 24 日	一种甘薯胚性愈伤长期增殖保存的方法	ZL201110146697.X	发明	王　欣　李　强　马代夫　李秀英　谢逸萍
2017 年 9 月 15 日	一种甘薯实生种子快速育苗的方法	ZL201510435263.X	发明	王　欣　李　强　张允刚　马代夫　郑元林　刘亚菊　闫　会　张瑞英　刘　霞
2019 年 1 月 4 日	一种提高甘薯自交结实率的方法	ZL201610150778.X	发明	后　猛　李　强　张允刚　马代夫　李宗芸　刘亚菊　王　欣　唐　维　闫　会
2019 年	一种 IbGI 蛋白、编码基因、重组载体与应用及其培育转基因植物的方法	ZL 201610383436.2	发明	唐　维
2020 年	一种甘薯 GIGANTEA 基因启动子、表达盒、重组表达载体及其应用	ZL201710929353.3	发明	唐　维　李　强　张允刚　后　猛　刘亚菊　王　欣　闫　会
2013 年	徐农紫山药大垄双行全程机械化栽培方法	ZL 2012 1 0068516.0	发明	史新敏　李洪民　张爱君　唐忠厚　魏　猛　陈晓光
2015 年	一种测算薯块干物率的简捷方法	ZL 2012 1 0480351.8	发明	张爱君　李洪民　史新敏　唐忠厚　魏　猛　陈晓光
2015 年	一种延长薯苗贮运保鲜期的方法	ZL 2013 1 0294824.X	发明	张爱君　李洪民　史新敏　唐忠厚　魏　猛　陈晓光

（续表）

授权时间	专利名称	专利号	专利类型	完成人员
2015 年	一种甘薯专用复混肥及其制备方法	ZL 2013 1 0304370.X	发明	陈晓光 张晓东 后 猛 李洪民 张爱君 史新敏 唐忠厚 魏 猛
2015 年	冬季大棚茎尖菜用甘薯水培营养液配方及其使用方法	ZL 2014 1 0051829.4	发明	史新敏 唐忠厚 李洪民 张爱君 魏 猛 陈晓光 靳 容
2018 年	一种甘薯立体育苗方法	ZL 2016 1 0067103.9	发明	唐忠厚 张爱君 李洪民 史新敏 魏 猛 陈晓光 靳 容 张立平
2018 年	一种提高鲜食紫甘薯食味品质与商品性的栽培方法	ZL 2016 1 0168308.6	发明	唐忠厚 张爱君 李洪民 史新敏 魏 猛 陈晓光 靳 容 张立平
2013 年 4 月 17 日	一种甘薯病毒病血清检测取样方法	ZL 2011 1 0210962.6	发明	谢逸萍 孙厚俊 王 欣 赵永强 邢继英 陈晓宇
2013 年 6 月 12 日	一种甘薯黑斑病苗期抗性鉴定方法	ZL 2012 1 0095052.2	发明	孙厚俊 谢逸萍 赵永强 徐 振 杨冬静 张成玲
2014 年 8 月 6 日	甘薯软腐病抗性鉴定方法	ZL 2013 1 0285482.5	发明	杨冬静 谢逸萍 孙厚俊 赵永强 徐 振 张成玲 王 波
2015 年 6 月 7 日	甘薯近缘野生种抗茎线虫病鉴定方法	ZL2014 1 0058578.2	发明	徐 振 谢逸萍 赵永强 曹清河 孙厚俊 唐 君 杨冬静 张成玲 魏 猛
2017 年 7 月 14 日	甘薯黑痣病抗性鉴定方法	ZL201510406695.8	发明	张成玲 谢逸萍 孙厚俊 赵永强 徐 振 杨冬静
2017 年 12 月 28 日	甘薯褐斑病抗性鉴定方法	ZL201510450340.9	发明	赵永强 谢逸萍 杨冬静 孙厚俊 张成玲 徐 振

（续表）

授权时间	专利名称	专利号	专利类型	完成人员
2019 年 5 月 3 日	一种抗 SPVD 病毒病甘薯品种的选育方法	ZL 201710661599.7	发明	谢逸萍　孙厚俊　王　欣　徐　振　张成玲　杨冬静　赵永强　谢睿寰　孙明芳
2020 年 3 月 10 日	一种植物组织中马铃薯腐烂茎线虫的分离方法	ZL 2017 1 1229244.7	发明	徐　振　谢逸萍　孙厚俊　张成玲　杨冬静　赵永强　孙　杨　孙明芳　张　梅　孙厚浩
2011 年 9 月 28 日	薯糕系列食品生产方法	ZL200810140998.X	发明	徐　飞　张爱君
2013 年 7 月 17 日	果蔬真空膨化机	ZL201210295949X	发明	徐　飞　钮福祥　岳瑞雪　孙　健　朱　红
2015 年 1 月 7 日	一种以红薯为原料的高浓度酒精的生产方法	ZL201310003120.2	发明	岳瑞雪　孙　健　钮福祥　徐　飞　朱　红
2015 年 2 月 18 日	一种多联立式真空油炸机	ZL201410416946.6	发明	徐　飞　袁　起　李　勇
2013 年 10 月 23 日	真空膨化果蔬粒或片的方法	ZL201210295974.8	发明	徐　飞　钮福祥　孙　健　岳瑞雪　朱　红
2015 年 4 月 8 日	即食低温脱水五彩花生的生产方法	ZL201310429014.0	发明	孙　健　钮福祥　徐　飞　岳瑞雪　张　毅　朱　红
2015 年 5 月 20 日	甘薯茎尖栽培方法	ZL201310394267.9	发明	徐　飞　袁　起　曹清河　李　勇
2016 年 1 月 20 日	甘薯定穴栽培浇水器	ZL201310522948.9	发明	徐　飞　袁　起　李　勇　曹清河
2017 年 7 月 11 日	一种多联卧立式真空油炸机	ZL201410416822.8	发明	徐　飞　袁　起　李　勇
2020 年 5 月 1 日	紫甘薯中花青素膳食纤维及淀粉的同步制备方法	ZL201710878287.1	发明	孙　健　钮福祥　徐　飞　朱　红　岳瑞雪　张　毅　王洪云　张文婷

（续表）

授权时间	专利名称	专利号	专利类型	完成人员
2020 年 8 月 4 日	一种紫薯花青素饮料的制备方法	Zl201710632267.6	发明	徐　飞　钮福祥　朱　红　孙　健　岳瑞雪　张　毅　张文婷
2015 年 6 月 17 日	甘薯近缘野生种抗茎线虫病抗性鉴定方法	ZL201410058578.2	发明	徐　振　谢逸萍　赵永强　曹清河　孙厚俊　唐　君　杨冬静　张成玲　魏　猛
2020 年 3 月 10 日	一种植物组织中马铃薯腐烂茎线虫的分离方法	ZL201711229244.7	发明	徐　振　谢逸萍　孙厚俊　张成玲　杨冬静　赵永强　孙　扬　孙明芳　张　梅　孙厚浩
2020 年 12 月 29 日	快速分离稻瘟病菌单孢菌株的装置	ZL202020572216.6	实用新型	何弯弯　王健康　丁成伟　郭荣良　吴玉玲　徐家安　王友霜　胡婷婷　赵轶鹏
2019 年	一种新型农业脱粒机用搅拌箱结构	ZL 201920585431.7	实用新型	邢兴华　王　幸　徐泽俊　齐玉军
2020 年	一种新型播种机计数装置	ZL 201920585432.1	实用新型	邢兴华　王　幸　徐泽俊　齐玉军
2020 年	一种新型农业脱粒机	ZL 201920585429.X	实用新型	邢兴华　王　幸　徐泽俊　齐玉军
2012 年 10 月 31 日	一种菌—蔬共作日光温室	ZL201220090226.1	实用新型	杨　峰　李　勇　樊继德　陆信娟　孙近友　张玉娇　赵　林
2013 年 6 月 19 日	双管高压山药收获水枪	ZL201320010434.0	实用新型	史新敏　李洪民　张爱君　唐忠厚　魏　猛　陈晓光
2013 年 11 月 6 日	可调节式水平棚架	ZL201320108636.9	实用新型	杨　峰　赵　林　樊继德　张玉娇　陆信娟　李　勇
2014 年 5 月 28 日	一种新型植物根系体积测定仪	ZL201320676815.2	实用新型	赵　林　杨　峰　樊继德　陆信娟　李　勇

（续表）

授权时间	专利名称	专利号	专利类型	完成人员
2014 年 7 月 2 日	双人轮式强力吸虫机	ZL201420015218.X	实用新型	史新敏　唐忠厚　魏　猛　陈晓光　靳　容
2014 年 12 月 17 日	季节性移动组合式垄作蔬菜大棚	ZL201420468694.7	实用新型	史新敏　孙近友　李洪民　张爱君　唐忠厚　魏　猛　陈晓光　靳　容
2015 年 11 月 11 日	一种改良式苹果篱式架	ZL201520444930.6	实用新型	赵　林　杨　峰　樊继德　陆信娟　李　勇
2015 年 6 月 17 日	一种山药去毛器	ZL201520040436.3	实用新型	史新敏　杨　峰　孙近友　樊继德　陆信娟　李　勇　赵　林
2015 年 11 月 4 日	一种移动组合式山药网架	ZL201520450960.8	实用新型	史新敏　杨　峰　孙近友　樊继德　陆信娟　李　勇　赵　林　李刚波
2016 年 7 月 27 日	便携式膜下移栽器	ZL201620191678.7	实用新型	史新敏　杨　峰　孙近友　樊继德　陆信娟　李　勇　赵　林　李刚波　张　婷
2016 年 11 月 16 日	触地式定向喷雾罩	ZL201620568128.2	实用新型	史新敏　杨　峰　樊继德　陆信娟　李　勇　赵　林　李刚波　张　婷
2016 年 12 月 21 日	波浪式山药网架	ZL201620705235.5	实用新型	史新敏　杨　峰　樊继德　陆信娟　李　勇　赵　林　李刚波　张　婷
2017 年 5 月 17 日	山药浅生槽栽培定向器	ZL201621212456.5	实用新型	史新敏　李　勇　杨　峰　樊继德　陆信娟　赵　林　李刚波　张　婷　刘灿玉
2017 年 11 月 1 日	组合式可调葡萄双十字“V”形架	ZL201720450830.3	实用新型	赵　林　张　梅　樊继德　李刚波　张　婷　陆信娟　李　勇

（续表）

授权时间	专利名称	专利号	专利类型	完成人员
2017 年 11 月 13 日	快速组合式矮化苗圃篱式架	ZL201720590920.2	实用新型	赵　林　张　梅 李刚波　张　婷 樊继德　陆新娟 李　勇
2018 年 3 月 13 日	一种加长型山药间苗剪刀	ZL201721092484.2	实用新型	史新敏　李　勇 杨　峰　樊继德 陆信娟　赵　林 李刚波　张　婷 刘灿玉　赵永强
2020 年 1 月 7 日	山药双定向栽培螺旋深松机	ZL201920381480.9	实用新型	史新敏　樊继德 史名君　杨　慧 李　勇　曹清河 杨　峰
2013 年 11 月 6 日	可调节式水平棚架	ZL201320108636.9	实用新型	杨　峰　赵　林 樊继德　张玉娇 陆信娟　李　勇
2014 年 5 月 28 日	一种新型植物根系体积测定仪	ZL201320676815.2	实用新型	赵　林　杨　峰 樊继德　陆信娟 李　勇
2015 年 11 月 11 日	一种改良式苹果篱式架	ZL201520444930.6	实用新型	赵　林　杨　峰 樊继德　陆信娟 李　勇
2017 年 12 月 5 日	组合式可调葡萄双十字“V”形架	ZL201720450830.3	实用新型	赵　林　张　梅 李刚波　樊继德 陆信娟　张　婷
2018 年 1 月 5 日	快速组合式矮化苗圃篱式架	ZL201720590920.2	实用新型	赵　林　张　梅 李刚波　张　婷 樊继德　陆信娟 李　勇
2020 年 3 月 11 日	抑草防护树桶	ZL201920740251.1	实用新型	赵　林　李刚波 张　婷　杨　峰 樊继德　陆信娟 李　勇
2020 年 6 月 12 日	一种轻简型梨树棚架	ZL201921043857.6	实用新型	李刚波　李　勇 赵　林　张　婷 樊继德　杨　峰
2014 年	季节性移动组合式垄作蔬菜大棚	ZL 2014 2 0468694.7	实用新型	史新敏　孙近友 李洪民　张爱君 唐忠厚　魏　猛 陈晓光　靳　容

（续表）

授权时间	专利名称	专利号	专利类型	完成人员
2014 年	双人轮式强力吸虫机	ZL 2014 2 0015258.X	实用新型	史新敏　唐忠厚 魏　猛　陈晓光 靳　容
2016 年	甘薯越冬贮藏大棚	ZL 2016 2 0051878.2	实用新型	李洪民　唐忠厚 张爱君　魏　猛 陈晓光　靳　容 张立平
2017 年	植物水培装置	ZL 2017 2 0438452.7	实用新型	唐忠厚　李洪民 张爱君　陈晓光 靳　容　刘明 张立平
2017 年	灭虫灯	ZL 2017 2 0448999.5	实用新型	李洪民　唐忠厚 张爱君　陈晓光 靳　容　刘明 张立平
2019 年	一种在甘薯田养鸡的生态型种养系统	ZL 2018 2 1023787.3	实用新型	刘　明　靳　容 李洪民　唐忠厚 张爱君　陈晓光 张立平
2011 年 1 月 26 日	薯枣成形器	ZL201020264881.5	实用新型	徐　飞　朱　红 孙　健　岳瑞雪
2013 年 7 月 24 日	两段式薯条成形机	ZL201320094229.7	实用新型	徐　飞　钮福祥 孙　健　岳瑞雪 朱　红
2014 年 2 月 26 日	甘薯茎尖栽培盒	ZL201320543933.6	实用新型	徐　飞　袁　起 李　勇　曹清河
2014 年 2 月 26 日	甘薯茎尖家庭栽培盒	ZL201320543515.7	实用新型	徐　飞　袁　起 李　勇　曹清河
2014 年 6 月 20 日	风冷式真空干燥平衡机	ZL201420110719.6	实用新型	徐　飞　袁　起 李　勇　曹清河
2015 年 2 月 18 日	真空油炸锅	ZL201420476532.8	实用新型	徐　飞　袁　起 李　勇
2015 年 3 月 11 日	薯条成形器	Zl201420626626.9	实用新型	徐　飞　钮福祥 朱　红　孙　健 岳瑞雪　张　毅
2015 年 8 月 5 日	一种用于提取甘薯及薯渣中膳食纤维的设备	ZL201520156356.4	实用新型	孙　健　王洪云 岳瑞雪　钮福祥 徐　飞　朱　红 张　毅

（续表）

授权时间	专利名称	专利号	专利类型	完成人员
2015年10月14日	一种紫甘薯花青素含片生产设备	ZL201520374696.4	实用新型	王洪云 孙 健 朱 红 钮福祥 徐 飞 岳瑞雪 张 毅
2016年4月6日	一种真空油炸蒜片生产设备	ZL201520897385.6	实用新型	孙 健 钮福祥 朱 红 徐 飞 岳瑞雪 张 毅
2020年6月23日	一种全甘薯月饼生产设备	ZL201921697072.0	实用新型	孙 健 朱 红 钮福祥 徐 飞 王洪云 岳瑞雪 张 毅 张文婷
2020年6月23日	一种高纤紫甘薯脆饼的加工设备	ZL201921725123.6	实用新型	孙 健 钮福祥 朱 红 张 毅 徐 飞 王洪云 岳瑞雪 张文婷
2016年4月20日	标贴（徐农二紫馋）	ZL201530465096.4	外观设计	史新敏 杨 峰 孙近友 樊继德 陆信娟 李 勇 赵 林 李刚波 张 婷
2011年12月7日	包装盒（山药大全）	ZL201130253261.1	外观设计	史新敏 李洪民 张爱君 唐忠厚
2012年1月25日	标贴（徐农紫药）	ZL201130351511.5	外观设计	史新敏 李洪民 张爱君 唐忠厚

注：共计获得专利106件，其中国际发明2件、国家发明55件；实用新型46件，外观设计3件。

附录六 制定标准

2011—2020 年徐州农科所制定发布标准统计详见附表 6-1。

附表 6-1 2011—2020 年徐州农科所制定发布标准统计

标准名称	标准类型	标准号	起草单位	主要起草人	发布日期	实施日期
农作物优异种质资源评价规范甘薯	农业行业标准	NY/T 2176—2012	中国农业科学院茶叶研究所、广东省农业科学院作物研究所、江苏徐淮地区徐州农业科学研究所	房伯平 唐君 张雄坚 江用文 陈景益 李育军 曹清河 黄立飞 赵冬兰 王章英 罗忠霞 周志林	2012 年 6 月 6 日	2012 年 9 月 1 日
甘薯种质资源描述规范	农业行业标准	NY/T 2939—2016	江苏徐淮地区徐州农业科学研究所，中国农业科学院茶叶研究所，广东省农业科学院作物研究所	赵冬兰 唐君 曹清河 周志林 张安	2016 年 10 月 26 日	2017 年 4 月 1 日
甘薯脱毒种薯（苗）检测技术规程	农业行业标准	NY/T 402—2016	江苏徐淮地区徐州农业科学研究所	谢逸萍 张振臣 孙厚俊 乔奇 张成玲 秦艳红 赵永强 张德胜 徐振 王爽 杨冬静	2016 年 11 月 1 日	2017 年 4 月 1 日
甘薯茎线虫病综合防治技术规程	农业行业标准	NY/T 2992—2016	江苏徐淮地区徐州农业科学研究所	谢逸萍 孙厚俊 徐振 杨冬静 张成玲 赵永强 孙明芳 孙杨	2016 年 11 月 1 日	2017 年 4 月 1 日
甘薯脱毒种薯（苗）生产技术规程	农业行业标准	NY/T 3537—2020	江苏徐淮地区徐州农业科学研究所	孙厚俊 鄂文弟 贺娟 张振臣 谢逸萍 李荣德 王庆美 谢睿寰 张成玲 乔奇 杨冬静 马居奎 王欣 孙井康 储凤丽 张梅 董玲霞 侯夫云	2020 年 3 月 20 日	2020 年 7 月 1 日
甘薯主要病虫害综合防治技术规程	农业行业标准	NY/T 3536—2020	江苏徐淮地区徐州农业科学研究所	谢逸萍 贺娟 鄂文弟 张振臣 吕修涛 陈书龙 邱思鑫 孙厚俊 王容燕 秦艳红 刘中华 张成玲 杨冬静 马居奎 王欣 谢睿寰 高波 王永江 张鸿 王文静	2020 年 3 月 20 日	2020 年 7 月 1 日

（续表）

标准名称	标准类型	标准号	起草单位	主要起草人	发布日期	实施日期
植物品种特异性、一致性和稳定性测试指南 甘薯	国家标准	GB/T 19557.32—2018	江苏徐淮地区徐州农业科学研究所	马代夫 李强 张继红 李秀英 张允刚 闫会 李洪民 谢逸萍 马飞 沈奇 王艳平 王显生 李华勇	2018年5月14日	2018年12月1日
大蒜脱毒快繁技术规程	江苏省地方标准	DB 32/T 2827—2015	江苏徐淮地区徐州农业科学研究所	杨峰 陆信娟 樊继德 张允刚 李勇	2015年10月20	2015年12月20日
大樱桃提早栽培技术规程	江苏省地方标准	DB 32/T 2826—2015	江苏徐淮地区徐州农业科学研究所	杨峰 赵林 樊继德 陆信娟 李勇	2015年10月20日	2015年12月20日
甘薯 徐薯28生产技术规程	江苏省地方标准	DB 32/T 3206—2017	江苏徐淮地区徐州农业科学研究所	李强 张允刚 马代夫 刘亚菊 王欣 后猛 唐维 闫会	2017年5月5日	2017年6月5日
甘薯 徐紫薯3号生产技术规程	江苏省地方标准	DB 32/T 3207—2017	江苏徐淮地区徐州农业科学研究所	李强 王欣 张允刚 马代夫 刘亚菊 后猛 唐维 闫会	2017年5月5日	2017年6月5日
甘薯主要病虫害防控技术规程	江苏省地方标准	DB 32/T 3208—2017	江苏徐淮地区徐州农业科学研究所	谢逸萍 孙厚俊 赵永强 徐振 杨冬静 张成玲 王波 孙明芳 孙杨	2017年5月5日	2017年6月5日
脱毒甘薯种薯（苗）SPCSV、SPVG、SPLCV监测技术规程	江苏省地方标准	DB 32/T 3209—2017	江苏徐淮地区徐州农业科学研究所	谢逸萍 孙厚俊 张梅 杨冬静 张成玲 赵永强 徐振 孙杨	2017年5月5日	2017年6月5日
大豆标准徐豆20	江苏省地方标准	DB 32/T 3439—2018	江苏徐淮地区徐州农业科学研究所	王幸 王宗标 徐泽俊 齐玉军 邢兴华 王晓军 孙东雷 卞能飞	2018年9月6日	2018年9月30日
食用甘薯栽培技术规程	新疆维吾尔自治区地方标准	DB65/T 4165—2018	江苏徐州甘薯研究中心、新疆农业科学院粮食作物研究所	唐君 刘恩良 周志林 金平 曹清河 张安 马福刚 梅宇 陈传信 徐其江 高海峰 赵冬兰 常洪江 李强 聂石辉 吴高明 王仙	2018年12月1日	2019年1月1日
甘薯脱毒试管苗培养及快繁技术	新疆维吾尔自治区地方标准	DB65/T 4164—2018	江苏徐州甘薯研究中心、新疆农业科学院粮食作物研究所	周志林 唐君 刘恩良 金平 赵冬兰 徐其江 曹清河 高海峰 张安 聂石辉 陈传信 梅宇 李强 王仙 李琼诗	2018年12月1日	2019年1月1日
甘薯滴灌栽培技术规程	新疆维吾尔自治区地方标准	DB65/T 4163—2018	新疆农业科学院粮食作物研究所、江苏徐州甘薯研究中心	刘恩良 周志林 金平 唐君 梅宇 马福刚 陈传信 聂石辉 徐其江 曹清河 赵冬兰 常洪江 李强 张安 王仙	2018年12月1日	2019年1月1日

（续表）

标准名称	标准类型	标准号	起草单位	主要起草人	发布日期	实施日期
甘薯抗茎线虫病鉴定技术规程	江苏省地方标准	DB32/T 3863—2020	江苏徐州甘薯研究中心	孙厚俊　谢逸萍　张成玲　杨冬静　徐　振　赵永强　马居奎　谢睿寰　唐　伟　孙井康	2020年10月20日	2020年11月13日
江淮分水岭地区鲜食型甘薯轻简化栽培技术规程	滁州市地方标准	DB3411/T 1601—2016	江苏徐淮地区徐州农业科学研究所	唐忠厚	2016年6月1日	2016年7月1日
江淮分水岭地区脱毒种薯（苗）繁育技术规程	滁州市地方标准	DB3411/T 001—2018	江苏徐淮地区徐州农业科学研究所	唐忠厚	2018年1月20日	2018年2月20日

注：共计20项，其中农业行业标准6项，国家标准1项，江苏省地方标准8项，新疆维吾尔自治区3项，滁州市地方标准2项。

附录七 编写专著

一、主编专著

2011—2020 年徐州农科所主编出版专著详见附表 7-1。

附表 7-1 2011—2020 年徐州农科所主编出版专著

出版年份	作者	著作名称	出版社
2012	陈萍，李卫华，承泓良	棉花枯萎病研究	东南大学出版社
2012	张立明，马代夫主编	中国甘薯主要栽培模式	中国农业科学技术出版社

二、参编专著

2011—2020 年徐州农科所参编出版专著详见附表 7-2。

附表 7-2 2011—2020 年徐州农科所参编出版专著

出版年份	作者	著作名称	出版社
2011	冯 营	中国棉花品种动态	中国农业科学技术出版社
2011	张祖明	中国花生遗传育种学	上海科学技术出版社
2011	史新敏，等	百项高效种植新技术（第 2 辑）	科学普及出版社
2011	马代夫，李 强，唐 君，谢逸萍，李秀英	《作物遗传改良》第五篇第一章	中国农业科学技术出版社
2011	马代夫	中国农业产业技术发展报告（2010 年度）	中国农业出版社
2012	李卫华	中国棉花新品种动态 2011 年区试汇总报告	中国农业科学技术出版社
2012	史新敏，等	2012 年农业轻简化实用技术汇编	中国农业出版社
2012	唐 君，曹清河，周志林，赵冬兰，张允刚	中国作物种质资源保护与利用 10 年进展	中国农业出版社
2012	马代夫	中国蔬菜作物图鉴	江苏科学技术出版社
2013	王 静，等	中国冬小麦新品种动态：2011—2012 年国家冬小麦品种区域试验汇总报告	中国农业科学技术出版社
2013	冯 营，李卫华	中国棉花新品种动态 2012 年区试汇总报告	中国农业科学技术出版社
2013	杨 峰，樊继德	葱姜蒜类蔬菜设施栽培	中国农业出版社

（续表）

出版年份	作者	著作名称	出版社
2013	韦本辉，甘秀芹，史新敏，等	中国淮山药栽培	中国农业出版社
2013	史新敏，周志林，唐忠厚	中国淮山药栽培	中国农业出版社
2013	马代夫	中国粮食生产能力提升及战略储备（参编）	黄河出版传媒集团
2013	马代夫	农业工程技术·农产品加工业（参编）	中国农业科学技术出版社
2014	冯国华，陈荣振	小麦高产创建	中国农业出版社
2014	冯　营，李卫华	中国棉花新品种动态 2013 年区试汇总报告	中国农业科学技术出版社
2014	王宗标，王　幸，徐泽俊，齐玉军	黄淮海大豆改良种质	中国农业出版社
2014	王宗标	中国大豆科技工作者	中国农业出版社
2014	唐　君，曹清河，周志林，赵冬兰，张　安	作物种质资源繁殖更新技术规程	中国农业科学技术出版社
2015	陈荣振　张会云	全国小麦高产高效栽培技术规程	山东科学技术出版社
2015	陈荣振	中国小麦产业技术发展报告（2015）	中国农业出版社
2015	冯　营，李卫华	中国棉花新品种动态 2014 年国家棉花区试品种报告	中国农业科学技术出版社
2015	张爱君，魏　猛，李洪民，唐忠厚，史新民，陈晓光	中国土壤肥力演变（第二版）	中国农业科学技术出版社
2015	张爱君，李洪民	中国农田土壤肥力长期试验网络	中国大地出版社
2015	谢逸萍，孙厚俊，赵永强，徐　振，杨冬静	中国农作物病虫害	中国农业出版社
2015	孙近友，等	徐州饮食史话	中国文化出版社
2016	王　静	2014—2015 年度冬小麦国家区试品种报告	中国农业科学技术出版社
2016	陈荣振	中国现代农业可持续发展战略研究——小麦分册	中国农业出版社
2016	冯国华，张会云，等	江苏省淮北地区小麦绿色高产高效技术模式图	中国农业出版社
2016	冯　营，李卫华	2015 年棉花国家区试品种报告	中国农业科学技术出版社
2016	谢逸萍，等	中国植物保护百科全书——甘薯病虫害	中国农业出版社
2016	钮福祥，孙　健，等	作物学学科发展报告	中国科学技术出版社
2017	冯　营，李卫华	2016 年棉花国家区试品种报告	中国农业科学技术出版社
2017	王晓军	高油酸花生	上海科学技术出版社

（续表）

出版年份	作者	著作名称	出版社
2017	杨　峰，樊继德	中国大蒜产业发展研究报告	经济管理出版社
2017	樊继德，杨　峰	设施作物遥感监测机理与应用	中国矿业大学出版社
2018	冯国华	广适性新品种鉴定与评价（2016—2017）	中国农业出版社
2018	刘　超，王健康	中国水稻品种志（江苏篇）	中国农业出版社
2018	王健康	中国水稻新品种试验	中国农业科学技术出版社
2018	冯　营，李卫华	2017 年棉花国家区试品种报告	中国农业科学技术出版社
2018	王　幸，王宗标	中国大豆品种志 2005—2014	中国农业出版社
2018	唐忠厚等	江淮分水岭农事实用旬历手册	江苏凤凰科学技术出版社
2019	冯国华，张会云	广适性小麦新品种鉴定与评价（2017—2018 年度）	中国农业出版社
2019	李卫华	2018 年棉花国家区试品种报告	中国农业科学技术出版社
2019	王　幸	2018 年大豆国家区试品种报告	中国农业科学技术出版社
2019	李　强，王　欣	中国甘薯产业技术创新与发展	中国农业出版社
2019	钮福祥，等	中国甘薯产业技术创新与发展	中国农业出版社
2020	张会云	小麦病虫害绿色防控彩色图谱	中国农业出版社
2020	王晓军，孙东雷，卞能飞	花生优质高效绿色生产技术	江苏凤凰科学技术出版社

注：全所编写出版专著53部，其中主编2部，参编51部。

附录八 发表论文

一、2011—2020 年徐州农科所发表研究论文

2011—2020 年徐州农科所发表研究论文见附表 8-1。

附表 8-1　2011—2020 年徐州农科所发表研究论文

单位篇数	年份	题目	作者	期刊名	卷（期）页码
小麦研究室 22 篇	2011	利用多重 PCR 技术鉴定小麦背景中的 1BL/1RS 易位和 Glu-Dld 基因（英文）	刘东涛，陈荣振，冯国华，刘世来，王来花，李德民，张会云，王静	麦类作物学报	31（4）：582-589
	2011	优质高产早熟小麦新品种——徐麦 31	张会云，陈荣振，冯国华，刘东涛等	麦类作物学报	31（5）：1000
	2013	小麦孢囊线虫病害发生规律、鉴定方法及防控策略综述	黄忠勤，王波，周兴根，冯国华（通信作者）	麦类作物学报	33（1）：200-206
	2013	优质强筋小麦新品种——徐麦 32	刘东涛，陈荣振，冯国华，张会云，李德民，王静	麦类作物学报	33（4）：845
	2013	强筋小麦新品种徐麦 32 特征特性及高产栽培技术	张会云，冯国华，陈荣振，刘东涛，等	江苏农业科学	41（9）：99-101
	2014	砂姜黑土强筋小麦栽培技术模式研究	张会云，等	大麦与谷类科学	4，19-22
	2015	国审小麦新品种徐麦 33 选育与高产栽培技术	冯国华，陈荣振，等	农业科技通讯	1，90-91
	2015	部分小麦品种（系）品质相关基因的分子检测	马红勃，刘东涛，冯国华（通信作者），等	麦类作物学报	35（6）：768-776
	2015	长期定位施肥对不同筋力型小麦品质的影响	贾辉辉，冯国华，刘东涛，等	麦类作物学报	35（6）：850-855
	2015	黄淮麦区部分小麦品种（系）高分子量麦谷蛋白亚基的 SDS-PAGE 和分子标记分析	王静，刘东涛，陈荣振，等	西北农业学报	24（2）：27-32
	2015	高产优质小麦新品种—徐麦 9158	张会云，陈荣振，冯国华，等	麦类作物学报	35（4）：封 3
	2016	半冬性小麦抗赤霉病主效 QTL 近等基因系的构建及其效应分析	马红勃，冯国华，等	江苏省遗传学会学术研讨会	论文摘要 99

（续表）

单位篇数	年份	题目	作者	期刊名	卷（期）页码
小麦研究室22篇	2016	DEVELOPMENT OF WHEAT VARIETIES WITH FUSARIUM HEAD BLIGHT RESISTANCE IN HUANGHUAI WHEAT REGION OF CHINA	Feng Guohua，Liu Dongtao，et al	5th ISFHB：Session 1 - Germplasm development and breeding for scab resistance	13
	2016	长期定位施肥对不同专用型小麦产量及其构成因素的影响	马红勃，冯国华，等	安徽农业科学	32：17-19
	2017	小麦抗叶锈病遗传研究进展	金夏红，冯国华，刘东涛，马红勃，张会云	麦类作物学报	37（4）：504-512
	2018	小麦新品种明麦16选育及绿色高产栽培技术	冯国华，张会云，刘东涛，等	农业科技通讯	1，197-200
	2018	苏北稻麦周年绿色高效栽培关键技术	冯国华，王健康，张会云，等	大麦与谷类科学	35（3）：47-49
	2018	徐麦35丰产稳产性分析及高产高效栽培技术	刘静，张会云，刘东涛，等	农业科技通讯	8，263-268
	2018	小麦新品种江麦23选育及高产高效栽培技术研究	马红勃，张会云，冯国华，等	大麦与谷类科学	35（5）
	2018	高产稳产广适小麦新品种——徐麦35	王静，冯国华，刘东涛，等	麦类作物学报	38（6）：封二
	2019	优质强筋冬小麦新品种——徐麦36	刘东涛，冯国华，张会云，等	麦类作物学报	39（4）：封二
	2019	黄淮麦区小麦抗赤霉病分子育种	刘东涛，冯国华，马红勃，张会云，等	全国小麦抗病抗逆遗传育种研讨会会议摘要集	11：7-8
水稻研究室39篇	2011	杂交粳稻新组合徐68优201的选育与应用	王健康	杂交水稻	26（2）：20-22
	2011	杂交中粳徐2优1号亲本特征特性及其高产制种技术	丁成伟	江苏农业科学	39（3）：118-119
	2011	徐稻5号小麦茬机插高产配套栽培技术	徐家安	上海农业科技	（3）：46-47
	2011	徐州地区水稻直播种植的可行性及其配套栽培技术	徐家安	北方水稻	（2）：45-46

（续表）

单位篇数	年份	题目	作者	期刊名	卷（期）页码
水稻研究室39篇	2011	应用花药培养提纯不育系XG111A和保持系XG111B	胡婷婷	西北农业学报	20（10）：1-5
	2012	三系杂交粳稻新组合徐优502亲本特性及高产制种技术	徐家安	杂交水稻	27（2）：29-32
	2012	三系杂交粳稻天协13亲本的开花习性及高产制种技术要点研究	徐家安	安徽农业科学	40（19）：10054-10058
	2012	三系杂交粳稻8优682亲本生育特性与开花习性研究	徐家安	作物研究	26（5）：456-459
	2012	旱稻徐旱1号的种植表现及直播配套栽培技术	徐家安	江苏农业科学	40（9）：66-67
	2012	徐稻5号麦茬直播优质高产栽培技术	王友霜	现代农业科技	（6）：85-86
	2013	徐稻7号的选育及高产栽培技术	吴玉玲	北方水稻	43（1）：60-61
	2013	杂交中粳稻徐优733高产制种技术	丁成伟	杂交水稻	43（4）：52-53
	2013	克无踪催熟水稻试验研究初探	徐家安	中国稻米	19（1）：78-80
	2013	三系杂交粳稻新组合徐优502亲本特性及高产制种技术	徐家安	江苏种业	（10）：24-27
	2013	“多用途”在水稻生产上的应用效果初探	徐家安	中国稻米	19（S1）：13-14
	2014	杂交中粳徐2优1号亲本特征特性及高产制种技术	丁成伟	江苏种业	（7）：27-28
	2014	杂交中粳徐68优201的高产生理特性及杂种优势表现	郭荣良	杂交水稻	29（4）：63-67
	2014	杂交粳稻种子生产中存在的问题及解决途径	丁成伟	北方水稻	44（4）：53-55
	2014	优质多抗中粳不育系徐91068A的选育	丁成伟	安徽农业科学	42（15）：4610-4611
	2014	粳稻花培植株倍性鉴定方法研究	胡婷婷	分子植物育种	12（3）：537-542

（续表）

单位篇数	年份	题目	作者	期刊名	卷（期）页码
水稻研究室 39 篇	2014	徐 68 优 201 亲本特征特性及高产栽培技术要点	王友霜	北方水稻	4（6）：37-39
	2014	粳稻品种间杂交 F1 代花药培养及后代鉴定评价	胡婷婷	南方农业学报	45（11）：1910-1915
	2015	不同灌溉方式对徐淮稻区麦茬直播稻的影响	徐家安	安徽农业科学	43（26）：33-35
	2015	优质中粳不育系徐 91068A 的选育及高产繁殖技术	吴玉玲	北方水稻	45（1）：55-56
	2015	大气 CO_2 和 O_3 浓度升高对汕优 63 生长动态、物质生产和氮素吸收的影响	赵铁鹏	生态学报	35（24）：1-11
	2015	粳稻花培苗移栽技术及田间管理措施	胡婷婷	江苏农业科学	43（7）：79-81
	2016	中熟中粳品种徐稻 8 号的选育及轻简栽培技术	郭荣良	北方水稻	（5）：45-46
	2016	三系杂交粳稻徐优 733 亲本的开花、结实习性研究	徐家安	北方水稻	（2）：8-12
	2017	农作物杂交育种中亲本优选和组配研究的进展与动向	胡婷婷	江西农业学报	29（6）：20-24
	2017	Effect of Seedling Raising Methods on Leaf Photosynthesis and Grain Yield of Mechanically-thansplanted Japonica Rice	赵铁鹏	Agricultural Science & Technology	18（11）：2057-2061，2063
	2017	不同机插育秧方式对淮北地区麦秸还田下水稻产量的影响	赵铁鹏	江苏农业科学	45（24）：55-58
	2017	臭氧胁迫对不同敏感型水稻叶片伤害的比较研究	赵铁鹏	中国水稻科学	31（2）：175-184
	2017	优良食味粳稻新品种徐稻 9 号的选育及高产栽培技术	吴玉玲	北方水稻	47（6）：5-6
	2018	优质高产中熟中粳稻徐稻 9 号的选育及栽培技术	丁成伟	北方水稻	48（1）：52-53
	2018	不同机插育秧方式对麦秸还田水稻花后光合特性的影响	赵铁鹏	江苏农业科学	46（13）：78-82
	2018	植物体可溶性糖测定方法的优化	赵铁鹏	安徽农业科学	46（4）：184-185

（续表）

单位篇数	年份	题目	作者	期刊名	卷（期）页码
水稻研究室 39 篇	2018	OsNDUFA9 encoding a mitochondrial is complex I subunit essential for embryo development and starch synthesis in rice	Hu Tingting	Plant Cell Reports	37（12）：1667-1679
	2019	播期和品种不同对淮北地区水稻产量及品质的影响	赵轶鹏	安徽农业科学	47（9）：38-41、54
	2019	优质中粳徐稻 10 号的选育及机插高产栽培技术	吴玉玲	中国稻米	25（S1）：62-63
棉花研究室 21 篇	2011	徐淮地区棉花无土育苗裸苗移栽技术应用效果研究	冯营，王阶祥，杨峰，胡新燕，张正敏，孙亚伟，李卫华	现代农业科技	3：57-58
	2011	高产抗病虫棉花新组合徐杂 6 号	李卫华，胡新燕，陈萍，冯营，张正敏，王阶祥	中国棉花	38（1）：28
	2011	脱叶剂对棉花脱叶和吐絮的影响研究	孙亚伟，李卫华，胡新燕，冯营	中国棉花	38（10）：28-29
	2013	高产优质棉花新组合徐杂棉 8 号	李卫华，冯营，胡新燕，孙亚伟	中国棉花	40（10）：29-30
	2013	徐淮地区宜栽苦瓜品种的比较试验	胡新燕，孙亚伟，冯营，李卫华	江苏农业科学	41（8）：162-163
	2013	徐深绿 1 号苦瓜的特征特性及高产栽培技术	胡新燕，孙亚伟，冯营，李卫华	安徽农业科学	41（10）：4293-4294
	2013	不同基因型菊芋品种对盐胁迫的响应	冯营，胡新燕，孙亚伟，王阶祥，李卫华	江西农业学报	25（9）：34-36
	2015	徐淮地区设施苦瓜——辣椒高效种植模式	胡新燕，冯营，孙亚伟，张梅，赵明明，谢明忠，李卫华	江苏农业科学	43（2）：168-170
	2015	不同熟期辣椒果实农艺性状和维生素 C 含量动态变化	冯营，胡新燕，冯清伟，孙亚伟，李卫华	江苏农业科学	43（2）：156-157
	2015	江苏省徐州地区重要出口蔬菜牛蒡研究现状	冯营，胡新燕，孙亚伟，李卫华	园艺与种苗	8：25-27
	2015	高产抗病虫棉花新品种徐棉 266	李卫华，胡新燕，冯营，孙亚伟	中国棉花	42（2）：35
	2016	江苏省马铃薯产业现状、问题及研发对策	孙亚伟，胡新燕，冯营，赵明明，李卫华	安徽农业科学	25：214-215
	2017	不同覆膜方式对棉铃对位叶生理特性及产量的影响	冯营，胡新燕，孙亚伟，赵明明，张文静，李卫华	江西农业学报	29（9）：15-18

（续表）

单位篇数	年份	题目	作者	期刊名	卷（期）页码
棉花研究室21篇	2017	徐淮地区马铃薯－棉花间套高效种植模式	赵明明，胡新燕，冯营，孙亚伟，李卫华	棉花科学	39（4）：43-45
	2017	徐淮地区适合机收夏播早熟棉的轻简栽培技术	李卫华，胡新燕，冯营，孙亚伟，赵明明	棉花科学	39（5）：45-47
	2018	种植密度对徐淮地区牛蒡产量与品质的影响	冯营，胡新燕，孙亚伟，赵明明，李卫华	安徽农业科学	46（10）：66-67
	2018	徐淮地区棉花大蒜套种高效种植模式	赵明明，孙亚伟，冯营，胡新燕，李卫华	棉花科学	40（3）：48-49
	2018	江苏省春播马铃薯品种引种比较试验	孙亚伟，赵明明，冯营，胡新燕，李卫华	安徽农业科学	46（28）：45-47
	2018	徐淮地区种植密度对短季棉产量及品质的影响	冯营，胡新燕，孙亚伟，赵明明，李卫华	安徽农业科学	46（31）：17-18，22
	2019	徐棉266高产栽培技术	赵明明，孙亚伟，胡新燕，冯营，李卫华	中国棉花	46（3）：39-41
	2019	全精控的浓度对蒜后直播棉生长及产量品质的影响	孙亚伟，赵明明，胡新燕，冯营，李卫华	棉花科学	41（1）：27-30
油料研究室大豆15篇	2011	大豆新品种徐豆16的选育和栽培技术	王幸，王宗标，徐泽俊	大豆科技	6：64-65
	2012	双高大豆品种徐豆15号的选育	王幸，王宗标，张祖明	江苏农业科学	40（2）：77
	2013	高产优质大豆新品种徐豆19的选育与栽培技术	王幸，王宗标，徐泽俊，等	大豆科技	6：45-47
	2013	植物保健剂对大豆产量及农艺性状的影响	王宗标，王幸，徐泽俊，等	江苏农业科学	41（6）：85-86
	2014	保护性耕作研究与应用进展	王幸，王宗标，齐玉军，等	江苏农业科学	42（5）：3-5
	2014	夏大豆新品种徐豆18的选育	王幸，王宗标，徐泽俊，等	大豆科学	33（1）：145-146
	2015	国审夏大豆徐豆20的选育	王幸，王宗标，徐泽俊，等	大豆科技	6：37-40
	2016	麦秸处理和播种方式对夏大豆农艺性状及土壤物理性状的影响	王幸，吴存祥，齐玉军，徐泽俊，等	中国农业科学	49（8）：1453-1465
	2016	夏大豆新品种徐豆21的选育及栽培技术	齐玉军，王宗标，徐泽俊，王幸	大豆科技	（1）：25-27
	2017	耕作方式和秸秆还田对黄淮海夏大豆产量和土壤理化性状的影响	王幸，邢兴华，徐泽俊，等	中国油料作物学报	39（6）：834-841

（续表）

单位篇数	年份	题目	作者	期刊名	卷（期）页码
油料研究室大豆15篇	2018	外源 α-萘乙酸对花期干旱大豆碳代谢的影响	邢兴华，徐泽俊，齐玉军，等	应用生态学报	29（4）：1215-1224
	2018	外源二乙基二硫代氨基甲酸钠对初花期淹水大豆根系氮代谢的影响	邢兴华，方传文，齐玉军，等	中国油料作物学报	40（4）：533-543
	2019	外源二乙基二硫代氨基甲酸钠对花期淹水大豆碳代谢的影响	邢兴华，徐泽俊，齐玉军，等	中国油料作物学报	41（1）：064-074
	2019	外源二乙基二硫代氨基甲酸钠对花期淹水大豆根系抗氧化系统的影响	齐玉军，方传文，邢兴华，等	中国油料作物学报	41（4）：577-587
	2020	Involvement of triadimefon induced early ABA-dependent H_2O_2 accumulation in soybean against water stress	邢兴华，徐泽俊，童飞，齐玉军，孙东雷，卞能飞，王幸	Oil Crop Science	2020，5：41-47
油料研究室花生11篇	2012	高产早熟花生新品种“徐花16号”的选育与应用	王晓军，张祖明，孙东雷，王宗标，王幸，徐泽俊	江苏农业科学	40（12）：126-127
	2013	江苏省花生地方品种农艺性状分析	王晓军，孙东雷，王宗标，王幸，徐泽俊，齐玉军，张祖明	江苏农业科学	41（9）：77-80
	2015	江苏省花生地方品种品质性状分析	王晓军，孙东雷，张祖明，王宗标，王幸，徐泽俊，齐玉军	江苏农业科学	43（10）：116-119
	2015	早熟小果型花生新品种徐花17号的选育及栽培技术	孙东雷，王晓军，卞能飞，张祖明，王宗标，王幸，徐泽俊，齐玉军	安徽农业科学	43（31）：56-57，59
	2017	Metabolic changes of peanut（*Arachis hypogaea* L.）buds in response to low temperature（LT）	X.J. Wang D.L. Sun N.F. Bian Y. Shen Z.M. Zhang X.Wang Z.J. Xu Y.J. Qi	South African Journal of Botany	（111）：341-345
	2017	基于SSR标记的江苏省花生地方品种遗传多样性分析	卞能飞，孙东雷，沈一，黄莉，王幸，徐泽俊，齐玉军，邢兴华，王晓军	中国油料作物学报	39（2）：170-177
	2017	*ahFAD2* 基因在江苏地方花生品种中的分布及其与油酸含量的相关性分析	孙东雷，卞能飞，徐泽俊，齐玉军，邢兴华，王晓军	西南农业学报	30（9）：1940-1946
	2017	花生萌发期耐盐性综合评价及耐盐种质筛选	孙东雷，卞能飞，陈志德，邢兴华，徐泽俊，齐玉军，王晓军，王幸	植物遗传资源学报	18（6）：1080-1088

（续表）

单位篇数	年份	题目	作者	期刊名	卷（期）页码
油料研究室花生11篇	2018	花生种质资源表型性状的综合评价及指标筛选	孙东雷，卞能飞，陈志德，邢兴华，徐泽俊，齐玉军，王幸，王晓军，王伟	植物遗传资源学报	19（5）：865-874
	2018	水稻－花生轮作对不同花生品种生长发育、产量和病虫草害的影响	卞能飞，王晓军，孙东雷，王幸，徐泽俊，齐玉军，邢兴华，俞春涛	江苏农业科学	46（20）：69-71
	2020	iTRAQ-Based Proteomic Reveals Cell Cycle and Translation Regulation Involving in Peanut Buds Cold Stress	X. J. Wang Y. Shen D. L. Sun N. F. Bian P. Shi Z. Zhang Z. Chen Y. H. Liu Y. Shen and X. Wang	Russian Journal of Plant Physiology	67（1）：103-110
园艺研究室77篇	2011	抗番茄黄化曲叶病毒病番茄新品种引种试验	樊继德，等	江西农业学报	8：113-115
	2011	香锦葡萄（暂定名）特性及配套栽培技术	张玉娇，等	落叶果树	（4）：32-34
	2011	江苏省不同类型淮山药种植生产成本和经济效益分析	史新敏，周志林，唐忠厚，孙健	江苏农业科学	39（3）：606-608
	2012	干旱对羊肚菌自然生长的影响	李勇，等	中国食用菌	174（1）：21
	2012	薹蒜主要农艺性状的相关与通径分析	陆信娟，等	江西农业学报	24（3）：30-32
	2012	金帅和嘎啦苹果 ^{60}CO-γ 辐射诱变效应的初步研究	张玉娇，等	江西农业学报	24（5）：76-77
	2012	有机无机肥混施对设施栽培西瓜产量和品质的影响	樊继德，等	中国瓜菜	25（2）：37-38
	2012	徐农紫药高效机械化栽培模式研究	史新敏，等	江苏农业科学	40（4）：387-388
	2012	徐淮地区大樱桃栽培管理技术	赵林，等	林业实用技术	2：20-22
	2012	不同甜樱桃品种果实性状差异性比较	赵林，等	南方农业学报	43（2）：209-212
	2012	徐淮地区甜樱桃早期丰产栽培技术	赵林，等	落叶果树	44（3）：46-47
	2013	徐农紫药全程机械化栽培技术	史新敏	中国西部科技	12（12）：彩3-4
	2013	徐州木耳产业15年回顾及未来发展对策	李勇，杨峰，樊继德，陆信娟	食用菌	205（4）：12-13
	2013	不同施肥方式对黄冠梨果实发育特性及果实品质的影响	赵林，杨峰，张玉娇，樊继德，陆信娟，李勇，王福建	西北农业学报	22（6）：98-101

（续表）

单位篇数	年份	题目	作者	期刊名	卷（期）页码
园艺研究室77篇	2013	不同施肥量对“黄冠”梨果实发育特性及品质的影响	杨峰，赵林，樊继德，张玉娇，陆信娟，李勇	江西农业学报	25（2）：14-16
	2013	高产大蒜新品种“徐蒜 815”	杨峰，陆信娟，樊继德	园艺学报	40（4）：797-798
	2013	大蒜新品种徐蒜 815 栽培技术规程	杨峰，陆信娟，樊继德	安徽农业科学	41（2）：543-544
	2013	大蒜新品种徐蒜 815 栽培技术规程	杨峰，陆信娟，樊继德，赵林，张玉娇，李勇	江苏农业科学	41（5）：136-137
	2014	徐州地区毛木耳丰产栽培技术	李勇，杨峰，樊继德，汪彩云，赵林	中国蔬菜	（3）：85-86
	2014	徐州地区设施番茄和菜用甘薯周年生产技术	樊继德，杨峰，陆信娟，赵林，李勇	北方园艺	（5）：52-53
	2014	徐淮地区甜樱桃春提早优质丰产栽培管理技术	赵林，杨峰	江苏农业科学	42（3）：112-113
	2014	大棚栽培甜樱桃不同品种间部分生理指标差异性研究	赵林，杨峰，樊继德，陆信娟，李勇	北方园艺	21：50-52
	2014	3 种激素处理对大蒜鳞茎性状、产量及保护酶活性的影响	陆信娟，杨峰，樊继德	江西农业学报	26（7）：18-21
	2015	叶枯病对不同抗性大蒜品种防御酶的影响	陆信娟，杨峰，樊继德	江西农业学报	27（7）：84-86
	2015	苏北地区黑小麦和紫山药一年两熟制高效种植模式	史新敏，李洪民，张爱君，唐忠厚，魏猛，陈晓光，靳容	江苏农业科学	43（12）：160-161
	2015	平原地区野生羊肚菌资源保护途径探讨	李勇，杨峰，樊继德	江苏省农委、食用菌协会首届食用菌产业征文优秀论文奖	5
	2015	木耳栽培“徐州模式”及评价	李勇，杨峰，樊继德	江苏省农委、食用菌协会首届食用菌产业征文三等奖	6
	2015	苏北木耳油疤病调查与高效综合防控技术	李勇，汪彩云	江苏省农委、食用菌协会首届食用菌产业征文优秀论文奖	4

（续表）

单位篇数	年份	题目	作者	期刊名	卷（期）页码
园艺研究室77篇	2015	用物联网技术打造江苏食用菌产业“高速路”	李勇，杨峰，樊继德	江苏省农委、食用菌协会首届食用菌产业征文二等奖	4
	2015	毛木耳油疤病、菇蚊发生情况调查与综合防控技术	李勇，汪彩云	江苏省农委、食用菌协会首届食用菌产业优秀论文奖	5
	2016	‘黄冠’梨类甜蛋白编码基因 *PbPR5* 的克隆及其表达特性分析	李刚波，杨峰，赵林，樊继德，李勇，陆信娟，杨艳，王福建	果树学报	33（2）：129-136
	2016	9 种矮化中间砧对苹果长富 2 号幼树叶片光合特性指标的影响	赵林，杨峰，樊继德，李刚波，陆信娟，李勇	落叶果树	48（6）：9-113
	2016	块状紫山药新品种苏蓣 2 号选育及全程机械化栽培技术	史新敏，周志林，唐忠厚，殷剑美，张培通，韩晓勇	农业科技通讯	（7）：235-236
	2016	Breeding and Mechanized Cultivation of the New Bulk Purple Yam Variety Suyu 2	XinminShi Zhilin Zhou ZhonghouTang Jianmei Yin Peitong Zhang Xiaoyong Han	Agricultural Science & Technology	17（5）：1139-1141
	2016	江苏和山东毛木耳油疤病调查与综合防控技术	李勇，杨峰，樊继德，赵林，李刚波	中国食用菌	（5）
	2016	9 种矮化中间砧对苹果长富 2 号幼树叶片特性指标的影响	赵林，杨峰	落叶果树	48（6）：9-11
	2017	追施钾肥对早熟砂梨果实发育特性及品质的影响	李刚波，樊继德，赵林，张婷，张梅，杨艳，杨峰	西南农业学报	31（3）：526-531
	2017	不同纸袋套袋对早熟梨果实生长特性及糖酸的影响	李刚波，赵林，张婷，张梅，杨艳，王福建，杨峰	江西农业学报	30（2）38-41
	2017	不同地膜覆盖对大蒜生长特性及产量的影响	刘灿玉，陆信娟，樊继德，赵永强，杨峰	山东农业大学学报（自然科学版）	
	2017	喷施叶面钾肥对“苏翠 1 号”梨果实生长发育及品质的影响	张梅，李刚波，赵林，张婷，杨艳，王福建，杨峰	江西农业学报	（4）：54-57
	2017	钾肥不同用量对大蒜干重及保护酶活性的影响	陆信娟，杨峰，樊继德	湖南农业科学	（5）：32-35
	2017	木耳栽培“徐州模式”及其评价	李勇，樊继德，张婷	食用菌	
	2017	不同矮化砧对‘烟富 3’新稍生长、矿质元素及光合特性的影响	赵林，张梅，樊继德，李刚波，张婷，杨峰	江苏农业科学	
	2017	大蒜叶枯病田间药剂防治研究	赵永强，等	湖北农业科学	

单位篇数	年份	题目	作者	期刊名	卷（期）页码
园艺研究室77篇	2018	增施钾肥对大蒜生长发育、产量和品质的影响	陆信娟，杨峰，樊继德	山东农业大学学报（自然科学版）	49（3）：484-489
	2018	用主成分分析和隶属函数法综合筛选苹果自根砧嫁接方式	张婷，赵林，樊继德，等	江西农业学报	30（9）：26-30
	2018	套袋微环境特征及其对早熟梨果实品质的影响	李刚波，樊继德，赵林，等	西南农业学报	31（9）：1882-1890
	2018	不同纸袋套袋对早熟梨生长特性及糖酸的影响	李刚波，樊继德，赵林，等	江西农业学报	30（2）：38-41
	2018	追施钾肥对早熟砂梨果实发育特性及品质的影响	李刚波，樊继德，赵林，等	西南农业学报	31（3）：526-531
	2018	五种套袋对早熟梨糖酸和毒死蜱农药残留的影响	李刚波，樊继德，赵林，等	浙江农业学报	30（8）：1363-1368
	2018	不同时期套袋对早熟梨果实品质及有机氯菊酯类农药残留的影响	李刚波，樊继德，赵林，等	西北农业学报	27（2）：220-227
	2018	甘薯黑痣病菌生物学特性研究	赵永强，徐振，杨冬静，孙厚俊，谢逸萍，张成玲	北方农业学报	46（5）：89-92
	2018	不同地膜覆盖对大蒜鳞茎综合品质的影响	刘灿玉，陆新娟，樊继德，等	湖南农业科学	9（396）：24-26
	2018	不同叶面肥配施对大蒜生长发育、产量和品质的影响	陆信娟，杨峰，樊继德	湖南农业科学	（3）：42-44，48
	2018	块状紫山药新品种苏蓣3号的选育	史新敏，李勇，樊继德	蔬菜	（5）：80-82
	2018	紫玉淮山山药浅生带定向结薯栽培技术	史新敏，李勇，樊继德	中国蔬菜	1（6）：94-96
	2018	苹果花粉离体萌发适宜蔗糖浓度的筛选	张婷，赵林，杨峰，等	湖南农业科学	（8）：24-26
	2018	不同苹果品种花粉的生物学特性	张婷，赵林，杨峰，等	江苏农业科学	23（45）：147-149
	2018	4个早熟梨品种在江苏徐州的引种试验	李刚波，樊继德，赵林，等	中国果树	（5）：27-29
	2018	徐淮地区早熟砂梨优质高效避雨栽培技术	李刚波，樊继德，赵林，等	北方园艺	（17）：203-206
	2018	江苏徐州地区早熟梨轻简化高效栽培技术	李刚波，樊继德，赵林，等	北方园艺	（22）：202-204

（续表）

单位篇数	年份	题目	作者	期刊名	卷（期）页码
园艺研究室77篇	2018	毛木耳栽培的“徐州模式”及其评价	李勇，樊继德	食用菌	40（1）：46-48
	2018	不同沼肥用量对苏翠1号梨产量及品质的影响	马宁，樊继德，李刚波，赵林，张婷，杨峰	黑龙江农业科学	（5）：31-33
	2018	紫山药新品种苏蓣3号	史新敏	农村百事通	（22）：24
	2019	徐淮地区避雨栽培对早熟砂梨果实糖积累和营养生长的影响	李刚波，张梅，樊继德，等	浙江农业学报	31（6）：900－907
	2019	不同地膜覆盖对土壤温度及大蒜保护酶活性的影响	陆信娟，刘灿玉，樊继德，赵永强，张碧薇，杨峰	江西农业学报	7：27-31
	2019	苏翠1号梨在不同栽培模式下光能利用及果实品质的比较	张婷，宋庆科，赵林，李刚波，樊继德	江西农业学报	31（10）：52-56
	2019	2种早熟砂梨果实发育过程中糖含量的动态变化研究	李刚波，樊继德，杨峰，等	江西农业学报	31（6）：22-25
	2019	不同地膜覆盖对大蒜生长特性及产量的影响	刘灿玉，陆信娟，樊继德，赵永强，杨峰	山东农业大学学报（自然科学版）	50（1）：92-95
	2019	徐州地区“苏翠1号”梨优质生产关键技术	李刚波，赵林，樊继德，等	中国南方果树	48（4）：19-21
	2019	徐州地区独头蒜品种与播期筛选	陆信娟，杨峰，刘灿玉，赵永强，张碧薇，樊继德	湖南农业科学	7：19-22
	2019	黄淮地区羊肚菌林下机械化轻简化栽培关键技术	李勇，史新敏，樊继德	中国食用菌	38（5）：102-105
	2019	电导率法结合Logistic方程鉴定大蒜品种资源的耐寒性	赵永强，樊继德，杨艳，陆信娟，刘灿玉，张碧薇，杨峰	广西农学报	3：18-20，32
	2019	江苏省大蒜产业发展现状及对策	樊继德，陆信娟，刘灿玉，赵永强，张碧薇，杨峰	长江蔬菜	20：80-82
	2020	叶面施硅对独头蒜生长性状、产量和品质的影响	赵永强，樊继德，陆信娟，刘灿玉，张碧薇，杨峰	北方农业学报	48（1）：61-64
	2020	大蒜有机硫化物提取工艺研究进展	张碧薇，杨峰，樊继德	中国调味品	45（2）：197-200
	2020	江苏省葱蒜类蔬菜产业发展现状及对策建议	樊继德，陆信娟，刘灿玉，赵永强，张碧薇，杨海峰，杨峰	长江蔬菜	8：24-26

（续表）

单位篇数	年份	题目	作者	期刊名	卷（期）页码
果树研究室 5 篇	2019	苏翠 1 号梨在不同栽培模式下光能利用及果实品质的比较	张婷，宋庆科，赵林，等	江西农业学报	31（10）：52-56
	2019	徐州地区“苏翠 1 号”梨优质生产关键技术	李刚波，赵林，樊继德，等	中国南方果树	48（4）：19-21
	2019	2 种早熟砂梨果实发育过程中糖含量的动态变化研究	李刚波，樊继德，杨峰，等	江西农业学报	31（6）：22-25
	2019	徐淮地区避雨栽培对早熟砂梨果实糖积累和营养生长的影响	李刚波，张梅，樊继德，等	浙江农业学报	31（6）：900－907
	2020	大棚栽培对砂梨果实生长发育及品质的影响	李刚波，陈刚，赵林，等	江苏农业科学	48（2）：136-139
甘薯品种资源研究室 41 篇	2011	抗病高干甘薯地方资源的鉴定评价与育种利用	周志林，唐君，曹清河，赵冬兰	植物遗传资源学报	12（5）：727-731
	2011	若干甘薯优良品种脱毒培养研究初报	周志林，唐君，曹清河，赵冬兰	江西农业学报	23（10）：34-35
	2011	甘薯种质资源遗传稳定性及遗传多样性 SSR 分析	赵冬兰，郑立涛，唐君，周志林，曹清河	植物遗传资源学报	12（3）：389-395
	2012	菜用型甘薯不同品种组织培养差异研究	周杰，曹清河	江苏农业科学	40（1）：60-62
	2012	水山药“九斤黄”组织培养及微型块茎诱导	周志林，唐君，曹清河，赵冬兰，史新敏，杨峰	福建农业学报	27（2）：144-148
	2012	中国甘薯种质资源核心种质构建初探	赵冬兰，唐君，曹清河，周志林	江西农业学报	24（10）：36-39
	2013	菜用甘薯新品种“徐菜薯 1 号”的提纯复壮和茎尖产量分析	周杰，曹清河	西南农业学报	26（5）：1779-1782
	2013	引进甘薯种质资源主要品质性状鉴定评价	赵冬兰，唐君，曹清河，周志林，张安	江西农业学报	25（10）：10-12
	2013	菜用型甘薯多酚含量的测定及其基因型差异	曹清河，魏猛，唐君，周志林，赵冬兰，张安，李昂	江西农业学报	25（4）：24-26
	2013	植物细胞壁松弛因子——Expansin 研究进展	张安，曹清河，周志林，等	江苏农业科学	41（6）：11-13
	2013	三浅裂野牵牛（*Ipomoea trifida*）（2X）谷胱甘肽过氧化物酶（GPX）基因的克隆与生物信息学分析	张安，曹清河，赵冬兰，等	分子植物育种（网络版）	11：1082-1088

（续表）

单位篇数	年份	题目	作者	期刊名	卷（期）页码
甘薯品种资源研究室 41 篇	2014	Hydrogen Sulfide Acts as a Fungicide to Alleviate Senescence and Decay in Fresh-cut Sweet Potato	JunTang，Kang-Di Hu，Lan-Yin Hu，Yan-Hong Li，Yong-Sheng Liu.	HORT SCIENCE	49（7）：938-943.
	2014	Ploidy level and molecular phylogenic relationship among novel Ipomoea interspecific hybrids	Qinghe Cao，Jun Tang，YangLi，Wolfgang Gruneberg，KelvinHuamani，Daifu Ma	CzechJ.Genet. Plant Breed	50：32-38
	2014	甘薯近缘种 *Ipomoea trifida*（Kunth）G. Don 基因组 Fosmid 文库构建及 PCR 筛选体系建立	李昂，吴志明，周志林，赵冬兰，张安，马代夫，李亚栋，唐君，曹清河	华北农学报	29（2）：45-50
	2014	甘薯钾素营养及其生理机制研究进展	李元元，李洪民，唐忠厚，唐君，张安，曹清河	江苏农业科学	42（4）：13-15
	2015	甘薯抗旱初步鉴定及渗透胁迫对抗氧化生理指标的影响	周志林，刘恩良，金平，唐君，赵冬兰，曹清河，张安	植物遗传资源学报	16（5）：1128-1134
	2015	油菜素内酯参与调控植物生长发育与抗逆性的机制及其育种应用研究	李元元，曹清河	中国农业科技导报	17（2）：25-32
	2015	中国甘薯地方种质资源遗传多样性分析	赵冬兰，唐君，曹清河，周志林，张安	植物遗传资源学报	16（5）：994-1003
	2015	*Ipomoea trifida*（2X）抗坏血酸过氧化物酶基因的克隆、序列分析和表达分析	张安，曹清河，周志林，等	华北农学报	30（2）：12-16
	2016	不同甘薯品种抗氧化胁迫鉴定及筛选	周志林，张安，唐君，曹清河，赵冬兰，马代夫，李宗芸	西南农业学报	29（7）：1521-1524
	2016	甘薯抗旱鉴定及旱胁迫对甘薯叶片生理特性的影响	周志林，唐君，金平，刘恩良，曹清河，赵冬兰，张安	西南农业学报	29（5）：1052-1056
	2016	PEG-6000 模拟干旱胁迫对甘薯近缘野生种 *Ipomoea trifida*（Kunth）G. Don 幼苗生理生化指标的影响	曹清河，李雪华，戴习彬，唐君，周志林，赵冬兰，张安	西南农业学报	29（11）：2536-2541
	2017	甘薯祖先种三浅裂野牵牛自交不亲和研究进展	张安，戴习彬，周志林，赵冬兰，唐君，曹清河，等	江西农业学报	5（29）：17-21
	2017	NaCl 胁迫对甘薯植株体内 K^+ Na^+ 和 Cl^- 含量及生长的影响	周志林，唐君，曹清河，赵冬兰，张安	中国农业科技导报	19（4）：17-23
	2018	甘薯病毒病对不同基因型甘薯产量和品质的影响	赵冬兰，唐君，张安，周志林，曹清河，戴习彬	江西农业学报	30（11）：66-69

（续表）

单位篇数	年份	题目	作者	期刊名	卷（期）页码
甘薯品种资源研究室41篇	2018	菜用和观赏甘薯种质资源遗传多样性分析	苏一钧，董玲霞，王娇，戴习斌，张安，赵冬兰，周志林，唐君，曹清河	植物遗传资源学报	19（1）：57-64
	2018	303 份甘薯地方种 SSR 遗传多样性与群体结构分析	苏一钧，王娇，唐君，赵冬兰，张安，周志林，曹清河	植物遗传资源学报	19（2）：243-251
	2018	甘薯国外引进种 SSR 遗传多样性分析	苏一钧，王娇，霍凯森，赵路宽，赵冬兰，唐君，陈艳丽，曹清河	江苏农业学报	34（5）：984-997
	2018	Central Role of Adenosine 5′-Phosphosulfate -Reductase in the Control of Plant Hydrogen Sulfide Metabolism	YangFu，JunTang，Gai-Fang-Yao，Zhong-QinHuang，Yan-HongLi，ZhuoHan，Xiao-YanChen，Lan-Ying Hu Kang-Di Hu and Hua Zhang	Frontiers in Plant Science	9：1404
	2018	Genome sequences of two diploid wild relatives of cultivated sweet-potato reveal targets for genetic improvement.	Shan Wu，Kin H. Lau，QingheCao，JohnP.Hamilton，HongheSun，ChenxiZhou，LaurenEserman，DorcusC. Gemenet，BodeA.Olukolu，HaiyanWang，EmilyCrisovan，Grant T.Godden，Chen Jiao，XinWang，MercyKitavi，NormaManrique-Carpintero，BrieanneVaillancourt，Krys-tleWiegert-Rininger，Xinsun Yang，KanBao，Jennifer Schaff，JanKreuze，Wolfgang-Gruneberg，AwaisKhan，MarcGhislain，DaifuMa，JimingJiang，Robert O. M.M-wanga，JimLeebens-Mack，Lachlan J. M. Coin，G. Craig Yencho，C. Robin Buell，Zhangjun Fei	Nature communi-cations	4580，DOI：10.1038/s41467-018-06983-8
	2019	甘薯属耐盐植物马鞍藤基因组大小及特征分析	霍恺森，赵冬兰，陈艳丽，周志林，王珧，唐君，朱国鹏，曹清河	植物遗传资源学报	20（3）：728-735
	2019	中国甘薯登记品种 SSR 标记遗传多样性分析	赵路宽，苏一钧，戴习彬，王珧，袁蕊，周志林，唐君，赵冬兰，曹清河	西北植物学报	39（7）：1212-1220

（续表）

单位篇数	年份	题目	作者	期刊名	卷（期）页码
甘薯品种资源研究室41篇	2019	25份甘薯登记品种基因组大小	苏一钧，王珧，戴习彬，赵路宽，张安，曹清河	江苏师范大学学报	37（3）：31-34
	2019	甘薯叶绿体分离及其DNA提取	成小威，苏一钧，霍恺森，戴习彬，曹清河，唐君	江苏师范大学学报	37（3）：35-38
	2019	Antioxidative capacity is highly associated with the storage property of tuberous roots in different sweet potato cultivars.	Tang J，Wang SQ，Hu KD，Huang ZQ，Li YH，Han Z，Chen XY，Hu LY，Yao GF，Zhang H.	Scientific Reports	9：11141
	2019	不同基因型甘薯的耐瘠性研究	赵冬兰，周志林，唐君，曹清河，张安，戴习彬	江苏农业科学	47（3）：74-77
	2020	淀粉专用型甘薯品质形成规律及其与主要农艺性状的相关性	周志林，唐君，曹清河，赵冬兰，张安	江苏农业学报	36（2）：277-283
	2020	MYB44 competitively inhibits the formation of the MYB340-bHLH2-NAC56 complex to regulate anthocyanin biosynthesis in purple-fleshed sweet potato	Zeng-Zheng Wei，Kang-DiHu，Dong-Lan Zhao，JunTang，Zhong-Qin Huang，PengJin，Yan-Hong Li，Zhuo Han，Lan-Ying Hu，Gai-Fang Yao and HuaZhang	BMC plant biology	DOI：10.21203/rs.2.23574/v1
	2020	Genome-wide analysis of expression quantitativetrait loci（eQTLs）reveals the regulatory architecture of gene expression variation in the storage roots of sweet potato	ZhangLei，YuYicheng.，ShiTianye，Kou Meng，Sun Jian，Xu Tao，Li Qiang，WuSaoyuan，CaoQinghe，HouWenqian，Li Zongyun	Horticulture Research	7：90
	2020	RNA-seq reveals the salt tolerance of *Ipomoea pes-caprae*，a wild relative of sweet potato	LiuYang1，Daixibin1，Zhao Lukuan1，HuoKaiseng，Jin Pengfei，Zhao Donglan，Zhou Zhilin，Tang Jun，Xiao Shizhuo，Cao Qinghe	Journal of plant physiology	255：153276
	2020	影响甘薯种薯安全贮藏的主要因素及防控技术	孙书军，周志林，张安，戴习彬，赵冬兰，唐君	农业开发与装备	6：192-193
甘薯遗传育种研究室80篇	2011	赤霉素在甘薯徐薯23育苗上的应用研究	王欣，李秀英	江苏农业科学	39（5）：117-118
	2011	甘薯*IbSPF1*基因植物表达载体的构建	后猛，郑在哲，安哲汉，郭尚洙，马代夫，李强	分子植物育种（网络版）	9：1597-1602
	2011	甘薯淀粉合成关键酶及其基因结构与功能的研究进展	唐维，李强，张允刚，王欣，后猛，马代夫	分子植物育种（网络版）	9：1479-1485

（续表）

单位篇数	年份	题目	作者	期刊名	卷（期）页码
甘薯遗传育种研究室80篇	2011	甘薯主要经济性状的遗传倾向及其相关性分析	后猛，李强，马代夫，张允刚，王欣，唐维，李秀英	西北农业学报	20（2）：99-103
	2011	盐胁迫对甘薯幼苗生理特性的影响	过晓明，李强，王欣，马代夫	江苏农业科学	3：107- 109
	2011	转逆境诱导型启动子SWPA2驱动Cu/Zn SOD和APX基因甘薯（*Ipomoea batatas*（L.）Lam.）耐盐性	王欣，过晓明，李强，唐忠厚，郭尚洙，马代夫	分子植物育种	9（6）：251-256
	2012	ABA对甘薯体细胞胚分化及再生的影响	闫会，王欣，李强，张允刚，马代夫	江苏农业科学	40（8）：58-59
	2012	Studies on Salt Tolerance of Transgenic Sweetpotato which harbors two Genes Expressing CuZn Superoxide Dismutase and Ascorbate Peroxidase with the Stress-inducible SWPA2 Promoter	Xin Wang，Xiaoming Guo，Qiang Li，Zhonghou Tang，Sangsoo Kwak，Daifu Ma	Plant Gene and Trait	3（2）：6-12
	2012	不同生态环境对甘薯主要品质性状的影响	后猛，李强，唐忠厚，王欣，辛国胜，吴问胜，王良平，张允刚，唐维，李秀英，马代夫	中国农业生态学报	20（9）：1180-1184
	2012	淀粉专用型甘薯新品种徐薯30的选育及栽培要点	王欣，谢逸萍，李强，李洪民，张允刚，后猛，唐维，马代夫	江苏农业科学	12
	2012	甘薯抗逆相关基因的分子克隆	后猛，李强，刘亚菊，张允刚，王欣，唐维，马代夫	分子植物育种（网络版）	10：1297-1304
	2012	甘薯块根特性的生态变异及其与产量和品质的关系	后猛，李强，辛国胜，吴问胜，王良平，张允刚，王欣，唐维，李秀英，马代夫	西北农业学报	21（10）：75-78
	2012	根癌农杆菌介导的甘薯遗传转化影响因素研究进展	闫会，李强	分子植物育种（网络版）	10：1218-1226
	2012	内蒙古达拉特旗地区甘薯适应性研究初探	后猛，张允刚，李强，马玺，杜占春，王欣，唐维，李秀英，马代夫	华北农学报	27卷（增刊）
	2012	中国甘薯产业及产业技术的发展与展望	马代夫，李强，曹清河，钮福祥，谢逸萍，唐君，李洪民	江苏农业学报	28（5）：969-973
	2012	紫心甘薯新品种徐紫薯3号配套高效栽培技术	唐维，李强，张允刚，王欣，后猛，马代夫，李秀英	西北农业学报	21（3）：108-113

（续表）

单位篇数	年份	题目	作者	期刊名	卷（期）页码
甘薯遗传育种研究室 80 篇	2013	甘薯 β- 胡萝卜素基因 AFLP 分子标记的开发	靳容，后猛，马代夫，谢世清，李强	江苏农业学报	29（2）：266-271
	2013	‘徐薯 25’与‘徐 22-5’杂交 F1 薯块品质性状遗传倾向	后猛，李强，张允刚，王欣，唐忠厚，唐维，李秀英，马代夫	西南农业学报	29（2）：266-271
	2013	Analysis on the Essential Characters and Biological Yield Change of Purple-fleshed Sweetpotato Xuzishu 3	Wei TANG，Qiang LI，Yun-gang ZHANG，Xin WANG，Meng HOU，Dafu MA	Agricultural Science & Technology	21（9）：1095-1099
	2013	甘薯［*Ipomoea batatas*（L.）Lam.］块根形成与发育的分子机制研究进展	刘亚菊，谢昊，李强，张允刚，王欣，后猛，唐维，闫会，马代夫	分子植物育种（网络版）	12（5）：1029-1035
	2013	甘薯 AFLP 扩增产物的 PAGE 胶快速银染方法	靳容，后猛，马代夫，谢世清，李强	江苏农业科学	41（2）：30-32
	2013	甘薯花青苷生物合成调控研究进展	李霞，王欣，刘亚菊，后猛，闫会，李强，马代夫	分子植物育种	12（3）：567-576
	2013	甘薯块根产量性状生态变异及其与品质的相关性	后猛，李强，辛国胜，吴问胜，王良平，王欣，张允刚，唐忠厚，唐维，李秀英，马代夫	中国生态农业学报	21（9）：1095-1099
	2013	甘薯内蒙古半干旱地区异地鉴定研究	后猛，张允刚，李强，马玺，郝占林，刘亚菊，王欣，唐维，马代夫	江西农业学报	25（10）：17-19
	2013	高花青苷主淀粉甘薯品种“徐紫薯 3 号”的创制及特性鉴定	李强，王欣，张允刚，马代夫，李洪民，谢逸萍，曹清河，后猛，唐忠厚，唐维，李秀英	西南农业学报	25（10）：17-19
	2013	橘红肉甘薯块根类胡萝卜素的变化规律及其与主要经济性状的相关性	后猛，张允刚，王欣，唐维，刘亚菊，唐忠厚，靳容，闫会，马代夫，李强	中国农业科学	46（19）：3988-3996
	2013	食用型甘薯品质积累规律及其与农艺性状相关性	后猛，张允刚，王欣，唐维，刘亚菊，唐忠厚，马代夫，李强	江苏农业学报	1：31-36
	2013	食用紫肉甘薯新品种徐紫薯 2 号的选育与栽培技术	李强，谢逸萍，王欣，李秀英，李洪民，马代夫，唐忠厚，曹清河，后猛，张允刚，唐维	江苏农业科学	41（2）：30-32
	2013	外源激素对甘薯生长发育的影响	后猛，王欣，张允刚，唐维，马代夫，李强	西南农业学报	26（5）：1829-1832

（续表）

单位篇数	年份	题目	作者	期刊名	卷（期）页码
甘薯遗传育种研究室80篇	2013	徐薯55-2的胚性细胞悬浮培养	王欣，闫会，顾向华，马代夫，李强	西北农业学报	46（19）：3988-3996
	2013	植物 *GI* 基因生理功能研究进展	唐维，刘亚菊，张允刚，王欣，后猛，闫会，马代夫，李强	分子植物育种	
	2013	紫心甘薯徐紫薯3号主要性状及其生物产量动态变化规律分析	唐维，李强，张允刚，王欣，后猛，马代夫	西南农业学报	26（5）：1829-1832
	2014	鲜食及紫薯淀粉加工甘薯新品种徐紫薯4号的选育与栽培要点	李强，马代夫，李秀英，王欣，李洪民，谢逸萍，后猛，张允刚，唐维，曹清河，唐忠厚，刘亚菊，闫加启，陈宗光，芦金生，赵娇娜	江苏农业科学	12（3）：567-576
	2014	徐薯55-2的胚性细胞悬浮培养	王欣，闫会，顾向华，李强，马代夫	西北农业学报	23（1）：132-137
	2015	Breeding and Cultivation Techniques of a New Table Use Purple-fleshed Sweetpotato Cultivar，Xuzishu 2	Qiang LI，Yiping XIE，Xin WANG，Xiuying LI，Hongmin LI，Daifu MA，Zhonghou TANG，Qinghe CAO，Meng KOU，Yungang ZHANG，Wei TANG.	Agricultural Biotechnology，	3：111-116
	2015	PEG-6000模拟干旱胁迫对紫甘薯幼苗生理生化指标的影响	龚秋，王欣，后猛，唐维，张允刚，刘亚菊，李强，马代夫	江西农业学报	23（1）：132-133
	2015	Present situation and prospect of grub control in sweetpotato field	Yan Hui，Xue Cheng，Li Qiang，Zhang Yungang	Plant Diseases and Pests	30（增刊）：1-8
	2015	SNP检测方法的研究进展	许家磊，王宇，后猛，李强	分子植物育种	12：1029-1035
	2015	The content variations of main nutrients in storage root expanding stages of sweet potato and their mutual relationships	Meng KOU，Yungang ZHANG，Yaju LIU，Xin WANG，Wei TANG，Hui YAN，Daifu MA，Qiang LI	Agricultural Science & Technology	2：22-25
	2015	氮钾配施对食用甘薯产量和品质的影响	后猛，刘亚菊，王欣，唐维，闫会，马代夫，张允刚，李强	西南农业学报	42（8）：88-89
	2015	甘薯［*Ipomoea batatas*（L.）］SNP标记快速高效检测方法	许家磊，李强，后猛，刘亚菊，王欣，唐维，闫会，张允刚，马代夫	分子植物育种	30（1）：31-36
	2015	甘薯：嬗变路上求突破	马代夫	种子科技	13（11）：1-8

（续表）

单位篇数	年份	题目	作者	期刊名	卷（期）页码
甘薯遗传育种研究室80篇	2015	甘薯果糖-1，6-二磷酸醛缩酶5基因（IbFBA5）的克隆与生物信息学分析	苏在兴，李强，唐维，刘亚菊，后猛，闫会，王欣，张允刚，马代夫	分子植物育种	27（4）：1404-1408
	2015	干旱胁迫对不同品系紫甘薯光合特性及干物质积累的影响	龚秋，王欣，后猛，唐维，张允刚，刘亚菊，李强，马代夫	华北农学报	27（1）：46-52
	2015	高淀粉甘薯品种徐薯29的选育与栽培技术	李强，马代夫，李秀英，李洪民，谢逸萍，王欣，曹清河，唐忠厚，后猛，张允刚，唐维，刘亚菊，闫会	江苏农业科学	4：891-897
	2015	高花青素型甘薯新品种徐紫薯4号产量及营养品质性状研究	后猛，张允刚，刘亚菊，王欣，唐维，闫会，马代夫，李强	西南农业学报	42（9）：86-87
	2015	江苏徐州甘薯种植区金龟子种类调查及发生趋势初探	闫会，薛程，张允刚，马代夫，李强	江苏农业科学	2：475-482
	2015	橘红肉甘薯块根膨大期主要营养成分的变化动态及其相互关系	后猛，张允刚，刘亚菊，王欣，唐维，闫会，马代夫，李强	江西农业学报	10：1660-1666
	2015	外界因素对徐紫薯3号产量与花青素积累的影响	唐维，李强，张允刚，王欣，后猛，刘亚菊，闫会，马代夫	华北农学报	27（4）：1409-1413
	2015	盐胁迫对紫甘薯光合特性及干物质积累的影响	龚秋，王欣，后猛，唐维，闫会，张允刚，刘亚菊，李强，马代夫	西南农业学报	1：165-170
	2015	紫肉甘薯块根总RNA提取方法的评价	李霞，王欣，后猛，刘亚菊，闫会，李强，马代夫	分子植物育种	12（5）：1044-1049
	2016	Overexpression of CuZnSOD and APX enhance salt stress tolerance in sweet potato.	Hui Yan1，Qiang Li，Sung-Chu Park，Xin Wang，Ya-ju Liu，Yun-gang Zhang，Wei Tang，Meng Kou，Dai-fu Ma1	Plant physiology and biochemistry	3：6-10
	2016	江苏沿海滩涂盐渍地甘薯新品种适应性研究	王欣，刘亚菊，张允刚，后猛，唐维，闫会，李强	江苏师范大学学报（自然科学版）	34（4）：33-35
	2016	高胡萝卜素甘薯新品种徐渝薯35的选育及栽培技术	王欣，李强，张允刚，后猛，唐维，闫会，马代夫，刘亚菊	湖北农业科学	55（24）：6381-6384
	2017	*Ipomoea batatas* HKT1 transporter homolog mediates K^+ and Na^+ uptake in Saccharomyces cerevisiae	Sung-chul Park，Yi-cheng Yu，Meng Kou，Hui Yan，Wei Tang，Xin Wang，Yaju Liu，Yungang Zhang，Sang-soo Kwak，Daifu Ma，Jian Sun，and Qiang Li	Journal of Integrative Agriculture	5：1986-1991

（续表）

单位篇数	年份	题目	作者	期刊名	卷（期）页码
甘薯遗传育种研究室80篇	2017	基因差异表达分析方法及其在作物遗传育种中的应用	苏在兴，高闰飞，李强	江苏师范大学学报（自然科学版）	4：16-17，22.
	2017	Cloning and characterization of a novel *GIGANTEA* gene in sweet potato	Wei Tang，Hui Yan，Zai-xing Su，Sung-Chul Park，Ya-ju Liu，Yun-gang Zhang，Xin Wang，Meng Kou，Dai-fu Ma，Qiang Li，Sang-Soo Kwak	Plant Physiology and Biochemistry	1：260-264
	2017	Development of SNP markers using RNA-Seq technology and tetraprimer ARMS-PCR in sweet potato	KOU Meng，XU Jia-lei，LI Qiang，LIU Ya-ju，WANG Xin，TANG Wei，YAN Hui，ZHANG Yun-gang，MA Dai-fu	Journal of Integrative Agriculture	5：1895-1898
	2017	Attenuation of hepatic steatosis by purple sweet potato color is associated with blocking Src/ERK/C/EBPβ signalling in high fat diet treated mice	Xin Wang，Zi-Feng Zhang，Gui-Hong Zheng，Ai-Min Wang，Chun-Hui Sun，Su-Ping Qin，Juan Zhuang，Jun Lu，Dai-Fu Ma and Yuan-Lin Zheng	Applied Physiology，Nutrition，and Metabolism	42（10）：1082-1091
	2017	The inhibitory effects of purple sweet potato color on hepatic inflammation is associated with restoration of NAD+ levels and attenuation of NLRP3 inflammasome activation in high-fat-diet-treated mice	Xin Wang，Zi-Feng Zhang，Gui-Hong Zheng，Ai-Min Wang，Chun-Hui Sun，Su-Ping Qin，Juan Zhuang，Jun Lu，Dai-Fu Ma and Yuan-Lin Zheng	Molecules	22（8）：1315-1330
	2017	Effects of soil and environment on quality traits of purple-fleshed sweet potato	YAN Hui，LI Qiang，ZHANG Yungang，KOU Meng，TANG Wei，WANG Xin，LIU Yaju，MA Daifu	Agricultural Science & Technology	116：27-35
	2017	Screening and breeding of sweetpotato varieties suitable for mechanical harvesting	Wei TANG，Yungang ZHANG，Qiang LI，Meng HOU，Xin WANG，Hui YAN，Daifu MA，Yaju LIU	Agricultural Science & Techonology	16（11）：2481-2484
	2017	甘薯 *IbFBA5* 基因的时空表达及与碳水化合物积累的关系	苏在兴，高闰飞，唐维，闫会，后猛，王欣，刘亚菊，张允刚，马代夫，李强	植物生理学报	6（2）：1-4，15
	2017	基因型和栽插密度对甘薯农艺性状及结薯习性的影响	闫会，李强，张允刚，后猛，唐维，王欣，刘亚菊，马代夫	西南农业学报	1：96-97
	2017	适合机械化收获的甘薯品种筛选及育种研究	唐维，张允刚，李强，后猛，王欣，闫会，马代夫，刘亚菊	农学学报	7：128-129，233

（续表）

单位篇数	年份	题目	作者	期刊名	卷（期）页码
甘薯遗传育种研究室 80 篇	2017	药剂能减轻甘薯病毒病（SPVD）的危害	谢昊，苏在兴，闫会，李强，刘亚菊，后猛，唐维，王欣，张以则	分子植物育种	7（3）：13-16
	2018	Data on correlation among LAI，T/R，anthocyanin and starch content in purple fleshed sweetpotato during different growth stages	Wei Tang，Mohamed Arisha，Yun-gang Zhang，Ya-ju Liu，Xin Wang，Meng Kou，Hui Yan，Dai-fu Ma，Qiang Li	Data in Brief	16（10）：2168-2176
	2018	Pesticides could alleviate the symptoms of sweetpotato virus disease（SPVD）	Hao Xie，Zaixing Su，Hui Yan，Qiang Li，Yaju Liu，Meng Kuo，Wei Tang，Xin Wan，Yungang Zhang	Agricultural Biotechnology	38（8）：1739-1745
	2018	Quantifying cultivation technique and growth dynamics of purple-fleshed	Wei Tang，Yun-gang Zhang，Ya-ju Liu，Xin Wang，Meng Kou，Hui Yan，Dai-fu Ma，Qiang Li	Field Crops Research	16（2）：464-470
	2019	73 份紫心甘薯品种 SSR 标记指纹图谱构建	高闰飞，苏在兴，后猛，唐维，刘旋旋，闫会，王欣，刘亚菊，张允刚，马代夫，李强	江苏师范大学学报（自然科学版）	35（01）：38-45
	2019	A novel glutathione *S-transferase* gene from sweetpotato，*IbGSTF4*，is involved in anthocyanin sequestration	Meng Kou，Yaju Liu，Zongyun Li，Yungang Zhang，Wei Tang，Hui Yan，Xin Wang，Xiaoguang Chen，Zaixing Su，Mohamed Hamed Arisha，Qiang Li，Daifu Ma	Plant Physiology and Biochemistry	18（3）：516-520
	2019	Involvement of phosphatidylserine and triacylglycerol in the response of sweet potato leaves to salt stress	Yicheng Yu，Meng Kou，Zhonghui Gao，Yang Liu，Ying Xuan，Yaju Liu，Zhonghou Tang，Qinghe Cao，Zongyun Li，Jian Sun	Frontiers in Plant Science	227：41-48
	2019	甘薯淀粉合成关键酶 AGPase 小亚基双顺反子共表达载体构建	唐维，李强，张允刚，后猛，闫会，刘亚菊，王欣，马代夫	江苏师范大学学报（自然科学版）	18（6）：971-974
	2019	高产多抗食用型甘薯新品种徐紫薯 6 号的选育及鉴定	后猛，张允刚，刘亚菊，王欣，唐维，闫会，马代夫，李强	江苏师范大学学报（自然科学版）	21：88-91
	2019	基于 SSR 标记的 76 份紫心甘薯品种的遗传多样性分析	高闰飞，李强，苏再兴，后猛，唐维，杨强强，刘璇璇，闫会，王欣，刘亚菊，张允刚，马代夫	分子植物育种	53（05）：857-864

（续表）

单位篇数	年份	题目	作者	期刊名	卷（期）页码
甘薯遗传育种研究室80篇	2019	生育期对徐紫薯8号品质及结薯性的影响	闫会，张允刚，刘亚菊，王欣，后猛，唐维，马代夫，李强	江苏农业学报	
	2019	徐紫薯8号胚性愈伤组织的诱导与体细胞胚胎发生	杨强强，闫会，谢昊，后猛，唐维，李强，张允刚，王欣，刘亚菊	江苏师范大学学报（自然科学版）	18（2）：238-243
	2020	优质鲜食及加工型甘薯新品种徐紫薯8号生产力及特性鉴定	后猛，张允刚，刘亚菊，王欣，唐维，闫会，马代夫，李强	西南农业学报	15（11）：4765-4772
	2020	Transcriptome sequencing and whole genome expression profiling of hexaploid sweetpotato under salt stress	Mohamed Hamed Arisha，Hesham Aboelnasr，Muhammad Qadir Ahmad，Yaju Liu，Wei Tang，Runfei Gao，Hui Yan，Meng Kou，Xin Wang，Yungang Zhang and Qiang Li	BMC Genomics	21：197
	2020	RNA-sequencing analysis revealed genes associated drought stress responses of different durations in hexaploid sweet potato	Mohamed Hamed Arisha，Muhammad Qadir Ahmad，Wei Tang，Yaju Liu，Hui Yan，Meng Kou，Xin Wang，Yungang Zhang & Qiang Li	Scientific Reports	10：12573
甘薯生理栽培研究室28篇	2011	长期不施磷肥对甘薯产量与品质的影响	张爱君，李红民，唐忠厚，孙健，朱红，史新敏，徐飞	华北农学报	26（增刊）：104-108
	2012	砂壤质潮土定位试验30年的肥效演变	张爱君，李洪民，唐忠厚，魏猛，史新敏，陈晓光	安徽农业大学学报	39：950-954
	2012	甘薯大垄双行机械化栽培模式	李洪民	江苏农机化	1：32-33
	2012	徐薯27大垄双行全程机械化栽培技术	史新敏，李洪民，张爱君	农业科技通讯	5：170-17
	2012	高产淀粉型甘薯新品种徐薯27的选育及品质特性	唐忠厚，张爱君，史新敏，魏猛，李洪民	植物遗传资源学报	13：502-506
	2013	施钾时期对食用甘薯光合特性和块根淀粉积累的影响	陈晓光，史春余，李洪民，张爱君，史新敏，唐忠厚，魏猛	应用生态学报	24：759-763
	2013	氮肥和多效唑对甘薯生理功能和产量的影响	陈晓光，史春余，李洪民，张爱君，史新敏	西北农业学报	22：71-75
	2013	日光温室甘薯立柱式无土育苗技术	魏猛，李洪民，唐忠厚，张爱君，史新敏，陈晓光	江苏农业科学	41：97-98
	2014	耐低钾和钾高效型甘薯品种（系）的筛选及评价指标	唐忠厚，张允刚，魏猛，陈晓光，史新敏，张爱君，丁艳锋	作物学报	40：542-549

（续表）

单位篇数	年份	题目	作者	期刊名	卷（期）页码
甘薯生理栽培研究室28篇	2014	基于黄潮土长期定位试验的作物产量演变特征分析	张爱君，魏猛，唐忠厚，史新敏，陈晓光，李洪民	生态与农村环境学报	30：336-340
	2014	不同氮素水平对叶菜型甘薯光合作用及生长特性的影响	魏猛，唐忠厚，陈晓光，李洪民，张爱君，史新敏	江苏农业学报	1：87-91
	2015	长期施肥条件下黄潮土有效磷对磷盈亏的响应	魏猛，张爱君，唐忠厚，李洪民，陈晓光，诸葛玉平	华北农学报	30：226-232
	2015	Physiological response to potassium deficiency in three sweet potato［*Ipomoea batatas*（L.）Lam.］genotypes differing in potassium utilization efficiency	Tang，Z. H.，Zhang，A. J.，Wei，M.，Chen，X. G.，Liu，Z. H.，Li，H. M.，& Ding，Y. F.	Acta physiologiae plantarum	37：184
	2015	Growth and Physiological Response to Nitrogen Deficiency and Re-supply inLeaf-vegetable Sweetpotato（*Ipomoea batatas* Lam.）	Meng We，Aijun Zhang，Hongmin Li，Zhonghou Tang，and Xiaoguang Chen	Hort Science	50：754-758
	2016	低钾下光照度与 CO_2 浓度对不同钾效率基因型甘薯光合作用的影响	唐忠厚，陈晓光，魏猛，张爱君，李洪民，丁艳锋	江苏农业学报	32：267-273
	2016	优质鲜食型甘薯新品种‘徐薯32’的选育及特性分析	唐忠厚，张爱君，陈晓光，魏猛，靳容，李洪民	植物科学学报	34：781-789
	2017	长期施肥下甘薯产量稳定性及品质特性研究	魏猛，张爱君，诸葛玉平，李洪民，唐忠厚，陈晓光	西北农业学报	26：588-595
	2017	低钾胁迫对甘薯块根淀粉理化特性的影响及其基因型差异	唐忠厚，张爱君，陈晓光，靳容，刘明，李洪民，丁艳锋	中国农业科学	50：513-525
	2017	The Effect of Potassium Deficiency on Growth and Physiology in Sweetpotato［*Ipomoea batatas*（L.）Lam.］during Early Growth	Liu，M.，Zhang，A.，Chen，X.，Jin，R.，Li，H.，Tang，Z.	HortScience	52：1020-1027
	2017	Effects of potassium deficiency on root morphology，ultrastructure and antioxidant enzyme system in sweet potato［*Ipomoea batatas*（L.）Lam.］during early growth	Liu，M.，Zhang，A. J.，Chen，X. G.，Jin，R.，Li，H. M.，Tang，Z. H.	Acta Physiologiae Plantarum	39：211
	2017	35 years of manure and chemical fertilizer application alters soil microbial community composition in a Fluvo-aquic soil in Northern China	Meng Wei，Guoqing Hu，Hui Wang，Edith Bai，Yanhong Lou b，Aijun Zhang a，Yuping Zhuge	European Journal of Soil Biology	82：27-34

（续表）

单位篇数	年份	题目	作者	期刊名	卷（期）页码
甘薯生理栽培研究室 28 篇	2017	The use of humic acid urea fertilizer for increasing yield and utilization of nitrogen in sweet potato	Xiaoguang CHEN，Meng KOU，Zhonghou TANG，Aijun ZHANG，Hongmin LI	Plant Soil Environ	63：201-206
	2017	Responses of root physiological characteristics and yield of sweet potato to humic acid urea fertilizer	Xiaoguang Chen，Meng Kou，Zhonghou Tang，Aijun Zhang，Hongmin Li，Meng Wei	plos one	12（12）：e0189715
	2018	甘薯——鸡生态种养模式技术及效益初探	刘明，李洪民，张爱君，陈晓光，靳容，张立平，唐忠厚	作物研究	32：399-402
	2019	Regulation of leaf and root physiology of sweet potato［*Ipomoeabatatas*（L.）Lam.］with exogenous hormones under potassium deficiency stress	Ming Liu，Aijun Zhang，Xiaoguang Chen，Houhao Sun，Rong Jin，Hongmin Li & Zhonghou Tang	Archives of Agronomy and Soil Science	com/loi/gags20
	2019	Long-term effect of fertilizer and manure application on the balance of soil organic carbon and yield sustainability in Fluvo-aquic Soil	Meng Wei，Ai jun Zhang，Ying Chao，Hui Wang，Hong Pan，Yanhong Lou and Yuping Zhuge	Archives of agronomy and soil science	com/loi/gags20
	2020	Regulation of exogenous hormones on leaf and root physiology of sweetpotato［*Ipomoea batatas*（L.）Lam.］under potassium deficiency stress	Ming Liu，Ai jun Zhang，Xiaoguang Chen，Houhao Sun，Rong Jin，Honmin Li，Zhonghou Tang	Archives of Agronomy and Soil Science	66（5）：600-613
	2020	不同氮肥与密度水平对鲜食甘薯产量和品质的影响	刘明，李洪民，张爱君，陈晓光，靳容，蒋薇，唐忠厚	华北农学报	35：122-130
甘薯病虫草害防控研究室 63 篇	2011	黑斑病对甘薯体内几种保护酶活性影响	孙厚俊，刘美艳，宗玮玮，赵永强，陈晓宇，谢逸萍	广西农学报	26（3）：14-16
	2011	甘薯抗茎线虫病种质资源的筛选与抗病性评价	孙厚俊，赵永强，谢逸萍，陈晓宇，邢继英	江西农业学报	23（5）：91-93
	2011	可溶性硅对甘薯黑斑病抗性的影响	赵永强，孙厚俊，陈晓宇，邢继英，谢逸萍	西南农业学报	24（1）：128-131
	2011	6 种生物源杀菌剂对甘薯根腐病菌的室内毒力测定	赵永强，孙厚俊，陈晓宇，邢继英，谢逸萍	江西农业学报	23（2）：115-116
	2011	甘薯病毒病复合体（SPVD）对甘薯产量的影响	赵永强，孙厚俊，陈晓宇，邢继英，谢逸萍	中国植物保护学会 2011 年学术年会论文集	711

（续表）

单位篇数	年份	题目	作者	期刊名	卷（期）页码
甘薯病虫草害防控研究室 63 篇	2011	甘薯抗茎线虫病品种资源鉴定	徐振	中国植物保护学会 2011 年学术年会论文集	132-134
	2012	盐胁迫对不同基因型甘薯光合、酶活和生物学特性的影响	谢逸萍，马代夫，王欣，孙厚俊，唐忠厚，赵永强	华北农学报	27（S1）：97-100
	2012	甘薯病毒病复合体（SPVD）对甘薯产量的影响	赵永强，张成玲，孙厚俊，徐振，陈晓宇，谢逸萍	西南农业学报	25（03）：909-911
	2012	甘薯紫纹羽病病原菌的生物学特性及室内药剂筛选研究	杨冬静，孙厚俊，赵永强，徐振，谢逸萍	西南农业学报	25（05）：1685-1688
	2012	甘薯病毒复合体（SPVD）嫁接对不同品种甘薯叶绿素含量及产量的影响	徐振，赵永强，孙厚俊，谢逸萍	西南农业学报	25（05）：1681-1684
	2012	甘薯块根抗黑斑病酚类物质代谢的研究	刘美艳，孙厚俊，王景景，王考艳，申杰，刘丹，张健，谢逸萍	中国农学通报	28（24）：226-230
	2012	10 种杀菌剂对番茄晚疫病菌的室内毒力测定	张成玲，张田田，路兴涛，张勇，刘震，马士仲	山东农业科学	44（6）：97-100
	2012	10 种杀菌剂对苹果轮纹病菌和炭疽病菌毒力测定的研究	张成玲，张田田，路兴涛，刘震，张勇，马士仲	中国农学通报	28（27）：236-240
	2013	Survey of sweet potato viruses in china	Xie YP，Xing JY，Li XY，Wang X，Sun HJ，Zhao YQ，Zhang CL，Ma DF	Acta virologica	57（1）：81-84
	2013	Survey of sweet potato viruses in china	张成玲，孔繁华，张田田，路兴涛	花生学报	42（2）：49-52
	2013	不同杀菌剂对花生根茎部病害防治效果研究	张成玲，赵永强，徐振，杨冬静，孙厚俊，谢逸萍	华北农学报	28（S1）：376-379
	2013	三株不同镰刀菌对甘薯致病性及 7 种杀菌剂敏感性测定	孙厚俊，赵永强，谢逸萍，徐振	徐州工程学院学报	28（3）：77-78
	2013	一种甘薯黑斑病苗期抗病鉴定方法	杨冬静，孙厚俊，赵永强，徐振，张成玲，谢逸萍	西南农业学报	26（6）：2336-2339
	2014	甘薯黑斑病菌的生物学特性研究及室内药剂筛选	徐振，赵永强，孙厚俊，杨冬静，张成玲，谢逸萍	西南农业学报	27（4）：1791-1793
	2014	甘薯生长期及茎线虫种群基数对茎线虫病发病程度的影响	杨冬静，孙厚俊，赵永强，徐振，张成玲，谢逸萍	江西农业学报	26（11）：72-74

（续表）

单位篇数	年份	题目	作者	期刊名	卷（期）页码
甘薯病虫草害防控研究室63篇	2014	多种药剂对甘薯黑斑病菌的毒力测定及其对苗期黑斑病的防治效果研究	杨冬静，谢逸萍，孙厚俊，赵永强，徐振，张成玲	华北农学报增刊	（29）：1-8
	2014	甘薯软腐病抗性鉴定方法研究及其对甘薯种资资源抗性评价	张成玲，赵永强，杨冬静，孙厚俊，徐振，谢逸萍	江苏农业学报	01（30）：37-41
	2014	水杨酸（SA）和苯并噻二唑（BTH）对甘薯耐盐性的影响	赵永强，徐振，张成玲，孙厚俊，杨冬静，谢逸萍，等	西南农业学报	27（4）：1791-1793
	2015	Attractant and repellent effects of sweet potato root exudates on the potato rot nematode，Ditylenchus destructor Nematology	Zhen XU，Yong-Qiang ZHAO，Dong-Jing YANG，Hou-Jun SUN，Cheng-Ling ZHANG and Yi-Ping XIE	Nematology	17：117-124
	2015	硅对甘薯前期生长特性和主要矿质元素积累的影响	赵永强，徐振，张成玲，孙厚俊，杨冬静，谢逸萍	西南农业学报	28（5）：1982-1985
	2015	甘薯茎线虫（*Ditylenchus destructor*）对甘薯定向行为研究	徐振，杨冬静，张成玲，赵永强，孙厚俊，谢逸萍	西南农业学报	28：146-149
	2015	甘薯卷叶病毒复制相关蛋白部分基因克隆及分析	张成玲，赵永强，孙厚俊，杨冬静，徐振，谢逸萍	江苏农业学报	31（2）：298-303
	2016	花生果腐病病菌鉴定及生物学特性	张成玲，张田田，吴翠霞，路兴涛	花生学报	（3）：27-31
	2016	大蒜叶枯病菌的生物学特性研究及室内药剂筛选	杨冬静，赵永强，张成玲，孙厚俊，徐振，谢逸萍	华北农学报	31（S）：443-446
	2017	甘薯苗床镰刀菌病害分子检测及分析	张成玲，赵永强，谢逸萍，孙厚俊，杨冬静，徐振	江西农业学报	29（4）：58-62
	2017	镰刀菌胁迫对不同甘薯品种抗氧化酶及 MDA 含量的影响	张成玲，杨冬静，赵永强，徐振，谢逸萍，孙厚俊	江苏农业学报	33（2）：263-266
	2017	中国甘薯双生病毒 C4 基因分子变异及遗传多态性分析	张成玲，徐振，孙厚俊，赵永强，杨冬静，谢逸萍	江苏农业学报	33（3）：487-492
	2017	中国甘薯双生病毒外壳蛋白基因分子变异及遗传多样性分析	张成玲，孙厚俊，杨冬静，徐振，赵永强，谢逸萍	浙江农业学报	（29）4：611-617
	2017	稻麦秸秆全量还田对小麦纹枯病发生的影响	赵永强，徐振，张成玲，杨冬静，孙厚俊，谢逸萍	西南农业学报	30（5）：1063-1067
	2017	徐淮地区甘薯田主要杂草种类及防除技术	孙厚俊，杨冬静，徐振，张成玲，赵永强，谢逸萍	江苏师范大学学报（自然科学版）	35（4）：1-3
	2017	一株解淀粉芽孢杆菌的分离鉴定及其生物学特性研究	杨冬静，张成玲，徐振，赵永强，孙厚俊，谢逸萍	江西农业学报	29（9）：69-74

（续表）

单位篇数	年份	题目	作者	期刊名	卷（期）页码
甘薯病虫草害防控研究室 63 篇	2017	解淀粉芽孢杆菌（*Bacillus amyloliquefaciens*）XZ-1 发酵条件的优化	杨冬静，赵永强，孙厚俊，张成玲，徐振，谢逸萍	江西农业学报	29（10）：35-39
	2017	甘薯等 10 种作物 NAC1 基因的生物信息学分析	杨冬静，徐振，张成玲，孙厚俊，赵永强，谢逸萍	江西农业学报	29（11）：7-12
	2017	不同培养基对甘薯干腐病菌产孢的影响	杨冬静，孙厚俊，张成玲，徐振，谢逸萍	金陵科技学院学报	3（33）：51-54
	2017	甘薯茎线虫在南方薯区的发生风险及影响因素研究	徐振，孙厚俊，杨冬静，张成玲，赵永强，谢逸萍	广西农学报	32（2）：37-40
	2017	甘薯茎线虫主要侵入途径分析	徐振，孙厚俊，杨冬静，张成玲，赵永强，谢逸萍	安徽农业科学	45（2）：164-167，173
	2017	甘薯茎线虫病田间防治药剂的筛选	孙厚俊，赵永强，徐振，杨冬静，张成玲，谢逸萍	湖北农业科学	56（11）：2068-2609，2108
	2017	不同药剂对甘薯地下害虫的防治效果	孙厚俊，孙厚浩，赵永强，徐振，杨冬静，张成玲，谢逸萍	安徽农业科学	45（29）：157-158，213
	2018	三株甘薯干腐病菌的生物学特性研究	杨冬静，谢逸萍，孙厚俊，徐振，张成玲	江西农业学报	30（4）：1-8
	2018	解淀粉芽孢杆菌菌株 XZ-1 对甘薯黑斑病的生物防治效果研究	杨冬静，孙厚俊，张成玲，徐振，赵永强，谢逸萍	西南农业学报	31（4）：736-741
	2018	不同药剂对甘薯病毒病薯苗生物学特性及品质的影响	张成玲，鄂文弟，赵永强，孙厚俊，贺娟，杨冬静，徐振，谢逸萍	江西农业学报	30（9）：68-71
	2018	甘薯黑痣病菌生物学特性研究	赵永强，徐振，杨冬静，孙厚俊，谢逸萍，张成玲	北方农业学报	46（5）：89-92
	2019	基于马铃薯腐烂茎线虫基因组的 SSR 信息分析	马居奎，孙厚俊，张成玲，杨冬静，谢逸萍	金陵科技学院学报	35（2）：70-74
	2019	甘薯病毒病复合体对不同甘薯品种品质的影响	张成玲，杨冬静，孙厚俊，马居奎，谢逸萍	金陵科技学院学报	35（02）：61-64
	2019	甘薯等 8 种植物 JAZ1 基因的生物信息学分析	杨冬静，孙厚俊，谢逸萍，张成玲，马居奎，李宗芸，马代夫	江苏农业学报	35（5）：1021-1027
	2019	一种苗期甘薯黑斑病精准抗性鉴定方法	杨冬静，谢逸萍，孙厚俊，张成玲，马居奎	江苏师范大学学报	2（36）：35-37
	2019	甘薯根腐病病原分子鉴定及防治药剂筛选	张成玲，孙厚俊，赵永强，杨冬静，徐振，马居奎，谢逸萍	江西农业学报	31（08）：46-51

（续表）

单位篇数	年份	题目	作者	期刊名	卷（期）页码
甘薯病虫草害防控研究室63篇	2020	IbINH positively regulates drought stress tolerance in sweetpotato	Dongjing Yang，Yiping Xie，Houjun Sun，et al	Plant Physiology and Biochemistry	146：403-410
	2020	Improving CRISPR-Cas-mediated RNA targeting and gene editing using SPLCV replicon-based expression vectors in *Nicotiana benthamiana*	Yicheng Yu，Xiao Wang，Houjun Sun，et al	Plant Biotechnology Journal	18（10）：1993-1995
	2020	The genetic structure and recombination analyses of Sweetpotato leaf curl virus（SPLCV）population in China	Chengling Zhang，Houjun Sun，Yiping Xie，et al	Journal of Plant Diseases and Protection	6（127）：741-751
	2020	Characterization of a Novel Chitinase from Sweet Potato and Its Fungicidal Effect against *Ceratocystis fimbriata*	Meiyan Liu，Ying Gong，Houjun Sun，et al	Journal of agricultral and food chemistry	68（29）：7591-7600
	2020	低温贮藏条件下2个甘薯品种碳水化合物代谢和生理响应的比较	杨冬静，谢逸萍，孙厚俊，等	江苏师范大学学报（自然科学版）	38（3）：28-31
	2020	330 g/L二甲戊灵乳油等药剂防除甘薯田杂草效果及对甘薯产量的影响	孙厚俊，张成玲，杨冬静，谢逸萍，马居奎	杂草学报	38（1）：74-78
	2020	甘薯等20种作物蔗糖转化酶抑制子生物信息学分析	杨冬静，徐振，张成玲，孙厚俊，赵永强，谢逸萍	西南农业学报	4（33）：704-710
	2020	一种高成活率的甘薯组培苗移栽方法	孙厚俊，张成玲，杨冬静，马居奎，谢睿寰，谢逸萍	江苏师范大学学报（自然科学版）	1：29-30，51，79
	2020	甘薯黑斑病菌胁迫对不同甘薯品种抗氧化酶活性及MDA含量的影响	张成玲，孙厚俊，谢逸萍，等	江西农业学报	32（9）：64-67
	2020	甘薯卷叶病毒对甘薯生长特性及产量的影响	张成玲，孙厚俊，杨冬静，等	北方农业学报	48（4）：94-99
	2020	我国甘薯病毒病研究进展	马居奎，张成玲，杨冬静，谢逸萍，孙厚俊	河北农业科学	1：51-56
甘薯加工利用研究室71篇	2011	油炸食品中丙稀酰胺形成的影响因素及其控制措施	钮福祥，徐飞，孙健，岳瑞雪，朱红	江苏农业学报	27（6）
	2011	溶剂法结合超声波提取紫甘薯花青素的工艺研究	钮福祥，孙健，岳瑞雪，徐飞，朱红	江苏农业科学	39（6）：469-471
	2011	真空低温油炸对果蔬营养成分的影响	钮福祥，徐飞，孙健，张爱君，岳瑞雪，朱红	中国食物与营养	17（10）：65-67

（续表）

单位篇数	年份	题目	作者	期刊名	卷（期）页码
甘薯加工利用研究室 71 篇	2012	淀粉型甘薯品种直链淀粉含量、糊化特性和乙醇发酵特性的关系	孙健，岳瑞雪，钮福祥，等	作物学报	38（3）：479-486
	2012	Relationship among amylose content，starch pasting and ethanol fermentation in sweetpotato varieties for starch use	Sun Jian，Niu Fu-Xiang，XU Fei，et al	5th Korea-China-Japan Sweetpotato Worshop Symposium	49-50
	2012	果蔬真空油炸脱水技术研究及果蔬脆片产业发展概况	钮福祥，徐飞，孙健，岳瑞雪，朱红	中国食物与营养	18（2）：24-29
	2012	我国甘薯产业发展概况及政策建议	钮福祥，马代夫，戴起伟，孙健，蒋玉峰，徐飞，岳瑞雪，朱红	江苏农业科学	40（11）：438-441
	2013	基于 C/S 结构的甘薯产业发展信息管理系统的设计与应用	钮福祥，孙健，马代夫，马斌，戴起伟，徐飞，岳瑞雪，朱红	江苏农业学报	29（6）：1472-1477
	2013	长期定位施肥对甘薯品质、RVA 特性和乙醇发酵特性的影响及其相互关系	岳瑞雪，孙健，钮福祥，徐飞，张爱君	江苏农业学报	29（1）：87-92
	2013	紫甘薯花青素的大孔树脂动态吸附工艺优化	孙健，岳瑞雪，钮福祥，徐飞，朱红	江苏农业科学	41（6）：227-229
	2013	不同品种紫甘薯花青素含量及抗氧化活性差异	孙健，王洪云，钮福祥，徐飞，岳瑞雪，张毅，朱红	江苏农业科学	41（12）：323-324
	2013	甘薯膳食纤维的研究现状与展望	王洪云，孙健，钮福祥，岳瑞雪，徐飞，张毅，朱红	农业工程技术 . 农产品加工业	（11）：41-44
	2013	甘薯的功能成分及其药用价值	王洪云，孙健，钮福祥，徐飞，岳瑞雪，张毅，朱红	中国食物与营养	19（12）：59-62
	2014	甘薯膳食纤维构成及对乙醇发酵的影响	孙健，钮福祥，岳瑞雪，徐飞，张毅，朱红	中国粮油学报	29（5）：18-22
	2014	超声波辅助酶法提取甘薯渣膳食纤维的研究	孙健，岳瑞雪，钮福祥，徐飞，朱红	核农学报	28（7）：1261-1266
	2014	响应面分析法优化甘薯乙醇发酵条件	岳瑞雪，孙健，钮福祥，徐飞，朱红	核农学报	28（8）：1400-1406
	2014	中国甘薯生产、加工、消费与贸易分析	钮福祥	2014 全国丘陵山区甘薯产业发展与扶贫推进会专家学术交流论文集	112-123

（续表）

单位篇数	年份	题目	作者	期刊名	卷（期）页码
甘薯加工利用研究室 71 篇	2014	Effect of Purple Sweet Potato Color on mRNA Expression of hypothalamic Leptin and Leptin Receptor in High Fat Diet Model Rats	Zhang Yi，Niu Fu-xiang，Sun Jian，Yue Rui-xue，Xu Fei	NARO Interational Symposium（6th Japan-China-Korea Sweetpotato Workshop）	51-53
	2014	Effects of long-term located fertilization on production，components，and ethanol production of sweetpotato	Yue Rui-xue，Niu Fu-xiang，Sun Jian，Xu Fei，Zhu Hong，Zhang Yi	NARO Interational Symposium（6th Japan-China-Korea Sweetpotato Workshop）	145-146
	2015	Purple Sweet Potato［*Ipomoea batatas*（L.）］Color Alleviates High-fat-diet-induced Obesity in SD Rat by Mediating Leptin's Effect and Attenuating Oxidative Stress	Yi Zhang，FuXiang Niu，Jian Sun，Fei Xu，and RuiXue Yue	Food Science and Biotechnology	24（4）：1523-1532
	2015	不同品种茎尖菜用甘薯理化特性基因型差异研究	孙健，沈力飞，史新敏	江西农业学报	27（10）：62-65
	2015	特种甘薯 TSP-1 水提物对Ⅱ型糖尿病大鼠血脂和血小板的影响	王洪云，张毅，孙健，钮福祥，徐飞，岳瑞雪，朱红	江苏农业科学	43（4）：289-291
	2015	复合紫色甘薯条的生产工艺	徐飞，钮福祥，朱红，孙健，岳瑞雪，张毅	江苏农业科学	43（8）：264-266
	2015	紫甘薯花青素研究进展	王洪云，张毅，钮福祥，孙健，徐飞，朱红，岳瑞雪	中国食物与营养	21（5）：24-27
	2015	茎尖菜用甘薯生产现状与发展建议	徐飞，曹清河，袁起，李勇，王庆美	江苏农业科学	43（9）：5-8
	2015	中国甘薯淀粉产业发展现状与前景	戴起伟，钮福祥，孙健，曹静	农业展望	11（10）：40-44
	2015	真空油炸花生加工工艺及感官特性	孙健，梁茂法，钮福祥，梁华章，徐飞，岳瑞雪，张毅，朱红	江苏农业科学	43（4）：262-264
	2015	不同加工工艺对真空油炸花生品质特性的影响	王洪云，张翠英，孙健，钮福祥，徐飞，朱红，岳瑞雪，张毅	中国食物与营养	21（10）：35-39
	2015	我国甘薯产业化推进与多元化发展	徐飞	中外食品和包装机械	75（4）53-55

（续表）

单位篇数	年份	题目	作者	期刊名	卷（期）页码
甘薯加工利用研究室71篇	2015	中国甘薯生产、消费与贸易分析	钮福祥	中国连城甘薯产业发展大会论文集	8-19
	2016	酶法降黏工艺在鲜甘薯直接发酵制备乙醇中的应用	岳瑞雪，钮福祥，孙健，徐飞，王洪云，朱红，张毅	中国农业科学	49（9）：1757-1766
	2016	宁紫薯1号－花青素组分鉴定及其对大鼠高脂诱导肥胖的预防效果	张毅，王洪云，钮福祥，孙健，徐飞，朱红，岳瑞雪	中国农业科学	49（9）：1787-1802
	2016	钾肥对甘薯产量、品质及淀粉RVA特性的影响	朱红，钮福祥，徐飞，孙健，岳瑞雪，张毅	江苏农业科学	44（5）：138-139，195
	2016	TSP-1甘薯浓缩口服液的安全性评价	王洪云，张毅，钮福祥，徐飞，孙健，岳瑞雪，朱红	江苏农业科学	44（6）：396-398
	2016	超高速离心对甘薯淀粉废水理化性质的影响	孙健，钮福祥，岳瑞雪，张毅，徐飞，朱红，王洪云	江苏农业科学	44（6）：455-457
	2016	甘薯多糖国内外研究进展	孙健，周波，钮福祥	江西农业学报	28（8）：90-93
	2016	Effects of aqueous extract of TSP-1 sweetpotato on blood lipids and platelet in type II diabetes mellitus rats and its safety evaluation	Fuxiang Niu，Hongyun Wang，Yi Zhang，Jian Sun，Fei Xu，Hong Zhu，Ruixue Yue	Proceedings of 7th China-Japan-Korea International Sweetpotato Workshop，	159-160
	2016	Difference in physicochemical properties of different genotypic tip-vegetable sweetpotato	Jian Sun，Fuxiang Niu，Fei Xu，Hong Zhu，Ruixue Yue，Yi Zhang	Proceedings of 7th China-Japan-Korea International Sweetpotato Workshop	165-166
	2017	离子液体中碘催化下哒嗪并［6，1-b］吡咯并［1，2-a］喹唑啉-1，6，9（7H）-酮衍生物的合成	张文婷，孙健，徐飞，朱红，岳瑞雪，张毅，钮福祥	有机化学	37：3191-3197
	2017	不同品种及干燥方式对甘薯多酚含量的影响	张文婷，孔秀林，岳瑞雪，孙健，徐飞，朱红，张毅，钮福祥	江西农业学报	29（10）：14-18
	2017	富含甘薯膳食纤维酸奶的发酵工艺研究	岳瑞雪，钮福祥，孙健，徐飞，朱红，王洪云，张毅，张文婷	江苏师范大学学报（自然科学版）	35（4）：27-30
	2017	甘薯膳食纤维的物化性质及其对体内外铅离子清除能力的影响	张毅，王洪云，钮福祥，孙健，徐飞，朱红，岳瑞雪，张文婷	江西农业学报	29（12）：87-92

（续表）

单位篇数	年份	题目	作者	期刊名	卷（期）页码
甘薯加工利用研究室71篇	2017	低温真空油炸大蒜片的加工工艺	朱红，钮福祥，孙健，王洪云，徐飞，岳瑞雪，张毅	江苏农业科学	45（7）：174-176
	2017	不同地区紫薯的花青素含量与体外抗氧化活性比较	张毅，钮福祥，孙健，徐飞，朱红，岳瑞雪	江苏农业科学	45（21）：205-207
	2017	紫薯花青素固体饮料的生产工艺研究	徐飞，钮福祥，孙，建，朱红，岳瑞雪，张毅，张文婷	现代农业科技	（23）：243-245
	2017	Overexpression of Arabidopsis P3B increases heat and low temperature stress tolerance in transgenic sweetpotato	Chang Yoon Ji，Rong Jin，Zhen Xu et al.	BMC Plant Biology	17：139
	2018	Characterization，antioxidant activity and heteroprotective effect of purple sweet potato polysaccharides	Sun Jian，Zhou Bo，Tang Chao，Gou Yarun，Chen Hong，Wang Yao，Jin Changhai，Liu Jun，Niu Fuxiang，Kan Juan，Qian Chunlu and Zhang Nianfeng	International Journal of Biological Macromolecules	115：69-76
	2018	Protective effect of an arabinogalactan from black soybean against carbon tetrachloride-induced acute liver injury in mice	Jian Sun，Xiaoyuan Wen，Jun Liu，Juan Kan，Chunlu Qian，Chunsen Wu，Changhai Jin	International Journal of Biological Macromolecules	117，659-664
	2018	Effects of polysaccharides from purple sweet potatoes on immune response and gut microbiota composition in normal and cyclophosphamide treated mice	Tang Chao1，Sun Jian1，Zhou Bo，Jin Changhai，Liu Jun，Kan Juan，Qian Chunlu and Zhang Nianfeng	Food & Function	9，937-950
	2018	Immunomodulatory effects of polysaccharides from purple sweet potato on lipopolysaccharide treated RAW 264.7 macrophages	Tang Chao1，Sun Jian1，Zhou Bo，Jin Changhai，Liu Jun，Gou Yarun，Chen Hong，Kan Juan，Qian Chunlu and Zhang Nianfeng	Journal of Food Biochemistry	42（3）：e12535
	2018	Protective effect of dietary fiber from sweet potato［*Ipomoea batatas*（L.）］against lead-induced renal injury by inhibiting oxidative stress via AMPK/SIRT1/PGC1α signaling pathways	Yi Zhang，WenLong Gu，LiQin Duan，Hong Zhu，HongYun Wang，Jing Wang，Jian Sun，FuXiang Niu	Journal of Food Biochemistry	42（3）e12513

（续表）

单位篇数	年份	题目	作者	期刊名	卷（期）页码
甘薯加工利用研究室 71 篇	2018	不同品种紫甘薯雪花粉品质指标和物化特性研究	朱红，钮福祥，孙健，徐飞，岳瑞雪，张毅，王洪云，张文婷	江苏师范大学学报	36（1）：21-25
	2018	甘薯叶片中多酚类物质的提取及其抗氧化活性研究	孔秀林，张文婷，孙健，徐飞，朱红，岳瑞雪，张毅，钮福祥	江苏师范大学学报	36（2）：34-37
	2018	响应面法优化甘薯叶片多酚提取工艺	张文婷，孔秀林，孙健，徐飞，朱红，岳瑞雪，张毅，钮福祥	核农学报	32（12）：2397-2405
	2018	山楂改性储藏工艺研究	徐飞，李宝安，钮福祥，朱红，孙健，岳瑞雪，张毅，张文婷，习志强，王玉枝，苏红	现代农业科技	（12）：259-261
	2018	山楂 - 紫薯复合系列产品开发	徐飞，李宝安，钮福祥，朱红，孙健，岳瑞雪，张毅，张文婷，习志强，王玉枝，苏红	现代农业科技	（13）：258-260
	2018	Study on the extraction of sweet potato anthocyanins by freezing method	Fei Xu，Fu-xiang Niu，Jian Sun，Hong Zhu，Rui-xue Yue，Yi Zhang，Wen-Ting Zhang	8th International Sweetpotato Symposium. Jeonju，Korea	135-136
	2018	Study on quality indexes and functional characteristics of sweet potato snowflake powder from different varieties	Zhu Hong，Fu-xiang Niu，Jian Sun，Fei Xu，Rui-xue Yue，Yi Zhang，Wen-Ting Zhang	8th International Sweetpotato Symposium. Jeonju，Korea	154-156
	2019	Immune-enhancing effects of polysaccharides from purple sweet potato	Tang Chao1，Sun Jian1，Liu Jun，Jin Changhai，Wu Xiao-nan，Zhang Xin，Chen Hong，Yarun Gou，Kan Juan，Qian Chunlu and Zhang Nianfeng	International Journal of Biological Macromolecules	123：923-930
	2019	Structural characterization and anti-inflammatory activity of alkali-soluble polysaccharides from purple sweet potato	Chen Hong1，Sun Jian1，Liu Jun，Yarun Gou，Zhang Xin，Wu Xiaonan，Sun Rui，Tang Sixue，Kan Juan，Qian Chunlu and Zhang Nianfeng，Jin Changhai	International Journal of Biological Macromolecules	131：484-494
	2019	Structural characterization of a water-soluble purple sweet potato polysaccharide and its effect on intestinal inflammation in mice	Yarun Gou 1，Jian Sun 1，Jun Liu，Hong Chen，Juan Kan，Chunlu Qian，Nianfeng Zhang，Changhai Jin	Journal of Functional Foods	61：103502

（续表）

单位篇数	年份	题目	作者	期刊名	卷（期）页码
甘薯加工利用研究室 71 篇	2019	不同品种紫甘薯花色苷含量与组分分析	张毅，孔秀林，王洪云，孙健，朱红，岳瑞雪，张文婷，钮福祥	江苏师范大学学报（自然科学版）	37（2）：26-30
	2019	不同品种及生长期甘薯叶片多酚和黄酮含量动态分析	张文婷，王洪云，孙健，朱红，岳瑞雪，张毅，徐飞，钮福祥	江西农业学报	31（11）：17-22
	2019	特种甘薯 TSP-1 提取物对环磷酰胺致血小板减少症小鼠的初步研究	王洪云，张毅，钮福祥，孙健，徐飞，朱红，岳瑞雪，张文婷	中国食物与营养	25（2）：51-53
	2019	紫薯粉－膳食纤维复合挂面的工艺研究	张文婷，孙健，朱红，岳瑞雪，张毅，徐飞，钮福祥	浙江农业科学	60（12）：214-218
	2019	真空低温油炸大蒜脆片中试生产技术研究	朱红，钮福祥，孙健，徐飞，岳瑞雪，张毅，王洪云，张文婷	现代农业科技	16：205-206
	2019	紫甘薯花色苷体内外抗氧化能力研究	王洪云，张毅，孔秀林，孙健，徐飞，朱红，岳瑞雪，张文婷，钮福祥	江苏师范大学学报（自然科学版）	37（4）：32-36，48
	2019	富含甘薯膳食纤维酸奶的发酵工艺研究	岳瑞雪，钮福祥，孙健，徐飞，朱红，王洪云，张毅，张文婷	中国连城地瓜产业发展大会论文集	147-156
	2020	Anti-inflammatory properties and gut microbiota modulation of an alkali-soluble polysaccharide from purple sweet potato in DSS-induced colitis mice	Sun Jian1，Chen Hon1，Kan Juan，Gou Yarun，Liu Jun，Zhang Xin，Wu Xiaonan，Tang Sixue，Sun Rui，Qian Chunlu，Zhang Nianfeng，Niu Fuxiang，Jin Changhai	International Journal of Biological Macromolecules	153：708-722
	2020	An efficient synthesis of spiroacridinone derivatives from the facile reaction of isatins，dimedone，and 5-aminoindazole（6-aminoindazole or 5-aminoindole）	Wen-Ting Zhang Jian Sun Hong Zhu Rui-Xue Yue Yi Zhang Fu-Xiang Niu 1 Liangce Rong 2	Journal of Heterocyclic Chem	57：1912-1924
	2020	干型紫薯酒的发酵工艺研究	岳瑞雪，钮福祥，孙健，徐飞，朱红，张毅，张文婷，王洪云	江苏师范大学学报（自然科学版）	38（1）：42-46
科研管理处 5 篇	2015	农业科研单位综合竞争力提升途径探讨——以徐淮地区徐州农业科学研究所为例	孙近友，张梅，付长亮	江苏农业学报	31（3）：691-699
	2016	国家甘薯产业技术体系建设推动甘薯产业和学科发展	蒋玉峰，马代夫	江苏师范大学学报（自然科学版）	34（3）：23-27

（续表）

单位篇数	年份	题目	作者	期刊名	卷（期）页码
科研管理处5篇	2016	推动低碳经济快速发展，促进现代农业提档升级—以徐州市为例	张梅，孙近友	江苏省农学会2016年学术年会优秀论文集	169-173
	2017	徐州市以低碳经济促进现代农业发展的现状及对策	张梅，孙近友	现代农业科技	（22）：251-253
	2018	农作物品种区域试验物联网系统组成及关键技术应用	张梅，孙近友	现代农业科技	（9）：282-286
科技服务中心7篇	2016	发挥成果优势 培育区域特色	党新安	江苏农村经济	（12）：55-56
	2016	中粳稻徐稻8号特征特性及栽培技术要点	戚强，高金喜，王健康，郭荣良，吴玉玲，徐家安，王友霜，胡婷婷，赵铁鹏，丁成伟	安徽农业科学	44（33）：40-41
	2017	小果花生品种徐花17号试验示范及高产栽培技术	戚强，李文哲，党新安，张祖明，王晓军	中国种业	（2）：71-72
	2017	不同类型茎尖菜用甘薯栽培密度对产量的影响	戚强，戴习彬，党新安，李文哲，苏一钧，周志林，张安，曹清河	安徽农业科学	45（27）：71-73，193
	2018	略论科技服务项目的实施成效及提升对策	李再祥，党新安，戚强，李文哲，冯营	农业科技管理	37（5）：9-11
	2018	种植密度对徐淮地区牛蒡产量与品质的影响	冯营，胡新燕，孙亚伟，赵明明，李卫华	安徽农业科学	46（10）：66-67
	2018	徐淮地区种植密度对短季棉产量及品质的影响	冯营，胡新燕，孙亚伟，赵明明，李卫华	安徽农业科学	46（31）：17-18，22
铜山试验站10篇	2016	长期不同施肥对黄潮土区玉米产量稳定性的影响	魏猛，张爱君，等	华北农学报	31（6）：171-176
	2017	长期不同施肥方式对黄潮土肥力特征的影响	魏猛，张爱君，等	应用生态学报	28（3）：836-846
	2017	长期不同施肥对黄潮土区冬小麦产量及土壤养分的影响	魏猛，张爱君，等	植物营养与肥料学报	23（2）：304-312
	2017	不同施肥方式对甘薯光合特性及产量的影响	魏猛，张爱君，等	江西农业学报	29（1）：47-50
	2017	长期施肥下甘薯产量稳定性及品质特性研究	魏猛，张爱君，等	西北农业学报	26（4）：588-595

（续表）

单位篇数	年份	题目	作者	期刊名	卷（期）页码
铜山试验站10篇	2017	35 years of manure and chemical fertilizer application alters soil microbial community composition in a Fluvo-aquic soil in Northern China	Meng Wei，et. al	European Journal of Soil Biology	82：27-34
	2018	不同蚯蚓粪施用量对连作黄瓜农艺性状、产量和品质的影响	冯腾腾，黄怀成，等	南方农业学报	49（8）：1575-1580
	2018	长期施用化肥对潮土甘薯生物量累积及养分吸收的影响	魏猛，张爱君，等	江西农业学报	30（4）：25-28
	2018	长期不同施肥对潮土有机碳储量的影响	魏猛，张爱君，等	华北农学报	33（1）：233-238
	2019	Long-term effect of fertilizer and manure application on the balance of soil organic carbon and yield sustainability in Fluvo-aquic Soil	Meng Wei，et. al	Archives of Agronomy and Soil Science	DOI：10.1080/03650340.2019.1678746
徐农种业12篇	2016	设施蔬菜连作障碍发生机制及综合防控研究进展	王波	西南农业学报	29（增刊）：304-310
	2016	施氮水平对4个日本粳稻品种（系）产量及蒸煮食味品质的影响	丁震乾	江苏农业科学	44（11）：85-88
	2016	一株大豆内生拮抗细菌XZ-2的分离和分子鉴定	王波	大豆科学	35（6）：998-1001
	2016	优质小麦品种徐麦31特征特性极其高产栽培技术	常勇	大麦与谷类科学	33（4）：78-80
	2017	一株多粘类芽孢杆菌 *Paenibacillus polymyxa* 对甘薯黑斑病的生物防治效果及作用机理初探	王波	江西农业学报	2（10）：40-43
	2018	不同麦秸还田量对水稻生长发育、产量及品质的影响	常勇	江苏农业科学	46（20）：47-51
	2018	多粘类芽孢杆菌（*Paenibacillus-polymyxa*）XZ-2发酵条件优化研究	王波	江西农业学报	30（11）：57-61
	2018	多类芽孢杆菌XZ-2的生物学特性及其对3种大豆病原菌的拮抗作用研究	王波	西南农业学报	31（6）：1197-1202
	2018	甘薯黑斑病菌快速大量产孢方法研究	王波	安徽农业科学	46（34）：127-129，147

（续表）

单位篇数	年份	题目	作者	期刊名	卷（期）页码
徐农种业12篇	2018	Reduction of Aspergillus niger Virulence in Apple Fruits by Deletion of the Catalase Gene cpeB	黄忠勤	journal of Agricultural and food chemistry	66：5401-5409
	2019	小麦穗发芽抗性分析及相关分子标记检测	苏在兴	麦类作物学报	39（10）：1173-1179
	2019	徐州市玉米新品种比较试验结果分析	李小珊	南方农业	13（21）：178-179，181

注：2011—2020年全所共计发表研究论文506篇，其中学报221篇，外文期刊79篇，核心期刊206篇。

二、2011—2020年徐州农科所发表SCI论文

2011—2020年徐州农科所发表SCI论文情况详见附表8-2。

附表8-2　2011—2020年徐州农科所发表SCI论文

序号	年份	题目	作者	杂志名	卷（期）页码
1	2012	Studies on Salt Tolerance of Transgenic Sweetpotato which harbors two Genes Expressing CuZn Superoxide Dismutase and AscorbatePeroxidasewiththeStress-inducible SWPA2 Promoter	Xin Wang	Plant Gene and Trait	3（2）：6-12
2	2013	Survey of sweet potato viruses in china	Yiping Xie，et al	Actavirologica	57（1）81-84
3	2014	Stomatal closure in sweet potato leaves induced by sulfur dioxide involves H_2S and NO signaling pathways	Jun Tang，et al	BIOLOGIA PLANTARUM	58（4）：676-680
4	2014	Ploidy level and molecular phylogenic relationship among novel Ipomoea interspecific hybrids	Qinghe Cao，Jun Tang，Yang Li，Wolfgang，Gruneberg，Kelvin，Huamani，Daifu Ma	Czech J.Genet.Plant Breed	50：32-38
5	2014	Hydrogen Sulfide Acts as a Fungicide to Alleviate Senescence and Decay in Fresh-cut Sweet Potato	Jun Tang，et al	HORT SCIENCE	49（7）：938-943.
6	2014	Sweet potato breeding and plantation in dry land of China	Qiang Li，et al	International symposiumon agroforestry biotechnology to combat desertification	50：32-38

（续表）

序号	年份	题目	作者	杂志名	卷（期）页码
7	2015	Physiological response to potassium deficiency in three sweet potato [*Ipomoea batatas*（L.）Lam.] genotypes differing in potassium utilization efficiency	Zhonghou Tang, et al	Acta Physiologiae Plantarum	（SCI，online）
8	2015	Breeding and Cultivation Techniques of a New Table Use Purple-fleshed Sweetpotato Cultivar，Xuzishu 2	Qiang LI，Yiping Xie，Xin Wang，Xiuying LI，Hongmin LI，Daifu Ma，Zhonghou Tang，Qinghe Cao，Meng Kou，Yungang Zhang，Wei Tang	Agricultural Biotechnology	4：16-17，22
9	2015	Purple Sweet Potato [*Ipomoea batatas*（L.）] Color Alleviates High-fat-diet-induced Obesity in SD Rat by Mediating Leptin' s Effect and Attenuating Oxidative Stress	Zhang Yi，Fuxiang Niu，Sun Jan，Xu Fei，Runxue Yue	Food Science and Biotechnology	24（4）：1523-1532
10	2015	Growthandphysiologicalresponsetonitrogendeficiencyandre-supplyinleaf-vegetablesweetpotato（*Ipomoea batatas* Lam.）	Wen MENG，Ai Jun Zhang，Hong Min Li	Hortscienec	50（5）：754-758
11	2015	Attractant and repellent effects of sweet potato root exudates on the potato rot nematode，Ditylenchus destructor Nematology	Xu Zhen，et al	Nematology	17：117-124
12	2015	Present situation and prospect of grub control in sweet potato field.	Yan Hui，Xue Cheng，Li Qiang，Zhang Yungang	PlantDiseases and Pests	6（2）：1-4，15
13	2015	Hydrogen Sulfide Promotes Wheat Grain Germination Under Cadmium Stress	Zhong Qin Huang，et al	Proc.Natl. Acad. Sci.，India，Sect. B Biol. Sci.	DOI10.1007/s40011-015-0554-5
14	2016	Development of SNP markers using RNA-Seq technology and tetraprimer ARMS-PCR in sweet potato	Kou Meng，Xu Jialei，Li Qiang，Liu Yaju，Wang Xin，Tang Wei，Yan Hui，Zhang Yungang，Ma Daifu	Journal of Integrative Agriculture	15（0）：60345-7
15	2016	Overexpression of *CuZnSOD* and *APX* enhance salt stress tolerance in sweet potato	Hui Yan，Qiang Li，Sung Chul Park，Xin Wang，Yaju Liu	Plant physiology and biochemistry	109：20-27

（续表）

序号	年份	题目	作者	杂志名	卷（期）页码
16	2016	Transcriptome sequencing of the sweet potato progenitor [*Ipomoea trifida* (H.B.K.) G.. Don.] and discovery of drought tolerance genes.	Qing He Cao，Li Ang，et al	Tropical Plant Biology	9：63-72
17	2017	Effects of potassium deficiency on root morphology，ultrastructure and anti-oxidant enzyme system in sweet potato [*Ipomoea batatas* (L.) Lam.] during early growth	Liu Ming，Ai Jun Zhang，Xiao Guang Chen，Jin Rong] Hong Min Li，Zhong Hou Tang	Acta Physiologiae Plantarum	39：2117
18	2017	A sweet potato cinnamate *4-hydroxylase* gene，*IbC4H*，increases phenolics content and enhances drought tolerance in tobacco	Aimin Wang，Mingku Zhu，Yonghai Luo，Yaju Liu，Rensai Li，Meng Kou，Xin Wang，Yungang Zhang，Xiaoqing Meng，Yuanlin Zheng，Daifu Ma	Acta Physiologiae Plantarum	39：276
19	2017	Attenuation of hepatic steatosis by purple sweet potato color is associated with blocking Src/ERK/C/EBPβ signalling in high fat diet treated mice	Xin Wang，Zi-Feng Zhang，Gui-Hong Zheng，Ai-Min Wang，Chun-Hui Sun，Su-Ping Qin，Juan Zhuang，Jun Lu，Dai-FuMa，Yuan-Lin Zheng	Appl Physiol Nutr Metab.	42（10）：1082-1091
20	2017	Overexpression of Arabidopsis P3B increases heat and low temperature stress tolerance in transgenic sweetpotato	Jin Rong，Xu Zhen，et al	BMCP lant Biology	17：139
21	2017	35 years of manure and chemical fertilizer application alters soil microbial community composition in a Fluvo-aquic soil in Northern China	WEN Meng，et al	European Journal of Soil Biology	82：27-34
22	2017	Effect of potassium deficiency on growth and physiology in sweetpotato [*Ipomoea batatas* (L.) Lam.] during early growth	Liu Ming，AiJun Zhang，XiaoGuang Chen，Jin Rong，Hong Min Li，Zhong Hou Tang	Hortscience	52（7）：1-9
23	2017	Troxerutin Attenuates Enhancement of Hepatic Gluconeogenesis by Inhibiting NOD Activation-Mediated Inflammation in High-Fat Diet-Treated Mice	Zhang Zifeng，Wang Xin，Zheng	Int J Mol Sci.	18：31

（续表）

序号	年份	题目	作者	杂志名	卷（期）页码
24	2017	*Ipomoea batatas* HKT1 transporter homolog mediates K^+ and Na^+ uptake in Saccharomyces cerevisiae	Sung-chul Park, Yi-cheng Yu, Meng Kou, Hui Yan, Wei Tang, Xin Wang, Yaju Liu, Yungang Zhang, Sang-soo Kwak, Daifu Ma, Jian Sun, and Qiang Li	Journal of Integrative Agriculture	16（10）: 2168-2176
25	2017	The inhibitory effects of purple sweet potato color on hepatic inflammation is associated with restoration of NAD（+）levels and attenuation of NLRP3 inflammasome activation in high-fat-diet-treated mice	Wang Xin, Zhang Zi-Feng, Zheng, Gui-Hong, Wang Ai-Min, SunChun-Hui, Qin Su-Ping, Zhuang, Juan, Lu Jun, MaDai-Fu, Zheng Yuan-Lin	MOLECULES	22（8）: 1315
26	2017	A Valuable White-fleshed Mutant Naturally Generated from a Purple Sweet Potato Line	Yaju Liu, Xin Wang, Meng Kou, Qiang Li, Wei Tang, Hui Yan, Yung-gang Zhang	Plant Biology 2017（App）	30-121
27	2017	Cloning and characterization of a novel *GIGANTEA* gene in sweet potato	Wei Tang, Hui Yan, Zai-xing Su, Sung-Chul Park, Ya-ju Liu, Yun-gangZhang, Xin Wang, Meng Kou, Dai-fuMa, Sang-Soo Kwak, Qiang Li	Plant Physiology and Biochemistry	116 : 27-35
28	2017	Overexpressing IbCBF3 increases low temperature and drought stress tolerance in transgenic sweet potato	Jin Rong, et al	Plant Physiology and Biochemistry	118 : 45-54
29	2017	The use of humic acid urea fertilizer for increasing yield and utilization of nitrogen in sweet potato.	Xiao Guang Chenm, et al	PlantSoilEnviron	63（5）: 201-206.
30	2017	Responses of root physiological characteristics and yield of sweet potato to humic acid urea fertilizer	Xiao Guang Chen, Kou Meng, Zhong Hou Tang, Ai Jun Zhang, Hong Min Li, Wen Meng	Plos one	12（12）: e0189715.https : //doi.org/10.1371/journal.pone.0189715

（续表）

序号	年份	题目	作者	杂志名	卷（期）页码
31	2017	Metabolic changes of peanut［*Arachis hypogaea*（L.）］buds in response to low temperature（LT）	Xiao Jun Wang，et al	SouthAfrican Journalof Botany	（111）：341-345
32	2018	Optimized Nitrogen fertilizer Application Mode Increased Culms Lignin Accumulation and Lodging Resistance in Culms of WinterWheat	Xiao Guang Chen，et al	FieldCropresearch	228（11）：31-38.
33	2018	Reduction of Aspergillus niger Virulence in Apple Fruits by Deletion of the Catalase Gene cpeB	Zhong Qin Huang，et al	Agricultural and food chemistry	66：5401-5409
34	2018	Quantifying cultivation technique and growth dynamics of purple-fleshed sweetpotato［*Ipomoea batatas*（L.）］in China	Tang Wei，Yung Gang Zhang，YaJuLiu，Wang Xin，Kou Meng，Yan Hui，DaFu Ma，Li Qiang	Field Crops Research	227：41-48
35	2018	Effects of polysaccharides from purple sweet potatoes on immune response and gut microbiota composition in normal and cyclophosphamide treated mice	Sun Jan，et al	Food & Function	9：937-950
36	2018	A comparative metabolomics study of flavonoids in sweet potato with different flesh colors［*Ipomoea batatas*（L.）Lam.］	Aimin Wang，Rensai Li，Lei Ren，Xiali Gao，YungangZhang，Zhimin Ma，Daifu Ma，Yonghai Luo	Food Chemistry	260：124-134
37	2018	Central Role of Adenosine 5′-Phosphosulfate Reductase in the Control of Plant Hydrogen Sulfide Metabolism	Tang Jun，et al	Frontiers in Plant Science	DOI：10.3389/fpls.2018.01404
38	2018	Characterization，antioxidant activity and heteroprotective effect of purple sweet potato polysaccharides	Sun Jan，et al	International Journal of BiologicalMacromolecules	115：69-76
39	2018	Protective effect of an arabinogalactan fromblack soybean against carbon tetrachloride-induced acute liver injury in mice	Sun Jan，et al	International Journal of BiologicalMacromolecules	117：659-664
40	2018	Immunomodulatory effects of polysaccharides from purple sweet potato on lipopolysaccharide treated RAW 264.7 macrophages	Sun Jan，et al	Journal of Food Biochemistry	42（3）：e12535

（续表）

序号	年份	题目	作者	杂志名	卷（期）页码
41	2018	Protective effect of dietary fiber from sweet potato [*Ipomoea batatas*（L.)] against lead - induced renal injury by inhibiting oxidative stress via AMPK/SIRT1/PGC1 α signaling pathways	Zhang Yi，Wen Long Gu，LiQin Duan，Zhu Hong，HongYun Wang，Wang Jing，Sun Jan，FuXiang Niu	Journal of Food Biochemistry	42（3）e12513
42	2018	Genome sequences of two diploid wild relatives of cultivated sweetpotato reveal targets for genetic improvement	ShanWu，KinH.Lau，Qinghe Cao，John P.Hamilton，Hong-heSun，ChenxiZhou，LaurenEserman，DorcusC.Gemenet，Bode A. Olukolu，Haiyan Wang，EmilyCrisovan，Grant T. Godden，ChenJiao，Xin Wang，MercyKitavi，NormaManri-que-Carpintero，BrieanneVaillancourt，Krystle Wiegert-Rin-inger，XinsunYang，KanBao，Jennifer-Schaff，JanKreuze，Wolfgang Gruneberg，Awais Khan，MarcGhislain，Daifu Ma，Jiming Jiang，Robert O. M. Mwanga，JimLeebens-Mack，LachlanJ. M. Coin，G.CraigYencho，C. Robin Buell，Zhangjun Fei.	Nature communications	4580，DOI：10.1038/s41467-018-06983-8
43	2018	OsNDUFA9 encoding a mitochondrial complex I subunit is essential for embryo development and starch synthesis in rice	TingTing Hu，et al	Plant Cell Reports	37（12）：1667-1679
44	2019	Long-term effect of fertilizer and manure application on the balance of soil organic carbon and yield sustainability in Fluvo-aquic Soil	Wen Meng，AiJun Zhang，et al	Archives of Agronomy and Soil Science	DOI：10.1080/03650340.2019.1678746

（续表）

序号	年份	题目	作者	杂志名	卷（期）页码
45	2019	Regulation of leaf and root physiology of sweet potato [*Ipomoea batatas*（L.）Lam.] with exogenous hormones under potassium deficiency stress	Liu Ming, XiaoGuang Chen, AiJun Zhang, HouHao Sun, Jin Rong, HongMin Li, ZhongHou Tang	Archives of Agronomy and Soil Science	Published online
46	2019	High throughput sequencing identifies chilling responsive genes in sweetpotato（*Ipomoea batatas* Lam.）during storage	ZhiLin Zhou, et al	Genomics	111：1006-1017
47	2019	Immune-enhancing effects of polysaccharides from purple sweet potato	Sun Jan, et al	International Journal of Biological Macromolecules	123：923-930
48	2019	Structural characterization and anti-inflammatory activity of alkali-soluble polysaccharides from purple sweet potato	Sun Jan, et al	International Journal of Biological Macromolecules	131：484-494
49	2019	Structural characterization of a water-soluble purple sweet potato polysaccharide and its effect on intestinal inflammation in mice	Sun Jan, et al	Journal of Functional Foods	61：103502
50	2019	Antioxidative system in sweetpotato root is activated by low-temperature storage.	Tang Jun, et al	Journal of the Science of Food and Agriculture,	99：3824-3833
51	2019	A novel glutathione *S-transferase* gene from sweetpotato, *IbGSTF4*, is involved in anthocyanin sequestration	KouMeng, LiuYa-ju, Li Zong-yun, Zhang Yun-gang, Tang Wei, Yan Hui, Wang Xin, Chen Xiao-guang, Su Zai-xing, Arisha, Mohamed Hamed, Li Qiang, Ma Dai-fu	Plant Physiology and Biochemistry	135：395-403
52	2019	Antioxidative capacity is highly associated with the storage property of tuberous roots in different sweetpotato cultivars.	Tang Jun, et al	Scientific Reports	9：11141
53	2020	Genome-wide characterization and expression analysis of HAK K^+ transport family in Ipomoea	JinRong, AiJun Zhang, Liu Ming, Peng Zhuo, Xiao GuangChen, ZhongHou Tang	3 Biotech	11：1-18

（续表）

序号	年份	题目	作者	杂志名	卷（期）页码
54	2020	Effects of wheat straw incorporation and nitrogen application on sweetpotato yield and quality andsoil fertility	Liu Ming，AiJun Zhang，Jiang Wei，XiaoGuang Chen，Jin Rong，ZhongHou Tang	Archives of Agronomy and Soil Science	Published online（2020/8/17）
55	2020	Transcriptome sequencing and whole genome expression profiling of hexaploid sweetpotato under salt stress	MHArisha，HAboelnasr，MQ Ahmad，YLiu，Q Li	BMC genomics	21：197
56	2020	MYB44 competitively inhibits the formation of the MYB340-bHLH2-NAC56 complex to regulate anthocyanin biosynthesis in purple-fleshed sweet potato	DongLan Zhao，et al	BMC plant biology	20：258
57	2020	Identification of Shaker K^+ channel family members in sweetpotato and functional exploration of IbAKT1	Jin Rong，AiJun Zhang，Sun Jan，XiaoGuang Chen，Liu Ming，Peng Zhuo，Jiang Wei，ZhongHou Tang	Gene	doi：https：//doi.org/10.1016/j.gene.2020.145311
58	2020	Genome-wide analysis of expression quantitative trait loci（eQTLs）reveals the regulatory architecture of gene expression variation in the storage roots of sweet potato	ZhangLei，YuY-icheng，Shi Tianye，Kou Meng，Sun Jian，Xu Tao，Li Qiang，Wu Saoyu-an，CaoQinghe，Hou Wenqian，Li Zongyun	Horticulture Research	7：90
59	2020	Anti-inflammatory properties and gut mi-crobiota modulation of an alkali-soluble polysaccharide from purple sweet potato in DSS-induced colitis mice	Sun Jan，et al	International Journal of Biological Macromole-cules	153：708-722
60	2020	An efficient synthesis of spiroacridinone derivativesfrom the facile reaction of isatins，dimedone，and5-aminoindazole（6-aminoindazole or 5-aminoindole）	WenTing Zhang，Sun Jan，Zhu Hong，RunXue Yue，Zhang Yi，FuXiang Niu	Journal of Heterocyclic chemistry	57：1912-1924.
61	2020	The genetic structure and recombination analyses of Sweetpotato leaf curl virus（SPLCV）population in China	ChengLing Zhang，HouJun Sun，YiPing Xie，et al	Journal of Plant Diseases and Protection	6（127）：741-751

（续表）

序号	年份	题目	作者	杂志名	卷（期）页码
62	2020	RNA-seq reveals the salt tolerance of Ipomoea pes-caprae, a wild relative of sweet potato	Liou Yang, XIBin Dai, LuKuan Zhao, QiSen Huo, JinPeng Fei, DongLan Zhao, ZhiLin Zhou, Tang Jun, ShiZhuo Xiao, QinHe Cao	Journal of plant physiology	255：153276
63	2020	Improving CRISPR-Cas-mediated RNA targeting and gene editing using SPLCV replicon-based expression vectors in *Nicotiana benthamiana*	YiCheng Yu, Wang Xiao, HouJun Sun, Lian Qiang, WenChi Wang, ChengLing Zhang, XiaoFeng Bian, QinHe Cao, Li Qang, YiPing Xie, DaiFu Ma, ZongYun Li, Sun Jan	Plant Biotechnology Journal	1-3
64	2020	Comparative transcriptome analysis of Sweetpotato [*Ipomoea batatas* (L.)] and discovery of genes involved in starch biosynthesis	Meng Kou, ZaiXing Su, Yun-Gang Zhang, Qiang Li	Plant Biotechnology Reports	DOI 10.1007/s11816-020-00647-0
65	2020	IbERF71, with IbMYB340 and IbbHLH2, coregulates anthocyanin accumulation by binding to the IbANS1 promoter in purple-fleshed sweet potato [*Ipomoea batatas* (L.)]	NingZhi Yuan, KangLi Hu, ZhiLin Zhou, DongLan Zhao, Tang Jun, Wang Hong, LiXia Li, Ding Chen, XiaoYang Chen, GaiFang Yao, Zhang Hua*	Plant Cell Reports	https：//doi.org/10.1007/s00299-020-02621-0
66	2020	IbINH positively regulates drought stress tolerance in sweetpotato	DongJing Ya, YiPing Xie, HouJun Sun, et al	Plant Physiology and Biochemistry	146：403-410
67	2020	Active carbon pool-size is enhanced by long-term manure application	Wen Meng, et al	Plant, Soil and Environment	66（11）：598-605
68	2020	Anti-inflammatory activity of a water-soluble polysaccharide from the roots of purple sweetpotato	Sun Jan, et al	RSC Advances	10：39673-39686

（续表）

序号	年份	题目	作者	杂志名	卷（期）页码
69	2020	iTRAQ-Based Proteomic Reveals Cell Cycle and Translation Regulation Involving in Peanut Buds Cold Stress	XiaoJun Wang, Shen Yi, DongLeiSun, NengFei Bian, PuXiang Shi, ZuMing Zhang, ZiDe Chen, YongHui Liu, Shen Yue, wang Xing	Russian Journal of Plant Physiology	67（1）：103-110
70	2020	RnA-sequencing analysis revealed genes associated drought stress responses of diferent durations in hexaploid sweet potato	Mohamed Hamed Arisha, Muhammad Qadir Ahmad, WeiTang, Yaju Liu, Hui Yan, Meng Kou, XinWang, Yungang Zhang, Qiang Li	scientific report	

注：共计70篇，其中甘薯品种资源研究室12篇，甘薯遗传育种室21篇，甘薯生理栽培研究室16篇，甘薯病虫草害研究室4篇，甘薯加工利用研究室12篇，油料研究室2篇，水稻研究室1篇，徐农种业2篇。

附录九 国际交流

一、出国进修

2011—2020 年徐州农科所选派出国进修人员详见附表 9-1。

附表 9-1 2011—2020 年徐州农科所选派出国进修人员

时间	出访者	出访单位	出访任务
2015 年 8 月 30 日—2016 年 8 月 24 日	刘东涛	美国堪萨斯州立大学	访问学者
2017 年 7—9 月	马红勃	国际玉米小麦改良中心 CIMMYT	品质培训班
2019 年 9 月 1 日—2020 年 8 月 21 日	马红勃	美国北达科他州立大学	访问学者
2011 年 7 月—2012 年 1 月	曹清河	美国 Alcorn State University 的生物技术和基因组学中心	甘薯分子生物学和细胞遗传学技术合作研究
2012 年 12 月—2014 年 1 月	曹清河	美国康奈尔大学 BTI 研究所	甘薯近缘二倍体野生种基因组学研究
2015 年 8 月—2016 年 8 月	赵冬兰	美国堪萨斯州立大学	学习及合作研究
2010 年 7 月—2010 年 12 月	后　猛	韩国生命工学研究院（KRIBB）	甘薯抗逆基因的分子克隆及功能验证
2018 年 9 月—2018 年 12 月	闫　会	国际马铃薯中心撒哈拉以南非洲分中心	甘薯分子育种技术学习
2012 年 5 月—2012 年 11 月	唐　维	韩国生命工学研究院	交流深造
2016 年 8 月—2017 年 8 月	刘亚菊	美国马凯特大学	访问学者
2013 年 9 月—2014 年 8 月	李　强	美国德州 A&M 大学	公派访学
2011 年 6 月—2011 年 9 月	唐忠厚	国际马铃薯中心	交流学习
2014 年 9 月—2017 年 6 月	靳　容	韩国生命工学研究院	攻读博士学位
2011 年 7 月—2011 年 12 月	孙厚俊	韩国生命工学研究院	访问学习
2013 年 9 月—2014 年 3 月	赵永强	韩国生命工学研究院	访问学习
2014 年 9 月—2015 年 8 月	徐　振	韩国生命工学研究院	访问学习
2015 年 10 月—2016 年 10 月	杨冬静	韩国生命工学研究院	访问学习
2018 年 9 月—2018 年 12 月	张成玲	国际马铃薯中心（秘鲁）	访问学习

注；共计18人次，其中小麦研究室3人次，甘薯品种资源研究室3人次，甘薯遗传育种研究室5人次，甘薯生理栽培研究室2人次，甘薯病虫草害研究室5人次。

二、出访国（境）外

2011—2020 年徐州农科所赴国（境）外出访人员详见附表 9-2。

附表 9-2　2011—2020 年徐州农科所赴国（境）外出访人员

时间	出访者	出访单位	出访任务
2011 年 7 月 6—13 日	陈荣振	德国 Sturbe Research GmbH &Co. KG 公司	执行德国联邦教育与科研部“德中小麦抗纹枯病育种材料的创制”项目
2011 年 12 月 11—19 日	冯国华	印度尼西亚雅加达	参加 Indonesia-China Science and Technology Week 2011 活动
2012 年 7 月 5—10 日	刘东涛	德国 Strube Research GmbH & Co.K 公司	参观小麦试验，考察学习玉米花粉诱导小麦单倍体育种技术，并与德国育种专家就品质筛选、抗性鉴定、专业收种机械、数据管理等相关工作进行交流
2012 年 12 月 8—17 日	陈荣振	巴西	小麦科研考察
2013 年 7 月 18—24 日	冯国华	德国 Strube Research GmbH & Co.K 公司	考察德国小麦育种情况，并收集了部分种质资源
2016 年 4 月 4—13 日	冯国华	巴西	参加第五届国际赤霉病大会
2016 年 7 月 3—16 日	陈荣振 周兴根 马红勃	德国 Strube Research GmbH & Co.K 公司	考察交流小麦育种
2017 年 2 月 11—18 日	冯国华	乌克兰基洛夫格勒州农业试验站、俄罗斯国立梁赞农业工程大学和梁赞州	学术交流，就加强友好城市间交流合作进行讨论
2017 年 8 月 11—17 日	李再祥 冯国华	CIMMYT	参观了本部和 Toluca 的小麦试验田，以及品质分析实验室、分子生物学实验室和 gene bank 等研究设施，并与有关专家进行了交流
2018 年 12 月 24—31 日	冯国华	中国台湾	作为赴台访问团团长，随同江苏省农村专业技术协会赴台培训团赴台湾考察交流
2019 年 3 月 5—18 日	王　幸	美国密西根州立大学	了解美国大豆的育种现状，前沿育种方法及技术，种植方式及模式，生产及消费习惯等一系列内容，就高产抗病优异资源交换、抗性资源共享、分子标记技术研究进行交流

（续表）

时间	出访者	出访单位	出访任务
2011 年 8 月 26 日—9 月 6 日	唐　君	应美国北卡罗来纳州立大学 Yencho 博士等邀请，分别对美国农业部农研局贝尔兹威尔地区植物研究所等、北卡罗来纳州立大学甘薯育种项目组、夏威夷大学进行学术交流与考察	主要参观作物系统全球变化、可持续农业系统、可持续木本植物、果蔬遗传改良 4 个实验室。并与张大鹏博士就开展大群体 SNP 分析研究；引进 CIP 资源进行甘薯起源地的研究；建立 SNP 甘薯资源库；学习 RNA 分析技术并用于优异资源的筛选；双方互访与开展学术讲座达成协议；听取美国北卡罗莱纳州立大学（NCSU）园艺系甘薯育种；甘薯不同苗质、栽插时间、土壤温度、栽插深度、N、P、K 肥对产量的影响；除草剂应用的种类和残留影响；甘薯茎尖脱毒培养快、繁、病毒检测、脱毒薯苗应用；功能食品的开发利用等方面的学术报告；与夏威夷大学就甘薯病毒转基因抗病毒技术达成合作研究意向。此次考察，初步建立了开展学术讲座、学习 SNP、RNA 分析技术、引进资源、人员培训（养）合作关系；了解到美国的科研体制、农业科研的最新手段和科研进展
2012 年 8 月 19 日—9 月 2 日	唐　君 曹清河	受邀赴比利时参加由非洲安全与健康甘薯在行动组织（SASHA）组织的甘薯现代育种技术培训会和全球作物多样性基金（GCOT）组织的利用甘薯野生资源进行前育种高级磋商会	主要学习“植物育种基本概念、命名”“经典育种方法”“分子标记”“植物生物技术基本概念”“甘薯高级育种方法”等。利用甘薯野生资源进行前育种磋商会，进一步对甘薯前育种项目进行讨论磋商
2012 年 9 月 16—19 日	唐　君	赴韩国参加第五届韩中日甘薯学术研讨会	参加韩国作物科学研究所 50 年建所庆典；我所与韩国生命工学研究院（KRIBB）签订未来 5 年甘薯合作研究框架协议；参观和考察韩国农业振兴厅农业气候变化研究中心、能源作物研究中心、韩国生命工学研究院、大德研究开发特区及展示馆、水原农业振兴厅及展示馆等
2014 年 5 月 10—14 日	曹清河	英国伦敦	参加第二届世界植物基因组学大会。主要涉及植物基因组学技术前沿、生物信息学分析方法以及基因组学、转录组学在植物和主要农作物中的成功应用
2014 年 11 月 27 日—12 月 1 日	唐　君	日本 - 鹿儿岛大学：参加“第六届日中学术研讨会”	①新地域农业生产综合振兴对策事业。主要是甘薯淀粉加工和鲜薯保存及鲜薯清洗包装。主要经验是收获后晾晒 1 周，然后放入贮藏库中，保存温度 14℃，相对温度 85%；②传统酿酒坊；③农会农产品及甘薯产品销售
2017 年 7 月 8—15 日	蔡成缓 曹清河 张　安	国际马铃薯中心	执行国家自然科学基金、国家甘薯产业技术体系和农业部 948 项目。考察 CIP 种质资源试管苗库、田间圃及育种基地，并进行学术交流
2018 年 9 月 4—8 日	唐　君 曹清河	韩国 - 全州：第八届中日韩甘薯研讨会	曹清河博士在大会上做了关于“Classification role and draft genome of the tetraploid Ipomoea tabascana in Ipomoea section Batatas”的报告。参观农业科学馆、农业生物技术研究所、国立粮食科学院。其中，将韩国农业发展的 5 人时期，分别称为绿色革命、白色革命、技术革命、知识革命，信息革命，感受很深

（续表）

时间	出访者	出访单位	出访任务
2012 年 11 月 27 日— 12 月 8 日	李　强 李要进 孙近友 周志林	印尼粮食作物研究发展中心和印尼生物技术与遗传资源中心、CIP 东南亚及太平洋办事处、印尼豆类和根茎类研究所	执行中印国际合作项目（项目编号：10-SVP02；项目名称：优异甘薯专用新种质交换及创新）
2014 年 11 月 25—30 日	李跃进 钮福祥 张允刚	美国夏威夷大学	①访问甘薯项目组实验室及试验基地并进行学术交流；②与夏威夷大学甘薯项目组就甘薯穿梭育种技术进行交流和科研合作讨论，完成国家产业技术体系岗位科学家任务（CARS-11-B-03）；③考察夏威夷大学甘薯项目组合作的甘薯加工厂；④赴美国农业部农业研究服务署参观贝尔特斯威利研究中心实验室（SPLC）及试验基地，并进行遗传改良交流与项目洽谈；⑤与美国农业部农业研究服务署贝尔特斯威利研究中心进行甘薯深加工技术交流与合作洽谈，完成国家产业技术体系岗位科学家任（CARS-11-B-20）；⑥就人员培训、合作研究进行探讨，推动我所与美国甘薯科研交流与合作
2015 年 4 月 19—27 日	李洪民	乌干达农科院、坦桑尼亚农业部、科技部等	考察交流
2016 年 11 月 8—12 日	唐忠厚	日本国家农业与食品产业研究组织（NARO）都城试验站	考察交流
2011 年 8 月 26 日— 9 月 6 日	谢逸萍	应美国北卡罗来纳州立大学 Yencho 博士等邀请，分别对美国农业部农研局贝尔兹威尔地区植物研究所等、北卡罗来纳州立大学甘薯育种项目组、夏威夷大学进行学术交流与考察	参观作物系统全球变化、可持续农业系统、可持续木本植物、果蔬遗传改良等 4 个实验室。拟开展大群体 SNP 分析、引进 CIP 资源进行甘薯起源地、建立 SNP 甘薯资源库等研究；学习 RNA 分析技术并用于优异资源的筛选；就双方互访与开展学术讲座达成协议；听取北卡州罗利的北卡州立大学（NCSU）园艺系甘薯育种；甘薯不同苗质、栽插时间、土壤温度、栽插深度、N、P、K 肥对产量的影响；除草剂应用的种类和残留影响；甘薯茎尖脱毒培养快、繁、病毒检测、脱毒薯苗应用；功能食品的开发利用等方面的学术报告；与夏威夷大学就甘薯病毒转基因抗病毒技术达成合作研究意向。此次考察，初步建立了开展学术讲座、学习 SNP、RNA 分析技术、引进资源、人员培训（养）合作关系；了解到美国的科研体制、农业科研的最新手段和科研进展
2011 年 7 月 18 日— 2012 年 1 月 15 日	孙厚俊	韩国生命工学研究院（韩国）	主要学习了分子生物学的试验技术，RT-PCR、Real time-PCR 及基因在烟草中的瞬时表达等，并利用瞬时表达技术研究了基因 *IbSPF1* 对抗病相关基因和抗逆相关基因表达的影响
2013 年 9 月 1 日— 2014 年 2 月 28 日	赵永强	韩国生命工学研究院（韩国）	主要学习基本的分子操作试验技术，并且构建甘薯 IbGSNOR 基因和 RNAi 载体，成功获得两个表达载体

（续表）

时间	出访者	出访单位	出访任务
2014 年 9 月 1 日—2015 年 8 月 30 日	徐　振	韩国生命工学研究院（韩国）	就甘薯耐寒性开展合作研究。研究结果证明 *AtTrxh2*、*AtP3* 基因可显著提高甘薯对低温胁迫的耐受能力
2015 年 10 月 29 日—2016 年 10 月 28 日	杨冬静	韩国生命工学研究院（韩国）	克隆甘薯蔗糖转化酶 *IbINV* 及其抑制子 *IbINH*，采用农杆菌介导的甘薯胚性愈伤遗传转化研究其基因功能
2018 年 9 月 20 日—12 月 18 日	张成玲	国际马铃薯中心（秘鲁）	学习 small RNA 和 large RNA 提取方法，构建病毒侵染的转基因植物 sRNA 文库，利用高通量测序方法检测病毒在寄主的发生情况
2014 年 11 月 25 日—11 月 30 日	钮福祥	美国夏威夷大学热带植物和人力资源学院、美国农业部贝茨维尔农业研究中心实验室	美国甘薯育种和产后加工考察与学术交流
2017 年 9 月 7 日—9 月 12 日	钮福祥	英国洛桑研究所	英国薯类品种、产后加工及产品市场考察与学术交流
2018 年 9 月 15 日—12 月 13 日	岳瑞雪	国际马铃薯研究中心（肯尼亚内罗毕）	甘薯营养品质、功能充分及加工特性分析与评价
2019 年 9 月 14 日—12 月 7 日	张　毅	国际马铃薯研究中心（肯尼亚内罗毕）	甘薯品质和感官特性分析及评价

注：全所均因执行专业项目而赴外出访，2011—2020年共计44人次，其中小麦专业项目13人次，大豆专业项目1人次，甘薯品种资源专业项目11人次，甘薯育种专业项目7人次，甘薯栽培专业项目2人，甘薯病虫草害防控专业项目6人，甘薯加工利用专业项目4人次。

三、外宾来访

2011—2020 年徐州农科所接待外宾来访情况详见附表 9-3。

附表 9-3　2011—2020 年徐州农科所接待外宾来访者

时间	姓名	职称 / 学位	单位	专业
2010 年 11 月 2—4 日	Andreas Jacobi	首席科学家博士	德国 Strube Research GmbH & Co.K 公司	小麦育种
2011 年	Andreas Jacobi 托马斯　桑德里娅	首席科学家博士	德国 Strube Research GmbH & Co.K 公司	小麦育种

（续表）

时间	姓名	职称 / 学位	单位	专业
2013 年 5 月 28 日	Andreas Jacobi	首席科学家博士	德国 Strube Research GmbH & Co.K 公司	小麦育种
2015 年 5 月 25 日	Stefania Masci	博士	意大利图西亚大学 Tuscia University	小麦育种
2016 年 4 月 28 日	Andreas Jacobi	首席科学家博士	德国 Strube Research GmbH & Co.K 公司	小麦育种
2017 年 5 月 9 日	刘春吉	首席科学家教授	澳大利亚西澳大学	植物病理
2017 年 5 月 11 日	李宗珩等一行 4 人	研究士	韩国京畿道农业技术院	植物科学
2018 年 5 月 13 日	Andreas Jacobi 夫妇	首席科学家博士	德国 Strube Research GmbH & Co.K 公司	小麦育种
2018 年 5 月 14—15 日	柏贵华	教授	美国堪萨斯州立大学	小麦育种
2011 年 12 月	Ming Gao	教授 / 博士	美国 Alcorn State University 的生物技术和基因组学中心	生物技术
2012 年 4 月	郭尚珠	教授 / 博士	韩国生命工学研究院	生物学
2013 年 8 月 17—22 日	郑在哲	博士	韩国生命工学研究院	生物学
2016 年 3 月	Yncho	教授 / 博士	美国北卡罗来纳州立大学	生物学
2019 年 8 月	Nam SangSik	博士	韩国农业振兴厅生物能源作物研究所	生物学
2017 年 7 月	Chandrashekhar P. Joshi	教授	美国密歇根理工大学生物科学系	生物学
2016 年 10 月	DavidD.Ellsi	主任	秘鲁国际马铃薯中心资源中心	种质资源学
2014 年 1 月 7—15 日	Noureddine BENKEBLIA	教授	西印度大学，生命科学系	植物和作物科学
2011 年 1 月 29 日	Francisco Vilaro	教授	乌拉圭国家农业研究所	遗传育种
2015 年 5 月 22 日	张洋	教授	美国 Texas A&M University	生物信息学
2015 年 10 月 8 日	郭尚洙	院士	韩国生命工学院	农业
2017 年 9 月	郭尚洙	研究员 / 博士	韩国生命工学研究院	环境生物技术

注：据不完全统计，2011—2020年全所共计接待德国、意大利、澳大利亚、韩国、美国、秘鲁、西印度群岛、乌拉圭等地的学者、专家21人次来华访问考察或学术交流。

附录十 学术活动

一、举办学术会议

2011—2020 年徐州农科所主办、协办、承办的学术活动详见附表 10-1。

附表 10-1 2011—2020 年徐州农科所主办、协办、承办学术活动

年份	会议名称	人数	主办、协办、承办
2013	江苏省遗传学会 2013 年学术年会	230	徐州农科所与江苏师范大学共同承办
2014	江苏省小麦育种协作攻关学术交流会	28	徐州农科所承办
2016	江苏省作物生产协同创新中心学术交流会	21	徐州农科所承办
2017	江苏省小麦育种协作组学术交流会	58	徐州农科所承办
2018	国家小麦产业技术体系 2017 年学术交流会	200	徐州农科所承办
2019	国家小麦产业技术体系 2019 年学术交流会	200	徐州农科所承办
2020	江苏省小麦育种攻关协作组学术工作研讨会	40	徐州农科所承办
2014	第六届黄淮海大豆育种协作网科研工作交流会议	150	黄淮海大豆育种协作网主办；徐州农科所承办
2019	江苏大豆品种审定与产业发展研讨会	60	江苏省种子管理站、江苏省农业科学院主办；徐州农科所承办
2019	大豆优异种质资源精准鉴定与创新利用课题总结会	70	中国农业科学院作物科学研究所主办；徐州农科所承办
2017	江苏省鲜食花生品鉴暨产业发展论坛	26	江苏省农业技术推广总站联合江苏徐州农科所主办
2018	全国花生绿色高产高效技术培训会	65	全国农业科技推广服务中心主办；江苏省农委承办；徐州农科所协办
2019	2019 年鲜食花生品鉴暨产业发展研讨会	100	徐州农科所主办；睢宁县人民政府承办
2013	甘薯抗旱材料筛选鉴定现场观摩和技术培训	35	国家甘薯产业技术体系遗传育种研究室主办；甘薯种质资源评价岗位和新疆农业科学院粮食作物研究所共同承办
2019	“江苏省根茎类作物种质资源库”项目现场考察观摩活动	26	徐州农科所主办
2019	国家重点研发计划“杂粮作物抗逆和品质形成与调控”项目 2019 年度总结会	113	中国农业科学院作物科学研究所主办；徐州农科所承办
2013	国家甘薯产业技术体系甘薯产业经济培训与交流会	100	国家甘薯产业技术体系研发中心 / 徐州农科所主办

注：据不完全统计，全所共计5个研究专业开展主办、协办、承办学术活动17次、1 522人参加。

二、参加学术交流

2011—2020 年徐州农科所科研人员参加学术交流活动情况统计详见附表 10-2。

附表 10-2　2011—2020 年徐州农科所科研人员参加学术交流活动情况统计

年份	报告人	报告题目	会议名称（地点）
2015	陈荣振 冯国华 刘东涛	“小麦遗传育种技术研究进展”	第七届全国小麦遗传育种学术研讨会（郑州）
2015	陈荣振 刘东涛	“小麦基因组学及分子育种技术”等	第六届全国小麦基因组学及分子育种大会（杨凌）
2017	陈荣振 刘东涛	“小麦基因组学及分子育种成就”	第八届全国小麦基因组学及分子育种大会（石家庄）
2018	陈荣振 冯国华 刘东涛	“黄淮麦区新品种选育及示范推广”	第四届黄河小麦论坛（郑州）
2018	冯国华 刘东涛	“小麦育种新材料、新方法、新进展”	第九届全国小麦基因组学及分子育种大会（成都）
2019	刘东涛 马红勃	“分子育种技术在小麦新品种选育上的应用”	分子植物育种大会（长春）
2019	冯国华 刘东涛	“分子辅助育种技术与常规育种技术相结合的实践”	第十届全国小麦基因组学及分子育种大会（烟台）
2012	张正敏	棉花育种实践经验	中国棉花学会 2012 年年会暨第八次代表大会（山西运城）
2015	孙亚伟	新型内生拮抗细菌枯草芽孢杆 Jaas ed1 菌剂对棉花黄萎病的田间防控效果及增产作用	中国棉花学会 2015 年年会（新疆昌吉）
2016	李卫华	淮北地区棉花大蒜（洋葱）高效立体种植模式研究	中国农学会棉花分会 2016 年年会（徐州）
2017	李卫华	徐棉 266 在江苏棉区的种植表现及高产栽培技术	中国农学会棉花分会 2017 年年会（河南郑州）
2014 年 8 月	王　幸	小麦秸秆还田对土壤理化性状 和大豆生长发育的影响	第 24 届全国大豆科研生产会议（银川）
2015 年 4 月	王　幸	小麦秸秆还田方式对大豆生长发育和土壤理化性状的影响	第七届黄淮育种协作网会议

（续表）

年份	报告人	报告题目	会议名称（地点）
2018 年 1 月 1 日	王晓军 孙东雷 卞能飞		中国作物学会油料作物专业委员会第八次会员代表大会暨学术年会
2012 年 8 月 19 日—9 月 2 日	曹清河	甘薯野生资源利用与前育种的探讨	利用甘薯野生资源进行前育种高级磋商会（比利时根特大学）
2013 年 6 月 3 日	曹清河	中国甘薯基因组学研究现状及展望	甘薯基因组测序及育种工具开发（美国西雅图）
2018 年 9 月 4—8 日	曹清河	ClassificationroleanddraftgenomeofthetetraploidIpomoeatabascanainIpomoeasectionBatatas	第八届中日韩甘薯研讨会（韩国全州）
2019 年 6 月 6—8 日	张　安	WholegenomeofthetetraploidIpomoeatabascanainIpomoea section Batatas	国际动植物基因组学大会（深圳）
2019 年 10 月 16—18 日	曹清河	ResearchProgressofspeciesinIpomoea：fromcollection，evaluationtogenomics	第一届旋花科基因组大会（上海）
2011 年	李　强	Sweetpotatobreedingandplantation in dry land of China	UNCCD COP10，农林生物技术防治沙漠化国际研讨会（韩国，昌原）
2014 年	李　强	Statusandstrategyofsweetpotatocultivarimprovementsince21stcentury in China	第六届日中韩甘薯学术研讨会（日本，鹿儿岛）
2015 年 8 月 23—25 日	后　猛	Development of SNP markers in sweetpotato using Tetra-primer ARMS-PCR method	江苏遗传学会第九届会员代表大会暨学术研讨会（南京）
2020 年 9 月 24—25 日	李　强	甘薯育种技术及品种选育进展	全国非主要农作物（甘薯）登记品种展示评价培训班（徐州）
2020 年 9 月 24—25 日	后　猛	甘薯品种性状调查及展示评价技术	全国非主要农作物（甘薯）登记品种展示评价培训班（徐州）
2016 年 10 月 10—14 日	李　强	Biofortificationoforange-fleshed sweetpotato in China	第七届中日韩甘薯学术研讨会论文集（济南）
2018 年 9 月 4—8 日	王　欣	Purple sweetpotato color alleviates hepatic insulin resistanceinhigh-fat-diet-treated mice	8th International Sweet Potato Symposium（韩国，大邱）
2018 年 9 月 6—7 日	唐忠厚	低钾胁迫下甘薯生理特征研究	甘薯国际会议（韩国）
2019 年 9 月 22—25 日	刘　明	秸秆还田对甘薯产量品质和土壤肥力的影响	甘薯生理与分子生物学学术交流会
2018 年 8 月 6—9 日	刘　明	不同耐性甘薯品种根系形态、活力和超微结构对低钾胁迫响应差异及外源 IAA 的调节作用	中国植物营养与肥料学会 2018 年学术年会

（续表）

年份	报告人	报告题目	会议名称（地点）
2018 年 8 月 6—9 日	靳　容	甘薯耐低钾转录组学和钾离子转运蛋白基因家族分析	中国植物营养与肥料学会 2018 年学术年会
2020 年 11 月 8—10 日	唐忠厚	甘薯绿色高效栽培与乡村振兴	中国作物学会 2020 年学术年会
2011	钮福祥	十一五甘薯产后加工技术、成果介绍	农产品加工科技援疆学术研讨会
2011	钮福祥	甘薯产后加工研发进展	陕西杨凌首届薯类产业创新发展论坛
2013	钮福祥	长江流域甘薯产业发展技术概论等	长江流域甘薯产业发展技术研讨会
2015	钮福祥	福建甘薯产业规模经济发展趋向等	2015 连城地瓜产业发展大会
2015	钮福祥	甘薯加工利用前景分析及经济效益展望等	国际甘薯加工技术与产业发展研讨会
2016	钮福祥	我国甘薯产后加工及市场趋势分析	2016 世界淀粉产业大会
2019	钮福祥	中国甘薯产业现状与展望	2019 中国农业展望大会
2012	孙　健	Relationship between Quality Traits of Sweet potato and Ethanol Fermentation	5th Korea-Japan-China Sweetpotato Workshop
2015	孙　健	甘薯品质特性与乙醇发酵关系研究	甘薯青年学术研讨会
2018	孙　健	紫甘薯多糖结构表征、生物活性研究及功能食品相关思考	甘薯青年学术交流会
2018	孙　健	Characterization，hepatoprotective activity and regulative effect on gut microbiota of polysaccharides from purple sweetpotato	食品营养与健康国际研讨会
2019	孙　健	我国甘薯加工业发展现状	第二届甘薯青年学术交流会
2014	张　毅	Effect of Purple Sweet Potato Color on mRNA Expression of hypothalamic Leptin and Leptin Receptor in High Fat Diet Model Rats	NARO International Symposium 2014
2015	张　毅	紫薯花青素组分鉴定及其对大鼠高脂诱导肥胖的预防效果	甘薯青年学术研讨会

注：据不完全统计，全所共有小麦、棉花、大豆、花生、甘薯品种资源、甘薯育种、甘薯栽培、甘薯加工8个学科56人次参加国内外较大型学术交流活动。

附录十一 荣誉称号

一、先进集体

（一）综合荣誉

2011—2020 年徐州农科所获得的综合荣誉详见附表 11-1。

附表 11-1　2011—2020 年徐州农科所获得的综合荣誉

年份	授奖单位	授奖内容
2011	江苏省农科院	知识产权工作先进集体
2012	中共徐州市委	2008—2011 年度全市脱贫攻坚工作先进单位
2013	中共徐州市委办公室、徐州市人民政府办公室	2012 年度扶贫开发工作市后方挂钩帮扶先进单位
2013	中共徐州市委、徐州市人民政府	2012 年度市直机关和单位绩效考核优秀
2013	江苏省农科院	2011—2012 年度知识产权工作先进集体
2014	中共徐州市委办公室、徐州市人民政府办公室	2013 年度扶贫开发工作市后方挂钩帮扶先进单位
2015	中共徐州市委办公室	2014 年度扶贫开发市后方挂帮扶先进单位
2015	江苏省农科院	2014 年考核科研业绩考核成绩突出单位
2015	徐州中共徐州市委	2014 年单位绩效考核良好
2016	徐州中共徐州市委、徐州市人民政府	2012—2015 年度市挂钩帮扶工作先进单位
2016	徐州中共徐州市委	2015 年单位绩效考核良好
2016	江苏省农科院	2015 年管理业绩考核成绩突出单位
2010	江苏省农委	江苏省挂县强农富民工程优秀单位（徐州农科所—沛县）
2016	江苏省农委《江苏农村经济》杂志社	江苏省挂县强农富民工程“送科技、比服务、促增效”活动表现突出单位
2017	江苏省农委	江苏省挂县强农富民工程睢宁项目“送科技、添动能、促增收”表现突出单位
2017	徐州中共徐州市委、徐州市人民政府	2016 年度市直机关单位绩效考核良好（第二）
2017	中共徐州市委、徐州市人民政府	创文明城市先进集体
2017	江苏省农科院	年度考核优秀单位

（续表）

年份	授奖单位	授奖内容
2018	中共徐州市委办公室	2017 年度脱贫致富奔小康工程市后方挂钩帮扶工作先进单位
2018	中共徐州市委办公室	2017 年市直机关和单位绩效考核评价良好
2018	徐州中共徐州市委	2015—2017 年度徐州市文明单位
2019	中共徐州市委办公室	2018 年度“徐州市创新奖”优秀奖
2019	徐州市科学技术局	徐州市 2018 年度科技创新突出单位
2019	中国作物学会	中国作物学会第十届先进集体
2019	中共徐州市委农村工作领导小组	徐州市农技推广服务先进单位
2020	江苏省农业科学院	2019 年度先进集体
2020	市委党建领导小组办公室	市直单位党（工）委优秀“书记项目”
2020	江苏省农业科学院	2019 年度先进单位

（二）单项荣誉

2011—2020 年徐州农科所获得的单项荣誉详见附表 11-2。

附表 11-2　2011—2020 年徐州农科所获得的单项荣誉

年份	授奖单位	授奖内容
2013	中国作物学会甘薯专业委员会、北京市大兴区人民政府	“紫甘薯花青素含片”获第六届全国甘薯擂台赛加工产品组亚军
2015	徐州市总工会	徐州市劳模创新工作室科技创新成果奖项——徐麦 33
2016	省农业科技与生产资料推广应用协会	第二届江苏品牌农资（南京）交易会挂县强农成果展优秀展团
2016	振兴苏米产业联盟首届江苏百姓品米节	寻找江苏最好吃的大米暨首届江苏百姓品米节二等奖
2018	江苏省农科院	“以案释法明纪、严守纪律规矩”主题学习教育活动红文徐淮所获优秀组织奖
2020	江苏农业技术推广协会	徐紫薯 8 号获 2020 年度全省鲜食特色产品品鉴推介会鲜食产品金奖
2020	九三学社徐州农业科学院支社	九三学社徐州市委员会 2020 年度先进集体
2020	徐州市市城镇妇女“巾帼建功”竞赛活动领导小组	市“巾帼建功”先进集体——市农科院妇女委员会
2020	徐州市考核工作委员会办公室	考核良好
2020	江苏省党委知识分子联谊会	2015—2020 年度省党外知识分子联谊会工作先进集体

（三）部门荣誉

2011—2020 年徐州农科所获得有关部门的荣誉详见附表 11-3。

附表 11-3　2011—2020 年徐州农科所获得有关部门的荣誉

年份	授奖单位	授奖内容
2011	徐州市农科院	2010 年度先进集体——财务处、水稻研究室、甘薯育种研究室、开发部
2012	徐州市农科院	2011 年度先进集体——办公室、甘薯病虫草害防控研究室、小麦研究室、开发部
2013	徐州市人民政府	2010—2012 年度徐州市先进集体——油料研究室
2013	徐州市总工会	2013 年度徐州市“模范职工之家”
2013	徐州市农科院	2012 年度先进集体——办公室、蔬菜室、水稻室、甘薯病虫草害防控研究室
2014	徐州市农科院	2013 年度先进集体——办公室、小麦研究室、甘薯品种资源研究室、甘薯育种研究室
2015	徐州市农科院	2014 年度先进集体——办公室、小麦研究室、油料研究室 甘薯品种资源研究室
2016	徐州中共徐州市委	2013—2015 年度徐州市先进集体——甘薯品种资源研究室
2016	徐州市农科院	2015 年度先进集体——科研处、小麦研究室、油料研究室、甘薯栽培生理研究室
2017	江苏省农科院办公室	2017 年度院办公室优秀单位——办公室
2017	江苏省妇联	江苏省巾帼文明岗——甘薯病虫草害防控研究室
2017	徐州市总工会	市工人先锋号——办公室、油料室
2017	江苏省农科院办公室	2017 年度办公室工作优秀单位——办公室
2017	徐州市农科院	2016 年度先进集体——办公室、科技服务中心、小麦室、水稻室、油料室、育种室、品资室
2018	江苏省农科院办公室	优秀综合办公室——办公室
2018	徐州市总工会	市工人先锋号——园艺室
2018	徐州市总工会	职工小家——徐农种业公司工会小组
2018	徐州市农科院	2017 年度先进集体——科研处、财务处、小麦研究室、油料研究室、甘薯遗传育种研究室、水稻研究室、甘薯加工利用研究室
2019	江苏省农科院	2018 年度先进集体——园艺研究室
2019	江苏省农科院财务处	2018 年度院系统财务管理先进单位——财务处
2019	江苏省农科院办公室	2019 年度院办公室先进集体——办公室
2019	徐州市农村工作领导小组	徐州市农技推广服务先进单位——徐州市农科院科技服务中心

（续表）

年份	授奖单位	授奖内容
2019	徐州市农科院	2018 年度先进集体——科研处、办公室、科技服务中心、油料研究室、甘薯加工利用研究室、甘薯遗传育种研究室、小麦研究室、甘薯品种资源研究室
2020	徐州市总工会	市工人先锋号——科技服务中心
2020	江苏省农科院财务处	财务管理先进单位——财务处
2020	江苏省农科院办公室	省院系统办公室先进集体——办公室
2020	江苏省农科院	2019 年度先进集体——科技服务中心、甘薯遗传育种研究室
2020	徐州市农科院	2019 年度先进集体——办公室、科研管理处、财务处、甘薯品种资源研究室、小麦研究室、油料研究室、甘薯加工利用研究室、甘薯病虫草害防控研究室、甘薯遗传育种研究室和科技服务中心
2021	徐州市农科院	2020 年度先进集体——科研管理处、办公室、科技服务中心、甘薯遗传育种研究室、甘薯品种资源研究室、园艺研究室、甘薯病虫草害防控研究室、油料研究室、小麦研究室

（四）科研专项荣誉

2011—2020 年徐州农科所获得的科研专项荣誉详见附表 11-4。

附表 11-4　2011—2020 年徐州农科所获得的科研专项荣誉

年份	授奖单位	授奖内容
2015	徐州市总工会	小麦新品种“徐麦 33”被评选为“徐州市劳模创新工作室科技创新成果”
2016	徐州市妇女联合会	“高产优质小麦新品种——徐麦 9158”荣获徐州市第三届女性科技创新大赛一等奖（张会云）

二、先进个人

（一）各级政府表彰人员

2011—2020 年徐州农科所获得的各级政府表彰人员详见附表 11-5。

附表 11-5　2011—2020 年徐州农科所获得的各级政府表彰人员

获得年份	姓名	授奖单位	荣誉称号
2011	王健康	江苏省农科院	知识产权工作先进个人
2011	蒋玉峰	江苏省农科院	知识产权工作管理先进个人
2011	孙　扬	江苏省农业委员会、江苏省教育厅、江苏省科学技术厅	省挂县强农富民工程“农业科技服务之星”

（续表）

获得年份	姓名	授奖单位	荣誉称号
2011	孙　扬	江苏省农科院	科技服务先进个人
2012	孙　扬	江苏省扶贫工作领导小组	省优秀扶贫工作队员
2012	马代夫	江苏省农科院	农业科技创新突出贡献奖
2012	樊继德	新沂市人民政府	科技镇长团先进个人
2013	李洪民	徐州市人民政府	市劳动模范
2013	孙厚俊	徐州市扶贫工作领导小组	市优秀扶贫队员
2013	孙近友	徐州市科普宣传周领导小组	市科普宣传周先进个人
2013	蒋玉峰	江苏省农科院	知识产权先进个人
2013	冯国华	江苏省农科院	知识产权先进个人
2013	史新敏	江苏省农科院	知识产权先进个人
2013	孙　扬	江苏省农科院办公室	院办系统先进个人
2014	孙　扬	江苏省农科院办公室	院办系统先进个人
2014	曹清河	徐州市总工会	市“五一劳动奖章”
2014	谢逸萍	徐州市妇委会	“第二届徐州市科技创新十大女杰”
2015	孙明芳	徐州市档案局	先进个人
2015	谢逸萍	江苏省妇女联合会	省百名巾帼科技创新 典型人物
2015	孙　扬	中共徐州市委	市优秀统战干部
2015	孙　扬	江苏省农科院办公室	院办系统先进个人
2015	魏　猛	徐州市扶贫工作领导小组	2014 优秀帮扶工作队员
2016	魏　猛	中共徐州市委	全市优秀帮扶工作队员
2016	孙近友	中共徐州市委	市劳动模范
2016	冯国华	中共江苏省委	省先进工作者
2016	党新安	江苏省农委办公室	“送科技、比服务、促增收”活动表现突出个人
2016	张会云　王　幸 赵冬兰　胡新燕 冯　营　谢逸萍	徐州市妇委会	市第三届女性科技创新大赛获奖个人
2017	曹清河	江苏省总工会	江苏省“五一劳动奖章”获得者
2017	樊继德	徐州市总工会	徐州市“五一劳动奖章”获得者
2017	孙厚浩	江苏省农科院办公室	院办系统先进个人
2017	李再祥	徐州中共徐州市委	创建全国文明城市工作先进个人

（续表）

获得年份	姓名	授奖单位	荣誉称号
2018	辛　涛	徐州市扶贫工作领导小组	2017 年度市优秀帮扶工作队员
2018	孙　扬	江苏省农科院办公室	2018 年综合办公室优秀个人
2018	王　幸	徐州市总工会	“徐工怀”2017 年市职工科创新成果博览会创新先进个人
2018	王　幸	徐州市总工会	市“五一劳动奖章”获得者
2019	刘东涛	中共徐州市委	2016—2018 年度市劳动模范
2020	黄忠勤　赵冬兰	九三学社徐州市委员会	抗疫工作先进个人
2020	李卫华	九三学社徐州市委员会	组织建设先进个人
2020	李　强	民革江苏省委	2020 年度定点扶贫工作先进个人
2020	刘东涛	江苏省党外知识分子联谊会	先进个人
2020	蒋玉峰	徐州市科学技术局	2019 年度科技创新工作突出个人

（二）获得国务院政府特殊津贴专家

2011—2020 年徐州农科所获得的国务院政府特殊津贴专家详见附表 11-6。

附表 11-6　2011—2020 年徐州农科所获得的国务院政府特殊津贴专家

序号	姓名	获得年份
1	谢逸萍	2015
2	李强	2016
3	冯国华	2020

（三）获得江苏省突出贡献中青年专家称号专家

2011—2020 年徐州农科所获得的江苏省突出贡献中青年专家称号专家详见附表 11-7。

附表 11-7　2011—2020 年徐州农科所获得的江苏省突出贡献中青年专家称号专家

序号	姓名	获得年份	授予类别	退休年月
1	陈荣振	1997	江苏省	2015 年 11 月
2	刘世来	1999	江苏省	2011 年 2 月
3	李秀英	2000	江苏省	2011 年 5 月
4	冯国华	2000	江苏省	
5	刘　超	2005	江苏省	2015 年 11 月

（续表）

序号	姓名	获得年份	授予类别	退休年月
6	马代夫	2006	江苏省	
7	李　强	2014	江苏省	
8	李　强	2015	江苏省	

（四）江苏省“333 人才工程”高层次人才

2011—2020 年徐州农科所获得的江苏省“333 人才工程”中青年科技领军人才（第二层次）详见附表 11-8。

附表 11-8　2011—2020 年徐州农科所获得江苏省“333 人才工程”中青年科技领军人才（第二层次）

序号	姓名	培养管理期
1	王健康	2011—2015
2	李　强	2016—2020

（五）江苏省“333 人才工程”培养对象

2011—2020 年徐州农科所获得的省“333 人才工程”培养对象详见附表 11-9。

附表 11-9　2011—2020 年徐州农科所获得的省“333 人才工程”培养对象

姓名	性别	出生年月	职称	专业	确定时间 / 培养批次
丁成伟	男	1968 年 3 月	研究员	水稻	2011 年 / 第四期第三层次
吴玉玲	女	1974 年 12 月	副研究员	水稻	2011 年 / 第四期第三层次 2016 年 / 第五期第三层次
李　强	男	1971 年 6 月	研究员	甘薯	2011 年 / 第四期第三层次 2016 年 / 第五期第二层次
杨　峰	男	1975 年 9 月	研究员	园艺	2011 年 / 第四期第三层次
张会云	女	1973 年 12 月	副研究员	小麦	2011 年 / 第四期第三层次
王　幸	女	1973 年 1 月	研究员	大豆	2011 年 / 第四期第三层次 2016 年 / 第五期第三层次
王　欣	女	1980 年 2 月	研究员	甘薯	2016 年 / 第五期第三层次
孙　健	男	1979 年 10 月	副研究员	甘薯	2016 年 / 第五期第三层次

（续表）

姓名	性别	出生年月	职称	专业	确定时间 / 培养批次
唐忠厚	男	1975 年 11 月	副研究员	甘薯	2016 年 / 第五期第三层次
樊继德	男	1980 年 7 月	副研究员	园艺	2016 年 / 第五期第三层次
刘亚菊	女	1975 年 11 月	副研究员	甘薯	2016 年 / 第五期第三层次
孙厚俊	男	1980 年 12 月	副研究员	甘薯	2016 年 / 第五期第三层次
曹清河	男	1975 年 8 月	研究员	甘薯	2016 年 / 第五期第三层次
马红勃	男	1983 年 8 月	副研究员	小麦	2017 年 / 第五期第三层次
王晓军	男	1981 年 3 月	副研究员	花生	2017 年 / 第五期第三层次
张成玲	女	1983 年 3 月	副研究员	甘薯	2017 年 / 第五期第三层次
周志林	男	1979 年 9 月	副研究员	甘薯	2017 年 / 第五期第三层次

（六）江苏省“六大人才高峰”高层次人才

2011—2020 年徐州农科所获得的省“六大人才高峰”高层次人才详见附表 11-10。

附表 11-10　2011—2020 年徐州农科所获得的省“六大人才高峰”高层次人才

序号	姓名	培养管理期
1	刘东涛	第八批
2	徐振	第十一批
3	陈晓光	第十二批
4	马红勃	第十三批
5	唐忠厚	第十四批
6	张成玲	第十五批
7	王欣	2019—2022

（七）优秀科技工作者、拔尖人才、优秀专家

2011—2020 年徐州农科所获得的优秀科技工作者、拔尖人才、优秀专家人员名单详见附表 11-11。

附表 11-11 2011—2020 年徐州农科所获得的优秀科技工作者、拔尖人才、优秀专家人员名单

级别	优秀科技工作者	拔尖人才	优秀专家
市厅	樊继德（2016）	刘东涛，张会云（2010）	李卫华（2007—2010）
市厅	张成玲，杨冬静（2017）		陈荣振，冯国华（2010）
市厅		胡新燕（2010—2013）	谢逸萍（2013，2017）
市厅		刘东涛，张会云（2014）	冯国华（2014，2017）
市厅		胡新燕，（2014—2017）	钮福祥（2017）
市厅		张成玲，杨冬静（2017）	杨峰（2017）
市厅		岳瑞雪（2017）	
市厅		张会云（2017）	
市厅		冯营（2017—2020）	
市厅		赵永强（2017 年）	

（八）“两优一先”获奖者

2011—2020 年徐州农科所在“两优一先”评选中的获奖者详见附表 11-12。

附表 11-12 2011—2020 年徐州农科所在“两优一先”评选中的获奖者

姓名或单位	类别	年份	授奖单位
杨 峰	市优秀共产党员	2011	中共徐州市委
孙近友	市优秀共产党员	2013	中共徐州市委
王 幸	市优秀党务工作者	2015	中共徐州市委
孙 扬	市优秀党务工作者	2016	中共徐州市委
孙厚俊	市优秀共产党员	2019	中共徐州市委
第二党支部	院先进党支部	2014	中共徐州市农业科学院委员会
第二党支部	院先进党支部	2015	中共徐州市农业科学院委员会
第一党支部	院先进党支部	2016	中共徐州市农业科学院委员会
第三党支部	院先进党支部	2017	中共徐州市农业科学院委员会
第二党支部	院先进党支部	2018	中共徐州市农业科学院委员会
第四党支部	院先进党支部	2020	中共徐州市农业科学院委员会
第一党支部第一党小组、第二党支部第一党小组、第三党支部第二党小组	院先进党小组	2014	中共徐州市农业科学院委员会

（续表）

姓名或单位	类别	年份	授奖单位
第一党支部第二党小组、第二党支部第二党小组、第三党支部第一党小组、第四党支部第一党小组	院先进党小组	2015	中共徐州市农业科学院委员会
第一党支部第一党小组、第二党支部第一党小组、第三党支部第三党小组	院先进党小组	2016	中共徐州市农业科学院委员会
第一党支部第二党小组、第二党支部第一党小组、第三党支部第二党小组	院先进党小组	2017	中共徐州市农业科学院委员会
第一党支部第二党小组、第二党支部第二党小组、第三党支部第三党小组	院先进党小组	2018	中共徐州市农业科学院委员会
辛　涛　王　幸　王　欣　周兴根	院优秀党务工作者	2015	中共徐州市农业科学院委员会
董玲霞　王晓军　李洪民　王　波	院优秀党务工作者	2016	中共徐州市农业科学院委员会
董玲霞　陆信娟　周志林　常　勇　王启武	院优秀党务工作者	2017	中共徐州市农业科学院委员会
董玲霞　王晓军　孙健　周兴根　魏　猛	院优秀党务工作者	2018	中共徐州市农业科学院委员会
张　梅　马红勃　陆信娟　陈晓光　常　勇　魏　猛　高明志	院优秀党务工作者	2019	中共徐州市农业科学院委员会
张　梅　胡婷婷　赵明明　张毅　王　欣	院优秀党务工作者	2020	中共徐州市农业科学院委员会
张　栋　孙　扬　辛　涛　王　幸　周兴根　杨　峰　李洪民　曹清河　谢逸萍　邢继英　孙子平	院优秀共产党员	2011	中共徐州市农业科学院委员会
孙明芳　辛　涛　王晓军　陆信娟　曹清河　孙　健　黄怀成　刘兆甫　范久辉	院优秀共产党员	2014	中共徐州市农业科学院委员会
黄怀成　孙　扬　孙厚浩　王健康　冯国华　樊继德　孙厚俊　魏　猛　常　勇　高明志	院优秀共产党员	2015	中共徐州市农业科学院委员会
孙明芳　张　梅　冯　营　赵轶鹏　后　猛　张　毅　徐　振　郑玉明　魏　猛　高兰芬	院优秀共产党员	2016	中共徐州市农业科学院委员会
王　亚　武　强　马红勃　赵　林　孙书军　陈晓光　钮福祥　王　波　黄怀成　李克富	院优秀共产党员	2017	中共徐州市农业科学院委员会

（续表）

姓名或单位	类别	年份	授奖单位
王　亚　武　强　刘　静　何弯弯　戴习彬　王　欣　张立平　苏在兴　冯腾腾　李国柱	院优秀共产党员	2018	中共徐州市农业科学院委员会
董玲霞　武　强　孙东雷　胡婷婷　赵　林　孙厚俊　周志林　闫　会　岳瑞雪　王　波　冯腾腾　范久辉	院优秀共产党员	2019	中共徐州市农业科学院委员会
董玲霞　武　强　王晓军　张　婷　陆信娟　杨冬静　戴习彬　后　猛　王　波　王启武	院优秀共产党员	2020	中共徐州市农业科学院委员会

（九）院（所）先进个人

2011—2020 年徐州农科院（所）先进个人详见附表 11-13。

附表 11-13　2011—2020 年徐州农科院（所）先进个人

年度	先进个人
2010	李　强　李再祥　周兴根　王健康　孙近友　谢逸萍　张祖明　孙克新　刘东涛　蒋玉峰　王　幸　赵永强　范久辉　周志林　王　欣　孙厚浩　黄忠勤　辛　涛　吕青春　王大存　孟庆堂　张芝庭
2011	王健康　杨　峰　张　栋　冯国华　孙近友　曹清河　王玉丽　蒋玉峰　张祖明　张允刚　孙　扬　范久辉　周志林　孙　健　赵永强　唐忠厚　孙厚浩　冯　营　后　猛　吕青春　王大存　祁志强　褚　萍
2012	孙　扬　孙近友　王健康　谢逸萍　杨　峰　周兴根　唐　君　张允刚　蒋玉峰　张祖明　孙厚浩　辛　涛　孙　健　周志林　后　猛　徐泽俊　刘　灿　徐　振　丁震乾　吕青春　王大存　祁志强　佟刚强　张立平
2013	孙　扬　孙近友　冯国华　唐　君　王健康　谢逸萍　辛　涛　谭长容　孙厚俊　樊继德　王　幸　唐忠厚　后　猛　孙　健　郭荣良　周志林　王洪云　张　梅　王　亚　吕青春　王大存　郑玉明　王玲凤　张立平
2014	孙　扬　冯国华　王健康　唐　君　钮福祥　孙近友　黄怀成　张　栋　孙厚浩　樊继德　蒋玉峰　孙厚俊　谭长容　胡新燕　王洪云　孙　健　张　梅　吴玉玲　后　猛　赵冬兰　赵　林　王　波　魏　猛　王玲凤　张立平　王晓红　吕青春　神凤伟
2015	孙　扬　孙近友　冯国华　王健康　唐　君　谢逸萍　曹清河　王　幸　樊继德　孙明芳　温法军　黄忠勤　张允刚　张　梅　周志林　董玲霞　孙　健　陈晓光　刘　灿　徐泽俊　后　猛　魏　猛　王玲凤　张宏群　佟刚强　吕青春　王晓红　吴书颖
2016	孙　扬　王　幸　冯国华　曹清河　王健康　谢逸萍　蒋玉峰　党新安　孙厚俊　孙明芳　刘东涛　魏　猛　唐忠厚　黄忠勤　辛　涛（扶贫）张　梅　徐　振　封智蔷　王　亚　张　毅　赵　林　孙东雷　闫　会　张立平　吕青春　王晓红　武　强　王玲凤　王大存

（续表）

年度	先进个人
2017	孙　扬　王　幸　蒋玉峰　冯国华　樊继德　谢逸萍　曹清河　党新安　孙厚浩　唐忠厚　谭长容　魏　猛　刘东涛　王晓军　辛　涛　董玲霞　刘　灿　陈晓光　王　波　杨冬静　张会云　吴玉玲　李刚波　马　宁　武　强　张立平　王大存　佟昌平　张芝廷　孙书军　郑玉明　张　超
2018	蒋玉峰　樊继德　王　幸　孙厚浩　孙厚俊　唐忠厚　党新安　孙　健　谭长容　王晓军　刘东涛　魏　猛　胡新燕　王　波　辛　涛　王　欣　赵　林　（扶贫）董玲霞　张　梅　王　亚　王　静　后　猛　张　毅　常　勇　戴习彬　陆信娟　何弯弯　马　宁　刘　洪　张宏群
2019	孙厚浩　蒋玉峰　王　幸　孙厚俊　党新安　樊继德　张允刚　辛　涛　董玲霞　张　梅　陈　飞　王晓军　刘东涛　孙　健　赵　林　徐　振　张爱君　王　亚　封智蔷　后　猛　张　毅　苏在兴　唐　君　戚　强　杨冬静　吴玉玲　邹道兴　赵明明　陈晓光　武　强　张立平　王晓红　高金喜
2020	蒋玉峰　樊继德　孙厚浩　孙厚俊　张允刚　辛　涛　董玲霞　张　梅　魏　猛　谭长容　周志林　刘东涛　王晓军　赵　林　徐　振　王　欣　陈晓光　胡婷婷　朱　晨　杨冬静　金夏红　戚　强　闫　会　孙亚伟　赵冬兰　刘　明　朱　红　刘灿玉　何弯弯　张　毅（扶贫）张立平　赵　峰　高金喜　王大存　张　超

（十）其他组织机构先进个人

1. 民主党派先进个人

2011—2020 年徐州农科所获得的民主党派先进个人详见附表 11-14。

附表 11-14　2011—2020 年徐州农科所获得的民主党派先进个人

姓名	年份	授奖单位	称号
李　强	2018	民革徐州市委	2017 年度社情民意信息工作先进个人
李　强	2018	政协徐州市委员会	2017 年市政协反映社会民意信息工作先进个人
李　强	2018	政协徐州市委员会	2017 年度市政协优秀社情民意信息先进个人
李　强	2018	民革徐州市委	民革徐州市委成立 60 周年社会服务先进个人
李　强	2019	民革江苏省委	2017—2018 年度社会服务工作先进个人
李　强	2019	民革江苏省委	2019 年度定点扶贫先进个人
李　强	2020	民革江苏省委	2019 年度定点扶贫先进个人
唐　君	2012—2013	中国民主同盟徐州市委员会	优秀盟员
张会云	2012	九三学社徐州市委员会	宣传工作先进个人
史新敏	2012	九三学社徐州市委员会	社会服务先进个人
史新敏	2013	九三学社徐州市委	社会服务先进个人
李卫华	2017	九三学社徐州市委员会	组织工作先进个人

（续表）

姓名	年份	授奖单位	称号
孙亚伟	2018	九三学社徐州市委员会	优秀社员
史新敏	2018	九三学社徐州市委员会	优秀社员
史新敏	2019	九三学社徐州市委	社章社史竞赛三等奖
李卫华	2019	九三学社徐州市委员会	九三学社成立六十周年优秀社员
李卫华	2019	九三学社徐州市委员会	优秀社员
黄忠勤	2019	九三学社徐州市委员会	优秀社员
李卫华	2020	九三学社江苏省委员会	组织工作先进个人
刘东涛	2015—2020	江苏省党外知识分子联谊会	工作先进个人
李再祥	2013	徐州市总工会	支持工会工作优秀领导干部
李再祥	2016	江苏省农委	“送科技、比服务、促增收”活动突出个人
李再祥	2017	徐州市委	徐州市创建全国文明城市先进个人
李再祥	2017	江苏省农委	“送科技、添动能、促增收”活动突出个人
党新安	2013	江苏省委农工办	特派员创业先进个人
党新安	2016	徐州市委、市政府	徐州市劳动模范
党新安	2016	江苏省农委	“送科技、添动能、促增收”活动突出个人

2. 省、市工会劳模、先进个人

2011—2020 年徐州农科所获得的省市工会表彰称号人员名单详见附表 11-15。

附表 11-15　2011—2020 年徐州农科所获得的省市工会表彰称号人员名单

级别	年份	五一劳动奖章	巾帼建功先进个人	“三八”红旗手	科技创新十大女杰	优秀工会积极分子
	2010			孙明芳		
	2012			唐　君		
	2013					孙明芳　岳瑞雪
	2014			谢逸萍	谢逸萍	
徐州市	2015			王　幸		
	2016	樊继德				
	2017 2020		王　欣			
						武　强

（续表）

级别	年份	五一劳动奖章	巾帼建功先进个人	“三八”红旗手	科技创新十大女杰	优秀工会积极分子
江苏省	2015		谢逸萍江苏省“百名巾帼科技创新典型人物”			
	2017		谢逸萍“江苏省巾帼文明岗”	谢逸萍		
	2019		王　幸			

3. 其他类型先进个人

2011—2020 年徐州农科所获得其他部门（单位）表彰称号详见附表 11-16。

附表 11-16　2011—2020 年徐州农科所获得其他部门（单位）表彰称号

全国	部省	市厅	县（区、市）
		史新敏（2013 年江苏省农科院知识产权先进个人）	
		孙近友（2016 年徐州市劳模）	
		刘东涛（2019 年徐州市劳模）	
		蒋玉峰 2011 年获省院系统 2009—2010 年度知识产权工作管理先进个人	
		蒋玉峰 2013 年获省院系统 2011—2012 年度知识产权工作先进个人	
		蒋玉峰 2019 年获徐州市 2018 年度科技创新工作表现突出个人	
		蒋玉峰 2020 年获徐州市 2019 年度科技创新工作表现突出个人	
		张梅连续 7 年（2013—2020）被徐州市科协评为优秀学会工作者	
		张梅 2020 年获省院系统科研管理优秀个人	

附录十二 党、政、群代表大会代表

一、各级人民代表大会代表名单

各级人民代表大会代表名单详见附表 12-1。

附表 12-1 各级政协委员名单

姓名	性别	全国人大届次	省人大届次	市人大届次	区人大届次
陈　萍	女	十一届代表			
陈荣振	男		十届、十一届常委，十二届代表		
蔡成缓	男			十三届、十四届代表	
李　强	男		十三届代表		
刘东涛	男			十六届代表	

二、各级政协委员名单

各级政协委员名单详见附表 12-2。

附表 12-2 各级政协委员名单

姓名	性别	省政协届别	市政协届别	县区政协届别
陈　萍	女	十一届、十二届、十三届常委	十四届、十五届副主席	
刘明钟	男		十四届、十五届常委	
李　强	男		十四届、十五届常委	
杨　峰	男		十四届、十五届委员（2012—2022）	
张成玲	女		十五届委员（2017—2022）	
孙　扬	男			云龙区政协九届委员（2017—2022）
王玉丽	女			鼓楼区政协八届、九届委员（2017—2022）

三、民主党派及同级群团代表

民主党派及同级群团代表详见附表 12-3。

附表 12-3 民主党派及同级群团代表

姓名	性别	党派或群团的届别代表
李　强	男	民革徐州市委员会委员、监督委员会主任、第十二次代表大会代表（2016）
唐　君	女	民盟徐州市委员会第四次代表大会代表（2016），民盟徐州市农科院支部主委（2006 年 10 月—2016 年 6 月）
张成玲	女	民盟徐州市委员会徐州市农业科学院支部主委（2016 年 7 月—）、第四次代表大会代表（2016）
李卫华	男	九三学社徐州市第七次代表大会（2011）、第八次代表大会代表（2016）
王宗标	男	九三学社徐州市第七次代表大会代表（2011）
黄忠勤	男	九三学社徐州市第八次代表大会代表（2016）
陈荣振	男	徐州市无党派知识分子联谊会第一届常务副会长、第二届会长，第一、二、三次代表大会代表
刘明钟	男	徐州市无党派知识分子联谊会第二、三、四届副会长
刘东涛	男	徐州市无党派知识分子联谊会第三届副秘书长、第四届副会长，第三、四次代表大会代表
王玉丽	女	徐州市无党派知识分子联谊会科研院所分会第四届副秘书长，第三、四次代表大会代表
刘亚菊	女	徐州市无党派知识分子联谊会科研院所分会第四届副秘书长，第三、四次代表大会代表

附录十三 高级职称人员

一、2011—2020 年徐州农科所在职研究员

2011—2020 年徐州农科所在职研究员详见附表 13-1。

附表 13-1 2011—2020 年徐州农科所在职研究员

序号	姓名	性别	学位或学历	毕业院校	晋升年月
1	陈荣振	男	学士	江苏农学院	1998 年 12 月
2	马代夫	男	大专	徐州五七农业大学	1999 年 9 月
3	刘　超	男	本科	江苏农学院	2000 年 11 月
4	李卫华	男	硕士	南京农业大学	2003 年 9 月
5	陈　萍		硕士	南农大；省委党校	2005 年 4 月
6	唐　君	女	学士	石河子大学	2007 年 9 月
7	李秀英	女	大专	徐州五七农业大学	2007 年 8 月
8	冯国华	男	硕士	江苏农学院	2008 年 8 月
9	谢逸萍	女	本科	西南农业大学	2008 年 8 月
10	刘世来	男	大专	徐州五七农业大学	2009 年 8 月
11	王健康	男	本科	南京农业大学	2009 年 8 月
12	李　强	男	博士	中国农业大学	2010 年 8 月
13	李洪民	男	本科	南京农业大学	2010 年 8 月
14	张允刚	男	硕士	南京农业大学	2011 年 9 月
15	钮福祥	男	硕士	中国农科院推广	2012 年 8 月
16	张祖明	男	学士	南京农业大学	2012 年 8 月
17	孙近友	男	大专	徐州五七农业大学	2012 年 8 月
18	丁成伟	男	硕士	南京农业大学	2013 年 8 月
19	王宗标	男	大专	徐州五七农业大学	2014 年 8 月
20	曹清河	男	博士	南京农业大学	2015 年 8 月
21	史新敏	男	学士	安徽农业大学	2015 年 8 月
22	郭荣良	男	学士	江苏农学院	2016 年 8 月
23	刘东涛	男	博士	中国农业大学	2017 年 8 月
24	杨　峰	男	博士	扬州大学	2016 年 8 月
25	王　幸	女	硕士	扬州大学	2017 年 8 月
26	王　欣	女	博士	江苏师范大学	2019 年 10 月
27	李再祥	男	大专	南京农业大学	2019 年 10 月
28	刘明钟	男	学士	南京农业大学	2020 年 11 月

二、2011—2020年徐州农科所在职副研究员

2011—2020年徐州农科所在职副研究员详见附表13-2。

附表13-2　2011—2020年徐州农科所在职副研究员

序号	姓名	性别	学位或学历	毕业院校	晋升年份
1	王阶祥	男	大专	徐州五、七农业大学	1995年12月
2	常仁才	男	本科	江苏农学院	1996年12月
3	王来花	女	大专	徐州五七农业大学	1999年8月
4	张凤海	男	大专	徐州五七农业大学	1999年8月
5	张爱君	男	本科	南京农业大学	1999年9月
6	梁家荣	男	大专	徐州五七农业大学	2000年11月
7	李德民	男	大专	徐州五七农业大学	2000年11月
8	孙克新	男	硕士	中国农科院推广	2000年11月
9	张正敏	男	大专	徐州五七农业大学	2001年8月
10	胡新燕	女	本科	南京农业大学	2003年8月
11	徐家安	男	大专	南京农业大学	2004年1月
12	蒋玉峰	男	本科	南京农业大学	2007年8月
13	刘树法	男	大专	徐州五七农业大学	2007年9月
14	赵冬兰	女	硕士	西北农林科技大学	2008年8月
15	吴玉玲	女	学士	新疆农大农学系	2009年8月
16	徐　飞	男	大专	南京农业大学	2009年8月
17	马红勃	男	博士	南京农业大学	2017年8月
18	胡婷婷	女	博士	南京农业大学	2017年8月
19	赵轶鹏	男	博士	扬州大学	2018年10月
20	王　静	女	学士	扬州大学	2019年10月
21	张会云	女	学士	西北农林科技大学	2010年8月
22	朱　红	女	学士	淮海工学院	2010年8月
23	孙明芳	女	本科	江苏省委党校	2011年1月
24	谭长容（高级会计师）	女	本科	南京财经大学	2011年9月
25	刘亚菊	女	博士	中国科学院	2012年8月
26	周志林	男	硕士	华中农业大学	2014年8月
27	陈晓光	男	博士	山东农业大学	2014年8月

（续表）

序号	姓名	性别	学位或学历	毕业院校	晋升年份
28	唐忠厚	男	博士	南京农业大学	2014 年 8 月
29	孙　健	男	硕士	扬州大学	2014 年 8 月
30	徐　振	男	博士	南京农业大学	2014 年 8 月
31	张成玲	女	博士	山东农业大学	2014 年 8 月
32	王玉丽	女	本科	南京工业大学	2014 年 8 月
33	孙厚俊	男	硕士	扬州大学	2015 年 8 月
34	丁震乾	男	硕士	南京农业大学	2016 年 8 月
35	王晓军	男	硕士	徐州师范大学	2016 年 8 月
36	后　猛	男	博士	江苏师范大学	2016 年 8 月
37	樊继德	男	硕士	山东农业大学	2016 年 8 月
38	王洪云	女	本科	徐州医学院	2016 年 8 月
39	赵永强	男	硕士	山东农业大学	2017 年 8 月
40	陆信娟	女	硕士	南京农业大学	2017 年 8 月
41	张　安	男	博士	中科院沈阳应生所	2017 年 8 月
42	唐　维	男	硕士	华中农业大学	2018 年 10 月
43	魏　猛	男	博士	山东农业大学	2018 年 10 月
44	冯　营	女	硕士	南京农业大学	2019 年 10 月
45	邢兴华	男	博士	南京农业大学	2020 年 11 月
46	李文哲	男	大专	南京农业大学	2020 年 11 月

附录十四　在职人员

一、在职院（所）领导成员

2011—2020 年徐州农科院（所）在职领导成员详见附表 14-1。

附表 14-1　2011—2020 年徐州农科院（所）在职领导成员

姓名	性别	籍贯	出生年月	学历学位	来所时间	离所时间	退休时间
陈　萍	女	江苏铜山	1958 年 6 月	硕士	2004 年 12 月	2015 年 1 月	
刘　刚	男	江苏新沂	1957 年 10 月	本科	2006 年 6 月	2013 年 4 月	
蔡成缓	男	江苏铜山	1961 年 12 月	硕士	2013 年 11 月	2017 年 7 月	
刘明钟	男	江苏睢宁	1960 年 12 月	本科	2015 年 1 月		2020 年 12 月
宋庆科	男	江苏丰县	1967 年 10 月	硕士	2019 年 1 月		
张启全	男	江苏丰县	1953 年 11 月	本科	1998 年 12 月	2011 年 8 月	
陈荣振	男	江苏沛县	1955 年 9 月	本科	1982 年 2 月		2015 年 11 月
李要进	男	山东荣成	1958 年 2 月	本科	1989 年 6 月		2018 年 2 月
刘　超	男	江苏睢宁	1955 年 10 月	本科	1982 年 2 月		2015 年 11 月
马代夫	男	江苏徐州	1953 年 5 月	大专	1980 年 5 月		延退
李再祥	男	江苏睢宁	1964 年 11 月	大专	1984 年 7 月		
李　强	男	江苏铜山	1971 年 6 月	博士	1992 年 8 月		
杨　峰	男	江苏邳州	1975 年 9 月	博士	1997 年 11 月		
付长亮	男	吉林永吉	1979 年 11 月	硕士	2014 年 9 月	2015 年 9 月	（农业部挂职）
曹清河	男	江苏徐州	1975 年 8 月	博士	1998 年 8 月 2006 年 8 月		2003 年 8 月—2006 年 8 月南京农业大学读书
孙　扬	男	江苏邳州	1979 年 2 月	硕士	2007 年 8 月		

二、院（所）下辖各部门（单位）在职人员

2011—2020 年徐州农科院（所）各部门（单位）在职人员详见附表 14-2。

附表 14-2 2011—2020 年徐州农科院（所）各部门（单位）在职人员

单位	姓名	性别	籍贯	出生年月	学历学位	来所时间	离所时间	退休时间
办公室	谭西贵	男	江苏邳州	1953 年 9 月	大专	1996 年 5 月		2013 年 9 月
	孙 扬	男	江苏邳州	1979 年 2 月	硕士	2007 年 8 月		
	孙明芳	女	江苏铜山	1965 年 10 月	本科	1990 年 1 月		
	孙厚浩	男	江苏丰县	1972 年 9 月	本科	2005 年 12 月		
	董玲霞	女	山东济南	1986 年 10 月	硕士	2013 年 8 月		
	王洪云	女	江苏铜山	1964 年 12 月	本科	1991 年 12 月		
	封智蔷	女	江苏泰兴	1990 年 5 月	硕士	2014 年 8 月		
	朱 晨	男	安徽蚌埠	1992 年 7 月	硕士	2017 年 10 月		
	王 晓	女	山东临朐	1995 年 2 月	硕士	2020 年 12 月		
科研处	孙近友	男	江苏邳州	1956 年 8 月	大专	1980 年 5 月		2016 年 9 月
	常仁才	男	江苏丰县	1957 年 4 月	本科	1982 年 2 月		2017 年 4 月
	蒋玉峰	男	江苏铜山	1968 年 7 月	本科	1990 年 8 月		
	张 梅	女	山东肥城	1980 年 6 月	硕士	2008 年 8 月		
	唐友梅	女	江苏宝应	1962 年 1 月	本科	1986 年 6 月		2017 年 1 月
	王基华	男	江苏沛县	1962 年 10 月	大专	1999 年 11 月		
	金夏红	女	浙江临海	1987 年 4 月	硕士	2016 年 7 月		
	高先俊	男	江苏丰县	1962 年 3 月	大专	1984 年 7 月		
	张芝廷	男	江苏铜山	1958 年 8 月	初中	1979 年 5 月		2018 年 8 月
	刘 洪	男	安徽萧县	1966 年 6 月	大专	1988 年 7 月		
财务处	王玉丽	女	江苏丰县	1968 年 6 月	本科	1990 年 8 月		
	谭长容	女	江苏邳州	1979 年 7 月	本科	1998 年 8 月		
	温法军	男	江苏沛县	1972 年 6 月	本科	1997 年 8 月		
	高先俊	男	江苏丰县	1962 年 3 月	大专	1984 年 7 月	2016 年 4 月调至科研处	
	刘 灿	女	江苏铜山	1977 年 2 月	本科	1998 年 5 月		
	刘祉圻	女	江苏徐州	1979 年 1 月	本科	2006 年 2 月		
	王 亚	女	山东汶上	1987 年 9 月	硕士	2012 年 8 月		

（续表）

单位	姓名	性别	籍贯	出生年月	学历学位	来所时间	离所时间	退休时间
后勤服务处	张　栋	男	江苏铜山	1964 年 2 月	大专	1984 年 8 月	2018 年 3 月调至工会	
	孙　扬	男	江苏邳州	1979 年 2 月	硕士	2007 年 8 月	2018 年 3 月—2019 年 6 月兼职处长	
	辛　涛	男	山东滕州	1981 年 8 月	硕士	2005 年 12 月		
	邹道兴	男	河南新蔡	1959 年 12 月	高中	1992 年 7 月		2019 年 12 月
	范久辉	男	江苏铜山	1952 年 10 月	大普	1984 年 10 月		2012 年 10 月
	周涧楠	男	江苏徐州	1988 年 1 月	硕士	2016 年 6 月		
	神风楼	男	江苏铜山	1960 年 3 月	高中	1980 年 10 月		2020 年 3 月
	李永久	男	江苏铜山	1957 年 8 月	初中	1979 年 12 月		2017 年 12 月
	马文武	男	江苏铜山	1957 年 2 月	初中	1980 年 11 月		2017 年 11 月
	郭法启	男	安徽砀山	1964 年 9 月	中专	1983 年 11 月		
	神凤伟	男	江苏铜山	1963 年 11 月	大专	1986 年 12 月		
	佟昌平	男	江苏铜山	1962 年 7 月	高中	1981 年 3 月		
	张宏群	男	江苏盐城	1963 年 12 月	大专	1982 年 10 月		
	赵　峰	男	安徽萧县	1968 年 6 月	大专	1987 年 12 月		
	王玲凤	女	江苏铜山	1968 年 1 月	初中	1992 年 11 月		2018 年 1 月
	武　强	男	江苏铜山	1973 年 4 月	大专	1992 年 2 月	2016 年 4 月调至后勤处	
	王雪芹	女	江苏铜山	1963 年 8 月	高中	1993 年 12 月		2013 年 12 月
科技服务中心	党新安	男	陕西渭南	1974 年 4 月	本科	1999 年 8 月		
	戚　强	男	江苏沛县	1968 年 11 月	本科	1999 年 11 月		
	李文哲	男	江苏丰县	1962 年 9 月	大专	1986 年 7 月		
	冯　营	女	山东临朐	1981 年 6 月	硕士	2008 年 8 月		
基地管理处	樊继德	男	山东苍山	1980 年 7 月	硕士	2007 年 8 月		
	马　宁	女	河北保定	1983 年 12 月	硕士	2008 年 8 月		
	顾君亮	男	江苏徐州	1961 年 11 月	大专	1987 年 9 月		
	高金喜	男	江苏铜山	1969 年 3 月	大专	1988 年 7 月		
	祁志强	男	江苏吴县	1960 年 4 月	初中	1979 年 6 月		2019 年 6 月
	孟庆堂	男	安徽萧县	1957 年 3 月	初中	1981 年 7 月		2017 年 3 月
工会	张　栋	男	江苏铜山	1964 年 2 月	大专	1984 年 8 月		

（续表）

单位	姓名	性别	籍贯	出生年月	学历学位	来所时间	离所时间	退休时间
小麦研究室	陈荣振	男	江苏铜山	1955 年 9 月	本科	1980 年 2 月		2015 年 11 月
	冯国华	男	江苏南通	1965 年 9 月	硕士	1984 年 8 月		
	刘东涛	男	陕西韩城	1975 年 1 月	博士	1999 年 8 月		
	马红勃	男	河北邢台	1983 年 8 月	博士	2013 年 8 月		
	刘世来	男	江苏铜山	1951 年 2 月	大专	1977 年 8 月		2011 年 2 月
	王来花	男	江苏铜山	1954 年 4 月	大专	1979 年 1 月		2011 年
	李德民	男	江苏铜山	1954 年 1 月	大专	1977 年 7 月	2003 年到小麦室	2013 年
	张会云	女	陕西澄城	1973 年 12 月	本科	1996 年 8 月	2001 年由甘薯栽培室调到小麦室	
	王　静	女	徐州铜山	1984 年 5 月	本科	2006 年 2 月	2005 年 7 月到小麦室	
	刘　静	女	江苏丰县	1989 年 4 月	硕士	2015 年 9 月		
	刘立伟	男	河北唐山	1990 年 7 月	硕士	2018 年 5 月	2016 年 8 月到小麦室	
	易　媛	女	江苏南通	1989 年 8 月	博士	2019 年 3 月		
	朱雪成	男	江苏金湖	1993 年 2 月	硕士	2019 年 12 月	2019 年 9 月到小麦室	
	佟刚强	男	江苏铜山	1963 年 2 月	初中	1981 年 7 月		
	颛孙成恩	男	安徽萧县	1959 年 7 月	初中	1979 年 5 月		2019 年 7 月
	唐彩侠	女	安徽萧县	1963 年 5 月	初中	1987 年 12 月	2006 年到小麦室	2013 年 5 月
	王萍兰	女	安徽萧县	1964 年 12 月	高中	1981 年 11 月	2006 年到小麦室	2014 年 12 月
	颛孙良恩	男	安徽萧县	1960 年 7 月	初中	1980 年 12 月	2008 年到小麦室	2020 年 7 月
水稻研究室	刘　超	男	江苏睢宁	1955 年 10 月	本科	1982 年 2 月		2015 年 10 月
	王健康	男	江苏睢宁	1964 年 7 月	本科	1985 年 7 月		
	丁成伟	男	江苏沛县	1968 年 3 月	本科	1991 年 8 月		
	胡婷婷	女	湖北宜昌	1980 年 10 月	博士	2007 年 8 月		
	徐家安	男	江苏铜山	1963 年 5 月	大专	1984 年 8 月	2020 年 8 月调至徐农种业	
	郭荣良	男	江苏兴化	1963 年 5 月	本科	1987 年 8 月		
	吴玉玲	女	江苏徐州	1974 年 12 月	本科	1996 年 8 月		
	王友霜	男	徐州贾汪	1983 年 3 月	本科	2006 年 2 月		
	赵铁鹏	男	吉林白城	1980 年 1 月	博士	2010 年 9 月		
	何弯弯	女	河南商丘	1989 年 3 月	博士	2017 年 3 月		

（续表）

单位	姓名	性别	籍贯	出生年月	学历学位	来所时间	离所时间	退休时间
水稻研究室	潘玉良	男	江苏铜山	1969年12月	初中	1985年7月		
	陈　鹏	男	江苏铜山	1959年11月	高中	1994年12月		2019年11月
	李　芳	女	安徽萧县	1966年2月	高中	1988年7月		2016年2月
棉花研究室	李卫华	男	江苏东台	1963年9月	硕士	1986年9月		
	王阶祥	男	江苏沛县	1953年8月	大专	1978年4月		2013年8月
	张正敏	男	江苏	1952年7月	大专	1978年4月		2012年7月
	胡新燕	女	浙江温州	1969年1月	本科	1991年10月		
	冯　营	女	山东临朐	1981年6月	硕士	2008年8月	2018年3月由棉花室调至科技服务中心	
	孙亚伟	男	江苏泰兴	1983年11月	硕士	2010年9月	2020年8月	
	赵明明	男	江苏铜山	1983年9月	硕士	2013年8月		
	陈晓光	男	山东泰安	1983年1月	硕士	2011年6月	2020年7月调至棉花室	
	李元元	女	江苏沛县	1986年2月	硕士	2012年8月	2019年3月由重点实验室调入，同年9月调出	2020年10月调离
	李　可	女	河南中牟	1989年12月	硕士			
	王大存	男	江苏铜山	1965年9月	初中	1986年12月		
	马昌友	男	江苏铜山	1957年4月	初中	1981年3月		2017年4月
	王爱荣	女	江苏铜山	1966年5月	初中	1985年6月		2016年5月
油料研究室	王宗标	男	江苏赣榆	1955年7月	大专	1978年8月		2015年7月
	张祖明	男	江苏如东	1956年10月	本科	1982年8月		2016年10月
	王　幸	女	江苏丹阳	1973年1月	本科	1996年8月		
	王晓军	男	河南博爱	1981年3月	硕士	2008年8月		
	徐泽俊	男	河南固始	1984年11月	硕士	2009年8月		
	齐玉军	男	山东沂源	1984年5月	硕士	2012年7月		
	孙东雷	男	山东嘉祥	1986年4月	硕士	2012年8月		
	卞能飞	男	江苏邳州	1987年2月	硕士	2014年8月		
	邢兴华	男	山东昌乐	1985年12月	博士	2016年8月		
	童　飞	男	江苏徐州	1991年11月	硕士	2018年10月		
	巩佳莉	女	安徽池州	1994年8月	硕士	2020年12月		
	胡玉侠	女	安徽萧县	1963年8月	初中	1979年5月		2013年8月

（续表）

单位	姓名	性别	籍贯	出生年月	学历学位	来所时间	离所时间	退休时间
油料研究室	陈勇斌	男	江苏泰兴	1963 年 2 月	初中	1980 年 12 月		
	佟大卫	男	江苏铜山	1965 年 11 月	小学	1987 年 12 月		
园艺研究室	杨　峰	男	江苏邳州	1975 年 9 月	博士	1997 年 11 月	2008 年 8 月由棉花室调入园艺室	
	史新敏	男	江苏丰县	1966 年 5 月	本科	1989 年 8 月	2015 年 1 月由栽培室调入园艺室	
	樊继德	男	山东苍山	1980 年 7 月	硕士	2007 年 8 月		
	赵　林	男	山东蒙阴	1981 年 1 月	硕士	2010 年 8 月	2019 年 7 月调去果树室	
	赵永强	男	山东临朐	1986 年 1 月	硕士	2009 年 8 月	2017 年 8 月由病控室调入园艺室	
	陆信娟	女	江苏海门	1982 年 2 月	硕士	2008 年 8 月		
	李　勇	男	江苏铜山	1969 年 10 月		1992 年 12 月	2007 年 8 月由食用菌开发中心调入园艺室	
	张玉娇	女	山东金乡	1982 年 2 月	硕士	2010 年 8 月	2013 年 8 月调离徐州所	
	李刚波	男	山东平度	1987 年 1 月	硕士	2014 年 8 月	2019 年 7 月调去果树室	
	张　婷	女	甘肃静宁	1989 年 3 月	硕士	2015 年 8 月	2019 年 7 月调去果树室	
	刘灿玉	女	山东菏泽	1988 年 7 月	博士	2016 年 8 月		
	张碧薇	女	江苏铜山	1991 年 9 月	硕士	2018 年 1 月		
	朱　晨	男	安徽蚌埠	1992 年 7 月	硕士	2017 年 10 月	2019 年 7 月果树室 2020 年 1 月所办	
	陈映辉	女	上海市	1965 年 9 月	大专	1988 年 8 月	2013 年 8 月调入园艺 2019 年 7 月调入果树	
	葛　洁	女	河北唐山	1994 年 3 月	硕士	2020 年 12 月		
	杨青青	女	河南洛阳	1994 年 3 月	硕士	2020 年 12 月		
	吕青春	男	安徽萧县	1957 年 4 月	高中	1976 年 11 月		2017 年 4 月
果树研究室	赵　林	男	山东临沂	1981 年 1 月	硕士	2010 年 8 月	2019 年 6 月调入	
	李刚波	男	山东平度	1987 年 1 月	硕士	2014 年 8 月	2019 年 6 月调入	
	张　婷	女	甘肃平凉	1989 年 3 月	硕士	2015 年 9 月	2019 年 6 月调入	
	石梦云	女	江苏连云港	1992 年 5 月	博士	2020 年 10 月	2020 年 10 月新进	
	张文杰	男	安徽阜阳	1989 年 10 月	硕士	2020 年 11 月	2020 年 10 月新进	

（续表）

单位	姓名	性别	籍贯	出生年月	学历学位	来所时间	离所时间	退休时间
甘薯品种资源研究室	唐　君	女	河南淮滨	1960 年 10 月	本科	1987 年 9 月		2020 年 10 月
	曹清河	男	江苏徐州	1975 年 8 月	博士	1998 年 8 月—2003 年 8 月；2006 年 8 月	2003 年 8 月—2006 年 8 月南京农业大学读书；2019 年 3 月任副所长	
	周志林	男	山西孝义	1979 年 9 月	硕士	2006 年 8 月		
	徐　振	男	辽宁鞍山	1923 年 11 月	博士	2010 年 8 月		
	赵冬兰	女	陕西泾阳	1972 年 12 月	硕士	1999 年 8 月		
	张　安	男	山东菏泽	1984 年 2 月	博士	2012 年 12 月		
	戴习彬	男	安徽六安	1989 年 12 月	硕士	2016 年 4 月		
	袁　蕊	女	山东菏泽	1989 年 1 月	硕士	2018 年 7 月		
	赵凌霄	男	江苏沛县	1989 年 6 月	博士	2019 年 8 月		
	肖世卓	男	河南偃师	1989 年 11 月	博士	2019 年 12 月		
	孙书军	男	安徽萧县	1967 年 9 月	大专	1988 年 7 月		
	项彩云	女	安徽萧县	1966 年 5 月	大专	1987 年 12 月		2016 年 5 月
	王　洁	男	湖北汉川	1994 年 9 月	硕士	2020 年 10 月		
	李青莲	女	江苏盐城	1994 年 8 月	硕士	2020 年 10 月		
	王　珧	女	四川通江	1994 年 7 月	硕士	2020 年 12 月		
甘薯遗传育种研究室	马代夫	男	江苏徐州	1953 年 5 月	大专	1980 年 5 月		延退
	李　强	男	江苏铜山	1971 年 6 月	博士	1992 年 8 月		
	李秀英	女	江苏沛县	1951 年 5 月	大专	1978 年 4 月		2011 年 5 月
	张允刚	男	江苏邳州	1968 年 3 月	本科	1991 年 8 月		
	刘亚菊	女	陕西渭南	1975 年 11 月	博士	1999 年 8 月	2020 年 9 月	
	王　欣	女	江苏徐州	1980 年 2 月	博士	2005 年 12 月		
	后　猛	男	山东曹县	1981 年 6 月	硕士	2008 年 8 月		
	唐　维	男	湖北武汉	1982 年 12 月	硕士	2009 年 8 月		
	闫　会	女	山东聊城	1988 年 12 月	硕士	2013 年 8 月		
	宋炜涵	男	江苏徐州	1990 年 12 月	博士	2020 年 10 月		
	高闰飞	男	山西吕梁	1993 年 5 月	硕士	2020 年 10 月		
	张文燕	女	山西平顺	1994 年 8 月	硕士	2020 年 12 月		
	张孝俊	男	江苏铜山	1962 年 1 月	初中	1982 年 12 月		

（续表）

单位	姓名	性别	籍贯	出生年月	学历学位	来所时间	离所时间	退休时间
甘薯遗传育种研究室	孟庆堂	男	安徽萧县	1957 年 3 月	初中	1981 年 7 月		2017 年 3 月
	竺 丽	女	安徽萧县	1964 年 12 月	高中	1983 年 6 月		2014 年 12 月
	刘 霞	女	江苏铜山	1969 年 2 月	初中	1992 年 9 月		2019 年 2 月
甘薯生理栽培研究室	李洪民	男	江苏丰县	1962 年 7 月	本科	1985 年 7 月		2020 年 3 月病逝
	张爱君	男	江苏宜兴	1963 年 8 月	本科	1985 年 7 月		
	唐忠厚	男	安徽枞阳	1975 年 11 月	博士	2006 年 7 月		
	史新敏	男	江苏丰县	1969 年 1 月	本科	1989 年 7 月	2014 年调到园艺室	
	魏 猛	男	山东济宁	1983 年 10 月	博士	2009 年 7 月	2016 年调到铜山站	
	陈晓光	男	山东泰安	1983 年 1 月	博士	2010 年 7 月	2020 年调到棉花室	
	靳 容	女	江苏徐州	1988 年 2 月	硕士	2014 年 7 月		
	刘 明	男	安徽宿州	1989 年 5 月	硕士	2017 年 7 月		
	赵 鹏	男	山东济南	1990 年 2 月	硕士	2019 年 7 月		
	张强强	男	安徽蒙城	1992 年 1 月	硕士	2020 年 12 月		
	张立平	男	江苏徐州	1970 年 11 月	大专	1989 年 7 月		
	李令廷	男	安徽萧县	1957 年 8 月	其他	1981 年 3 月		2017 年 8 月退休
甘薯病虫草害防控研究室	谢逸萍	女	广东罗定	1962 年 2 月	学士	1983 年 12 月	1983 年 8 月	
	孙厚俊	男	江苏丰县	1980 年 12 月	硕士	2007 年 8 月	2007 年 8 月	
	徐 振	男	辽宁鞍山	1923 年 11 月	博士	2010 年 8 月	2010 年 8 月	2018 年 1 月调至实验室
	赵永强	男	山东临朐	1986 年 1 月	硕士	2013 年 11 月	2019 年 7 月	2017 年 8 月调至园艺室
	张成玲	女	山东沂源	1983 年 3 月	博士	2010 年 7 月	2012 年 10 月	
	杨冬静	女	四川射洪	1983 年 12 月	博士	2009 年 9 月	2011 年 7 月	
	马居奎	男	山东寿光	1991 年 4 月	硕士	2018 年 9 月	2018 年 9 月	
	唐 伟	男	山东东阿	1989 年 2 月	硕士	2017 年 3 月	2020 年 4 月	
	陈晶伟	男	陕西汉中	1993 年 8 月	硕士	2020 年 12 月	2020 年 12 月	
	叶学华	男	江苏铜山	1961 年 2 月	初中	1980 年 12 月	1980 年 12 月	

（续表）

单位	姓名	性别	籍贯	出生年月	学历学位	来所时间	离所时间	退休时间
甘薯加工利用研究室	钮福祥	男	江苏吴江	1963 年 7 月	硕士	1985 年 7 月		
	孙　健	男	江苏睢宁	1979 年 10 月	博士	2006 年 7 月		
	徐　飞	男	江苏新沂	1963 年 3 月	大专	1999 年 12 月		
	朱　红	女	江苏建湖	1975 年 2 月	本科	1998 年 8 月		
	岳瑞雪	女	安徽萧县	1983 年 2 月	硕士	2009 年 7 月		
	张　毅	男	江苏徐州	1987 年 3 月	硕士	2013 年 8 月		
	张文婷	女	江苏丰县	1990 年 4 月	硕士	2017 年 3 月		
	马　晨	女	河北阜城	1994 年 8 月	硕士	2020 年 12 月		
植物品种测试技术研究室	刘亚菊	女	陕西渭南	1975 年 11 月	博士	1999 年 8 月		
	孙亚伟	男	江苏泰兴	1983 年 11 月	硕士	2010 年 10 月		
	苏一钧	男	山西忻州	1991 年 5 月	硕士	2018 年 10 月		
	李宜蒙	女	江苏新沂	1986 年 12 月	硕士	2020 年 12 月		
	罗元凯	男	江苏沛县	1994 年 10 月	硕士	2020 年 12 月		
	王荣辕	男	江苏徐州	1996 年 4 月	硕士	2020 年 12 月		
重点实验室	徐　振	男	辽宁鞍山	1923 年 11 月	博士	2010 年 8 月	2018 年 1 月调至实验室	
	苏　涵	女	江苏邳州	1994 年 8 月	硕士	2020 年 12 月		
	岳　续	男	湖南新邵	1994 年 7 月	硕士	2021 年 1 月		
	王　维	女	江苏徐州	1994 年 2 月	硕士	2021 年 1 月		
铜山试验站	黄怀成	男	江苏铜山	1963 年 5 月	中专	1984 年 8 月		
	魏　猛	男	山东微山	1983 年 9 月	博士	2010 年 8 月		
	陈　飞	男	江苏铜山	1984 年 12 月	本科	2008 年 1 月		
	冯腾腾	男	江苏徐州	1990 年 11 月	硕士	2017 年 8 月		
	贾志航	男	山东济南	1995 年 2 月	硕士	2020 年 12 月		
	焦会超	男	江苏铜山	1964 年 3 月	初中	1981 年 3 月		
	李习振	男	江苏铜山	1964 年 10 月	高小	1980 年 12 月		
	王启文	男	江苏铜山	1963 年 4 月	初中	1980 年 12 月		
	赵庆丰	男	江苏铜山	1968 年 3 月	初中	1984 年 1 月		
	张　超	男	江苏铜山	1967 年 6 月	初中	1986 年 12 月		
	王启武	男	江苏铜山	1967 年 3 月	初中	1986 年 12 月		
	陈亚成	男	江苏铜山	1966 年 6 月	初中	1986 年 12 月		

（续表）

单位	姓名	性别	籍贯	出生年月	学历学位	来所时间	离所时间	退休时间
铜山试验站	姜开勇	男	江苏铜山	1966年4月	初中	1986年12月		
	崔丙付	男	江苏铜山	1967年5月	初中	1986年12月		
	崔丙旺	男	江苏铜山	1969年3月	初中	1986年12月		
	吴书颖	男	江苏铜山	1964年6月	高中	1998年6月		
江苏徐农种业科技有限公司	周兴根	男	江苏吴县	1961年9月	本科	1983年7月		
	黄忠勤	男	江苏沛县	1970年12月	硕士	1996年8月		
	王　波	男	江苏徐州	1982年2月	硕士	2012年8月		
	孙克新	男	安徽宿州	1964年10月	本科	1987年8月		
	丁震乾	男	安徽安庆	1972年10月	硕士	1998年7月		
	常　勇	男	江苏沛县	1986年11月	硕士	2013年8月		
	李小珊	女	江苏铜山	1987年5月	硕士	2016年4月		
	苏在兴	男	四川叙永	1989年9月	硕士	2018年7月		
	徐家安	男	江苏铜山	1963年5月	本科	1984年7月	2020年8月调至	
	王晓红	女	江苏高淳	1971年3月	大专	1990年12月		
	郑玉明	男	江苏徐州	1977年11月	大专	2000年12月		
	陈晓明	女	江苏兴化	1969年2月	大专	1991年9月		2019年2月
	武　强	男	江苏铜山	1973年4月	初中	1992年2月	2016年4月调至	
	熊　伟	女	四川开江	1958年5月	大专	1999年9月		2013年5月

附录十五 派驻人员

2011—2020 年徐州农科所派驻县区乡镇挂职帮扶人员详见附表 15-1。

附表 15-1 2011—2020 年徐州农科所派驻县区乡镇挂职帮扶人员

序号	挂职类型	人员	时间	对口帮扶地
1	扶贫队员	孙 扬	2010 年 3 月—2012 年 3 月	沛县河口镇河申、封皇庄、张李村
2	扶贫队员	孙厚俊	2012 年 4 月—2013 年 2 月	沛县河口镇河申村
3	科技镇长团	曹清河	2012 年 9 月—2013 年 9 月	贾汪区江庄镇
4	科技镇长团	丁震乾	2012 年 9 月—2013 年 9 月	贾汪区贾汪镇
5	科技镇长团	刘东涛	2012 年 9 月—2013 年 9 月	贾汪区紫庄镇
6	科技镇长团	赵 林	2012 年 9 月—2013 年 9 月	贾汪区耿集办事处
7	扶贫队员	魏 猛	2014 年 3 月—2016 年 2 月	沛县鹿楼镇董庄村
8	扶贫队员	辛 涛	2016 年 3 月—2018 年 2 月	邳州市土山镇吴庄村
9	扶贫队员	赵 林	2018 年 3 月—2020 年 4 月	邳州市邢楼镇蒲汪村
10	市科技特派员	徐 振	2018 年 7 月—2020 年 6 月	贾汪区
11	市科技特派员	王晓军	2018 年 7 月—2020 年 6 月	睢宁县
12	市科技特派员	魏 猛	2018 年 7 月—2020 年 6 月	铜山区
13	墩苗计划	王 波	2019 年 7 月—2020 年 6 月	丰县常店镇
14	扶贫队员	张 毅	2020 年 4 月—2022 年 4 月	贾汪区江庄镇独山村

致 谢

“十二五”至“十三五”（2011—2020年）时期是徐州农科所发展理念转变深刻、转型发展成效明显、所容所貌变化巨大、国家体系建设持续加强、科技人员获得感不断增强、科研平台再上新台阶、创新能力加快提升的10年。特别是近年来，始终以习近平新时代中国特色社会主义思想为指导，全力打造贯彻新发展理念的区域样板，聚焦“创新发展”的目标定位，统筹抓好疫情防控、农业科技创新、服务乡村振兴等各项工作，在逆势奋进中开创新局面、呈现好态势，为持续推进农业产业转型、助力建设“强富美高”新徐州做出了巨大贡献。

建所110年（1910—2020年）薪火相传，其中近10载（2011—2020年）励精图治，创新科技造福“三农”，谱写华章助推农业产业兴旺。经过一代又一代人的辛勤耕耘、赓续前进，尤其新时代人的继往开来、再接再厉，徐州农科所已经发展成为学科门类齐全、人才结构合理、创新成果丰硕、社会影响力广泛的农业科研院所，其科研综合竞争力居国内同类行业前列，在江苏省乃至全国农业发展史上具有重要地位。为徐州农科所汇编续志，记录历史、积累经验、激励后人、不忘初心、牢记使命、砥砺前行、再创辉煌，确是历史赋予当代徐州农科所人义不容辞的光荣责任。在《江苏徐淮地区徐州农业科学研究所跨越发展十年（2011—2020年）》编写过程中，得到各位所领导、编委和本所各处、室、站、公司负责人以及全体干部职工的大力支持，在素材提供、信息传递、档案查询、材料整理、要素完善、资料核实、文字核对上做了大量细致的工作；同时徐州农科所原所长李国柱先生提供了些许历史资料，并对本书编撰提纲的修改提出有见地的意见与建议，为提纲编撰付出了心血。在此书编写期间，几经反复推敲、数易其稿；成稿后，由所领导、老专家、所属部门（单位）主要负责人对稿件进行了反复修改、修正、完善，集思广益，博采众长，才终得此书定稿成型。

由于编撰人员水平所限，书中难免存在不足之处，敬请读者提出宝贵建议，以便续编时惠予更正。值《江苏徐淮地区徐州农业科学研究所跨越发展十年（2011—2020年）》付印出版之际，谨向关心支持编撰工作的同志们致以诚挚的感谢！特别是许多给予热情帮助的单位和个人，使全书得以完善，确系盛世佳话，永记于史。恕不一一列举，在此一并谨致衷心谢忱！

《江苏徐淮地区徐州农业科学研究所跨域发展十年（2011—2020年）》编委会

2021年10月